U0263535

磁约束等离子体实验物理

王 龙 著

科学出版社
北京

内 容 简 介

本书介绍以实现受控核聚变为目的的环形等离子体装置的基本原理和研究方法，也适用于一般的磁约束等离子体装置。内容包括聚变研究概观、磁约束聚变装置的类型、主要工程问题、等离子体诊断方法及数据处理、环形等离子体的基本物理性质、宏观不稳定性、微观不稳定性及输运、辅助加热及边界区物理。着重基本概念的陈述、物理意义的阐发和实验方法的探讨，并介绍一些前沿领域的热点问题和研究现状。

本书适合作为相关专业本科或研究生阶段的教材，也可供这一研究领域的人员特别是从事实验研究的人员学习入门知识时使用，还可供对这一很快发展的领域有兴趣的人士参阅。

图书在版编目(CIP)数据

磁约束等离子体实验物理/王龙著. —北京：科学出版社，2018.2
　ISBN 978-7-03-056574-7

　Ⅰ.①磁…　　Ⅱ.①王…　　Ⅲ.①磁约束-等离子体约束-实验-研究
Ⅳ. O532-33

中国版本图书馆 CIP 数据核字(2018) 第 028920 号

责任编辑：钱　俊／责任校对：邹慧卿
责任印制：吴兆东／封面设计：无极书装

科 学 出 版 社 出版
北京东黄城根北街 16 号
邮政编码：100717
http://www.sciencep.com
北京虎彩文化传播有限公司印刷
科学出版社发行　各地新华书店经销
*
2018 年 2 月第 一 版　开本：720×1000 1/16
2024 年 4 月第六次印刷　印张：33　插页：2
字数：650 000
定价：198.00 元
(如有印装质量问题，我社负责调换)

序　言

等离子体物理学是研究等离子体的形成和演化规律及其与其他物质相互作用的学科,属物理学分支学科。同其他物理学分支学科相比,等离子体物理学的发展在很大程度上是由目标驱动的,特别是磁约束等离子体物理更是如此,它更多地是由人类开发和利用磁约束核聚变能源的探索研究直接推动而得以迅速发展的。

王龙老师是我国杰出的等离子体实验物理学家,1967 年自中国科学院物理研究所研究生毕业后,就一直从事等离子体物理特别是磁约束等离子体物理领域的科学研究,并在该领域作出过重要贡献。他曾作为主要的建设者之一,参与完成我国第一台托卡马克 CT-6 磁约束聚变实验装置的建设。在他的主持下,CT-6 托卡马克在近 30 年的实验研究中,产出了一系列原创性成果,并因此培养出一大批磁约束等离子体物理方面的专业人才。他还一直致力于推动我国磁约束核聚变科学研究的发展。作为世界上首个全超导托卡马克装置 "东方超环"(EAST)的科技委成员,他长期关心、支持 EAST 装置的技术发展、科研进展和人才培养,并为之筹谋、建言献策;作为国家磁约束核聚变能研发专项的资深专家,他几乎参加了每一个重要项目的立项、评审和验收。他和俞昌旋院士是公认的评审要求最严格的专家,从不放过任何瑕疵。他严谨治学、精益求精的作风不但值得我们学习,也为从事磁约束聚变研究的后来者树立了榜样。

王龙老师不仅长期工作在磁约束聚变科研一线,而且也热心于等离子体实验物理专门人才的培养。他先后在华中科技大学、北京大学、四川大学、中国科学技术大学、核工业西南物理研究院和中国科学院等离子体物理研究所等单位开课讲学,传授等离子体物理实验的经验和知识,积极为我国培养下一代等离子体实验物理人才。他所讲授的课程实验内容丰富、物理图像清晰且易于实践,深受大家喜爱,也因此获得了学生们的好评和尊敬。

我本人在读研究生时就听过王龙老师讲课,也算是王龙老师的学生。后来,有幸与他一起在磁约束聚变研究领域共事,对他的科学造诣、丰厚学养、治学精神愈发了解,也由此愈发敬佩。近期听闻王龙老师要在研究生授课讲义的基础上编撰《磁约束等离子体实验物理》一书,我感到十分高兴。长期以来,我国磁约束等离子体物理方面的教学一直缺乏实验物理相关教材,使得我国等离子体物理专业的本科和研究生教育受到一定程度的影响。由王龙老师主笔撰写这一类教材,对当下等离子体物理的学科发展、人才培养无疑是大有裨益的,也必将对我国等离子体物理特别是磁约束等离子体实验物理的发展产生积极而深远的影响。

在过去的十年中,我国磁约束聚变的发展迅速,特别是随着我国参加 ITER 计划,国内磁约束聚变在理论与数值模拟、物理实验、聚变工程以及人才培养方面都取得了长足的进步。EAST 装置在稳态高性能等离子体物理、HL-2A 在边缘等离子体物理研究等方面都取得很多原创性的成果。ITER 建设进展顺利,我国自己的中国聚变工程实验堆开始工程设计,在不远的将来即将开始燃烧等离子体物理的实验研究。从现在起更加全面系统地培养未来高水平的实验物理人才迫在眉睫,高水平的教材至关重要。

　　《磁约束等离子体实验物理》一书由王龙老师对他长期从事磁约束等离子体实验物理研究和教学进行总结和精炼而成。全书共 10 章。第 1~6 章是磁约束等离子体物理基础知识，系统阐述以托卡马克为主的磁约束聚变实验装置的原理、基础过程和实验进展等；第 7~10 章主要讲述部分磁约束聚变实验装置的重要研究领域和方向，包括宏观磁流体稳定性和微观湍流输运、辅助加热和电流驱动以及等离子体与壁的相互作用等。以大量研究材料和实践案例客观展现该领域的进展和各种前沿探索，结构清晰、内容全面，深入浅出、实用性强，具有很强的可读性和参考价值。

　　作为一个已先期看过此书的读者，我乐于向大家推荐这本理论联系实际的"实战参考书"。它不仅可以作为高等院校相关的教学用书，也适用于从事磁约束等离子体实验物理的研究人员作为参考。衷心希望读者能够通过这本书掌握磁约束等离子体物理相关的基本知识和研究方法，同时又能融会贯通前辈们的思想精华和实践经验，在科学研究中收获自己的累累硕果。

李建刚

2017 年 10 月

前　言

　　本书是作者在华中科技大学和北京大学给研究生开课时所用讲义的基础上写成的，也曾在四川大学和核工业西南物理研究院讲授。课程本意是给予刚进入磁约束聚变领域从事实验研究的学生和其他人员提供一些基本知识和研究方法。因为目前磁约束聚变研究的主要方向仍是以托卡马克为代表的环形系统，所以讲义内容以托卡马克为主。但很多内容也适用于一般的磁约束聚变装置。

　　本书第 1~6 章为基础知识，也包括等离子体平衡在内。第 7~10 章主要讲述一些研究领域，包括宏观和微观问题、辅助加热和电流驱动以及边界区问题。

　　因为本书内容属于基础专业知识，各章后面所列参考文献主要是一些容易获得的总结性文章，以供对有关问题作进一步的了解。为与阅读文献衔接，在引入一些专有名词时，注明了英文译法。

　　俞昌旋院士、袁宝山教授曾审阅过本书一些章节，并提出宝贵修改意见。原讲义在北京大学讲授时，郑春开教授、王晓钢教授、肖持阶教授曾给予了很大支持和鼓励，李湘庆老师纠正了原讲义中的一些错误。2015 年严龙文教授曾使用本书第 8 章内容作为等离子体物理暑期学习班教材，也做了一些纠正和补充。中国科学院等离子体物理研究所、核工业西南物理研究院、中国科学技术大学、清华大学等单位和同行提供了不少原始数据和资料。在几个单位讲授本书时，不少老师和同学也对本书内容提出很多修改意见。本书出版时，李建刚院士、段旭如教授、刘万东教授、李定教授亦给予很大鼓励。在此一并致谢。

　　作者感谢中国科学院等离子体物理研究所在本书出版上给予的支持。

　　因为本领域涉及面广，内容庞杂，发展迅速，以作者之浅陋，本不足当此任，勉强草就，自觉汗颜，不妥之处，在所难免，望海内有识之士指教，俟后修改。

王　龙

2017 年 4 月

目　　录

第1章 引　言

1.1　能源需求

1. 世界能源需求的预测

受控热核聚变研究来源于人类对能源的需求。历史上，特别是在近代，人类的生活和生产主要依赖化石能源 (煤、石油、天然气)。然而 20 世纪以来，人口的急剧增加、生产的发展和生活水平的不断提高，使得不能再生的化石能源正面临枯竭。目前各种能源的储量 (折合成能量) 和根据目前消耗水平所估计的可用时间如表 1-1-1 所示。

表 1-1-1　各种能源储量和可用年数

能源	储量/(10^9 J)	可用时间 (目前耗能水平)/年
石油	1.2×10^{13}	40
天然气	1.4×10^{13}	50
煤	1.0×10^{14}	300
铀 235(裂变堆)	10^{13}	30
铀 238、钍 232(增殖堆)	10^{16}	3×10^4
锂 (用于 DT 聚变堆)	10^{19}	3×10^7

图 1-1-1 为根据国际能源署 2005 年数据绘制的 2050 年前全世界对能源消耗量的预计 (Li Jiangang et al., Nucl. Fusion, 50(2010) 014005)。其中能耗单位 1 吨标准煤 (TCE) 的能量为 2.9271×10^{10}J。可再生能源指水能、风能、太阳能等。

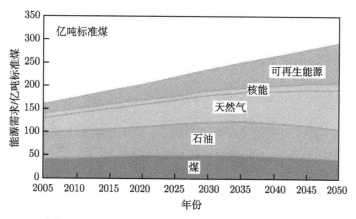

图 1-1-1　全世界一次能源需求以及组成部分的预计

我国能源的生产和消费也存在类似前景。根据预测，我国将在 2050 年基本实现现代化，人均生产总值达到中等发达国家水平。这时的能源需求大约为 2005 年的 3 倍。而我国的石油产量将在 2020~2030 年达到峰值，然后逐年下降。天然气产量在 2030 年后将很快增长，在 2050 年达到峰值。届时在能源结构中，石油、天然气和水电以外的大约 80％ 的能源供给必须主要由煤和核能承担。我国煤的储量丰富，可基本满足 21 世纪的需求，但受到运输能力和环境污染的限制。燃煤引起的二氧化碳排放已成国际政治问题，尚无很好的解决方法。

2. 核能的发展

鉴于能源状况和前景的分析，无论我国还是世界各国必须重点发展核能。裂变能源已成为相对成熟的技术，但有开采价值的裂变燃料的储量也是有限的。在天然铀中，可进行链式反应的铀 235 只占很少数量 (相对丰度，即原子百分数，^{235}U 为 0.720％。此外还有 ^{234}U 占 0.005％。其余 99.275％ 为 ^{238}U)。单纯以铀 235 为燃料的裂变堆只能提供几十年的能量消耗。

然而，有较丰富储量的铀 238 和钍 232 可接受中子反应分别生成可作为裂变燃料的钚 239 和铀 233。前一反应是铀 238 和中子反应生成铀 239，铀 239 经两次 β 衰变后得到钚 239。后一反应是钍 232 和中子反应生成钍 233，钍 233 经两次 β 衰变后得到铀 233。

$$^{238}\text{U} + n \longrightarrow ^{239}\text{U} \longrightarrow ^{239}\text{Np} \longrightarrow ^{239}\text{Pu}$$

$$^{232}\text{Th} + n \longrightarrow ^{233}\text{Th} \longrightarrow ^{233}\text{Pa} \longrightarrow ^{233}\text{U}$$

其中，Np 和 Pa 分别为元素镎和镤。利用铀 235 反应的中子产生上述反应以增殖核燃料的反应堆称**增殖堆**(breeder reactor)。利用铀 235 反应的堆一般用经慢化的热中子产生链式反应。在这样的堆中，如用天然铀做燃料，也可产生少量增殖反应，使能量利用率达到 1％。而在增殖堆中，由于裂变反应产生的中子数和入射中子能量有关，直接使用裂变反应产生的快中子产生增殖反应较为有利，故在其中不用慢化剂，称为**快中子堆**(fast neutron reactor) 或简称快堆，燃料利用效率可达 40％。经数十年研究，增殖堆目前在技术上臻于成熟，已建成多台原型快堆和大型示范性快堆，正在向商业化发展。我国第一个实验快堆于 2009 年在中国原子能科学研究院建成，其热功率 65MW，电功率 20MW，2014 年实现满功率运行。

我国在 21 世纪初期的核能发展战略是首先发展**热中子堆**(thermal neutron reactor)，下一步发展快中子增殖堆，预计在 2020~2030 年进入商用。和国际同步，在 21 世纪中叶开始发展聚变堆。按照现在的估计和世界范围内能源结构的设想，在 21 世纪后半叶聚变商业堆将成为现实。

3. 聚变能源的优势

除去燃料储备充分外，聚变能源还有很多优点。和化石能源比较，聚变能源对空气无任何污染。和裂变能源比较，它引起的放射性污染要轻得多，而且，它不可能产生大规模不可控能量释放的超临界事故 (如三里岛、切尔诺贝利那样的事件)。我们把提供 10^9W 功率 (典型电厂规模) 的聚变能源电站和燃煤电站一天所耗费的燃料和产生的废料比较列于表 1-1-2，从表中就可以看出聚变能源的优越性，其中 ^{6}Li 用于产生 T_2。

表 1-1-2　煤和 DT 聚变典型电厂一天所耗费燃料和产生废料的对比

	煤	DT 聚变
燃料	9000 吨煤	0.5 千克 D_2, 1.5 千克 ^{6}Li (0.7 千克 T_2)
废料	30000 吨 CO_2, 600 吨 SO_2, 90 吨 NO_2	2 千克 ^{4}He

至于对环境的长期影响，可以参看图 1-1-2 (J. Jacquinot, Nucl. Fusion, 50(2010) 014001) 表示的裂变和聚变反应堆关闭后放射性的逐年变化的相对值，以煤灰所含放射性物质的数据作为参考。其中一些细的曲线指不同的燃料循环 (裂变) 和不同的结构材料 (聚变)。我们可以看到，聚变堆关闭后的放射性远远低于裂变堆，在 100 年内就可接近煤灰的水平。

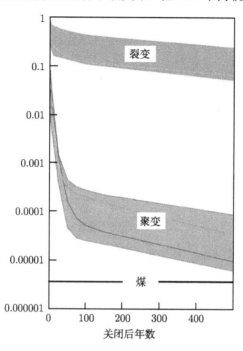

图 1-1-2 裂变和聚变堆关闭后放射性的逐年变化 (以煤灰数据为参考值)

1.2 热核聚变反应

核能源来自不同元素的核子 (组成核的质子和中子) 有不同的平均结合能，或平均质量 (图 1-2-1)。这个图的纵轴用质子质量 (m_p =1.67×10^{-24}g) 作单位，按照 $E=mc^2$ 的质能转换公式，相当于 938MeV 的能量。

这一平均结合能按原子量的分布是两端高，中间低，以质量数 60 为界。如果平均质量高的低原子量原子核 (图 1-2-1 左端) 聚合成高质量数原子核，就会释放出部分核能。这一过程为聚变反应。相反，在图 1-2-1 的右端，平均质量高的高原子量原子核发生分裂，形成原子量低的原子核，也会释放出部分结合能，相当于裂变反应。

1. p-p 反应

实际上，我们在地球环境下使用的化石能源和风力、水力、太阳能都源于太阳的辐射能源。而太阳，和其他类似恒星一样，其辐射来自于其内部的聚变反应。太阳的组成为 71% 的氢，27% 的氦，2% 为其余元素 (按质量计)。发生的聚变反应主要是一种称为质子–质子反应的过程。它占太阳辐射能源的 90% 以上。这种反应由几个分支构成，最主要的分支是如下

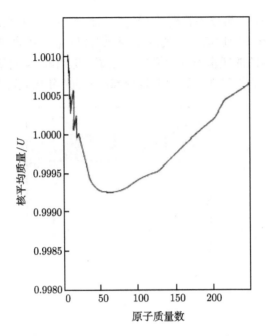

图 1-2-1　核子平均质量随核质量数的变化

p-p 循环(p-p cycle)，下列反应式也给出每级反应释放的能量

$$p + p \longrightarrow D + e^+ + \nu_e + 1.44\text{MeV}$$
$$D + p \longrightarrow {}^3\text{He} + \gamma + 5.49\text{MeV}$$
$${}^3\text{He} + {}^3\text{He} \longrightarrow {}^4\text{He} + p + p + 12.86\text{MeV}$$
$${}^3\text{He} + {}^4\text{He} \longrightarrow {}^7\text{Be} + \gamma + 1.59\text{MeV}$$

其中，e^+ 为正电子，ν_e 为电子中微子。其中第一个反应为参加反应的一个质子通过弱相互作用发射正电子而转换为中子，再与另一质子结合成氘核。在产生的 1.44MeV 能量中，有 1.02MeV 是反应产生的正电子和电子湮没释放出的。这些聚变产物，再通过其他聚变反应分支，进一步反应生成更重的元素。以上反应产物，包括中间产物，一部分随太阳风 (从太阳大气发射的稳定粒子流) 流往整个太阳系。

这类反应发生在太阳及其他类似恒星内部。此外还可能发生一种称为 **CNO 循环**(CNO cycle) 的聚变反应链，在更高温度的恒星上以这种反应为主。太阳核心的温度约为 1.5×10^7K，密度为 160g/cm^3。相当于 10^{31}m^{-3} 量级的数密度，远高于我们所处环境下的固体密度。即使在这样的条件下，上述 p-p 循环反应率也是很低的。我们用太阳的总辐射功率 3.83×10^{26}W 除以太阳质量 1.989×10^{30}kg，得到的结果是 1 吨重的物质仅产生 0.2W 的功率。也正是这样低的燃烧速率，保证了太阳能在 50 亿年内持续供应目前水平的能量。目前在实验室环境下，尚不能探测到这样低反应率的质子–质子反应。它的反应截面是按照弱相互作用理论计算出来的，为 10^{-23}b (1b=10^{-28}m^2)。所以，在地球环境下不可能用氢的质子反应作为能源，必须寻找其他类型的聚变反应。

2. 主要的可用聚变反应

在目前条件下可以利用的聚变反应主要有以下几种。括号内列出相应产物的能量。这一能量分配符合动量守恒定律。其中，前两式称 D-D 反应，使用氢同位素氘。两种反应具有非常相近的几率。第三种称为 D-T 反应，使用氘和氢的另一同位素氚。最后一种使用氘和氦同位素 ^{3}He 作为燃料。

$$D + D \longrightarrow T(1.01\text{MeV}) + p(3.03\text{MeV})$$

$$D + D \longrightarrow {}^3\text{He}(0.82\text{MeV}) + n(2.45\text{MeV})$$

$$D + T \longrightarrow {}^4\text{He}(3.52\text{MeV}) + n(14.06\text{MeV})$$

$$D + {}^3\text{He} \longrightarrow {}^4\text{He}(3.67\text{MeV}) + p(14.67\text{MeV})$$

将这样的反应和化学反应如氢的燃烧 $H_2 + \frac{1}{2} O_2 \longrightarrow H_2O(2.96\text{eV})$ 比较，可见聚变能为化学能的百万倍以上。

考虑上述聚变反应的截面，由于核力是非常短程的力，所以只有两个核非常接近时才能发生聚变反应。而两个核的接近须克服它们之间的库仑斥力，或者说，核必须通过它们之间的位垒才能发生聚变反应。按照库仑定律，越过这一位垒所需能量应为

$$E_{\max} = \frac{Z_1 Z_2 e^2}{4\pi\varepsilon_0 r_{12}} \tag{1-2-1}$$

其中，Z_1, Z_2 为原子序数，$r_{12}(\text{m}) = 1.4 \times 10^{-15}(A_1^{1/3} + A_2^{1/3})$ 为两核间距离，A_1, A_2 为两核质量数，e 为电子电荷，$\varepsilon_0 = \frac{1}{36\pi} \times 10^{-9}\text{F/m}$ 为真空中的介电常数。对 D-D 反应这一能量为 0.40MeV，对 D-T 反应为 0.37MeV(所以 D-T 反应比 D-D 反应更容易实现)。这样高的能量只有在粒子加速器中才能达到，特别是对于较高 Z 的燃料，所以应尽量使用低 Z 燃料用于聚变反应。另一原因是高 Z 燃料在高温时产生的辐射能量损失大。

考虑到量子力学的隧道效应以后，聚变反应所需能量大大降低。利用准经典的 WKB 法，得到以下反应截面的 Gamow 公式：

$$\sigma(E) = \frac{C}{E} \exp\left(-\frac{\pi\sqrt{\mu}Z_1 Z_2 e^2}{\varepsilon_0 h\sqrt{2E}}\right) \tag{1-2-2}$$

其中，C 是一个常数，E 为粒子能量，μ 为两核的折合质量，h 为 Planck 常量。这公式包含两个因子。前一因子相当于库仑散射截面，后一指数因子相当于位垒渗透深度。实际上这一反应尚须考虑到核间的共振效应，所以 Gamow 公式并不完全符合实验结果，实际截面还要大一些，反应所需的能量约在 10keV 以上。实际所用的数据来源于测量结果 (图 1-2-2)。但较低能量的实验数据缺乏，可以从 Gamow 公式外推。从图 1-2-2 可以看出，在高能区域，由于库仑散射截面随能量增加而减小，所以受其影响聚变反应截面也随之减小。

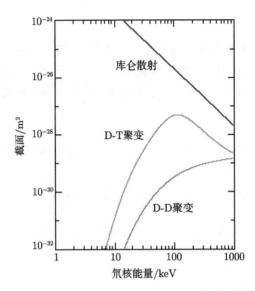

图 1-2-2 D-T 和 D-D 聚变反应截面和 D-T 之间的库仑散射截面比较

　　我们当然可在粒子加速器中或用其他方法 (如气体放电) 将氘核加速到足够的能量, 用来轰击同样材料的靶或氚靶, 以实现聚变反应。但是, 即使用此方法实现少量聚变反应, 由于库仑散射截面远大于聚变反应截面, 大部分束能量用于加热靶材料, 所获得的输出能量也是微不足道的。这样的定向粒子流产生的聚变反应称为**束靶反应**, 可能在一些放电装置中观察到, 它的特点是产生的中子不是各向同性的。在温度未达到聚变温度的实验装置中用氘气运行时, 一般也不能观察到聚变中子。但使用几十 keV 的中性粒子束 (氘原子) 注入加热时, 经常探测到束粒子和靶等离子体粒子间反应产生的中子, 也有部分束粒子和束粒子之间反应产生的中子。

　　作为能源的聚变反应只能在高温下实现。这时物质呈等离子体态, 反应粒子以很高速度进行无规的热运动, 以一定的几率相互碰撞发生反应。这样的反应称**热核反应** (thermonuclear reaction)。热核反应产生的中子在空间的分布是各向同性的, 可作为区别束靶效应的判据。热核反应释放很大的能量, 在可控条件下可用作大规模能源。正因为热核反应发生在等离子体态下, 所以受控聚变研究必须以等离子体物理的研究为基础。

3. 反应速率

　　处于热平衡的反应粒子的速度可用麦克斯韦速度分布来描述。反应截面和粒子间相对速度乘积对这一分布的平均值 $\langle \sigma v \rangle$ 是反应速率系数。它的意义是, 单位时间单位体积的反应次数是 $\langle \sigma v \rangle n_1 n_2$。其中, n_1, n_2 是参加反应的两种粒子的数密度, 如果两种粒子相同则反应速率为 $\langle \sigma v \rangle n^2/2$。上述三种反应的速率系数作为温度的函数如图 1-2-3 所示, 其中 D-D 反应的数据是两种反应的平均值。随着温度的增加, 几种反应截面都急剧增加。直到几十个 keV(几亿摄氏度) 的高温, 反应速率系数才接近它们的极大值。

　　在这几种反应中, D-D 反应的燃料最易得到, 反应产生的中子能量也较低, 容易被屏蔽。重水 (D_2O) 约占自然界海水分子的 1/6700, 淡水中含量稍低。从其中所含氘经聚变反应所产生的热量计算，1 升水可抵 300 多升汽油。所以对 D-D 反应而言聚变能源实际上是取之不尽的。但由于 D-D 反应所需的条件较难达到，利用 D-D 反应建造的聚变堆不在近期考虑之内。

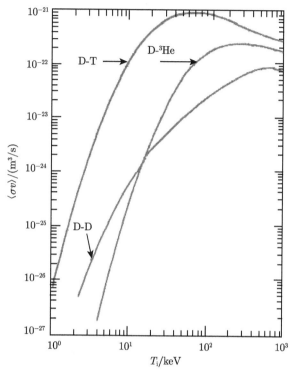

图 1-2-3　几种聚变反应速率系数随离子温度变化的曲线

在图 1-2-3 所示温度范围内，D-T 反应速率始终远高于其他两种反应。这一反应截面在 $T=100\mathrm{keV}$ 时为 5b (图 1-2-2)，达到最大值。它的反应速率系数可用以下公式拟合，其中温度单位为 keV：

$$\langle\sigma v\rangle(\mathrm{m^3/s}) = \frac{3.7\times10^{-18}}{H(T)\times T^{2/3}}\exp\left(-\frac{20}{T^{1/3}}\right), \quad H(T) = \frac{T}{37} + \frac{5.45}{3+T(1+T/37.5)^{2.8}} \quad (1\text{-}2\text{-}3)$$

目前所指望实现的聚变堆主要依赖 D-T 反应。目前已证实的聚变能源的科学可行性也是对 D-T 反应而言的。

D-T 反应所用的氢的另一同位素氚 (T) 是一种放射性同位素，β 衰变的半衰期为 12.323 年，衰变电子平均能量为 5.7keV，能量有分布的原因是反应同时有介子产生，氚在自然界存在甚少 (热核爆炸试验前约为 900g，试验后有很大增加)，但可用裂变反应堆产生的中子轰击锂 6 得到。锂 6 的同位素相对丰度为 7.5%(其余为锂 7)，和中子的以下反应产生氚：

$$^6\mathrm{Li} + \mathrm{n} \longrightarrow \mathrm{T} + {}^4\mathrm{He}$$

目前锂主要从含锂矿石中提取。但锂在海洋中总储量很大，每升海水含 0.1~0.17mg。从海水中提取锂的方法现处在研究阶段。从这个意义上说，聚变能源也是取之不尽的。

图 1-2-4 是在反应温度为 70keV 时，所产生的中子和 α 粒子的能谱。由于反应粒子原来有一定速度分布，两种聚变产物的能量分布均有一定宽度，由反应粒子的温度决定。此外由图可以看到，除去 D-T 反应产生数目相等的 14MeV 的中子和 3.5MeV 的 α 粒子，还有少量 D-D 反应 (称为次级反应或副反应) 产生的 2.45MeV 中子。

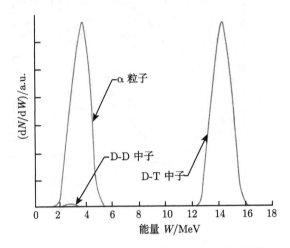

图 1-2-4　D-T 反应产生的中子和 α 粒子能谱

D-T 反应产生的高能中子在聚变反应堆的包层中慢化，能量转化为热能。在实际的 D-T 运行反应堆中 (燃料流程见图 1-2-5)，可以用 ^{6}Li 作为吸收反应产物的包层，称为**增殖包层**(breeder blanket)。包层中还包括中子增殖剂和冷却剂。包层中的 ^{6}Li 在聚变中子作用下，可以生成氚再进入反应室作为燃料。用反应堆的中子生产氚燃料的速率过低，成本很高，造成氚的匮乏，所以在反应堆中配置这种增殖包层是十分必要的。如果增殖率大于 1 称为氚自持。实际上，由于氚在反应室和包层中的滞留、泄漏等原因，堆中的增殖率要求达到 1.2。

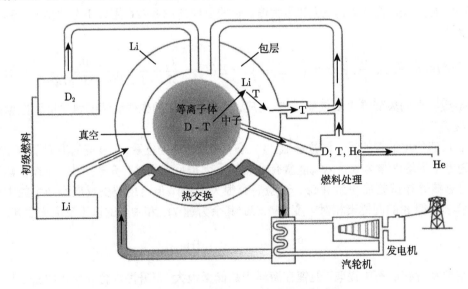

图 1-2-5　增殖包层 D-T 反应堆燃料流程

虽然目前追求的聚变反应为 D-T 反应，但是，由于氚有放射性，而且价格较氘贵得多，半衰期短，不易储存，在实验性的聚变装置上，一般用其同位素 H 或 D 作为工作气体运行。只有在很少数大型装置上才进行 D-T 运行实验。

4. 氦 3 反应

无论 D-D 反应还是 D-T 反应，均产生高能中子，对反应堆部件有强烈辐照腐蚀作用，使结构材料性能退化，而且在堆关闭后有长期的放射性，成为聚变堆主要技术难点之一。只有前述第四个反应即 D-³He 反应没中子产生，所以不存在高能中子辐射引起的材料问题。此外，这种反应产物全为带电粒子，可以用一种装置将其动能直接转化为电能。这样的转换器由一系列收集离子的栅状电极构成，其原理如图 1-2-6(M. O. Whitson, Glossary of fusion energy, DOE Technical Information Center, 1982) 所示。

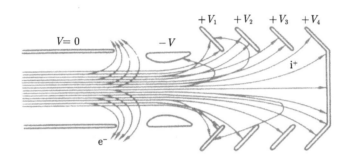

图 1-2-6　能量直接转换器原理图

i⁺ 表示离子；e⁻ 表示电子

因为氦 3 反应有这些优点，所以称之为**先进燃料**(advanced fuel)，但是要求的反应温度更高 (图 1-2-3)，而且高温时磁场内的回旋辐射能量损失高。如果按照目前堆设计方案，必须把等离子体参数提高或把反应堆尺度做得更大。而且，由于反应产生的都是带电粒子，没有穿透能力强的中子产生，同样反应速率下壁所承受的负载提高到 5 倍，也是难以解决的技术问题。但是，氦 3 反应由于没有中子辐照问题，还容许一些特殊的磁场位形，如使用内环导体。另一些类型聚变装置如磁镜，因为存在终端粒子损失，适于安装能量直接转换器，也被建议使用氦 3 燃料的堆型。所以用于氦 3 反应的聚变装置的原理和结构可能很不同于目前正在重点研究的托卡马克等类型装置。

然而地球上非常缺乏氦 3 且难于制造 (可用 D-D 聚变反应或 T 衰变)，大量的氦 3 只能从月球上寻找。月球上的氦 3 来自太阳风，源于太阳上进行的质子循环聚变反应。由于月球上没有大气，也没有磁层的保护，太阳风中的氦 3 常年淀积、积累在月球表面，储存在月壤中。1969 年人类第一次登月时，就已经证实了这一现象。从月球表面月壤样品的分析表明，约有 100 万吨氦 3 存在于月壤中。它们和不能作为核燃料的氦 4 并存。

开发氦 3 的方案是首先开采月壤，将其加热使氦气逸出。由于月球上的引力仅是地球上的 1/6，挖掘和运输都比地球上容易。可用月球上丰富的太阳能，使其转化为微波，将月壤加热到 600℃。在这样的温度下，90% 的氦气可以释放出来。由于月球表面处于真空环境，氦气的收集比地球上容易得多。月球上没有大气，昼夜温差很大。白天温度可达 130℃。可在这时进行排气作业。夜间温度降到 −183℃，可以进行低温同位素分离，从氦气中分离出氦 3。由于低温下氦 4 没有黏性而氦 3 有黏性，可利用这一特点制成分馏器对两种同位素进行分离。将分离得到纯度 99% 的氦 3 气体进行液化就可运输到地球。但是由于适合燃烧氦 3 的聚变装置的研究刚刚起步，所以在地球上利用氦 3 作为能源尚有很长的路要走。

　　鉴于氦 3 反应需要更高温度，曾提出混合运行方案，即先燃烧氘和氚，待聚变反应达到氦 3 反应所需要的高温时，再用氦 3 代替氚进行反应。在惯性聚变设计中，靶则做成混合结构，首先在氘氚区域点火，在整个靶区产生高温引发氦 3 反应，类似用裂变反应 (原子弹) 引爆氢弹的模式。但是这样的设计仍不能避免高能中子辐射问题。

图 1-2-7　纯静电约束装置原理

　　也曾建议使用**惯性静电约束装置**实现氦 3 聚变，例如，一种纯静电约束类型 (图 1-2-7)。它由两个同心球形栅网构成，内栅加负的高电压。从离子源注入的正离子被加速，并在内栅内外振荡，向中心聚焦，形成密的离子云，产生聚变反应。在这种装置上用氦 3 作燃料已得到 10^9 个质子的产额，近期可望用于医学。因为没有磁场或只有弱的磁场，远期可望用于氦 3 和其他先进燃料聚变。

　　在 JET 装置上曾将氦 3 作为少数离子，在离子回旋波段少数离子加热实验中得到 D-He^3 反应产生的聚变功率为 140kW。在 EAST 装置上也曾进行类似实验。

　　因为使用氦 3 作为先进燃料也须与氘反应，和 D-T 反应类似，也会发生 D-D 的副反应产生 2.45MeV 的中子，引起辐射效应，尽管较 D-T 反应弱。可以用增加燃料中氦 3 的比例或调整运转温度进一步减小这一效应。此外，^{3}He-^{3}He 也可进行产能的聚变反应，而且不存在产生中子的副反应。但是这一聚变反应要求更高的条件，在近期未能考虑。

　　先进燃料还有硼 11 等元素，在以下反应中

$$P + {}^{11}B \longrightarrow {}^4He(8.68MeV)$$

也只产生带电粒子。这一反应在高温 (几百 keV) 也有较高的截面，但存在排氦灰等技术问题。

5. 聚变–裂变混合堆

　　聚变反应提供中子，如氘氚聚变产生能量为 14MeV 的中子，而中子正是维持裂变的链式反应所必需的。将二者结合产生了聚变–裂变混合堆的概念。在这样的堆中，堆芯是一个聚变装置 (如托卡马克)，而在包围着等离子体的包层中则含有裂变燃料。而且，裂变燃料可用自然铀或钍而无须精炼。这样，聚变反应产生的中子及其所引起的核反应产生的次级中子可以在包层中引起裂变反应产生能量 (发电堆)，也可以对铀 238 或钍 232 起增殖作用以生产裂变燃料 (增殖堆)，也可用于处理裂变堆用过的 "乏燃料" 或核废料 (如长衰变寿命的锕系、Pu、^{137}Cs、^{129}I、^{99}Tc 等)(嬗变堆)。当然在包层中还可以用锂来增殖聚变反应所需的氚，或生产氚。

聚变-裂变混合堆对于聚变堆芯的要求低于纯聚变堆,其 Q 值 (能量增益因子 = 反应产生能量/输入能量) 可在 2 左右,而纯聚变堆则要求 $Q > 10$ 才能是经济的。作为裂变发生器的混合堆包层则处于亚临界状态,也较纯裂变堆安全。

和增殖堆比较,混合堆的增殖核燃料能力要比快中子堆高,因而可利用天然铀或工业贫铀作燃料,而无须像快堆那样,需要大量的铀 235 作初始装料。混合堆对燃料的增殖效率较快堆高几倍到几十倍。而快堆的倍增时间,即增值到可以用于同样功率的快堆的燃料时间可达几十年。此外,混合堆的安全性也优于快堆。

早在 20 世纪 50 年代就已提出聚变裂变混合堆概念。此后在国际上曾进行较大规模研究,也曾进入我国的 863 计划,但有关技术远未成熟。这种堆集聚变和裂变于一身,结构复杂。遭遇的困难部分来自聚变本身,即如何提供一个连续、稳定的中子源。其次,聚变堆的主要困难之一,即材料防辐射问题,在混合堆中变得更严重。这是因为,不但聚变反应室内结构材料受到来自聚变反应产生的中子的辐射,且几乎不能更换,而且一些部件如穿过裂变包层的射频波天线受到放射性燃料的辐射,防护问题更为艰巨。所以,距离聚变裂变混合堆的实现尚比较遥远。

1.3 实现聚变反应的条件

按照前面介绍的聚变反应率数据,当聚变等离子体达到一定温度时就会有聚变反应产生。聚变功率则与参加反应的两种粒子密度成正比,与反应速率系数成正比。但有聚变功率产生不等于可以实现作为能源的聚变堆。因为加热等离子体并维持一定的高温须耗费一定的能量,一些必要的部件如磁体也耗能,必须使反应产生的功率超过为加热等离子体所输入的功率,受控热核反应才算实现。因此必须研究为达到这一目标而需要的条件。J.D.Lawson 在聚变研究早期 (1957 年) 就研究过这一问题。往往把他得到的实现受控热核反应的条件称为 Lawson 判据。在这样的条件推导过程中,所采用的具体模型有所不同,因此得到数值略有差异的结论。

1. 点火条件

在磁约束聚变研究中,目前使用较多的是**点火条件**(ignition condition)。它假设仅用反应产生的、约束在磁场内的 α 粒子维持反应所需的温度,而无须外加热。单位体积的 D-T 反应产生的 α 粒子的功率为 $\frac{1}{4}n^2\langle\sigma v\rangle\varepsilon_\alpha$。其中 n 为总离子密度,D、T 两种离子各占一半;ε_α 为 α 粒子的能量 3.52MeV。单位体积等离子体的热能为 $W = 3nT$。T 是以 eV 为单位的等离子体温度 (假设电子温度与离子温度相等)。等离子体的**能量约束时间**(energy confinement time) 为 τ_{E}。它是系统温度通过能量输运降低到环境温度的时间常数,表征系统的绝热性能,可由公式 $\frac{\mathrm{d}W}{\mathrm{d}t} = P_{\mathrm{h}} - \frac{W}{\tau_{\mathrm{E}}}$ 定义,P_{h} 为单位体积加热功率。所以等离子体的能量损失速率是 $3nT/\tau_{\mathrm{E}}$。为弥补这一损失,保持等离子体处于聚变温度,须使 α 粒子的功率大于这一数值,因而得到聚变反应被 α 粒子能量维持的条件

$$\frac{1}{4}n^2\langle\sigma v\rangle\varepsilon_\alpha > \frac{3nT}{\tau_{\mathrm{E}}} \tag{1-3-1}$$

或写为

$$n\tau_{\rm E} > \frac{12}{\langle\sigma v\rangle}\frac{T}{\varepsilon_\alpha} \tag{1-3-2}$$

等式右侧仅为温度的函数。我们当然希望这个值最小。$T = 30\rm keV$ 大致相当于这个最小值。将这一温度的 $\langle\sigma v\rangle$ 值和 α 粒子的能量代入,得到 D-T 反应的点火条件为

$$n\tau_{\rm E} > 1.5\times 10^{20}{\rm m}^{-3}\cdot{\rm s} \tag{1-3-3}$$

由于能量约束时间 $\tau_{\rm E}$ 往往与等离子体温度有关 (随温度升高而降低,见图 1-3-1),有时也用三乘积 $n\tau_{\rm E}T$ 来表征点火条件。最低的三乘积并不对应最低的 $n\tau_{\rm E}$ 值,而取 $T = 10\sim 20\rm keV$ 为适宜。相应的 D-T 点火条件是

$$n\tau_{\rm E}T > 3\times 10^{21}{\rm m}^{-3}\cdot{\rm s}\cdot{\rm keV} \tag{1-3-4}$$

这一条件是根据均匀分布的等离子体参数模型得到的。对于温度和密度都是抛物线分布情况,式 (1-3-4) 右方数值应为 $5\times 10^{21}{\rm m}^{-3}\cdot{\rm s}\cdot{\rm keV}$。

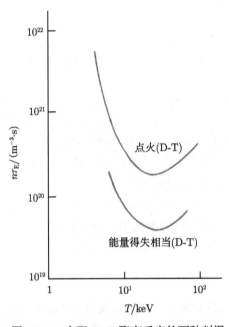

图 1-3-1   实现 D-T 聚变反应的两种判据

2. 得失相当

一个判断聚变反应装置水平的重要参数为 **能量增益因子** Q 值,即聚变功率和加热功率之比

$$Q = \frac{\frac{1}{4}n^2\langle\sigma v\rangle\varepsilon_{\rm f}V}{P_{\rm H}} \tag{1-3-5}$$

其中 $\varepsilon_{\rm f} = 5\varepsilon_\alpha$ 为聚变产生能量,V 为等离子体体积,$P_{\rm H}$ 为加热功率。$Q = 1$ 为零功率输出,又称 **得失相当**(breakeven)。它是比点火还要低的一个判据 (图 1-3-1)。对于 D-T 反应,得失相当条件约为 $n\tau_{\rm E} > 0.4\times 10^{20}{\rm m}^{-3}\cdot{\rm s}$。

在点火条件下，无须外加热，完全依靠聚变反应产生的高能 α 粒子维持等离子体温度，$Q = \infty$。这里讨论的是稳态情况，对于激光聚变那样的脉冲运行模式，应考虑将燃料加热到点火温度的能量，点火条件是 $Q = 5$。

3. Lawson 判据

在以上聚变反应能量平衡问题研究中，引进能量约束时间概念，而不计能量损失的具体形式。而早年 J. D. Lawson 首先考虑取得聚变能的可能性时，他只考虑到离子的轫致辐射作为反应时的能量损失机构。这是因为当时对等离子体的输运仍持很乐观态度，而且，无论输运如何改善，只要等离子体充分透明，轫致辐射都是不可避免的能量损失机构 (当然还应考虑强磁场中的回旋辐射)。他当时也未考虑杂质问题。所以，他导出的判据是取得聚变能的最基本条件，也是约束改善的最终极限。由于轫致辐射功率和反应离子密度的平方 n^2 成正比，聚变产生功率也与 n^2 成正比，二者的比率只和温度有关。大约在离子温度为 4.3keV 的时候二者相等，所以实现聚变的温度应比这个值大得多，和以上分析相符。

在 Lawson 提出的计算模型中，考虑到聚变反应所产生的所有能量经一定转换效率返回加热等离子体，并考虑到轫致辐射损失，得到反应可持续下去的条件。这一条件称 Lawson 判据 (Lawson criterion)。这一条件对 $n\tau_E$ 值的要求在图 1-3-1 上大致处于能量得失相当和点火值两曲线之间，所得数值和使用的具体模型有关。当热能到电能的转换效率为 1/3 时，对于 D-T 反应约为 $n\tau_E > 0.5 \times 10^{20}\mathrm{m}^{-3}\cdot\mathrm{s}$，较能量得失相当条件稍高。

Lawson 原始的计算是针对脉冲运行情况的，因此要将等离子体加热到聚变温度所需能量计算在内。当等离子体所持续时间 (放电脉冲长度) 较能量约束时间大得多时，这一初始的能量投入可以忽略。实际装置运行情况正是这样的。

在 Lawson 的计算中，将轫致辐射损失放在能量约束时间所考虑的能量损失机制之外。为区别这种只考虑传导损失和扩散损失的能量约束时间，有时称前面所说的包括辐射损失的能量约束时间为 **整体**(global) 能量约束时间。实验上容易测量的是这种整体能量约束时间。

以上提出的几个判据的具体数值都十分近似。这不但由于所采取的模型不同，能量约束时间意义不同，而且因为所考虑的都是理想情况，一般忽略杂质的存在，而且认为聚变产生的 α 粒子都能约束在等离子体内，所以它们只是个数量级的概念。

从 20 世纪的 50 年代到 90 年代，人们在聚变研究中把达到 Lawson 判据或点火条件当作阶段奋斗目标，并认为，这些数值接近的条件是受控聚变能应用科学可行性的判据。在这个任务完成后，尚须相继证实其工程可行性和商业可行性，利用受控聚变反应作为能源的目标才算达到。

1.4　带电粒子在磁场中的运动

如上所述，作为能源的聚变反应必须在几亿摄氏度以上的高温下进行。聚变燃料在这样的环境下必然全部电离，以带电粒子形态 (电子和离子) 存在。磁约束聚变以磁场约束带电粒子组成的等离子体，其理论基础之一就是带电粒子在磁场中的运动规律。等离子体中的离子一般带正电，有些情况下也有离子带负电，称负离子。此处暂且只考虑正离子。

1. 回旋运动和粒子漂移

回旋运动　电荷为 e, 质量为 m 的带电粒子在磁场中受到与磁场 $\vec{B}$ 和自身运动速度 $\vec{v}$ 垂直的洛伦兹力的作用。运动方程为

$$m\frac{\mathrm{d}\vec{v}}{\mathrm{d}t} = e\vec{v} \times \vec{B} \tag{1-4-1}$$

如果磁场是均匀的, 粒子在与磁场垂直的平面上做圆周运动 (图 1-4-1), 称为回旋运动。带电粒子回旋运动的圆频率为

$$\omega_{\mathrm{c}} = \frac{eB}{m} \tag{1-4-2}$$

称**回旋频率**(cyclotron frequency), 此处电荷 e 取绝对值。这一频率与荷质比有关, 与磁场强度有关, 与粒子速度无关。由于与粒子携带电荷 e 有关, 不同电荷符号的正离子和电子的回旋运动反向相反。以右手拇指为磁场方向, 电子运动在其余四指方向, 称右旋, 和正螺纹方向一致; 正离子运动则相反, 称左旋。

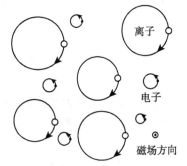

图 1-4-1　带电粒子在磁场中的回旋运动

在 IS 单位制中, 电子回旋频率可写为

$$f_{\mathrm{ce}} = 2.8 \times 10^{10} B$$

当磁场为 3T 时, 电子回旋频率为 84GHz。离子回旋频率为

$$f_{\mathrm{ci}} = 1.52 \times 10^{7} ZBA^{-1}$$

其中, Z 为电荷数, A 为质量数, 或相对于质子的离子质量。3T 磁场时的 H 离子 (质子) 的回旋频率为 45.6MHz, D 离子则为 22.8MHz。

回旋运动的中心称**导向中心**(guiding center)。回旋运动的半径是

$$r_{\mathrm{L}} = \frac{v_{\perp}}{\omega_{\mathrm{c}}} = \frac{mv_{\perp}}{eB} \tag{1-4-3}$$

称**回旋半径**或 **Larmor 半径**(Larmor radius)。磁场不影响带电粒子沿磁力线的运动。所以零阶近似下粒子在垂直和平行方向 (相对于磁场) 的运动是各自独立的。总的运动是回旋运动和导向中心沿磁力线运动的合成, 运动轨迹是一条螺旋线。

处在磁场 B 中温度为 T_{e}(单位为 keV) 的平均电子回旋半径可表示为

$$r_{\mathrm{Le}} = 7.53 \times 10^{-5} T_{\mathrm{e}}^{1/2} B^{-1}$$

处在 3T 磁场中温度为 5keV 的电子回旋半径为 0.056mm。离子的平均回旋半径为

$$r_{\mathrm{Li}} = 3.23 \times 10^{-3} A^{1/2} T_{\mathrm{i}}^{1/2} Z^{-1} B^{-1}$$

A 和 Z 分别为其质量数和电荷数。处在 3T 磁场中温度为 5keV 的 H 离子和 D 离子的回旋半径分别为 2.4mm 和 3.4mm。而 D-T 聚变反应产物, 能量为 3.52MeV 的 He 离子 (α 粒子)

在同一磁场下的回旋半径为 6.3cm。这都是在麦克斯韦速度分布下的平均值，都远小于实验装置的尺度。

磁场约束等离子体的条件是磁场要足够强，使带电粒子的回旋半径远小于装置的尺寸。这样的等离子体称为**磁化等离子体**(magnetized plasma)。另外，等离子体密度要足够低，以使粒子间的碰撞不致影响回旋轨道的形成。从磁流体模型角度考虑，由于磁约束装置中用磁场约束等离子体，磁压强要与动力压强平衡，在技术上，磁场强度有一定限制，也就限制了最高的动力压强。而系统温度必须达到聚变温度，所以适宜的粒子数密度在 $10^{20} \sim 10^{22} \mathrm{m}^{-3}$，相应常温下气压 1Pa 以上，与具体装置类型有关。常温大气压下的粒子密度是 $2.7 \times 10^{25} \mathrm{m}^{-3}$，所以反应必须在真空容器中进行。

粒子漂移 当磁场不是均匀场时，只要磁场有足够的强度，上述运动模式仍成立。此时，粒子运动可分解为垂直和平行于磁场的两独立部分。垂直方向做回旋运动，平行方向运动不受磁场影响。但与均匀磁场情况不同的是，粒子的导向中心不是严格地沿磁场方向运动，而是有所偏离。或者说，产生一个垂直方向的运动，称为**漂移**(drift)。漂移一词意味着运动速度较回旋运动速度低，不影响上述回旋运动图像。当粒子受到一个垂直于磁场的非磁力 (如静电力、重力) 作用时，也会产生漂移。

以上所说的带电粒子在磁场中的运动模式称为漂移近似。漂移近似成立的条件是 $|\nabla B| r_{\mathrm{L}} \ll B$，$\dfrac{\partial B}{\partial t}/\omega_{\mathrm{c}} \ll B$，即在 Larmor 半径的空间范围内或回旋周期的时间范围内，磁场变化不大。

在不均匀磁场中，粒子会发生磁场漂移。它由梯度漂移和曲率漂移组成。二者运动方向相同，但物理机制不同，然而二者永远共存。这是因为按照真空中的麦克斯韦方程 $\nabla \times \vec{B} = 0$，有空间梯度的非均匀磁场总是弯曲的。这一漂移速度可表为

$$\vec{v}_{\mathrm{B}} = (W_{\perp} + 2W_{\parallel}) \frac{\vec{B} \times \nabla B}{eB^3} \tag{1-4-4}$$

其中第一项是**梯度漂移**，第二项是**曲率漂移**；$W_{\perp}$ 和 $W_{\parallel}$ 分别为粒子的垂直运动动能和平行运动动能。这个公式与粒子电荷有关，所以正离子和电子的漂移方向相反，可能在等离子体中产生电荷分离。因为垂直方向运动有两个自由度，而平行方向只有一个，所以在速度各向同性时，$W_{\perp} = 2W_{\parallel}$，梯度漂移和曲率漂移的贡献是一样的。在托卡马克这种强磁场环形装置中 $|\nabla B| \approx B/R$，速度各向同性时，这个漂移速度可近似写为

$$v_{\mathrm{B}} = \frac{2T}{eBR}$$

对于电子和质子，当 $T = 5\mathrm{keV}$，$B = 3\mathrm{T}$，$R = 2\mathrm{m}$ 时，$v_{\mathrm{B}} = 1.67\mathrm{km/s}$，远小于热速度。

当存在垂直磁场方向的静电场时，产生与电场、磁场都垂直的**电漂移**。其速度表为

$$\vec{v}_{\mathrm{E}} = \frac{\vec{E} \times \vec{B}}{B^2} \tag{1-4-5}$$

这一速度与粒子电荷无关，对所有带电粒子都是一致的，不产生电荷分离。

2. 绝热不变量

磁矩(magnetic moment) 一个圆电流圈的磁矩定义为它的电流乘圈面积。在磁场中做回旋运动的带电粒子相当于一个电流圈。它的电流为其旋转频率乘电荷 $\omega_{\mathrm{c}} e/2\pi$，半径为 r_{L}

的圆的面积为 $\pi r_{\mathrm{L}}^2 = \pi(v_\perp/\omega_{\mathrm{c}})^2$，所以带电粒子的磁矩是

$$\mu = \frac{\frac{1}{2}mv_\perp^2}{B} \tag{1-4-6}$$

无论正电荷还是负电荷，磁矩的方向总与外磁场相反，所以等离子体在磁场中总表现为逆磁性。可以证明，当磁场随时间或空间缓慢变化时，磁矩守恒，称**绝热不变量**(adiabatic invariant)。磁矩是磁化等离子体中第一个绝热不变量。

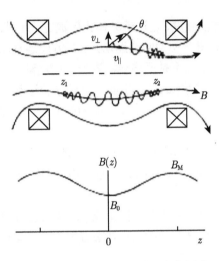

图 1-4-2　带电粒子在磁镜场中的运动

当一个带电粒子沿磁场并向强场方向运动时(图 1-4-2)，由于磁场增强，磁矩守恒，其垂直磁场方向的动能逐渐增加。若不存在电场，由于总动能守恒，必然使平行磁场方向的动能减少。或者说，平行方向的动能逐渐转化到垂直方向。如果在粒子运动径迹上磁场继续增加，粒子平行方向的动能总会耗尽，使粒子返回运动，并产生相反的过程。这样在平行方向增强的磁场形态称**磁镜场**(mirror field)。上述过程称磁镜场对带电粒子的反射。根据这一原理做成的等离子体约束装置称为**磁镜**(mirror)。假设粒子从磁场为 B_0 处出发，其速度方向与磁场夹角为 θ，这角通常称为**投射角**(pitch angle)。那么，这个粒子在哪一点反射呢？我们假设这点的磁场为 B_{M}。从磁矩守恒和动能守恒不难证明

$$\sin^2\theta = \frac{B_0}{B_{\mathrm{M}}} \tag{1-4-7}$$

可以利用这一原理约束等离子体。这样的磁场通常是轴对称的，磁场平行对称轴。两端最大磁场为 B_{M}，中心磁场为 B_0。它们之比 $R = B_{\mathrm{M}}/B_0$ 称为**磁镜比**(mirror ratio)。使用以上同一公式，在中心处的速度空间里，投射角小于 θ 的粒子均不被反射而逸出磁镜场；投射角大于 θ 的粒子将被反射而约束。所以中心处速度空间里投射角为 θ 的圆锥称**损失锥**(loss cone)。它和磁镜比 R 的关系是

$$\sin\theta = \frac{1}{\sqrt{R}} \tag{1-4-8}$$

纵向绝热不变量(longitudinal adiabatic invariant)　一个约束在磁镜中的粒子在两端强磁场之间做往返运动。与这一运动有关的一个积分

$$J = m \oint v_{||}\mathrm{d}l = 2\int_{z_1}^{z_2}[2m(W - \mu B)]^{1/2}\mathrm{d}l \tag{1-4-9}$$

称为纵向绝热不变量，z_1, z_2 是两个反射点 (图 1-4-2)，$W = \frac{1}{2}mv^2$ 是粒子动能。

在我们前面讨论过的简单模型中，带电粒子沿方向不变而强度变化的磁镜场中往返运动或称反弹，就其导向中心运动而言，无论时间和空间都是周期运动，上述积分 J 是固定

不变的。但对于一个具体的磁镜场，在横向总有一定宽度。所以，即使这一磁镜是轴对称的，偏轴的部位的磁力线在磁镜端部是弯曲的。当粒子沿磁力线运动到这一区域时，会发生磁场梯度和曲率漂移，做围绕对称轴的旋转。这时，在一个反弹周期后，粒子未必回到起始的磁力线上。但由于 z_1 和 z_2 两反射点的间距不变，积分 J 也是不变的。如果图 1-4-2 所示的磁镜场的对称轴发生弯曲，原对称轴两侧的磁力线也随之发生不对称变化 (如地球磁场产生的磁镜场)。粒子在做反弹运动时，z_1 和 z_2 两点的间距可能改变。可以证明，在粒子往返运动所沿磁场在空间缓慢变化时，积分 J 是一个不变量。同样可以证明，当磁场随时间缓慢变化时，积分 J 也是不变的。所以这个量也属于绝热不变量。在它的绝热条件中，要求磁场随空间和时间缓慢变化是相对于约束在磁镜场中带电粒子的反弹运动周期而言的，较第一个绝热不变量 (磁矩) 的绝热条件更为严格。

第三个绝热不变量 以地球磁场为例，由于地球磁力线的弯曲，粒子在沿磁力线运动时，还做第三种周期运动，就是沿地球纬度方向的漂移。与这个周期运动相关的绝热不变量是其轨道围成的总磁通 Φ (图 1-4-3)。

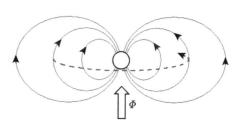

图 1-4-3 第三个绝热不变量

在环形等离子体装置中，上述三种周期运动分别为带电粒子的回旋运动，由于磁场内外不均匀造成的磁镜场产生的捕获粒子 (香蕉粒子) 的反弹运动，以及捕获粒子环向进动。在一般情况下，这几种周期运动所对应的绝热不变量可认为是守恒的。一些高能粒子如聚变反应产生的 α 粒子的环向进动所对应的绝热不变量 Φ 对于低频的扰动可认为是守恒的，对高频扰动则可能不守恒。

3. 环形装置中的粒子漂移

环形装置是一种重要的磁约束聚变装置。在环形稳态或准稳态装置中，约束磁场是外线圈产生的环向磁场。在轴对称位形中，根据安培定律，这一磁场为

$$B = \frac{\mu_0 I}{2\pi R} \tag{1-4-10}$$

其中，$\mu_0 = 4\pi \times 10^{-7} \mathrm{H/m}$ 是真空中的磁导率，I 为通过中心孔的总电流，R 是与中心轴的距离。

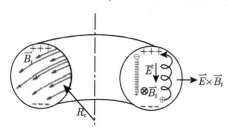

图 1-4-4 环形装置中的粒子漂移

所以，这一环向磁场与半径成反比，其梯度 ∇B 指向中心。因此磁场漂移的方向与环面垂直，视粒子电荷符号向上或向下运动。这样，在纯环向磁场中，就会发生垂直方向的电荷分离。这一空间电荷继而产生垂直方向的电场。这一电场与环向磁场作用产生电漂移。这一电漂移方向朝向环的外侧，严重破坏了对粒子的约束，成为环形约束装置必须解决的问题 (图 1-4-4)。

为解决这一问题，必须改变纯环向磁场位形。方法是引进一个极向或称角向磁场，使合成磁场为环绕环轴的螺旋形。极向磁场使等离子体上下 "短路"。带电粒子可沿螺旋磁力线

从上方运动到下方或相反，使磁漂移产生的电荷分离复合，消除电荷分离造成的静电场，实现等离子体约束。

4. 非绝热区的处理

在磁约束装置中，必须用一定强度的磁场约束高温等离子体。在这样的磁化等离子体中，带电粒子沿磁力线运动而不致流失。此时磁场结构基本符合漂移近似所需要的绝热条件，所以可以应用漂移近似方法处理。但是也可能存在少数区域，不符合或不完全符合这些条件，称为非绝热区。例如，在某些类型的磁约束装置中存在零场区，在托卡马克等离子体中由于宏观不稳定性也可能存在包含零场区的磁岛结构。在这些区域，磁矩可能不守恒，在考虑粒子运动时，须进行更准确的轨道计算。

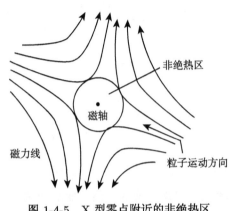

图 1-4-5　X 型零点附近的非绝热区

这样的零点是二维性质的，实际构成磁轴，可区分为 O 型和 X 型两种。对 X 型零点 (图 1-4-5) 来说，可用比较简单的近似方法处理粒子运动。这一方法在零点附近划出一个非绝热区。它是以零点为圆心的一个圆，半径是相应圆周上磁场的回旋半径。附近和这个圆相切的磁力线就构成四个粒子通道。当一个粒子沿其中一个通道进入非绝热区时，恰如一辆汽车到达十字路口，有四种选择：向前、右转、左转和返回。由于粒子运动已不符合漂移近似，在非绝热区的运动是随机的，进入四个通道的几率是一样的。这一过程称为粒子在非绝热区的散射。粒子进入某一通道时，继续在漂移近似下运动。

1.5　磁约束聚变和惯性约束聚变

高温聚变等离子体在动力压强作用下，迅速膨胀。为维持所需要的反应密度，必须将聚变物质予以约束。上面我们所说的要达到点火对 $n\tau_E$ 值及温度 T 的要求，用文字来表述就是要求将一定温度和密度的反应粒子约束在反应器中。所以受控热核聚变的基本问题就是等离子体约束。实际存在的和可行的约束方法有引力约束、磁约束和惯性约束。

引力约束　发生在太阳和其他恒星上的聚变反应属于引力约束。这些星体巨大的质量所产生的引力使其中心区域保持很高的密度，保证聚变反应持续进行。鉴于引力的吸引性质，引力源必须置于等离子体区域以内，或者就是等离子体本身。又由于引力远弱于电磁力，这个引力源尺度必须远大于工程许可的程度，所以我们无法在工程上利用引力约束等离子体。

1. 磁约束聚变

由于带电粒子在磁场中趋于沿磁力线运动，磁场可以起到约束粒子的作用，利用这一原理来实现受控热核聚变称为磁约束聚变。

从磁场位形(configuration) 的拓扑可将磁约束聚变装置划分为两大类：**开端装置**和**封闭形装置**(图 1-5-1)。开端装置的典型代表是利用磁镜效应 (图 1-4-2) 建造的磁镜。在开端装置中, 两端有开放的磁力线。部分带电粒子可沿这样的磁力线逸出, 称为**终端损失**。如何减少终端损失是开端装置必须解决的问题。封闭形装置一般为环形, 磁力线完全封闭在等离子体区域中。但是, 如上所述, 在这样的非均匀磁场中, 带电粒子并不完全沿磁力线运动, 而造成所谓漂移损失。在不同的环形装置中采取不同的方法解决漂移问题。其典型代表是**托卡马克**(tokamak) 和**仿星器**(stellarator)。在托卡马克中用环形等离子体电流产生极向磁场, 所以这种装置又称**环流器**。在仿星器中用外加螺旋线圈产生极向磁场。

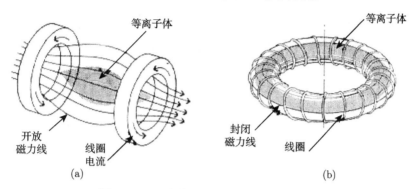

图 1-5-1　开端装置 (a) 和封闭形装置 (b)

在磁约束等离子体装置中, 一个相当重要的等离子体参数是**比压值**(beta ratio)。它定义为等离子体动力压强和磁压强之比

$$\beta = \frac{p}{B^2/2\mu_0} \tag{1-5-1}$$

为达到聚变条件, 在一定的磁场强度下希望得到高的比压值。对一个约束装置而言, 一般定义代表该装置性能的比压值为平均动力压强或最大动力压强与磁场的比, 此时比压一般小于 1。$\beta \sim 1$ 的装置称为高比压装置。托卡马克和仿星器均属于低比压装置。

作为聚变条件的三乘积可写为 (不计常数因子)$n\tau_E T \propto p\tau_E \propto \beta B^2 \tau_E$。其中磁场 B 的强度受技术条件的限制。为提高这个三乘积, 比压值 β 和能量约束时间 τ_E 是非常重要的参数。能量约束时间 τ_E 由物理过程决定, 一般短于放电持续时间。

磁约束聚变技术的其他应用　一些比较简单的磁约束等离子体装置如等离子体焦点常用来作为 X 射线源或中子源。D-T 聚变反应产生的能量为 14MeV 的中子可直接或间接用在很多技术部门。这样的高能中子通过水会产生高能 γ 射线, 可用于工业探伤和医疗。

一些聚变装置如**球形环**(spherical torus) 适于作成体中子源, 有多种用途。例如, 一台聚变功率为 300MW 的球形环中子源可年产氚 2 千克。在聚变堆的包层中, 还可产生各种有用的放射性同位素, 如 ^{32}P, ^{56}Mn, ^{60}Co, ^{99}Mo 等。另一种磁约束装置 **Z 箍缩**(Z-pinch) 也可用于中子源和 X 射线源。

一些聚变装置的设计概念用于空间飞行器的等离子体推进。和化学燃料比较, 它具有较大的比冲 (推力和消耗燃料之比), 适合于深度空间探测 (行星际飞行) 和火箭的方位调整。虽然目前主要应用的是霍尔推进器, 但几乎所有的磁约束聚变装置类型原则上都可以用在空间推进。

磁约束聚变研究带动了等离子体技术的发展。这些技术已广泛深入国民经济、国家安全、日常生活的各个领域，形成规模巨大的产业。众所周知的例子是集成电路产业、等离子体显示、照明、等离子体材料合成和表面处理等。

2. 惯性约束聚变

惯性约束聚变实际上不对等离子体做任何外界约束，只依靠粒子本身的惯性。因为作用时间短，所以要求等离子体有很高的密度。一般将聚变燃料做成靶丸，而驱动源可以是大功率激光、Z 箍缩驱动器或强流粒子束。

惯性约束聚变概念起始于 20 世纪 60 年代。1963 年苏联科学家 N. G. Basov，1964 年中国科学家王淦昌分别独立提出用高功率激光器辐照聚变燃料靶丸实现聚变反应的设想。1972 年美国 Livermore 国家实验室的 J. Nuckolls 公布了一些计算结果，提出了内爆等基本概念，惯性约束聚变，主要是激光聚变才成为与磁约束聚变平行发展的另一聚变研究途径。

我们推导靶丸充分燃烧的条件。假设燃料离子在靶丸内以声速 $\sqrt{T/m}$ 运动，T 和 m 分别为离子的温度和质量。它飞出靶丸的时间是 $t = R/\sqrt{T/m}$，R 是靶丸半径。这个时间相当于磁约束的能量约束时间 τ_E。我们希望在这时间内，靶丸能燃烧完全，也就是

$$\frac{1}{4} n^2 \langle \sigma v \rangle t \geqslant n \tag{1-5-2}$$

将 t 代入后，得到对靶丸面密度的要求

$$\rho R \geqslant \frac{4\sqrt{mT}}{\langle \sigma v \rangle} \tag{1-5-3}$$

其中，ρ 为材料质量密度。这一条件称**高增益条件**。典型值是 $\rho R \geqslant 3\text{g/cm}^2$，$T = 50\text{keV}$。制造靶丸的 DT 冰材料的密度 $\rho = 0.2\text{g/cm}^3$，但是经内爆压缩后，密度可提高 3 个量级。

惯性聚变的特点是驱动器和聚变靶分离。在考虑能量得失时，可以只研究靶中的过程，而将驱动器的能量转换效率另作考虑。可定义**增益因子**G 为聚变能量产额与驱动器输出能量之比 (惯性聚变一般都采用脉冲工作制度)。为与磁约束聚变的增益因子 Q 区别，也称 G 为靶增益因子。

惯性约束聚变的能量转换和平衡关系可见图 1-5-2 (S. Atzeni and J. Meyer-Ter-Vehn, The physics of inertial fusion, Clarendon Press-Oxford, 2004)。其中 G 为靶增益因子，η_d 为驱动器将电能转换为光能 (假设驱动器为激光) 的效率，η_{th} 为聚变发出的热能转换为电能的效率，f 为从得到的电能中所抽取输入到驱动器的比例。能量平衡要求

$$f\eta_d \eta_{th} G = 1$$

如果 $\eta_{th} = 40\%$ 并要求返回能量小于 25%，则需要使 $\eta_d G > 10$。而驱动器效率为 10%~33%，所以输出能量要求增益 $G = 30 \sim 100$。

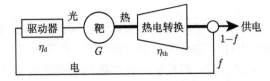

图 1-5-2　惯性约束聚变堆的能量转换

有两种惯性约束聚变方案 (图 1-5-3)。一为**直接驱动**(direct drive)，此时将冷冻的氘氚靶丸做成球形，直径为 2~3mm，在激光或其他能量束照射时，表面物质被迅速加热形成高速膨胀的等离子体，也驱动内层物质向心运动，压缩和加热内层聚变物质，称为**内爆**(implosion，又称爆聚)。在充分的压缩和加热条件下，中心区域迅速达到聚变温度，产生聚变反应，释放出高能 α 粒子，靠 α 粒子加热维持聚变温度，即达到点火。α 粒子向外传播，进一步加热整个靶丸，完成聚变燃料的充分燃烧。

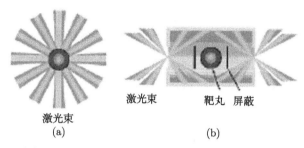

激光束 靶丸 屏蔽

激光束
(a)

(b)

图 1-5-3　激光聚变的直接驱动 (a) 和间接驱动 (b)

另一方案为**间接驱动**(indirect drive)。此时靶丸置于一个球形或圆桶形空腔中。此腔用高原子序材料 (如金) 制成，近似黑体，称为**黑腔靶**(hohlraum)。激光通过黑腔靶上的小孔入射，在腔的内壁上产生 X 射线，形成均匀的辐射场。处于腔中心的靶丸在 X 射线照射下烧蚀外喷，并形成激波内爆，产生聚变反应。直接驱动点火要求的激光能量为 0.3~1MJ，而间接驱动点火为 2MJ。

激光聚变　在惯性聚变研究中，迄今为止取得最大进展的是激光聚变。这种方法主要使用高功率钕玻璃激光器，脉宽 ns(10^{-9}s) 量级，多路激光束的脉冲能量可达 MJ。因为电磁波在等离子体中传播的截止频率与密度有关，短波激光有更强的穿透能力，往往用倍频晶体将基频激光束转换成二次甚至三次倍频使用。

早期提出的方案是采用多路激光，从各方向对靶丸均匀压缩加热，使得靶丸中心达到最高温度和密度，首先进行聚变反应。这一方案称为中心点火聚变。它不但要求大的激光功率，而且要求加热有精确的空间对称性，在技术上提出很高的要求。

1994 年，提出了**快点火**(fast ignitron) 概念。其背景是基于啁啾(chirped) 技术研制出一种宽度从 ps(10^{-12}s) 到 fs(10^{-15}s) 的超短脉冲激光，经透镜聚焦后在靶丸表面可以产生高于 10^{20}W/cm^2 的面功率密度。这一超强的交变电磁场驱动的电子是相对论性的，可以在等离子体内产生打洞、自聚焦、定向高能电子束等效应。快点火概念就是将压缩和加热过程分开，采用一束超短脉冲激光入射到已压缩的靶丸壁上。它所产生的等离子体中的高能电子将达到靶丸核心触发核聚变。预计快点火可以使点火能量降低一个量级。

目前激光聚变取得很大进展。点火要求的分项指标 (温度、爆聚速度、压缩比) 都在不同的实验里分别达到。美国的点火装置 NIF(National Ignition Facility) 已建成。它由一个 192 束，总共 1.8MJ, 500TW 的激光系统和一个靶室构成。另一点火装置是位于法国的 LMJ(Laser Mégajoule)，正在建设中。它的激光能量和功率分别为 1.8MJ 和 550TW。

NIF 的初步实验目的是增益因子达到 5~10，压缩后靶丸中心密度达到 1kg/cm^3，面密度达到 ρR=1.5g/cm^2。运行结果是一些指标分别达到或接近，但是反应率低于计算预期半个到一个量级, 认为是不稳定性所致。

我国的惯性约束聚变研究主要集中在中国工程物理研究院。目前主要研究设备之一是位于上海的神光-II 装置。这是一台 8 路的激光器, 使用三倍频 (0.35μm) 输出 3kJ, 脉宽 1ns。2015 年一台更大规模装置神光-III 在四川绵阳建造成功。这是一台 48 束的激光装置, 每束脉宽 1~3ns, 输出基频激光能量 7.5kJ, 三倍频 3.75kJ。它将进行深入的靶物理研究, 并在可能的条件下进行点火实验。

目前的激光聚变仍主要采用闪光灯泵浦的钕玻璃激光器。由于激光棒在工作后要求冷却, 这种激光器面临提高重复频率的困难, 而在惯性聚变堆中需要大约 10Hz 的重复频率。其他材质和二极管泵浦方案也在发展之中。此外, 一些气体激光如准分子激光, 也是将来聚变点火的可能选择方案。原子能科学研究院主要发展 KrF 准分子激光器作为惯性聚变的驱动源。主要设备天光-I 的指标是输出能量 200J, 脉宽 23ns。

粒子束聚变   虽然激光聚变取得了很大的成绩, 但是这一途径的缺点也是明显的, 特别是驱动器的能量转换效率低、重复频率低。20 世纪 70 年代以后发展了另一种驱动器, 即强流粒子束。在强流粒子束聚变研究中, 最先开展的是电子束, 后来重点转为离子束。离子束又分轻离子束和重离子束。强流电子束和强流轻离子束的产生方法相似, 装置由三部分组成: 高压电源、高压脉冲成形和传输, 以及产生束的二极管。电子束由场致发射二极管产生, 发射轻离子束的二极管则有多种类型。强流重离子束由射频直线加速器或感应直线加速器产生, 脉宽为微秒量级, 须经进一步压缩使用。离子束用于聚变的点火要求是离子能量 10~30MeV, 束功率 300~500TW, 也有直接驱动、间接驱动两种方式。

实现惯性聚变的另一可能途径是 **Z 箍缩**等离子体。Z 箍缩原来属于快过程磁约束等离子体概念, 近年来将其归入惯性约束研究范围。它是一个在很短时间内产生的放电等离子体柱。其电流和电流产生的磁场形成向内的箍缩将等离子体加热。这样的装置可以做得很简单, 所以在聚变研究早期即已出现。后来这一概念经长时期演变后, 在 20 世纪 90 年代初期, 由于脉冲功率技术的进展和实验方法的改进, 以及在惯性约束方面的应用, 又取得很大进展。在其发展中, 一项关键的技术改进是金属丝阵列的应用。这样的重金属 (一般为钨) 丝通过强电流爆炸形成箍缩等离子体, 发出强的 X 射线, 可以对聚变弹丸进行直接驱动或间接驱动。所用空腔有单腔和双腔两种。点火所需的射线源的功率为 1000TW, 能量为 16MJ。

惯性聚变技术的应用   和磁约束聚变比较, 在等离子体的参数空间中, 惯性聚变处于等离子体密度很高、温度较低的区域, 脉冲时间也很短。其物态和恒星内部以及核爆炸时的状态接近。而且, 惯性约束聚变的内爆压缩和聚变点火燃烧过程, 以及所产生的高能量密度状态的物质特性, 与核爆炸密切相关, 可用于核爆炸的模拟研究。

此外, 惯性约束等离子体还广泛用于技术和科学研究的各个方面。例如, 发展很快的激光粒子加速。其原理基于一种尾场加速机制。当一束强激光或电子束在等离子体中传播时, 在束的尾迹处会产生高梯度、大振幅的等离子体波, 并以光速传播。这一尾场可以约束、加速带电粒子到相对论的速度。因为电场发生在等离子体中, 没有材料耐压极限的限制。

强激光, 特别是短波长激光, 可产生一种**温密物质**(warm dense matter)。它是温度接近费米温度 (相当于费米能量的温度, 费米能量是金属中电子未填满的最高能级能量), 且与粒子间相互作用能可比较的物质形态。在实验室中, 激光聚变绝热压缩的热核燃料在点火发生之前的一段时间处于这种状态，或者超快激光在比流体响应时间短的时间内加热靶也可达到这种状态。此时，因为光子能量高，电离方式主要为光电离，而不再是碰撞电离。这时电离速率高，而且光子能量超过电离阈值部分用以加热，所以可通过调节波长控制等离子体有较低的温度。这样的物态介于等离子体和固态之间，属于强关联等离子体并需考虑量子效应。在自然界，白矮星、木星内部属于这样的物态。

也有人提出融合惯性和磁约束聚变两种概念的方案，用激光产生等离子体再用磁场约束。但这两概念相差太远，主要问题是激光加热的是电子，为保证能量向离子转移，须有高的粒子密度，而在高密度下，所需约束磁场要相当强 (20T 以上)，有一定技术难度。

除去上述两种主要的研究途径以外，也有很多非主流的方案提出。撞击聚变是其中一种。

撞击聚变 (impact fusion) 也属于惯性聚变，是在激光发明之前提出的概念。这一方案用高速运动的弹丸冲撞固体靶产生高温高密度等离子体，以实现聚变反应。靶和弹丸都可用聚变燃料做成。这样的弹丸大约重 1g，加速到 1000km/s 以上。通过适当的靶面形状设计，可以实现材料的三维压缩，增加加热效率，降低对弹丸的要求。这种聚变的优点是可能有高的能量转换效率，面临的主要技术问题是如何加速，以及靶丸材料强度如何承受很高的加速度。在多种加速方案中有电磁轨道枪、轻气体枪、静电加速等，但目前难以达到所需要的速度。此外靶物理仍不很清楚。

1.6　磁约束聚变研究的历史

1. 发展简史

20 世纪 50 年代初期，当人们研究不可控聚变反应——氢弹的时候，就开始着手研究受控聚变反应。1951 年苏联科学家 I. E. Tamm 和 A. D. Sakharov 提出环形聚变反应堆的设想。在苏联使用大半径 25cm 小半径 3cm 的玻璃管进行了小型实验。1955~1956 年，V. D. Shafranov 等研究了环形放电的平衡和稳定性问题，从而奠定了托卡马克装置的基本理论。苏联在这期间还试验了不同材料的真空室，这也是后来托卡马克取得成功的关键技术问题之一。

1952 年，美国第一次 Sherwood 聚变研究方案会议在 Denver 举行。在以后几年里，几种不同类型的聚变研究装置在第二次世界大战期间研究原子弹的几个基地得到发展。在 Princeton 大学，L. Spitzer 提出了仿星器的概念，并开始了这一途径的研究。在 Los Alamos 实验室主要发展箍缩型装置。在 Livermore 实验室则开始建造磁镜类型的装置。1957 年英国环形箍缩装置 ZETA 运行，成为当时世界上规模最大的实验研究设备。

在 20 世纪 50 年代，聚变和裂变研究所面临的局面是，裂变的军事应用 (第一颗原子弹) 已于 1945 年实现，作为民用的第一个核电站于 1954 年在苏联奥布宁斯克建成，而在聚变的军用方面，美国在 1952 年试验了第一颗氢弹。这些进展可列于表 1-6-1 中。

表 1-6-1

	裂变	聚变
军用	1945	1952
民用	1954	?

　　按此进度外推，聚变的民用，即聚变堆电站，应在不远的将来实现。当时各国科学家就是这样想的，所以对聚变应用的前途均持乐观态度。例如，在 1955 年的第一届和平利用原子能国际会议上，大会主席、印度物理学家 H. J. Bhabha 说，20 年内将会找到控制和利用核聚变能的方法，所以各国对此研究均处于严格保密状态。

　　但很快在研究等离子体不稳定性时发现，受控聚变反应研究所遇到的困难远远超过原来的想象。1957 年以后，一些关于核聚变的文献开始在刊物上公开发表。1958 年在日内瓦召开的第二届和平利用原子能国际会议 (图 1-6-1) 上，各国科学家都公布了自己的研究成果并发起国际合作。苏联科学家展示了他们编辑的四卷论文集。这一会议的另一成果是开始了国际原子能机构 (International Atomic Energy Agency, IAEA) 主持的聚变研究国际会议系列。1961 年第一次国际聚变会议在萨尔茨堡召开。此后，在 IAEA 主持下，国际性的聚变能会议形成制度，最初是两年一次，1974 年以后改为三年一次，后又改为两年一次。

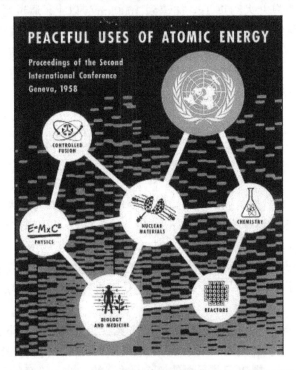

图 1-6-1　第二届和平利用原子能国际会议文集封面

　　在这一时期，已充分认识到通往聚变能源之路的漫长与艰辛。在萨尔茨堡会议上，著名的苏联科学家 L. A. Artsimovich 在评述实验结果的会议总结中说："我们都很清楚的是，我们原来相信，通往所需的超高温区域的门只需凭物理学家的创造力用力一推就能平稳打开。这已被证明是虚妄的，就像罪人希望不经过炼狱就能进天堂一样。几乎不用怀疑，受控聚变问题最终能够解决，我们唯一不知道的是我们还要在炼狱里停留多久……"此后几十年的历史证明，聚变研究确实不存在捷径。聚变之路遇到的困难不仅在于对物理过程的不了解，也在于工程上所需的强磁场、高真空等技术手段，以及微波、激光、粒子束等加热和诊断设备有待于发展。

在聚变研究初期，基本上各种途径并重。苏联则一直在托卡马克装置方向上努力。他们在 1958~1959 年研制 T-1 装置，1960 年研制 T-2 装置。T-2 大半径 62.5cm，使用不锈钢波纹管真空室、超高真空，安装铜壳用于稳定等离子体。1964 年他们又研制 T-3 装置。其大半径 1m，环向磁场 2~2.5T，电子温度达到 600~800eV，几个毫秒的能量约束时间超过原来的定标律玻姆时间 10 倍以上。1968 年，苏联在新西伯利亚举行的第三次国际会议上公布了这一惊人的实验成果。翌年英国 Culham 实验室的科学家携激光散射测量装置去苏联 T-3 装置进行实地测量，证实确实能达到很高的电子温度。

这一成果震动了国际聚变界，从 20 世纪 70 年代初，各国开始建造自己的托卡马克，将聚变研究重点转向托卡马克途径。美国将已有的仿星器 C 改为托卡马克 ST。此后，托卡马克装置上的参数亦取得长足的进展，20 世纪 70 年代以后，磁约束聚变的最高参数指标都是在托卡马克上取得的 (图 1-6-2, K. Ikeda, Nucl. Fusion, 50(2010) 014002)。在数十年里，这个三乘积指标连续保持 1.8 年翻一番的进展速度，超过了摩尔定律所归纳的集成电路容量增长速度。

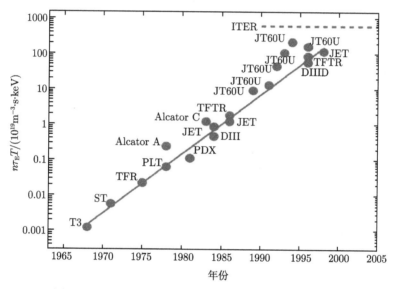

图 1-6-2 磁约束聚变装置上历年取得的 $n\tau_E T$ 值的进展

在此期间，其他磁约束聚变途径亦取得很大进步。1974 年美国公布了角向箍缩装置 Scyllac 上新的结果。1979 年，美国在串列磁镜 TMX 装置上成功验证了串列磁镜概念。

与此同时，有关理论和数值模拟也取很大进展，而且在聚变研究中显得日益重要。重要成果如 1966~1967 年提出的环形等离子体平衡的 Grad-Shafranov 公式，W. P. Allis 和 T. H. Stix 等关于等离子体波的理论，M. N. Rosenbluth 等在等离子体动理论和不稳定性方面的工作，A. A. Galeev 和 R. Z. Sagdeev 的新经典输运理论，以及 J. Dawson 在粒子模拟方面的贡献。随着对等离子体过程复杂性的认识和计算技术的发展，数值模拟方法日益受到重视。

1982 年，在德国 ASDEX 装置上成功实现了所谓 H 模运转。这是在其他条件类似情况下的一种高约束模，可以得到高的等离子体参数。这一成就给予当时处于徘徊状态的磁约束聚变研究很大的鼓舞。

进入 20 世纪 90 年代以后，在一些大的装置上尝试进行 D-T 运行。1991 年，欧洲的 JET 装置用 D-T 反应产生 1.7MW 聚变功率。1993 年，美国 TFTR 装置用 D-T 反应产生 6.4MW 聚变功率，后来又将这一功率提高到 10.7MW。1997 年，JET 又创造了 D-T 反应产生 16.1MW 聚变功率的新纪录 (图 1-6-3，http://www.jet.efda.org)。

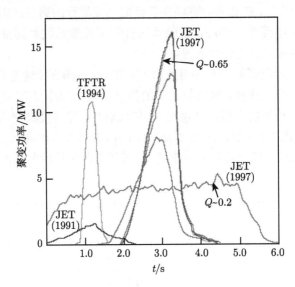

图 1-6-3   在 JET 和 TFTR 装置上 D-T 运行时的几次聚变功率波形，
其中两次标出能量增益因子 Q 的近似值

1998 年，日本 JT-60 装置的 D-D 反应的实验参数的等效 D-T 反应能量增益因子 Q 达到 1.25(离子温度峰值达到 45keV，电子温度高于 10keV，电子密度达到 $10^{20}m^{-3}$)，即达到了能量得失相当的指标。

20 世纪 90 年代托卡马克装置上取得的成就意味着受控聚变反应的科学可行性已得到验证。在此基础上，作为国际合作的下一步计划，建造一台国际合作研究的聚变实验装置 ITER(International Thermonuclear Experimental Reactor，国际热核实验堆) 的计划被提出并继而付诸实施。

2. ITER

ITER，即国际热核实验堆，原是美国、日本、苏联和欧盟联合发起并合作进行的项目，是根据 1985 年苏美首脑建议决定建造的。1988~1990 年为概念设计阶段；1992~1998 年为工程设计阶段。后来又根据 H 模的定标修改了设计指标，缩小了尺寸，并进行了部件的试制。

经长时间的谈判后，2005 年决定选址在法国的 Cadarache，2006 年，日本、欧盟、俄罗斯、美国、中国、韩国和印度七方正式签订建造该装置 (图 1-6-4，http://www.iter.org) 的协议。这一工程项目正在实施之中，经费由参加各国 (地区) 承担。

ITER 的主要参数如下：

大半径: R=6.2m；

等离子体小半径: a=2.0m；

拉长比：$\kappa=1.85$；

环向磁场：$B_t=5.3\mathrm{T}$；

等离子体电流：$I_\mathrm{p}=15\mathrm{MA}$；

辅助加热和电流驱动功率：73MW；

平均电子密度：$n_\mathrm{e}=1.1\times10^{20}\mathrm{m}^{-3}$；

平均离子温度：$T_\mathrm{i}=8.9\mathrm{keV}$；

峰值聚变功率：$P_\mathrm{fusion}=500\mathrm{MW}$。

该装置原计划用 10 年时间建成，目前计划运转 20 年。在运转的第一阶段，它的主要目的是产生和维持 Q 大于或等于 10、维持 500s 的用欧姆变压器感应驱动的燃烧等离子体，获得聚变功率 500MW。在第二阶段，主要目的是产生和维持 Q 大于或等

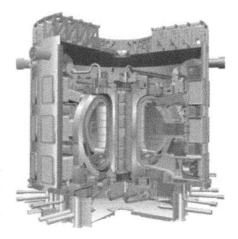

图 1-6-4　ITER 装置设计图 (后附彩图)

于 5，维持 3000s 的稳态非感应驱动燃烧等离子体，就是用波或高能粒子束驱动电流或利用等离子体本身的自举电流运行，得到聚变功率 350MW，并将探索点火条件。运转结束后的第三阶段为退役阶段，为期 5 年。

ITER 计划的另一重要目标是通过燃烧等离子体的实现，检验主要聚变堆技术的集成，并进一步研究商业堆所涉及的相关技术，包括试验堆部件在聚变环境下的性能，以及氚处理问题。

它所研究的燃烧等离子体物理问题有：高能粒子效应，即聚变产生的高能粒子的输运和对稳定性的影响；自加热效应，即 α 粒子的加热效应；堆尺度物理问题。

在工程上，它的环向场由 18 个超导线圈产生。欧姆加热场由中心螺管和 6 个外线圈产生。双层不锈钢真空室由 9 段部件焊成，其中装配 421 个模块构成包层。偏滤器由 54 个组合构成。整个装置主体置于称为冷屏的真空杜瓦中。

ITER 只是一台实验堆，不进行聚变能的转化。它没有固定的吸收中子的包层，仅提供窗口供测试不同的包层样品。按照现在的设想，在 ITER 计划完成之后可能建设一台能连续输出电能的实验电站DEMO(Demonstration Power Plant) 作为今后聚变电站的样机。其尺寸较 ITER 大 15%，等离子体密度大 30%，$Q=25$，输出聚变功率 2GW，为现代电站水平。目前这一装置正在进行概念设计。在 DEMO 之后，预计可以开展商业堆的设计和建造。估计其成本为 DEMO 的 1/4。

聚变堆材料的研究也取得很大进展。主要问题是第一壁和包层材料的选择。为了测试材料的辐射效应，一台由国际能源机构 (IEA) 支持的国际合作的中子源 **IFMIF**(International Fusion Materials Irradiation Facility) 正在设计之中。它由两台功率 30~40MeV，流强 125mA 的氘核连续波直线加速器和一个液态锂靶组成，产生 14MeV 高能中子，单位面积粒子流量为 $10^{18}\mathrm{n}/(\mathrm{m}^2\cdot\mathrm{s})$，可对材料样品和部件进行测试。

在开展工程和物理研究的同时，对于预期的聚变堆在经济、环境、安全和社会各个方面作用的评估也在进行。现在看来，如果计及治理化石能源 (煤、石油、天然气) 的污染的投资，在几十年后聚变堆发电的价格可以和化石能源比较，预计可被社会接受。

图 1-6-5(http://www.efda.org) 为将来聚变堆成本的一项分析结果。可以看出，由于聚变

堆需要具有一定规模，其一次投资，包括堆芯建设和基本设施建设占很大比重，而且须定期置换部件也占成本的很大部分，这是 D-T 聚变堆的缺点，而燃料部分所占比例很少。

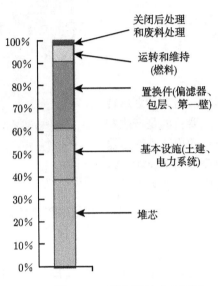

图 1-6-5   聚变堆的成本预算

3. 聚变研究在中国

我国的聚变研究开始于 20 世纪 50 年代。早在聚变文献"解冻"之前，我国一些有远见卓识的科学家就密切注视着国际上聚变研究的进展，考虑在我国开展相应的研究工作。1955年，在酝酿制订我国 12 年科学规划的时候，钱三强、李正武等科学家建议将核聚变研究列入这一规划。翌年，在《1956—1967 年科学技术远景规划纲要 (修正草案)》中，规定了12 项科学研究重点。在第一项"原子能的和平利用"中，提到"进行有关热核反应控制的研究"。

1957 年，我国派北京大学的胡济民和原子能研究所 (即后来的中国原子能科学研究院)的李正武参加了在威尼斯召开的第三届气体电离现象的国际会议。当时在这系列的学术会议上发表了一些关于高温等离子体和聚变研究的报告。

一般认为，我国真正开始进行聚变研究的年份是 1958 年。在这一年，原子能研究所、北京大学、复旦大学、中国科学院物理研究所、电工研究所等单位组织人员进行必要的基础知识学习，并开始建立实验设备，一般是箍缩类的放电装置。嗣后中国科学院西安光学精密机械研究所和西安电容器厂也分别开始试制聚变实验所必需的高速相机和脉冲变压器。

1958 年，原子能研究所建立了一台 Z 箍缩装置，称为"雷公"，翌年又研制一台脉冲压缩磁镜 (当时叫磁笼)，称为"小龙"(图 1-6-6，忻贤杰等，原子能科学技术，7(1965) 93)，为我国第一台非台面研究装置。该所在这一时期还派人去苏联短期学习。一些苏联专家，包括L. A. Artsimovich 和 A. Vlasov 等著名教授曾来中国访问、讲学。

在中国科学院物理研究所，这一阶段的研究工作是在孙湘领导下进行的。她曾主持研制了我国第一台真空紫外光谱仪。在此工作基础上，她领导的小组先后研制了 Z 箍缩和角向箍缩装置，并进行了一些等离子体光谱学研究。

同期，在水利电力部副部长冯仲云领导下，在电力科学研究院内成立了一个专门研究聚变的小组，进行了一些实验工作。

1960 年以后，国民经济进入调整时期，聚变研究只在少数单位坚持进行。1962 年黑龙江原子核研究所建成一台小型角向箍缩装置。同年，卢鹤绂、周同庆、许国保编著的《受控热核反应》出版。这本一千多页的巨著基本囊括了当时的主要磁约束聚变文献的内容。

1959 年，1962 年和 1966 年，先后召开了三次磁约束聚变研究的全国性学术会议，分别在哈尔滨和北京举行，当时称为 "电工会议"。以上为我国聚变研究的**准备时期**，侧重知识的积累、研究工程和宏观物理问题。

1965 年，东北技术物理研究所 (原黑龙江原子核研究所) 与原子能研究所十四室合并，开始迁往四川乐山，称西南五八五所，即现在的核工业西南物理研究院的前身。他们在 1971 年组装了一台仿星器 "凌云" 装置，并用电子束研究了其中的磁面结构。1975 年，该所建成超导磁镜 "303"，为当时国内最大的聚变装置。

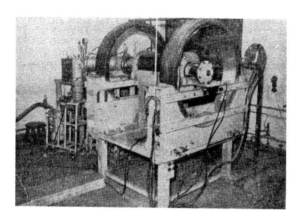

图 1-6-6 磁镜装置 "小龙"

1966 年举行的第三次电工会议建议中国科学院进行聚变研究并提出了分工方案。根据这一建议和与当时二机部协商结果，中国科学院物理研究所于 1968 年建成一台角向箍缩装置，并于下一年在这一装置上观察到热核聚变中子。他们于 1974 年建成一台托卡马克装置 CT-6，后升级为 CT-6B。从 1972 年起，中国科学院开始在合肥筹建受控聚变研究基地。1975 年合肥的中国科学技术大学设立等离子体物理专业。1978 年位于合肥的中国科学院等离子体物理研究所正式成立。他们研制和运行了一台空芯托卡马克 HT-6B。

在学术活动方面，1974 年在成都举行一次全国性受控聚变研究工作交流会，并在 1977 年出版了会议文集。1980 年专业学术刊物《核聚变》(翌年改称《核聚变与等离子体物理》) 创刊，1981 年中国核学会核聚变与等离子体物理学会成立，徐家鸾、金尚宪的专著《等离子体物理学》出版。1982 年项志遴、俞昌旋的专著《高温等离子体诊断技术》出版。

以上为我国聚变研究的**整合时期**，主要成果是奠定了乐山、合肥两个聚变研究基地，主要研究方向转向托卡马克。这一时期也为后来的发展在技术和人才上做了准备。取得成就的原因之一是国内工业部门的支持。不锈钢波纹管、氦质谱检漏仪、涡轮分子泵、溅射离子泵、四极质谱计等聚变研究必要器材都是在 20 世纪 70 年代初期作为产品问世的。电源技术、焊接技术、大功率微波技术在这一时期也得到较快发展。但是诊断技术、数字技术较滞后，所以虽然在工程上有所成就，但物理研究相对薄弱。这一时期的后期开始了和国外的学术交流。

1984 年，核工业西南物理研究院成功研制 HL-1(环流器一号) 装置。这是一台带导电壳的铁芯变压器托卡马克。同年，中国科学院等离子体物理研究所成功研制空芯变压器托卡马克 HT-6M 装置。此后，聚变研究纳入国家 863 计划，开展了辅助加热、电流驱动、聚变–裂变混合堆等先进研究课题，进一步开展和加强了国际交流与合作。

1991 年，中国科学院等离子体物理研究所将苏联的 T-7 装置改建为我国第一台超导托卡马克 HT-7。1994 年，核工业西南物理研究院将 HL-1 升级为 HL-1M(环流器新一号)。

2002 年，核工业西南物理研究院利用原来德国的 ASDEX 装置主体改建为 HL-2A(环流器二号 A) 装置。2003 年，中国科学院物理研究所和清华大学合作，建成一台球形托卡马克 SUNIST(Sino-United Spherical Tokamak)。华中科技大学将美国的 TEXT 装置引进国内，称为 J-TEXT 装置。嗣后，浙江大学和北京大学等校也开展了理论和数值方面的研究工作。

2006 年，中国科学院等离子体物理研究所成功建成了一台全超导托卡马克 EAST (Experimental Advanced Superconducting Tokamak)，又名东方超环。它预计可达到的指标以及在参数图上的地位可见图 1-6-7。这一年的 10 月，第 21 届国际聚变能大会在成都召开，为这一系列的会议首次在中国召开。

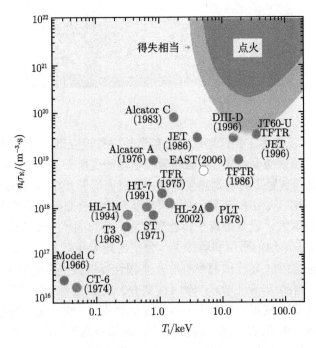

图 1-6-7   托卡马克取得参数的进展及我国装置的地位，EAST 为
预计能达到指标(后附彩图)

以上为我国聚变研究的**发展时期**，除去工程进展外，在约束、加料、输运、微观不稳定性等物理研究方面也取得一些成果。

我国从 2003 年开始申请加入 ITER 计划，并在国内进行了充分的讨论，至 2005 年正式加入。2009 年开始，ITER 的国内专项启动，有力地支持了国内的聚变研究，更多的大学和其他学术单位加入了聚变研究的队伍，各项研究工作取得很大进展。我国聚变事业从此进入新的发展时期。

阅 读 文 献

霍裕平，潘传红，李建刚. 我国参加国际热核聚变实验堆 (ITER) 计划. 科学时报，2006 年 6 月 28 日

受控核聚变编辑组. 受控核聚变 (1974 年会议资料选编). 北京：中国原子能出版社，1977

王龙，钱尚介，郑春开，等. 我国磁约束聚变研究的早期历史. 物理，2008. 37(1): 38–41

王龙. CT-6 和 CT-6B 的历史. 物理，2008, 37(7): 526-530

Dawson J M. Advanced fusion reactors//Teller E. Magnetic Confinement. Academic Press, 1981

International Fusion Research Council(IFRC). Status report on fusion research. Nucl.Fusion, 2005, 45(A1)

Jacquinot J. Fifty years in fusion and the way forward. Nucl. Fusion, 2010, 50(1): 014001

Peaceful uses of atomic energy: fifty years of magnetic confinement fusion research—A retrospective, IAEA, 2008

Post R F. 二十世纪的等离子体物理学//Brown L M, Pais A, Pippard B. 20 世纪物理学 (第三卷). 刘寄星主译. 北京：科学出版社，2016

第 2 章　磁约束聚变装置的类型

2.1　磁约束聚变装置的分类

如第 1 章所述，磁约束聚变装置从磁场形态上可分为开端装置和封闭形装置两类。封闭形装置的磁场位形是环拓扑的，形状多为圆环形，但也有少数跑道形 (两直线段加两半圆，如运动场上的跑道)。为了实现磁力线的旋转变换，避免漂移带来的粒子损失，必须产生极向磁场和环向磁场合成为螺旋磁场结构。而产生极向磁场的方法，在托卡马克为感应产生环向等离子体电流，在仿星器则为外加螺旋线圈。仿星器是稳态运转的，托卡马克是准稳态运转的，一次放电时间为几十毫秒到几分钟，但是将来可以做到稳态。近年来，发展了一种球形托卡马克，又称球形环。它的磁场位形类似托卡马克，但大半径和小半径之比较小，等离子体近于球形。

开端装置的代表为磁镜。它是利用磁镜原理建造的，也有很长的发展历史，经历了简单磁镜、标准磁镜和串列磁镜几个阶段。磁镜装置也属于稳态运转类型。

从时间尺度上看，还有一类原来称为快过程放电的装置。它的一次放电时间在几到几十毫秒，在技术上属于一种高电压大电流的脉冲放电类型。它的代表是箍缩类装置，如直线箍缩 (Z 箍缩)、角向箍缩 (θ 箍缩) 和反场箍缩。它们可能是环形的也可能是直线形的。目前这一类装置也向稳态运转发展.

从形态上说，还有一类装置称为紧凑环 (compact torus, CT)。它们的位形接近球形，主要有球马克、场反位形，有时也将球形环归入其中。

我们可按放电时间和等离子体位形将不同类型的装置分类，将激光聚变也列入作为比较，如图 2-1-1 所示。

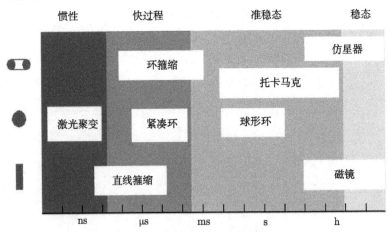

图 2-1-1　聚变装置类型的分类

横轴为运行时间尺度，纵轴为位形，分别为环形、球形和长形

自聚变研究开展以来，已提出和建造了数十种不同类型的装置。不同种类的装置，或者说不同的技术途径都为聚变研究做出了贡献。很多种类的装置在将来都有可能建成反应堆以提供聚变能源。了解不同类型装置的原理和特征对研究某一特定类型装置 (如托卡马克) 是有帮助的。分析不同聚变途径的演化对于理解聚变思想的起源、发展和流变是很重要的。我们将简要介绍几种主要磁约束聚变装置类型。

2.2 托 卡 马 克

1. 结构和特点

结构 托卡马克装置是苏联科学家在 20 世纪 50 年代提出并长期坚持发展的聚变装置类型，著名科学家 A. D. Sakharov 和 I. E. Tamm 在其中起了关键作用。这一名词从俄文 Токамак 而来，使用了环形、腔体、磁场、线圈几个词的字头。因为它的另一特点是有环向等离子体电流，所以也可称为环流器。

这一装置的结构和运行原理见图 2-2-1(a) 图。这样的环形装置有三个正交的特征方向 (图 2-2-1(b))，分别称为**环向**(toroidal)、**极向**(poloidal) 与**径向**(radial)。环向可用符号 t 或 φ 表示。径向即环的小半径方向，用符号 r 表示。极向又称角向 (azimuthal)，可用符号 p 或 θ 表示，和径向一起构成环的小截面所在平面 (子午面)。角向经常用于圆截面，一般截面用极向更恰当。环的**内侧**(inboard) 因为外加环向磁场强，称**强场侧**(high field side，HFS)；环的**外侧**(outboard) 称**弱场侧**(low field side，LFS)。

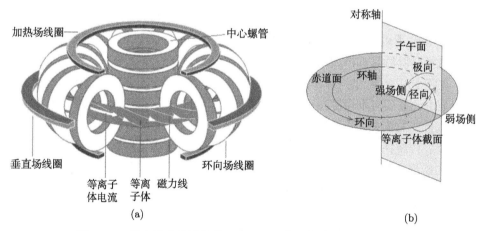

图 2-2-1 托卡马克装置结构 (a) 及环形位形之特征几何方向 (b)

托卡马克装置主要部件之一为环向磁场线圈。它们在一环轴上排列，产生强的环向磁场，对等离子体起约束和稳定作用。第二个主要部件为欧姆变压器，一般由中心螺管和若干外线圈构成，作为变压器的初级产生变化磁通，感应一个环向电动势将真空室内的工作气体击穿，形成环形等离子体。等离子体形成后，作为变压器次级，在其中感应产生环向等离子体电流。这电流不但将等离子体进一步加热，而且它产生的极向磁场和外加环向磁场合成为螺旋形磁场，产生旋转变换，消除因磁场漂移引起的电荷分离，避免因此引起的粒子损失。

环向磁场和等离子体电流可以是平行 (图 2-2-1) 或反平行，分别对应合成磁力线的右旋和左旋。它们在物理上没有区别。

除去变压器，还有几组极向场线圈用于控制磁场位形和等离子体位置。气体的击穿和等离子体的运行都需要在较低气压下进行，且须维持工作气体的纯度，所以另一重要部件是真空室及抽气系统。环形真空室位于环向场线圈组之内，一般也位于极向场线圈之内。

特点   在物理上，由于极向场由等离子体电流产生，其径向分布也由电流分布决定，所以托卡马克成为一个典型的复杂系统。以欧姆加热为例，稳态等离子体电流的径向分布，或者说其**轮廓**(profile)，平衡时由等离子体的电阻径向分布决定，而等离子体电阻决定于等离子体参数 (温度、杂质含量等)，等离子体参数决定于加热和输运过程。欧姆加热和电流分布有关，输运则取决于多种因素，和微观及宏观不稳定性有关。这样，就在因果关系上构成了闭环，实际达到的状态由自组织过程决定，使得外界条件和所达到的状态不是一一对应关系。典型事例如在一定条件下，辅助加热功率的微小差别可能产生 H 模和 L 模这样非常不同的约束态，它们的约束性能可能相差一个 2 的因子，属于复杂系统中常见的分岔现象。另一事例是电子温度轮廓的刚性，即在不同的加热条件下，这种轮廓都表现为数值接近的斜率。这种自组织现象使托卡马克等离子体呈现一定的自治能力，有利于运转的维持，但是也增加了物理上的复杂性和精确控制的困难。

再者，由于系统的自组织性，托卡马克具有与对称性有关的一些自治性质，这是其成功的关键。其一是 Shafranov 位移，它形成的等离子体位形在环外侧加强极向磁场，维持等离子体平衡；它也在等离子体柱内产生沿磁力线平均的最小磁场，抑制长波宏观不稳定性。其二是密度梯度或温度梯度形成的自举电流和感应产生的种子电流方向一致，使得稳态运行成为可能。稍其次的还有外加平衡场在等离子体区和电流上升段欧姆加热场方向一致，使得平衡场在一定条件下可以起加热场的作用。在微观领域也有类似现象，如带状流的致稳作用。这些问题将在以后几章详述。

但是，在托卡马克中，由于等离子体电流的存在，可能发生一种宏观磁流体活动产生的破裂现象，是由一系列与不稳定性有关事件相继发生造成的，会破坏约束甚至结束放电，甚至能引起重大的工程事故，在反应堆中必须设法避免。

在工程上，传统托卡马克装置有两大缺点。第一是按照变压器原理，它是脉冲工作的。欧姆变压器的磁通变化值总是有限的，不能长期维持有电阻消耗的等离子体电流。而聚变堆则要求稳态运行，否则要配备大容量的储能系统并会产生其他弊端。不用变压器的电流驱动或称非感应电流驱动方法也是有的，就是使用波驱动或中性粒子注入。但这需要很复杂的电流驱动系统，会提高聚变堆的成本和运转的难度。

第二个缺点，托卡马克是通过电流对等离子体加热的。加热功率密度为 ηj^2，其中 η 为电阻率，j 为电流密度。按照 Spitzer 电阻公式，电阻率 $\eta \propto T^{-3/2}$，随等离子体温度的升高，电阻逐渐减小，加热效率降低。计算表明，光凭欧姆加热，在托卡马克中不能达到聚变温度。为此，需要使用辅助加热，也以电磁波注入或中性粒子加热手段完成，因而增加了它的工程复杂性和聚变堆的一次成本。

托卡马克是强磁场装置，反应堆必须使用超导磁体，否则磁体电源功率将不可能被接受。如只凭欧姆加热达到聚变温度，需用更强的磁场。

由于托卡马克等离子体物理的复杂性，所以不存在简单的解析关系联系装置参数和所能达到的等离子体指标。但在不同尺度的实验装置上总结了一些定标律，用装置的尺度、磁场、电流等参数表示所达到的约束时间、密度、温度、比压等指标，一般为幂级关系。在一代又一代的装置上检验、修正这些定标律，并据此对聚变堆建造所需条件做出预测以设计新的装置，就是长期以来托卡马克途径的发展轨迹。

尽管托卡马克的磁约束聚变途径在过去几十年里取得了长足的进步，目前的进展也基本上符合以前总结的定标关系，而且第一台商用聚变堆将几乎肯定是托卡马克型的，但在聚变界取得共识的是，托卡马克未必是最佳反应堆类型选择。和其他类型装置比较，托卡马克迄今取得的成就可能是连续多年高强度投入的结果。所以，尽管托卡马克仍为当前研究主流，但其他类型装置的研究仍在进行，其中一些也取得了可观的成就。

研究课题 托卡马克等离子体物理研究大致可分为宏观和微观两类课题。宏观问题主要是各种磁流体不稳定性，以及由这些不稳定性决定的运转极限，如电流、密度、比压、安全因子的极限。研究目的是如何控制等离子体，突破这样的极限而进一步提高等离子体参数，以及如何防止破坏性的事件 (如破裂) 的发生。这需要对宏观过程有更透彻的理解，而这要要依赖于诊断手段的进步以及数值模型和模拟方法的改善。由于宏观结构易于观察，在托卡马克物理研究历史中，在宏观不稳定性问题上首先取得进展，但是近年来，由于等离子体参数的提高、新的运行模式的出现，特别是燃烧等离子体中高能粒子的作用得到重视，新的研究课题不断涌现。

微观不稳定性主要与输运有关。实验揭示磁约束等离子体的输运远高于经典输运和考虑到环形装置中粒子运动形态的新经典输运水平，称为反常输运。近年来的实验和数值模拟研究已证实反常输运来自漂移波等微观不稳定性。而且，不同类型的所谓高约束模的实现已使一些输运系数降低到新经典的水平。一些有关研究课题，如新经典磁岛、带状流、非局域性效应、输运方程的非对角项 (能量、粒子、角动量输运的交叉作用)、非输运的能量和粒子损失，都是当前的研究重点。近年来在这些问题上取得的进展，不断展现的新的物理图像，提高了我们对等离子体湍流、微观和宏观过程的联系的认识水平。

边界区等离子体在等离子体约束中也是重要因素。涉及边界区以及等离子体与壁的相互作用的一些扰动模式对实现高的参数有直接的影响。由于涉及等离子体鞘的作用、原子分子过程、进入等离子体的固体颗粒、壁的表面过程等因素，所以这种研究显得更加复杂。

托卡马克型以及其他类型磁约束装置建堆的一项主要困难是材料问题。在 D-T 聚变堆里，面向燃烧等离子体的偏滤器要承受每平方米几兆瓦的 $14MeV$ 高能中子的轰击。反应产生的高能中子在第一壁、偏滤器以及反应室内结构材料中引起各种辐射效应。必须进行能承受反应堆条件的低活性材料的选择和测试。除去材料问题，建堆面临的紧迫工程问题还有稳态运行问题和氚自持问题。

2. 交流运行托卡马克

对于上述托卡马克类型装置的前一缺点，即脉冲运行问题，还有另一方案，就是交流运行，即在一个电流脉冲后，紧接着产生另一反向电流脉冲，形成一系列交变电流脉冲。原则上，这一方案在技术上可以做到，是一种介于脉冲运行和稳态运行间的中间方案。对发电堆来说，它也需要一个储能装置，但较一般脉冲运行所需要的小得多。它在两脉冲交接间因温度变化形成的热应力冲击也较脉冲运行轻。这一方案在一些小的实验装置上做过实验。图 2-2-2 是 CT-6B 装置的一幅两周期交流运行波形图 (X. Yang et al., Nucl. Fusion, 36(1996) 1669)，可以看到，在电流过零的时候仍保持有限的电子密度，说明仍存在约束。后来在这一装置的实验中证实当电流过零时，同时存在着方向相反的两个电流分量。

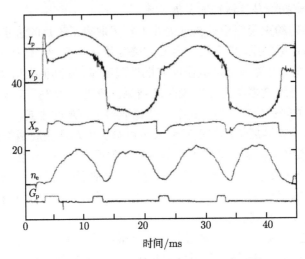

图 2-2-2　CT-6B 装置上交流运行波形图

等离子体电流、环电压、向外的位移、线平均电子密度，波形每格分别为 A, V, cm, $10^{12}\,\mathrm{cm}^{-3}$，送气脉冲为相对值

交流运行在大中型装置如 JET 和 T-7 上也试行过，但总的来说迄今工作积累还少，对于一些基本问题，特别是电流过零时的技术问题和物理问题，还没能很好解决，有待于深入的研究。

此外，鉴于辅助加热的技术复杂性，单纯欧姆加热的强磁场方案也在考虑中。这个强磁场须达到十几到二十特斯拉 (Tesla)。

3. 国内外主要装置

主要装置　国外近年来运转的主要托卡马克装置如表 2-2-1 所示，其中有些已经关闭。这些装置可分为两类。最大规模的是 JT-60U, TFTR 和 JET。它们的任务是冲击等离子体指标，研究高参数运行时的物理问题，检验定标律。其中除 JT-60U 以外都进行了 D-T 运行。而在规模上，次一等的装置则各有其特点，重点研究某一方面的课题。例如，DIIID 原来是双磁轴位形 (doublet)，后改为很长的截面。Tore Supra 是一台超导装置，侧重研究稳态运行问题。ASDEX-U 的前身 ASDEX 在发现高约束模 (H 模) 上做出过重要贡献。FTU 是强场托卡马克。TEXTOR-94 主要研究杂质问题。TCV 可以实现不同等离子体截面形状，专门研究截面形状的影响。近年来，超导托卡马克受到重视，除去我国的 EAST 外，韩国和印度分别建造了另两台超导托卡马克 KSTAR 和 SST-1。

我国托卡马克　我国第一台托卡马克是在陈春先的领导下建于 1974 年的 CT-6 装置 (图 2-2-3)。这是一台小型铁芯变压器装置，后升级为 CT-6B，主要参数为：大半径 0.45m，小半径 0.12m，磁场 1.3T，等离子体电流 34kA。曾进行电子回旋波预电离、电子回旋波启动、交流运行等物理研究工作。

表 2-2-1　　国外主要大中型托卡马克参数

装置名称	地点	大半径/m	小半径/m	磁场/T	电流/MA
JT-60U	JAERI	3.4	1.1	4.2	2.5
TFTR	Princeton	2.4	0.8	5.0	2.2
JET	Abingdon	3.0	1.25	3.5	5.0
DIIID	GA	1.67	0.67	2.1	1.6
T-10	Kurchatov	1.5	0.37	4.5	0.68
Tore Supra	Cadarache	2.37	0.8	4.5	2.0
ASDEX-U	Garching	1.65	0.5	3.9	1.4
FTU	Frascati	0.93	0.3	8.0	1.3
TEXTOR94	Julich	1.75	0.46	2.8	0.8
TCV	Lausanne	0.88	0.24	1.4	0.17

注：小半径指等离子体小半径，磁场指环向磁场，电流指等离子体电流，下同。

图 2-2-3　CT-6 装置

　　我国目前正在运转的托卡马克有核工业西南物理研究院的 HL-2A(中国环流器二号 A)，中国科学院等离子体物理研究所的 EAST，以及华中科技大学的 J-TEXT。它们的主要指标见表 2-2-2。HL-2A 为我国第一台有偏滤器的托卡马克 (图 2-2-4)，它的真空室和磁场线圈来自德国的 ASDEX，这一装置将升级为 HL-2M。EAST 是国际上第一台全超导托卡马克，其环向磁场和极向磁场线圈都是超导的，它的主要参数和预计能达到的指标可以和表 2-2-1 上的国外主要装置相比，特别适合稳态运行的研究。J-TEXT 主体来自美国的 TEXT 装置，有铁芯变压器和接近方形截面的真空室。总地来说，我国在聚变装置建设和一些物理研究方面取得了重要的进展，但是在辅助加热和电流驱动，以及等离子体诊断上尚有一些差距。

表 2-2-2　　我国托卡马克装置主要参数

装置	大半径/m	小半径/m	磁场/T	电流/MA
HL-2A	1.65	0.4	2.8	0.48
EAST	1.95	0.45	3.5	1
J-TEXT	1.05	0.29	2.2	0.22

　　托卡马克和一切环形等离子体装置的一个重要无量纲参数是平均大半径和等离子体小半径之比，称**环径比** (aspect ratio)。传统托卡马克的环径比在 3~5 范围内。美国第一个托卡

马克 ST 由于是仿星器改造成的,其环径比为 7.8(大半径为 1.09m,等离子体小半径 0.14m)。环径比取值的另一极端则产生了一种新的装置类型,称为球形环。

图 2-2-4 HL-2A 装置 (后附彩图)

2.3 球 形 环

1. 结构和特点

20 世纪 90 年代以后发展了一种新的聚变装置类型,称为**球形环**(spherical torus) **或球形托卡马克**(spherical tokamak),简称 ST,是一种低环径比托卡马克,也可认为是传统托卡马克的变型。

环径比定义为环形等离子体大半径和小半径之比 $A = R/a$(图 2-3-1)。因为小半径 a 是在水平方向 (垂直对称轴) 取的,所以必然有 $A > 1$。传统托卡马克的环径比均在 3 以上。$A < 1.5$

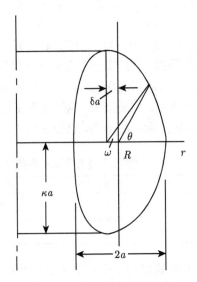

图 2-3-1 等离子体截面参数

的托卡马克称为球形环。目前环径比的最小纪录由美国 Wisconsin 大学的 Pegasus 装置保持,做到 $A = 1.1$。

反的环径比 $\varepsilon = 1/A$ 是环效应大小的度量。大的环径比,即小的 ε 装置中,等离子体接近圆环状,自然截面接近圆形。当环径比减小时,等离子体形状接近球形 (图 2-3-2)。这是其动力压强平衡决定的。这时,其截面形状也不再接近圆形,而和其比压值有关,产生不同程度的变形,在垂直方向拉长,并存在三角形形变,可用截面参数**拉长比**(elongation)$\kappa > 1$,**三角形变形参数**(trianglarity)$\delta > 0$ 定量表示,它们的定义见图 2-3-1。在托卡马克理论中,垂直方向拉长有利于比压值的增加,而三角形变形有利于稳定。有时也将拉长比定义为 $\kappa = S/\pi a^2$,其中 S 为等离子体小截面面积。

图 2-3-2 球形环和托卡马克等离子体形状比较

有三角形变的截面边界在柱坐标系中可描述为 $r = R + a\cos(\omega + \delta_1 \sin\omega)$ 和 $z = \kappa a \sin\omega$,其中 $\delta_1 = \arcsin\delta$。在这一组公式中角度变量不是通常采用的 θ,而是图 2-3-1 所表示的 ω。

再看两种装置中磁力线的走向,也就是大致沿磁力线运动的带电粒子轨迹 (图 2-3-3)。图中 q 为边界安全因子,高的 q 值对宏观稳定性有利 (详见第 4 章)。在传统托卡马克中,磁力线在环内侧和外侧的长度基本是一样或接近的。而在球形环里,由于磁力线和环轴的夹角 α 在外侧大内侧小 (因为 $\tan\alpha = B_p/B_t$,B_p,B_t 分别为极向磁场和环向磁场),环内侧与外侧高度不对称,它们过多地居环内侧,即磁场强的区域,而且是磁场曲率好 (等离子体外部磁场强,内部磁场弱) 的区域。这当然非常有利于磁流体稳定性。这些性质说明,球形环虽然和传统的托卡马克有同样的空间拓扑,但是有高的磁场利用率,因而可在较低的磁场中产生较强的等离子体电流。

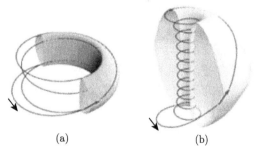

(a)   (b)

图 2-3-3   (a) 托卡马克 $(A = 4, q = 4)$ 和 (b) 球形环 $(A = 1.25, q = 12)$ 等离子体位形

由磁流体理论可知,在边界安全因子一定时,比压值正比于环径比倒数 ε (见第 7 章式 (7-2-11)),所以在球形环中可以得到高的比压值。在第一个球形环装置、英国 Culham 实验室的 START 上,就创造了 $\beta = 0.4$ 的托卡马克纪录。

　　此外，在这样的装置中，未观察到一般托卡马克中的电流破裂现象。经常有一种类似的**内部重联事件**(internal reconnection events，IRE) 发生，简称内重联，危害远不及传统托卡马克上的破裂。小的环径比还可以形成自然的偏滤器位形，这样的位形包含了分支面的磁面，可以利用这一磁场位形安装排除杂质的偏滤器。

2. 工程问题

　　球形环在历史上发展较晚是因为有一定工程难度。由于等离子体环大小半径接近，其中心孔很小。在这孔中，除去容纳真空室壁以外，还要穿过环向场线圈和中心螺线管。基于这个特点，球形环的磁场线圈和真空室结构完全不同于传统托卡马克，它的真空室不可在小截面拆卸。为便于安装，环向场线圈必须做成可拆卸的，由中心柱和外回臂组成。由于可拆线圈衔接困难，必然要求匝数减少、每匝电流增加、电压降低，因而对电源有不同要求。环向场线圈的中心柱外套螺线管做成一体，插在真空室的中心管里。典型结构可以参见球形环 SUNIST 的结构图 (图 2-3-4)。这一装置的大半径 30cm，环径比 1.3，环向磁场 0.15T，由 24 匝可拆卸的铜线圈提供，中心柱部分由内外两层组成。真空室内部孔的直径 13cm，最大等离子体电流 50kA。真空室由近似两半球组成的外壳及中心管组成。

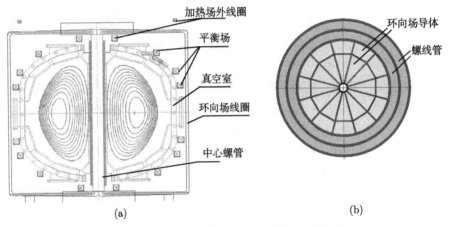

图 2-3-4　SUNIST 装置和中心柱结构 (横截面)

　　球形环中容纳中心螺线管的空间过于狭窄，工作效率不能很高，或者说，它能产生的磁通变化量很有限，驱动电流能力差，而且缺乏空间安装对中子的屏蔽层。这是此类装置的一项主要缺点，因而电流启动是球形环的一项研究重点。除了常用于托卡马克上的非感应电流启动技术，如电子回旋共振波的辅助启动以外，还发展了其他各种启动技术。例如，使用同轴螺旋注入的方法启动电流，或在上下两部位启动两个小的环形等离子体再压缩合成为主等离子体。韩国在建的一台球形环 VEST 就采用这种设计 (图 2-3-5，K. J. Chung et al.,Plasma Sci. Technol., 15(2003) 244)。又如第一台球形环 START，使用的是一个现成的大真空室，将一些极向场线圈置于真空室内。在外侧感应生成一个环径比较大的环形等离子体，然后增加环向场，将其在大半径方向压缩成球形环位形。因为真空室内有充分的空间，可以透过窗口摄取整个等离子体的影像 (图 2-3-6)。这种压缩也属于一种加热方法，有快压缩 (绝热压缩) 和慢压缩两种，但不适用于聚变堆。

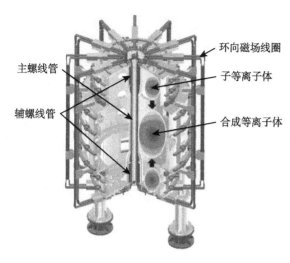

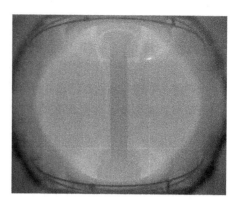

图 2-3-5　韩国在建的球形环 VEST 设计图　　　图 2-3-6　START 装置上的等离子体影像 (后附彩图)

从堆的角度看，传统托卡马克堆的缺点即防护中子辐射问题，在球形环中更为严重，因为空间狭窄，磁体中心柱组件更难防护中子辐照。若能从根本上取消中心螺线管，将使球形环建堆的前景更为光明。有的方案则使用细的铁芯启动等离子体电流，铁芯饱和后再使用垂直场驱动电流。

球形环的一项重要应用是**体中子源** (相对 IFMIF 那样的加速器中子源而言)。因为中子源无须连续运转和功率输出，工程上难度较低。计算表明，对于中子通量在 $1\sim2\mathrm{MW/m^2}$ 以下的小型和中型体中子源，球形环胜于传统托卡马克，而这样的通量对于测试聚变堆材料完全够用。

3. 主要装置

目前有两个较大的 ST 在运行，即英国的 MAST(Mega Ampere Spherical Tokamak) 和美国的 NSTX(National Spherical Torus Experiment)，它们的主要参数见表 2-3-1。

表 2-3-1　主要球形环参数

名称	地点	大半径/m	小半径/m	A	电流/MA	磁场/T
MAST	Culham	0.7	0.65	1.3	0.52	1.35
NSTX	Princeton	0.85	0.67	1.25	1.0	0.5

MAST 仍循 START 的技术路线，极向场线圈和等离子体处于一个大真空室中，便于灵活控制和诊断设备的安装，也减少了等离子体和壁的相互作用。而 NSTX 有一个紧靠等离子体的真空室壁，有利于稳定宏观不稳定性。在 NSTX 上曾进行同轴螺旋度注入产生初始等离子体。

2015 年，NSTX 升级为 NSTX-U。它的尺度大致与 NSTX 相当 ($R = 0.90\mathrm{m}$，$A = 1.5$)，但电流和磁场加倍 ($I_\mathrm{p}=2\mathrm{MA}$，$B_t=1\mathrm{T}$)，中性粒子加热功率也加倍到 14MW，拟进行非感应电流启动和维持实验，在壁上蒸发锂以减少重杂质，并在强的粒子和能量负载 ($> 1\mathrm{MW/m^2}$) 下，测试第一壁和偏滤器材料，为下一台实验堆积累经验和数据。

正在设计一台球形环实验堆 ST-FNSF(Spherical Tokamak-Fusion Nuclear Science Facility)，主要目的是为 DEMO 建造提供技术基础。其体积远小于 ITER，大半径 1.69m，小半径 0.97m，A=1.74，可产生聚变功率 1.62MW，拟进行完全非感应电流启动和维持，并达到氚自持。

ST 是从 20 世纪 90 年代才发展起来的。在倡导和推动这种类型装置的过程中，美国 Princeton 国家实验室的彭元凯 (M.Peng) 起了重要作用。它虽然历史较短，但在不同类型装置中，参数水平进展最快，已仅次于传统托卡马克和仿星器达到的指标，成为将来聚变堆类型的可能候选者，为磁约束聚变的发展前途增添了变数。

2.4　仿　星　器

1. 结构

仿星器概念是美国著名等离子体物理学家 L. Spitzer 首先提出的，是最早的磁约束聚变装置概念之一，名称的意思是希望达到星体聚变条件。在仿星器中，没有或不一定有整体的环向电流，而是靠外线圈产生极向磁场，使带电粒子沿合成的螺旋磁力线运动，消除漂移引起的电荷分离。

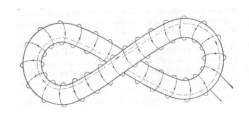

图 2-4-1　8 字形仿星器位形

Spitzer 最早提议的仿星器位形是使真空室以及磁场方向构成部分上下重叠的 8 字形 (图 2-4-1)，虽然不存在极向磁场，但磁力线 (图中虚线表示) 走向相当于普通托卡马克中 q=1 磁面的位形，使在两个弯曲段向上和向下的粒子漂移抵消，电荷分离造成的电漂移驱使粒子向环外侧运动也可以在另一侧返回环内侧。这样的设计在物理上会引起新的不对称，在工程上实现也比较困难。

稍后又提出环向线圈加螺旋绕组的方案，典型如 W7-A 位形 (WENDELSTEIN 7-A，图 2-4-2, B. V. Kuteev et al., Nucl. Fusion, 51(2011) 073013)，成为早期仿星器的标准设计。其中每对螺旋绕组中两线圈的电流方向相反，从小截面看是个多极场，沿大环构成螺旋磁场。

在历史上也曾建过跑道形仿星器，如美国在 20 世纪 60 年代建设的仿星器 C。图 2-4-3(凌云研究组，受控核聚变——1974 年会议资料选编，原子能出版社，1977) 为核工业西南物理研究院 (当时称 585 所) 在 1971 年组装的仿星器 "凌云"，也是跑道形的。它的真空室由两段直线段和两个半圆段组成，主磁场和螺旋绕组串联供电。用两个等离子体枪注入产生初始等离子体，用离子回旋波进一步加热。直线段上还安装一个偏滤器。在这一装置上，进行了用电子枪发射电子束，追踪其轨迹以研究磁面结构的实验。

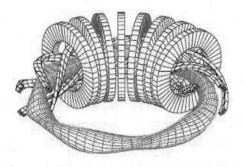

图 2-4-2　仿星器 W7-A 的线圈和等离子体形状

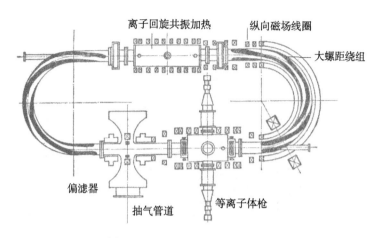

图 2-4-3 仿星器 "凌云" 结构图

目前的仿星器多采用电子回旋共振来产生和加热等离子体,用中性粒子注入及离子回旋波进一步加热。少数仿星器使用欧姆加热。

像图 2-4-2 这样的标准仿星器位形有两个特点。一是它的结构以及产生的等离子体,都不再保持轴对称了。二是它的等离子体截面也不可能保持圆形 (图 2-4-4),可用两个参数表示其周期结构特征。一个是它的小截面方向的模数 l,另一个是它的环向模数 n。图 2-4-2 所显示的参数是 $l = 2$, $n = 5$。目前的仿星器大多取 $l = 2$,n 则多少不等。随 l 的增加,旋转变换和磁剪切也随之增加。

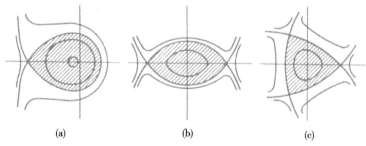

图 2-4-4 仿星器中的等离子体截面

l 分别为 1,2,3 (从 (a) 到 (c))

鉴于仿星器磁场结构的复杂性,可以用直线近似来模拟,这时位形具有螺旋对称性。在直线近似下,角向模数为 l 的磁场表示为

$$\begin{cases} B_r = lb_l I_l'(l\alpha r)\sin(l\theta - \delta l\alpha z) \\ B_\theta = \dfrac{1}{\alpha r} lb_l I_l(l\alpha r)\cos(l\theta - \delta l\alpha z) \\ B_z = B_0 - \delta lb_l I_l(l\alpha r)\cos(l\theta - \delta l\alpha z) \end{cases} \tag{2-4-1}$$

其中,B_0 为均匀的纵向磁场,b_l 为一决定螺旋场强度的常量,I_l 为 Bessel 函数,$\alpha > 0$ 为一常数,相当于纵向模数 n,$\delta = \pm 1$ 决定右旋或左旋。

2. 仿星器类型

在工程上，像图 2-4-2 这样的标准仿星器的线圈布置有明显的缺点，即难于精确加工和定位，而且互相套叠，安装拆卸困难，特别不适合反应堆，因而想了很多办法予以改进。

一种方法是用一组同一电流方向的螺旋线圈代替原来的环向场线圈和螺旋绕组，数目是原来螺旋绕组线圈数目的 1/2。而它们产生的垂直方向磁场用另一组水平方向的垂直场线圈抵消，这样的装置称为**扭曲器**(torsatron)。例如，图 2-4-5 是一台扭曲器 ATF(Advanced Toroidal Facility) 的线圈，它的模数是 $l=2$, $n=6$。

另一解决方案是将环向场线圈的中心不再排列在一平面的圆周上，而是排列在一个绕圆周的螺旋线上。这样的装置称为**螺旋磁轴装置** (Helical Axis Device)，例如，西班牙的 TJ-II 装置 (图 2-4-6)，它的 $l=2$, $n=4$，还安装了一组水平放置的线圈，以提高位形变化的灵活性。

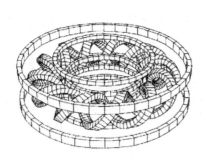
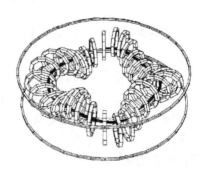

图 2-4-5　扭曲器 ATF　　　　　　图 2-4-6　螺旋磁轴装置 TJ-II

为使仿星器工程简化，还有一种将环向场和螺旋绕组结合起来的设计方案，称为**模块化**，其原理如图 2-4-7 (D. A. Haritmann, Trans. Fusion Sci. Tech., 49(2006) 43) 所示。这是一幅将环向场线圈和 $l=1$, $n=1$ 的螺旋线圈所在环面展开的示意图，横向为环向，纵向为极向。螺旋绕组由电流方向相反的两个线圈组成。调节环向线圈的个数使其每一流过的电流和螺旋线圈电流相同。这样，使它们重新分解、联合，就可由若干局域化的线圈行使产生

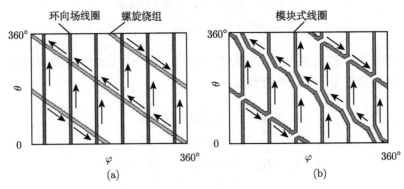

图 2-4-7　仿星器线圈模块化原理

(a) 为原设计；(b) 为模块化后结构

环向磁场和螺旋磁场两项功能。随模数增加，这样的单个线圈形状更为复杂，但安装简化。这种模块式仿星器称为**模块器**(modular)。模块器也可能是螺旋磁轴结构，如德国的 W7-AS 和 W7-X。

德国的仿星器 W7-AS 是一台模块器 (图 2-4-8)。不过它在模块式线圈之外，又加了一组环向场线圈 (图中未画)，以增加调节位形的灵活性，它使用电子回旋波和中性粒子加热。当前最大的仿星器是日本的 LHD(Large Helical Device)(图 2-4-9)。它是一台扭曲器类型的装置，又称**螺旋器**(heliotron)。它的磁体结构类似于图 2-4-5，由三对极向场线圈 (图中未画) 和一对连续的螺旋场线圈组成，全为超导磁体。

图 2-4-8　模块式仿星器 W7-AS 位形　　　　图 2-4-9　扭曲器 LHD 位形

3. 特点和发展前景

由于平衡的需要，仿星器中存在局部电流与磁场相互作用平衡压强梯度。这电流主要在极向，不会形成纯环向电流。这使得在托卡马克中由于电流作用产生的许多磁流体不稳定性在仿星器中一般不存在，致使在仿星器中能达到更高的等离子体密度和比压值。但是其新经典输运，特别是无碰撞区的输运较托卡马克要高。这主要是因为仿星器的磁场位形复杂，在粒子沿磁力线运动轨道上叠加一些波纹度，远较托卡马克环向场线圈产生的波纹度高，存在更多粒子损失区域。如果能降低环向模数 n，即降低环向不对称性，称准环向对称，就可以降低新经典输运水平。这是当前的一个发展方向。

和托卡马克相反，仿星器的旋转变换是由外加螺旋磁场产生的，所以旋转变换芯部低，边界处高，或者说安全因子内高外低，相当于反剪切，不会产生新经典撕裂模效应。也由于反剪切，或者局部的强剪切，仿星器的反常输运优于托卡马克。由于仿星器没有轴对称的要求，所以结构上有更多的自由度，可选择的类型繁多，可通过各种优化设计改进它的性能。

仿星器的工艺复杂，加工和安装的精确度要求高。反应堆所需的异型超导线圈存在制造上的困难。但是由于极向场由外线圈决定，所以物理上比托卡马克稍简单，主要优点还是稳态运行。它的很多方面，如新经典输运、反常输运、高约束模、辅助加热等物理及一些诊断和工程问题，都和托卡马克有共同点。在仿星器上，也总结了类似托卡马克的定标律。作为托卡马克的参照物，其研究成果也对托卡马克研究做出了很大贡献。

目前正在运行的一些主要仿星器的参数见表 2-4-1。仿星器的三维约束性质使得其磁场位形设计，以及相应的平衡和稳定性计算、线圈工艺都极为复杂。在过去一些年内，由于理论和计算技术的进展，仿星器研究取得重要进展。目前达到的三乘积指标大约只比托卡马克小 1~2 个量级 (LHD 上的参数三乘积已达到 $n\tau_{\mathrm{E}}T > 10^{20}\mathrm{m}^{-3}\cdot\mathrm{s}\cdot\mathrm{keV}$)。在 LHD 上，以及德国新建的超导仿星器 W7-X(主半径 5.5m，平均小半径 0.55m，磁场 3T，加热功率 14MW) 上，将进行 30min 的稳态运行。很多人认为，仿星器极可能是将来托卡马克堆的有力竞争者。

表 2-4-1 主要仿星器装置参数

名称	类型	地点	模数 l/n	大半径/m	小半径/m	磁场/T
LHD	扭曲器	NIFS	2/10	3.9	0.5~0.65	3.0~4.0
ATF	扭曲器	Oak Ridge	2/6	2.1	0.3	2.0
W7-AS	模块式	Garching	2/5	2.0	0.2	2.5~3.5
HSX	模块式	Wisconsin	2/4	1.2	0.15	1.0
TJ-II	螺旋磁轴	CIEMAT	2/4	1.5	0.12~0.2	1.0
NCSX	模块式	Princeton	2/3	1.4	0.31	1.2~1.7

仿星器的线圈形状复杂，占据较大空间，环径比普遍为 7~10，如果建堆，总的体积要很大，例如，LHD 式的反应堆的大半径为 $R=14$m。为减少尺寸，仿星器应向小环径比发展。表 2-4-1 中的 NCSX 就是这样的仿星器，但迄今尚未建成。

2.5 磁   镜

磁镜是一种开端装置，也有很长的发展历史。但和托卡马克不同，它的基本位形经历了几种类型的变化。这几种类型是

简单磁镜 → 标准磁镜 → 串列磁镜

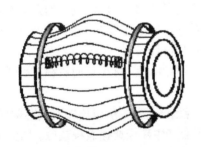

图 2-5-1 简单磁镜和其中的粒子运动

1. 简单磁镜

简单磁镜(simple mirror) 就是两头磁场强，中间部分弱的轴对称磁场位形。最简单的简单磁镜可以用处于同一对称轴上的两个电流方向相同的圆线圈产生 (图 2-5-1)。

按照磁镜原理，当带电粒子从磁镜中心沿磁力线朝两端运行时，可以在强磁场位置发生反射而返回中心区受到约束。但是，处于中心区的粒子，如果在速度空间的损失锥里，则将逸出端部而损失。

在一个实际磁镜里，由于电子和离子的热速度不同，它们从终端逃逸的损失率不同，电子损失大于离子。这样就使磁镜中心相对端部呈正电位，就像图 2-5-2(a) 表示的一样。在存在静电位的条件下，推导带电粒子的运动须考虑静电的作用。假设终端处电位为零，中心处为 ϕ_0，损失锥的方程为

$$v_{\parallel}^2 - (R-1)v_{\perp}^2 = -\frac{2e\phi_0}{m} \tag{2-5-1}$$

其中，$R = B_{\mathrm{M}}/B_0$ 为磁镜比，B_{M}，B_0 分别为端部和中心处磁场，从能量守恒和磁矩守恒可以推出此式。在电位很低或粒子速度很高时，式 (2-5-1) 右侧量很小，结果接近前面导出的损失锥式 (1-4-7)。对于离子 $e > 0$，速度空间中左右两损失锥通过一个 **"双极洞"**(ambipolar hole) 连通 (图 2-5-2(b));对于电子 $e < 0$,左右两损失锥断绝联系,在低能区存在一个静电约束区 (图 2-5-2(c))。这种损失锥结构使离子损失增加,电子损失减少,直到两者流量平衡。

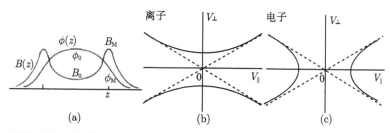

图 2-5-2 简单磁镜中的磁场和电位轴向分布 (a) 和速度空间中离子和电子的约束区域 (b),(c)

这样的电子离子两分量的粒子双极扩散速度,一般接近扩散慢的分量,也就是主要由离子扩散决定。但一次 90° 的碰撞不一定使粒子进入损失锥。如果这 90° 碰撞是一次性的,如同中性粒子碰撞那样,则进入损失锥的几率与损失锥立体角成正比,也就与磁镜比 R 成反比,约束时间与 R 成正比。但带电粒子的碰撞是大量小角度碰撞积累而成的,约束决定于速度空间内向损失锥里的扩散。从理论可以推导,磁镜中的粒子约束时间大约为

$$\tau_{\mathrm{p}} \approx \tau_{\mathrm{ii}} \ln R \tag{2-5-2}$$

τ_{ii} 为离子–离子碰撞时间,这一碰撞时间正比于 $T_{\mathrm{i}}^{3/2}$。对数关系反映了带电粒子碰撞的特性。根据 Fokker-Planck 方程的计算,对于 D-T 反应的聚变参数

$$n_{\mathrm{i}}\tau = 2.5 \times 10^{16} T_{\mathrm{i}}^{3/2} \log_{10} R (\mathrm{m}^{-3} \cdot \mathrm{s}) \tag{2-5-3}$$

其中,T_{i} (keV) 为离子温度。这一约束定标律已经为很多装置上的实验所证实。如果达到 D-T 反应的 $Q = 1$ 条件,需要离子温度达 100keV,磁镜比 R 在 3 以上。

在磁镜中可以用等离子体枪注入或用电子回旋共振波产生初始等离子体。可用磁压缩、离子共振波注入或高能中性粒子束注入以进一步提高等离子体温度。

为改善磁镜约束,应该提高磁镜比 R,但 R 的增加是有限的,而且对改善约束贡献不大,中心区磁场过弱会降低径向的约束。而且,简单磁镜最大的缺点是宏观稳定性不好。从图 2-5-1 可以看出,在简单磁镜的中心区,磁力线的曲率半径中心在等离子体区。也就是说,磁场在径向向外减弱。这样的磁场位形对多种磁流体不稳定性 (如槽纹不稳定性) 是不稳定的。因此,进一步提高简单磁镜中等离子体参数,使其达到反应堆条件是很困难的。

在简单磁镜中,有一种改善磁场位形的方法,即用电子回旋波在等离子体中产生热电子,做垂直磁场方向的旋转运动,构成一个热电子环,产生反方向的轴向磁场,降低总的中心磁场,改善磁场位形,提高磁流体稳定性。

早在 20 世纪 70 年代,我国核工业西南物理研究院就研制了一台超导磁镜 "303"。20 世纪 80 年代,中国科学院等离子体研究所和物理研究所合作,研制了一台电子环磁镜 HER。

2. 标准磁镜 (standard mirror)

另一改善磁场位形的方向是寻求一种磁场位形,它在径向是越往外磁场越强,磁场在中

心最小, 称为**最小 B**(min-B)。这样的位形由一个称为**壁磁镜比**的参数表征, 它是径向边界处磁场和中心磁场之比。寻求最小 B 的努力导致了一类新的磁镜, **标准磁镜**的诞生。

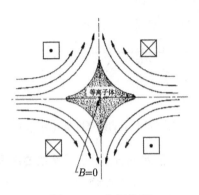

图 2-5-3 会切位形

为增加边界区的磁场强度, 一种方法是外加磁场。为不致改变磁镜的基本位形, 这一外场应是多极场。最早的方案是由苏联科学家约飞 (M.S.Ioffe) 提出的, 由平行磁轴的四根棒状导体构成, 相邻棒流过方向相反的电流, 这样的导体系被称为**约飞棒**。可以证明, 在这样的磁场形态中, 从中心朝所有方向磁场值都加强。从直观出发, 这也可以理解, 因为其中心处横截面是一个会切位形 (图 2-5-3)。显然, 这样的等离子体已不再是轴对称的了。它的形态和产生的等离子体形状见图 2-5-4(a) (一般的会切位形是二维的, 即在图 2-5-3 上垂直纸面的方向平移不变, 而约飞棒位形以及下面所说的两种位形是三维结构, 在第三维方向为磁镜场, 也形成磁阱)。

可以将约飞棒这样的导体与产生轴向磁场的线圈合在一起, 形成一个线圈, 其形状像垒球的缝线轨迹 (图 2-5-4(b)), 称为**垒球线圈**。又有人将其分为两个, 称为**阴-阳线圈** (图 2-5-4(c)), 可以具有更大的磁镜比。这几种线圈所产生的都是四极磁场, 也有的装置采用更高的多极场, 例如, 苏联的磁镜 OGRA 用的是六极场。

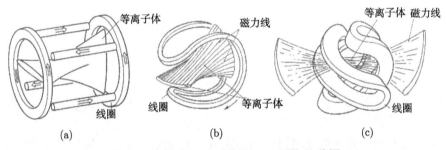

图 2-5-4 约飞棒 (a)、垒球线圈 (b) 和阴-阳线圈 (c)

用这几种最小 B 磁场位形的磁镜称为标准磁镜。和简单磁镜相比, 标准磁镜中的宏观稳定性得到改善。我国核工业西南物理研究院曾于 20 世纪 70 年代建造过一台小型约飞棒式的标准磁镜。在美国的 Livermore 实验室曾做过单纯使用垒球线圈的约束装置, 较成功的是该实验室的 2X 系列, 它们采用磁镜线圈加上阴-阳线圈的设计。在 2XIIB 中的等离子体密度达到 $2 \times 10^{20} \mathrm{m}^{-3}$, 离子温度达到 13keV, 比压达到 2, 比一般的高比压装置还要高。但是发现在密度达到一定的临界值后约束就不能进一步改善, 这是由高密度时产生一种损失锥的不稳定性造成的。这种非轴对称的最小 B 位形做成的标准磁镜虽然后来未得到发展, 但其原理用在以后的串列磁镜中作为端塞, 取得了很大的成功。

在 20 世纪 80 年代, 也曾出现一种轴对称最小 B 位形的磁镜装置, 其思路也是使用多极磁场加强径向边界处的磁场强度。但使用了和主磁场线圈同一走向的多个线圈, 而其中的

电流是交错反向的 (图 2-5-5, A. Y. Wong et al., Comments Plasma Phys., 6(1981) 131)。中心处场强度可以做得很低，在轴向和径向产生大的磁镜比，磁场形态也有利于宏观稳定性。但其边缘处存在分支磁面，形成一系列非绝热散射中心，构成新的粒子损失通道。

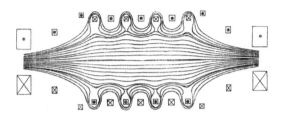

图 2-5-5　轴对称多极场磁镜

这样的大磁镜比可能改变对数的定标率 (2-5-2)。这是因为，在一般的磁镜中，粒子的损失取决于等离子体内向损失锥边界的扩散。在磁镜比 R 很大、损失锥很小时，近距离大角度的散射可能使粒子跳过损失锥，而不致损失 (图 2-5-6)，使约束时间可能接近对 R 的线性定标。但这样的装置涉及置于等离子体内的线圈，又产生一些新的技术问题。

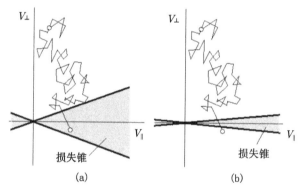

图 2-5-6　小磁镜比 (a) 和大磁镜比 (b) 两种情况下的粒子在速度空间的扩散

3. 串列磁镜 (tandem mirror)

我们注意到，在磁镜约束时间式 (2-5-3) 中，根本没有装置尺寸数据，所以磁镜不像托卡马克那样，可以依照定标律不断扩大装置尺度实现聚变。在式 (2-5-3) 中之所以没有装置尺寸 (如长度)，是因为假设离子平均自由程远大于磁镜长度，粒子损失发生在速度空间。为改善磁镜的约束，有两种途径。一是增加长度，使式 (2-5-3) 不再适用，但计算表明，为实现聚变，磁镜长度至少有几公里。另一改善约束途径是设法减少终端损失。

为了解决磁镜类装置的根本弱点即终端损失问题，历史上曾使用静电、高频等方法来堵塞端部，减少损失。后期则设计了不同的**端塞**(end plug)，将终端"塞"住。这样就将磁镜划分为中心室和两个端塞室，发展为串列磁镜。

在简单磁镜里，中心部分呈高电位，对电子形成位阱，却导致离子的流失，总的粒子约束也主要由离子分量决定。为了约束离子，应该在端部形成高电位，这由增加局部粒子密度

得到。这是因为，粒子密度服从玻尔兹曼关系

$$n = n_0 \exp(e\phi/T_e) \tag{2-5-4}$$

这一关系的来源是因为电子分量服从玻尔兹曼关系 $n_e = n_0 \exp(-e\phi/T_e)$，而电子电荷为负。离子分量由于惯性，一般不服从这一关系，但由于其具有电中性，所以有和电子大致相等的密度。

在串列磁镜中，两个端塞室就是两个小标准磁镜。在两个端塞中，用中性粒子注入提高粒子密度，形成了高的电位，而在中心室里，由于终端损失减少，电位相应下降。总地来说，等离子体呈高电位，电子得到约束。而中心室相对于端塞室电位呈低电位，离子也得到约束。两个端塞一般使用最小 B 的垒球线圈或阴-阳线圈产生。这样的位形中的等离子体形状和相应的参数分布见图 2-5-7(R. W. Moir, Proc. IEEE，69(1981) 958)，其中等离子体密度在右半部表示，等离子体电位在左半部表示，它们的定性行为是一致的。

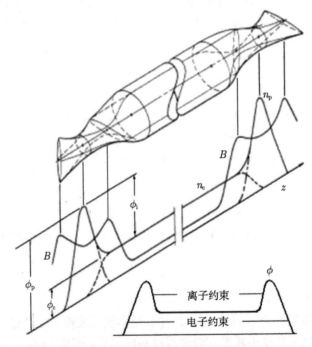

图 2-5-7　串列磁镜中等离子体形态和磁场、电位和粒子密度的轴向分布

小图为离子和电子的静电约束区域示意图

从玻尔兹曼关系 (2-5-4) 可知，由于建立了高于中心室离子密度 n_c 的端塞室粒子密度 n_p，离子位垒高度为

$$e\phi_i = T_e \ln \frac{n_p}{n_c} \tag{2-5-5}$$

这时，中心室内的离子损失速率就等于能量高于位垒的离子的损失速率

$$\frac{n_i}{\tau_i} = \frac{n_i \exp\left(-\dfrac{e\phi_i}{T_i}\right)}{\tau_{ii}\left(\dfrac{e\phi_i}{T_i}\right)} \tag{2-5-6}$$

其中，τ_i 为主室中离子约束时间，式 (2-5-6) 右侧分子为麦克斯韦分布下能量高于位垒 $e\phi_i$ 的离子密度的近似表示，分母为这样的离子的有效碰撞时间。由于这样的离子速度高，有效碰撞时间长于一般的离子碰撞时间 τ_{ii}，因此主室中离子约束时间为

$$\tau_i = \frac{e\phi_i}{T_i} \exp\left(\frac{e\phi_i}{T_i}\right) \tau_{ii} \tag{2-5-7}$$

所以粒子约束时间有显著增加。

　　热垒和锚室　在串列磁镜中，增加端塞室粒子密度可以提高局部电位，约束离子。但是使用中性粒子注入需很大功率。按照式 (2-5-5)，为提高端塞室的电位，也可以用提高电子温度的方法。为了有效加热端塞，又提出在端塞和中心室间加一个**热垒**(thermal barrier)，即局部的电位降低，使端塞室和中心室的电子热绝缘 (图 2-5-8)。可用多种方法产生热垒，例如，可提高局部的磁场，也可用低能中性粒子在损失

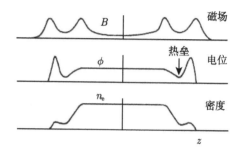

图 2-5-8　有热垒的串列磁镜的磁场、电位和粒子密度分布

锥内注入，使约束离子转换为中性粒子逸出，注入的中性粒子转换为损失锥内的离子也逸出而使局部电位降低。在热垒作用下，即使端塞室的粒子密度 n_p 不高于中心室粒子密度 n_c，也可形成中心室的离子垒。

　　继热垒概念提出并在实验上得到验证后，苏联科学家又提出**气体动力阱**(gas dynamic trap) 概念，后来用于串列磁镜。所谓气体动力阱是指一个简单磁镜工作在碰撞区时，粒子的能量和磁矩不再守恒，磁镜像一个装流体的瓶子，粒子约束决定于从两端的瓶口流出的流失率。等离子体流为 $nS_m v_i$，其中 n 为粒子密度，v_i 为离子热速度，S_m 为瓶口面积。用总粒子数 nLS 除以这流量得到粒子约束时间为

$$\tau_p = \frac{LR}{v_i} \tag{2-5-8}$$

其中，L 为磁镜长度，R 为磁镜比。比较这一对 R 的定标律和无碰撞区的式 (2-5-3)，可知在气体动力约束中，高的磁镜比起了更大的作用，而且，由于损失锥作用的减弱，损失锥不稳定性得到稳定。再者，它将装置长度引进约束时间公式，可以用延长长度的方法延长约束时间。基于这样的气体动力阱概念建造的磁镜也取得成功。

　　但是，高温的磁镜堆不可能运转在碰撞区，而且也不需要在整个磁镜内部都做到高密度，而仅在镜区附近做到即可。这便产生了**锚**(anchor) 的概念。这样的锚室连接中心室和端塞 (热垒) 室，运转在碰撞区。它不但增加了约束，而且抑制了磁流体不稳定性，故称为锚室。安装锚室的串列磁镜称**锚定磁镜**。

日本筑波大学的 GAMMA10 串列磁镜就是一个锚定磁镜。图 2-5-9(Md. K. Islam et al., J. Appl. Phys., 100(2006) 033304) 表示其结构、等离子体形状、电位 (实线) 和磁场 (虚线)。它总长 27.1m，由中心室、两个锚室和两个端塞室 (包括热垒区) 构成，每个的锚室由三个垒球线圈和两个跑道形线圈构成。用等离子体枪 (MPD) 在端部沿磁力线注入初始等离子体，用离子回旋波 (ICF) 在中心室予以加热。在每个端塞室，两束回旋管产生的电子回旋波 (ECR) 在端塞室及热垒区注入，一中性粒子束 (NBI) 倾斜入射，以产生要求的电位分布。在每一锚室，也有一中性粒子束注入以产生热离子。这热离子在半径很小的地方产生了一个密离子环，形成气体动力约束，改善中心室等离子体的稳定性。

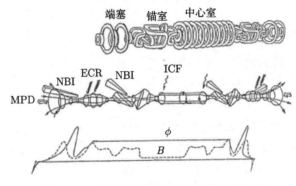

图 2-5-9　串列锚定磁镜 GAMMA10 位形

另一大型锚定串列磁镜是美国 MIT 的 TARA 装置。和 GAMMA10 不同，它的锚室置于端塞室之外。

经长期发展改进，磁镜的基本模式历经演变，类型发展为多种多样，至今还不断有新的设计方案提出。俄罗斯新西伯利亚的 Budker 核物理研究所有一台多级磁镜阱装置 GOL-3，由 55 个小磁镜串联而成，磁镜比 4.8T/3.2T，总长 12m(图 2-5-10，A. V. Burdakov et al., Plasma Phys. Control. Fusion, 52(2010) 124026)。装置上采用高能电子束加热，离子平均自由程相当于每一小磁镜长度。这一装置上的聚变三乘积参数 $n\tau_{\rm E}T$ 达到 $10^{18}{\rm m}^{-3}\cdot{\rm s}\cdot{\rm keV}$。

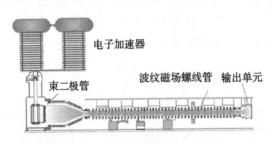

图 2-5-10　多级磁镜阱装置 GOL-3

磁镜途径经长期发展，已取得很大成就，主要因投资关系未得到充分重视，但仍不断取得进展。由于带电粒子从终端损失可用于能量的直接转换，也可考虑使用氦 3 等先进燃料，所以在未来也是有发展前途的。

2.6 箍缩类装置

箍缩类装置基于箍缩效应,在技术上属于快放电类型。它也有很长的发展历史,发展的路线图如下:

$$Z\ 箍缩 \rightarrow 角向箍缩 \rightarrow 环形箍缩 \rightarrow 反场箍缩$$

但是最先发展的 Z 箍缩在近年来又得到很大进展,成为惯性约束聚变有希望的驱动源之一。

1. Z 箍缩

一个直柱形的等离子体通过轴向电流时,电流产生角向磁场。电流在这一磁场作用下,产生向内的压力使等离子体收缩,这个过程称为**箍缩**(pinch) 效应。这种轴向或称纵向电流产生的箍缩称为 **Z 箍缩**或直线箍缩。在与等离子体的热压强平衡时,平均压强由放电电流和等离子体半径决定,称为 **Bennett 关系**(见 4.1 节)。

箍缩装置一般使用脉冲大电流放电。在两电极间加直流高电压击穿后,就会观察到放电和箍缩现象。放电箍缩后,形成高温高密度等离子体,然后再膨胀。初期用于 Z 箍缩的实验装置如图 2-6-1 所示。在实验技术上,这类箍缩装置属于快脉冲放电。为了在最短时间内得到尽量大的电流,关键技术是减少回路电感。一般回路电感要求在 10nH 量级,储能为 $10^5 \sim 10^6$J,电压为 100kV 左右,放电电流可达 MA 量级,等离子体密度可达 10^{23}m^{-3}。放电电流决定于电容储能和回路电感。为此须使用同轴电缆或平面传输板传输,用特制的大容量快速开关做开关。一般使用几十 kV 的低电感储能电容器储能,放电时间为几十到几百微秒。

正因为这种放电在技术上较简单,容易进行,所以在聚变研究初期多采用 Z 箍缩方案进行实验。但是这样的箍缩等离子体有两个明显的缺点。一是经常观察到放电柱表面有皱褶,系 Rayleigh-Taylor 不稳定性造成。二是电极放电会产生大量金属杂质,其辐射能量损失会降低等离子体温度。也曾尝试外加轴向磁场增加稳定性,但这类简单的 Z 箍缩日后未得到很大发展。

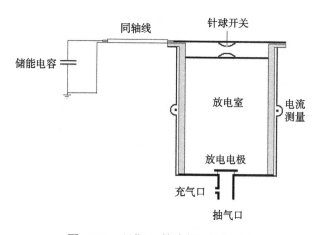

图 2-6-1 早期 Z 箍缩装置放电回路

2. 角向箍缩

另一箍缩方案是利用角向电流的箍缩效应。因为角向电流不能用固体电极击穿形成，所以须用感应的方法。实验中用置于绝缘材料制成的放电管 (玻璃或陶瓷) 外的单匝角向线圈，即一个开有纵向割缝的导体圆筒 (图 2-6-2)，以减小自感。当脉冲电流流过线圈时，在放电管内感应了轴向磁场，这一变化磁场当即产生环向电场将气体击穿，形成与线圈内电流方向相反的等离子体电流。这轴向磁场压迫放电电流向中心运动，称为**角向箍缩**，或 θ 箍缩 (θ-pinch)。

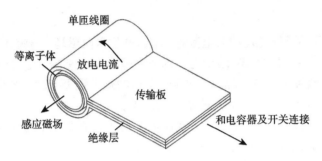

图 2-6-2　角向箍缩装置示意图

未画放电管

在实际实验装置中，为了使放电管内的磁通变化达到最大，先用一组容量较小的电容器放电产生反向的偏磁场，然后用一组容量更小的高压电容器放电使气体预电离，产生弱电离等离子体，之后进行主放电。急剧变化的轴向磁通首先在接近管壁的地方产生电流鞘并自行欧姆加热。高电导的等离子体鞘将主放电产生的磁场屏蔽在鞘以外，并在磁场作用下向中心压缩，产生激波进一步加热。最后在轴附近形成高温高压的等离子体。

这种类型放电还有另一用处。如果在放电管中心通过一根外面绝缘的导线产生环向磁场，则可以用角向箍缩方法产生环径比很小、拉长比很大的球形环位形。

图 2-6-3　一台建于 1958 年的小型环形 Z 箍缩装置照片

角向箍缩类型的聚变装置于 20 世纪 60 年代在美国的 Los Alamos 实验室取得了一些成功以后风行一时。在我国以及国际上，都是在角向箍缩装置上首先观察到热核聚变中子的 (分别在 1958 年和 1969 年)。但是，角向箍缩依然是一种开放磁力线的装置，终端损失是主要损失机构，除非将放电管做得非常长。为了减少终端损失，又发展了环形的箍缩装置。环形箍缩可以是 Z 箍缩，电流沿环方向，可以由变压器产生 (图 2-6-3 为中国科学院物理研究所建于 1958 年的一台小型环形 Z 箍缩装置照片，中国科学院档案馆藏)。为了解决宏观不稳定性问题，有的装置引进环向磁场。这样一来，其磁场位形就接近托卡马克了，但与极向磁场相比，其环向磁场较弱，所得到的比压值较托卡马克高 (在 20% 以上)，可以称为高比压托卡马克。

环形箍缩也可以是角向箍缩。为解决稳定性问题，又提出用类似仿星器螺旋绕组的线圈在环向和轴向都产生感应磁场，这样的装置称为**螺旋箍缩**(screw pinch)。这种螺旋箍缩的小截面也可以在与环垂直方向拉长，像一个环形皮带，称为**带状箍缩**(belt pinch)，可以得到较高的比压。但是这样几种箍缩装置后来都未发展起来，原因之一是快速的箍缩需要难于大型化的非金属真空室，而且放电时间延长后，这类真空室将带来严重的杂质问题。

20 世纪 60 年代，东北技术物理研究所先后建成角向一号和角向二号两台角向箍缩装置。在此基础上，核工业西南物理研究院又研制了储能 60kJ 的角向三号和一台螺旋箍缩装置。1968 年中国科学院物理研究所研制了储能 100kJ 的角向箍缩装置，观察到热核聚变中子的产生。

3. 反场箍缩

以上所述的几种箍缩装置类型在 20 世纪 70 年代末期均遇到一些困难。真正得到发展的是一种**反场位形**(reversed field configuration)。对这种位形的研究始于英国的 ZETA(Zero Energy Toroidal Assembly) 装置 (图 2-6-4，D. C. Robinson，Plasma Phys. Control. Fusion，30(1988) 2011)。它是一台环形 Z 箍缩装置，大半径 1.6m，外加环向磁场 0.8T，并用接近等离子体的导体稳定扭曲模。在这一装置上用变压器产生可达 180kA 的环向电流。

在 ZETA 上观察到一种自然发生的反场位形，就是在边缘处的纵向 (环向 B_t) 磁场和中心处磁场反向 (图 2-6-5)。原因是该处等离子体在发展

图 2-6-4　ZETA 装置照片

中进入湍流态，而湍流态的弛豫遵从两个定律。一个定律是总纵向磁通守恒，这在存在导体壳的条件下容易理解。第二个定律是总**磁螺旋度**守恒。

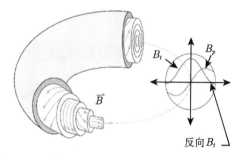

图 2-6-5　在 ZETA 上观察到的纵向磁场反向现象

这种反场位形在边缘区产生很大的磁场空间梯度。这梯度对磁流体不稳定性有稳定作用，实验上也得到较好的约束。除去像 ZETA 那样自发产生反向场以外，还可以用程序的方法产生需要的反向场。从这个原理出发，建立了一种新类型的装置，称为反场箍缩。

反场箍缩(reversed field pinch) 的磁场位形类似托卡马克，但极向场和环向场强度接近。

由于边缘处有强的磁场剪切稳定磁流体不稳定性, 所以可以做到高的比压。理论计算表明, 这种类型装置只凭欧姆加热和铜线圈可以实现点火。近年来这种装置一直在稳步发展, 能量约束时间已接近托卡马克的定标。典型装置有美国 Wisconsin 大学的 MST(Madison Symmetric Torus) 和位于意大利 Podova 的 RFX(Reversed Field Experiment)。MST 的大半径 1.5m, 小半径 0.5m, 等离子体电流 0.5MA, 其能量约束时间已经达到 10ms, 接近托卡马克的水平。总结一些装置上的实验结果, 得到以下的能量约束时间定标率:

$$\tau_{\mathrm{E}} = a^2 I^{1.5}(I/n)^{1.5} \tag{2-6-1}$$

其中, 约束时间 τ_{E}, 小半径 a, 等离子体电流 I 和密度 n 的单位分别为 $\mathrm{ms}, \mathrm{m}, \mathrm{MA}, 10^{20}\mathrm{m}^{-3}$。

　　反场箍缩装置结构类似托卡马克, 但环向场较弱, 例如, 中国科学技术大学于 2015 年建成的反场箍缩装置 KTX(Keda Toroidal Experiment, 图 2-6-6, KTX 实验室提供), 主要指标是大半径 1.4m, 小半径 0.4m。最大环向场 0.7T, 等离子体电流设计值 0.1~0.5MA, 极向磁通 3V·s, 放电时间 10~30ms。它的结构特点是产生的等离子体和用于稳定的铜导体距离很近, 运行初期靠导体维持平衡, 用程序放电建立反场。

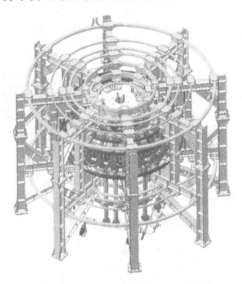

图 2-6-6　KTX 设计图 (后附彩图)

　　在反场箍缩中如何在稳态下驱动电流是一个重要技术问题, 这一点类似托卡马克。这类装置上的输运问题仍是当前的研究重点。曾设计反场箍缩实验堆 TITAN, 尺度较现在装置高 2~3 量级, 使用常温线圈, 锂用于氚增殖, 结构主要为钒合金。主要参数: 大半径 3.9m, 小半径 0.6m, 电流 18MA, 能量约束时间 0.15s, 聚变功率 2300MW。

4. 磁螺旋度

上面所说的**磁螺旋度**(magnetic helicity) 定义为体积分

$$K = \int_{V} \vec{A} \cdot \vec{B} \mathrm{d}\vec{r} \tag{2-6-2}$$

其中，$\vec{B} = \nabla \times \vec{A}$，$\vec{A}$ 为磁场的向量势。再引进标量势 ϕ，$\vec{E} = -\nabla\phi - \dfrac{\partial \vec{A}}{\partial t}$，并按照麦克斯韦定律得到式 (2-6-2) 中积分的被积函数随时间变化率

$$
\begin{aligned}
\frac{\partial}{\partial t}(\vec{A} \cdot \vec{B}) &= \frac{\partial \vec{A}}{\partial t} \cdot \vec{B} + \vec{A} \cdot \frac{\partial \vec{B}}{\partial t} = (-\vec{E} - \nabla\phi) \cdot \vec{B} - \vec{A} \cdot (\nabla \times \vec{E}) \\
&= -\vec{E} \cdot \vec{B} - \nabla \cdot (\phi\vec{B}) + \nabla \cdot (\vec{A} \times \vec{E}) - \vec{E} \cdot (\nabla \times \vec{A}) \\
&= -\nabla \cdot (\phi\vec{B} + \vec{E} \times \vec{A}) - 2\vec{E} \cdot \vec{B}
\end{aligned}
\tag{2-6-3}
$$

如果边界处为良导体，由边条件 $\vec{B} \cdot \vec{n} = 0$ 和 $\vec{E} \times \vec{n} = 0$ 可知上式第一项的体积分化为面积分为零。第二项积分后用欧姆定律 $\vec{E} + \vec{v} \times \vec{B} = \eta\vec{j}$ 代入，得到

$$
\frac{\partial K}{\partial t} = \frac{\partial}{\partial t}\int_V \vec{A} \cdot \vec{B}\mathrm{d}\vec{r} = -2\int_V \vec{E} \cdot \vec{B}\mathrm{d}\vec{r} = -2\int_V \eta\vec{j} \cdot \vec{B}\mathrm{d}\vec{r}
\tag{2-6-4}
$$

其中，η 为电阻率，对于良导体等于零。所以，如果等离子体也是良导体，则磁螺旋度守恒。

如果等离子体不是良导体，则会发生磁力线重联现象，局部螺旋度会变化，使等离子体弛豫到更稳定的状态。J.B.Taylor 讨论了这个过程，认为等离子体会保持总螺旋度不变而弛豫到最小能态。这个最小能态是**无作用力场**(force-free field)，用以下公式表示：

$$
\nabla \times \vec{B} - \lambda\vec{B} = 0
\tag{2-6-5}
$$

这样的场形态中，电流和磁场同方向、动力压强为零，故有此名。对于常数的 λ 值，这个方程有一个轴对称的解

$$
B_r = 0, \quad B_\theta = B_0 J_1(\lambda r), \quad B_z = B_0 J_0(\lambda r)
\tag{2-6-6}
$$

其中，$J_0(\lambda r)$ 和 $J_1(\lambda r)$ 为 Bessel 函数。这个解接近 ZETA 和其他反场位形中形成的场分布。但是后来在实验中发现，λ 不完全是一个常数，它在接近边界时逐渐减小，直到边界处为零。这样的无作用力磁场位形在密度很低的天体等离子体中也经常观察到。

螺旋度的意义是磁管**连锁**(linkage) 性质的表征，可用一个简单模型解释。假设有两个连锁的细磁管 1 和 2(图 2-6-7)，管外没有磁场。按照定义，螺旋度为两磁管内积分之和

$$
K = \int_{V_1} \vec{A} \cdot \vec{B}\mathrm{d}\vec{r} + \int_{V_2} \vec{A} \cdot \vec{B}\mathrm{d}\vec{r}
\tag{2-6-7}
$$

其中第一项

$$
\begin{aligned}
K_1 &= \int_{V_1} \vec{A} \cdot \vec{B}\mathrm{d}\vec{r} = \int_{V_1} (\vec{A} \cdot \vec{B})(\mathrm{d}\vec{s} \cdot \mathrm{d}\vec{l}) = \int_{V_1} (\vec{A} \cdot \mathrm{d}\vec{l})(\vec{B} \cdot \mathrm{d}\vec{s}) = \Phi_1\int_{C_1}(\nabla \times \vec{B})\mathrm{d}\vec{l} = \Phi_1\int_{S_2} \vec{B} \cdot \mathrm{d}\vec{s} \\
&= \Phi_1\Phi_2
\end{aligned}
\tag{2-6-8}
$$

为两磁管磁通之积。其中 C_1 为沿纵向的线积分，S_1 为沿截面的积分。从对称性也得到 $K_2 = \Phi_1\Phi_2$，所以有 $K = 2\Phi_1\Phi_2$。如果磁管不是细的，则可以将它们分割成单位磁通的许多细磁管，使结果相加而得到相同的表示。

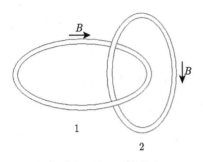

图 2-6-7　两磁管的连锁

我们再观察如图 2-6-5 那样的螺旋磁场结构。可以证明，这样的螺旋磁场位形中，如果磁力线绕大环转一圈的同时绕小截面转 T 圈，而且这个 T 是个常数，则总的磁螺旋度为 $K = T\Phi^2$。这个 T 实际上为后面所说的安全因子的倒数。当然实际磁场位形中的 T 值往往不是常数。在环形等离子体装置中，磁螺旋度相当于环向磁通和极向磁通的乘积，但它是一个积分，和安全因子 $q(r)$ 分布有关。

用一个简单模型解释磁力线重联不会改变总螺旋度的原理。把链接在一起的两个磁管简化为两个二维的带子 (图 2-6-8, P. M. Bellan, Fundamentals of Plasma Physics, Cambridge,2006)，每个带子上的磁力线不互相缠绕，内部不存在螺旋度。螺旋度来自两个带子之间的连锁。现在把两带子剪断，分别连接两对断头，再把它展开，就形成一个更长的封闭带子，其中的磁通不变。但是这个带子绕自身拧了两圈，使得上面的磁力线成为螺旋形的。如果原来两个带子的磁通都为 Φ，那么原来总的磁螺旋度是 $K = 2\Phi^2$。它们链接以后，按照螺旋磁力线的公式，总磁螺旋度不变。

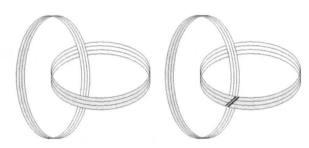

图 2-6-8　说明磁力线重联总的磁螺旋度不变的简化模型

我们注意到，式 (2-6-2) 表述的 K 定义为磁螺旋度，那么被积量 $\vec{A} \cdot \vec{B}$ 自然可以定义为磁螺旋度密度。但是由于向量势 $\vec{A}$ 可以加上任意一个量 $\nabla\psi$，所以这个磁螺旋度密度不是规范不变的。但在积分 K 中，如果磁场处处垂直于边界，则它是规范不变的。所以一般使用磁螺旋度这个概念。因为磁螺旋度是磁管间的连锁，表述一种拓扑性质，所以应用积分表示。

5. Z 箍缩的新时代

箍缩作为最早的聚变实验装置类型，另一技术路线是继续发展 Z 箍缩概念，在沉寂了多年后，于 20 世纪 90 年代后又引起普遍的重视。它的进展来自两方面，一是快脉冲放电技术的进步，二是爆炸丝的使用。但是研究目的已不是直接产生聚变等离子体，而是提供高通量的 X 射线用于惯性聚变。

所谓爆炸丝又叫爆炸导线，也是一种早期研究等离子体的实验方法。当大功率的脉冲电流流经一段导线时，瞬间产生的热量使导线气化、电离而成等离子体，并继续保持导电的功能。这种技术也可用于生产金属粉末等技术领域。

实验表明，用中空的脉冲充气或薄的金属套筒进行放电能很好地克服磁流体不稳定性。后来又改为用直径几微米的几百根高 Z 金属丝 (钨或不锈钢) 围成圆筒阵列 (图 2-6-9，王新新提供)，爆炸后能产生强的 X 射线，使这种方法能有效抑制不稳定性，得到很强的 X 射线源。目前，已能产生宽度 5ns，功率 200TW (点火约需要 1000TW)，能量转换效率 15% 的 X 射线脉冲，将其用于惯性聚变的驱动源，在设计上有单腔和双腔之分。双腔结构是在通常形式的黑腔靶的两端分别接一个辐射腔。钨丝阵列放电产生的 Z 箍缩发射的 X 射线通过网状电极进入黑腔靶，在其壁上反射后驱动弹丸的内爆。

图 2-6-9　金属丝阵列负载

X 箍缩是 Z 箍缩的变型。它使用彼此交叉成 X 形的两根金属丝进行放电。放电时交叉处首先发出强光，然后由于此处熔丝断裂感应高电压又发出第二次闪光。这种强的 X 射线点源可用于生物体透视摄影，在生物学、医学研究上有广阔的应用前途。

以上所述的托卡马克、仿星器、球形环、磁镜和箍缩类装置是磁约束聚变最重要的几种装置类型，它们的分类和演变可见图 2-6-10 的概括。其他一些类型装置也具备各自的特点和演变过程。

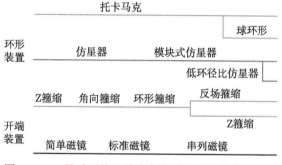

图 2-6-10　最重要的几种聚变装置类型的分类和演变

2.7　紧　凑　环

紧凑环也可认为是环形装置，然而在环的中心洞中没有任何线圈通过。这样就使等离子体接近球形。和托卡马克一样，紧凑环中存在环向磁场 B_t 和极向磁场 B_p。在主要的两种紧凑环中，球马克属于 $B_p/B_t \approx 1$ 类型，场反位形属于 $B_p/B_t \gg 1$ 类型。

1. 球马克

球马克 (spheromak) 的磁场位形如图 2-7-1 所示，它的磁场也由环向场和极向场组成。它和球形环的区别是没有中间通过线圈的洞。由于缺乏环向场线圈，稳态时它的环向场由等离子体电流产生，在外部区域没有环向磁场。另外，它存在着磁场为零的分支点和开放磁力线。

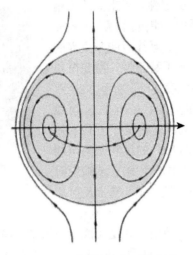

图 2-7-1   球马克等离子体位形

　　球马克有多种产生方法，第一种称为**磁通核**(flux core)，见图 2-7-2。所谓磁通核，是一个置于真空室内部的圆环，内部是一个环向导体，产生极向磁场；外部缠绕一个螺线管，产生环向磁场。在真空室外还有一个垂直场线圈，图中未画。

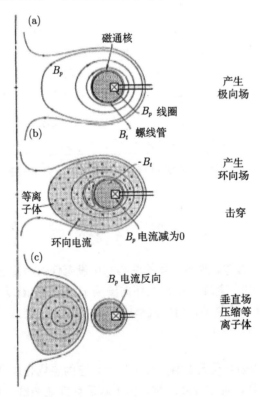

图 2-7-2   磁通核产生球马克等离子体过程

工作时，极向场线圈首先放电，产生极向磁场和环向电动势 (图 2-7-2(a))。然后环向场螺线管放电形成环向电子运动通道，在磁通核附近击穿气体产生等离子体，并感应极向电流 (图 2-7-2(b))。这时外垂直场 (在图上为方向向下) 启动，将等离子体环向内压缩。高温等离子体将磁场冻结在一起运动，脱离磁通核形成球马克的位形 (图 2-7-2(c))。

另一种产生球马克位形的方法得到较多应用，就是利用同轴枪加螺线管。**同轴枪**又称 Marshall gun，是一种产生等离子体的设备，广泛用于等离子体工程。它由内外两同轴电极组成，当有高电压加到两电极之间时，击穿以后形成电极间的放电 (图 2-7-3)。这一电流在两电极间产生的磁场推动放电等离子体向另一端加速运动而脱离电极体系。这种枪有广泛的用途，等离子体射出后，根据不同的处理方式，可以形成 Z 箍缩，也可以聚焦形成高密度等离子体，称为**等离子体焦点**(plasma focus)，其聚焦后等离子体密度可达 $10^{25}\mathrm{m}^{-3}$ 以上。也是一种磁约束等离子体装置，现广泛用于 X 射线源，也可用作中子源。使用同轴枪也可以将等离子体直接注入等离子体约束装置 (如仿星器或磁镜) 中。

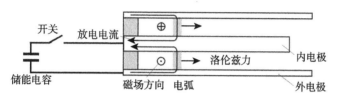

图 2-7-3 同轴枪工作原理

同轴产生的等离子体团保留有冻结的环向磁场，但是没有极向磁场。为了产生球马克位形，在同轴枪外尚须缠绕螺线管，和同轴枪一起放电，以感应环向电流，产生极向磁场。

图 2-7-4 (E. B. Hooper et al., Plasma Phys. Control. Fusion, 54(2012) 113001) 是一个实际的用同轴放电设备产生的球马克 SSPX(Sustained Spheromak Physics Experiment) 的装置

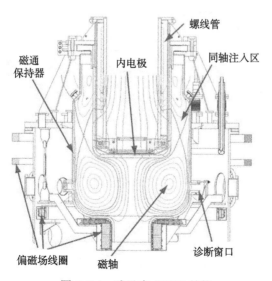

图 2-7-4 球马克 SSPX 结构

图。这一组同轴电极立放，因不以加速为目标，所以半径较大，螺线管置同轴枪内。此外，它还配置一个磁通保持器，是一个导电壁，以保持磁场不致扩散。此外还安装一个利用开放磁力线的偏滤器以排除杂质的装置 (图中未画)。

　　和其他环形装置相比，球马克没有通过中心的硬芯，所以产生一种新的不稳定性，即对称轴倾斜的**倾斜**(tilt) 不稳定性，模数 $m=1$, $n=1$。靠近等离子体的导电壁可以稳定这种不稳定性。如果导电壁离等离子体太远，倾斜不稳定性会妨碍比压值的增加。

　　以上介绍的产生球马克位形的方法都不容易做到连续运行，只能用磁通保持器延长其维持时间。有一种磁螺旋度注入的方法可以保持连续运行，为 Wisconsin 大学的 HIT-SI 装置所采取。这个装置的真空室的结构如图 2-7-5 (http://plasma.physics.wics.edu) 所示。它的主体是轮盘形的，无中孔。环外侧安装两个半圆形、椭圆截面的注入器管道，彼此垂直，分别称为 X 注入器和 Y 注入器。

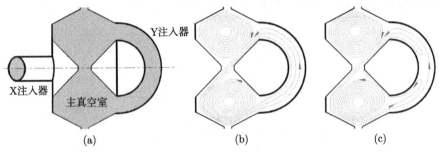

图 2-7-5　球马克 HIT-SI 的真空室结构和工作原理

(b)、(c) 图显示连续两时刻的磁场结构

　　它的工作原理如下：两注入器都类似反场箍缩，但是以正弦波形工作。二者相差 $\pi/2$ 的相位，向主真空室注入感应产生的环向电流和磁螺旋度。当一个注入器中电流上升时，电流进入主真空室，沿原来电流方向流动，进入环的下侧，绕小截面流回注入器管道 (图 2-7-5(b)图)。

　　当这一电流周期处于下降段时，由于感应电压反向，首先使管道内外侧电流反向，在温度最低的地方发生磁重联。然后正向电流完全消失，这部分磁螺旋度完全注入主真空室的下半部分 (图 2-7-5(c))，同样在下半周螺旋度注入到环上半部分。安装两注入器的目的是使其互补，维持连续运转。这一运转机制要求注入器的工作半周期远长于边界处磁场重联时间。

　　这个球马克和其他类型球马克的不同之处是，它的中心不是温度最高的地方。此处温度较低，相当于边界区域，便于高温等离子体注入，所以它的高温等离子体部分实际是托卡马克位形。因其接近托卡马克，所以倾斜不稳定性不易发生。

　　2. 场反位形

　　场反位形(field-reversed configuration) 中的 "场反" 一词和前面所说的 "反场" 表示同一个意思，都是指纵向磁场在等离子体外层和内部方向相反。但前述反场箍缩所说的反场指的是环向场，而图 2-7-6 所示的场反位形指的是轴向场。但这一位形和图 2-7-1 所示的球马克在磁场拓扑上看来是一样的, 所以其反场也可说在极向。但是, 图 2-7-6 所示的场反位形在半径方向被压缩, 它实际上类似于直线形的角向箍缩, 它的产生方法也类似于角向箍缩。作为紧凑环, 它没有环向磁场或环向磁场很小。注意图 2-7-6 虽然是一个直管装置, 但从等离子体位形来说, 我们仍视为竖立的环形装置, 而使用相应的特征方向语言。

它的产生方法是先加一个弱的轴向磁场, 然后注入气体, 产生等离子体 (可用注入或 Z 箍缩放电)。最后主线圈放电产生反向磁场, 形成角向箍缩, 压缩原有磁通到中心, 而外层磁场反向。

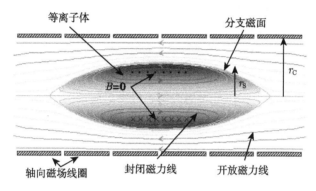

图 2-7-6 场反位形的磁场位形

中国科学院物理研究所曾运行过一台小型场反位形装置 FRP-1。

近年来, 美国的 Tri Alpha 能源公司建了一台场反位形装置 C2, 将位于该装置两端的两个用角向箍缩方法产生的高比压紧凑环等离子体以超声速对撞融合, 将动能转化为热能, 得到高参数、稳定的场反位形等离子体。

理论预言场反位形存在多种磁流体不稳定性。但是实验表明, 等离子体的稳定情况超出理想磁流体理论的预期。而且由于没有环向磁场, 它可能是一种新概念聚变, **磁化靶聚变**(magnetized target fusion) 中靶等离子体的候选者。这一新概念是将一团等离子体压缩到一个薄壁金属圆筒 (类似于可口可乐罐) 中, 再在圆筒中产生大电流, 压缩圆筒本身和其中的等离子体, 使其达到高温高密度, 实现聚变反应。这一过程类似于 Z 箍缩。

除去球马克、场反位形以外, 紧凑环装置尚有**天体器**(astron) 和**场反磁镜**(field-reversed mirror) 等类型。2.7 节所说的反场箍缩有时也列入紧凑环之列。这些类型装置的共同特点是边界处 q 值 (安全因子) 很小, 对建堆有利, 但是在不稳定性方面易于产生电阻壁模, 须用主动或被动反馈方法消除。

2.8 内 环 装 置

如前所述, 现在通行的托卡马克型反应堆可能不适用从月球上取得的氦 3 这种燃料。这是因为 ^{3}He-D 反应要求非常高的温度。在更高的温度下, 强磁场内的回旋辐射 (或相对论情形下的同步辐射) 将产生很大的能量损失。

在聚变研究初期有人提出了用置于等离子体内的导电环约束等离子体, 形成了内环类型的装置。因为 ^{3}He-D 反应无中子产生, 容许等离子体内有固体材料, 所以内环装置可以使用氦 3 这样的先进燃料。当时设计建造的内环装置可分为两类。一类是单环产生偶极场，另一类是多环产生多极场。单环的例子是 Princeton 国家实验室的早期超导悬浮环装置 F-1。多极场的例子是除去有内环的高磁镜比的磁镜 (图 2-5-5) 外，还有洛杉矶加州大学的环形装置 OCTOPOLE(图 2-8-1)。这种类型的装置也为聚变研究做出过很多贡献，例如，新经典电流就是在 Wisconsin 的一台八极器中首次观察到的。

　　内环装置之所以长期未得到发展，是因为这一类型装置存在一些技术困难。其中之一是居于等离子体内部的内导电环的支撑和馈电。解决方案有二：一为使用超导悬浮环，如早期 Princeton 的 F-1 装置。已实现的悬浮环均为单环，如果为多超导环，则由于其相互作用，环本身存在复杂的位置和方位稳定性问题。

　　另一解决方案是使用常温导体，用支撑架支撑兼作馈电线，如图 2-8-1 所示。支撑架当然会造成粒子损失，但由于内部流有方向相反的电流，在周围形成偶极磁场保护支撑架 (图 2-8-2)。但是在这一磁场位形中存在分支磁力线，分支点附近为零磁场区域，形成与馈线平行的零磁场通道 (在图中与纸面垂直)，可能引起等离子体损失。如果使用同轴馈线可以避免这些问题，但因必须引进水冷，所以在技术上实现比较困难。

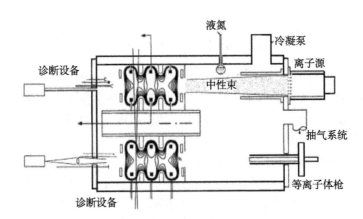

图 2-8-1　多极场装置 OCTOPOLE

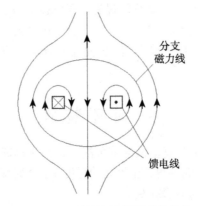

图 2-8-2　平行馈电线周围磁场结构

在单环产生的偶极场中，外层的磁场形态对交换不稳定性是不利的。但是，后来发现类似的土星周围的偶极场中，宏观的稳定性却是存在的。有一些理论对此做出解释，所以单环装置当前又得到发展。在实验方面，Columbia 大学的 CTX 装置属于有支撑架的常温磁体产生偶极磁场的研究装置。MIT 和 Columbia 大学合作运行一个悬浮环装置 LDX(Levitated Dipole Experiment)，它的悬浮环由 Nb₃Sn 超导材料制成，最大电流 1.36MA。装置上方安有一个电流环用于悬挂超导环，真空室外还有一组 Helmholtz 线圈使等离子体成形，用电子回旋共振波产生和加热等离子体。

东京大学建成一台高温超导悬浮环装置 RT-1(Ring Trap-1，图 2-8-3，T. Tosaka et al., IEEE Trans. Appl. Superconductivity, 17 (2007) 1402)。悬浮环采用铋系超导材料 Bi-2223 制成，工作温度为 20~32K，电流为 0.25MA，产生磁场小于 0.3T，能维持超导悬浮 7h。装置上也用电子回旋共振波产生和加热等离子体。这一装置的等离子体内存在环向电流以维持径向平衡。等离子体电流和超导环电流之比是涉及平衡和稳定性的重要参数。

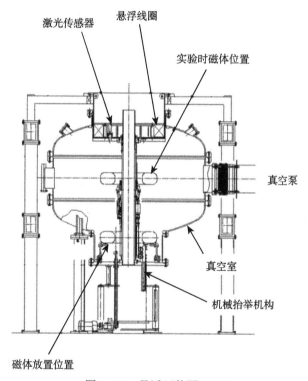

图 2-8-3 悬浮环装置 RT-1

内环装置虽然起源很早，但其研究尚处于初级阶段，其位形比较简单，可能无须导电壁维持稳定，但输运性质尚未在实验上充分研究。

2.9 原理性实验装置

以上介绍的磁约束实验装置在理论上均可以制造成聚变能装置以实现受控聚变。还有一类装置只能进行原理性实验以侧重研究某些物理过程或用于测试诊断设备，而原则上不能达到聚变条件,当然所说的这两类装置的界限并不严格。在上述可以实现聚变的装置中,也有一些小型装置实际上用于原理性实验。专用的原理型实验装置一般是稳态的低温等离子体装置,一般加有稳态或脉冲磁场,可以使用深入等离子体的固体探针进行测量。以下举例说明这些装置的一般情况和工作原理。

直线装置 图 2-9-1 是德国 Max-Planck 等离子体研究所的稳态装置 VINETA 示意图 (C. M. Franck et al., Phys. Plasmas, 10(2003) 323)。它由四个真空段组成,可自由拆卸连接,本底真空达 10^{-4}Pa,用线圈产生 0.1T 的均匀轴向磁场。用于产生等离子体的射频电源 2~30MHz,功率 2.5kW(连续) 或 6kW(脉冲),通过螺旋波器 (helicon) 天线激发。所产生的等离子体密度为 $10^{16} \sim 10^{19}$m^{-3}。该装置使用静电探针、磁探针作为基本诊断手段,还安装了激光诱导荧光、干涉仪等诊断设备,主要研究哨波、微观不稳定性、阿尔文波等物理课题。

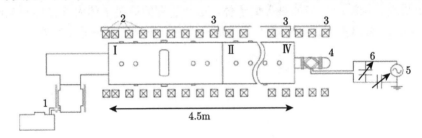

图 2-9-1 VINETA 装置图

1. 抽气系统;2. 磁场线圈;3. 直流电源;4. 玻璃真空室延长段和天线;5. 射频功率源;6. 匹配网络

美国洛杉矶加州大学建立了一台直线装置,称为 LAPD(Large Plasma Research Device),长 22m,等离子体直径 0.6m,长 18m。用 90 个磁体产生高达 0.25T 的轴向磁场,其空间分布可以调节为均匀、线性、磁镜、会切和其他位形。用大面积热阴极和栅网阳极脉冲放电产生等离子体,工作区域的等离子体是非载流的、宁静的。放电持续 15ms,重复频率 1Hz。等离子体密度可达 2×10^{18}m^{-3},电子温度可达 10eV,离子温度可达 1eV。用计算机精密控制测量探针在等离子体内的运动。这一装置主要用于空间过程的研究,以及阿尔文波、哨波等基础物理研究。

中国科学技术大学研制了一台直线装置,称为 LMP 装置 (Linear Magnetized Plasma Device)。其真空室直径 0.5m,长 2m,轴向磁场 0.1T。用螺旋波器放电产生等离子体扩散进主真空室。等离子体密度可达 5×10^{17}m^{-3},电子温度 5eV。这一装置主要进行磁场重联和漂移波的试验研究。

在许多基础研究和工程模拟装置中,主要技术问题是产生充分高密度的等离子体,即等离子体源的选择。

螺旋波器(helicon) 是一种低温等离子体产生装置,使用高频电磁波 (10~20MHz) 在较弱磁场 (约 0.01T) 中产生螺旋波,通过朗道阻尼加热,可以产生相当高密度的等离子体。但是螺旋波器所用的高频电源对测量产生强的干扰,不适于研究稳定性问题。

利用热阴极发射可以产生较稳定的等离子体,阴极材料有多种选择 (图 2-9-2,D. M. Goebel et al., Res. Sci. Instrum., 56(1985) 1717)。早期用钨或钽丝,后来多采用的氧化物阴极,系将碳酸盐敷涂在金属基底,再分解激活为活性物质,工作温度为 1000℃左右,发射直

流电流在 $10A/cm^2$ 以下。硼化镧阴极用单晶或粉末热压而成,多间接加热,工作于 2000℃以下,可以大面积产生几十 A/cm^2 的直流电流。这类阴极材料的缺点是容易中毒。

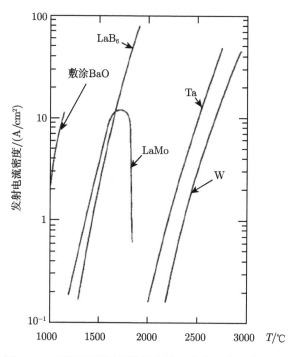

图 2-9-2　不同阴极材料发射电流密度和工作温度的关系

等离子体和壁相互作用模拟装置　在 ITER 中,最强烈的等离子体和壁的相互作用发生在偏滤器的靶板,其工作气体离子流量可达 $10^{24}m^{-2}/s$。在现在运行的大型实验装置中均不能达到如此大的流强,况且在现有装置的偏滤器位形中,也难配置适当的诊断仪器进行在线研究。解决方案之一是建造实验模拟装置进行相关的实验研究和材料测试。

线性装置是首先考虑的一种。典型结构如荷兰 FOM 实验室的 Pilot-PSI (图 2-9-3,G. J. van Rooij et al., Appl. Phys. Lett., 90(2007) 121501; V. Veremiyenko et al., 29th EPS Conf. on Plasma Phys. Control. Fusion, Montreux, 2002)。其真空室是个圆筒,长 1m,直

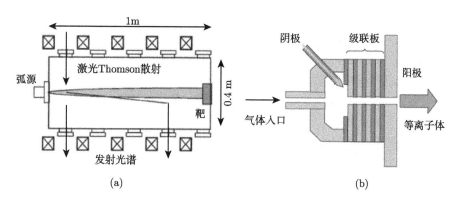

(a)　　　　　　　　　　　　　　(b)

图 2-9-3　Pilot-PSI 装置及级联弧结构

径 0.4m，外加约束磁场直流 0.4T，10s 脉冲 1.6T，室内充气 2~200Pa。等离子体源为**级联弧**(cascaded arc)，它的结构如图 2-9-3(b)，阴极为 3 根钨针，阳极间用 5 个级联板隔开，中间开小孔，阳极喷嘴直径 6~8.5mm。

在此装置上用激光 Thomson 散射测量等离子体流的温度密度，在放电电流 100A，磁场 1.6T 时，距离喷口 4cm 处的峰值温度 2eV，密度 $7.5×10^{20}m^{-3}$，轴向速度 3.5km/s，产生 $2.6×10^{24}m^{-2}/s$ 的 H^+ 流量。

一台更大的装置 Magnum-PSI 正在建造，其磁场达到 3T。为了维持靶附近的气压能低于 1Pa，将真空室隔成三段，中间以 10cm 直径孔相通，每段差分抽气。

环形装置　其中一类是纯环向磁场装置。按照漂移机制理论，在这样的磁场位形中等离子体不存在平衡解。但是这样类型装置的粒子约束时间远长于理论预期值 (约 1μs)。对此也提出一些解释，如漂移产生的正负电荷积累通过孔栏短路。但实际情况尚很复杂，不能完全用现有理论解释。

图 2-9-4 是德国 Garching 的 TEDDI 装置，由 12 个线圈产生 0.15T 的纯环向磁场。(O. Grulke and T. Klinger, New J. Phys., 4(2002)67.1) 真空室大半径为 0.3m，小半径为 0.1m。用安装在环某处的垂直方向偏压热灯丝产生密度为 $10^{16}m^{-3}$，电子温度 4eV 的等离子体。使用静电探针诊断，主要进行漂移波的实验研究。

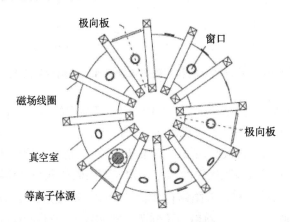

图 2-9-4　TEDDI 实验装置

美国 Texas 大学建立了一台环形装置，称为 Texas Helimak (图 2-9-5，K. W. Gentle and H. Huang, Plasma Sci. Technol., 10(2008))。它是一台环形装置，用线圈产生稳态环向磁场。它还有一个弱的垂直场，和环向场一起形成螺旋形的磁力线。使用 2.45MHz，6kW 的磁控管电源在真空室内激发电子回旋波产生等离子体。在真空室上下各安装两块电极板，垂直于环向磁场，加上直流电源后可以产生环向等离子体电流。使用不同的偏压板可以控制电流的空间分布。

在这一装置上，对于不同的工作气体所达到的等离子体参数为 T_e=15eV，n_e=5×10^{16}m^{-3} (He) 和 T_e=10eV，n_e=1×10^{17}m^{-3}(Ar)。使用静电探针测量等离子体参数和密度涨落，使用磁探圈测量磁场和磁涨落，使用光谱法测量宏观速度。在这个装置上进行了漂移波湍流、分支面湍流，以及流剪切抑制湍流的实验研究。

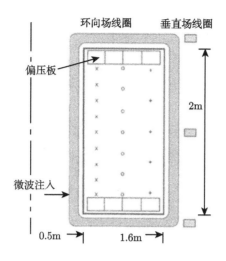

图 2-9-5　Texas Helimak 实验装置

2.10　中小型装置的作用

在当前建设聚变实验堆 ITER，集中研究燃烧等离子体物理的情况下，我们仍应继续强调中小型装置的作用。中小型装置的定义是人为的，随时代而变。20 世纪 90 年代以后，有一种意见认为大半径在 1m 以下，等离子体电流在 300kA 以下的托卡马克为中小型装置或小型装置。中小型装置的另一定义是指离子回旋半径和等离子体小半径之比 $\rho* = r_{\mathrm{Li}}/a > 10^{-2}$ 的装置。中小型装置特别是小型装置的另一特点是中性粒子的渗透距离和小半径可比，或者说，它的整个等离子体都有边缘等离子体的特性。这一特点以及低的等离子体参数使得它不能研究一些高参数等离子体的物理问题，但是大部分有关课题，甚至涉及 ITER 物理的问题，可以在中小型装置上进行研究 (图 2-10-1, D. C. Robinson, Plasma Phys. Control. Fusion, 35(1993) B91)，且其某些特点可以成为优点，例如，可以使用固体探针，以及可探测发自中心的线光谱辐射。当然主要优点还是成本低、技术简单，以及对新思想新概念有快的响应。

此外，从聚变的长远目标来看，按照磁镜装置创始者之一的 R.F.Post 所言："聚变研究所应遵循的正确方向是：除现有的领跑者托卡马克以外，还要支持较小的，但是健康的科研工作，着眼于明显不同于托卡马克的方法，以图发现更好的途径。"

作为表现突出的小装置例子，可以举出加拿大 Saskatchewan 大学的 STOR-1R 托卡马克。早期在这一装置上进行了 AC 运行实验，其后这样的实验才在大装置 JET 上进行。近年来，在 STOR-1R 上又成功进行了 CT(紧凑环) 注入实验，观察到类 H 模。在 ITER 上使用这一补充燃料的方案随后制订。捷克等离子体物理研究所的 CASTOR 也是一个很小的托卡马克，多年致力于发展高时间空间分辨的静电探针技术，还发展了一种探测快电子的 Cherenkov 辐射探测诊断技术。而葡萄牙里斯本大学的 ISTTOK 装置则试验了液体孔阑，证实未引起严重的杂质污染。我国一些小型设备在早期也做出过一些贡献，例如，在 20 世纪 70 年代 CT-6 做的电子回旋共振预电离实验，以及随后 HT-6B 所做的螺旋共振场实验。

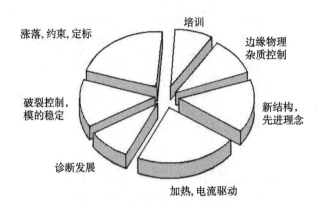

图 2-10-1　小型装置作用的一项统计结果

一些新的概念也都从小装置做起，例如，早期取消导电壳使用薄真空室，以及螺旋度注入启动电流。这在加热和电流驱动方面尤为明显，例如，最早的电子回旋加热是在 TM3，TUMAN-2 上面做的，电子回旋电流驱动是在 TOSCA，CLEO，WT-3 上面做的，中性粒子注入是在 DITE 上做的，小半径压缩是在 TUMAN-2，TOSCA 上面做的。这些都是小型装置。在小型超导装置 TRIAM-1M 上的低杂波驱动电流时间长达 1h 以上，保持了多年的世界纪录。而第一台球形环，是使用现成部件组装出来的小型装置 START。

20 世纪 80 年代，在美国洛杉矶加州大学有一台小型托卡马克 Macrotor，在其上首创了一种以 R. J. Taylor 教授名字命名的低温放电，能有效地清除杂质。这位教授后来又建造了另一台小型装置 CCT(环向场 0.3T)，在其上仔细研究了 L-H 模式转换过程，得到学术界很高的评价。

中小型装置在培养人才方面的作用也应强调。这样的装置比较适合在大学里运行，学生们也有机会较全面地了解装置的特点和物理过程，而其低成本和灵活性也足以提供更广泛的研究课题。近年来，在我国的中国科技大学、大连理工大学、浙江大学、北京航空航天大学、北京大学等校均建设了多台小型原理性实验装置，在聚变研究和人才培养中发挥了重要作用。

阅 读 文 献

李建刚. 托卡马克研究的现状及发展. 物理，2016, 45(2): 88-97

Boozer A H. Physics of magnetically confined plasmas. Mod. Rev. Phys., 2004, 76: 1071

Bullan P M. Spheromaks. Imperial College Press, 2000

Burdakov A V, Ivanov A A, Kruglyakov E P. Recent progress in plasma confinement and heating in open-ended magnetic trap. Plasma Phys. Control. Fusion, 2007, 49: B479

Guo H Y. Recent results on field reserved configurations from the translation, confinement and sustainment experiment. Plasma Sci. & Technol., 2005, 7: 2605

Haines M G, Lebedev S V, et al. The past, present and future of Z-pinches. Phys. Plsamas，2000, 7: 1672

Harris J H. Small to mid-sized stellarator experiments: topology, confinement and turbulence. Plasma

Phys. Control. Fusion, 2004, 46: B77

Helander P, Beidler C D, et al. Stellarator and tokamak plasmas: a comparison. Plasma Phys. Control. Fusion, 2012, 54: 124009

Kadomtsev B B. Tokamak plasmas: a complex physical system. Bristol and Philadelphia: Institute of Physics Publishing, 1992

Peng Y K M, Strickler D J. Features of spherical torus plasmas. Nucl. Fusion, 1986, 26: 769

第3章　磁约束聚变工程

本章内容主要为磁约束聚变实验装置建设中的工程问题，以托卡马克为例，但涉及的很多内容也适用于其他类型的磁约束聚变装置。一般的装置工程应该包括聚变堆工程，如中子学、氚处理、辐射屏蔽、材料、远程控制，还应包括环境效应和经济问题。

一个托卡马克等离子体实验装置大致包括这样几部分 (图 3-0-1)。装置的核心部分是产生等离子体或发生聚变反应的区域，可以称为装置的主机，它主要由真空室和产生磁场的磁体及支撑系统组成。在当前主潮流的装置上还装备了排除杂质的偏滤器。围绕装置主机的部分，恰如计算机外设，包括诊断系统、辅助加热和电流驱动系统，以及抽气和充气系统，或者拿反应堆的语言说是加料和排灰系统。图 3-0-2(中国科学院等离子体物理研究所提供) 是 EAST 装置主机的分解图。由于磁体为超导系统，所以还包括用于绝热的冷屏和杜瓦。

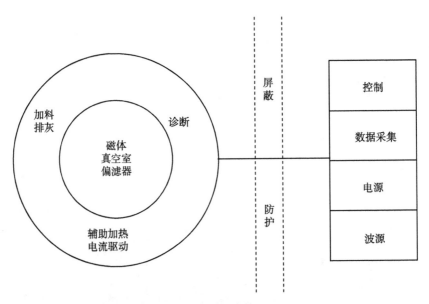

图 3-0-1　托卡马克装置各部分分解示意图

以上两部分均安装在一个实验大厅中，用屏蔽墙防止高能粒子和射线可能带来的人身伤害和对仪器设备的干扰。而控制系统、数据采集和处理系统、磁体电源和其他一些电源、长波波源，以及烘烤、冷却系统，对于超导装置还有制冷系统，一般安置在主机大厅以外。

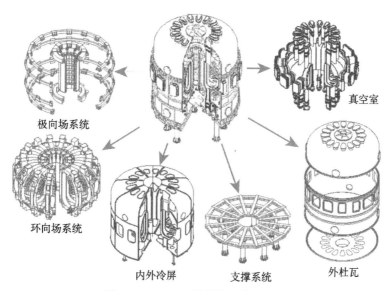

图 3-0-2 EAST 装置主机的分解图

3.1 环向磁体

托卡马克的磁体系统主要由环向场和极向场两部分组成。环向场磁体的电流走向在极向,产生环向磁场约束等离子体。而极向场磁体的电流走向在环向,构成欧姆加热变压器,产生和维持环向等离子体电流,加热等离子体,并保持等离子体的平衡和截面形状。一些矫正整体误差磁场的线圈也处于极向。两组磁体在空间是正交关系。在有些装置上还安装了一些产生局部磁场的磁体,可称为多极场。

1. 环向磁体结构

环向磁体产生约束等离子体的环向磁场,是托卡马克装置中最重要部件之一。在所有的托卡马克装置上,环向磁体都是由分立的线圈组成的。这些线圈的中心位于一个圆环轴上,线圈与环轴垂直。线圈一般为多匝,彼此串联以保证各线圈电流的均匀性。因为线圈之间的连线构成一匝环向电流 (图 3-1-1),所以须串联一反向回线抵消其磁场。这回线与线圈连线应充分接近,使产生的杂散磁场减到最小。

根据安培定律,线圈内的磁场 B 和线圈电流 I 以及总匝数 N 的关系为

$$NI = \frac{1}{\mu_0} \oint \vec{B} \cdot \mathrm{d}\vec{l} \tag{3-1-1}$$

其中的积分为线圈内绕环任意回路进行。考虑积分路径为线圈内半径为 R 的圆,假设环向磁场沿积分路径均匀分布,得到磁场的强度为

$$B = \frac{\mu_0 NI}{2\pi R} \tag{3-1-2}$$

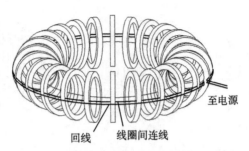

至电源

回线   线圈间连线

图 3-1-1   环向场线圈排列及其连接示意图

从式 (3-1-2) 可知，真空中的环向磁场和大半径成反比，环内侧强而外侧弱。一般以环轴处 $R = R_0$(等离子体的中心处) 的磁场为环向场 $B(R_0)$ 的标定值。根据安培定律，$B(R_0)$ 或其他半径处的磁场强度仅和通过积分回路内总电流有关，和线圈形状大小无关。如果大半径和设计的磁场强度已定，从式 (3-1-2) 可以知道所需总电流 NI 大小。但是，由于线圈所储磁能为 $\frac{1}{2}LI^2$，在保证等离子体范围内有充分强的磁场的前提下，应尽量减小线圈的尺寸。

公式 (3-1-2) 所表示的是一个半径 R 处的平均磁场。在分立线圈的布局下，局部的磁场值和线圈大小、形状、数目都有关系。为求得实际的局部磁场值，须计算所有线圈产生的磁场再叠加。由于线圈沿环轴周期分布，所以沿环向的磁场变化也是周期性的。图 3-1-2(中国科学院等离子体物理研究所提供) 为 EAST 装置的环向磁场在赤道面上随大半径的变化。在两条曲线中，外侧数值较大的是为线圈所在子午面上的值，另一条是处于两线圈之间的子午面上的值。该装置的环向场由 16 个 D 形超导线圈产生。

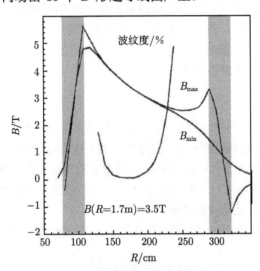

图 3-1-2   EAST 装置环向磁场在大半径上的分布

灰色区域为线圈位置

用波纹度描述等离子体区域环向磁场的环向不均匀性。波纹度随大半径增加而增加，在等离子体外侧达到最大。一般关心等离子体中心处和最外侧的波纹度，所以将波纹度定义为最外侧处的 $(B_{max} - B_{min})/(B_{max} + B_{min})$。这一波纹度会影响等离子体的粒子约束和不稳定性，是很重要的设计指标，不能超过一定范围，一般应限制在百分之几以下。为减少波纹度，应增加线圈数目或扩大线圈尺度 (使线圈和等离子体不同轴)。但增加线圈数目不利于诊断和能量注入窗口的开设，扩大线圈尺寸会增加所需电源容量，也可在线圈间隙处填充铁磁物质以降低波纹度。一般的托卡马克装置的环向场线圈数目在十几到三十几个之间。

如果环向场磁体由一个连续的环面构成，而非分立线圈，电流均匀分布在这一环面上，当然就不会有波纹度。设这一连续环面的截面是半径为 a 的圆，可以计算通过这一截面的磁通

$$\Phi = \iint \frac{\mu_0 NI}{2\pi R} \mathrm{d}s = \frac{\mu_0 NI}{2\pi} \int\limits_0^a r\mathrm{d}r \int\limits_0^{2\pi} \frac{\mathrm{d}\theta}{R_0 + r\cos\theta} = \mu_0 NI(R_0 - \sqrt{R_0^2 - a^2}) = \mu_0 NIR_0 f_\alpha$$

$$(3\text{-}1\text{-}3)$$

其中，$f_\alpha = 1 - \sqrt{1 - \alpha^2}$ 称为**形状因子**，$\alpha = a/R_0$。当 $\alpha \ll 1$ 时，$f_\alpha \cong \alpha^2/2$。磁体自感为

$$L = \frac{N\Phi}{I} = \mu_0 N^2 R_0 f_\alpha \tag{3-1-4}$$

对分立线圈而言，由于两线圈间的磁场较弱，所以实际分立线圈的自感比式 (3-1-4) 略低。对不同形状的线圈有不同的形状因子。在设计过程中，装置参数、磁场强度确定后，首先决定环向场线圈的形状和数目。其数目主要由可以容许的波纹度和诊断加热窗口宽度的要求决定。而每一线圈匝数，则考虑供电电源参数与其匹配。

2. 圆形线圈受力分析

磁体线圈中流过的电流 I 和它自身产生的磁场 B 相作用产生电动力，方向向外。一段线圈所受电动力为 $BIdl$，dl 为线圈段长度。由于磁场强度与大半径成反比，这个力也是不均匀的，总的效果是大半径方向的压缩力和小半径方向的扩张力。这个电动力在线圈内部产生很大的应力，在线圈设计中应考虑到。特别是，因为所有线圈都有一个向心 (朝向对称轴) 的电动力，所以必须在中心处予以支撑。总的向心力为

$$f_D = -\frac{\partial W}{\partial R} \tag{3-1-5}$$

$W = \frac{1}{2}LI^2$ 为线圈磁能，负号表示方向向内。如果线圈自感为式 (3-1-4)，则

$$f_D = -\frac{\mu_0}{2} N^2 I^2 \left(\frac{1}{\sqrt{1 - \alpha^2}} - 1 \right) \tag{3-1-6}$$

在线圈放电时，这是一个很强的冲击力，使整个装置产生剧烈振动。为减少它的影响，在有的装置上，放电前先给予预压缩产生预应力。

在电动力和内侧支撑件的共同作用下，圆形线圈所受外力如图 3-1-3 所示。它在内侧上下端受很强的扭力，须予以估计。非均匀磁场内线圈的受力是个很复杂的力学问题，一般用弹性力学的有限元法计算。对于均匀厚度的圆线圈，如果采用材料力学的方法，在简化模型下有解析解，可定量研究这个受力问题。所谓材料力学方法，就是将线圈看成均匀曲杆，其横向尺度 (宽度、厚度) 远小于纵向尺度，不考虑张力和剪切力在横截面上的分布。这一封闭形状线圈的受力是一个**静不定问题**(statically indeterminate problem)，用以下方法求解。

假设线圈在大环方向 $\theta \leqslant \psi$ 部分是被支撑的 (图 3-1-4, θ 从环内侧算起), 单位角度作用力 $-S_0 \mathrm{d}\theta$ 垂直界面而且均匀。由线圈上半部分水平方向平衡条件得到

$$N \int_0^{\psi} S_0 \cos\theta \mathrm{d}\theta = N S_0 \sin\psi = \frac{f_\mathrm{D}}{2} \tag{3-1-7}$$

从式 (3-1-6) 和式 (3-1-2) 得到这个支撑力密度

$$S_0 = \frac{1}{2N\sin\psi} \frac{\mu_0}{2} N^2 I^2 \left(\frac{1}{\sqrt{1-\alpha^2}} - 1 \right) = \frac{\pi}{2} \frac{1}{\sin\psi} B_0 R_0 I \left(\frac{1}{\sqrt{1-\alpha^2}} - 1 \right) \tag{3-1-8}$$

以下认为当 $\theta > \psi$ 时 $S_0 = 0$。此外整个环还受电动扩张力 $F_\mathrm{r}(\theta)\mathrm{d}\theta$ 的作用

$$F_\mathrm{r}(\theta) = \frac{1}{2} \frac{IB_0 a}{1 - \alpha\cos\theta} \tag{3-1-9}$$

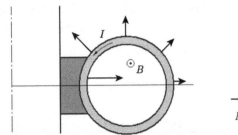

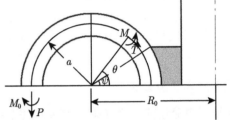

图 3-1-3　圆环向场线圈内侧支撑时的受力　　　图 3-1-4　圆形线圈在环向场中的受力模型

首先求 $\theta = \pi$ 点的张力 $T(\pi)$ 和弯矩 $M(\pi)$。仅考虑上半环, 令 $\theta = 0$ 点固定, $\theta = \pi$ 点自由, 而受垂直力 P 和弯矩 M_0 作用。整个半环在电动力 $F_\mathrm{r}\mathrm{d}\theta$, $\theta = 0 \sim \psi$ 段在支撑力 $-S_0\mathrm{d}\theta$ 作用下, 以及 $\theta = \pi$ 在垂直力 P 和弯矩 M_0 作用下, 在 $\theta = \pi$ 处产生的位移 δ 和转角 ε 为

$$\delta = \frac{\partial U}{\partial P}, \quad \varepsilon = \frac{\partial U}{\partial M_0} \tag{3-1-10}$$

上半环的位能

$$U = \int_0^{\pi} \frac{T^2 b\mathrm{d}\theta}{2E\sigma} + \int_0^{\pi} \frac{M^2 b\mathrm{d}\theta}{2EI_z} \tag{3-1-11}$$

其中, T 为任意截面所受张力, M 为相应弯矩, E 为弹性模量, σ 为截面积, I_z 为截面对垂直纸面方向的惯性矩。上式中第一项是张力产生的弹性位能, 第二项是弯矩产生的弹性位能。此处略去剪切力产生的弹性位能。张力和弯矩为

$$T = -P\cos\theta + \int_{\theta}^{\pi} (F_\mathrm{r}(\varphi) - S_0)\sin(\varphi - \theta)\mathrm{d}\varphi \tag{3-1-12}$$

$$M = M_0 - Pa(1 + \cos\theta) + \int_{\theta}^{\pi} (F_\mathrm{r}(\varphi) - S_0)\sin(\varphi - \theta)\sin(\varphi - \theta)a\mathrm{d}\varphi \tag{3-1-13}$$

求出两项虚位移 (3-1-10) 后，由对称性得到 $\delta = 0$ 和 $\varepsilon = 0$，从这两条件求出平衡时的 P，即 $T(\pi)$，以及 M_0 即 $M(\pi)$，得到任意角度的张力 T，剪切力 V

$$T = \frac{1}{2}IB_0R_0\left[K_1(\theta)\cos\theta + K_2(\theta)\sin\theta - \pi\left(\frac{1}{\sqrt{1-\alpha^2}} - 1\right)\frac{1-\cos(\psi-\theta)}{\sin\psi}\right], \quad \theta \leqslant \psi$$

$$T = \frac{1}{2}IB_0R_0[K_1(\theta)\cos\theta + K_2(\theta)\sin\theta], \quad \theta > \psi \tag{3-1-14}$$

$$V = -P\sin\theta + \int_{\theta}^{\pi}(F_r(\varphi) - S_0)\cos(\varphi - \theta)\mathrm{d}\varphi$$

$$= \frac{1}{2}IB_0R_0\left[K_1(\theta)\sin\theta - K_2(\theta)\cos\theta - \pi\left(\frac{1}{\sqrt{1-\alpha^2}} - 1\right)\frac{\sin(\psi-\theta)}{\sin\psi}\right], \quad \theta \leqslant \psi$$

$$V = \frac{1}{2}IB_0R_0[K_1(\theta)\sin\theta - K_2(\theta)\cos\theta], \quad \theta > \psi \tag{3-1-15}$$

其中

$$K_1(\theta) = \ln\frac{1+\sqrt{1-\alpha^2}}{2(1+\alpha\cos\theta)} + \left(\frac{1}{\sqrt{1-\alpha^2}} - 1\right)(1 - \psi\cot\psi) \tag{3-1-16}$$

$$K_2(\theta) = \frac{2}{\sqrt{1-\alpha^2}}\tan^{-1}\frac{\sqrt{1-\alpha^2}\tan(\theta/2)}{1-\alpha} - \pi\left(\frac{1}{\sqrt{1-\alpha^2}} - 1\right) - \theta \tag{3-1-17}$$

其中，$K_1(\theta)$ 中第二项当 $\psi = 0$ 时为零。平均张应力和平均剪应力可以将式 (3-1-14) 和式 (3-1-15) 除以线圈截面积得到。

图 3-1-5 是不同 ψ 值下式 (3-1-14) 和式 (3-1-15) 的方括弧内部分随角度的变化，也就是线圈各部分张力和剪切力的相对大小。由图可以看出支撑角 ψ 大小对应力分布影响很大。

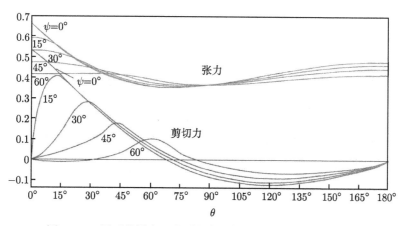

图 3-1-5　圆形线圈在环向磁场中所受张力和剪切力 (相对值)

3. 纯张力线圈

从对圆形线圈受力分析可以看出，这种线圈虽然制造方便，但是受力情况不很理想。而且，对大型装置来说，由于等离子体截面是在垂直方向拉长的，圆形环向场线圈与其不匹配。所以应寻找更合适的线圈形状。

在 $B \propto 1/R$ 磁场形态中，存在一种纯张力线圈(purely tension coil, J. File et al., IEEE Trans., NS-18(1971) 277)，或称无弯矩线圈。电动力在其中引起的应力是纯张力，无垂直方向的切应力。从受力角度看这样的线圈比较合理，我们计算它应有的形状。图 3-1-6 为其一段的受力分析，表示其张力 T，剪切力 V，弯矩 M 及其增量，垂直方向受电动力 $F_r(s)$，以及曲率半径 ρ。此处仍采用材料力学方法。这一段的平衡公式可写为

$$F_r(s)\mathrm{d}s + \frac{\mathrm{d}V}{\mathrm{d}s}\mathrm{d}s = \frac{T}{\rho}\mathrm{d}s$$

$$\frac{V}{\rho}\mathrm{d}s + \frac{\mathrm{d}T}{\mathrm{d}s}\mathrm{d}s = 0$$

$$\frac{\mathrm{d}M}{\mathrm{d}s}\mathrm{d}s + V\mathrm{d}s = 0 \tag{3-1-18}$$

从以上第三式可知，如果无弯矩 M，则无剪切力 V。从第二式可知，如果剪切力恒为零，则张力 T 为常量，所以无弯矩线圈，或者说纯张力线圈即为恒张力线圈。从第一式可知，既然张力 T 为恒量，电动力 $F_r(s)$ 应与曲率半径 ρ 成反比。知道电动力分布后，方程化为线圈形状的几何问题。

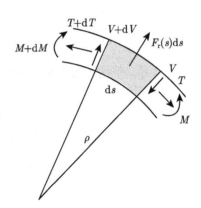

图 3-1-6   弯曲线圈受力分析

上述讨论用于环形装置，在环向磁场中，线圈所受电动力和大半径 R 成反比。所以，我们要找的线圈形状就是曲率半径和大半径，即与对称轴距离成正比的曲线。这个比例写为 $\rho/R = k$，k 为一常数，ρ 为曲率半径。将对称轴方向写为 y，大半径方向写为 x，以 y 为自变量，按照曲率半径的公式，列出微分方程

$$kx'' = \frac{(1 + x'^2)^{3/2}}{x} \tag{3-1-19}$$

其中，撇表示对 y 的微商。令 $z = x' = \dfrac{\mathrm{d}x}{\mathrm{d}y}$，$x'' = \dfrac{\mathrm{d}z}{\mathrm{d}y} = z\dfrac{\mathrm{d}z}{\mathrm{d}x}$，得到

$$kz\frac{\mathrm{d}z}{\mathrm{d}x} = \frac{(1 + z^2)^{3/2}}{x} \tag{3-1-20}$$

积分后得到

$$\ln x + C = -\frac{k}{\sqrt{1 + z^2}} \tag{3-1-21}$$

C 为积分常数, 相当于横轴 x 乘上一个因子 e^C。因为我们只考虑线圈形状, 取其为零。从式 (3-1-21) 得到

$$\frac{\mathrm{d}x}{\mathrm{d}y} = z = \pm\sqrt{\left(\frac{k}{\ln x}\right)^2 - 1} \qquad (3\text{-}1\text{-}22)$$

或颠倒分子分母

$$\frac{\mathrm{d}y}{\mathrm{d}x} = \pm\frac{\ln x}{\sqrt{k^2 - \ln^2 x}}, \quad y = \pm\int\frac{\ln x \mathrm{d}x}{\sqrt{k^2 - \ln^2 x}} + C \qquad (3\text{-}1\text{-}23)$$

从被积函数分母根号内数值不能小于零可知 x 取值在 e^{-k} 和 e^k 之间, 取常数 C 说明它可上下任意移动, 正负号表示封闭线圈的下上两半环。因为两端的积分值不等, 以下取积分限方式比较方便

$$y = \pm\int_x^{e^k}\frac{\ln x}{\sqrt{k^2 - \ln^2 x}}\mathrm{d}x \qquad (3\text{-}1\text{-}24)$$

常数 k 决定曲线的形状, 也决定了线圈的大小半径之比, 间接和等离子体的环径比相关。这一线圈形状的一例见图 3-1-7。它之所以没有切应力, 是因为每一弯段两端的张力平衡横向电动力, 但它不是封闭曲线, 须用一段直线连接成近于 D 的形状。这段直线所受的横向电动力须在内侧用一圆柱形支撑体平衡。实际上, 将一柔软的载流封闭线圈置于呈 $1/R$ 形态的环向场中, 它会自动涨成积分 (3-1-24) 描述的形状。具体形状, 即参数 k 取决于线圈大小和支撑圆柱的半径之比。

式 (3-1-24) 为反常积分, 被积函数在取值两端分母为零。为方便计算, 作两次变换

$$x = e^{ku}, \quad u = \frac{2t}{1+t^2} \qquad (3\text{-}1\text{-}25)$$

此时积分限为 $t=-1$ 和 1, 曲线形状以及归一化的弧长、封闭曲线一半的自感分别为

$$y = 4k\int_{-1}^1\frac{te^{\frac{2kt}{1+t^2}}}{(1+t^2)^2}\mathrm{d}t, \quad S = \int_{-1}^1\frac{e^{\frac{2kt}{1+t^2}}}{1+t^2}\mathrm{d}t, \quad L = \frac{2k^2\mu_0N^2}{\pi}\int_{-1}^1\frac{t(1+t)^2e^{\frac{2kt}{1+t^2}}}{(1+t^2)^3}\mathrm{d}t \qquad (3\text{-}1\text{-}26)$$

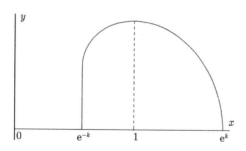

图 3-1-7 纯张力线圈曲线, k=0.57

在一些大中型装置中, 环向场线圈往往做成这一形状或称 D 形, 这也和大装置中的等离子体截面在垂直方向拉长相适应。图 3-1-8 为 EAST 装置的超导环向场线圈外观。上面的数学推导模型是一个没有宽度的线电流。实际线圈当然是有宽度厚度的且由不同材质构成,

所以实际受力仍比较复杂，需具体计算应力分布。目前大型装置的环向场磁体多采用纯张力线圈。为加工方便，其形状可用几段不同曲率的圆弧拟合近似。

图 3-1-8   EAST 的超导环向场线圈外观

3.2   极向场系统

1. 欧姆变压器

目前的托卡马克都用变压器来启动等离子体电流和进行欧姆加热。它的作用是提供一个穿过等离子体环的变化磁通 $\Delta\Phi$，感应一个环向电动势

$$E = \oint \vec{E} \cdot \mathrm{d}\vec{l} = -\frac{\mathrm{d}\Phi}{\mathrm{d}t} \tag{3-2-1}$$

其中，Φ 为通过积分回路的磁通。这一电动势使真空室内气体击穿形成等离子体，并在等离子体内感应电流。既然所要求的等离子体电流在环向，相应的磁通应在极向，就是和环正交的方向。而产生这样的磁通的初级电流也应在环向，和等离子体电流走向一致，但电流方向相反，这就是变压器的原理。因为这一变压器在产生的等离子体中感应电流对其加热，所以也称**欧姆变压器**(ohmic transformer)。

欧姆变压器有空芯和铁芯两种选择。一般的空芯变压器的主体是一个直的螺线管 (图 3-0-2)，位于装置中轴线、等离子体的内侧。它在其内部产生的磁场可写为

$$B = \mu N I \cos \alpha / L \tag{3-2-2}$$

其中，N，I 分别为匝数和电流；μ 为磁导率；$\alpha = \tan^{-1}(R/L)$，R，L 为螺线管的半径和长度，一般有 $R \ll L$，$B \approx \mu N I / L$。所以磁通为 $\Phi = \pi R \mu N I$，磁通变化 $\frac{\mathrm{d}\Phi}{\mathrm{d}t}$ 直接由初级电流变化 $\frac{\mathrm{d}I}{\mathrm{d}t}$ 决定，或引进螺线管自感 $L = \frac{N\Phi}{I}$，则 $\frac{\mathrm{d}\Phi}{\mathrm{d}t} = \frac{L}{N}\frac{\mathrm{d}I}{\mathrm{d}t}$。

　　单独的螺线管欧姆变压器足以产生需要的环向电动势,但是否能击穿气体形成等离子体则存在困难。这是因为,有限长度的螺线管除了在其内部产生轴向磁场,还在其外部产生反向的磁场,以构成封闭的磁力线。这反向磁场在等离子体区和感应电动势方向垂直,不利于气体的击穿,因为带电粒子是沿磁力线运动的。气体击穿要求在垂直环轴方向,或在小截面内为零场,即磁场仅在环向。为此,需要在环的外侧另加一组加热场线圈 (见图 3-2-1 中 ITER 的极向场线圈,ITER Group, Nucl. Fusion, 39(1999) 2137)。其中的电流也和螺线管同向,产生同样方向的环向电动势,但是在等离子体区产生方向相反的磁场,以抵消螺线管的局部场实现零场条件。在此图上,除中心螺线管以外,还有 9 个加热场线圈标以 PF1~PF9,呈上下不对称布局。下方增加一个线圈 PF7,用于产生单零偏滤器附近的磁场位形。这些线圈统称加热场线圈,实际也起了平衡场和成形场的作用。

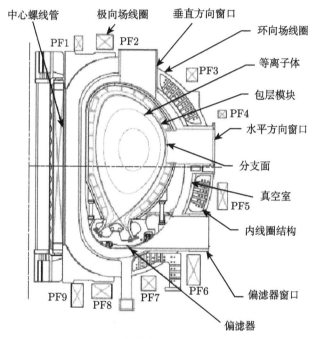

图 3-2-1　ITER 的真空室、环向场线圈和空芯变压器

PF1~PF9 为加热场外部线圈

　　式 (3-2-1) 可调整方向定义使右侧为正,并将电动势写为环电压 V,对时间积分得到

$$\int_0^t V \mathrm{d}t = \Phi(t) - \Phi(0) = \Delta \Phi \tag{3-2-3}$$

这一积分是放电波形图上环电压波形下方的面积 (图 3-2-2),它取决于这段时间磁通的变化。在我们所用的单位制中,磁通的单位是 Wb,它的量纲也可以写为 V·s。一个变压器最大的磁通变化也称为**伏秒数**(volt seconds),相当于对一定环电压,欧姆加热等离子体可以维持的时间长短。等离子体击穿放电后,部分磁能以等离子体的内外磁通形式保存,另一部分转化为焦耳损耗,和环电压成比例。对一定尺寸、温度的等离子体,其环电压在一定范围内,所

以, 为达到一定的放电时间, 变压器须具备一定的伏秒数。所以这是一项表征欧姆变压器性能最重要的技术指标。

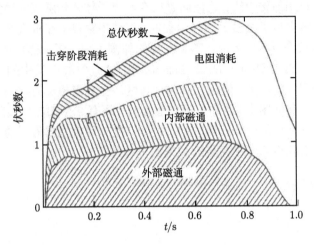

图 3-2-2   PLT 装置上伏秒数的分配

伏秒数 $\Delta\Phi$ 决定于变压器线圈 (螺线管和外线圈) 的几何尺寸或者说其电感以及放电电流, 而放电电流又取决于电源容量以及磁体可以承受的发热和应力。为了增加这个伏秒数, 一般使变压器先反向磁化到最大电流, 再使电流改为正向。此时使气体击穿 (使电流变化率达最大或用预电离手段或吹气), 产生等离子体和感应等离子体电流。这样, 在变压器初级线圈最大电流为一定值的条件下, 使伏秒数加倍。

图 3-2-3 为环向场和欧姆变压器工作的时序图。在一次放电中, 首先启动环向场, 在它达到或接近平顶时, 启动变压器反向磁化 (图中为正向), 但不使气体击穿。反向磁化达最大电流后, 再正向磁化, 使气体击穿, 产生等离子体。

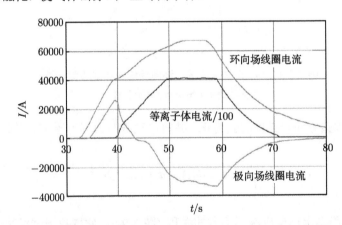

图 3-2-3   环向场线圈电流、变压器初级 (极向场线圈) 电流和等离子体电流波形

等离子体电路   托卡马克变压器的等效电路可见图 3-2-4。其中 V_i 为变压器初级电压, n 为初级线圈匝数。在没有等离子体时, 初级线圈只有励磁电流流过。等离子体产生后, 除去励磁电流外, 初级线圈电流和等离子体电流的比例大致为 $1:n$。但这是在平衡时的关系, 在

等离子体电流变化时的等离子体回路方程为

$$U_{\rm L} = L_{\rm p}\frac{{\rm d}I_{\rm p}}{{\rm d}t} + R_{\rm p}I_{\rm p} \tag{3-2-4}$$

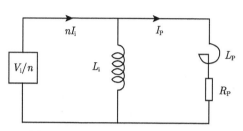

图 3-2-4 托卡马克变压器等效电路

其中, $U_{\rm L} = V_{\rm i}/n$ 为环电压, $I_{\rm p}$ 为环向等离子体电流, 用 Rogowski 线圈测量。$R_{\rm p}$ 为等离子体电阻, $L_{\rm p}$ 为等离子体环向自感, 它们由等离子体尺度和参数决定。用环向回路测量环电压, 但它测量的是所在位置变压器初级线圈产生的磁通变化和等离子体电流产生的磁通变化之和。只有在等离子体电流平顶时才等于 $U_{\rm L}$。当发生某种变化时 (如辅助电流驱动、破裂不稳定性发生), 首先改变的是所测的电压, 而不是电流。

在电路方程 (3-2-4) 中, 右方第一项即电感项, 相当于等离子体电流产生的磁通。在电流上升阶段, 这一磁通与变压器初级线圈产生的磁通方向相反。击穿以后, 作为变压器次级的等离子体电流迅速上升, 产生反向磁化, 所以测量得到的环电压迅速降低。在电流平顶期间, 磁通变化主要消耗于等离子体电阻损耗。在放电后期, 初级线圈伏秒数耗尽, 等离子体电流下降, 这一电感项变负, 所产生的电动势继续驱动等离子体电流, 释放原来储存的磁场能量。

按照 Spitzer 经典等离子体电阻率公式

$$\eta_{\rm Sp} = 1.65 \times 10^{-9} Z T_{\rm e}^{-3/2} \ln \Lambda (\Omega \cdot {\rm m}) \tag{3-2-5}$$

其中, Z 为原子序数, 电子温度单位为 keV, 库仑对数 $\ln\Lambda$ 是电子温度和密度函数的函数, 对聚变等离子体一般取 13~17。这一电阻率和温度的 3/2 次方成反比, 在 1keV 时约相当于铜在常温时的电阻率。在等离子体温度较低时, 上面电路方程 (式 (3-2-4)) 右侧第二项是主要的, 称为电阻性放电。而在正常的托卡马克放电中, 由于温度高, 电阻低, 主要由第一项决定放电行为, 称为电感性放电。可用式 (3-2-4) 在电流平顶时 $({\rm d}I_{\rm p}/{\rm d}t = 0)$ 计算等离子体电阻, 并用以计算电导率和电子温度。

2. 铁芯变压器

欧姆变压器也可以做成铁芯的, 这时, 变压器铁芯由中心柱和回臂组成, 回臂可以是单臂也可是多臂。图 3-2-5 显示的 JET 装置的铁芯变压器的铁芯回臂有 8 个。一般托卡马克变压器铁芯多为双臂, 为常见的横放 "日" 字形。初级线圈缠绕在中心柱或回臂上, 一般位于中心柱上下的对称位置。变压器铁芯的材料为高磁导率的软铁材料, 像硅钢片的 μ 值一般为 7000~10000(以 μ_0 为单位)。所以在铁芯内产生很强的磁场, 并感应出强的环向电动势。

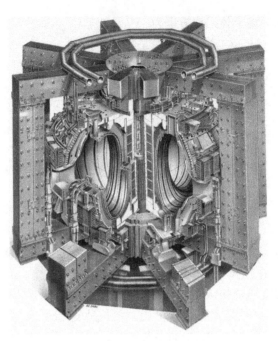

图 3-2-5 JET 装置结构图

变压器铁芯有 8 个回臂

写出变压器初级和次级的电路方程

$$V_{\mathrm{i}} = L_{\mathrm{i}} \frac{\mathrm{d}I_{\mathrm{i}}}{\mathrm{d}t} + M_{\mathrm{ip}} \frac{\mathrm{d}I_{\mathrm{p}}}{\mathrm{d}t}$$

$$0 = R_{\mathrm{p}} I_{\mathrm{p}} + L_{\mathrm{p}} \frac{\mathrm{d}I_{\mathrm{p}}}{\mathrm{d}t} + M_{\mathrm{ip}} \frac{\mathrm{d}I_{\mathrm{i}}}{\mathrm{d}t} \tag{3-2-6}$$

其中，脚标 i 和 p 分别代表变压器初级和等离子体电路。将它们合成为等离子体电流的电路方程为

$$V_{\mathrm{i}} = M_{\mathrm{ip}} \frac{\mathrm{d}I_{\mathrm{p}}}{\mathrm{d}t} - \frac{L_{\mathrm{i}} L_{\mathrm{p}}}{M_{\mathrm{ip}}} \frac{\mathrm{d}I_{\mathrm{p}}}{\mathrm{d}t} - \frac{L_{\mathrm{i}}}{M_{\mathrm{ip}}} R_{\mathrm{p}} I_{\mathrm{p}} \tag{3-2-7}$$

初级自感 L_{i}，与等离子体之间互感为 $M_{\mathrm{ip}} = L_{\mathrm{i}}/N$。等离子体自感 $L_{\mathrm{p}} = L/N^2 + L_{\mathrm{pl}}$ 包括铁芯部分和**漏感**，即铁芯以外空间的磁通贡献。前一部分相当于缠绕在铁芯上的单匝线圈的自感 L_{i}/N^2，较漏感 L_{pl} 大得多。将它们代进式 (3-2-7) 得到

$$U_{\mathrm{L}} = -\frac{V_{\mathrm{i}}}{N} = L_{\mathrm{pl}} \frac{\mathrm{d}I_{\mathrm{p}}}{\mathrm{d}t} + R_{\mathrm{p}} I_{\mathrm{p}} \tag{3-2-8}$$

式左侧即等离子体侧的环电压。所以，在这个等离子体电路方程中，还是漏感 L_{pl} 在起作用。它相应于除去铁芯部分的自感，但在计算时因为铁芯面积较小，一般不予除去，就和空芯变压器一样，电路方程的形式 (3-2-8) 也和式 (3-2-4) 一样，所以一般将其称为等离子体自感，记为 L_{p}。它的具体数值，不但和其尺寸有关，还和等离子体比压值以及其中的电流分布有关。

铁芯产生的感应磁场　铁芯变压器将螺线管产生的返回磁场约束在回臂中，不会在等离子体区产生大的垂直场，无须另用外线圈补偿，这是铁芯变压器的优点。但是当存在等离子体电流时，也会感应一定强度的极向场，一般也称为杂散磁场。

这磁场来源于等离子体电流磁场在铁芯内感应的磁化电流，在等离子体区其形态主要在垂直方向 (平行对称轴)，指向为平衡所需要的垂直场方向。和导电材料中感应电流排斥电流环不同，磁性材料中的磁化电流吸引电流环。因此，它对维持等离子体平衡有贡献。但是，这一垂直场在靠铁芯中心柱近的地方大，远的地方小。而且，它依赖于等离子体环的位置，等离子体往里运动使这垂直场增加。这两者均对平衡的稳定性不利。当真空室存在环向绝缘缝或为有限电阻时，必须考虑铁芯对等离子体平衡的影响。理论上，对于一定的等离子体电流和铁芯尺寸，存在一个最小的等离子体大半径。低于这个半径将不能维持平衡，除非加反向垂直场。

由于铁芯回臂的影响，这感应磁场不是环对称的。在 CT-6 装置上 ("日" 字形铁芯)，用电流圈模拟等离子体电流，在加或不加变压器铁芯时分别测量磁场，相减得到铁芯的场。发现环向不均匀性小于 10%。

计算这磁场的简单方法是解等离子体外区域的磁标量势的拉氏方程。它在铁芯表面的边条件为磁场方向垂直铁芯表面。这是因为在这一边界有 $B_\perp = B_{c\perp}$，$\frac{B_\parallel}{\mu_0} = \frac{B_{c\parallel}}{\mu}$，其中脚标 c 表示铁芯，$\perp$ 和 $\parallel$ 符号表示垂直和平行铁芯表面。因为铁芯的 $\mu \gg \mu_0$，所以铁芯表面平行方向磁场分量 $B_\parallel$ 很小，可以忽略。但解方程的困难在于它是个三维问题，严格解须考虑铁芯回臂影响。但由于回臂的影响小，所以往往采用近似的简化模型。最简单的是将中心柱考虑为无限长的圆柱，不考虑回臂。此时可以得到 Bessel 函数形式的解析解。铁芯对半径为 R 的线电流圈的吸引力为

$$F_c = -\mu_0 I^2 f(R/r_c) \tag{3-2-9}$$

其中，r_c 为铁芯半径。函数 f 为

$$f(R/r_c) = \frac{2R^2}{r_c^2} \int_0^\infty \frac{I_0(k)}{K_0(k)} K_1\left(\frac{kR}{r_c}\right) K_0\left(\frac{kR}{r_c}\right) k\mathrm{d}k \tag{3-2-10}$$

其中，I, K 为变型 Bessel 函数。f 作为 R/r_c 的函数如图 3-2-6 所示。可见电流越接近铁芯吸引力越大。

如欲考虑变压器铁芯横梁的作用，在另一简化模型中将铁芯看作一个线轴，由一段圆柱和安装在其两端两个无限大平面 (缺两圆洞) 构成 (图 3-2-7)。

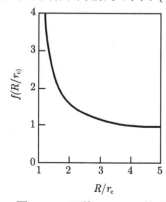

图 3-2-6　函数 $f(R/r_c)$ 的形式

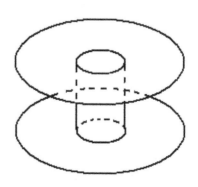

图 3-2-7　变压器铁芯的线轴模型

对于轴对称、有限铁芯长度、无限磁导率模型，有一种简单的数值方法是计算等离子体 (可用线电流环代替) 和铁芯表面电流在铁芯表面产生的磁场，就是令其平行表面分量为零而构成积分方程，再将其离散化而求解。

铁芯变压器的最大磁通取决于铁芯的饱和，这个饱和磁场在 2T 以上。其预先的反向磁化 (也称为偏磁场) 可用不同的初级线圈 (称为偏磁线圈) 进行。铁芯变压器虽有很多优点，但很大的铁芯制造在工程上有一定困难。

3. 平衡场磁体

变压器提供的是极向磁场。提供极向磁场的还有另一组磁体，就是为了维持等离子体平衡的平衡场线圈。这一组磁体，一般由分布在等离子体区环内外侧电流方向相反的线圈组成 (图 3-2-8(b))。之所以这样布置，是为了它们在环内侧产生的磁场彼此抵消，磁通为零，对变压器没有任何贡献。另一方面，如前所述，可以使变压器线圈 (图 3-2-8(a)) 对垂直场没任何贡献。在小型装置中，这样的设计容易做到。对圆形截面，沿极向角呈 $\cos\theta$ 电流密度分布的线圈就能产生垂直方向磁场。这样，两系统间没任何耦合，便于对等离子体的平衡和加热分别进行程序的或反馈的控制。但是，在大型装置或球形托卡马克中，由于空间的限制，也由于截面形状控制的需要，这一点常常不能做到，加热场和平衡场线圈统称极向场线圈或简称加热场，如图 3-2-1 所显示的 ITER 布局。这时，在操作时，需要在两系统间解耦。这可以凭硬件或软件完成。

对于小型传统托卡马克，它的等离子体小截面在 r/R 量级上为圆形，r 和 R 分别为其小半径和平均大半径。维持其平衡的是一个带空间梯度的垂直场 (图 3-2-9 为 HL-2A 的平衡场设计，核工业西南物理研究院提供)，其形态为桶形。这样的形态与等离子体的位移稳定性有关。在大型装置中，截面形状不再为圆，具体形状与所加平衡场形态有关，所以这样的平衡场线圈又称**成形场**。

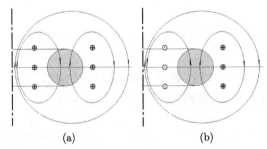

(a)   (b)

图 3-2-8 空芯变压器 (a) 和垂直场 (b) 线圈布置原理
封闭曲线表示磁力线走向

从工作方式看，欧姆变压器和平衡场可以是程序的，也可以是反馈控制的。

4. 矫正场

铁芯变压器有漏磁，在击穿时不能真正实现零极向场条件。即使是设计得十分满意的空芯变压器，由于加工误差、安装误差等因素，也会出现杂散场，它可能来自环向场线圈、极向场线圈，也可能来自破坏对称性的引入线 (图 3-1-1)，也可能来自周围的导体如真空室或结

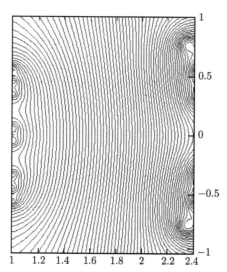

图 3-2-9　HL-2A 内外垂直场线圈产生的磁场形态

尺度单位为米

构材料上的感应电流。这一杂散场常常表现为很强的环向磁场的少许方向偏离，实际上是很难精确测量的。只在一些大装置上进行了线圈方位的详细测量和计算。

因为杂散场破坏了环向封闭的磁力线，对装置运行的作用首先是影响击穿。为了解决击穿问题，一般须安装矫正场。因为影响击穿的是环向平均的场，它由一组垂直矫正场线圈和一组水平矫正场线圈组成。水平场即 R 方向的场，也可以用来控制等离子体的垂直运动。但在究竟加多少矫正场的问题上，往往不是根据测量和计算的结果，而是采用试探法，即在一定范围内加这两个矫正场，寻求击穿环电压最小的条件，就认为是补偿最佳的情况。图 3-2-10(杨士才，王龙，物理学报，36(1987) 1385) 为 CT-6B 装置上矫正垂直场–水平场参数平面上的击穿电压等值线图。从图可以看出，最小击穿电压是在垂直补偿场为负，水平补偿场为正的条件下得到的。这说明杂散垂直场为正，杂散水平场为负 (向内)。

由图可以看到，这些等值线构成一些椭圆。这说明，击穿对水平场的要求更严格一些。这是因为，由于带电粒子，主要是电子，在环向磁场中有垂直方向的漂移，当存在垂直方向杂散场而使磁力线不封闭时，处于速度空间某些部分的电子也能构成沿环向的封闭轨道，有利于击穿。在图 3-2-10 等值线的中心，就是补偿得好的区域，曲线走向比较随机。此时可能破坏了环向对称性，如欲进一步补偿，须设计和安装产生局部补偿场的多极场线圈。这些非对称杂散场是由多种原因产生的。

总结托卡马克磁场体系的组成：

$$\begin{cases} \text{环向场} \\ \text{极向场：加热场} \\ \qquad\quad\ \text{平衡场 (成形场)} \\ \text{矫正场：垂直场} \\ \qquad\quad\ \text{水平场} \\ \qquad\quad\ \text{局部矫正场} \end{cases}$$

它们的时序一般是先加环向场，然后是矫正场和加热场，击穿以后再加平衡场。

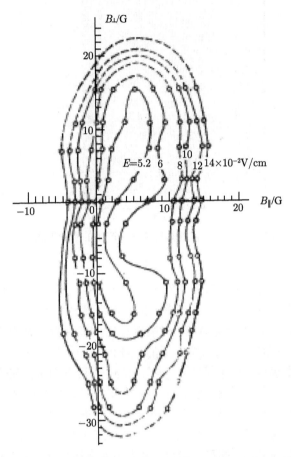

图 3-2-10   CT-6B 装置在矫正垂直场–水平场参数平面上的击穿电压等值图

图 3-2-11 为 HL-2A 装置上的极向场线圈的布置 (核工业西南物理研究院提供)。除去真空室内的偏滤器线圈以外，在真空室外有四种线圈：欧姆场 (O)、垂直场 (v)、径向场 (R) 即水平场和也用于偏滤器构形的多极场 (m)。

除去上述环向场和极向场线圈以外，有些装置还安装了多极场线圈。图 3-2-12 (T. C. Henden et al., Nucl. Fusion, 47(2007) S128) 为 ITER 上的多极场线圈设计 (细线，其余为中心螺线管和部分极向场线圈)，共 6×3 个，其中每一线圈产生的是一个局部场。这类线圈主要用于矫正局部场误差，也用于稳定某些宏观不稳定性。

5. 放电程序

以 ITER 为例说明托卡马克装置放电程序。图 3-2-13(ITER Group, Nucl. Fusion, 39(1999) 2577) 为在 ITER 上预计的一种运行方案的主要参量波形图。这一放电为感应放电模式 (用欧姆变压器维持等离子体电流)，采用电子回旋波预电离、感应驱动电流，用辅助加热和补充燃料实现聚变反应。

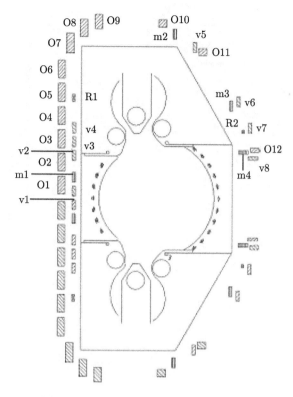

图 3-2-11 HL-2A 装置上的极向场布置

O 欧姆场，v 垂直场，R 径向场，m 多极场，真空室内圆圈为偏滤器线圈，小黑点为测量线圈

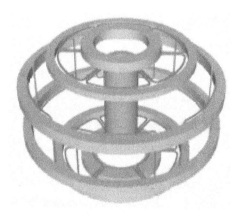

图 3-2-12 ITER 的极向场系统

放电第一阶段为极向场 (反向, 图中为正向) 磁化阶段, 目的是提供加倍的磁通变化。然后这一电流经短暂稳定阶段。为什么要有这样一个过渡段呢? 因为磁化电流从反向到正向不能变化太快, 以避免可能出现的高感应电压破坏绝缘。

在击穿阶段, 即等离子体产生阶段, 极向场正向磁化 (图中为反向), 且变化急剧, 以提供高的环电压。此时用 3MW 功率的电子回旋波产生预电离等离子体。

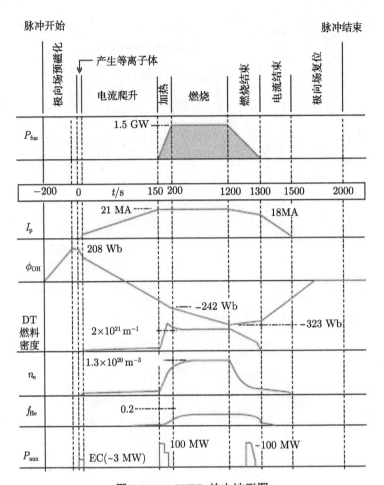

图 3-2-13　ITER 放电波形图

物理量自上而下是聚变功率、等离子体电流、欧姆变压器磁通、DT 燃料密度、电子密度、氦灰比例、辅助加热功率

在电流爬升阶段，磁化速率稍减，控制等离子体电流以一定速率上升达到预定值。控制适当的上升速率以保证电流向等离子体内部及时渗透。

在加热阶段，用 100MW 功率电子回旋波加热，电流进入平顶段，馈入氘氚燃料，发生聚变反应，将等离子体加热。

在燃烧阶段，辅助加热停止，等离子体温度靠聚变反应维持并输出聚变功率。此时极向场变化更慢，主要用于维持等离子体电流。在欧姆放电体制下，这一燃烧阶段的长短取决于变压器磁通。

在燃烧结束阶段，馈入燃料速率降低，极向场电流反向以降低等离子体电流，聚变功率降低。为避免等离子体温度下降太快，可采用电子回旋波加热。

在电流结束阶段，不再馈入燃料，燃烧停止，极向场电流进一步反向以终止等离子体电流，并降至零，恢复初态。

3.3 磁体和电源

磁体是磁约束聚变装置的核心部件。除去上述等离子体装置本身所需要的磁体以外，在辅助加热系统中，一些微波波源，如回旋管系统、速调管系统，也需要相当强的磁体。

按照工作温度区域，磁体可分为常温磁体、低温磁体和超导磁体。常温磁体一般是脉冲工作的，常常使用水冷散热。当前的环形等离子体装置，特别是中小型装置，广泛使用脉冲工作的常温磁体。而磁场为几个特斯拉以上的大型装置则更多地选择超导磁体，其优点是节约电能并适于稳态运行，但是工艺比较复杂，需要制冷系统。低温磁体为工作在液氮温度的非超导磁体，在这样的温度下，铜的电阻可降低到原来的 $1/8 \sim 1/7$。低温磁体因为没有临界磁场的限制，可以做到较超导磁体更强的稳态磁场。

1. 常温脉冲磁体

脉冲磁体有两种供电方式。一是从电网直接接线转换为所需要的电源。这一方式要求局部电网有足够的容量，而且脉冲供电方式对电网产生一定的冲击。目前由于电网容量的增加和电力电子器件的发展，一些小型电源可以采用这种方式。

第二种方式是采用储能电源，即从电网输出电能以不同能量形式储存，然后在短时间内释放并转换为电能馈入放电线圈。对于不同的储能方式，一个重要指标是以 kJ/kg 为单位的储能密度。储能密度从小到大排列，为电能 (电容)、磁能 (电感)、机械能 (飞轮)、化学能 (电池)。但是它们释放能量的速率不同，其中以电容储能最快，电感储能和飞轮机组较慢。电池释放能量也慢，但另一种化学能如用爆炸法压缩磁通则很快，能达到很高的磁场强度，虽然在磁约束聚变装置中很少使用。

电容储能   使用电容量为 C 的电容器组 (图 3-3-1(a)) 充以一定的电压，然后通过开关 S_1 向负载线圈 L/R 放电。这种最简单的放电电路的方程是

$$L\frac{\mathrm{d}^2 I}{\mathrm{d}t^2} + R\frac{\mathrm{d}I}{\mathrm{d}t} + \frac{I}{C} = 0 \tag{3-3-1}$$

有三种放电模式，依赖于参量 $\Delta = R^2 - 4L/C$。当 $\Delta < 0$ 时为阻尼振荡，放电波形是一个衰减的正弦波，$\Delta > 0$ 时为纯衰减波形，$\Delta = 0$ 时为临界放电。电容所储的是电能，所以能较快地形成电流，适于快速放电。如果忽略电阻，放电电流为一正弦波形，最大电流为 $I_{\max} = V_0\sqrt{C/L}$，放电半周期为 $T/2 = \pi\sqrt{LC}$。如果用于环向场，这样的放电波形只有中间一段可视为平顶。也可采用多组电容器组，利用仿真线原理形成一个较宽的电流平顶 (图 3-3-1(b))。如果用于加热场，一般采用两组电容器并联。第一组充电电压高，先放电用于击穿，第二组大容量的电容用于维持电流。

用于聚变实验研究的电容器储能的放电电路一般为振荡波形。如果开关为引燃管这样的只能单向通过的器件，则电流只流过正向的半个周期。如果开关是双向导通的又不需要反向电流，则将负载并联一个**短路开关**(crowbar)，在放电电流峰值时开启，电流则维持衰减的正向波形 (图 3-3-2，S_2 为短路开关)。当然也可在短路开关位置换上一只单向通过的二极管。因为电流峰值处相当于电容器上的电压反向，所以在这时导通，起的作用等同于短路开关。

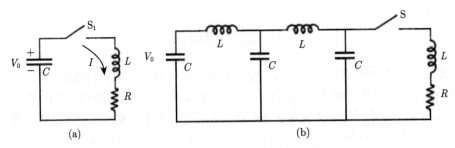

图 3-3-1　电容储能和仿真线路原理图

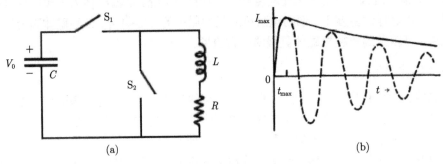

图 3-3-2　短路开关电路及其放电波形

电容储能释放能量的速度最高，适于快脉冲放电装置，但此时须注意减少电容器本身和传输回路的电感。电容储能也广泛用于小型托卡马克装置。大型储能电容器组需要多台电容器并联，且须防止短路事故，所以电容储能不适用于大型装置。最大电容器组储能约为 10^9J 量级。

近年来，出现了一种**双电层电容器**，俗称超级电容器，其储能密度较普通电容器高得多，但是其内阻大，释放能量的速度低，为秒量级，性质接近电池，可用于较慢的放电。

电感储能　　程序是首先在一个大的储能线圈 L_S（图 3-3-3）里建立稳定的电流，通过换流技术将电流转换到负载线圈 L/R 里。电感储能的形式是磁能，向电流转换需要一定时间，适用于较慢的过程。这其中的关键技术是关断原来储能电流回路中的开关。由于很大的电流的断开会感应很高的电压并起弧，所以这种开关技术难度较大，一般采用爆炸熔丝方案。

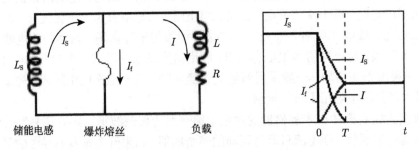

图 3-3-3　爆炸熔丝电感储能原理图及储能电感、负载线圈和电弧电流波形

爆炸熔丝有不同设计，可以主动爆炸，也可并联开关使之被动爆炸。爆炸后形成电弧，维持原来的电流，所以 $I_f(0) = I_S(0)$（图 3-3-3）。但由于电弧有很大的电阻，在其两端形成

很高的电压 U，在负载电感 L/R 中驱动电流 I。直到电弧消灭，电流完全换到负载电感中，使得 $I(T) = I_S(T)$，T 为电弧结束时间，取决于熔丝的长短，$I_f(T) = 0$。在任何时候有 $I_S(t) = I_f(t) + I(t)$。

熔丝两端的感应电压为

$$U(t) = L\frac{\mathrm{d}I}{\mathrm{d}t} = -L_S\frac{\mathrm{d}I_S}{\mathrm{d}t} \tag{3-3-2}$$

电弧电流的变化率为

$$\frac{\mathrm{d}I_f}{\mathrm{d}t} = \frac{\mathrm{d}I_S}{\mathrm{d}t} - \frac{\mathrm{d}I}{\mathrm{d}t} = -U\left(\frac{1}{L_S} + \frac{1}{L}\right) \tag{3-3-3}$$

由式 (3-3-2) 第二式解 T 时的 $I_S(T)$，即换流后的电流

$$I_S(T) = I_S(0) - \int_0^T \frac{U}{L_S}\mathrm{d}t = I_S(0) + \frac{L}{L_S + L}\int_0^T \frac{\mathrm{d}I_f}{\mathrm{d}t}\mathrm{d}t = I_f(0) - \frac{L}{L_S + L}I_f(0) = \frac{L_S}{L_S + L}I_f(0) \tag{3-3-4}$$

其中使用了式 (3-3-3)。换流后的电流为原来在储能电感中的 $L_S/(L_S + L)$，传输到负载线圈中的能量与原来在储能电感中的磁能之比，即能量转换效率为 $L_S L/(L_S + L)^2$，当 $L_S = L$ 时，得到最大值 25%。转换效率低的原因一为还有很大部分能量储存在储能电感里，二为电弧也耗费了大量能量。

电感储能放电的另一方案是在转换开关上并联电容，称为**电容换流**，可改善能量传输效率到 90% 以上，但是所需要的储能电容容量接近电感，使其造价低的优点不复存在。另一换流方法称为**引燃管**(或其他开关)**换流**。换流效率可达 90% 以上，所需电容器能量也远小于电感，但其线路比较复杂。

总地来说，电感储能的能量传输率低是主要缺点。但是在储能量大时，其成本低于电容储能。我国曾制造过能量为 10^8J 量级的储能电感用于磁流体发电和大能量激光的电源。

飞轮机组　这是一种机械储能装置。广义的机械储能包括抽水电站等。聚变工程上使用的是飞轮机组，即将能量储存在一个快速转动的飞轮中，然后在短时间里转化为电流。飞轮的材质可为结构钢或碳纤维等类合成材料，合成材料可得到更高的储能密度。储能原理见图 3-3-4，先用电机将一个有很大角动量的飞轮逐渐加大转速，待达到最大转速后使其带动的脉冲发电机励磁，产生脉冲电流，将机械能转换为电能。

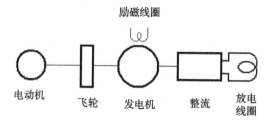

图 3-3-4　飞轮机组电源工作原理图

实际上，飞轮机组可以匹配一种**单极电机**(homopolar generator)，直接发出脉冲直流电流。其名称由来是电机内的磁场极性不变，其结构可见图 3-3-5，其转子是一个导电圆盘。定子 (励磁线圈) 中通过直流电流，产生和圆盘垂直的磁场，在圆盘中感应径向电动势。用圆

盘边缘和轴两处的电刷将电流引出。导磁机座用高导磁材料制成,以求尽量增加圆盘表面的垂直磁场强度。这种单极电机也经常配合电感储能使用。

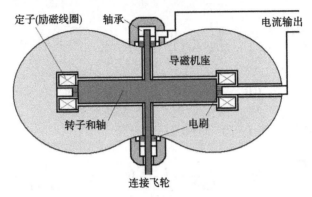

图 3-3-5　单极电机原理图

使用飞轮机组时,电容储能放电的回路方程 (3-3-1) 适用,其中的电容 C 相当于 $C = 2W_0/V_0^2$,W_0 是转子额定转数时的动能,V_0 是初始电源电压 (未整流前,或单极电机的输出电压)。因此,此时放电回路的性质类似于电容储能放电。飞轮储能设备成本也较低,适用于大中型装置,但有更高的技术含量。

脉冲电源的选择,对于小型装置 (储能小于几个 MJ),适合使用电容器组,而大型装置,最好用电感储能或飞轮机组,特别是飞轮机组。此外,由于储能密度高,在某些场合,电池也可选作脉冲磁体的电源。

瞬态过程　对于常温和低温磁体,在脉冲运行时存在瞬态过程的电工问题。在电流上升时,电场向良导体内渗透需要一定的时间。这个过程也可用趋肤深度 $z = \sqrt{\dfrac{2\eta}{\mu\omega}}$ 来表示,其中 μ 为材料磁导率,ω 为工作圆频率,η 为材料电阻率。在瞬态过程中 ω 可表为 $1/\tau$,τ 为线圈中电流上升时间,如果算出的趋肤深度远大于线圈横向尺寸,则瞬态过程可不计。如果趋肤深度和线圈横向尺寸可比甚至还小,则应考虑瞬态过程。因为在这一上升过程中,电流仅在线圈表面层中流动,等效电阻比稳态时要大,详细的计算要解电磁感应方程。因为托卡马克一类的准稳态装置时间过程较长,一般无须考虑线圈内的瞬态过程。但是像用于反馈稳定一类的线圈,因为要求快的动作时间,可能要考虑趋肤效应问题。

开关技术　上述几种电源都需要大电流开关。在托卡马克装置上,对开关的一般要求是控制大的稳定电流,主要问题是容量,对开关时间无严格要求。

在早期脉冲放电研究中,常使用简单的针球开关或同轴开关作为脉冲放电的开关。针球开关的结构如图 3-3-6 所示。在一对半球形放电电极中,负电极内部有一与电极绝缘的触发针,在其上加高频电压,与电极放电产生初始电子,被主电极间电场加速,形成主放电。这样的开关自感较小,有较短的导通时间和分散时间,适于小型箍缩类放电装置。对于电量较大的放电也可采用图 3-3-6 中显示的同轴开关。

电子管类型的高电压大电流放电控制技术在过去几十年里有很大进展。早年普遍使用的是**闸流管**(thyratron)。这是一种热阴极充气管,当栅极加上正电压时,阴极发射的电子向栅极运动使气体电离并扩展到阳极,使管子导通,栅极不再起作用。这种器件的优点是管内损耗低，开关效率高，但重复频率不能很高。

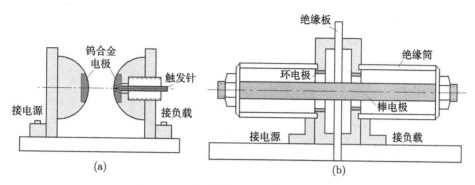

图 3-3-6 针球开关 (a) 和同轴开关 (b)

后来发展了**引燃管**(ignitron)。这是一种汞弧管，使用汞阴极，在浸于汞阴极中的引燃极上加上脉冲电压使汞气化，和阳极间形成弧光放电，使管子导通。引燃管也可以装有一个或多个栅极以保证有很高的反向耐压。这种管子有大的过载能力，可靠性优良，早年用于电气机车，至今仍用在一些聚变装置上，不过由于汞对环境不利，所以在许多地方限制生产。

另一方面，使用方便的电力电子器件或称固态器件也发展很快。这始于**晶闸管**(thyristor)，俗称可控硅。它由高阻单晶硅制成，包括多个 PN 结，在触发极加脉冲信号导通。也有可以关断电流的晶闸管。和充气管比较，晶闸管开关速度高、损耗低、体积小，目前已开发出高电流、高耐压的产品。

近年来，晶闸管有被另一种新产品代替的趋势。这就是**绝缘栅双极型功率管**(insulated gate bipolar transistor，IGBT)，是由 BJT(双极性三极管) 和 MOSFIT(绝缘栅型场效应管) 组成的复合全控型电压驱动式电力电子器件。

场效应管(field effect transistor, FET) 是利用改变垂直于半导体表面的电场的大小或方向以控制半导体导电层中多数载流子，即场效应做成的器件。MOSFIT 是一种金属-氧化物-半导体的场效应管，栅极做成绝缘型。这种晶体管结构简单，输入阻抗大。IGBT 用 MOSFIT 作为输入极，BJT 作为输出极，驱动功率小而饱和压降低。

IGBT 的结构和等效电路如图 3-3-7 所示。当栅极 (G) 和发射极 (E) 间加正电压时，PNP 晶体管导通，一般用十几伏的直流电压控制。它做成模块形式，优点是输入阻抗大、消耗功率低、工作频率高 (可达几十 kHz)。缺点是过压过热和抗冲击能力差，须仔细设计保护电路。

2. 超导磁体

目前，在托卡马克上越来越多地使用超导磁体。这是因为在聚变堆上使用常温磁体所需要的电功率接近聚变功率，几乎是不可被接受的。而维持超导磁体工作所需制冷功率较常规磁体低 1~2 个量级，超导磁体的电流密度比常温磁体高两个量级，优越性是显著的。

在低温下具有超导性能的材料很多，但做成磁体要符合以下条件：① 高的超导转变温度；② 高的临界磁场；③ 高的临界电流密度；④ 好的机械性能。在传统的超导材料中，主要是化合物铌三锡 (Nb_3Sn) 和铌钛合金 (NbTi) 两种。Nb_3Sn 的超导转变温度为 18.2K，临界磁场 24.5T。NbTi 的超导转变温度 9.5K，临界磁场 12.2T。所以，Nb_3Sn 适合用于较强的磁场。一些新的超导材料也在发展中。

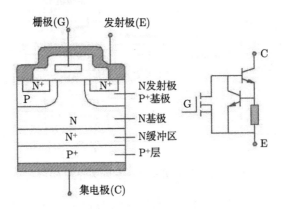

图 3-3-7　IGBT 的结构和等效电路

在 ITER 的设计中，环向磁体和加热场的中心柱采用 Nb_3Sn 材料，而加热场的外线圈和成形场线圈采用 NbTi。EAST 上的超导线圈则全用 NbTi。

和常温磁体不同，超导线圈可能产生热稳定性引起的**失超**(quench)。热不稳定性是指在发生磁通变化或位置变化情况下，超导线内产生局部热量，致使温度超过转变温度，电阻增加，又产生更多的焦耳热，使整个线圈温度迅速升高，称为失超，可能导致线圈损坏。为提高机械性能和避免热不稳定性，一般超导线都做成多股细丝结构，并和铜线混合缠绕，称为**导管内多级绞缆导体**(cable in-conduit conductor, CICC)。典型结构如 EAST 上使用的超导环向场线圈的超导电缆 (图 3-3-8，翁培德提供)。其多级结构可用公式 $[(2NbTi+2Cu)\times3\times4\times5]+21Cu$ 表示。这一结构置于不锈钢管内，再压缩成型。因为要尽量避免接头，所以这样的超导线圈的缠绕工艺是非常复杂的过程。为防止失超带来的损失，还应配备测试电路和保护电路。

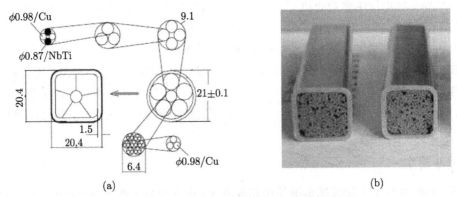

图 3-3-8　EAST 环向场线圈超导线多级结构及截面照片

尺度单位为 mm

为保证超导线圈的工作温度低于临界温度，采用内冷方式，即使液氦在导线缝隙中流过。为维持工作温度，整个线圈系统须用**冷屏**(thermal shield) 进行热绝缘。例如，EAST 的冷屏用焊在上面的冷却管冷却，管内通冷氦气，维持冷屏在 60~80K 的温度。此外，整个装置须置于**杜瓦**(dewar 或 cryostat) 中,维持一定的真空 (图 3-0-2)。

高温超导　近年来,达到或接近液氮温度的高温超导体的研究和开发进展迅速 (图 3-3-9)。其中铋系材料最早成为工业产品,已开始用于聚变装置。东京大学用这种材料建成超导悬浮环装置 RT-1。EAST 采用这种超导线作为从常温到低温超导的连接线。转变温度最高的是 YBCO,但其机械性能不好,所达到的临界电流密度有限。硼系超导体 MgB_2 是一种新的超导材料,也有在聚变工程中应用的前景。

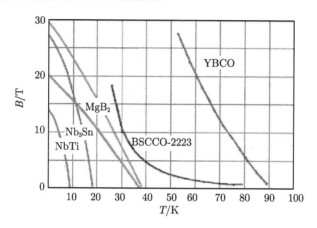

图 3-3-9　几种超导材料的临界磁场和温度的关系

无作用力超导线圈　由电动力引起的应力问题始终是强磁场设计中要十分注意的问题。电动力来源于电流产生的磁场方向与电流垂直。如果能设计线圈结构使其产生的磁场处处与电流方向一致,即 $\vec{j} = \alpha \vec{B}$,其中 α 是一个标量,就不再有电动力产生。这样的线圈称为**无作用力**(force-free) 线圈。

无作用力线圈的优点,一是没有电动力引起的应力。二是一个超导无力线圈由于电流平行磁场,其临界电流密度比垂直磁场状态大得多。因此曾提出将超导线圈设计为无作用力磁场线圈的方案。理论指出,在有限的空间不能实现真正的无作用力磁场形态。在无限空间一个典型的解是在轴对称情况下的 Bessel 多项式的解 (2-6-6)。此解可以看作是这样的导线:其中心部分是单纯的轴向电流,往外产生角向电流成分,越往外,角向电流成分越大,直到最外面完全是角向电流。

将无作用力线圈概念用于有限空间,产生近似无力的拟无作用力超导线圈概念,其受电动力较普通线圈减少很多。一个典型例子是将上面所说的无限空间的解的形态弯成环形,如图 3-3-10 所示。

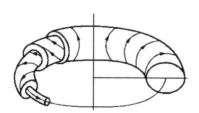

图 3-3-10　拟无作用力线圈

3.4　被 动 导 体

上述几类磁体包括反馈线圈都采用主动馈电产生所需要的磁场。在托卡马克中还存在另一类导体，称被动导体或无源导体。某一外磁场建立，或者等离子体电流的感应，会在其中产生感应电流，电流产生磁场，影响所建立的磁场形态或等离子体平衡。这样的感应电流又称涡流(eddy)，一般在导体内有一定的分布。被动导体的典型事例就是金属真空室。作为容器的导电真空室，在托卡马克装置中一般为环形，对外加磁场具有屏蔽作用。所谓屏蔽作用，其物理过程是，当外加磁场建立后，在真空室的相应回路中，磁通的变化感应电动势，产生电流。而电流产生的磁场方向与外加磁场方向相反，在真空室内部将外加磁场抵消，形成对外场的屏蔽。然后在导体电阻作用下，这一感应电流逐渐衰减到零，此时外加磁场完全进入真空室。真空室中的感应电流对等离子体的平衡和稳定起很重要的作用。而磁场的渗透时间是最重要的参数。

导体上感应电流的衰减时间就是外磁场的渗透时间。设 L 和 R 分别为感应电流回路的自感和电阻，按照电路方程 $0 = L\mathrm{d}I/\mathrm{d}t + RI$，电流衰减规律为 $I(t) = I_0 \exp(-t/\tau)$，$\tau = L/R$ 为感应电流回路的时间常数，也就是磁场的渗透时间。必须注意的是，感应电流回路或者说电流分布和外加磁场形态有关，当然也和感应电流的分布有关。所以同一导体如一真空室，相对于不同形态的外加磁场，其电参数是不同的，时间常数也可能是不同的。下面主要考虑圆截面环形装置中不同形态磁场在环形真空室中的渗透时间。其中假设壁厚均匀，环径比 $A \gg 1$，即近似于圆筒形。实际的真空室形状很复杂，又开有窗口，须用各种数值方法计算涡流的分布，下面用简单模型推导的公式进行大致的估计，也可从中理解相关物理过程。

1. 环形导电真空室的电参数

环向场　　以圆截面金属真空室为例，其大小半径分别为 R_0 和 b (图 3-4-1)，厚度为 d，电阻率为 η。对于环向场的渗透，在真空室中感应的电流在极向，如同环向场线圈中一样，但电流方向相反。它的自感可用式 (3-1-4) 表示，但取 $N=1$。又假设 $b \ll R_0$，得到近似式 $L = \dfrac{\mu_0}{2}\dfrac{b^2}{R_0}$。忽略环效应后，电阻近似为 $\dfrac{\eta b}{R_0 d}$，η 为电阻率。所以其时间常数为 $\dfrac{\mu_0}{2}\dfrac{bd}{\eta}$，与大半径无关。在一般装置上，这个时间常数约为毫秒或几十毫秒量级。由于环向场上升较慢(图 3-2-3)，这个渗透时间对其运行影响不大。

加热场　　欧姆变压器的磁通变化在金属真空室上感应了环向电流。它产生的磁通变化和变压器的磁变化方向相反，因而降低了环向感应电动势，使击穿困难或被延迟。这一电流分布的自感为 $\mu_0 R_0 \left(\ln \dfrac{8R_0}{b} - 2 \right)$ (见本章附录)，而其电阻近似为 $\dfrac{\eta R_0}{bd}$，所以时间常数为 $\mu_0 \left(\ln \dfrac{8R_0}{b} - 2 \right) \dfrac{bd}{\eta}$。这个时间常数大于环向场的时间常数，对击穿过程影响很大。在一些装置中，将环形真空室在环向的某一地方绝缘，称为**绝缘缝**或割缝 (break)，可以有效地避免真空室对于变压器作用的屏蔽。

垂直场　　对应以上两种场的真空室电参数很容易获得，是因为在 $b/R_0 \ll 1$ 的条件下，可以假设电流均匀分布。但是，作为平衡场的垂直场和金属真空室的相互作用比较复杂。这是因为垂直场在圆截面真空室内感应的是环向电流，但电流密度与 $\cos\theta$ 成正比，总电流为零。其中 θ 是极向角，起点在赤道面上 (一般在外侧)，这样的电流称偶极电流。面密度为 $\sigma\cos\theta$ 的偶极电流在壳内产生垂直方向的均匀场 (图 3-4-2)

$$B_\perp = \frac{\mu_0\sigma}{2} \tag{3-4-1}$$

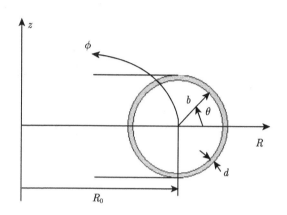

图 3-4-1 圆截面真空室坐标

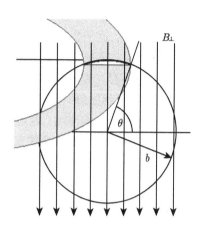

图 3-4-2 圆截面真空室对垂直场的响应

这一电流分布在壳外产生的场为

$$B_r = \frac{\mu_0 b^2 \sigma}{2r^2}\sin\theta, \quad B_\theta = -\frac{\mu_0 b^2 \sigma}{2r^2}\cos\theta \tag{3-4-2}$$

为求这样的电流分布的电参数，我们将它想象为用很细的导线缠成的线圈。现在把沿环方向的面电流划分为分立的电流带，并设每一带中流过电流相等，为 I。因而，每一电流带的角向宽度必然与电流密度成反比，应为 $I/\sigma\cos\theta$，所占角度 $I/b\sigma\cos\theta$。当带宽趋于零时，可用积分求总匝数

$$N = 2\int_0^{\pi/2} \frac{b\sigma}{I}\cos\theta\mathrm{d}\theta = \frac{2b\sigma}{I} \tag{3-4-3}$$

我们将积分从 0 到 $\pi/2$，是因为从 $\pi/2$ 到 π 是返回的电流。总磁通

$$\Phi = \int_0^{\pi/2} \frac{2b\sigma}{I}\cos\theta\frac{\mu_0\sigma}{2}2\pi R_0 2b\cos\theta\mathrm{d}\theta = \frac{\pi^2\mu_0 b^2 \sigma^2 R_0}{I} \tag{3-4-4}$$

相应的自感为

$$L = \frac{\Phi}{I} = \frac{\pi^2\mu_0 b^2 \sigma^2 R_0}{I^2} = \frac{\pi^2\mu_0 R_0 N^2}{4} \tag{3-4-5}$$

总电阻

$$R = \int \frac{2b\sigma}{I}\cos\theta\frac{2\eta 2\pi R_0}{d}\frac{\sigma\cos\theta}{I}\mathrm{d}\theta = \frac{2\pi^2\eta b\sigma^2 R_0}{dI^2} = \frac{\pi^2\eta R_0 N^2}{2bd} \tag{3-4-6}$$

得到垂直场渗透的时间常数 $\tau_\perp = \dfrac{L}{R} = \dfrac{\mu_0 bd}{2\eta}$，与环向场相同。

垂直场的渗透时间与环向场相同不意味着类似形态磁场的渗透时间也相同。垂直场是极向模数 $m=1$ 的场。对于 $m>1$ 的场,渗透时间为 $\tau_m=\dfrac{\mu_0 bd}{2m\eta}$。这公式可以这样解释:$\tau_\perp$ 的公式中的 b 为磁场的尺度。而 $m>1$ 的场对壁来说是多极场,其尺度随 m 增大而缩小,近似为 b/m,所以得到上述公式。当真空室上的感应电流为等离子体的不稳定性所引起时,这一公式也可更一般地写为 $\tau_\lambda=\dfrac{\mu_0 d}{2k\eta}$,其中 k 是真空室内等离子体磁流体扰动的波数,包括极向和环向波数。这一公式在处理电阻壁模时用到。

还要指出的是,环形真空室的环向绝缘缝不影响垂直场的渗透。这是因为,垂直场感应的余弦电流分布不存在纯的环向电流。真空室环内外侧的电流方向相反,电流可在绝缘缝处返回 (图 3-4-3),而绝缘缝两侧的电流方向相反。如果绝缘缝充分窄,缝两侧的电流不会影响磁体在真空室内产生的磁场。但是如果绝缘缝过宽,须研究附近局部磁场产生的影响。在早期托卡马克装置的真空室外往往安装有平衡用的环形铜壳,因为屏蔽磁场时间长,不但开有环向绝缘缝,还开有极向绝缘缝,即由四块部件构成。

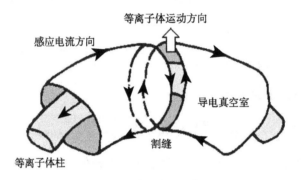

图 3-4-3　割缝两侧电流流向

在以上所述的真空室或铜壳对三种磁场形态的响应过程中,因为垂直场的作用涉及等离子体平衡问题,最为重要,下面将详细叙述。

2. 真空室对等离子体平衡的作用

偶极电流模型　金属真空室对垂直场的屏蔽会延缓外加平衡场对等离子体的作用时间,特别是反馈控制作用。但是,金属真空室对等离子体平衡还有另一方面的正面作用,就是对等离子体柱位移的被动反馈作用。我们假设等离子体电流原来处在真空室的环轴处,后来在短时间里向外移动了一个小距离 Δ。我们可以等效地认为,在原来地点产生了一个电流 $-I$,在新的地点产生一个电流 I,这一对电流产生一个偶极磁场 (图 3-4-4)。

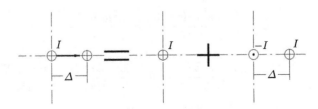

图 3-4-4　电流移动相当于一对偶极电流产生

我们计算它在圆截面真空室上感应的电流分布。位于原点的反向电流 $-I$ 产生的磁场径向分量为零不计。移动 Δ 距离的正向电流在坐标 (x, y) 处产生的磁场为 (图 3-4-5)

$$B = \frac{\mu_0 I}{2\pi} \frac{1}{\sqrt{(x-\Delta)^2 + y^2}} \tag{3-4-7}$$

其径向分量 $B_r = B\sin\alpha$，而 $\sin\alpha$ 正比于 $\Delta\sin\theta$，所以 B_r 也正比于 $\Delta\sin\theta$。位移引起的磁场大小的变化为一阶小量。从对称轴算起的磁通应从对称轴积分，正比于 $\Delta\cos\theta$。所以在真空室上感应的电流分布也是这种类型的。

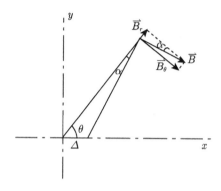

图 3-4-5 偶极电流产生磁场

这样的余弦型分布电流将在真空室内产生垂直磁场，将等离子体推向里。这个作用在感应电流衰减后消失。所以，如果发生等离子体不平衡现象，在垂直场渗透时间以内，真空室的感应电流会起平衡作用，渗透时间过后，外加垂直场起作用。

计算真空室电流和偶极电流间的互感。由式 (3-4-1)，通过偶极电流的磁通为

$$\Phi = 2\pi R_0 \Delta B_\perp = \pi\mu_0 R_0 \Delta\sigma \tag{3-4-8}$$

从式 (3-4-2) 得到互感

$$M = \frac{\pi\mu_0 R_0 \Delta\sigma}{I} = \frac{\pi\mu_0 R_0 \Delta N}{2b} \tag{3-4-9}$$

在具体计算中，假设的匝数 N 都将被消掉，所以在互感公式中可以设为 1。同样自感和电阻公式 (3-4-5) 和式 (3-4-6) 中也可设 $N = 1$。如果将真空室或导电壳视为一个电回路，研究它与等离子体相互作用时可以使用这样的公式进行计算。

3. 矩形真空室

以上公式都是对高环径比的圆截面真空室而言。对于矩形截面真空室 (如 J-TEXT 的真空室)，可以用导体壁内影子电流方法求解其对偶极电流的响应。这时，上面所得到的圆截面真空室自感、互感、时间常数公式只需乘上一个系数即可使用。这些系数是常数 $\alpha = b_2/b_1$ (垂直方向半高度和横向的半宽度之比) 的函数，而公式中的半径 b 换为 b_1。在以下式中，下标 c 表示圆截面真空室。

$$L = \mathcal{L}L_c, \quad M = \mathcal{M}M_c, \quad \tau = \mathcal{T}\tau_c$$

这几个无量纲系数和参量 α 的关系见图 3-4-6(L. Wang, Fusion Technol., 37(2000) 198)。从这张图上可以看出，一个正方截面的真空室 $(\alpha = 1)$，它的自感和时间常数与直径等于其边长的 (内切) 圆截面真空室是一样的。对于矩形截面，其时间常数也很接近于直径等于短边的圆截面真空室的参数。看来等离子体和接近导电面的最小距离主要决定电参数。这一点可推论到其他截面形状的导电真空。而在 α 很大 (截面很扁) 时，这几个参数趋于某些一定值。

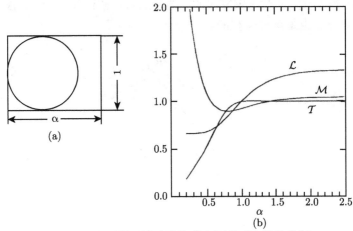

图 3-4-6 矩形截面真空室参数和圆截面参数的比例

(a) 图表示参数 α 的意义

以上模型可解析处理一些平衡问题，均将有一定体积的等离子体柱简化为线电流，也未考虑环效应，而且，等离子体也未必总处于真空室的中心。目前装置的等离子体一般为非圆截面，真空室形状也很复杂。所以一般情形，包括开有窗口的真空室须做必要的数值计算，求出对于不同磁场变化的响应。在等离子体发生破裂时，或发生垂直位移事件时，在真空室上感应的电流会产生强的力的作用，必须预防。

因为等离子体周围的导体可以起平衡作用，初期的托卡马克装置安装了置于真空室外的开有环向和极向割缝有相当厚度的环形铜壳用以平衡等离子体。但这样的铜壳占据了很大的空间且不利于反馈控制，后来均被反馈平衡场代替。但其他一些类型装置仍使用这一方法平衡和稳定等离子体。例如，反场箍缩装置 KTX 的真空室外包裹了 1.3mm 厚的铜皮，磁场渗透时间达到 20ms。

更一般地说，等离子体周围的导体会延迟等离子体中磁通的扩散，对宏观不稳定性起致稳作用，而且它可以作为一些类型装置，如球马克的**磁通保持器**(flux conserver)(见 2.7 节)。在 EAST 装置的真空室内也安装了接近等离子体的被动稳定器。

3.5 真 空 室

1. 对真空的要求和壁的作用

磁约束聚变装置的主体，基本上是由电磁系统和真空系统两部分组成的。电磁系统提供适当的磁场形态，真空系统则提供必要的真空条件。这也是当初托卡马克类型装置取得成功的两项关键技术。

磁约束系统产生的等离子体粒子密度范围为 $10^{20} \sim 10^{22} \mathrm{m}^{-3}$，托卡马克类装置为 $10^{19} \sim 10^{20} \mathrm{m}^{-3}$，相当于常温压强 1Pa 以上，但是反应室的本底真空却要求低于 1×10^{-5} Pa。必须将真空系统抽至这个本底气压以后，才能充进工作气体进行放电。对真空的要求不仅有量的方面，还有质的方面，即要求清洁的无油真空，尽量避免一切有机物质进入。因此原则上不能使用橡胶制品密封，必须采用全金属密封，也尽量避免使用油类的抽气泵。

对真空系统这样严格的要求主要出自对工作气体纯度的要求，即尽量避免工作气体以外的杂质进入等离子体，造成辐射能量损失。但是，尽管采取这样严格的措施，在一般托卡马克等离子体中，轻杂质如 O 和 C 的成分总能占百分之几。主要原因是，工作气体的纯度不完全由馈入气体的纯度及本底真空决定。因为很大部分工作气体和杂质来源于真空室壁，它和壁的状况有很大关系。

为研究真空室壁对工作气体的吸附和吸收作用，曾做过这样的同位素实验：在长期用氢气作工作气体以后换为氘气，用质谱仪监测气体成分，用发射光谱监测等离子体成分，观察工作气体和残余气体成分的变化。图 3-5-1 表示 CT-6 装置 (不锈钢真空室) 长期使用氢为工作气体后改充氘为工作气体，每次放电后用质谱仪测量气体成分的变化。

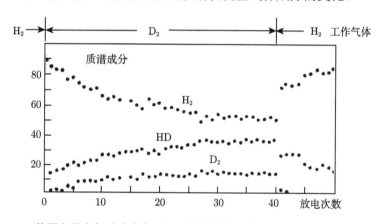

图 3-5-1　CT-6 装置上从充氢改为充氘后，工作气体成分随放电次数的变化，体制为连续充气

从图 3-5-1 可以看出，改变充入气体种类后，主要工作气体仍为氢。这说明，在这一实验的每一次放电中，工作气体主要来自壁上吸附的气体，而不是来自充入气体。所以，从放电前的气压来计算放电时的等离子体密度是没有根据的。再看氢气成分随放电次数的变化，可以看到两个时间尺度。一个相当于一二十次放电，在这段时间里，氢气成分下降比较快，相应氘成分上升较快。而过了这个阶段，氢成分下降就减慢，有达到饱和的趋势。可以判断，在第一阶段，氢气主要来自器壁表面吸附的气体。而在第二阶段，从体积内向外扩散的气体成为主要成分。在 40 次放电后，恢复充入氢气，气体成分迅速改变，以氢为主，氘成分很快消失。这说明，器壁对放电的工作气体的影响是长期的。

因为来自器壁的气体成为放电的主要成分或重要成分，而其进入量难以人为控制，所以应尽量减小这部分气源，正确选择器壁材料和适当的壁处理方法。此外，可以想象，随着吸附在器壁上的和从固体深处扩散出来的气体进入等离子体，表面的杂质也进入等离子体，成为等离子体杂质的主要来源。所以表面状况对于等离子体的纯度是至关重要的。

2. 材料和结构

在早期托卡马克研究中，曾采用玻璃真空室，所达到的等离子体参数很低。后来采用真空性能优良的金属真空室，等离子体性能得到很大提高。除去真空性能外，还要求真空室材料的电阻率高、无磁和良好机械性能。一般的无磁不锈钢满足多数装置真空室的要求，但其电阻仍很低，机械性能也不理想。一些装置采用高温下性能良好的高镍钢 (如 Inconel 625)。曾有少数高频加热的托卡马克装置使用非金属 (陶瓷) 真空室。

真空室结构一般采取焊接结构。早期曾使用双层真空室，以图确保真空要求，也易处理环向割缝问题。内真空室可做成薄壁结构，称为**衬套**(liner)，不承担大气压力。目前运转的一些大型装置也常使用双层真空室，但结构与以前不同。两层之间的夹层可用来流动烘烤加热气体或运行时的冷却剂，这样的结构也有利于检漏。

金属真空室的环向绝缘属于重要技术问题。早期多采用不锈钢波纹管以增加环向电阻，而不用开环向割缝，但波纹管占用过多空间，且于开窗口不利。理想方案是用陶瓷绝缘，但大口径的陶瓷环焊接技术有一定难度。也有一些真空室无环向割缝，此时要用较强的预电离解决击穿问题。

很多托卡马克真空室做成两半环，再用法兰连接。在连接之前要套进环向场线圈或变压器铁芯。但几乎所有球形环和一些大型装置使用整体真空室。

ITER 的真空室采用不锈钢水冷双层结构，由 9 段组成，在现场焊接连接，然后与其他部件装配 (图 3-5-2，Y. Shimomura et al., Nucl. Fusion, 39(1999) 1295)。在内外壁之间安装屏蔽板以吸收中子和减少磁场波纹度。

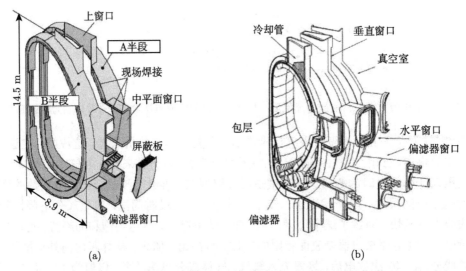

图 3-5-2　ITER 真空室的两个相连半段 (a) 和装配后的两段 (b)

限制器　为避免等离子体和真空室壁直接接触，一般都在真空室内装有**限制器**(或称孔栏, limiter)。其类型原则上可以分为三类 (图 3-5-3)，可安装在大环外侧 (环向限制器)，或某一环向位置围绕小截面的环形，中孔通过等离子体 (极向限制器)。还可做成轨道形 (轨道限制器)。图 3-5-4(Yu. V. Petrov et al., Culham-Ioffe Symp., St. Petersburg, 2006) 为 Globus-M 上的石墨环向限制器。极向限制器多做成块状，居于小截面的圆周的一部分，往往居于外侧。球形环多使用轨道型限制器于等离子体内侧。由于等离子体的旋转变换，在其电流中心由平衡条件决定后，限制器的位置就决定了等离子体的小半径和位置。限制器的作用是保护真空室壁，避免高温等离子体和壁的直接作用，减少粒子对壁的轰击，降低气体循环率。限制器用高熔点材料制成，如碳 (石墨)、钨、钼。为保护金属真空室，有的装置在真空室内壁安装低质量数的铍或石墨瓦。在这样的装置上，限制器最接近等离子体的地方决定了等离子体**最后一个封闭磁面**(last closed flux surface, LCFS) 的位置。这个磁面往外的区域，磁力线与限制器相交，称为**删削层**(scrape-off layer)，是参数较低的等离子体区域。

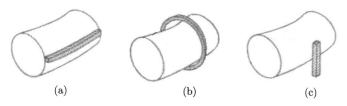

(a)   (b)   (c)

图 3-5-3 环向限制器 (a)、极向限制器 (b) 和轨道限制器 (c)

图 3-5-4 Globus-M 上的环向石墨限制器 (箭头所指)

一些装置上曾试用液态锂作为限制器。其工作原理是：在 200~500℃ 的温度下，液化锂通过毛细管从储槽内抽出，凭较强的表面张力附着在不锈钢或钨丝编织的网上，与等离子体接触。锂的低核电荷数降低了辐射损失，锂孔栏和真空室表面覆盖锂会降低粒子循环率，提高等离子体品质与参数。FTU 装置上使用锂孔栏，创造了 $4\times10^{20}\mathrm{m}^{-3}$ 的等离子体密度纪录。

为适应某些实验的要求，调节边界区域等离子体电位和电位分布，有时须安装偏压孔栏或偏压电极 (图 3-5-5)。它应与真空室绝缘，并能通过大电流 (低电阻)，最好能调节与等离子体的距离。所有机械调节距离的设备应使用波纹管传动机构或磁性传动机构。偏压电极可充以正电压或负电压。在同样的电压数值下，正电压产生来自等离子体的电子流，电流较大，难于控制, 所以一般使用负电压。

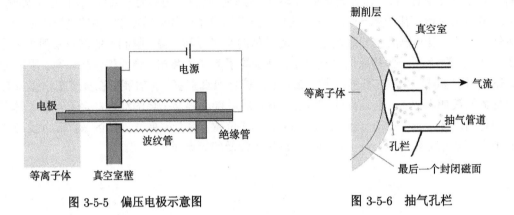

图 3-5-5 偏压电极示意图   图 3-5-6 抽气孔栏

　　一种简单的排除杂质或聚变反应产物 α 粒子的结构称为**抽气孔栏**(pumping limiter)。其形状如图 3-5-6 所示。这个蘑菇形的孔栏的边缘处于等离子体的删削层内。一些从外界进入等离子体的杂质在进入主等离子体前可能被孔栏散射进入抽气管道而被排除。这一孔栏应用低 Z(核电荷数) 材料制成, 避免溅射造成高 Z 杂质污染。

　　测量设备应尽量安装在真空室外。必须安装在真空室内的设备 (如测量线圈) 应使用能耐高温的材料, 避免使用有机物质。少数密封圈可以使用氟橡胶, 但应尽量远离等离子体。在大型装置上, 真空室上还安装各种辅助设备, 如反馈控制线圈、偏滤器线圈、起稳定作用的被动导体板、低温泵、水冷和烘烤管道等。

3. 第一壁和结构材料

　　在真空室内, 直接面对等离子体的固体部分称为第一壁。第一壁和偏滤器靶板材料合称**面对等离子体的材料**(plasma facing materials, PFM)。因为要与等离子体直接接触并接受强的粒子和辐射的照射和能量沉积, 其表面还可能发生溅射等过程以释放杂质污染等离子体, 所以对其性能有很严格的特殊要求, 特别是对反应堆而言。

　　早期托卡马克因为等离子体参数低, 普遍使用不锈钢作为真空室材料, 对于第一壁无任何特殊处理。目前在大中型装置中广泛使用低 Z 的碳或铍作为第一壁。除低 Z、污染问题不严重外, 它们都有高的热导。EAST 上原来在真空室内挂石墨瓦, 后改为钼瓦 (图 3-5-7, Gao Xiang, Plasma Sci. Tech., 15(2013) 732)。

　　碳有高的抗热震、抗热疲劳性能。一些大型装置上用高纯度石墨瓦覆盖真空室内壁。更好的设计使用碳纤维材料以得到更好的热导。但碳和其他碳基材料如碳纤维材料的化学腐蚀率高, 特别是氢同位素滞留高, 不适用于反应堆。另一低 Z 材料如铍无化学溅射, 但是熔点低 (1250℃), 物理溅射率高。曾使用铍蒸发器覆盖真空室内壁, 以及用以覆涂天线、偏滤器等部件, 取得良好的试验结果。但是铍有剧毒, 使用中受到限制。目前看好的反应堆第一壁材料为钨。它的热导高, 溅射率低, 氢滞留低, 虽然是高 Z 材料, 但使用了偏滤器能较好地控制杂质, 不致造成大的能量损失, 但存在再结晶脆化问题, 且制造工艺复杂。

图 3-5-7　EAST 真空室内观

真空室内的结构材料用于下述的包层和偏滤器的支撑结构。因为聚变产物高能中子的腐蚀作用,对结构材料也有很特殊的要求。入射到材料内部的中子产生两种作用,一为与结构原子的弹性碰撞,产生离位缺陷,继而发生的碰撞过程又产生各种缺陷,致使材料性能退化,脆化、硬化。另一方面,中子和材料产生嬗变,产生放射性物质,以及氢、氦原子。这两种原子,特别是氦,由于在材料中溶解度低,往往形成气泡,称为起泡,使材料发生肿胀。总之,中子辐射的效应使结构材料性能退化,而长寿命放射性物质的生成则涉及装置关闭后的处理问题。目前正进行低活化钢的研制,可望用于聚变堆。

4. 包层

包层 (blanket) 是聚变堆中置于聚变堆真空室内面对等离子体的屏蔽层,功能是吸收中子、传输能量、氚增殖。在 ITER 这样的实验堆中,主要是氚的增殖。

包层由氚增殖剂、中子增殖剂、冷却剂和结构材料组成 (图 3-5-8)。氚增殖剂为含锂材料,有两种同位素,由下列反应产生氚:

$$^6\text{Li} + \text{n} \longrightarrow {}^4\text{He} + \text{T} + 4.78\text{MeV}$$

$$^7\text{Li} + \text{n} \longrightarrow {}^4\text{He} + \text{T} + \text{n} - 2.47\text{MeV}$$

其中,第一个反应放热,第二个反应吸热,但又产生一个中子引起新的反应,所以两种增殖剂混合使用,可以使氚的增殖系数 (产氚原子数/入射中子数) 大于 1,一般小于 1.6。锂增殖剂一般为毫米尺寸小球状锂陶瓷 (正硅酸锂 Li_4SiO_4 或钛酸锂 Li_2TiO_3)。为进一步增殖中子,使用铍或铅作中子增殖剂,发生如下的反应:

$$^9\text{Be} + \text{n} \longrightarrow 2{}^4\text{He} + 2\text{n}$$

增殖剂可以是固态 (如铍丸),也可以是液态 (如液态锂和铅)。液态增殖剂可以不断流动更换,但是它们是导电流体,受放电时电磁作用的影响。冷却剂使用液态金属 (锂、钠、钾)、氦气、水等。

对结构材料的要求除去强度外,主要是低活性,因为活化后会成为长衰变周期放射性废料。候选材料主要有低活化钢、钒基合金和碳化硅。对整个装置的结构材料也有同样要求。

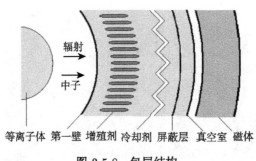

辐射

中子

等离子体　第一壁　增殖剂　冷却剂　屏蔽层　真空室　磁体

图 3-5-8　包层结构

在 ITER 的包层设计中 (图 3-5-2)，第一阶段为非增殖 (氚) 模块。其中面向等离子体的第一壁的材料为几个毫米厚的铍，吸热材料为铜合金，冷却水管道和结构材料为不锈钢。一些窗口可以安装不同的试验性包层模块。

在聚变堆中，包层应能吸收 99% 的聚变中子。在它的外面，应有屏蔽层吸收其余的中子以保护磁体。包层的设计需要进行中子学的计算，热工水力、热工机械的计算，以及安全和环境效应的分析。

5. 真空室的壁处理技术

如上所述，像托卡马克这样的准稳态装置，真空室表面过程对放电影响极大。强烈的等离子体和壁的相互作用不但影响这一次放电，而且由于壁的记忆效应，还影响下一次放电，因而形成放电的 Markov 链。这一影响，主要来自工作气体和杂质的释放，其中 O 和 C 这样的轻杂质主要来自表面吸附的水和有机成分，重杂质则主要来自壁和孔栏材料。为减少杂质，控制工作气体流量，须对壁进行**预处理**(conditioning)。

预处理一般从烘烤去气开始。烘烤可以排除吸附在真空系统内壁上的很多种气体，例如，图 3-5-9 表示石墨样品在不同温度下不同气体成分的除气率 (A. E. Pontan and D. J. Morse, J. Nucl. Mater., 141-143(1986) 124)。在一个装置刚投入运转时，抽气系统也应烘烤去气。加热的方法可以在真空室外包裹加热带。大型装置多在真空室夹层中充以热气体或热水，一般烘烤至 100~250℃。烘烤会在很大程度上减少水汽，而水汽是氧杂质的主要来源。水经常以液态形式停留在器壁，不容易用抽气方法排除。图 3-5-10(简佩薰等，核聚变，1(1980) 205) 是 CT-6 装置烘烤前和烘烤 (约 150℃)30 小时后的质谱，可以看到水的成分 ($M/e=18$) 有很大减少。

普遍用和真空室连通的质谱仪检测气体成分的变化。常用的是四极质谱计，也可用磁偏转的质谱计或回旋质谱计。基本原理都是在电离室里使中性粒子电离，利用其在电磁场中的运动按照荷质比 (M/e) 予以空间分离。因为一些中性粒子在被电离时可能发生分解，所以一种中性成分有时会有不止一条谱线。而不同的成分会有同一条谱线 (如 CO 和 N_2 的一次电离离子的 M/e 都是 28)，所以需对测量结果仔细分析。聚变装置等离子体的质谱比较简单，M/e 数多在几十以下。

也往往用放电的方法除去真空室表面的气体，称为**清洗放电**。许多大实验室在日间做实验，夜间进行清洗放电，即使不进行清洗放电，在夜间也要用泵维持真空。最简单的清洗放电是直流辉光放电，用一伸入真空室的电极作阳极，真空室作阴极即可。但通常的辉光放电

要求较高的气压 ($10^{-1}\sim10$Pa)，清洗效果不明显。可在直流辉光放电时进行高频放电以降低气压。这样的辉光放电可不加环向磁场或加弱的环向磁场。(目前经常用 IS 压强单位 Pa，它和以前常用单位的关系是 1Pa$=9.87\times10^{-6}$atm$\sim10^{-5}$atm，1Pa$=7.5\times10^{-3}$Torr。)

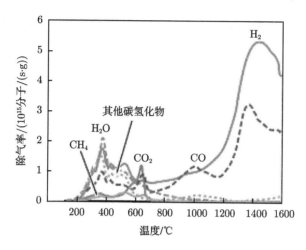

图 3-5-9　不同温度下石墨样品的除气率

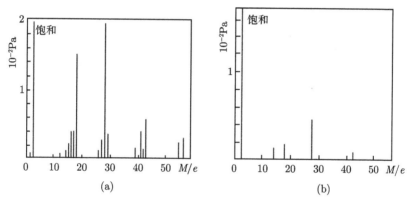

图 3-5-10　CT-6 装置烘烤前 (a) 和烘烤后 (b) 的质谱

其中 H_2 成分显示达到饱和

图 3-5-11(出处同图 3-5-10) 是 CT-6 装置清洗放电过程中残余气体质谱的变化。所采用的清洗放电是用低环向磁场，一组电容器放电得到的短脉冲，高电流放电。因为这样的放电总以破裂结束，称为**破裂放电清洗**(disruptive discharge cleaning, DDC)。在经历了几千次放电后，得到清洁的壁条件。此时，水和大气成分 ($M/e=18$, 28，40 等) 大幅度减少。但是出现了新的成分，主要是 $M/e=14$, 16 的碳水化合物 CH_2，CH_4 等。用于等离子体辅助加热的各个波段的射频波也可用于清洗真空室。

观察放电脉冲后这些成分的短期时间行为 (图 3-5-12，出处同图 3-5-10)，可以看到，典型成分 $M/e=16$ 在放电时产生一个脉冲，但是在放电过后又有一个幅度更高的脉冲发生而且长期持续，其时间常数为 1s 左右。它远长于质谱计的反应时间，也不应归于任何发生在空间的化学过程，它可能发生在器壁，因为已在实验上证实，壁材料中的过渡元素可以使氢作为还原剂，使氧化物分解，与氧合成水，并和碳合成碳水化合物。例如，不锈钢中的镍可以催化下列反应：

$$CO + 3H_2 \longrightarrow CH_4 + H_2O$$

但是从 $M/e=16$ 成分的时间行为看，CH_4 在壁上的合成可能是多步完成的，所以耗费较长的时间。

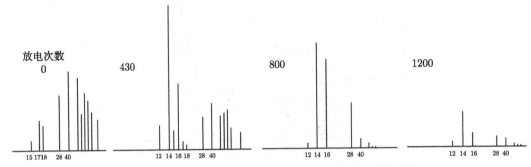

图 3-5-11　CT-6 装置上随清洗放电的进行气体质谱的变化

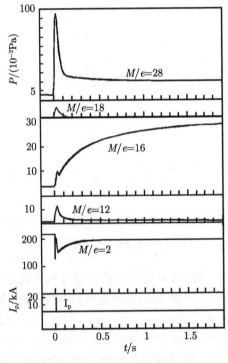

图 3-5-12　CT-6 装置内一些质谱成分在放电后几秒钟内的变化

除清洗放电以外，还采用一些特殊的壁处理技术以改善壁条件，如在真空室壁上覆之以吸气金属膜，其作用是吸附从等离子体中逸出的原子或离子，减少气体循环率，研究初期一般镀钛膜。近年来一些装置镀低 Z 材料薄膜以减少杂质改善约束。一般选择碳、硅或硼，称为碳化、硅化或硼化，其方法是用氢作主要工作气体，掺加如 CH_4，SiH_4，BH_4，$C_2B_{10}H_{12}$

等有机气体或蒸气进行辉光放电, 也可敷涂锂膜, 称为锂化, 其方法是用坩埚蒸发锂蒸气或注入锂丸, 同时放电使蒸气均匀沉积在真空室表面。这些技术都在很大程度上降低了杂质水平, 改善了等离子体的约束, 提高了参数。例如, 在 TEXTOR 上用碳化使氧杂质减少到 1/5 到 1/8, 金属杂质减少到 1/10 到 1/20, 等离子体参数超过密度极限 50%。

3.6 排　　灰

从反应堆角度说排灰系指将反应产物, 主要是 α 粒子, 排出真空室, 从实验装置角度是指抽气和杂质的排除。

1. 真空过程的计算

在排灰即抽气过程, 以及 3.7 节所说的加料, 即吹气过程中, 有时需要对真空状态下气体的流动进行计算。例如, 用多大抽速的真空泵, 可以将真空室抽至需要的真空, 要在几个真空室位置脉冲充气, 才能在很短时间在真空室内较均匀地达到击穿气压。

为选择计算模型, 可以根据残余气压的大小或者说真空度的高低划分三个区域。当气体分子运动自由程 λ 远大于真空容器及管道尺寸 D 时, 称为**分子流**(molecular flow)。当分子自由程远小于真空容器及管道尺寸时, 称为**黏滞流**(viscous flow)。二者之间的区域称为**过渡流**(transition flow), λ/D 称为 Knudsen 数。一般来说, 在环形等离子体装置中, 无论是本底气压 ($10^{-6} \sim 10^{-4}$Pa) 还是工作气压 ($10^{-3} \sim 10^{-2}$Pa), 都处于分子流状态。在这样的计算模型中, 可以只考虑气体分子和器壁的碰撞而忽略分子之间的碰撞。

在任何真空区域, 通过一个管道从一容器中抽气的速率可写为

$$Q = C(p_2 - p_1) \tag{3-6-1}$$

其中, C 为该管道的**流导**(conductance, 单位 m^3/s), p_2 和 p_1 分别为管道高压侧和低压侧 (容器内) 的气压。对于形状规则的真空部件如管道、圆孔, 流导有现成的计算公式, 由几何参数、气体参数、温度等表示, 但是对不同真空区域, 公式的形式不同。例如, 在分子流、麦克斯韦分布假设下, 一段长为 L, 直径为 d 的圆截面 "长管" 的通导为

$$C = \frac{1}{6} \sqrt{\frac{2\pi T}{m}} \frac{d^3}{L} \tag{3-6-2}$$

以上公式类似于电路方程, 气压相当于电压, 抽气速率相当于电流, 流导相当于电导。还有待抽容器的容积相当于电容, 但是缺乏和电感对应的部件。由此类推, 通过流导 C 抽取容积为 V 的容器时的时间常数为 V/C。但实际上, 这种计算有时尚须计算容器表面吸附气体脱附的贡献。图 3-6-1 为在 ITER 真空系统设计中, 送气管道的响应时间和管道长度关系的实验测量值。此时管道内部气压较高, 可不计吸附的影响。从图可以看出, 系统的时间常数正比于管长度。这是因为, 时间常数反比于通导 C, 而 C 又反比于长度 L(式 (3-6-2)) 的关系。从图也可看出响应时间和气体分子质量的关系。

在聚变装置中, 有时难以区别被抽容器和管道。这时相当于分布参数电路, 不能用上面介绍的方程简单描述, 而要使用偏微分方程, 就像传输线一样, 现举一例。

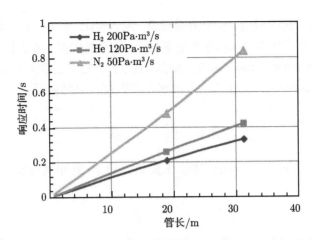

图 3-6-1　10mm 直径管道送气时, 不同气体和流速的响应时间和管长的关系

我们注意到, 式 (3-6-2) 的通导 C 的倒数 $1/C$ 可称为**流阻**(resistance)。类似于电阻, 它和管长度成正比。如果我们取单位长度流阻 $1/c = L/C$, 在 $\mathrm{d}x$ 一段的压差为 $\dfrac{\partial p}{\partial x}\mathrm{d}x$, x 处气体流量为 $Q = c\dfrac{\partial p}{\partial x}$, 得到偏微分方程为

$$\frac{\partial}{\partial x}\left(c\frac{\partial p}{\partial x}\right) - A\frac{\partial p}{\partial t} = 0 \tag{3-6-3}$$

其中, $A = \pi d^2/4$ 为管道截面。式 (3-6-3) 也可用分子运动论严格证明。所以, 即使分子只与器壁碰撞, 仍然可使用扩散方程。

但是, 这样的被抽容器 (真空室) 和管道形状一般都不规则, 不能得到解析解。此时经常使用 Monte-Carlo 模拟的方法, 像许多真空系统一样。此时要模拟计算每一分子的运动轨道, 还要处理它们和壁的碰撞。一部分分子可能被壁吸附, 而散射的分子散射后的运动方向按照**余弦定律**(cosine law) 处理。就是说, 散射角 (和表面法线的夹角) 的分布和它的余弦成比例, 而和入射角无关。这是一种经验公式。

2. 抽气系统

真空室的本底气压一般应低于 10^{-5}Pa。实际上在长期运转以后, 这一本底主要由工作气体 (氢同位素) 构成, 所以实际的本底要低得多。但真空室表面状况更重要, 抽气系统应为无油金属密封的超高真空系统, 使用金属 (无氧铜) 垫圈的标准法兰密封 (图 3-6-2)。需要电绝缘的部分应使用陶瓷–金属焊接技术连接。一些活动部分采用不锈钢波纹管, 一些部件衔接处也用波纹管连接以消除应力, 尽量避免引入有机物质。

产生真空环境的真空泵可分为**气体输运泵**和**气体捕集泵**两种。气体输运泵将气体从被抽容器中排出泵外, 气体捕集泵将气体保持在泵中, 包括吸附泵和低温泵两种类型。

真空泵的主要技术指标有: ① **起始压强**, 即开始工作时所要求的气体压强。只有少数真空泵可以在大气压下开始工作, 如机械泵。② **极限气压**, 即无任何负载, 仅与真空计连接, 无漏气和内部放气的条件下, 经过充分长时间的抽气所达到的最小压强。③ **抽气速率**, 即在泵入口处, 在一定压强下, 单位时间进入泵的气体体积, 其单位一般使用 L/s。

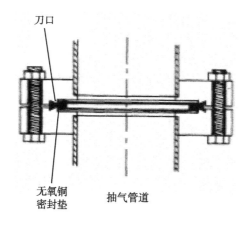

刀口

无氧铜
密封垫

抽气管道

图 3-6-2　无氧铜垫密封的标准法兰

在气体输运泵中最普遍使用的是**机械泵**。这种泵可以从大气压起始工作，极限气压一般在 0.1~1Pa，在高真空系统中往往作为前级泵使用。最常见的是旋片式机械泵。这种泵一般都采用油密封，可能污染真空系统，可以串联液氮冷阱吸附油蒸气以减少污染。目前不用油密封的干式机械泵，简称干泵，已普遍使用。其中比较成功的螺杆式干泵使用一对彼此拟合的高速旋转螺杆，利用螺杆和泵体间的空隙输送气体，极限气压大致相当于原来的机械泵。

罗茨泵(Roots pump) 也是一种旋转变容式真空泵，主要部件是两个非圆的异型转子 (类 8 字形的双叶或三叶)，反向同步旋转，转子的形状和旋转的同步性使转子之间，以及转子和腔内壁之间保持约 0.1mm 距离的缝隙，而不用油密封，这使转子能以很高的速度转动且避免油污染。因为没有油密封，必须设置前级真空，在 0.1~1Pa 气压下抽速最大，极限真空约为 10^{-2}Pa，一般与机械泵串联使用。

涡轮分子泵(turbomolecular pump) 有立式和卧式两种，简称分子泵。现在流行的立式中心轴处的转子由串联的金属扇叶组成，与静止的定叶片交错安装，相对高速旋转运动 (达每分钟几万转) 排气。扇叶间距离很小，小于气体分子的平均自由程，所以气流呈分子流态，故名分子泵。分子泵的工作气压最高为 1Pa，极限气压可达 10^{-9}~10^{-7}Pa，一般作为主要抽气泵。轴承有油滑润和磁悬浮两种，磁悬浮轴承泵可做到完全无油。

扩散泵(diffusion pump) 是一种蒸气流真空泵，靠喷嘴喷出高速定向蒸气流带走气体到排气口而实现抽气。一般使用水银蒸气或油蒸气，极限真空为 10^{-4}~10^{-3}Pa。工作物质的饱和蒸气压会限制极限真空，也会造成污染，所以在等离子体和聚变装置中很少用。但是它没有运动部分，电源只有一个加热电源，适合在恶劣的电磁环境下工作。

气体捕集泵中，最简单的是**吸附泵**(absorption pump)。它是一个真空容器，内盛有吸气剂。将其降至低温，如浸入到液氮，吸气剂即开始吸气。当吸气剂达到饱和时可加热使其放气，称为再生，如此循环达到抽气的目的。吸气剂可再生多次，重复使用。吸附泵的工作气压为 10^{-2}~1Pa，可作为无油系统的前级泵。吸气剂可用活性炭、硅胶等，实际多用分子筛。

蒸发钛泵(titanium booster pump) 也为容器式，其中有内置加热丝的钛球，或通过电流的钛丝，使其加热蒸发，在器壁上镀以新鲜钛膜吸附气体。这一方法可用于真空室内部，极限真空可达 10^{-10}Pa。

　　溅射离子泵 (sputter ion pump) 也是一种没有运动部件的泵, 为一个真空容器 (图 3-6-3), 内部安装一些成对的平行金属板电极, 表面用钛板覆盖作为阴极。阳极则为圆筒状或方格状, 置于两阴极之间, 也有的安在侧壁, 电极间加以直流高电压 (几千伏以上)。装于容器外的永久磁体在电极间产生垂直电极的直流磁场。在较低的气压下, 电极间产生辉光放电。磁场的存在使带电粒子在两极间做往返回旋运动, 不断电离气体。当离子入射到电极时, 从覆盖在电极表面的金属钛溅射出钛原子。钛原子沉积在电极表面时, 形成新鲜的钛层, 有强烈的吸附性能, 以吸附气体原子或离子。溅射离子泵的最高工作气压是 10^{-2}Pa, 极限气压为 10^{-8}Pa。这种真空泵适用于夜间的真空维持, 但近年来逐渐为低温泵所代替, 但是小型泵还经常用于微波管的排气和真空维持。这种真空泵的放电电流和气压成正比, 经校准后可用于真空测量。

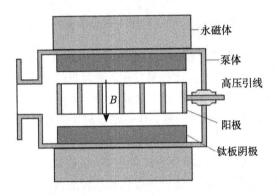

图 3-6-3　溅射离子泵的结构

　　低温泵 (cryogenic pump) 又称冷凝泵, 工作面为置于真空系统内的冷却至低温 20K 以下的金属板, 可对气体分子作多分子层的物理吸附, 产生抽气作用, 但对氦气抽速低, 一般用液氦作冷却剂。工作气压为 $10^{-2} \sim 10^{-8}$Pa, 抽速可达每平方厘米冷却面每秒几升, 可获得 10^{-10}Pa 的极限真空。因其结构简单, 冷凝泵可置于真空室内, 在聚变装置中这种泵已逐渐代替溅射离子泵。

　　抽气系统前级容许用一般的机械抽气泵, 有时用罗茨泵。主泵一般用涡轮分子泵或低温泵。图 3-6-4 为中型装置反场箍缩 KTX 装置的抽气系统的结构图 (中国科学技术大学 KTX 实验室提供), 由干泵、罗茨泵、涡轮分子泵 (简称分子泵) 和低温泵组成。装置上这样的系统有两个, 分别抽半个真空室。通过阀门关闭, 可选择三种抽气方式: 第一种是用干泵和罗茨泵直接抽真空室, 用于真空启动; 第二种是通过三组并联的分子泵和低温泵抽真空室; 第三种是再串联一台分子泵以进一步降低本底气压。

　　一些装置上将抽气泵安装在真空室内如偏滤器或抽气孔栏后方, 称为内置抽气, 可以有效减少杂质。这种内置抽气一般使用低温泵 (图 3-6-5, J. P. Smith et al., Fusion Tech., 21(1992) 1658)。

　　真空部件和系统必须经检漏以保证真空密闭性。精度最高的检漏方法是用**氦质谱检漏仪**, 这种检漏仪是一种质谱仪, 其真空室和待检真空系统连接。从可疑漏缝处 (一般为焊缝或法兰连接处) 外面喷氦气。如有氦气漏入, 经管道进入检漏仪, 即在检测仪表上有指示 (图

3-6-6)，也可以使用安装在装置真空系统上的质谱仪进行检漏。氦质谱检漏仪的灵敏度可达 $10^{-9}\sim10^{-8}\text{Pa}\cdot\text{m}^3/\text{s}$。在进行聚变反应的实验装置或聚变堆中，因为有氦产生也可以考虑使用其他气体检漏。

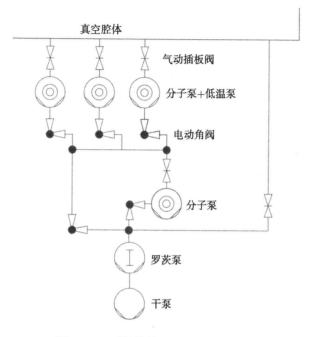

图 3-6-4　反场箍缩 KTX 的抽气系统

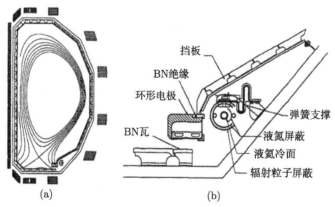

(a)　　　　　　　　(b)

图 3-6-5　DIIID 上用于偏滤器的内置抽气

(a) 图表示安装位置

　　一种更方便的检漏方法是荧光法，系用液体荧光剂敷涂真空部件表面，如该处有微小漏缝，液体将由于毛细管作用渗透至另一面，在紫外光照射下发射可见光而显示漏缝所在位置。这种检漏方法的灵敏度稍逊于质谱检漏，但是空间定位精度高，而且由于无须真空条件而使用方便，成本低廉。普遍应用的荧光液体是蒽 ($C_{14}H_{10}$) 的丙酮溶液，其荧光处于可见光波段。

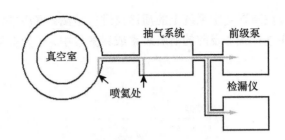

图 3-6-6　氦质谱检漏仪检漏原理

3. 偏滤器

偏滤器(divertor) 是安装于真空室内的一种装置，使用电流线圈 (偏滤线圈) 产生的磁场在等离子体外部形成封闭的带有 X 交点的磁面 (分支面)，将分支面以外的刮削区磁力线引进与主真空室相通的小真空室 (偏滤室) 内，使这部分等离子体内的带电粒子沿磁力线流进偏滤室，在室内被中和并被抽气系统抽出。从偏滤器位形的拓扑可将其分为极向偏滤器、环向偏滤器和束偏滤器，如图 3-6-7 所示。极向偏滤器是环对称的，现多用于托卡马克。环向偏滤器位于大环的某一方位，环向不对称，曾使用于仿星器。束偏滤器也是环向不对称的，曾用于英国的托卡马克 DITE。

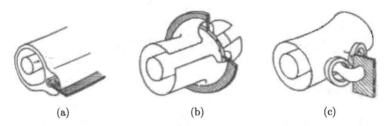

(a)　　　　　　　　　　(b)　　　　　　　　　　(c)

图 3-6-7　极向偏滤器 (a)、环向偏滤器 (b) 和束偏滤器 (c)

偏滤器实际是一个磁限制器，确定了等离子体的边界，但它的主要功能是排热、除灰、控制杂质、控制等离子体和壁的相互作用。因部分逸出等离子体的离子流进偏滤器，它可以减少等离子体和第一壁表面的相互作用，减少返回等离子体的杂质流。由于减少了进入等离子体的中性粒子，所以也能减少电荷交换产生的高能中性粒子，而在分支面附近电离的中性粒子，也可被排进偏滤器。作为聚变堆的托卡马克，必须装备偏滤器。

目前绝大部分托卡马克上的偏滤器是极向偏滤器。其偏滤线圈在大环方向，在等离子体边界处形成分支磁面 (separatrix)，在偏滤器处形成包含 X 点的四极场。一般有单零点 (如 ITER) 和双零点 (如 EAST 和 HL-2A) 的不同位形，位于等离子体的上下方。在偏滤室内一般有和磁力线相交的靶板。带电粒子可在偏滤室内通过碰撞或在靶板上复合为中性粒子，然后被与偏滤室相通的抽气系统排出，有的偏滤室内尚安装低温泵。图 3-6-8(Yang Qingwei et al., Chin. Phys. Lett., 21(2004) 2475) 显示了 HL-2A 单零点偏滤器运行时的磁场形态，并指出了 X 零点位置和最后一个封闭磁面 (FCFS)。磁场位形是从边界处磁探圈测量结果模拟得到的。

以 ITER 的偏滤器为例说明偏滤器的结构 (图 3-6-9，ITER Group, Nucl. Fusion, 39(1999) 2391)。它是居于装置下方的单零点偏滤器，由 54 段组成。偏滤室内没有专门的偏滤线圈，磁场位形由真空室外的极向场线圈产生 (图 3-2-1)。两个垂直靶板是碳纤维制成的，和磁力线倾斜相交以减少单位面积热负载，其上与之相连的为钨制挡板或称过渡板，居于分支磁力线下方的钨制结构称**拱顶**(dome)，下侧有屏蔽辐射但可通过气体的**栅板**(liner)，中性气体通过抽气口抽出。偏滤室内尚有冷却水管通过。

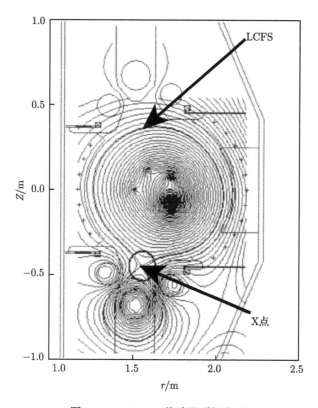

图 3-6-8　HL-2A 偏滤器磁场位形

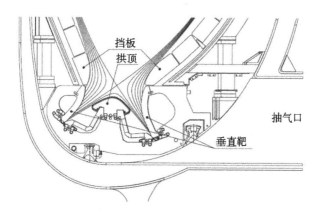

图 3-6-9　ITER 的偏滤器结构

近年来, 提出一种**雪花形偏滤器**(snowflake diverter, 图 3-6-10)。这种磁场位形为六极场, 磁场零点到等离子体边界间的磁场强度随距离变化是二次方关系, 而普通的 X 位形是随距离线性变化的。因此等离子体进入雪花形偏滤器后, 在空间更加分散, 使得中性化板上的负载降低。

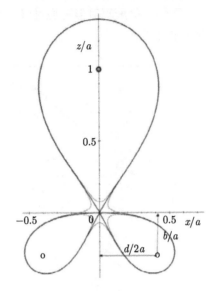

图 3-6-10　雪花形偏滤器磁场位形

3.7　加　　料

1. 吹气

所谓**加料**, 指实验装置中工作气体的馈入, 在反应堆中指反应物质的馈入。在托卡马克装置中, 必须在放电前和放电期间不断馈入工作气体, 否则工作气体会很快损失或变脏。

早期所使用的加料方式是最简单的**吹气**(gas puffing)。广泛应用的送气部件是压电晶体阀, 这样的阀门用一块压电晶体封住馈气口。将直流或脉冲电压加到晶体上使其变形, 阀门打开使气体进入真空室。这样的商品阀门的工作电压为几十到一百多伏, 响应时间为毫秒量级, 一些自制的可达微秒量级。气体通过速率大致与电压成正比, 但重复性不很好。可用这样的阀门对真空室连续或脉冲充气, 这时可用真空计的输出反馈控制阀门, 使真空室内气压保持设定值。

这种连续充气连续抽气的方法虽然简单, 但存在一些问题。一是气体击穿和放电所需的气压较高 $(10^{-3} \sim 10^{-2} \text{Pa})$。这样的气压会使两次放电之间壁吸附大量气体, 在放电期间形成强烈的气体循环而引入杂质。其次, 虽然在击穿期间有大量气体进入等离子体, 但被约束的仅是一部分, 难于形成高电子密度的放电。为解决这些问题, 可采用压电晶体阀进行脉冲充气。在这种运行方式中, 本底气压维持很低, 在放电之前用阀门充入气体脉冲实现击穿。在放电期间再充入一个或多个气体脉冲 (视放电脉冲长度而定) 维持放电并提高电子密度, 当然也可反馈控制电子密度。但大中型装置的电子温度密度都很高, 中性粒子在等离子体边界区就被电离约束，不能对等离子体中心区直接加料。这种补充气体的方法的另一缺点是效率低下，其加料效率 (进入等离子体的氢原子数除以充进真空室原子数) 一般为 10%~15%。

2. 电磁脉冲阀

在一些情况下，充气可用自制的电磁脉冲阀，这样的阀门广泛用于分子束注入和聚变研究的其他技术领域。此处介绍它的工作原理。

它的结构如图 3-7-1 所示，工作原理是用一个脉冲放电线圈靠电磁感应驱动一个邻近的导体盘，通过与导体盘连接的连杆打开阀门充气，然后导体盘被弹簧 (或橡胶) 弹回关闭。这种阀门的开启时间容易达到毫秒以下。在计算中，对于快速阀门须考虑弹性波的传播问题。以橡胶为例，弹性波速 $C_s = \sqrt{E/\rho}$，E 为橡胶杨氏模量，ρ 为其比重。这一波速一般为每秒几十米，压缩过程未达到平衡。这时描述导体盘运动的是一偏微分方程，这一方程及边条件、初条件为

$$
\begin{cases}
\dfrac{\partial^2 y(x,t)}{\partial t^2} = \dfrac{E}{\rho}\dfrac{\partial^2 y(x,t)}{\partial x^2} \\[2mm]
m\dfrac{\partial^2 y(x,t)}{\partial t^2}\Bigg|_{x=0} = F_{\mathrm{M}}(y,t) + SE\dfrac{\partial y(x,t)}{\partial x}\Bigg|_{x=0} \\[2mm]
y(l,t) = 0 \\[1mm]
y(x,0) = 0 \\[1mm]
\dfrac{\partial y(x,t)}{\partial t}\Bigg|_{t=0} = 0
\end{cases}
\tag{3-7-1}
$$

其中，$y(x,t)$ 为橡胶的位移即压缩量，m 为导体盘质量，S 和 l 为橡胶的面积和厚度，$F_{\mathrm{M}}(x,t)$ 为电磁力。即使电磁力的形式可以做些简化，这样的方程也只能有数值解。但是，我们可以在时间上分段处理，在弹性波前到达橡胶盘远端前，可以认为部分压缩，而在到达之后，认为是整体压缩。这样就把偏微分方程化为两个常微分方程：

$$
\begin{aligned}
M\dfrac{\mathrm{d}^2 y}{\mathrm{d}t^2} &= F_{\mathrm{M}}(t) - k\dfrac{l}{C_s t}y, \quad t \leqslant \dfrac{l}{C_s} \\[2mm]
M\dfrac{\mathrm{d}^2 y}{\mathrm{d}t^2} &= F_{\mathrm{M}}(t) - ky, \quad t > \dfrac{l}{C_s}
\end{aligned}
\tag{3-7-2}
$$

其中，$k = ES/l$ 为橡胶的弹性系数。上述方程能很好地描绘阀门的性能。从实验结果看，可以观察到两阶段性能的区别。

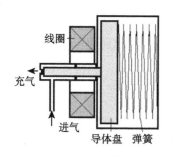
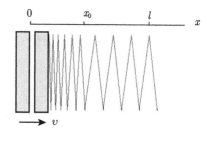

图 3-7-1　电磁脉冲阀的结构和工作原理

　　一般将充气阀门安装在离真空室有一段距离的地方，通过长的管道通往真空室，传输时间相当长 (图 3-6-1)。对某些充气要求，例如，用脉冲充气方法消解破裂造成的效果，为缩短反应时间需要设计能靠近真空室的储气罐和小型阀门。

3. 弹丸注入

　　弹丸注入(pellet injection) 是一种能有效进行中心区加料的技术，即向等离子体注入冷冻的氢或氘丸。这样的弹丸用特殊设计的弹丸发生器产生。在这样的装置中，气体被冷冻为固态的圆柱体，然后截断成一定长度的弹丸，用压缩气体射入托卡马克真空室 (图 3-7-2)。这样的弹丸直径大约几个毫米，速度从每秒几百米到几千米，受弹丸强度限制，速度难于进一步提高。弹丸在托卡马克等离子体内被电子轰击而蒸发气化电离，成为等离子体的一部分，因而达到加料的目的。适当选择弹丸的尺度和速度，可以控制它在等离子体中心处消融，弹丸注入系统可以做成连发弹丸，在一次放电中多次加料，加料效率可以达到 80%。

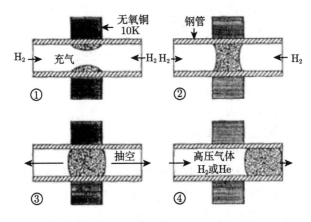

图 3-7-2　低温弹丸注入器工作原理

　　弹丸加速有多种方法。一般使用高压气体推动，离心加速和电磁轨道枪方案也在研究之中。外侧注入时弹丸射入深度的实验总结有定标律为 $\Delta \sim n_{\mathrm{e}}^{-1/9} T_{\mathrm{e}}^{-5/9} m_{\mathrm{p}}^{5/27} v_{\mathrm{p}}^{1/3}$，由电子密度和温度、弹丸质量和初速度决定。从强场侧注入时由于带电粒子向外侧漂移，此深度可以加倍，且有较高的注入效率。但是这样的注入弹丸要经过弯曲的管道，速度受到限制。图 3-7-3 为 JT-60U 装置上用离心力加速的弹丸注入设备图 (K. Kizu et al., J. Plasma Fusion Res. Series, 5(2002) 446)。它利用一个上注入管可以 220m/s 速度将弹丸从环内侧上端注入。另一侧注入管开口在环内侧赤道面上，可以 100m/s 速度注入。可用入口处阀门选择注入方式。

　　弹丸注入还是控制等离子体和诊断的方法。测量弹丸消融过程中形成的中性粒子云，可以计算等离子体的一些参数。

4. 超声分子束

　　这是核工业西南物理研究院姚良骅教授提出并在实验上得到验证的加料方法。它使用了一种成熟的技术，称为 Laval 喷咀。当具有一定压力差的气体从一个小孔喷出时，在低压侧一定范围内可形成一个超声分子束 (图 3-7-4)。由于结构简单，很容易安装于装置内侧，其速度可达每秒几百米以上。和弹丸注入不同，这样的加料方法容易连续运行，控制等离子体的密度，其典型一次注入量为 5×10^9 个粒子 (脉冲时间几十到上百毫秒)，气体速度 1km/s。而吹气方法达到的速度为热速度 (300m/s 左右)，其深入程度和方向性均优于吹气，加料效率可达 30%～60%。

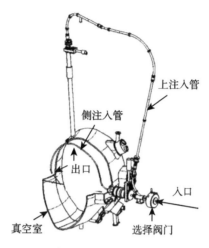

图 3-7-3　JT-60U 装置上可在强场侧注入的弹丸注入设备

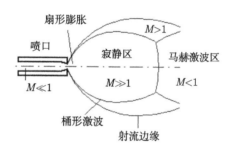

图 3-7-4　超声分子束入射后的分区

M 为马赫数

后来的实验表明，分子束进入等离子体的深度比计算值要高，特别是在将喷口冷却的情况下，这是因为部分喷入气体可能已形成**团簇**(cluster)。目前这一研究正在深入进行。

图 3-7-5 (J. Bucalossi et al., 19th Int. Conf. on Fusion Energy, Lyon, Frence, 2002) 是 Tore Supra 装置上三种加料方式对比的实验结果。每次加料量都大约为 2×10^{20} 个原子，可以看到不同方式的加料效率不同。

5. 等离子体团注入

最近，在有些装置上用球马克产生的等离子体团注入托卡马克以提高等离子体密度。这样的等离子体团又称**紧凑环**(见第 2 章)，受自身冻结磁场包括环向场和极向场的约束。它们注入到托卡马克等离子体后，在环的动能密度等于局部磁能密度处

$$\frac{1}{2}\rho v^2 = \frac{1}{2\mu_0}B^2 \tag{3-7-3}$$

发生磁力线重联的过程 (图 3-7-6, G. Olynyk and J. Morelli, Nucl. Fusion, 48(2008) 095001)，因而当紧凑环充分加速时，能较深入地进入等离子体中。在 STOR-1R 和 JFT-2M 装置上进行过这样的注入实验。显然，低磁场的球形环更适合这种注入方法。

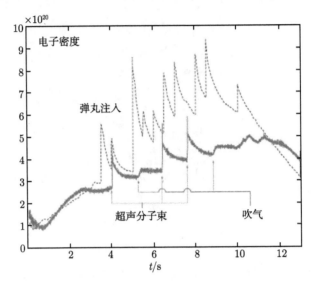

图 3-7-5　Tore Supra 上两次放电的电子密度示波图

一次采用弹丸注入，另一次采用超声分子束和吹气

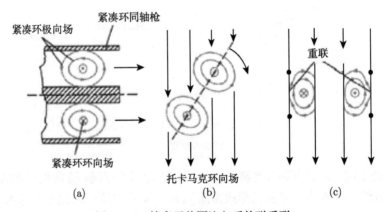

图 3-7-6　等离子体团注入后的磁重联

这样的紧凑环注入器结构一例见图 3-7-7(R.Raman et al., J. Fusion Energy, 35(2016) 34)。它总长 3m，用两组电容器供电，分别用于紧凑环的形成和加速。它分为四个区域：产生、压缩、加速和传输。螺线管装在内电极内。用脉冲阀门注入气体击穿后产生等离子体，在锥形段里预压缩后被加速，再经另一锥形段聚焦，通过传输管射入托卡马克真空室内。

和弹丸注入一样，紧凑环注入有较高的加料效率。紧凑环注入的速度高，容易达到每秒几百公里，可以注入到反应堆级装置的等离子体芯部，也可进行动量的注入。为 ITER 所设计的紧凑环注入，每一次注入量 1.29mg，速度 300km/s，重复频率 50Hz。

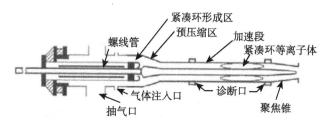

图 3-7-7　用于托卡马克注入的紧凑环注入器结构

等离子体枪注入　图 2-7-3 所示的同轴型等离子体枪曾广泛用于一些等离子体聚变装置如磁镜, 它和上述紧凑环注入的区别在于等离子体枪无螺线管产生环向磁场, 也可用于托卡马克的加料。例如, 球形环 Globus-M 上用两套等离子体枪注入 (图 3-7-8, Yu. V. Petrov, Culham-Ioffe Symp., St. Petersburg, 2006)。其等离子体密度为 $10^{22}\mathrm{m}^{-3}$, 每次注入粒子数 $(1\sim5)\times10^{19}$, 速度 50~110km/s。单次注入可使靶等离子体密度提高 50%, 未见参数退化。也可用于预电离, 代替电子回旋波的预电离。

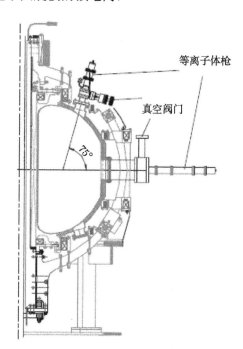

图 3-7-8　球形环 Globus-M 上的等离子体枪注入系统

　　以上叙述的是加料, 或者说补充工作气体的方法。在实验中, 可用这样几种方法反馈控制等离子体密度。在低的壁上粒子循环率的条件下, 如果不补充工作气体, 由于粒子损失, 等离子体密度会不断降低, 所以只需补充气体便会维持一定的等离子体密度。但在粒子循环率高时, 由于等离子体和壁的相互作用, 等离子体密度会随放电进行而升高, 使密度难以控制。此时可用入射射频波的方法降低密度, 因为波与等离子体相互作用往往造成粒子的额外损失。

3.8   射 频 系 统

如前所述，托卡马克装置中用欧姆变压器感应环向等离子体电流以实现旋转变换和加热等离子体导致了它的脉冲运转，而且，光凭欧姆加热不能达到聚变温度。为克服这两个缺点，须使用非感应电流驱动和辅助加热。

辅助加热和非感应电流驱动使用的方法主要是射频电磁波和中性粒子注入。当然还有其他一些加热方法，如绝热压缩或慢压缩加热，但目前用的很少，主要原因是不适用于聚变堆。本节介绍射频波系统。

1. 射频波注入系统

电磁波入射到等离子体中以后，驱动带电粒子，主要是电子做同一频率的振动，通过粒子间的碰撞使这一运动热化，能量被等离子体吸收。但是，由于碰撞频率也随温度升高而降低，遇到和欧姆加热同样的问题，即温度越高加热效率越低，所以实际上的射频波加热都不采用这样的加热方式，而是根据不同等离子体波的色散关系，在共振条件下进行。根据使用的等离子体波的不同选择，在不同波段有几种常用的加热方式。

采用不同波段的射频电磁波对等离子体加热或实现电流驱动两种目的，其设备都很类似，但是为了驱动环向电流，入射波需包含环向波矢，在不同波段可用不同的技术手段实现。射频系统的主要组成部件可见图 3-8-1。电磁波自波源产生，经传输线传播到真空室附近。一些传输线终端还配备有阻抗匹配网络，以加强耦合、减少波的反射。电磁波一般经陶瓷窗口进入真空室，使用天线发射到等离子体。波入射到等离子体后，还经历了传播、吸收、模转换等过程。

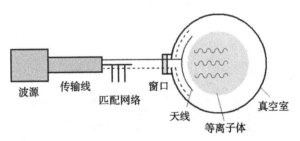

图 3-8-1   射频波注入设备的主要组成

波入射到等离子体后，还存在一个**可近性**(accessibility) 问题。按照各种波的色散关系，有些模式的波在某些等离子体区域不能传播，因而可能被阻挡进入被加热区域。为了克服这个问题，除选择适当的模式外，有时选择在强场侧入射。由于空间的限制，此时一般将入射窗口开在环内侧上下部分。

根据在等离子体内波的类型，可将射频波划分为几种，如表 3-8-1 所示。它们分属于不同波段，因而在技术上也有很大差别。原则上这些波都可以用于加热，也可用于电流驱动。但长期以来，其中的低杂波主要用于电流驱动。但这种电流驱动只能用于电子密度较低的区域。近年来一些装置上使用快波驱动，可以克服这一困难。

表 3-8-1 主要射频加热或电流驱动方法

	频率	波源	传输	天线
阿尔文波	1~2MHz	电子管	同轴线	环形天线
快波	1~10MHz	电子管	同轴线	环形天线
离子回旋波 (二次谐波)	50~100MHz	电子管	同轴线或波导	天线阵列
低杂波	1~5GHz	速调管	波导	波导阵列
电子回旋波	50~200GHz	回旋管	波导或准光学	喇叭天线, 反射镜

表 3-8-1 的前三项都属于传统的广播频段, 技术比较成熟, 均用电子管作为波源和用同轴线传播, 因而波源可置于离装置主体较远的地方。但它们属于长波, 天线耦合问题需要精确的计算和设计。

在波源和传输方面, 主要介绍微波波段。广义的微波指频率从 300MHz(3×10^8Hz) 到 3000GHz(3×10^{12}Hz), 即波长在 0.1m 到 1m 的范围内的电磁波。但有时将波长 10mm 以下的称为毫米波及亚毫米波, 波长 10mm 以上的才称微波。下面介绍几种微波波源, 顺序为从长波到短波。

2. 高功率微波源

磁控管(magnetron) 发明于 1924 年, 曾用于雷达, 目前广泛用于工业各领域及日常生活如微波炉。日常所用的磁控管多工作在 915MHz 和 2450MHz 两种频率。

现代磁控管由多个谐振腔构成 (图 3-8-2), 高频电磁场为 π 模, 即相邻两腔间缝隙的场相位相反, 形成驻波。磁场在轴向, 发射电子的阴极居中, 和阳极形成的径向电场和磁场垂直。从阴极发射的电子在环向以漂移速度 $\vec{E}\times\vec{B}/B^2$ 运动, 轨道为轮摆线。在与电磁波的同步运动中, 处于减速场中的电子将能量传给电磁场, 并向阳极运动, 形成群聚。而为电磁波加速的电子则向阴极运动, 在阴极上产生二次电子发射。微波场在阳极附近远强于阴极附近, 总的相互作用效果是电子能量转化为微波能量。

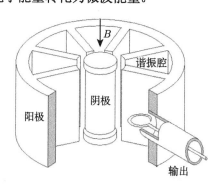

图 3-8-2 磁控管结构图

速调管(klystron) 出现于 1937 年, 其工作原理见图 3-8-3。阴极发射的电子束被阳极电压加速, 进入输入腔。它相当于电子管的栅极, 在高频电压作用下, 在不同相位将电子加速或减速, 形成电子束的速度群聚。电子束离开输入腔进入漂移管道, 在此处被外加磁场聚焦以防止空间电荷效应导致的分散。在漂移管道中, 电子由于速度不同, 在运行一段时间后, 速度群聚转化为密度群聚, 形成群聚块。适当选择漂移管道的长度, 使密度群聚在进入输出腔时达到最大。在输出腔中，密度调制的电子束感应高频电场使电子束减速，将能量交给电磁场，从装置中输出。已减速的电子束被收集极收集。

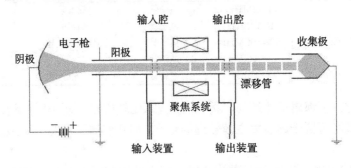

图 3-8-3 双腔速调管原理图

如图 3-8-3 所示的双腔速调管的理论转换效率为 58%，最高增益不超过 20dB。为提高效率和增益，一般采用多腔结构。此时在输入腔和输出腔之间加上一些中间腔。中间腔既不输入信号也不加负载，但是在其中感应的电磁场可以增加密度调制。每增加一个中间腔，增益就可以提高 15~20dB。一个实际的多腔速调管结构可见图 3-8-4，其中调谐杆和调谐块用于将腔体调到最佳谐振频率。

速调管在技术上得到广泛应用，其工作方式有脉冲和连续之分。脉冲方式主要用于雷达，频率从几百 MHz 到 20GHz。连续波速调管则主要用于电视广播和通信。在聚变研究中它主要用于低杂波的电流驱动。

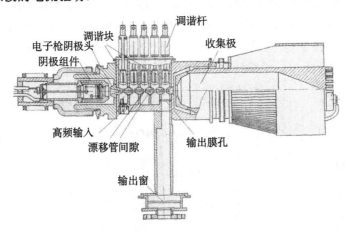

图 3-8-4 多腔速调管结构

回旋管 在一般的托卡马克装置中，电子回旋波的频率 $f(\mathrm{GHz})=28B(\mathrm{T})$，处于几十到一百多 GHz。这样的大功率波源一般使用**回旋管**(gyrotron)。

回旋管的基本原理是利用在磁场中做回旋运动的高能电子的回旋辐射。电子枪产生的高能电子束 (能量在几十 kV 以上，电流在几十 A 以上) 在轴向磁场中的回旋频率为 $\omega_{\mathrm{ce}} = eB/m\gamma$，$\gamma = 1/\sqrt{1 - v^2/c^2}$ 为相对论系数。在相互作用腔中，如果腔的谐振频率 ω 和回旋频率满足共振条件 $\omega = n\omega_{\mathrm{ce}}$，就会激励出频率为 ω 的高频电磁场。一般使用基频，$n=1$，电子束和场有很高的耦合效率。使用高次谐波 (一般为 $n=2$) 可以降低磁场强度,但耦合效率较低。

回旋管的主要部件有电子枪、相互作用腔、输出结构和磁体 (图 3-8-5,饶军提供)。电子枪产生环形中空电子束。电子束在高压电场下被加速并被磁场约束,进入开放式谐振腔。通过与谐振腔内被激发起来的本征振荡模式相互作用,电子束发生相对论效应的角向相位群聚,将部分直流功率转换为交变的振荡场功率,获得高功率微波输出。输出微波模式与磁场、电子束能量及速度分布、谐振腔的几何尺寸有关。从谐振腔输出的微波再经准光学模式转换器,从输出窗输出。电子从相互作用区进入散焦区,为收集极所收集。

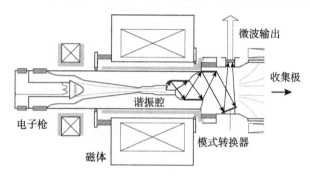

图 3-8-5 回旋管结构原理图

由于实验工作所要求的工作频率越来越高,回旋管的磁场也越来越强,现在一般采用超导磁体。ITER 计划装备频率 170GHz,注入功率 20MW 的回旋管系统。

3. 电磁波的传输

长距离传输微波一般采用两种方式:多导体传输线或金属管传输线。前者的代表就是**同轴线**,后者指各种**波导**。同轴线基于一种长线理论,要求横向尺寸远小于波长,在厘米和毫米波段使用受到限制。因此在微波的传输中,主要使用波导。

同轴线传播的是横波,波的电场和磁场只有横向分量,相速和群速都为光速,称为 TEM 波。而金属波导中只能传播 TE 模或 TM 模,称为波导模。TE 模又称 H 模,电场只有横向分量;TM 模又称 E 模,磁场只有横向分量。这两种波的相速高于光速,有色散。在波导中可以同时传输不同的模式,最大的可传播波长称为截止波长,最常用的是**矩形波导**。传播的不同模式用 TE_{mn} 或 TM_{mn} 表示,m 和 n 为沿截面长边和短边驻波数目。最低模式为 TE_{10} 模,截止波长为 2 倍截面长边长度。聚变研究中的高功率微波传输多采用**圆波导**,圆波导模式表示中的 m 和 n 则为角向和径向模数,一般选用 TE_{01} 模。

对于毫米波,随频率提高,波长变短,这种封闭波导制造困难,损耗增大,多转而采用自由空间的**准光学传播**。其电场强度按高斯分布 $\exp(-\alpha r^2)$,其中 α 为一常数,r 为光束半径。这种准光学传播也称**波束波导**,即使微波在开放式谐振腔内传播,它相当于封闭波导只留两端的金属面,其形式可取 Fabry-Perot 型,即两平行板,也可取共轴球面型。这种准光学传播的基本模式应为 TEM 波,但是反射镜的尺寸都是有限的,由于衍射效应,具有不同的横模。

　　另一种准光学传播仍采用封闭波导，但横向尺寸远大于高斯光束的半宽度，使微波束主要集中于它的中心部分传播。现在在聚变装置上经常使用的这种波导是圆截面的**波纹波导**(corrugated waveguide)。它的内壁加工有波纹，深度为 1/4 微波波长量级，可以低损耗地传播类似于高斯模的模式。这种波导的另一类型是在圆波导的光滑内壁敷涂一层介质。

　　4. 电磁波的发射

　　和电磁波源及其传输不同，长波较短波在发射上的技术困难更大。短电磁波，如电子回旋波，由于波长远小于装置及等离子体尺寸，波在真空和等离子体内的传播可以很精确地用准光学近似描述，主要影响因素是发射角和壁的反射，而发射天线结构和边界条件不很重要。这种情形称为**远场耦合**，经常用**波迹追踪**(ray tracing) 来计算波的轨迹、吸收和壁的反射。基本方程是

$$\frac{\mathrm{d}\vec{r}}{\mathrm{d}t} = -\frac{\partial D/\partial \vec{k}}{\partial D/\partial \omega}, \quad \frac{\mathrm{d}\vec{k}}{\mathrm{d}t} = \frac{\partial D/\partial \vec{r}}{\partial D/\partial \omega} \tag{3-8-1}$$

其中，$D(\omega, \vec{k}, \vec{r}, t) = 0$ 为色散关系。上面第一式为群速度，用以计算波的运动方向和速度；第二式用以计算波数的变化。对于电子回旋波和低杂波经常使用这种计算方法 (图 3-8-6，核工业西南物理研究院提供)。但是在波和等离子体尺寸可以相比时须作全波解 (图 3-8-7)(S. Shiraiwa et al., Phys. Plasmas, 18(2011) 080705, Alcator C-Mod 装置，频率 4.6GHz)。

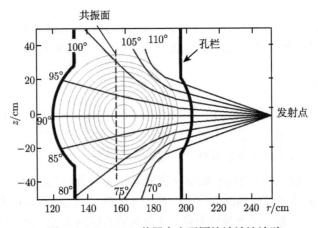

图 3-8-6　HL-2A 装置上电子回旋波波迹追踪

　　早期的电子回旋波加热经常使用喇叭天线发射，而在电子回旋波电流驱动实验中，因为要形成平行 (磁场) 方向波矢，有时使用一种叫 Vlasov 天线的结构。波在其中经反射朝设定的倾斜方向发射。随着工作频率的提高，准光学传输方法的使用，更多地使用反射镜将波射入 (图 3-8-8，核工业西南物理研究院提供)。在 T-10 装置上配备多路回旋管系统同时进行加热和电流驱动 (图 3-8-9，V. V. Alikaev et al., Nucl. Fusion, 32(1992) 1811)。

　　低杂波电流驱动采用波导传输和用波导阵列发射以产生环向电磁波分量。早期装置中的波源配置一般如图 3-8-10 所示，后来则多使用多结波导阵天线，即由一个波源馈能，在天线处将矩形非标准波导均匀分割成几路扁波导，再通过收缩扁波导宽边尺寸以改变各路相位。图 3-8-11 为 HL-2A 装置上安装的低杂波电流驱动天线的照片 (核工业西南物理研究院

提供)。

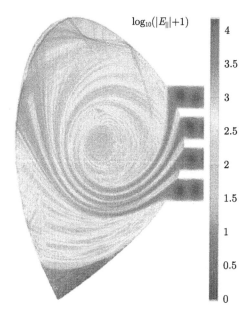

$\log_{10}(|E_{\parallel}|+1)$

图 3-8-7 低杂波在等离子体内传播的全波解

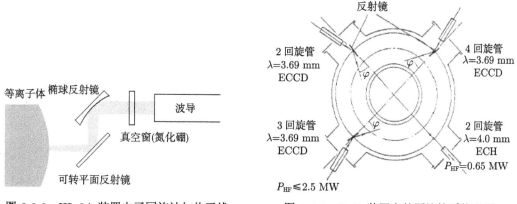

图 3-8-8 HL-2A 装置电子回旋波加热天线

图 3-8-9 T-10 装置上的回旋管系统配置

离子回旋波以及阿尔文波的发射天线结构如图 3-8-12 所示,在内外导体构成的回路内,有屏蔽不需要的方向的感应场和防止静电作用的屏蔽层 (又称 Faraday 屏蔽) 和陶瓷的绝缘层以防止电击穿。

在图 3-8-13(T. C. Simonen, Technologies to optimize advanced tokamak performance, GA-A24554, 2004) 上,可以看见 DIIID 上的离子回旋波加热天线的结构。在垂直方向的一组天线由四根组成,每根天线宽 11cm,高 45cm,两根中心线间距 22cm。天线外面有横向导体构成的 Faraday 屏蔽,可以屏蔽横向 (环向) 电场,使感应电场完全在极向。这些屏蔽导体表面涂绝缘的 TiC/TiN 层保护。

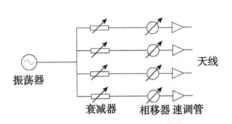

图 3-8-10 低杂波加热波源框图　　　图 3-8-11 HL-2A 装置上的低杂波电流驱动天线

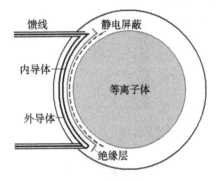

图 3-8-12 离子回旋波天线结构　　　图 3-8-13 DIIID 上的离子回旋波加热天线

对于低杂波、离子回旋波和阿尔文波，在解决耦合问题时应在相应的边界条件下解波动方程。此时，向等离子体内部传播的波矢 k_r 可表为 $k_r^2 = k_0^2 - k_y^2 - k_{||}^2$，其中 k_0 为真空波矢，y 是极向，$||$ 是环向。两个和传播方向垂直的波矢由天线尺寸决定，$k_{||} = \pi/w$，$k_y = \pi/h$，w 是天线的环向宽度，h 是极向高度。

3.9 中性粒子束注入

1. 中性粒子束注入器

在强磁场的环形装置中，入射带电粒子将在磁场中偏转而不能进入等离子体，故不能采用带电粒子入射补充能量。长期以来发展了高能**中性粒子束注入**(neutral beam injection, NBI) 技术，主要用在托卡马克的辅助加热，也有驱动电流、增加密度 (补充燃料) 和改变角动量的作用。小型中性粒子注入器则可以用于诊断，称诊断中性粒子束。

高能中性粒子注入器的工作原理见图 3-9-1(中国科学院等离子体物理研究所提供)，其核心部分为一个离子源。传统的离子源采用热阴极弧光放电电离气体。近年来发展电感耦合射频放电代替，以提高运行寿命和减少杂质。在放电室外壁使用永久磁体阵列在室内构成多极场 (或称会切场) 以减小带电粒子在壁上的损失。离子源产生的离子经加速入射到一个中

性化室,和喷入的中性气体交换电荷,其反应式为

$$D^+ + D_2 \longrightarrow D + D_2^+$$

所产生的高能中性粒子 D 继续飞行,而产生的慢离子 D_2^+ 和未作用的高能离子 D^+ 则在一个偏转磁体的作用下轨道偏转而被收集。由于未作用的慢中性粒子向两旁扩散,特别是向低压的输出端及装置真空室扩散,在中性化室输出端需要一个大的扩散室降低气压,并用大容量泵 (一般为低温泵) 进行差分抽气。在整个注入器和真空室连接的地方安装一个直通的真空阀门,它只在注入时开启。但是对于现代的大装置长加热脉冲这个阀门已没有作用,因此对差分抽气的要求更高。

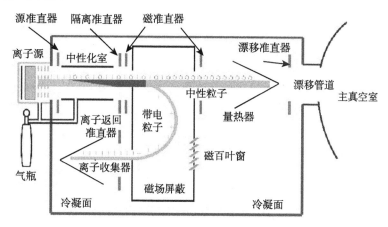

图 3-9-1 中性粒子注入器工作原理图

实际上在电离室产生的离子不仅有原子离子 D^+,还产生部分分子离子 D_2^+ 和 D_3^+,从离子源引出后携带同样能量。它们在中性化室中被分解和中性化,产生的 D 原子仅余大约 1/2 的能量。这种低能原子大部分在等离子体边界处消耗掉。

中性粒子束可以在垂直方向或环的切向注入。注入能量的选择要使中性粒子束能入射到等离子体中心区,并在此区域和等离子体粒子碰撞电离转化为热离子。

中性粒子注入方法从 20 世纪 70 年代末开始发展,在一系列装置上进行的实验对提高等离子体参数起了很大的作用。一般选择注入能量几十到 100keV,流强几十到 100A,脉冲长度从早期的几百毫秒到目前的几秒。但是,目前,中性粒子注入技术遇到严重挑战。面对 ITER 这样的反应堆规模的装置,原有技术的简单外推遇到了困难。这是因为,ITER 的小半径是 1.0m,需要几百 keV 能量的中性粒子束才能深入到等离子体的核心部分。但是,这样能量的高能离子的中性化效率甚低,甚至不能应用 (图 3-9-2)。

原因在于,在中性粒子注入器的电荷交换室中,发生的不仅是电荷交换一种反应。电荷交换产生的高能中性粒子 D 和气体分子 D_2 碰撞也会使其本身电离而又变回为离子

$$D + D_2 \longrightarrow D^+ + D_2 + e^-$$

所以,即使中性化室有足够的长度,其输出的粒子束也包含一定比例的高能离子。在达到平衡时,两种粒子 (高能中性粒子和高能离子) 的比例等于电荷交换速率系数和电离速率系数

之比。在能量为几十 keV 的范围内，中性粒子成分可占 50% 以上，但是当能量超过 100keV 时，由于电荷交换速率系数开始低于电离速率系数，中性化效率迅速降低。

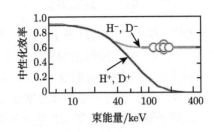

图 3-9-2 正负离子源中性化效率

曲线为理论值，圆圈为 JT-60U 上的实验数据点

2. 负离子源的注入器

目前的解决方案是使用负离子源。负的 D 离子上的附着电子的结合能很低，约 0.75eV，很容易脱离原子而使之中性化。在中性化室中，主要反应就是负离子 D^- 转化为中性粒子 D 的过程，其他反应速率都很低，所以能保证高的转化效率而且这一效率和能量没有很大关系。但是另一方面，这种负离子也很难产生。负离子源中性粒子注入器的结构和正离子相似。在负离子源中，负的氢或氘离子靠一些低功函数材料 (如涂铯的钼) 的表面电离或低气压时的体电离产生。在体电离中，主要依靠一种分解附着过程，即处于高振动态的 D_2 分子在附着电子时分解。

目前针对 ITER 的负离子源及相应的注入器正在积极发展中。目标是 ITER 所要求的能量 1MeV，流强 40A，用三路注入器耦合功率 50MW。第一阶段两个注入器，功率 33MW。

3.10 击穿和预电离

托卡马克放电的启动包括两个过程：一为等离子体的产生，二为等离子体电流的产生。使用纯欧姆变压器启动时，两个过程合而为一，称为**击穿**(breakdown)。但在一般情形，二者有些区别。

1. 击穿条件

击穿的主要问题是如何降低击穿电压。因为脉冲变压器产生的环向电场是有限的，过高的环电压会增加装置的绝缘要求，也会在击穿后产生过多的逃逸电子，并引起杂质增加。降低击穿电压还会节约变压器的伏秒数，所以希望尽量降低击穿电压。临界的击穿电压或者说击穿电场由气体种类、气压、磁场形态决定。环电压高于临界电压时可以击穿，但是从加上电压到击穿有一个延迟时间，这一延迟时间随电压的升高而缩短。

如前所述，击穿要求横向的零磁场条件，其实现程度可用磁力线的连接长度来表示，这个量是两端消失在真空室壁上的磁力线长度。绝对的零场条件下，这个长度为无穷。图 3-10-1 (ITER Group, Nucl. Fusion, 39(1999) 2577) 为 JT-60U，DIII-D 上工作气体为 H_2, D_2 和 He 的击穿参数区域 (气压和环向电场)，以及预计的 ITER 上的工作区域。数据中标明有无电子

回旋波 (EC) 预电离或低杂波 (LH) 预电离。

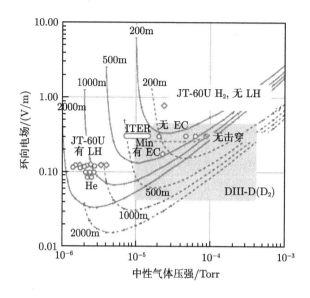

图 3-10-1　一些装置上的击穿区域

　　图中的曲线为按照汤生 (Townsand) 放电计算的结果, 实线为 H 同位素, 虚线为 He 气, 曲线所标长度为设定的连接长度。按照帕邢 (Paschen) 定律, 最小击穿电压和气压与电极间距离的乘积有关, 存在一个最小值。

　　击穿要求零场条件, 即局部极向场为零。可通过磁场设计选择零场所在位置, 以控制击穿后电流通道的发展。一般为多极场性质, 以扩大零场区域。ITER 要求击穿电场小于 0.3V/m, 其击穿时的极向磁场位形中的零场为高质量的多极零场, 适于击穿。图 3-10-2(出处同图 3-10-1) 是 ITER 上击穿时的磁面结构和击穿以后电流通道的发展。

　　理论上的击穿条件有两类模型。一是电子自由加速模型, 即认为电子在电场作用下自由加速, 考虑磁场漂移在壁上的损失。第二类为汤生放电模型, 即考虑电子加速与电子和中性粒子及离子的碰撞之间的平衡。这一模型在形式上与实验结果相近, 但是定量的符合难于验证, 如图 3-10-1 所示。曾用 Monte-Carlo 模拟磁场中的击穿过程, 结果表明, 汤生放电模型比较合理, 但是汤生模型所采用的电离速率系数要乘上一个大约为 2 的系数。它相当于在强磁场中, 横向能量不易散失。

2. 预电离

　　预电离即为用技术手段提供初始电子以降低击穿电压。但是有的实验表明, 在预电离停止一两秒以后, 依然能降低击穿电压, 说明其作用很复杂, 不限于提供自由电子, 也许和表面过程有关。大型装置的真空室往往没有环向割缝, 必须用强的预电离降低击穿电压。

　　预电离的具体方法很多, 热灯丝是最简单的预电离方法。安装在真空室上方的真空规的灯丝即能起到有效的预电离作用。在研究初期, 往往使用加在割缝两侧的高频电压作为预电离手段, 后来比较广泛地使用大功率电子回旋波。这样的电子回旋波能定位产生相当高密度的初始等离子体。例如, 在 CT-6B 这样的小型装置上, 用几十千瓦的回旋管系统注入电子回旋波,可产生密度为 $10^{18} m^{-3}$ 的等离子体,接近低密度运行的托卡马克放电。电子回旋共振预电离可使击穿电压降到 0.15V/m 以下。

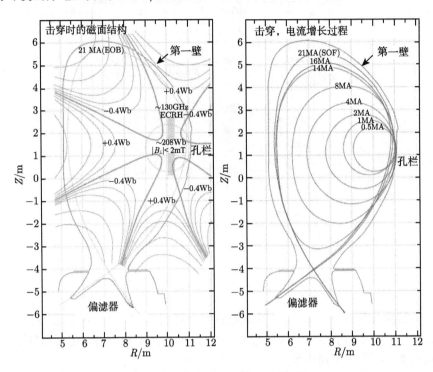

图 3-10-2 ITER 击穿时的极向场结构和击穿后电流通道的发展

在图 3-10-1 上,一些实验数据还标明使用了电子回旋波预电离或低杂波预电离。这两种预电离均能在很大程度上降低击穿电压。图 3-10-3(J. Bucalossi et al., Nucl. Fusion, 48(2008) 054005) 为在 Tore-Supra 装置上使用电子回旋波预电离时用 CCD 拍摄的照片。细点线表示波的入射方向。从照片可以看到共振面所在位置 (粗虚线)。

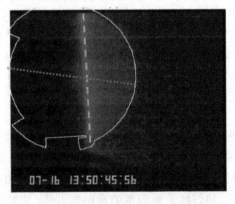

图 3-10-3 Tore-Supra 装置上用电子回旋波预电离时的照片

细虚线为入射方向,粗虚线为共振面位置

阅 读 文 献

邱励俭. 托卡马克工程. 北京: 科学出版社, 2009

袁宝山, 姜韶风, 陆志鸿. 托卡马克装置工程基础. 北京: 原子能出版社, 2011

朱毓坤. 核真空科学技术. 北京: 原子能出版社, 2010

Dolan T. Fusion research, principle, experiment and technology. (电子版)

Takatsu H. ITER project and fusion technology. Nucl. Fusion, 2011, 51: 094001

附　　录

1. 局部极坐标系 r, φ, θ

$$x = (R_0 + r\cos\theta)\cos\varphi$$

$$y = (R_0 + r\cos\theta)\sin\varphi$$

$$z = r\sin\theta$$

$$\nabla\phi = \frac{\partial\phi}{\partial r}\vec{e}_r + \frac{1}{R_0 + r\cos\theta}\frac{\partial\phi}{\partial\varphi}\vec{e}_\varphi + \frac{1}{r}\frac{\partial\phi}{\partial\theta}\vec{e}_\theta$$

$$\nabla\cdot\vec{A} = \frac{1}{r(R_0 + r\cos\theta)}\left\{\frac{\partial}{\partial r}[r(R_0 + r\cos\theta)A_r] + \frac{\partial}{\partial\varphi}(rA_\varphi) + \frac{\partial}{\partial\theta}[(R_0 + r\cos\theta)A_\theta]\right\}$$

$$\begin{aligned}
\nabla\times\vec{A} = &\frac{1}{r(R_0 + r\cos\theta)}\left\{\frac{\partial}{\partial\varphi}(rA_\theta) - \frac{\partial}{\partial\theta}[(R_0 + r\cos\theta)A_\varphi]\right\}\vec{e}_r \\
&+ \frac{1}{r}\left[\frac{\partial A_r}{\partial\theta} - \frac{\partial}{\partial r}(rA_\theta)\right]\vec{e}_\varphi \\
&+ \frac{1}{R_0 + r\cos\theta}\left\{\frac{\partial}{\partial r}[(R_0 + r\cos\theta)A_\varphi] - \frac{\partial A_r}{\partial\varphi}\right\}\vec{e}_\theta
\end{aligned}$$

$$\begin{aligned}
\nabla^2\phi = &\frac{1}{r(R_0 + r\cos\theta)}\left\{\frac{\partial}{\partial r}\left[r(R_0 + r\cos\theta)\frac{\partial\phi}{\partial r}\right] + \frac{\partial}{\partial\varphi}\left(\frac{r}{R_0 + r\cos\theta}\frac{\partial\phi}{\partial\varphi}\right)\right. \\
&\left. + \frac{\partial}{\partial\theta}\left(\frac{R_0 + r\cos\theta}{r}\frac{\partial\varphi}{\partial\theta}\right)\right\}
\end{aligned}$$

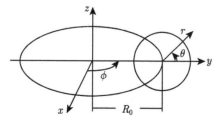

图 3-11-1　局部极坐标系

2. 圆电流圈的磁场

一般表示   半径为 R_0, 流过电流为 I 的圆电流圈的磁场的向量势为

$$A_\varphi = \frac{\mu_0 I}{\pi k} \sqrt{\frac{R_0}{R}} \left[\left(1 - \frac{1}{2} k^2 \right) K - E \right]$$

其中, R 为任意点坐标 (在柱坐标系中另两个坐标是 φ, z), k 由下式决定:

$$k^2 = 4R_0 R / [(R_0 + R)^2 + z^2] \leqslant 1$$

K, E 为第一、二类全椭圆积分

$$K = \int_0^{\pi/2} \frac{\mathrm{d}\alpha}{\sqrt{1 - k^2 \sin^2 \alpha}}, \quad E = \int_0^{\pi/2} \sqrt{1 - k^2 \sin^2 \alpha}\, \mathrm{d}\alpha$$

任意点的磁场分量

$$B_R = \frac{\mu_0 I}{2\pi} \frac{z}{R\sqrt{(R_0 + R)^2 + z^2}} \left[-K + \frac{R_0^2 + R^2 + z^2}{(R_0 - R)^2 + z^2} E \right]$$

$$B_z = \frac{\mu_0 I}{2\pi} \frac{1}{\sqrt{(R_0 + R)^2 + z^2}} \left[K + \frac{R_0^2 - R^2 - z^2}{(R_0 - R)^2 + z^2} E \right]$$

近环近似   为考查圆电流圈磁场在接近电流圈处, 即 $k \leqslant 1$ 附近的渐近行为, 引进 $k' = \sqrt{1 - k^2}$, 将全椭圆积分在 k' 附近展开, 有

$$K = \ln \frac{4}{k'} + \left(\frac{1}{2} \right)^2 \left(\ln \frac{4}{k'} - \frac{2}{1 \cdot 2} \right) k'^2 + \left(\frac{1 \cdot 3}{2 \cdot 4} \right)^2 \left(\ln \frac{4}{k'} - \frac{2}{1 \cdot 2} - \frac{2}{3 \cdot 4} \right) k'^4$$

$$+ \left(\frac{1 \cdot 3 \cdot 5}{2 \cdot 4 \cdot 6} \right)^2 \left(\ln \frac{4}{k'} - \frac{2}{1 \cdot 2} - \frac{2}{3 \cdot 4} - \frac{2}{5 \cdot 6} \right) k'^6 + \cdots$$

$$E = 1 + \frac{1}{2} \left(\ln \frac{4}{k'} - \frac{1}{1 \cdot 2} \right) k'^2 + \frac{1^2 \cdot 3}{2^2 \cdot 4} \left(\ln \frac{4}{k'} - \frac{2}{1 \cdot 2} - \frac{1}{3 \cdot 4} \right) k'^4$$

$$+ \frac{1^2 \cdot 3^2 \cdot 5}{2^2 \cdot 4^2 \cdot 6} \left(\ln \frac{4}{k'} - \frac{2}{1 \cdot 2} - \frac{2}{3 \cdot 4} - \frac{1}{5 \cdot 6} \right) k'^6 + \cdots$$

在局部极坐标系中按 r/R_0 的幂, 精确至二阶项, 得到

$$A_\varphi = \frac{\mu_0 I}{2\pi} \left\{ \ln \frac{8R_0}{r} - 2 - \frac{r}{2R_0} \left(\ln \frac{8R_0}{r} - 3 \right) \cos \theta \right.$$

$$\left. + \frac{r^2}{16R_0^2} \left[3 \ln \frac{8R_0}{r} - 1 + 2 \left(3 \ln \frac{8R_0}{r} - 10 \right) \cos^2 \theta \right] \right\}$$

$$B_\theta = \frac{\mu_0 I}{2\pi r} \left[1 - \frac{r}{2R_0} \ln \frac{8R_0}{r} \cos \theta + \frac{r^2}{16R_0^2} \left(6 \ln \frac{8R_0}{r} - 5 \right) \cos 2\theta \right]$$

$$B_r = \frac{\mu_0 I}{4\pi R_0} \left[\left(\ln \frac{8R_0}{r} - 1 \right) \sin \theta - \frac{r}{4R_0} \left(3 \ln \frac{8R_0}{r} - 4 \right) \sin 2\theta \right]$$

从圆电流圈的磁场可以用积分方法计算有一定截面的圆电流环的磁场，特别是圆截面电流环的磁场。在截面线度比大半径小得多的情况下，也可从以上公式得到按 r/R_0 展开的展开式。但是，对不同的电流分布而言，它们之间的不同仅是 r/R_0 一阶项及以后高阶项的不同，零阶项是一样的。

3. 超导电流环的自感

设有大半径 R，小半径 a 的圆截面电流环。因为超导电流环内部无磁场，从中心到电流环表面的磁通为

$$\Psi = \int_a^R B_\theta(\theta = \pi) 2\pi(R - r)\mathrm{d}r$$

$B_\theta(\theta = \pi)$ 是环内垂直环所在平面的磁场，为

$$B_\theta(\theta = \pi) = \frac{1}{R_0 + r\cos\theta}\frac{\partial}{\partial r}\left[(R_0 + r\cos\theta)A_\varphi\right] = \frac{\partial A_\varphi}{\partial r} - \frac{A_\varphi}{R - r}$$

代入磁通式

$$\Psi = 2\pi \int_a^R \left[\frac{\partial A_\varphi}{\partial r}(R - r) - A_\varphi\right]\mathrm{d}r$$

$$= 2\pi\left[R\int_a^R \frac{\partial A_\varphi}{\partial r}\mathrm{d}r - \int_a^R \frac{\partial A_\varphi}{\partial r}r\mathrm{d}r - \int_a^R A_\varphi\mathrm{d}r\right]$$

后两积分用分部积分公式

$$\Psi = 2\pi[R(A_\varphi(R) - A_\varphi(a)) - RA_\varphi(R) + aA_\varphi(a)] = -2\pi(R - a)A_\varphi(a)$$

A_φ 只取零阶项，为

$$A_\varphi = \frac{\mu_0 I}{2\pi}\left(\ln\frac{8R}{r} - 2\right)$$

代入，取绝对值，得到

$$\Psi = \mu_0(R - a)I\left(\ln\frac{8R}{a} - 2\right) \approx \mu_0 RI\left(\ln\frac{8R}{a} - 2\right)$$

该超导电流圈的自感为

$$L = \frac{\Psi}{I} = \mu_0 R\left(\ln\frac{8R}{a} - 2\right)$$

第4章　环形等离子体的基本物理性质

4.1　等离子体平衡

对于等离子体物理的描述主要有动理学方法和磁流体力学方法。动理学方法可以更全面地描述等离子体的性质，但不适于具体的，特别是复杂的磁场位形。从工程和实验角度出发，磁流体力学方法比较通用。但是在研究输运的时候，单粒子运动图像也很重要。本章主要用这两种方法，重点介绍环形装置等离子体的一些基本性质。

1. 平衡方程

这里所说的平衡指磁流体力学意义上的平衡，即从宏观角度将等离子体视为导电流体，在磁场作用下达到平衡状态。基本的平衡方程是

$$\nabla p = \vec{j} \times \vec{B} \tag{4-1-1}$$

其中，p 和 $\vec{j}$ 分别为动力压强和电流密度，$\vec{B}$ 为磁场，这方程反映的是一种静态平衡。如果等离子体内部存在宏观流动，则须在上述方程中加上一流体项。

$$\nabla p + \rho \vec{u} \cdot \nabla \vec{u} = \vec{j} \times \vec{B} \tag{4-1-2}$$

其中，$\vec{u}$ 是宏观流速，ρ 是质量密度。这一公式中还应有一黏滞项，但在等离子体中一般可忽略不计。平衡公式 (4-1-1) 适用于稳态磁约束装置，而式 (4-1-2) 适用于电弧、等离子体推进等情形。但实际上在托卡马克这样的装置中，环向旋转产生的离心力也应计算在内，所以在这种情况下应用式 (4-1-1) 是近似的。

第 2 章中所说的无作用力磁场相当于 $\vec{j} \times \vec{B} = 0$，也是一种平衡状态，是动力压强趋于零时的极限。磁约束等离子体的边缘处的磁场接近这样的位形。

用麦克斯韦方程的公式 $\nabla \times \vec{B} = \mu_0 \vec{j}$ 将平衡方程 (4-1-1) 展开得到

$$\nabla p = \frac{1}{\mu_0}(\nabla \times \vec{B}) \times \vec{B} = \frac{1}{\mu_0}\left[(\vec{B} \cdot \nabla)\vec{B} - \frac{1}{2}\nabla B^2\right] \tag{4-1-3}$$

或者写为

$$\nabla\left(p + \frac{B^2}{2\mu_0}\right) = \frac{1}{\mu_0}(\vec{B} \cdot \nabla)\vec{B} \tag{4-1-4}$$

上式左侧为动力压强和磁压强之和的梯度，右侧 $(\vec{B} \cdot \nabla)\vec{B}$ 也可写为 $\vec{B} \cdot (\nabla \vec{B})$，其中 $\nabla \vec{B}$ 是张量。此项数值为沿磁场方向的磁场变化，方向指向磁力线的曲率中心，故可平衡式 (4-1-4) 左方的压强梯度。由图 4-1-1 的三角形相似关系可以得到 $(\vec{b} \cdot \nabla)\vec{b} = -\vec{R}/R^2$，$\vec{b} = \vec{B}/B$ 是磁场方向的单位向量。所以这一项是沿磁力线的磁张力，与 B^2 成正比，与曲率半径 R 成反比，它趋于将磁力线拉直，表现了磁流体平衡的各向异性。

如果将图 4-1-1 中的磁力线换成流体的流线, 也可以解释式 (4-1-2) 中的 $\rho \vec{u} \cdot \nabla \vec{u}$ 项, 表示流体沿曲线运动产生的离心力。

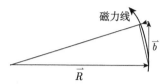

图 4-1-1　弯曲磁力线几何

对于纯轴向磁场中的等离子体, 式 (4-1-4) 右侧为零, 动力压强和磁压强之和为常量。中心处温度密度高, 动力压强高, 相应磁场弱, 而外侧正相反。中心处磁场之所以变弱, 是等离子体的逆磁效应所致。如果式 (4-1-4) 右侧很小, 这一图像也大致成立。

2. 一维问题: 直柱等离子体

考虑无限长, 半径为 a 的轴对称圆柱等离子体, 在柱坐标中利用向量公式

$$(\vec{A} \cdot \nabla)\vec{B} = \left(\vec{A} \cdot \nabla B_r - \frac{A_\theta B_\theta}{r}\right)\vec{e}_r + \left(\vec{A} \cdot \nabla B_\theta + \frac{A_\theta B_r}{r}\right)\vec{e}_\theta + \vec{A} \cdot \nabla B_z \vec{e}_z$$

从式 (4-1-4) 中得到

$$\frac{\partial}{\partial r}\left(p + \frac{B^2}{2\mu_0}\right) = -\frac{B_\theta^2}{\mu_0 r} \tag{4-1-5}$$

式右侧为负, 即总压强随半径变大逐渐减小, 磁张力对约束提供正面作用。上式两侧乘 r^2 后对 r 从 0 到 a 积分, 得到

$$\left(p + \frac{B_z^2 + B_\theta^2}{2\mu_0}\right)_{r=a} = \frac{1}{\pi a^2}\int_0^a \left(p + \frac{B_z^2}{2\mu_0}\right)2\pi r \mathrm{d}r \tag{4-1-6}$$

或写为

$$\langle p \rangle + \frac{\langle B_z^2 \rangle}{2\mu_0} = p_a + \frac{B_z^2(a) + B_\theta^2(a)}{2\mu_0} \tag{4-1-7}$$

尖括号内为体平均值, 式 (4-1-7) 为直圆柱体的平衡公式。在不考虑等离子体的轴向流失时, 这些公式可用于不同类型的箍缩装置, 也可作为环形等离子体平衡的零阶近似。

Bennet 关系　　早在 1934 年, W.H.Bennet 就研究了等离子体柱的箍缩过程。他考虑一个流过轴向电流的圆柱等离子体, $I(r)$ 为半径 r 以内电流总和, 将半径 r 处的角向磁场 $B_\theta(r) = \mu_0 I(r)/2\pi r$ 代入式 (4-1-1), 得到

$$r^2 \frac{\partial p}{\partial r} = -\frac{\mu_0}{8\pi^2}\frac{\partial I^2}{\partial r} \tag{4-1-8}$$

两侧从 0 到边界 a 处积分, 利用 $p(a) = 0$, 得到平均压强

$$\langle p \rangle = \frac{2}{a^2}\int_0^a r p(r)\mathrm{d}r = \frac{\mu_0 I(a)^2}{8\pi^2 a^2} \tag{4-1-9}$$

此式称为 Bennet 关系, 用以估计产生一定压强所需的轴向电流, 早期用于 Z 箍缩装置的设计。

4.2　环形等离子体位形

1. 环形等离子体的性质

如 4.1 节所述，无限长的直圆柱等离子体存在平衡解。虽然这个解可以近似用在一些具体位形，但不是实际的有限区域的严格解。如式 (4-1-1) 这样的平衡方程在有限区域只存在环拓扑解。下面我们说明这个问题。

环面拓扑　从式 (4-1-1) 可知，在等离子体边界处，动力压强 p 可以为零，但其梯度不能为零，所以在等离子体表面必须布满磁场，不得有任何漏洞。但是根据法国数学家 H.Poincaré在 19 世纪末提出的一项定理，处处非零的连续向量场必然处在一环拓扑面上。这一定理可在拓扑学中证明，但是我们此处只形象地予以说明。在图 4-2-1(菊池满著，四川大学等离子体物理研究室译，聚变研究物理，科学出版社，2013) 上看到，对于环拓扑面 (a) 和 (b)，无论是环向还是极向的非零向量场 (或两个方向混合) 都可布满曲面，而对于球拓扑面 (c) 和 (d)，这一点却做不到，总有零点出现。对于其他拓扑 (如开两个洞的封闭曲面) 也做不到，因此平衡磁面必然是拓扑环面。

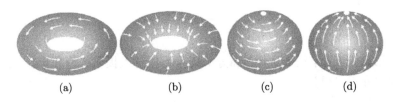

(a)　　　　(b)　　　　(c)　　　　(d)

图 4-2-1　不同封闭拓扑曲面上的向量场

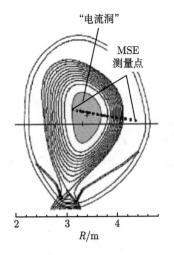

图 4-2-2　JT-60U 装置上的等离子体"电流洞"

既然平衡磁面必定是环面，所包围的体积应是环体，如一般的托卡马克或仿星器位形，但这不是唯一的拓扑解。如果一般的环体内包含一个环形洞，即等离子体处于两环面之间，也不违背上述定理。在 JT-60U 装置的反剪切位形实验中使用动态 Stark 效应诊断，就在等离子体内发现了稳定的"电流洞"结构 (图 4-2-2，T. Fujima et al., Phys. Rev. Lett., 87(2001) 245001)。它的边界非常清楚，其中几乎完全没有电流。这一结构成为未来聚变堆可能选择的等离子体位形之一。

Varial 定理　关于有限体积等离子体平衡还有另一性质，可以从式 (4-1-1) 推出。这个方程还可以写为

$$\nabla \cdot \vec{T} = 0 \tag{4-2-1}$$

其中，张量 $\vec{T}$ 定义为

$$\vec{T} = \left(p + \frac{B^2}{2\mu_0}\right)\vec{I} - \frac{1}{\mu_0}\vec{B}\vec{B} \tag{4-2-2}$$

其中，$\vec{I}$ 是单位张量。在局部的直角坐标中上式的分量形式是

$$\vec{T} = \begin{pmatrix} p + B^2/2\mu_0 & 0 & 0 \\ 0 & p + B^2/2\mu_0 & 0 \\ 0 & 0 & p - B^2/2\mu_0 \end{pmatrix} \tag{4-2-3}$$

最后一个坐标轴在磁场方向。再对 $\vec{T} \cdot \vec{r}$ 求散度，实际是这一张量的迹 (对角元之和)

$$\nabla \cdot (\vec{T} \cdot \vec{r}) = 3p + \frac{B^2}{2\mu_0} > 0 \tag{4-2-4}$$

将其在某一等离子体区域积分，并在表面化为面积分，将式 (4-2-2) 代入得到

$$\int \nabla \cdot (\vec{T} \cdot \vec{r}) \mathrm{d}\vec{r} = \oint \left[\left(p + \frac{B^2}{2\mu_0} \right) \vec{I} - \frac{1}{\mu_0} \vec{B}\vec{B} \right] \cdot \vec{r} \mathrm{d}\vec{s} \tag{4-2-5}$$

此式即 Varial 定理，适用于平衡等离子体中某一区域。但是如果积分区域包括整个等离子体，则不再适用。这是因为，公式左方的体积分肯定大于零，而右方是面积分，既然包含整个等离子体，也可延至无穷远。而被积函数中，压强在等离子体表面为零，等离子体自身产生的磁场至少按 r^{-2} 衰减，所以这一被积函数应按 r^{-3} 衰减，面积分在无穷远处趋于零，公式不能成立。

为解决这个矛盾，在被积函数中必须存在非等离子体电流产生的磁场。也就是说，这些磁场及产生它们的电流不在平衡方程式 (4-1-1) 的适用范围内。非等离子体电流就是我们在工程上熟悉的有机械支撑的硬线圈内流过的电流，这些线圈产生的磁场通称外场。所以，从 Varial 定理出发，任何有限空间内的等离子体必须用外场来维持平衡。

另一方面，上述有限体积的平衡等离子体必然由环面围绕，一般是环体。所以，这样的环形等离子体必须由外场维持平衡。直观上看，环形等离子体的环内侧磁场总比外侧强，有更强的磁压力，而高温等离子体的动力压强也促使环在大半径方向扩张，需要外场与其中电流作用维持平衡。下面我们具体讨论环形等离子体的磁场结构。

2. 轴对称系统的磁面

先考虑轴对称情形，在柱坐标中将式 (4-1-1) 写成分量形式

$$\begin{cases} \dfrac{\partial p}{\partial R} = j_\varphi B_z - j_z B_\varphi \\[2mm] 0 = j_z B_R - j_R B_z \\[2mm] \dfrac{\partial p}{\partial z} = j_R B_\varphi - j_\varphi B_R \end{cases} \tag{4-2-6}$$

从上面第二式可得到 $j_z/j_R = B_z/B_R$，或者说在 $\varphi = \mathrm{const}$ (常数) 时 (子午面内) 电流与磁场的投影同向 (或方向相反)，所以电流所在面与磁场所在面重合。但在这一面上，它们一般不重合，之间有一夹角，使得满足平衡方程式 (4-1-1)。从这一方程可知 ∇p 垂直于这一曲面，所以曲面上 $p=\mathrm{const}$，而平衡的恒压面必然是封闭的。这样的曲面称为**磁面**(magnetic surface 或 flux surface)。

在一般的托卡马克位形中，磁面结构是套在一起的拓扑环面 (图 4-2-3)，其中最里面的磁面退化为磁轴。由于磁面上平行磁场的输运远大于垂直磁面的输运，磁面上的电子温度和电子密度也相等。对于一个环拓扑但不是轴对称的系统如仿星器，也可定义电流和磁场向量所在的面为磁面，但是没有定理显示一定处处存在磁面。对于不存在电流的真空磁场，如在仿星器装置里不存在等离子体的情况 (真空磁场)，可以在一极向截面选择任意点，从这点出发沿磁力线多次绕环向的轨迹构成磁面，存在确定磁面的条件是存在极向磁场。一个纯环向场没有确定的磁面。

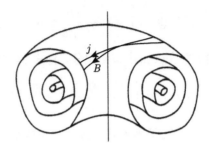

图 4-2-3 环形磁面结构

磁通和磁面量   准确描述磁面的物理量是**极向磁通**(poloidal magnetic flux 或 poloidal flux)。它可理解为一个封闭环形磁面内的总的极向磁通量，定义为

$$\Psi = \int_{S_p} \vec{B} \cdot \mathrm{d}\vec{S}_p = \int_{R_0}^{R} B_z 2\pi R \mathrm{d}R \tag{4-2-7}$$

曲面 S_p 是一个环带，一侧为磁轴 ($R = R_0$)，另一侧在磁面上 (图 4-2-4(a))。式 (4-2-7) 前一式适用于一般环拓扑，后一式仅适用于轴对称。实际上，在很多物理问题中磁通可任意加减一个常量而不改变物理问题性质，所以我们可视方便令任意磁面上的磁通为零，也就是说上述积分从这个磁面为起点。

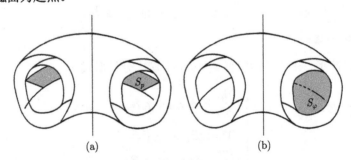

图 4-2-4 极向和环向磁通所定义的面

用磁通 Ψ 对磁面定量描述，我们说某物理量为磁面量时，与说它是 Ψ 的函数意义相同，如动力压强写为 $p(\Psi)$。我们使用磁通的这个定义时，常常在公式中出现系数 2π。为简单起见，常使用另一磁通定义，称**约化磁通**(reduced flux)

$$\psi = \frac{\Psi}{2\pi} \tag{4-2-8}$$

现在我们求极向磁通在柱坐标系中的全微分。考察两个距离非常近的磁面 (图 4-2-5)，令里面一个的极向磁通为零，用式 (4-2-7) 的第一式求另一磁面的磁通，实际上就是求两个磁面间的磁通。由于穿过磁场的面有不同的选择，如选择在垂直方向，就是一个很短的圆柱面，结果应为 $\Delta\Psi = -2\pi RB_R\Delta z$；如选择水平方向，就是一个平面圆环，结果为 $\Delta\Psi = 2\pi RB_z\Delta R$。所以磁通微分可写为 $\mathrm{d}\psi = RB_z\mathrm{d}R - RB_R\mathrm{d}z$，或

$$B_R = -\frac{1}{R}\frac{\partial\psi}{\partial z}, \quad B_z = \frac{1}{R}\frac{\partial\psi}{\partial R} \tag{4-2-9}$$

另一方面从磁场向量势的定义 $\vec{B} = \nabla \times \vec{A}$，轴对称时有

$$B_R = -\frac{\partial A_\varphi}{\partial z}, \quad B_z = \frac{1}{R}\frac{\partial}{\partial R}(RA_\varphi) \tag{4-2-10}$$

所以在轴对称时可写为

$$\psi = RA_\varphi \tag{4-2-11}$$

因为 R 是变量，可见 A_φ 不是磁面量。

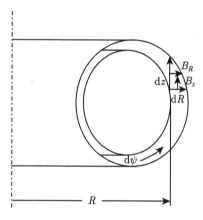

图 4-2-5 磁通全微分的推导

极向磁通 ψ 也可作为坐标，相当于小半径 r，也可作为大半径 R 和角度 θ 的函数，具体形式由平衡方程决定。例如，在小截面的上半部分把不同角度 θ 的磁通 ψ 作为大半径 R 的函数，可以显示等离子体所处参数空间，适宜研究粒子运动轨道。它的边界为最后一个封闭磁面 $\psi = \psi_{\mathrm{b}}$(图 4-2-6)，这个图形可视为等离子体小截面上半部往上提拉的变形。

此外，我们还可定义表征环向磁场的**环向磁通**(toroidal flux)

$$\Phi = \int\limits_{S_\varphi} \vec{B} \cdot \mathrm{d}\vec{S}_\varphi \tag{4-2-12}$$

其中，S_φ 是环形磁面的小截面 (图 4-2-4(b))，当然 Φ 也是磁面量。

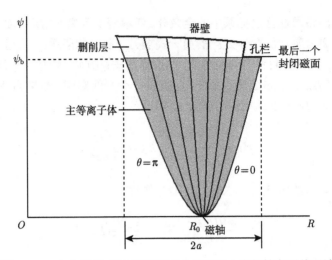

图 4-2-6　在大半径–极向磁通平面上表示的上半部等离子体区域

曲线表示不同的极向角

3. 安全因子

下面讨论磁场结构问题。由于极向场的存在，磁面上的磁力线方向并不是纯环向的，而是有所偏斜，构成螺旋形结构。我们引进一些物理量描述偏斜的程度。定义**安全因子**(safety factor) 为一条磁力线绕小截面一周后在大环方向的环绕圈数 (图 4-2-7)。它可写为 $q = \Delta\varphi/\Delta\theta$，应取 $\Delta\theta = 2\pi$ 或其整倍数，否则结果与 $\Delta\theta$ 取值范围有关。q 值越大，磁场越偏向环向。安全因子也可写为积分形式

$$q(\Psi) = \frac{1}{2\pi} \oint \frac{\mathrm{d}\varphi}{\mathrm{d}\theta}\mathrm{d}\theta = \frac{1}{2\pi} \oint \frac{1}{R}\frac{B_\varphi}{B_p}\mathrm{d}l \tag{4-2-13}$$

$\mathrm{d}l$ 为 θ 方向线元。这一积分形式是一个磁面量，也可写为

$$q(\Psi) = \frac{\mathrm{d}\Phi}{\mathrm{d}\Psi} \tag{4-2-14}$$

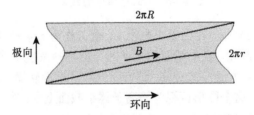

图 4-2-7　环形磁面的展开图，$q(r)=2$

对于圆截面位形，因为 $\mathrm{d}\Phi = 2\pi r B_\varphi \mathrm{d}r$, $\mathrm{d}\Psi = 2\pi R B_p \mathrm{d}r$，所以安全因子可写为

$$q(r) = \frac{r}{R_0}\frac{B_\varphi}{B_p} \tag{4-2-15}$$

此式也可作为局部安全因子的定义，但其值与具体坐标系选取有关。按照圆柱近似，极向场

B_p 可写为

$$B_p = \frac{\mu_0 I_p(r)}{2\pi r} \tag{4-2-16}$$

$I_p(r)$ 为该磁面内的等离子体电流总和, 代入式 (4-2-15) 得到

$$q(r) = \frac{2\pi B_\varphi}{\mu_0 R_0} \frac{r^2}{I_p(r)} \tag{4-2-17}$$

如果电流均匀分布, $I_p(r) \propto r^2$, 安全因子与小半径无关, 是常数。一般的等离子体电流轮廓都是中间高的峰值分布, 所以安全因子是从内向外逐渐增大的 (图 4-2-8(a))。从安全因子的表示上看, 我们总希望用最弱的磁场约束最强的电流, 所以我们希望降低安全因子。在一般的托卡马克上, 等离子体表面的安全因子值 $q(a)$ 在 2~3 以上。进一步降低这一表面 q 值会引起磁流体不稳定性发展甚至破坏放电, 这就是安全因子一词的由来。

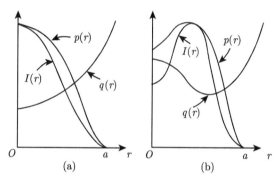

图 4-2-8 正剪切 (a) 和负剪切 (b) 下的电流、压强和安全因子轮廓

另一与安全因子有关的物理量称**旋转变换角**(rotational transform angle)。它是磁力线绕大环一周后绕小圆的角度, 即极向角的变化, 与安全因子是反比关系

$$\iota = \frac{2\pi}{q} \tag{4-2-18}$$

在仿星器上, 常用旋转变换角代替安全因子。在托卡马克装置中, 此值一般小于 2π。

安全因子随小半径变化, 可取各种实数值。当它为无理数时, 理论上, 磁力线从一点出发后, 在磁面上缠绕永远不能回到出发点。当它为有理数时, 这是可以做到的。当它为低模数有理数时, 经较少次数的缠绕就会回到出发点, 这样的磁面称共振面, 共振面以其模数表征。封闭磁力线绕环向最小次数 m 称极向模数, 绕极向最小次数 n 称环向模数。此时安全因子 $q(r) = m/n$。

剪切 回转变换角或安全因子随小半径或随磁面的变化称剪切。定义**剪切**(shear) 为

$$s = \frac{r}{q} \frac{\mathrm{d}q}{\mathrm{d}r} \tag{4-2-19}$$

对于均匀电流分布, 剪切参数 $s = 0$。在托卡马克上因为一般安全因子 q 随小半径增加而增大, 剪切参数为正。在某些特殊的电流轮廓, 剪切参数在某些半径区域小于零, 称为负剪切 (图 4-2-8(b))。对一些短波长不稳定性来说, 剪切的局部值很重要。在同一磁面上, 剪切值可能不同, 甚至可能同时存在正剪切和负剪切。

4. 磁面坐标

上面讲述磁通内容时，我们使用了柱坐标 R, φ, z，在讲圆截面的安全因子时使用了局部极坐标 r, φ, θ。在计算平衡和稳定性问题时，特别是非圆截面时，往往使用**磁面坐标**(flux coordinates) 比较方便。磁面坐标的第一个变量和磁面联系，写作 $r(\psi)$，它可以是 ψ 本身，也可以是磁面包围的体积。在轴对称情况下第二个环向变量也为 φ，第三个极向变量也经常写作 θ，可以有不同的选择。

(1) 固有 (proper) 极向角，就是局部极坐标系中的极向角 θ。这一选择在实验和诊断中适用，见图 4-2-9(a) (H. J. de Blank, Trans. Fusion Sci. Tech., 49(2006) 111)。

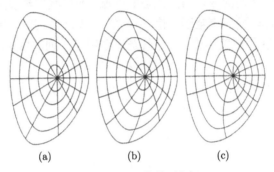

(a)　　　　　　　(b)　　　　　　　(c)

图 4-2-9　三种磁面坐标

(2) 直磁力线坐标，在这一坐标系中，角 $\mathrm{d}\varphi/\mathrm{d}\theta$，即安全因子 $q(\psi)$ 在每一磁面上为常量。这一坐标系广泛用于稳定性分析，见图 4-2-9(b)。

(3) 正交坐标系，即满足 $\nabla r \cdot \nabla \theta = 0$。这在用数值方法解平衡方程或解气球模时适用，见图 4-2-9(c)。

磁面坐标一般的雅可比 (Jacobian) 为

$$J = |\nabla r \times \nabla \theta \cdot \nabla \phi|^{-1} = \frac{R}{|\nabla r|}\frac{\mathrm{d}l}{\mathrm{d}\theta} \tag{4-2-20}$$

其中，R 为磁轴大半径，微商指将无量纲变量 θ 转换为长度量纲 ($\mathrm{d}l$ 意义与式 (4-2-13) 同)。一般线元和度规张量为

$$\mathrm{d}s^2 = g_{rr}\mathrm{d}r^2 + 2g_{r\theta}\mathrm{d}r\mathrm{d}\theta + g_{\theta\theta}\mathrm{d}\theta^2 + g_{\phi\phi}\mathrm{d}\phi^2 \tag{4-2-21}$$

$$g_{rr} = \frac{J^2}{R^2}|\nabla\theta|^2, \quad g_{r\theta} = -\frac{J^2}{R^2}\nabla\theta \cdot \nabla r, \quad g_{\theta\theta} = \frac{J^2}{R^2}|\nabla r|^2, \quad g_{\phi\phi} = R^2 \tag{4-2-22}$$

这样三种坐标系都可用于轴对称系统，对于仿星器这样的非轴对称位形，可使用更一般的 Boozer 坐标系。

5. 仿星器位形

一般仿星器无总体的环向等离子体电流，但是其局部平衡仍要求满足平衡方程 (4-1-1)，所以存在局部电流，电流极向绕一圈封闭，但不在一个平面上，仍可按磁场和电流所在曲面定义磁面。

在小截面上看 (图 4-2-10)，仿星器等离子体区域的磁面分为三部分。最里面是封闭磁面，中间是磁岛区域，最外面是随机磁场区域。磁岛的存在是螺旋场的环效应所致，不是杂散场造成的。在磁岛中心是极向磁场为零的 O 点，磁岛间存在极向磁场也为零的 X 点。但具体的磁面结构随环向位置而变，因为截面形状也是随环向位置而变的，磁面结构也随垂直场而变。

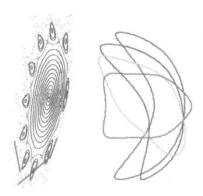

图 4-2-10　W7-AS 磁面结构和不同环向位置等离子体截面

在仿星器里，经常用旋转变换角而不用安全因子来描述旋转变换。在仿星器里，极向磁场是外线圈产生的，随小半径增加而增强，和托卡马克不同。在图 4-2-11(一些数据由许宇鸿提供) 可以看到，像 LHD，ATF 这样的平面磁轴装置都是极向磁场，也就是旋转变换，随小半径增加而增加，相当于托卡马克的负剪切。但是，螺旋磁轴装置 TJ-II，以及模块器 W7-AS 和 W7-X 的旋转变换轮廓基本上是平的。由于这个特点，螺旋磁轴型装置可以看作另一种实现旋转变换的类型。

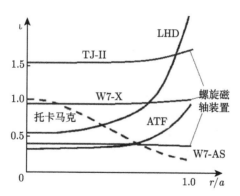

图 4-2-11　不同仿星器装置的旋转变换值

4.3　粒子在环形装置中的运动

1. 带电粒子在轴对称系统中的运动

考虑带电粒子在电磁场中的运动。电磁场用标量势 ϕ 和向量势 $\vec{A}$ 来描述：$\vec{E} + \dfrac{\partial \vec{A}}{\partial t} =$

$-\nabla\phi$, $\vec{B} = \nabla \times \vec{A}$。带电粒子在电磁场中的拉格朗日量是

$$L = \frac{1}{2}m\dot{\vec{r}}^2 - e\phi + e\dot{\vec{r}} \cdot \vec{A} \tag{4-3-1}$$

其中，$\vec{r}$ 为粒子坐标，符号上面圆点表示对时间微商。拉格朗日方程是

$$\frac{\mathrm{d}}{\mathrm{d}t}\left(\frac{\partial L}{\partial \dot{q}_i}\right) - \frac{\partial L}{\partial q_i} = 0 \tag{4-3-2}$$

其中，q_i 是广义坐标，相应的广义动量是 $\partial L/\partial \dot{q}_i$。

取广义坐标为环向角度 (方位角)φ，相应广义动量为角动量

$$M_z = \frac{\partial L}{\partial \dot{\varphi}} = mRv_\varphi + eRA_\varphi = mRv_\varphi + e\psi \tag{4-3-3}$$

轴对称时 ϕ、$\vec{A}$ 与 φ 无关，L 不显含 φ，从拉格朗日方程 (4-3-2) 得到角动量守恒。

带电粒子在电磁场中的哈密顿量是

$$H = \frac{1}{2m}(\vec{p} - e\vec{A}) + e\phi \tag{4-3-4}$$

其中，$\vec{p} = m\vec{v} + e\vec{A}$ 为粒子动量。当 ϕ、$\vec{A}$ 不显含时间时，能量守恒

$$\frac{1}{2}mv^2 + e\phi = \text{const} \tag{4-3-5}$$

这时，标量势 ϕ 为静电势。

以上守恒方程也可从牛顿定律推出。例如，粒子沿环向的运动方程

$$m\frac{\mathrm{d}}{\mathrm{d}t}(Rv_\varphi) = eR(\vec{v} \times \vec{B})_\varphi \tag{4-3-6}$$

从式 (4-2-9) 可以得到

$$m\frac{\mathrm{d}}{\mathrm{d}t}(Rv_\varphi) = -e\vec{v} \cdot \nabla\psi = -e\frac{\mathrm{d}\psi}{\mathrm{d}t} \tag{4-3-7}$$

得到角动量式 (4-3-3) 守恒。

托卡马克装置中约束粒子的运动一般遵从磁矩守恒，在粒子模拟计算中，可以只考虑导向中心的运动，称导心模拟。但是在球形环中，由于环向磁场低，外侧极向场接近环向场，对于高能粒子如聚变反应产生的 α 粒子，磁矩不是好的绝热不变量，在作粒子模拟时，要直接模拟粒子轨道，称为 Lorentz 模拟。

2. 环形等离子体内的粒子运动

热运动和漂移运动　在环形磁场位形中，带电粒子做两种运动，即随机的热运动和在电场下的漂移运动。我们假设等离子体的电子温度 $T_e = 5\text{keV}$，电子的热速度是

$$\bar{v}_{e,\text{th}} = \sqrt{T_e/m_e} = 1.32 \times 10^7\sqrt{T_e} = 2.95 \times 10^7\text{m/s}$$

我们假设等离子体的截面为 1m^2，等离子体电流为 1MA，则电流密度 $j = 10^6\text{A/m}^2$。再设电子密度为 $n_e = 5 \times 10^{19}\text{m}^{-3}$，不考虑离子运动的贡献，则电子漂移速度

$$v_{e,\text{d}} = \frac{j}{n_e e} = 1.2 \times 10^5\text{m/s}$$

较热速度小两个量级。一般来说，电子在电场中的漂移速度比其热运动速度小得多。所以我们首先可暂不考虑其漂移运动。

捕获粒子和通行粒子　托卡马克有足够强的环向磁场，带电粒子运动满足绝热条件。环向磁场与大半径成反比分布，外弱内强。部分粒子从外侧向内侧运动时，就会被强磁场反射。它们在上下两个强场反射点间往返运动，不能达到环内侧。它们在环向也做往返运动，不能持续绕大环运动，这样的粒子称为**捕获粒子**(trapped particles)。当然也有一部分粒子能越过环内侧磁场最强点而环绕小截面也环绕大环在一个方向持续运动，称为**通行粒子**(passing particles 或 circulating particles)(图 4-3-1)。

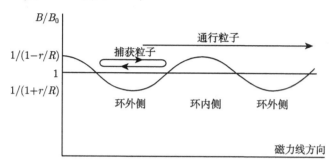

图 4-3-1　粒子沿螺旋磁力线运动的模式：捕获粒子和通行粒子

我们具体考查一个磁面。它的外侧 (赤道面上) 距环轴 r，环轴半径 R_0，所以这一磁面最外侧坐标 $R_0 + r$，最内侧坐标 $R_0 - r$。所以若以外侧为出发点，内侧为最强场，磁镜比为 $(R_0 + r)/(R_0 - r) = (1 + \varepsilon)/(1 - \varepsilon)$，其中 $\varepsilon = r/R_0$。设相应损失锥角为 χ，损失锥的立体角可从积分得到为 $2\pi(1 - \cos\chi)$，半立体空间的角度为 2π。所以损失锥内通行粒子所占份额为 $1 - \cos\chi$，损失锥外的捕获粒子份额为 $\cos\chi$，后者可用损失锥公式化为 $\sqrt{2\varepsilon/(1 + \varepsilon)}$。$\varepsilon$ 和磁面有关，越往外的磁面捕获粒子所占份额越大。这里我们假设粒子是麦克斯韦分布的，在速度空间各向同性。两种粒子在磁面上所占份额作为 ε 的函数如图 4-3-2 所示。图中也显示了托卡马克和球形环的 ε 取值范围。注意到一般托卡马克的环径比 $A = 1/\varepsilon$ 在 3~4。这里所说的两种粒子份额是指从轨道最外侧点即 $\theta = 0$ 处出发时的统计。如果考虑到出发点的极向角为 θ，则捕获粒子份额为 $\sqrt{\varepsilon(1 + \cos\theta)/(1 + \varepsilon\cos\theta)}$。此处计算损失锥只考虑真空环向场，对于极向场接近环向场的球形环来说是近似的。

两种粒子导向中心轨道在小截面上的投影见图 4-3-3，其中回旋半径尺度较实际情况有所夸张。(a) 为通行粒子，(b) 为捕获粒子。捕获粒子的导向中心轨道如香蕉，所以也称**香蕉粒子**。在小截面上，这两种粒子均构成偏离磁面的封闭轨道。偏离磁面的原因是垂直方向的磁场漂移。在图 4-3-4 上解释了磁场漂移如何形成两种粒子轨道。

因为通行粒子有两个运动方向，它们偏离磁面的方向也不同。但是捕获粒子只有一种轨道。此外，电子和离子的漂移方向不同，所以总的轨道类型如图 4-3-5 所示。在两种通行粒子轨道中，偏离环外侧的一种 (图 4-3-5(c)，或者图 4-3-3 和图 4-3-4 上的通行粒子) 在环向和宏观电流方向一致，称为**正向通行粒子**(co-passing particles)；而偏内侧一种 (图 4-3-5(b)) 在环向和电流方向相反，称为**反向通行粒子**(counter-passing particles)。而电子由于带电荷符号相反，轨道性质也相反。这个道理可以这样解释：在图 4-3-4 和图 4-3-5 上，都没有注明等离子体电流方向, 因为粒子漂移只与磁场方向有关, 与电流方向无关。如果电流与磁场同向 (垂直纸面向里), 则螺旋磁力线是右旋的, 居于外侧的通行粒子将与电流同向。如果电流反向, 螺旋磁力线左旋, 居于外侧通行粒子也与电流同向。此外, 捕获粒子在外侧与电流同向, 在内侧与电流反向; 电子则相反。这决定后面讲的自举电流的方向。

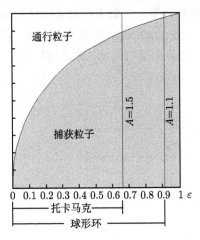

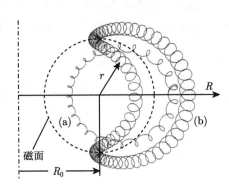

图 4-3-2　两种粒子在不同 $\varepsilon=r/R$ 磁面上所占份额　　图 4-3-3　通行粒子 (a) 和捕获粒子 (b) 轨道

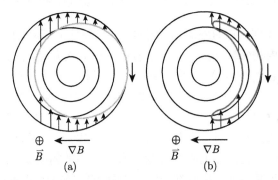

图 4-3-4　通行粒子 (a) 和捕获粒子 (b) 轨道 (香蕉轨道) 的形成
朝下箭头为粒子沿磁场运动方向, 朝上箭头为漂移方向

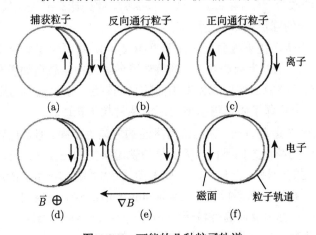

图 4-3-5　可能的几种粒子轨道

考查图 4-3-5 所示粒子的几种类型轨道的方向，它们在磁面外侧总是向下运动的，而电子在外侧总是向上运动的，无论环内外侧。或者说，从小截面观察，磁场漂移造成的电荷分离的返回路径偏向外侧。这就造成一种类似对流的粒子运动 (图 4-3-6)，它在等离子体小截面外侧形成一种垂直方向的电流。由于极向场和环向场合成的螺旋磁力线在两侧有不同的倾斜方向，和这垂直电流对应的环向电流的方向在两侧反向。我们将在本章用磁流体的方法计算这一电流的分布。

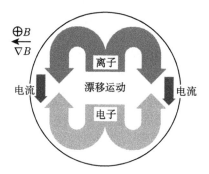

图 4-3-6　粒子漂移引起的类对流运动

通行粒子轨道　可以把通行粒子导向中心的运动作为小截面上的圆周运动加上垂直方向的漂移，写出运动方程

$$\frac{\mathrm{d}x}{\mathrm{d}t} = -\omega y, \quad \frac{\mathrm{d}y}{\mathrm{d}t} = \omega x + v_B \tag{4-3-8}$$

其中，$\omega = \dfrac{v_\parallel}{R_0 q(r)}$ 为导向中心旋转圆频率，$v_\parallel$ 为粒子平行速度，$v_B = \dfrac{(W_\perp + 2W_\parallel)}{eR_0 B}$ 为漂移速度。假设 ω 为常量，方程 (4-3-8) 的解为

$$\left(x + \frac{v_B}{\omega}\right)^2 + y^2 = r^2 \tag{4-3-9}$$

这轨迹在水平方向相对于磁面的位移为

$$\Delta = -\frac{v_B}{\omega} = -\frac{mq(r)(v_\parallel^2 + v_\perp^2/2)}{eBv_\parallel} = -r_{\mathrm{L}} q(r)\left(\frac{v_\parallel}{v_\perp} + \frac{v_\perp}{2v_\parallel}\right) \tag{4-3-10}$$

这个偏移为几个回旋半径的量级，与速度绝对大小无关。

捕获粒子轨道　假设一个捕获粒子在任意时刻位置的大半径为 R，平行速度为 $v_\parallel$。从磁矩守恒、动能守恒和角动量守恒，得到下列两式：

$$\begin{cases} \dfrac{\mu B_0 R_0}{R} + \dfrac{1}{2}mv_\parallel^2 = \dfrac{\mu B_0 R_0}{R_{\mathrm{m}}} = \dfrac{1}{2}mv_0^2 \\[2mm] (mv_\parallel \cos\alpha + eA_\varphi)R = 0 \end{cases} \tag{4-3-11}$$

其中，脚标为 0 表示环轴处的量，但 v_0 为粒子速度，R_{m} 是轨道磁场最强点，即反转点的大半径，是最小的 R(图 4-3-7)，α 是磁场和环方向的夹角。第二个式子等于零是因为轨道反转点的平行速度为零，并且我们设这两个点的 $A_\varphi = 0$。

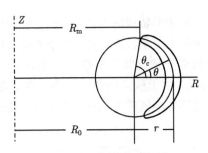

图 4-3-7   捕获粒子轨道

　　轴对称情况下，式 (4-3-11) 第二式中的第二项中 $A_\varphi R$ 等于极向磁通 ψ。所以我们设反转点的 $A_\varphi = 0$，实际上设该磁面的极向磁通 ψ 为零。而任意点的 $A_\varphi R$ 值即为对原磁面的磁通的偏离，或者说就是两磁面间的磁通值。如果在任意轨道点两磁面距离为 r_1，这个值近似为 $A_\varphi R = B_p r_1 R$，B_p 为极向场。把这个值代入式 (4-3-11) 第二式，得到

$$v_{||} = -\frac{1}{m\cos\alpha} e B_p r_1 \tag{4-3-12}$$

从第一式也得到

$$v_{||} = \pm v_\perp \sqrt{\frac{R}{R_m} - 1} \tag{4-3-13}$$

令二者相等，得到

$$r_1 = \pm \frac{m v_\perp \cos\alpha}{e B_p} \sqrt{\frac{R}{R_m} - 1} = \pm v_\perp \frac{m}{eB} \frac{B}{B_p} \cos\alpha \sqrt{\frac{R}{R_m} - 1}$$

$$= \pm \frac{v_\perp}{\omega_c} \frac{\cos\alpha}{\sin\alpha} \sqrt{\frac{R}{R_m} - 1} = \pm \frac{r_L}{\tan\alpha} \sqrt{\frac{R}{R_m} - 1} = \pm r_L q(r) \frac{R_0}{r} \sqrt{\frac{R}{R_m} - 1} \tag{4-3-14}$$

有时将其简化为 $r_L q(r)\varepsilon(r)^{-1/2}$，就是 $R_m = R_0$ 时的近似值，也可视为平均值，$\varepsilon(r) = r/R_0$。所以，香蕉轨道半宽度大约为几个回旋半径的量级，但是一般较通行粒子对磁面的偏移要大，大约为其 $1/\sqrt{\varepsilon}$ 倍。捕获粒子轨道相对于磁面有较大的偏离，特别是回旋半径大的高能离子，所以接近等离子体表面的离子可能会有较大的损失，这造成了等离子体呈负电位。

　　再估算捕获粒子轨道的**反弹**(bounce) 频率，即绕香蕉轨道转圈的频率。对于在磁镜场中运动的带电粒子，从式 (4-3-11) 得到任意一点的平行速度

$$v_{||} = v_0 \sqrt{\frac{R - R_m}{R}} \cong v_0 \sqrt{\varepsilon} \sqrt{\cos\theta - \cos\theta_c} \tag{4-3-15}$$

单位时间通过距离为 $qr\mathrm{d}\theta/v_{||}(\theta)$，完成一个反弹的周期为

$$\tau_b = \oint \frac{qr\mathrm{d}\theta}{v_{||}(\theta)} = \frac{4qr}{v_0\sqrt{\varepsilon}} \int_0^{\theta_c} \frac{\mathrm{d}\theta}{\sqrt{\cos\theta - \cos\theta_c}} \tag{4-3-16}$$

设 $\theta = \pi/2 - x$，$\theta_c = \pi/2 - u$，上式中的积分化为

$$\int_0^{\theta_c} \frac{\mathrm{d}\theta}{\sqrt{\cos\theta - \cos\theta_c}} = \int_u^{\pi/2} \frac{\mathrm{d}x}{\sqrt{\sin x - \sin u}}$$

再作变换 $\sin^2 z = \dfrac{1 - \sin x}{1 - \sin u}$，$\sin x = \sin u + (1 - \sin u)\cos^2 z = 1 - \sin^2 z(1 - \sin u)$，则

$$\mathrm{d}x = -\frac{\sqrt{2}\sqrt{1 - \sin u}\cos z\,\mathrm{d}z}{\sqrt{1 - \dfrac{1 - \sin u}{2}\sin^2 z}}$$

以上积分为

$$\int_u^{\pi/2} \frac{\mathrm{d}x}{\sqrt{\sin x - \sin u}} = \int_{\pi/2}^0 \frac{\sqrt{2}\,\mathrm{d}z}{\sqrt{1 - \dfrac{1 - \sin u}{2}\sin^2 z}} = \int_0^{\pi/2} \frac{\sqrt{2}\,\mathrm{d}z}{\sqrt{1 - \dfrac{1 - \cos(\pi/2 - u)}{2}\sin^2 z}}$$

$$= \int_0^{\pi/2} \frac{\sqrt{2}\,\mathrm{d}z}{\sqrt{1 - \sin^2(\pi/4 - u/2)\sin^2 z}}$$

$$= \sqrt{2}\,K[\sin(\pi/4 - u/2)] = \sqrt{2}\,K\left(\sin\frac{\theta_c}{2}\right)$$

K 为第一类全椭圆积分，它的值等于或大于 $\pi/2$(图 4-3-8)。从式 (4-3-16) 得到捕获粒子的反弹周期为

$$\tau_b = \frac{4\sqrt{2}qr}{v_0\sqrt{\varepsilon}}K\left(\sin\frac{\theta_c}{2}\right) \tag{4-3-17}$$

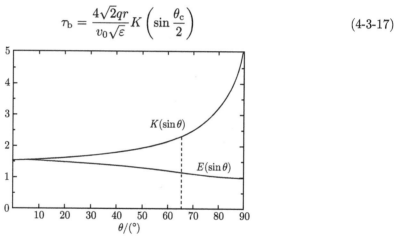

图 4-3-8 全椭圆积分 $K(\sin\theta)$ 和 $E(\sin\theta)$
虚线为 $K/E=2$ 的角度值

反弹圆频率为

$$\omega_b = \frac{2\pi}{\tau_b} = \frac{\pi}{2}\frac{1}{K\left(\sin\dfrac{\theta_c}{2}\right)}\frac{v_0}{R_0 q(r)}\sqrt{\frac{r}{2R_0}} \cong \frac{v_0}{R_0 q(r)}\sqrt{\frac{r}{2R_0}} \tag{4-3-18}$$

全椭圆积分 $K(\sin\theta)$ 在零度附近区域接近零点值 $\pi/2 \approx 1.57$(图 4-3-8)，所以有以上近似。和通行粒子的旋转圆频率 $\omega = \dfrac{v_\parallel}{R_0 q(r)}$ 比较，捕获粒子的反弹频率增加一个 $\sqrt{\varepsilon/2} < 1$ 的因子，所以捕获粒子轨道相对于磁面偏离较大主要由于周期较长，而周期较长是因为粒子在反转点附近时的平行速度很低。

捕获粒子的香蕉轨道周期也可写成更一般的形式

$$\tau_{\mathrm{b}} = \oint \frac{\mathrm{d}l}{v_{\parallel}} = m\frac{\partial}{\partial W} \oint v_{\parallel}\mathrm{d}l = \frac{\partial J}{\partial W} \tag{4-3-19}$$

其中, $J = m \oint v_{\parallel}\mathrm{d}l$ (式 (1-4-9)) 为第二个绝热不变量, $W = \frac{1}{2}mv^2$ 为粒子动能。推导这个公式时, 可将环路积分分成两反转点间的两个线积分。积分限处被积函数为零, 所以可以不计积分限的变化。

捕获粒子的环向进动　约束粒子在小截面上构成封闭的香蕉轨道。但是其三维轨道却不一定也是封闭的, 即使不考虑环向电场时也是如此。这一轨道在一个周期内在环向的位移称为**进动**(precession)(图 4-3-9)。

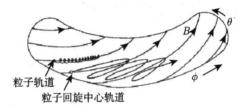

粒子轨道
粒子回旋中心轨道

图 4-3-9　捕获粒子轨道在环向的进动

可以推导进动的圆频率

$$\omega_{\mathrm{D}} = \frac{1}{e\tau_{\mathrm{b}}}\frac{\partial J}{\partial \psi} = \frac{1}{e}\frac{\partial J}{\partial \psi}\left(\frac{\partial J}{\partial W}\right)^{-1} = \frac{mv_{\perp}^2}{eB_{\theta}R_0^2}\left(\frac{E}{K} - \frac{1}{2}\right) \tag{4-3-20}$$

其中, ψ 为约化磁通, 全椭圆积分 E 和 K 的变量都是 $\sin(\theta_{\mathrm{c}}/2)$。从图 4-3-8 可以看到, 对于完全处于强场侧的捕获粒子 ($\theta_{\mathrm{c}} < 90°$, 见图 4-3-7), 两全椭圆积分数值相差不大, 所以式 (4-3-20) 的括号内数值小于等于 1/2, 以此 1/2 值代入可以作为捕获粒子进动频率的典型数值。在一般的实验装置上, 大约为几十 kHz 量级。这个速度难于直接测量, 但是在一些有关的高能粒子不稳定性实验中可以根据实验数据判断。

这些 θ_{c} 较小的捕获粒子称为深捕获粒子, 即在磁位阱中约束得比较深、处于环外侧的粒子 (图 4-3-10)。从全椭圆积分性质可知, 随 θ_{c} 增大, 进动频率逐渐减小, 直到减为零, 并随 θ_{c} 进一步增大而反向, 这些粒子称为浅捕获粒子。这个开始反向的角度在图 4-3-8 上为 $\theta = 65.5°$, 相当于 $\theta_{\mathrm{c}} = 131°$。为分析反向原因, 写出捕获粒子在两个反转点间的运动距离

$$S = \int_{s_1}^{s_2} v_{\parallel}\mathrm{d}t = \int_{s_1}^{s_2} \sqrt{\frac{2}{m}(W - \mu B - e\phi)}\mathrm{d}t \tag{4-3-21}$$

s_1 是上一个反转点坐标, s_2 是下一个反转点坐标, 其返回距离 S' 是从 s_2 沿靠内的不同路径到 s_1 的积分。对居于环外侧的深捕获粒子, 由于磁场梯度主要决定于环向场, $\partial B/\partial \Psi < 0$, $S > S'$, 为与等离子体电流一致的正进动。对于浅捕获粒子, 平行速度高, 粒子主要在环内侧的回转点附近停留时间长, 此处 $\partial B/\partial \Psi > 0$, $S < S'$, 为负进动, 这是主要进动机制。

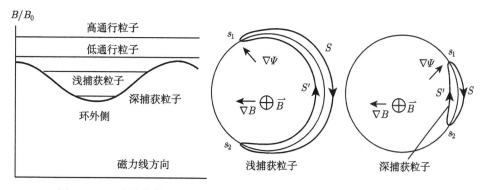

图 4-3-10 浅捕获粒子和深捕获粒子的约束及其轨道在小截面上的投影

式 (4-3-21) 表示的是磁场梯度引起的捕获粒子进动。此外，电位 ϕ 的梯度 $\partial\phi/\partial\Psi$ 以及磁剪切也可造成捕获粒子进动。由于等离子体呈负电位，一般 $\partial\phi/\partial\Psi>0$，对于离子和电子分别为负进动和正进动。磁场的剪切直接造成捕获粒子环向轨道长度的不同，对于正剪切，进动方向为正向。在区分深浅捕获粒子进动时，尚须考虑这两种机制。

式 (4-3-21) 中电荷 e 可取正负，说明离子和电子进动方向相反。上述正向和反向均相对等离子体电流而言，即离子与电流方向相同为正向，电子与电流方向相反为正向。

和捕获粒子类似，通行粒子由于同样机制也产生环向进动。式 (4-3-21) 亦适用于通行粒子在一段时间内的运行距离，只是 s_1, s_2 不表示反转点。由于粒子轨道偏离磁面，磁场空间梯度使得磁场增加或降低，延长或缩小这段运行距离，发生环向进动。通行粒子也可基于它们在速度空间的参数 $v_{\parallel}/v$ 划分为低通行粒子和高通行粒子 (图 4-3-10)。低通行粒子是接近浅捕获粒子的通行粒子，在环内侧平行速度低，占据更多的时间，所以它们的进动方向可以和高通行粒子相反。这样，按照在速度空间的投射角大小对约束粒子分类，从 $\pi/2$ 到 0 排列，依次为深捕获粒子、浅捕获粒子、低通行粒子和高通行粒子。

3. Ware 箍缩和自举电流

Ware 箍缩 外加的环向电场使通行粒子在环向漂移，形成环向等离子体电流，但是环向电场不会造成封闭的捕获粒子轨道在环向的漂移。这是因为，环向电场会使捕获粒子轨道向粒子加速方向偏离，由于旋转变换，对赤道面不再对称，粒子做反弹运动时受的磁场阻力 $\mu\mathrm{d}B/\mathrm{d}s$ 也不再对称，以抵消电场力。这一轨道在小截面内的投影也不再是上下对称的香蕉，而是产生一个偏离 $\bar{\theta}$(图 4-3-11)。因此，它在赤道面上下两部分的漂移不再完全抵消，会发生一个向内的位移。这一效应称为 **Ware 箍缩**(Ware pinch)。

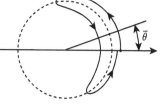

图 4-3-11 Ware 箍缩机制

将角动量守恒公式 $\dfrac{\mathrm{d}}{\mathrm{d}t}(mRv_\varphi+eRA_\varphi)=0$ 用于捕获粒子，如果只考虑反转点的变化，可以设 $v_\varphi=0$，只考虑第二项的变化

$$\frac{\mathrm{d}}{\mathrm{d}t}(eRA_\varphi)=\frac{\partial}{\partial t}(eRA_\varphi)+\frac{\partial r}{\partial t}\frac{\partial}{\partial r}(eRA_\varphi)=0 \tag{4-3-22}$$

第一项中，$\frac{\partial}{\partial t}A_\varphi = -E_\varphi$，第二项中，$\frac{\partial}{\partial r}(RA_\varphi) = \frac{\partial \psi}{\partial r} = -RB_\theta$，而 $\frac{\partial r}{\partial t}$ 相当于一个向内的速度

$$v_r = \frac{\Delta r}{\Delta t} = -\frac{E_\varphi}{B_\theta} \tag{4-3-23}$$

这一公式形式上类似于电场漂移 $v_E = -E_\varphi B_\theta / B^2$，但在托卡马克里，因为环向场，或总磁场远比极向场强，Ware 箍缩远比电场漂移强，有数量级的差别。

　　在实验上，确实观察到向内的粒子流现象，但原因比较复杂，和对半径的依赖关系也不完全定量符合式 (4-3-23)。

　　自举电流(bootstrap current)　　原译靴带电流，起源于神话中的力士自拉靴带将自己举起离开地面的故事。它由捕获粒子产生，是一种不直接由环向电场驱动的环向等离子体电流。它的产生原理类似于逆磁电流 (见 4.7 节)，香蕉轨道起了逆磁漂移中的回旋轨道的作用。观察某一半径处的捕获粒子运动方向，向前运动的粒子来自此半径以内的香蕉轨道，而向后运动的粒子来自此半径以外的香蕉轨道 (图 4-3-12(a))。如果粒子的径向分布均匀，两方向运动的粒子数目相等。但是，由于扩散的关系，粒子总保持径向的负梯度，使向前运动的捕获粒子流较大。这里说的向前，离子指环向等离子体电流方向，电子指反方向。这种净捕获粒子的磁化电流不会产生纯环向电流。但是，通过向通行粒子速度空间的扩散，可以产生和原来存在的环向等离子体电流同向的环向电流。

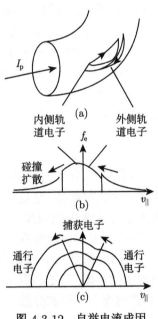

图 4-3-12　自举电流成因

(a) 一磁面两侧的捕获电子轨道；(b) 几种电子的平行速度分布；(c) 速度空间中的等值线

　　这一捕获电子磁化电流密度为 $ev_\parallel \Delta r \frac{dn}{dr}$，其中 $\Delta r = r_L q\varepsilon^{-1/2}$ 为香蕉轨道径向偏离磁面距离。这一电流密度为

$$j_m = -eqr_L\varepsilon^{-1/2}v_\parallel \frac{dn}{dr} = -q\varepsilon^{-1/2}\frac{m}{B}v_\perp v_\parallel \frac{dn}{dr} \approx -q\varepsilon^{-1/2}\frac{T}{B}\frac{dn}{dr}\cos\theta\sin\theta \tag{4-3-24}$$

其中，温度为能量单位，θ 为投射角，后一式略去常系数，负值是因为我们考虑电子运行在电流相反方向。在捕获粒子范围内积分，损失锥角近似取 $\cos\theta_c = \sqrt{2\varepsilon}$，在积分中，$\varepsilon$ 认为是小值，积分值约等于 ε。

$$j_m \approx -q\varepsilon^{-1/2}\frac{T}{B}\frac{\mathrm{d}n}{\mathrm{d}r}\int_{\theta_c}^{\pi/2}\cos\theta\sin^2\theta\mathrm{d}\theta \approx -q\varepsilon^{1/2}\frac{T}{B}\frac{\mathrm{d}n}{\mathrm{d}r} \tag{4-3-25}$$

通行粒子也可以得到类似的磁化电流公式。这是因为运动方向相反的通行粒子对于磁面的偏离方向相反，在存在密度梯度时有类似效应。但局部磁化电流不会形成纯的环向电流。纯环向电流即自举电流是由碰撞造成的通行粒子的动量平衡形成的。

定向的环向电子流 j_b 主要损失动量机制是与离子碰撞，动量传输率为 $\nu_{ei}m_e j_b/e$，ν_{ei} 是电子在离子上的碰撞频率。另一方面它通过碰撞从捕获电子的磁化电流得到动量。它决定于捕获粒子被碰到损失锥中的频率，应大于一般定义的 $90°$ 碰撞频率，大约增至 $1/\varepsilon$ 倍。所以从捕获粒子磁化电流到自举电流的动量传输率为 $(\nu_{ee}/\varepsilon)m_e j_m/e$。令两传输率相等，考虑到 $\nu_{ei} \approx \nu_{ee}$，又从关于 q 值的式 (4-2-15) 得到

$$j_b = j_m/\varepsilon = -\frac{q}{\sqrt{\varepsilon}}\frac{T}{B}\frac{\mathrm{d}n}{\mathrm{d}r} = -\sqrt{\varepsilon}\frac{T}{B_p}\frac{\mathrm{d}n}{\mathrm{d}r} \tag{4-3-26}$$

所以，尽管自举电流是捕获粒子和通行粒子碰撞造成的动量输运的结果，但在其表达式中却没有碰撞项。这是因为自举电流动量的源和沉都正比于碰撞频率，它们在公式中抵消了。这也说明，只要处于无碰撞区，碰撞的强弱对自举电流的数值影响不大。总的自举电流占环向电流的比为

$$\frac{I_b}{I_p} = c\sqrt{\frac{r}{R_0}}\beta_p \tag{4-3-27}$$

其中，c 为一个常系数。

以上所述的和自举电流都是从粒子运动角度阐述的。它们在宏观上表现为输运现象，见图 4-3-12(b) 和 (c) 两速度空间分布函数图。由于捕获粒子在环向分布不对称，它们和通行粒子碰撞造成通行粒子分布的不对称，因而引起纯的环向电流。比较 Ware 箍缩和自举电流可知，Ware 箍缩是环向电场产生径向反扩散，自举电流是径向扩散产生环向电流。如果我们列出全面的线性输运方程

$$J_i = \sum_j L_{ij}A_j \tag{4-3-28}$$

其中，$\vec{J} = (\Gamma_\perp, Q_\perp, J_{||})$ 是一种流向量，由横越磁场的粒子流、能流、磁场方向的电流组成；$\vec{A} = (\nabla p, \nabla T, E_{||})$ 是相应的广义热力学力，由压强梯度、温度梯度和平行电场组成；L_{ij} 是对应的输运系数矩阵元。上面所说的两种输运现象相应于 L_{ij} 对角线对称的交叉项。按照一般的不可逆热力学过程的 **Onsager 对易关系**，有 $L_{ij} = L_{ji}$，两输运系数的精确表示可以化为相同的形式，Ware 箍缩和自举电流所对应的是 $L_{13} = L_{31}$。

4. 参数空间的轨道区域和非标准轨道

R-ψ平面上的粒子轨道 为进一步在 ψ-R 平面 (图 4-2-6) 上研究轨道分类，在角动量守恒方程 (4-3-3)$P_z = mRv_\varphi + e\psi$ 中，近似认为 $v_\varphi \approx v_{||}$，且忽略径向电场，展开为

$$P_z = mRv_{\parallel} + e\psi = mR\sqrt{v^2 - \frac{2B}{m}\mu} + e\psi = m\sqrt{v^2R^2 - \frac{2BR^2}{m}\mu} + e\psi \qquad (4\text{-}3\text{-}29)$$

在低比压近似下只考虑真空磁场，$BR \approx B_0R_0$ 为常量，脚标 0 表示平均大半径及相应环向场。上式化为

$$P_z = m\sqrt{v^2R^2 - \frac{2B_0R_0}{m}\mu R} + e\psi \qquad (4\text{-}3\text{-}30)$$

因为粒子的角动量、速度和磁矩皆为守恒量，所以此方程表示了 R 和 ψ 的关系，描述了粒子在图 4-3-13 上的轨迹，这个轨迹应是一条双曲线。在低比压近似下，双曲线顶点坐标是 $R = \dfrac{2\mu B_0}{mv^2}R_0$，$\psi = P_z/e$，就是香蕉粒子轨道反转点。如果这顶点位于等离子体区域内，这个粒子轨道就是捕获粒子；如果顶点不在等离子体区域，但曲线的一部分处于等离子体区域内，轨道只可能是通行粒子；如果轨道和等离子体边界相交，粒子会很快损失。如果系统上下对称，小截面的下半部分的图和上半部分相同。所以两种约束粒子，即捕获粒子和通行粒子，在图上运动到 $\theta = 0$ 或 $\theta = \pi$ 边界时都折回反向运动。

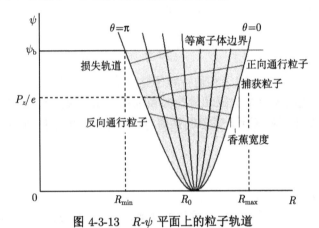

图 4-3-13 $R\text{-}\psi$ 平面上的粒子轨道

参量空间的粒子轨道区域   由于电磁场中的带电粒子有三个守恒量：能量或速度 v、角动量 P_z、磁矩 μ。在低 β 近似下，它们之间的关系符合式 (4-3-30)，或者说，它们分布在三维参数空间。为方便起见，也可在速度一定时，在 $\mu\text{-}P_z$ 平面上研究。可以在这个图上表示一些粒子轨道类型的边界。

首先研究损失粒子的边界。在图 4-3-13 上所有和等离子体区域的 $\psi = \psi_b$ 边界相交的粒子轨道是损失粒子轨道。在参数空间中，它们的边界应该相应于通过两个 $\psi = \psi_b$ 和几何的边界值 $R_b = R_{\max}, R_{\min}$ 相交点的轨道。在式 (4-3-30) 中取这两个值，得到参量磁矩和角动量的关系

$$\mu = \frac{mv^2R_b}{2B_0R_0} - \frac{(P_z - e\psi_b)^2}{2mB_0R_0R_b} \qquad (4\text{-}3\text{-}31)$$

这是图形顶点倒置的抛物线方程，在二维参数图上为曲线 A 和 B（图 4-3-14）。它们是约束粒子和损失粒子轨道的界限，即 A 和 B 间是损失粒子区域，其余区域属于约束粒子，当然还需要其他条件。对应于顶点为 $mv^2R_{\max}/2B_0R_0$ 的曲线 A 相当于通过图 4-3-13 上的 $(\psi_b, R_{\max})$ 点的粒子轨道，它们只能是正向通行粒子和捕获粒子。同样，曲线 B 为反向通

行粒子轨道区域的边界。所以，在曲线 A 以外是正向通行粒子和捕获粒子的参数区域，曲线 B 以内是反向通行粒子参数区域。

再看图 4-3-13 上轨道的另一边界，即粒子轨道通过磁轴。在方程 (4-3-30) 中，ψ 取为零，R 取为磁轴处半径 $R_C \approx R_0$，所以在图 4-3-14 上它也是一个抛物线 C，其顶点的横坐标为 0，纵坐标在 A 和 B 之间。它的内部主要是正向通行粒子轨道区。

再看捕获粒子和通行粒子的区域边界。决定这一边界的是双曲线顶点处于图 4-3-13 中等离子体区域的左边界 (内侧) 上的轨道。与此边界相似的是顶点处于等离子体区域右边界 (外侧) 的轨道，后一参数空间的边界为约束轨道的外边界。这两相似曲线由平衡方程决定，前一曲线 D 在参数图 4-3-14 上应通过 B 的顶点和 C 的顶点，而后一曲线 E 应通过 A 的顶点和 C 的顶点，两曲线的内部是捕获粒子轨道区。

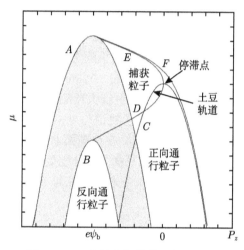

图 4-3-14　参数空间的粒子轨道区域

此外，还存在一个边界，即粒子轨道顶点与等离子体区域的边界相切轨道的参数空间边界。在离磁轴远的地方，它们与边界 D 和 E 很接近，只有在磁轴附近才有较大的偏离而接近 C，如图 4-3-14 上的曲线 F。还有一条曲线接近 D 和 C，在图上未显示。

图 4-3-14 的几条边界界定了几种约束轨道，即捕获粒子 (香蕉粒子)、正向通行粒子和反向通行粒子区域的参数范围，图中灰色区域为损失粒子区域。这样的粒子可能产生，但很快损失。而其余区域均不能产生相应的轨道。

非标准轨道　除去几种标准轨道外，在几个区域交界的地方还存在一些非标准轨道，它们产生在接近磁轴的区域，如图 4-3-14 上所显示的**土豆轨道**和**停滞点**(stagnation point)。

若粒子在磁轴处平行速度为零，即其折返点。此时，在式 (4-3-13) 中，$R_m = R_0$，按照 $B = \dfrac{B_0 R_0}{R_0 + r\cos\theta}$，得到

$$v_{\parallel}^2 = v_{\perp}^2 \frac{r}{R_0}\cos\theta \tag{4-3-32}$$

在轴附近近似 $B_\theta = B'_\theta r$，环向粒子运动方程 $m\dfrac{\mathrm{d}v_\varphi}{\mathrm{d}t} = ev_r B_\theta$ 化为

$$m\frac{\mathrm{d}v_\varphi}{\mathrm{d}t} = eB'_\theta r\frac{\mathrm{d}r}{\mathrm{d}t} \tag{4-3-33}$$

从边条件 $r = 0$ 处 $v_\varphi = 0$, 得到解

$$v_\varphi = \frac{eB'_\theta}{2m}r^2 \tag{4-3-34}$$

由于 $v_\varphi \approx v_{||}$, 从式 (4-3-32) 得到粒子回旋中心轨迹

$$\left(\frac{r}{R_0}\right)^3 = \left(\frac{2r_\mathrm{L}q(r)}{R_0}\right)^2 \cos\theta \tag{4-3-35}$$

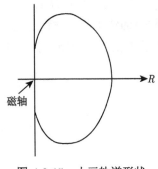

图 4-3-15　土豆轨道形状

这一轨道形状如图 4-3-15 所示, 故称土豆轨道。实际上式 (4-3-35) 的解是一种特殊的情况, 即在磁轴处平行速度为零。它是一个通行粒子轨迹, 因为从式 (4-3-32), $v_\varphi \geqslant 0$, 但从这个解的存在, 可以设想存在近似的解。还有 $r < r_0$ 的解, 相当于香蕉轨道的返回路径。所以上述解是浅捕获粒子和低通行粒子的衔接轨道。从式 (4-3-35) 可见, 当粒子速度很高时, 其回旋半径增大, 相应土豆轨道的尺度也随之增大。所以, 对于高能粒子, 特别是 D-T 聚变反应产生的 3.52MeV 的 α 粒子, 由于多产生在磁轴附近, 所以土豆轨道占很大比例。

图 4-3-14 上的停滞点是图 4-3-13 上的粒子轨道与 $\theta = 0$ 或 π 内边界相切点轨道的极限情况。位于参数空间此点的粒子做纯环向运动, 在小截面上停滞。原因是平行方向速度的极向分量和漂移运动抵消。这些粒子处在对称平面上, 分别处于磁轴外侧 ($\theta=0$, 正向通行粒子) 或内侧 ($\theta = \pi$, 反向通行粒子, 图 4-3-14 中未标)。在第 3 章讲矫正场时, 也谈到这种粒子运动机制。

5. 环向场波纹度造成的损失

我们上面说过, 当带电粒子沿磁力线运动时, 有些粒子会约束在环内外侧磁场强度的差别形成的磁镜场中 (捕获粒子)。分立的环向场线圈也会造成磁场强度沿环向的变化, 称波纹度, 也会影响粒子的约束。因而沿粒子运动轨迹的磁场可以写为

$$B = B_0(1 - \varepsilon\cos\theta)[1 - \delta(r,\theta)\cos N\phi] \tag{4-3-36}$$

其中, N 为线圈数目, $\delta(r,\theta)$ 为波纹半高度。沿磁力线的磁场变化如图 4-3-16 所示, 这种波纹度对磁场形态的影响可以分为两种区域。一是形成局部磁阱区域, 可以在其中约束粒子; 二是没形成磁阱区域, 也会影响粒子的运动。

图 4-3-16 中显示了两种磁阱对粒子的约束。环效应造成的磁阱约束形成捕获粒子。因这一磁阱对中平面上下对称, 轨道封闭, 不会造成粒子损失。但约束在波纹形成的局部磁阱中的粒子轨道在等离子体截面上不一定是上下对称的, 漂移产生的轨道不封闭, 因而可能造成粒子损失而破坏约束。图 4-3-17 中, 将漂移集中在一点表示这种损失机制。当然, 在图 4-3-17 中, 如果粒子轨道处于上半平面, 不对称漂移会使粒子向内运动。所以, 波纹度造成的粒子轨道的径向运动是随机的, 引起的粒子损失是扩散性质的。环向场波纹造成的输运对于聚变反应生成的高能 α 粒子和注入的中性粒子束是一种重要损失机制。此外, 未被波纹度造成的磁阱约束的粒子也受这一波纹度影响会产生额外的损失。

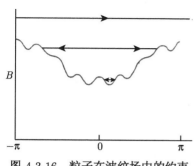

图 4-3-16 粒子在波纹场中的约束

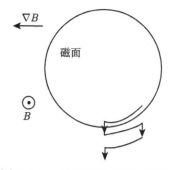

图 4-3-17 波纹度造成的粒子损失

如果环向场波纹度很强，磁场强度变化大，对高能粒子来说，磁矩守恒可能不成立，会引起运动轨道更复杂的变化，产生各种粒子损失机构。

4.4 Grad-Shafranov 方程

1. 磁面函数

在 4.2 节中引进了环形等离子体的极向磁通、环向磁通、安全因子等磁面函数。我们再引进两个磁面函数，第一个是磁面内的极向总电流。它的定义和极向磁通类似，只是将被积的极向磁场换成极向电流密度

$$I(\Psi) = \int_{S_p} \vec{j}\, \mathrm{d}\vec{S}_p = \int_0^R j_z 2\pi R \mathrm{d}R \tag{4-4-1}$$

S_p 的意义见图 4-2-4。轴对称而不存在变化电场时，把麦克斯韦方程 $\mu_0 \vec{j} = \nabla \times \vec{B}$ 和 $\nabla \cdot \vec{B} = 0$ 在柱坐标里写成分量形式：

$$\begin{cases} \mu_0 j_z = \dfrac{1}{R}\dfrac{\partial(RB_\varphi)}{\partial R} \\[2mm] \mu_0 j_R = -\dfrac{\partial B_\varphi}{\partial z} \\[2mm] \mu_0 j_\varphi = \dfrac{\partial B_R}{\partial z} - \dfrac{\partial B_z}{\partial R} \end{cases} \tag{4-4-2}$$

$$\frac{1}{R}\frac{\partial(RB_R)}{\partial R} + \frac{\partial B_z}{\partial z} = 0 \tag{4-4-3}$$

将式 (4-4-2) 第一式代入式 (4-4-1)，得到

$$I(\Psi) = \frac{2\pi R B_\varphi}{\mu_0} \tag{4-4-4}$$

因而可引进另一约化的磁面函数

$$F(\Psi) = \frac{R B_\varphi}{\mu_0} = \frac{I(\Psi)}{2\pi} \tag{4-4-5}$$

RB_φ 是磁面函数。和真空场中环向场与大半径成反比相比较，等离子体平衡位形中环向场仅在磁面上与大半径成反比。

不存在随时间变化的电场时，以下两组电磁量间存在对应关系

$$\vec{A}, \vec{B}, \Psi, \psi$$

$$\frac{\vec{B}}{\mu_0}, \vec{j}, I, F$$

根据第一组的关系 (4-2-9)，第二组也有相应微分关系

$$j_R = -\frac{1}{R}\frac{\partial F}{\partial z}, \quad j_z = \frac{1}{R}\frac{\partial F}{\partial R} \tag{4-4-6}$$

2. Grad-Shafranov 方程

从式 (4-2-9) 的 $B_R = -\dfrac{1}{R}\dfrac{\partial \psi}{\partial z}$, $B_z = \dfrac{1}{R}\dfrac{\partial \psi}{\partial R}$ 两式出发做如下运算：第一式对 z 微商得到

$$\frac{\partial B_R}{\partial z} = -\frac{1}{R}\frac{\partial^2 \psi}{\partial z^2} \tag{4-4-7}$$

第二式对 R 微商，得到

$$\frac{\partial B_z}{\partial R} = \frac{1}{R}\frac{\partial^2 \psi}{\partial R^2} - \frac{1}{R^2}\frac{\partial \psi}{\partial R} \tag{4-4-8}$$

将式 (4-4-7)、式 (4-4-8) 代入式 (4-4-2) 的第三式，得到

$$\frac{\partial^2 \psi}{\partial z^2} + \frac{\partial^2 \psi}{\partial R^2} - \frac{1}{R}\frac{\partial \psi}{\partial R} = -\mu_0 R j_\varphi \tag{4-4-9}$$

也可写成与坐标系无关的一般形式

$$\nabla(R^{-2}\nabla\psi) = -\frac{\mu_0}{R}j_\varphi \tag{4-4-10}$$

式 (4-4-9) 或式 (4-4-10) 是电磁关系，与平衡无关。式 (4-4-10) 的左方有时写为 $\Delta^*(\psi)$，Δ^* 是一个类拉普拉斯算符，有时称为 Grad-Shafranov 算符。

下面我们引进平衡方程。首先写出动力压强的全微分，其对坐标的微商用平衡方程分量形式 (4-2-6) 的第一、三式代入

$$\mathrm{d}p = \frac{\partial p}{\partial R}\mathrm{d}R + \frac{\partial p}{\partial z}\mathrm{d}z = j_\varphi B_z\mathrm{d}R - j_z B_\varphi\mathrm{d}R + j_R B_\varphi\mathrm{d}z - j_\varphi B_R\mathrm{d}z \tag{4-4-11}$$

再将磁场和电流密度的 R, z 分量用式 (4-2-9)，式 (4-4-6) 代入，

$$\begin{aligned} \mathrm{d}p &= j_\varphi\frac{1}{R}\frac{\partial \psi}{\partial R}\mathrm{d}R - B_\varphi\frac{1}{R}\frac{\partial F}{\partial R}\mathrm{d}R - B_\varphi\frac{1}{R}\frac{\partial F}{\partial z}\mathrm{d}z + j_\varphi\frac{1}{R}\frac{\partial \psi}{\partial z}\mathrm{d}z \\ &= \frac{1}{R}(j_\varphi\mathrm{d}\psi - B_\varphi\mathrm{d}F) \end{aligned} \tag{4-4-12}$$

再将式 (4-4-5) 代入，使环向磁场 B_φ 也用 F 表示

$$\frac{1}{R}j_\varphi\mathrm{d}\psi = \mathrm{d}p + \frac{\mu_0}{R^2}F\mathrm{d}F \tag{4-4-13}$$

将上式代入式 (4-4-10)，得到

$$\nabla(R^{-2}\nabla\psi) = -\mu_0 p'(\psi) - \frac{\mu_0^2}{R^2}F(\psi)F'(\psi) \tag{4-4-14}$$

式中撇表示对 ψ 微商。

式 (4-4-14) 即为描述轴对称系统平衡的 **Grad-Shafranov 方程**。要解这个关于 ψ 的二阶微分方程,必须知道两个函数 $p(\psi)$ 和 $F(\psi)$,称之为源项。一般假设它们是 ψ 的某种形式的函数,如线性或多项式关系。在简单情况下有解析解,一般为数值求解。

等离子体平衡的解析解   当 Grad-Shafranov 方程的源项为 ψ 的一次或二次项时有解析解。特别是,当源项只有一次项时,方程为线性的,有比较简单的解。设

$$p(\psi) = p_0 \left(1 - \frac{\psi}{\psi_b}\right), \quad F^2(\psi) = F_0^2 + F_1^2 \left(1 - \frac{\psi}{\psi_b}\right) \tag{4-4-15}$$

此时的解称为 Solov'ev 解,有如下的上下对称形式:

$$\frac{\psi}{\psi_b^2} = \frac{1}{y_b^2} \left\{ \frac{4}{E^2}[1 + (1-D)y]\frac{z^2}{R_0^2} + y^2 \right\} \tag{4-4-16}$$

其中,$y = R^2/R_0^2 - 1$,ψ_b 为边界处的磁通函数。这个位形完全为 4 个参数 E, D, R_0, y_b 所决定,分别与拉长比、三角形变形参数、磁轴半径和环径比 A 相联系,其中 $y_b = 2A/(1+A^2)$。用这几个参数表示 Grad-Shafranov 方程的源项参数

$$p_0 = \frac{8\psi_b^2}{\mu_0 y_b^2 E^2 R_0^4}(E^2 + 1 - D), \quad F_1^2 = \frac{16D\psi_b^2}{y_b^2 E^2 R_0^2} \tag{4-4-17}$$

使用这一平衡解,可以定性研究一般托卡马克平衡位形的许多性质。

等离子体平衡的数值解   这分两种情况。如果给定一个超导边界,则为固定边界问题。如果给出超导体环绕,但之间有真空区域,则为**自由边界问题**,其边界和形状与外场有关。

方程 (4-4-14) 当然可以联合边界条件直接求数值解。当为自由边界问题时要在等离子体和真空两个区域求解。实际求解往往采取更方便的方法。

式 (4-4-10) 和式 (4-4-14) 可以联合写成

$$\nabla(R^{-2}\nabla\psi) = -\frac{\mu_0}{R}j_\varphi$$
$$j_\varphi = -Rp'(\psi) - \frac{\mu_0}{R}F(\psi)F'(\psi) \tag{4-4-18}$$

在选择了函数 $p(\psi)$ 和 $F(\psi)$ 的形式之后,可以先给定 $\psi(\vec{r})$ 的初始形式 (初值),求得电流分布 $j_\varphi(R,z)$ 或 $j_\varphi(\psi,R)$。将其代入前一式,得到常系数的椭圆型二次微分方程,求得 ψ 的解,再代回到第二式求电流密度,如此反复求得自洽解。所以其一般公式为

$$\nabla(R^{-2}\nabla\psi^{(m+1)}) = -\frac{\mu_0}{R}j_\varphi^{(m)}$$
$$j_\varphi^{(m)} = -Rp'(\psi^{(m)}) - \frac{\mu_0}{R}F(\psi^{(m)})F'(\psi^{(m)}) \tag{4-4-19}$$

m 为迭代次数。这一方法尚须考虑边界条件。

更常用的方法是将上面第一式用它的积分形式代替。因为这一式只是电磁关系,与平衡无关

$$\psi = \int_V G(\vec{r}, \vec{r}')j_\varphi(\psi, \vec{r}')\mathrm{d}\vec{r}' + \sum_{j=1}^{N} G_j I_j \tag{4-4-20}$$

其中，右侧第一项为等离子体的贡献，V 为等离子体体积，第二项为外线圈的贡献。G 为格林函数，即是电流元或外线圈与所求坐标间的互感，由空间相对位置确定。这一积分形式的优点是将外磁场的边界条件部分用较简便的求和形式表现。所以这一迭代化为积分形式

$$\psi^{(m+1)} = \int\limits_{V^{(m+1)}} G(\vec{r},\vec{r}') j_\varphi(\psi^{(m+1)},\vec{r}') \mathrm{d}\vec{r}' + \sum_{j=1}^{N} G_j I_j \tag{4-4-21}$$

其中，$V^{(m+1)}$ 为第 $m+1$ 次迭代时的积分体积，对固定边界问题是固定的，对自由边界问题则随迭代次数而变。在这一计算中可选择空间某点 (如孔栏边缘上一点) 作为等离子体边界必须通过的一点。

　　一些现在常用的平衡计算程序如 EFIT(Equilibrium Fitting) 就基于上述考虑编成，它们有两种用处。第一用于装置磁场位形的设计，称为平衡编码。第二用于根据测量数据计算磁面位形，当然包括等离子体形状、位置、压强分布、安全因子等多种信息，称为平衡重建编码。

　　作为平衡编码，可以设定源项的形式或电流轮廓。有时也将平衡方程与能量输运方程联合求解。这时，平衡方程是二维的，输运方程是一维的 (磁面坐标)，称为 1 又 1/2 维的模拟程序。

　　作为重建平衡编码，可将源项 $p(\psi)$ 和 $F(\psi)$ 对磁面函数展开，其中各项的系数作为待定量，用最小二乘法反复迭代测量数据以修正的这些线性拟合系数。这些测量数据必须包括与压强有关的信息如 β_p 值，否则无法确定 $p(\psi)$ 的初始数据。

3. 近环近似

　　我们考察大半径比小半径大得多的情况。这时用局部极坐标 (见第 3 章附录第 1 部分) 比较方便。在这个坐标系里，Grad-Shafranov 方程 (4-4-14) 写为

$$\left[\frac{1}{r}\frac{\partial}{\partial r}\left(r\frac{\partial}{\partial r}\right) + \frac{1}{r^2}\frac{\partial^2}{\partial\theta^2}\right]\psi - \frac{1}{R_0 + r\cos\theta}\left(\cos\theta\frac{\partial}{\partial r} - \sin\theta\frac{1}{r}\frac{\partial}{\partial\theta}\right)\psi$$
$$= -\mu_0(R_0 + r\cos\theta)^2 p'(\psi) - \mu_0^2 F(\psi)F'(\psi) \tag{4-4-22}$$

在近环近似条件 $r \ll R_0$(即大环径比) 下，上式左方第二项远小于第一项，可把要求的函数 ψ 按 r/R_0 展开为零阶和一阶项：

$$\psi(r,\theta) = \psi_0(r) + \psi_1(r,\theta), \quad \psi_1 \ll \psi_0 \tag{4-4-23}$$

代入式 (4-4-22)，得到零阶和一阶方程，注意两函数 $p(\psi)$ 和 $F(\psi)$ 都在 ψ_0 附近展开

$$\frac{1}{r}\frac{\mathrm{d}}{\mathrm{d}r}\left(r\frac{\mathrm{d}\psi_0}{\mathrm{d}r}\right) = -\mu_0 R_0^2 p'(\psi_0) - \mu_0^2 F(\psi_0)F'(\psi_0) \tag{4-4-24}$$

$$\left[\frac{1}{r}\frac{\partial}{\partial r}\left(r\frac{\partial}{\partial r}\right) + \frac{1}{r^2}\frac{\partial^2}{\partial\theta^2}\right]\psi_1 - \frac{\cos\theta}{R_0}\frac{\mathrm{d}\psi_0}{\mathrm{d}r}$$
$$= -\mu_0 R_0^2 p''(\psi_0)\psi_1 - \mu_0^2[F(\psi_0)F'(\psi_0)]'\psi_1 - 2\mu_0 R_0 r\cos\theta p'(\psi_0) \tag{4-4-25}$$

零阶方程 (4-4-24) 是轴 (环轴) 对称的，与角度 θ 无关，是小半径方向的平衡方程；一阶方程 (4-4-25) 与角度 θ 有关，但对 $\theta = -\theta$ 变换不变，是对赤道面对称的，是大半径方向的平衡方程，此处假设位形上下对称。

Shafranov 位移 我们可设式 (4-4-23) 的另一形式

$$\psi = \psi_0 - \Delta(r)\frac{\partial \psi_0}{\partial R} = \psi_0 - \Delta(r)\cos\theta\frac{\mathrm{d}\psi_0}{\mathrm{d}r} \tag{4-4-26}$$

其中, $\Delta(r)$ 相当于磁面向外的位移。将上式第二项作为 ψ_1 代入一阶方程 (4-4-25), 重新组织各项, 得到

$$-\Delta\frac{\mathrm{d}}{\mathrm{d}r}\left[\frac{1}{r}\frac{\mathrm{d}}{\mathrm{d}r}\left(r\frac{\mathrm{d}\psi_0}{\mathrm{d}r}\right)\right] - \frac{1}{r}\left(\frac{\mathrm{d}r}{\mathrm{d}\psi_0}\right)\frac{\mathrm{d}}{\mathrm{d}r}\left[r\left(\frac{\mathrm{d}\psi_0}{\mathrm{d}r}\right)^2\frac{\mathrm{d}\Delta}{\mathrm{d}r}\right] - \frac{1}{R_0}\frac{\mathrm{d}\psi_0}{\mathrm{d}r}$$

$$=\Delta\frac{\mathrm{d}}{\mathrm{d}r}[\mu_0 R_0^2 p'(\psi_0) + \mu_0^2 F(\psi_0)F'(\psi_0)] - 2\mu_0 R_0 r\frac{\mathrm{d}p_0}{\mathrm{d}r}\frac{\mathrm{d}r}{\mathrm{d}\psi_0} \tag{4-4-27}$$

上式双方第一项可根据零阶方程 (4-4-24) 消掉。其余部分用零级项极向磁场 $B_{\theta 0}$ 代替 $(\mathrm{d}\psi_0/\mathrm{d}r)/R_0$, 得到

$$\frac{\mathrm{d}}{\mathrm{d}r}\left(rB_{\theta 0}^2\frac{\mathrm{d}\Delta}{\mathrm{d}r}\right) = \frac{r}{R_0}\left(2\mu_0 r\frac{\mathrm{d}p_0}{\mathrm{d}r} - B_{\theta 0}^2\right) \tag{4-4-28}$$

这个 $\Delta(r)$ 的二次方程需要两个边条件。我们设 $r = 0$ 处 $\mathrm{d}\Delta/\mathrm{d}r = 0$ 以及 $\Delta(a) = 0$, a 是等离子体小半径 (选择最外磁面中心为原点)。式 (4-4-28) 积分得到

$$\frac{\mathrm{d}\Delta}{\mathrm{d}r} = \frac{2\mu_0}{rR_0 B_{\theta 0}^2}\left(\int_0^r r^2\frac{\mathrm{d}p_0}{\mathrm{d}r}\mathrm{d}r - \frac{1}{2\mu_0}\int_0^r rB_{\theta 0}^2\mathrm{d}r\right)$$

$$= \frac{2\mu_0}{rR_0 B_{\theta 0}^2}\left[r^2 p_0 - \int_0^r\left(2p_0 + \frac{B_{\theta 0}^2}{2\mu_0}\right)r\mathrm{d}r\right] \tag{4-4-29}$$

解这个方程须知动力压强和电流 (极向磁场) 轮廓。为表示等离子体表面处的解, 引进

$$\beta_p = \frac{\displaystyle\int_0^a p_0 2\pi r\mathrm{d}r}{(B_{\theta 0}^2(a)/2\mu_0)\pi a^2} = \frac{\langle p\rangle}{B_{\theta 0}^2/2\mu_0} \tag{4-4-30}$$

称为极向比压, 为动力压强和极向磁压强之比, $\langle\rangle$ 为体积平均。又引进

$$l_{\mathrm{i}} = \frac{\displaystyle\int_0^a (B_{\theta 0}^2/2\mu_0)2\pi r\mathrm{d}r}{(B_{\theta 0}^2(a)/2\mu_0)\pi a^2} \tag{4-4-31}$$

为单位长度等离子体内感。所谓内感, 指等离子体电流在等离子体内产生的磁通的贡献。将以上两式代入式 (4-4-29), 并设等离子体表面压强 $p_0(a) = 0$, 得到

$$\left(\frac{\mathrm{d}\Delta}{\mathrm{d}r}\right)_a = -\frac{a}{R_0}\left(\beta_p + \frac{l_{\mathrm{i}}}{2}\right) \tag{4-4-32}$$

所以 Δ 值在等离子体柱内部变大, 在磁轴处达到最大值。也就是说, 相对于最外面的磁面, 磁轴有一个向外的位移, 这个值 $\Delta(0)$ 称为 Shafranov 位移 (图 4-4-1)。

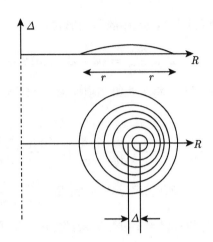

图 4-4-1　Shafranov 位移

Shafranov 位移具体数值依赖于电流轮廓和压强轮廓, 对于圆截面一般处于以下两式之间:

$$\frac{a^2}{2R_0}\left(\beta_p + \frac{l_{\rm i}}{2} - \frac{1}{2}\right) < \Delta(o) < \frac{a^2}{2R_0}\left(\beta_p + \frac{l_{\rm i}}{2}\right) \tag{4-4-33}$$

它的量级是 $\Delta/a \sim a/R \sim \varepsilon$。

所以在近环近似情况下, 平衡的要求并不改变磁面的形状。一级近似下它们仍为圆截面, 但从外向里朝外侧相对移动。这种现象可作如下物理解释: 一个圆环电流产生的磁场通常是内侧强外侧弱, 其磁压强当然也是内强外弱。再加上向外膨胀的动力压强等因素, 会使等离子体向大环方向膨胀而失去平衡。为维持平衡, 只能增加外侧磁压强, 而存在 Shafranov 位移的位形可产生这样的效果。

非圆截面　以上我们假设 $r \ll R_0$, 但没有假设等离子体截面都是圆, 但结果是这样。这是因为我们的展开式 (4-4-26) 不够普遍。我们可一般地将磁通的一阶项写为

$$\psi_1 = -\sum \Delta_n(r)\cos n\theta \frac{{\rm d}\psi_0}{{\rm d}r} \tag{4-4-34}$$

n 为正整数。如果形状上下不对称要引进正弦分量。式 (4-4-34) 的 $n=1$ 情况已研究, $n>1$ 时, $\Delta_n(r)$ 是模数为 n 的变形对于圆截面的偏离。将式 (4-4-34) 代入式 (4-4-25), 在 $n>1$ 时并用到零阶项方程 (4-4-24):

$$-\frac{1}{r}\frac{{\rm d}}{{\rm d}r}\left[r\frac{{\rm d}}{{\rm d}r}\left(\Delta_n(r)\frac{{\rm d}\psi_0}{{\rm d}r}\right)\right] + \frac{n^2}{r^2}\Delta_n(r)\frac{{\rm d}\psi_0}{{\rm d}r}$$

$$= \frac{{\rm d}}{{\rm d}r}\left[\mu_0 R_0^2 p'(\psi_0) - \mu_0^2 F(\psi_0)F'(\psi_0)\right]\Delta_n(r)$$

$$= -\frac{{\rm d}}{{\rm d}r}\left[\frac{1}{r}\frac{{\rm d}}{{\rm d}r}\left(r\frac{{\rm d}\psi_0}{{\rm d}r}\right)\right]\Delta_n(r) \tag{4-4-35}$$

因而得到高阶项的方程

$$\frac{{\rm d}^2\Delta_n}{{\rm d}r^2} + \left(\frac{2}{B_{\theta 0}}\frac{{\rm d}B_{\theta 0}}{{\rm d}r} + \frac{1}{r}\right)\frac{{\rm d}\Delta_n}{{\rm d}r} - \frac{n^2-1}{r^2}\Delta_n = 0 \tag{4-4-36}$$

这方程与动力压强无关。在这一近似下，高阶项的变形完全由外场决定。如果从测量或计算得到最外边的磁面形状，可用 Fourier 变换算出不同 n 的对应值 $\Delta_n(a)$，然后根据式 (4-4-36) 计算不同磁面的形状。

图 4-4-2(L.Wang, FRCR#362, The University of Texas, Austin, 1990) 是一个近圆的非圆截面托卡马克 TEXT 的平衡位形及所对应的前几个 $\Delta_n(a)$ 值，以小半径 a 为长度单位，$a/R=0.25$。在计算磁面时假设 $\beta_p=0.5$，$l_i=1.22$，电流和压强轮廓分别为 $(1-r^2/a^2)^\alpha$ 和 $(1-r^2/a^2)^\gamma$ 形式，$\alpha=2$，$\gamma=2.8$。从图可看出，$\Delta_4(a)$ 是主要变形参数。

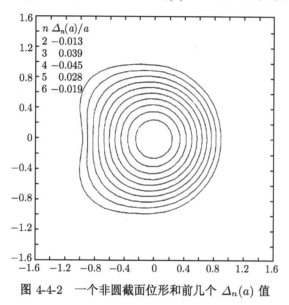

$$
\begin{array}{cc}
n & \Delta_n(a)/a \\
2 & -0.013 \\
3 & 0.039 \\
4 & -0.045 \\
5 & 0.028 \\
6 & -0.019
\end{array}
$$

图 4-4-2　一个非圆截面位形和前几个 $\Delta_n(a)$ 值

这一展开也可近似用于拉长截面，此时拉长比 $\kappa=(a-\Delta_2(a))/(a+\Delta_2(a))$。但是用于三角形变形时，$\Delta_3(a)$ 和三角形变形参数 δ 之间没有简单关系。这种展开基于近环近似，对于球形环不适用。

4.5　真空磁场和平衡性质

1. 真空磁场

边界条件　为在局部极坐标中求 Grad-Shafranov 方程的解，要求边界处的场和真空区域的解拟合。先求边界处的极向场，在近环近似中，极向或称角向磁场可作如下展开：

$$
B_\theta = \frac{1}{R_0+r\cos\theta}\frac{\partial\psi}{\partial r} = \frac{1}{R_0}\frac{\partial\psi}{\partial r} - \frac{r}{R_0^2}\frac{\partial\psi}{\partial r}\cos\theta \tag{4-5-1}
$$

又从式 (4-4-26) 得到

$$
\frac{\partial\psi}{\partial r} = \frac{\mathrm{d}\psi_0}{\mathrm{d}r} - \left(\frac{\mathrm{d}\Delta}{\mathrm{d}r}\frac{\mathrm{d}\psi_0}{\mathrm{d}r} + \Delta\frac{\mathrm{d}^2\psi_0}{\mathrm{d}r^2}\right)\cos\theta \tag{4-5-2}
$$

将式 (4-5-2) 代入式 (4-5-1)，并用于 $r=a$，且有 $\Delta(a)=0$，得到

$$
B_\theta(a) = \frac{1}{R_0}\frac{\mathrm{d}\psi_0}{\mathrm{d}r} - \frac{1}{R_0}\frac{\mathrm{d}\Delta}{\mathrm{d}r}\frac{\mathrm{d}\psi_0}{\mathrm{d}r}\cos\theta - \frac{a}{R_0^2}\frac{\mathrm{d}\psi_0}{\mathrm{d}r}\cos\theta
$$

$$= B_{\theta 0}(a) \left[1 - \left(\frac{a}{R_0} + \left(\frac{\mathrm{d}\Delta}{\mathrm{d}r} \right)_a \right) \cos\theta \right]$$

$$= B_{\theta 0}(a) \left(1 + \frac{a}{R_0} \Lambda \cos\theta \right) \tag{4-5-3}$$

其中，$\Lambda = \beta_p + \dfrac{l_i}{2} - 1$。对于等离子体内部的任意磁面没有简单的表达式，但可以近似使用式 (4-5-3)，此时 a 改为磁面的小半径 r。

按照托卡马克的运转参数，在式 (4-5-3) 中应有 $\Lambda > 0$。因为 θ 角从环外侧算起，所以环外侧的极向磁场强于环内侧，和一般的线电流环或超导电流环的磁场位形相反。这是由于存在 Shafranov 位移 (图 4-4-1)，电流重心 (和磁轴不在一个位置) 外移，加强了外侧极向场，对维持等离子体平衡产生影响。

零阶真空场　下面求在边界处与式 (4-5-3) 匹配的真空磁场，其方程就是 Shafranov 方程 (4-4-14) 或式 (4-4-22) 右端设为零，因为真空不存在电流和动力压强。同样，近环近似下的零阶方程 (4-4-24) 化为

$$\frac{1}{r} \frac{\mathrm{d}}{\mathrm{d}r} \left(r \frac{\mathrm{d}\psi_0}{\mathrm{d}r} \right) = 0 \tag{4-5-4}$$

从 $B_\theta = \dfrac{1}{R} \dfrac{\partial \psi}{\partial r}$，$B_r = -\dfrac{1}{Rr} \dfrac{\partial \psi}{\partial \theta}$ 可知方程 (4-5-4) 实际上就是真空中的麦克斯韦方程 $\nabla \times \vec{B} = 0$ 的 φ 分量。这一方程的非零解是 $\psi_0 = c_1 + c_2 \ln r$，其中

$$c_2 = r \frac{\mathrm{d}\psi_0}{\mathrm{d}r} = B_{\theta 0} R_0 r \tag{4-5-5}$$

而零阶量的 $B_{\theta 0} = \dfrac{\mu_0 I_p}{2\pi r}$，所以常系数 $c_2 = \dfrac{\mu_0 I_p R_0}{2\pi}$。至于 c_1 是多少，我们要看磁通的零点在哪里。我们以前说过，磁通的零点并不重要，它可任意加减一个常数，但正确选择零点会使表述简单。特别是，当我们计算一个环形电流圈的自感时，其定义是通过环内的磁通除以电流。也就是说，磁通要从原点即 $R = 0$ 处算起 (图 4-2-3)，近环近似不能用于这点附近的区域，只能用于 $R = R_0$ 附近，所以这一积分很困难，但我们可用现成的电流圈电感公式。设其大半径和小半径分别为 R_0 和 a，在近环近似 $a \ll R_0$ 时，若表面为磁面 (如超导情况，见第 3 章附录第 3 部分)，自感为 $L = \mu_0 R_0 \left(\ln \dfrac{8R_0}{a} - 2 \right)$，由此得到零阶 (约化的) 磁通为

$$\psi_0 = \frac{\mu_0 I_p}{2\pi} R_0 \left(\ln \frac{8R_0}{r} - 2 \right) \tag{4-5-6}$$

注意到，我们刚才说 $\ln r$ 前面的系数应为正，但现在式 (4-5-6) 中变为负，这是因为我们把磁通方向颠倒了，其目的是使磁通从零增大时，首先朝正值方向。

我们在求真空磁场时，光从方程本身得不到解，而须引进超导环的自感值，是因为我们所采用近环近似只适用于环的周围，无法得到极向磁通的绝对值。

近似到一阶的真空场　从式 (4-4-25) 得到真空磁场的一阶方程

$$\left[\frac{1}{r} \frac{\partial}{\partial r} \left(r \frac{\partial}{\partial r} \right) + \frac{1}{r^2} \frac{\partial^2}{\partial \theta^2} \right] \psi_1 - \frac{\cos\theta}{R_0} \frac{\mathrm{d}\psi_0}{\mathrm{d}r} = 0 \tag{4-5-7}$$

其中，$\psi_1(r,\theta)$ 也应具有 $\cos\theta$ 的形式。将式 (4-5-6) 代入上式得到

$$\frac{\partial}{\partial r}\left(\frac{\partial \psi_1}{\partial r}+\frac{\psi_1}{r}\right)=\frac{\mu_0 I_{\mathrm P}}{2\pi}\frac{1}{r}\cos\theta \tag{4-5-8}$$

此方程的通解是

$$\psi_1=\left(-\frac{\mu_0 I_{\mathrm P}}{4\pi}r\ln r+\frac{c_1}{r}+c_2 r\right)\cos\theta \tag{4-5-9}$$

c_1，c_2 是两个待定常数。我们把总的真空磁通，包括零阶和一阶，写为

$$\psi=\frac{\mu_0 I_{\mathrm P}}{2\pi}R_0\left(\ln\frac{8R_0}{r}-2\right)+\frac{\mu_0 I_{\mathrm P}}{4\pi}\left[r\left(\ln\frac{8R_0}{r}-1\right)+\frac{c_1}{r}+c_2 r\right]\cos\theta \tag{4-5-10}$$

为以后方便，在不影响一般性条件下，此处将常数 c_1，c_2 重新定义。我们可从式 (4-5-10) 求真空磁场 B_θ 和 B_r，并令 $r=a$ 时 $B_\theta(a)$ 和等离子体表面的磁场式 (4-5-3) 一致，$B_r(a)=0$。由此求出 c_1，c_2 两常数

$$c_1=a^2\left(\Lambda+\frac{1}{2}\right),\quad c_2=-\left(\ln\frac{8R_0}{a}+\Lambda-\frac{1}{2}\right) \tag{4-5-11}$$

从而得到真空磁通

$$\psi=\frac{\mu_0 I_{\mathrm P}}{2\pi}R_0\left(\ln\frac{8R_0}{r}-2\right)-\frac{\mu_0 I_{\mathrm P}}{4\pi}r\left[\ln\frac{r}{a}+\left(\Lambda+\frac{1}{2}\right)\left(1-\frac{a^2}{r^2}\right)\right]\cos\theta \tag{4-5-12}$$

平衡磁场 式 (4-5-12) 的一阶项 ψ_1 相当于一个垂直磁场，它可分为两部分。在式 (4-5-10) 中的 ψ_1 的第一项 $\left(\ln\frac{8R_0}{r}-1\right)$ 是近环近似条件下的近似表示。这一项可证在 $r\to\infty$ 时趋于零，所以它和第二项 c_1/r 都是等离子体电流产生的。将一阶项分为两部分：

$$\psi=\underbrace{\frac{\mu_0 I_{\mathrm P}}{2\pi}R_0\left(\ln\frac{8R_0}{r}-2\right)}_{\text{零阶解}}+\frac{\mu_0 I_{\mathrm P}}{4\pi}r\left\{\underbrace{\left[\ln\frac{8R_0}{r}-1+\left(\Lambda+\frac{1}{2}\right)\frac{a^2}{r^2}\right]}_{\text{一阶解}}-\underbrace{\left(\ln\frac{8R_0}{a}+\Lambda-\frac{1}{2}\right)}_{\text{外场}}\right\}\cos\theta$$

$$\underbrace{\qquad\qquad\qquad\qquad\qquad\qquad}_{\text{等离子体的场}}$$

最后一项 $c_2 r$ 是外电流产生的，相应磁场即上式中的外场是

$$B_{\mathrm v}=-\frac{\mu_0 I_{\mathrm P}}{4\pi R_0}\left(\ln\frac{8R_0}{a}+\Lambda-\frac{1}{2}\right) \tag{4-5-13}$$

所以在托卡马克装置中，必须外加一个垂直场才能使等离子体达到平衡。在非近环近似情况下，这样的外加磁场也是需要的，一般称为平衡场，因为与等离子体截面形状有关，也称成形场。

托卡马克等离子体的平衡为什么需要一个垂直场呢？这和 Shafranov 位移同理。为了维持平衡，须使内侧磁场减弱，外侧加强，其方法就是加一个垂直磁场。更一般地说，按照 Virial 定理，一个有限体积的磁约束等离子体体系，没有外加磁场不能达到平衡。

2. 环坐标中的真空解

前面我们在求真空磁场时, 光从局部极坐标中的 Shafranov 方程 (即麦克斯韦方程) 本身得不到解, 而须引进超导环的自感值, 是因为我们所采用近环近似只适用于环的周围, 无法得到极向磁通的绝对值。为自洽地得到真空解, 可以在一种**环坐标**(toroidal coordinates)(图 4-5-1) 中求解。这个坐标系的坐标 (b, ω, φ) 和柱坐标 (R, φ, z) 的关系是

$$R = \frac{R_0 \sinh b}{\cosh b - \cos \omega}, \quad z = \frac{R_0 \sin \omega}{\cosh b - \cos \omega}, \quad \varphi = \varphi \tag{4-5-14}$$

它们的取值范围是

$$b = 0 - \infty, \quad \omega = 0 - 2\pi, \quad \varphi = 0 - 2\pi$$

其中, R_0 为环轴半径, 和局部极坐标一样。

坐标 b 相当于局部极坐标的 r 但无长度量纲, $b = b_0$ 的轨迹是环轴为 $r = R_0 \coth b_0$, $z = 0$, 半径为 $R_0 / \sinh b_0$ 的圆环面, 所以这一系列坐标面是不同环轴的圆环面, 当变量 b 很大, 即接近环轴时, 式 (4-5-14) 前两式近似为

$$R \cong R_0 + 2\mathrm{e}^{-b} R_0 \cos \omega$$
$$z \cong 2\mathrm{e}^{-b} R_0 \sin \omega \tag{4-5-15}$$

所以 ω 趋于局部极坐标中的 θ, 而局部极坐标中的变量 r 相当于 $2\mathrm{e}^{-b} R_0$。

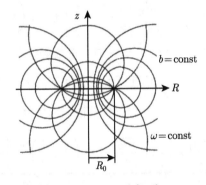

图 4-5-1   环坐标系

在环坐标系中解真空磁场。作函数变换, 令磁面函数

$$\psi(R, z) = \frac{F(b, \omega)}{\sqrt{2(\cosh b - \cos \omega)}} \tag{4-5-16}$$

在真空区, 得到方程

$$\frac{\partial^2 F}{\partial b^2} - \coth b \frac{\partial F}{\partial b} + \frac{\partial^2 F}{\partial \omega^2} + \frac{1}{4} F = 0 \tag{4-5-17}$$

分离变数, 取上下对称解

$$F(b, \omega) = g_n(b) \cos n\omega \tag{4-5-18}$$

其中, n 为整数。关于 $g_n(b)$ 的方程为

$$\frac{\mathrm{d}^2 g_n}{\mathrm{d}b^2} - \coth b \frac{\mathrm{d}g_n}{\mathrm{d}b} - \left(n^2 - \frac{1}{4}\right) g_n = 0 \tag{4-5-19}$$

它有两个独立的解

$$\left(n^2 - \frac{1}{4}\right) g_n = \sinh b \frac{\mathrm{d}}{\mathrm{d}b} Q_{n-1/2}(\cosh b)$$

$$\left(n^2 - \frac{1}{4}\right) f_n = \sinh b \frac{\mathrm{d}}{\mathrm{d}b} P_{n-1/2}(\cosh b)$$

$$\text{(4-5-20)}$$

$P_{n-1/2}(\cosh b)$ 和 $Q_{(n-1)/2}(\cosh b)$ 为半整数阶的 Legendre 函数。在靠近轴，即 $\mathrm{e}^b \gg 1$ 时有近似

$$g_0 \cong \mathrm{e}^{b/2}, \quad g_1 \cong -\frac{1}{2}\mathrm{e}^{-b/2}, \quad f_0 \cong \frac{2}{\pi}(b + \ln 4 - 2)\mathrm{e}^{b/2}, \quad f_1 \cong \frac{2}{3\pi}\mathrm{e}^{3b/2} \qquad \text{(4-5-21)}$$

展开到 $\cos\omega$，只取 $n = 0, 1$ 项。在环周围，即 b 很大的地方，可以得到式 (4-5-10)。

　　除去推导公式，环坐标还可用于平衡位形数值计算。局部极坐标的近环近似不适于非圆截面和小环径比，除非展开到高阶项。真空区存在柱坐标下的磁场拉氏方程的解析解，但坐标面与环形位形不匹配。只有环坐标系的坐标面与等离子体位形相配，其中的真空解适用于等离子体环外任何区域，所以用以作等离子体平衡位形边界的重建是很方便的。这种方法称**环形多极展开**(toroidal multipolar expansion, TME)。它将多极展开的系数作为未知量，使用位置已知的探测器获得数据，采用最小二乘法求得平衡解。

3. 等离子体比压

　　式 (4-4-30) 和式 (4-4-31) 引进了两个无量纲等离子体参数：极向比压 β_p 和单位长度等离子体内感 (简称内感)l_i。现讨论 β_p 的一些性质，为此须使用轴对称等离子体柱的平衡方程。所谓等离子体柱，就是环形等离子体忽略了环效应。

　　现在我们把直圆柱体平衡公式 (4-1-7) 用于环形等离子体的平衡的近似解，将 B_z 换为 B_φ，$B_\theta(a)$ 即为式 (4-4-30) 中的 $B_{\theta 0}$，$B_z(a)$ 为真空磁场 $B_{\varphi v}$，$p_a = 0$。极向比压可写为

$$\beta_p \equiv \frac{\langle p \rangle}{B_{\theta 0}^2/2\mu_0} = 1 + \frac{B_{\varphi v}^2 - \langle B_\varphi^2 \rangle}{B_{\theta 0}^2} \cong 1 + \frac{2B_{\varphi v}}{B_{\theta 0}^2}\langle B_{\varphi v} - B_\varphi \rangle \qquad \text{(4-5-22)}$$

从式 (4-5-22) 可知，若 $\beta_p < 1$，等离子体内的环向磁场强于真空场，等离子体是顺磁的；若 $\beta_p > 1$，等离子体内的环向磁场低于真空场，等离子体是逆磁的 (图 4-5-2)。

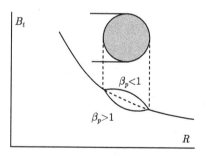

图 4-5-2　不同比压值的环向场分布

　　等离子体内的环向场不同于真空场，是因为等离子体电流有一个极向分量。为了维持等离子体在半径方向的平衡，等离子体电流方向须与合成磁场构成一个夹角。在 $\beta_p \to 0$ 极限下，这个夹角趋于零。随 β_p 的增加，这个夹角逐渐增大。在这个夹角很小时，电流所产生的

环向场的与真空磁场同向, 等离子体呈顺磁。这个夹角充分大时, 等离子体电流的极向分量转向, 所产生的环向磁场也改变方向, 成为逆磁 (图 4-5-3)。

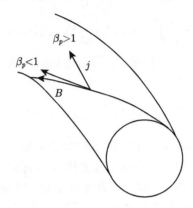

图 4-5-3　不同比压值的磁场和电流方向

我们在等离子体物理课程中学习的知识是等离子体总是逆磁的, 从式 (4-1-4) 的分析也得出逆磁的结论, 为什么这里又有顺磁? 从图 4-5-3 中总的磁场方向看, 电流的效应总是逆磁的, 但是从环向磁场看, 可能是顺磁或逆磁。只有这一顺磁或逆磁效应是可以测量的。

等离子体电流的产生是由于感应的环向电动势的驱动。这一电动势可以分解为平行和垂直磁场两分量, 分别驱动平行和垂直两方向的电流。如果两方向的电阻率一致, 则电流方向与电动势方向一致, 即为环向。这就是 $\beta_p = 1$ 的情况。可以证明, $\beta_p = \eta_{\parallel}/\eta_{\perp}$, $\eta_{\parallel}$ 和 $\eta_{\perp}$ 分别为平行和垂直磁场方向的电阻率。所以, 随极向比压变化引起的等离子体电流方向的变化, 以及顺磁逆磁的变化, 也可归结为垂直方向电阻的变化。这个平行磁场方向电阻 $\eta_{\parallel}$ 就是不存在磁场时的电阻, 而垂直方向的电阻 $\eta_{\perp}$ 在一般情形应为 $\eta_{\parallel}$ 的两倍, 但在环形等离子体的平衡位形里是反常的。

式 (4-4-30) 所表示的是一个小截面内的平均极向比压。我们当然也可定义局部极向比压为 $\beta_p = p/(B_\theta^2/2\mu_0)$。当小半径从零变大时, 动力压强一般从强变弱, 极向磁场 B_θ 从小变大, 边缘处稍减。所以局部的极向比压值在等离子体中心最大, 向外部逐渐变小, 其对环向磁场的逆磁和顺磁也随半径变化。

对于局部极向比压, 没有像式 (4-5-22) 那样的简单关系, 只是大致依从。局部极向比压在等离子体内部可能造成逆磁, 但在边界处由于动力压强很低, 总是顺磁的, 所以高比压造成约束磁场内部减小, 而外部不变或增大, 不会降低约束性能, 反倒可能于稳定有利。

球形环的环向磁场低, 比压高, 逆磁效应显著。外侧极向场强度接近环向场。有时可在外侧形成局部的最小 B 区域。如 START 上的实验结果 (图 4-5-4, A. Sykes, Nucl. Fusion, 39(1999) 1271)。这会产生局部约束粒子, 对稳定某些不稳定性也有好处。

等离子体的比压是个重要的参量。加热等离子体的目的是实现聚变反应, 所以希望用最小代价 (磁场) 达到高温, 因而希望得到较高的比压值。

极向比压的极限　从等离子体平衡角度, 极向比压 β_p 有一定限制。为维持等离子体平衡, 须外加一垂直场。这个场在环外侧和等离子体产生的极向场同向, 在内侧反向。而等离子体的极向场基本上与和环的距离成反比, 所以, 在环内侧必然有一个位置两个场抵消。形

成磁场的分支点 (图 4-5-5)。随着 β_p 值的增加,垂直场也增加,这个分支点向环靠近。当这个分支点接近环面时,就可认为达到最大 β_p 值。垂直场的公式 (4-5-13) 可写为

$$B_\perp = \frac{a}{2R} B_{\theta 0}(a) \left(\ln \frac{8R}{a} + \beta_p + \frac{l_i}{2} - \frac{3}{2} \right)$$

为使 $B_\perp \approx B_{\theta 0}(a)$,$\beta_p$ 应为 R/a 的量级。如果 β_p 继续增加,使所需垂直场继续增大,分支磁面将进入等离子体,破坏平衡。考虑到括号内其余项,β_p 的极限应为 R/a。实验验证的结论是在前面要加 $0.5\sim1$ 的系数,所以一般将极向比压极限定为 $0.5R/a$。

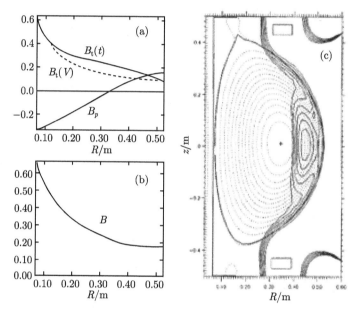

图 4-5-4 球形环 START 上的总环向场 $B_t(t)$、真空环向场 $B_t(V)$、极向场 B_p(a),磁场绝对值 (b) 以及磁场位形 (c)

实线为等磁场强度线,虚线为磁力线

同样可定义等离子体总的比压值

$$\beta = \frac{\langle p \rangle}{B^2/2\mu_0} \cong \frac{\langle p \rangle}{B_\varphi^2/2\mu_0} \tag{4-5-23}$$

可用边界处安全因子 $q(a)$ 将其与 β_p 联系,并得到对总比压的限制

$$\beta < \frac{0.5}{q^2(a)} \frac{a}{R} \tag{4-5-24}$$

4. 等离子体内感

式 (4-4-31) 引进单位长度内感,又可写为

$$l_i = \frac{\langle B_\theta^2 \rangle}{B_{\theta a}^2} = \frac{2 \int_0^a B_\theta^2 r \mathrm{d}r}{a^2 B_{\theta a}^2} \tag{4-5-25}$$

现在解释它的物理意义。看小半径 r 以内环向电流在 $r \sim r + \mathrm{d}r$ 环中产生的极向磁通应为 $2\pi R B_\theta(r)\mathrm{d}r$(图 4-5-6),这部分磁通通过小半径 r 以内的电流环,这部分电流正比于 $B_\theta(r)r$。在计算自感的时候,应对磁通乘以归一的权重 (分数匝数)$\dfrac{B_\theta(r)r}{B_{\theta a}a}$,所以总磁通应为

$$\Phi = \frac{2\pi R \displaystyle\int_0^a B_\theta^2(r)r\mathrm{d}r}{B_{\theta a}a} \tag{4-5-26}$$

将它除以总等离子体电流 $I_\mathrm{p} = 2\pi a B_{\theta a}/\mu_0$ 就得到

$$L_\mathrm{i} = \frac{\mu_0 R \displaystyle\int_0^a B_\theta^2(r)r\mathrm{d}r}{a^2 B_{\theta a}^2} = \frac{\mu_0 R}{2}l_\mathrm{i} \tag{4-5-27}$$

所以单位长度内感应为上式除以 $2\pi R$,应为 $\dfrac{\mu_0}{4\pi}l_\mathrm{i}$。在我们使用的单位制中,$l_\mathrm{i}$ 是一个无量纲量,使用比较方便。

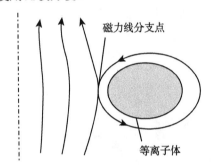

图 4-5-5　磁力线分支点的形成

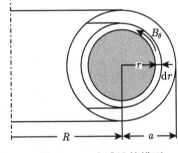

图 4-5-6　内感计算模型

内感 l_i 由电流轮廓决定,一些典型 l_i 值对应的电流轮廓如图 4-5-7 所示。实际装置上的电流轮廓多属于最后一种,即钟形分布。

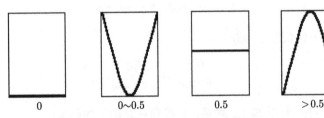

图 4-5-7　对应不同 l_i 值的电流分布

电流轮廓的简化模型　在实验数据处理中,很多情况需要电流轮廓数据,即电流沿小半径的分布。但这种测量比较困难,一般不属于常规诊断,所以往往假设一种电流截面,取形式为类抛物线分布

$$j_\mathrm{p}(r) = j_\mathrm{p0}\left(1 - \frac{r^2}{a^2}\right)^\alpha \tag{4-5-28}$$

其中,j_p0 是中心电流密度,α 是一个调节常数。一般常规运转的中小型装置取 $\alpha = 2$ 比较接近实验结果,图 4-4-2 的数据就是根据这一假设得到的。也可以从软 X 射线或电子回旋辐

射测量得到 $q = 1$ 面的位置决定 α 值。α 值和内感 l_i 值有固定关系。容易推出

$$l_i = \int\limits_0^1 \frac{1}{\xi}[1 - (1 - \xi)^{\alpha+1}]^2 \mathrm{d}\xi \tag{4-5-29}$$

当 $\alpha = 2$ 时，积分得到 $l_i = 73/60 \approx 1.22$。假设了电流轮廓以后，安全因子 $q(r)$ 的轮廓也可得出。特别是边界处的 q 值和中心 q 值的比值有较简单的关系

$$\frac{q(a)}{q(0)} = \alpha + 1 \tag{4-5-30}$$

所以当 $\alpha = 2$ 时，边界安全因子为 3，是一般托卡马克常规运转值。这样的"标准"轮廓如图 4-5-8 所示。

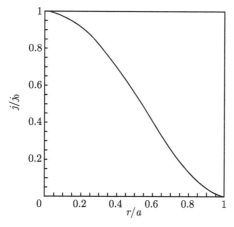

图 4-5-8 $\alpha = 2$ 的"标准"电流轮廓

4.6 等离子体电路

1. 等离子体电路

在第 3 章里，已经从工程角度得到等离子体电路表示式 (3-2-4)，现在从能量守恒角度推导。从坡印亭定理知道，流进等离子体内的能流等于等离子体内磁能的增加和电阻消耗。这一能流为坡印亭矢量 $-\frac{1}{\mu_0} \vec{E} \times \vec{B}_p$，即单位面积能流乘以等离子体表面积，负号为向内。列出等式

$$-\frac{1}{\mu_0} \oint\limits_S (\vec{E} \times \vec{B}_p) \cdot \mathrm{d}\vec{S} = \int\limits_V \left[\frac{\partial}{\partial t} \left(\frac{B_p^2}{2\mu_0} \right) + \vec{j} \cdot \vec{E} \right] \mathrm{d}V \tag{4-6-1}$$

左侧被积函数中的三个向量彼此垂直，所以都可化为标量，而在轴对称时积分可化为线积分，积分元化为 $2\pi R \mathrm{d}l$，而 $2\pi R E = U_L$ 为环电压，稳定时沿表面为常量，按安培定律，积分 $\frac{1}{\mu_0} \oint B_p \mathrm{d}l = I_p$ 为环电流，因此左方为 $U_L I_p$。右方积分内第一项为磁能，积分后可用自感

表示为 $\int\limits_V \dfrac{B_p^2}{2\mu_0}\mathrm{d}V = \dfrac{1}{2}L_p I_p^2$，再微分后得到 $L_p I_p \dfrac{\mathrm{d}I_p}{\mathrm{d}t}$，第二项为电阻项。因此得到等离子体

电路方程，即式 (3-2-4)

$$U_L = L_p \frac{\mathrm{d}I_p}{\mathrm{d}t} + I_p R_p$$

从约化磁通表示 (4-5-6)，再加上内感部分，可以得到等离子体电流的自感

$$L_p = \frac{2\pi\psi_0}{I_p} = \mu_0 R_0 \left(\ln \frac{8R_0}{a} + \frac{l_i}{2} - 2 \right) \tag{4-6-2}$$

在 (3-2-4) 中，也可从 U_L 中分出其他电路的互感项

$$U_L = I_p R_p + L_p \frac{\mathrm{d}I_p}{\mathrm{d}t} + \sum M_{pi} \frac{\mathrm{d}I_i}{\mathrm{d}t} \tag{4-6-3}$$

其中，M_{pi} 为等离子体与第 i 个电路的互感。这些电路可以是与等离子体电路有耦合的垂直场、反馈场、导电真空室等。

2. 位移稳定性

现在讨论等离子体柱运动的稳定性问题。假设运动不改变环电压，因为是虚位移，式 (4-6-3) 右方第一项也无须考虑。可把电路方程写成如下磁通守恒的形式：

$$\frac{\mathrm{d}}{\mathrm{d}t}(L_p I_p + \pi R^2 B_v) = 0 \tag{4-6-4}$$

B_v 为外加的垂直场。这时须考虑自感 L_p 的变化，式 (4-6-4) 写为

$$L_p \frac{\mathrm{d}I_p}{\mathrm{d}t} + \left(I_p \frac{\partial L_p}{\partial R} + 2\pi R B_v \right) \frac{\mathrm{d}R}{\mathrm{d}t} = 0 \tag{4-6-5}$$

再写出等离子体柱的运动方程

$$M \frac{\mathrm{d}^2 R}{\mathrm{d}t^2} = 2\pi \frac{\mathrm{d}}{\mathrm{d}t}[R I_p (B_\perp - B_v)] \tag{4-6-6}$$

其中，M 为等离子体总质量，$B_\perp$ 项表示等离子体的扩张力，即所需的垂直场。在平衡时 $B_\perp - B_v = 0$，由式 (4-5-13)，$B_\perp = \dfrac{\mu_0 I_p}{4\pi R}\Gamma$，$\Gamma = \ln\dfrac{8R}{a} + \Lambda - \dfrac{1}{2}$。展开式 (4-6-6) 为

$$M \frac{\mathrm{d}^2 R}{\mathrm{d}t^2} = 2\pi \left[R B_\perp \frac{\mathrm{d}I_p}{\mathrm{d}t} + \left(\frac{\mu_0 I_p^2}{4\pi} \frac{\partial \Gamma}{\partial R} - I_p B_v - I_p R \frac{\partial B_v}{\partial R} \right) \frac{\mathrm{d}R}{\mathrm{d}t} \right]$$

$$\cong 2\pi \left[R B_\perp \frac{\mathrm{d}I_p}{\mathrm{d}t} + (n-1) I_p B_\perp \frac{\mathrm{d}R}{\mathrm{d}t} \right] \tag{4-6-7}$$

我们作了近似 $\dfrac{\partial \Gamma}{\partial R} \approx 0$，并设无量纲参数 $n = -\dfrac{R}{B_v}\dfrac{\partial B_v}{\partial R}$。现在我们从式 (4-6-5) 中解出 $\dfrac{\mathrm{d}I_p}{\mathrm{d}t}$ 并代入式 (4-6-7)，并作近似

$$\frac{R}{L_p} \frac{\partial L_p}{\partial R} \approx 1, \quad \frac{\mu_0 R}{L_p}\Gamma \approx 1$$

得到

$$M\frac{\mathrm{d}^2 R}{\mathrm{d}t^2} = 2\pi\left(n - \frac{3}{2}\right)I_\mathrm{p}B_\perp\frac{\mathrm{d}R}{\mathrm{d}t} \tag{4-6-8}$$

当 $n < \frac{3}{2}$ 时，受力的方向和速度方向相反，水平位移稳定。这是运动方程和电路方程 (磁通守恒) 耦合的结果。

等离子体在垂直方向的运动与电路方程无耦合，对于均匀的垂直场 ($n= 0$) 是随遇平衡。若使其稳定，须有水平方向的磁场分量，这一分量在向上或向下运动时应是方向相反的。很容易证明，这一稳定性需要 $\frac{1}{B_\mathrm{v}}\frac{\partial B_R}{\partial z} < 0$，由麦克斯韦方程 $\nabla \times \vec{B} = 0$，轴对称时有 $\frac{\partial B_R}{\partial z} = \frac{\partial B_\mathrm{v}}{\partial R}$，所以上述稳定条件相当于 $n > 0$。因而总的等离子体位移稳定性要求 $0 < n < \frac{3}{2}$。这样的平衡场是一个桶形场 (图 4-6-1)，也可见 HL-2A 的垂直场形态 (图 3-2-9)。但 $\frac{3}{2}$ 这个数值是个非常粗略的数值，考虑到其他因素后，包括变压器铁芯的影响，具体数值可能有很大变化。

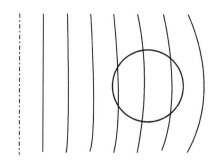

图 4-6-1 桶形垂直场

直观上看，这个桶形场靠外侧的磁张力维持平衡的稳定。也可认为桶形垂直场是垂直场 (偶极场) 和形态为 $\cos 2\theta$ 的四极场 (图 4-6-2) 的合成。四极场和圆等离子体截面变形有关。一阶展开 Grad-Shafranov 方程的解是有位移的圆截面，一阶方程决定大环方向的平衡。二阶项则使圆截面发生椭圆变形，决定平移稳定性。如果系统上下对称，这个变形发生在水平和垂直方向。

对于符合 $0 < n < \frac{3}{2}$ 的垂直场，相应的四极场在上下两个方向压缩等离子体，使其横向稍变扁。如果希望等离子体截面在垂直方向拉长 (拉长比 $\kappa > 1$)，须使 $n < 0$，则其在垂直方向不稳定。这个拉长截面位移不稳定问题在一般情况下 (非近环近似) 也成立。

物理 (如单边偏滤器) 或工程 (如不对称导体系) 原因，造成磁场位形上下不对称时，还可能存在 $\sin 2\theta$ 形式的外四极场 (图 4-6-2)。这一四极场相应于斜方向，即小截面内 45° 方向的截面变形和位移稳定性，这一稳定性是独立的。也就是说，水平和垂直方向位移的稳定不能保证斜向的位移稳定。当然系统上下对称时这一位移总是稳定的，如果上下不对称，须考虑这一不稳定性。

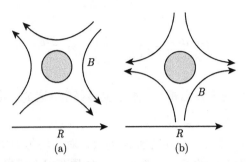

图 4-6-2　等离子体周围四极场的两个分量 $\cos 2\theta$(a) 和 $\sin 2\theta$(b) 的形态

Shafranov 位移对稳定性的作用　为了总结 Shafranov 位移对平衡和稳定性的作用，引进另一磁面量比容(specific volume)

$$U = \frac{\mathrm{d}V}{\mathrm{d}\Phi} \tag{4-6-9}$$

其中，V 是一个磁面所包含的容积。当环绕这磁面的磁力线闭合时，可写为 $\oint \mathrm{d}l/B$，当磁力线不闭合时，为多次环绕的平均值。U 向等离子体外减小意味着磁场向外增加。这时，尽管局部的磁场可能向外减小，也可称平均最小 B。对于托卡马克，从式 (4-6-9)，考虑到 Shafranov 位移，计算某一磁面比容到一阶项

$$U = \frac{2\pi [R_0 + \Delta(r)] 2\pi r}{\dfrac{B_0 R_0}{R_0 + \Delta(r)} 2\pi r} \cong \frac{2\pi R_0}{B_0} \left[1 + \frac{2\Delta(r)}{R_0} \right] \tag{4-6-10}$$

由于 Shafranov 位移的微商 $\dfrac{\mathrm{d}\Delta(r)}{\mathrm{d}r} < 0$，所以有 $\dfrac{\mathrm{d}U}{\mathrm{d}r} < 0$，满足平均最小 B 要求。其原因在于当小半径增大时，Shafranov 位移决定的磁面逐渐内移到强场 (环向场) 区。所以对托卡马克而言，全局性的交换不稳定性不会发生。然而在环外侧曲率区，局部的交换不稳定性可能会发展，称为气球模。图 4-6-3 概括了 Shafranov 位移对等离子体平衡和稳定性所起的作用，但不能直接看到环向磁场的作用。

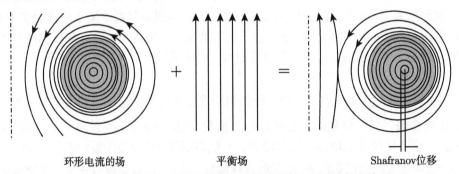

环形电流的场　　　　　　平衡场　　　　　　Shafranov位移

图 4-6-3　Shafranov 位移对等离子体平衡和宏观稳定性的作用

大环方向: 外侧磁场强, 磁压强大, 维持平衡; 小环方向: 外侧磁面向 $-R$, 即强磁场方向移动, 形成平均最小 B

3. 力学和电学的拉格朗日量及方程

下面介绍一种将等离子体柱的运动和外回路统一考虑的方法。我们可以写出力学和电

学系统总的拉格朗日量

$$L = \frac{M}{2}\left(\dot{R}^2 + \frac{\dot{a}^2}{2}\right) + \frac{1}{2}L_{\mathrm{p}}I_{\mathrm{p}}^2 + \frac{1}{2}L_{\mathrm{p}}'I_{\mathrm{p}}'^2 + \phi_t I_{\mathrm{p}}' + I_{\mathrm{p}}\sum_i M_i I_i + \frac{1}{2}\sum_i L_i I_i^2 + \sum_{j \neq i} M_{ij}I_i I_j$$
$$+ NT\ln(VT^{\frac{1}{\gamma-1}}) \tag{4-6-11}$$

其中, M 为等离子体质量, V 为其体积, ϕ_t 为环向磁通, 带撇量表示极向电流系统, 下标 i 为第 i 个外回路. 对于圆截面, 极 (角) 向自感近似为 (参见式 (3-1-3))

$$L_{\mathrm{p}}' = \mu_0(R - \sqrt{R^2 - a^2}) \cong \frac{\mu_0 a^2}{2R} \tag{4-6-12}$$

从以上 L 的表示分别对各个变量微商可以得到相应的拉格朗日方程

$$\frac{\mathrm{d}}{\mathrm{d}t}\left(\frac{\partial L}{\partial \dot{q}_i}\right) - \frac{\partial L}{\partial q_i} = 0 \tag{4-6-13}$$

这些变量 (广义坐标) 和方程分别是

R：大半径方向平衡：垂直磁场公式；

a：小半径方向平衡：关于 β_p 的公式；

I_{p}：环向等离子体回路方程；

I_{p}'：极向等离子体回路方程 (磁压缩有用)；

I_i：外回路方程；

T：绝热方程.

这一方程组可用于位移稳定性的完备推导, 以及磁压缩、交流调制、反馈控制等涉及外回路过程的计算.

以位移稳定性问题为例, 上述运动方程包括作为向量的大半径 $\vec{R}(R, z)$ 以及小半径 a 的运动方程, 用以讨论稳定性. 由于强的环向场, 小半径的变化总是稳定的. 而其他两自由度的方程为 $M\ddot{\delta\vec{R}} = \Theta\delta\vec{R}$, 其中 M 为等离子体质量, Θ 为二阶矩阵, $\delta\vec{R}$ 为平衡位置附近的扰动, 上面两点是对时间的二次微商. 这一系统稳定的条件是要求矩阵 $-\Theta$ 正定. 从这一条件得到 3 个不等式, 对应水平位移、垂直位移和两自由度的同时位移. 从结果可以看出, 与相应运动有耦合的外电路起着稳定的作用. 对于上下对称的位形, 两自由度同时位移的斜向运动是稳定的.

4.7　Pfirsch-Schlüter 电流

1. 逆磁漂移

当存在垂直磁场方向的密度梯度时, 在垂直两者方向上, 观察一个等离子体区域 (图 4-7-1 中矩形框), 由于在上下两方向做回旋运动的带电粒子 (此处为离子) 数目不同, 产生一个向下的局部粒子流. 若存在温度梯度, 也得到同样效果. 可以综合得到公式

$$\vec{v}_{\mathrm{d}} = -\frac{\nabla p \times \vec{B}}{enB^2} \tag{4-7-1}$$

称为**逆磁漂移**(diamagnetic drift)。

在柱形或环形磁化等离子体中，由于存在径向压强梯度，产生粒子的角向逆磁漂移。离子和电子的漂移方向相反，分别称为离子逆磁方向和电子逆磁方向 (图 4-7-2)。由于逆磁漂移方向与电荷 e 符号有关，形成和离子逆磁方向相同的逆磁电流。

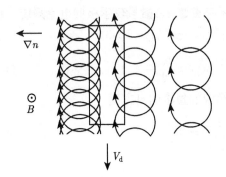
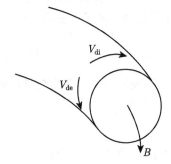

图 4-7-1　逆磁漂移产生原理　　　　　　图 4-7-2　环形等离子体的逆磁漂移

方向相反的离子逆磁和电子逆磁漂移形成的逆磁电流为

$$\vec{j}_d = -\frac{\nabla p \times \vec{B}}{B^2} \tag{4-7-2}$$

将上式双方 $\times \vec{B}$，得到平衡公式 (4-1-1)，$\nabla p = \vec{j} \times \vec{B}$。现在我们从粒子运动角度解释了流体模型中的这一平衡公式。

2. Pfirsch-Schlüter 电流

但是，这个逆磁电流 (4-7-2) 未必满足电荷守恒 $\nabla \cdot \vec{j}_d = 0$，特别是，如果压强梯度不变，这电流反比于磁场，在环外侧强，内侧弱。而这电流在绕小截面流动时，如果总量不变，内侧应该强，外侧应该弱。所以，它本身肯定不满足 $\nabla \cdot \vec{j}_d = 0$，需要一个沿磁力线流动的电流起抵消作用，维持这一条件，使得电荷不致积累。这电流称为 **Pfirsch-Schlüter 电流**，写为 $\vec{j}_{PS}$。现在从满足总电流散度为零的条件 $\nabla \cdot (\vec{j}_{PS} + \vec{j}_d) = 0$ 推导这个电流。

$$\nabla \cdot \vec{j}_{PS} = -\nabla \cdot \vec{j}_d = \nabla \cdot \left(\nabla p \times \frac{\vec{B}}{B^2}\right) = -\nabla p \cdot \left(\nabla \times \frac{\vec{B}}{B^2}\right)$$

$$= -\nabla p \cdot \left(\nabla \frac{1}{B^2} \times \vec{B} + \frac{\mu_0 \vec{j}}{B^2}\right) = 2\nabla p \cdot \frac{\nabla B \times \vec{B}}{B^3} \tag{4-7-3}$$

其中用到麦克斯韦方程 $\nabla \times \vec{B} = \mu_0 \vec{j}$，$|\nabla B| \cong B/R$ 在 $-R$ 方向，$\nabla B \times \vec{B}$ 在垂直大环平面方向，而 ∇p 在垂直小截面方向 $-r$，所以上式应正比于 $\sin\theta$，θ 为极向角 (图 4-7-3)。上式应为

$$\frac{dj_{PS}}{dl} = 2\frac{1}{BR}\frac{dp}{dr}\sin\theta \tag{4-7-4}$$

dl 为沿磁场方向微分，它和角向微分关系为

$$\frac{d}{dl} = \frac{1}{r}\frac{B_\theta}{B}\frac{d}{d\theta} \tag{4-7-5}$$

得到对于极向角度的微商

$$\frac{\mathrm{d}j_{\mathrm{PS}}}{\mathrm{d}\theta} = 2\frac{r}{R}\frac{1}{B_\theta}\frac{\mathrm{d}p}{\mathrm{d}r}\sin\theta \tag{4-7-6}$$

对角度积分得到 Pfirsch-Schlüter 电流

$$j_{\mathrm{PS}} = -2\frac{r}{R}\frac{1}{B_\theta}\frac{\mathrm{d}p}{\mathrm{d}r}\cos\theta \tag{4-7-7}$$

因为压强梯度为负, 这个电流在环外侧为正, 和等离子体电流同向, 环内侧为负。它们将部分逆磁电流短路, 使其外侧增强, 内侧减弱, 满足电流守恒定律。上式还可写为

$$j_{\mathrm{PS}} = -2\frac{q}{B_\varphi}\frac{\mathrm{d}p}{\mathrm{d}r}\cos\theta$$

其中, q 为安全因子, 所以其径向分布主要在小截面内外侧。

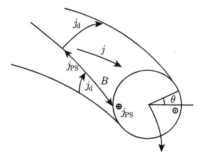

图 4-7-3　Pfirsch-Schlüter 电流成因

　　本章我们曾从粒子运动角度分析过粒子流的方向。从小截面看, 无论在内侧还是外侧这一电流都是在一个方向, 这一方向正是补偿粒子漂移的方向。我们可以计算通过赤道面向上流动的总 Pfirsch-Schlüter 电流。在以下公式中, 我们略去应乘的因子 $2\pi R_0$ 并只计算从环轴到边界一半面积的值。因方向不是磁力线方向而是垂直向上, 式 (4-7-7) 中分母的 B_θ 换成总磁场 B, 有

$$I = -\int_0^a 2\frac{r}{R}\frac{1}{B}\frac{\mathrm{d}p}{\mathrm{d}r}\mathrm{d}r \cong -\frac{2}{R_0 B_0}\int_0^a r\mathrm{d}p = \frac{2}{R_0 B_0}\int_0^a p\mathrm{d}r \tag{4-7-8}$$

再计算通过同一平面向下的漂移粒子流。此处假设其在速度空间各向同性, $v_\parallel^2 = \frac{1}{3}v^2$, $v_\perp^2 = \frac{2}{3}v^2$, 从漂移公式 (1-4-4), 有

$$\int_0^a \frac{2}{3}mv^2 n(r)\left|\frac{\vec{B}\times\nabla B}{B^3}\right|\mathrm{d}r = \int_0^a 2p\frac{1}{RB}\mathrm{d}r = \frac{2}{R_0 B_0}\int_0^a p\mathrm{d}r \tag{4-7-9}$$

取 $p = \frac{1}{3}nmv^2$, 但考虑两种粒子 (电子和离子), 再乘 2, 两式相等, 所以, Pfirsch-Schlüter 电流也可认为是为了补偿磁场漂移而产生的, 它的驱动电场就是磁场漂移造成的电荷分离形成的。

Pfirsch-Schlüter 输运　　Pfirsch-Schlüter 电流对于输运也是重要的, 它的驱动电场 E_θ 是磁场漂移造成的电荷分离电场。它与环向磁场产生的电漂移在 R 方向, 即环外侧向外,

在内侧向内，所以有扩散的性质。从单粒子运动图像来看，是轨道对于磁面的偏移。按照式 (4-3-14)，最大偏离为 $r_\mathrm{L}q(r)$ 的量级，相当于一次碰撞的最大偏离。这使得输运系数增加一个 q^2 的因子，称为 Pfirsch-Schlüter 输运。

驱动电场和 Pfirsch-Schlüter 电流的关系为

$$\frac{B_p}{B}E_\theta = \eta_{||}j_\mathrm{PS} \tag{4-7-10}$$

其中，$\eta_{||} = \dfrac{1}{2}\dfrac{m_\mathrm{e}\nu_\mathrm{ei}}{n_\mathrm{e}e^2}$ 为平行方向电阻。这个电场在磁场中形成的电漂移造成了径向电子流

$$\Gamma = n_\mathrm{e}V_r = n_\mathrm{e}E_\theta/B = n_\mathrm{e}\eta_{||}j_\mathrm{PS}/B_p \tag{4-7-11}$$

认为 B_p 在磁面上为常量，用安全因子表示 $\dfrac{1}{B_p} = \dfrac{R_0}{r}\dfrac{q}{B_0}$，得到

$$\Gamma = 2n_\mathrm{e}\eta_{||}\frac{q}{BB_p}\frac{\mathrm{d}p}{\mathrm{d}r}\cos\theta = 2n_\mathrm{e}\eta_{||}\frac{q^2}{BB_0}\frac{R_0}{r}\frac{\mathrm{d}p}{\mathrm{d}r}\cos\theta = 2n_\mathrm{e}\eta_{||}\frac{q^2}{B_0^2}\frac{R_0}{r}\frac{\mathrm{d}p}{\mathrm{d}r}\cos\theta\left(1+\frac{r}{R}\cos\theta\right) \tag{4-7-12}$$

在假设为圆环面的磁面上平均

$$
\begin{aligned}
\langle\Gamma\rangle &= \frac{1}{2\pi}\int_0^{2\pi}n_\mathrm{e}V_r\left(1+\frac{r}{R_0}\cos\theta\right)\mathrm{d}\theta\\
&= \frac{1}{\pi}n_\mathrm{e}\eta_{||}\frac{q^2}{B_0^2}\frac{R_0}{r}\frac{\mathrm{d}p}{\mathrm{d}r}\int_0^{2\pi}\cos\theta(1+\frac{r}{R_0}\cos\theta)^2\mathrm{d}\theta\\
&= 2n_\mathrm{e}\eta_{||}\frac{q^2}{B_0^2}\frac{\mathrm{d}p}{\mathrm{d}r}\\
&= \frac{m_\mathrm{e}\nu_\mathrm{ei}}{e^2}\frac{q^2}{B_0^2}\frac{\mathrm{d}p}{\mathrm{d}r}\\
&= r_\mathrm{L}^2\nu_\mathrm{ei}q^2\frac{\mathrm{d}n_\mathrm{e}}{\mathrm{d}r}
\end{aligned} \tag{4-7-13}
$$

r_L 为电子回旋半径，$r_\mathrm{L}^2\nu_\mathrm{ei}$ 为磁场内电子经典扩散系数。所以，Pfirsch-Schltüer 输运为经典输运的 q^2 倍。

以旋转变换角 ι 为代表的旋转变换消除了偏移引起的粒子损失，形成了粒子约束。与其成反比的安全因子 $q = 2\pi/\iota$ 则加强输运。所以从约束角度出发应减小安全因子值。

阅 读 文 献

Freidberg J. 等离子体物理与聚变能. 王文浩等译. 北京: 科学出版社, 2010

Mukhovatov V S, Shafranov V D. Plasma equilibrium in a tokamak. Nucl. Fusion, 1971, 11: 605

Wesson J. Tokamaks. 4-th edition. Oxford: Clarendon Press, 2011

秦运文. 托卡马克实验的物理基础. 北京: 原子能出版社, 2011

第5章 等离子体诊断

5.1 概 述

1.诊断之意义

等离子体,特别是聚变等离子体,是一个多自由度的复杂系统。其特征不能用一些物理参数简单表示,而且参数的测量也存在一些复杂因素。因此,在等离子体研究中,相应于测量的概念是诊断,其意义较测量广泛,包括对数据的分析及对集体运动模式的探测和判断。

以温度测量为例,已发展多种方法,如 Thomson 散射、电子回旋辐射 (ECE)、轫致辐射、X 射线能谱、电导率测量等。它们的测量结果往往是不一致的,而且我们没有根据说哪一结果是"正确"的。只能在表述这些结果时,标明是哪种方法得到的,如称从电导率计算得到的温度为"电导温度"。我们之所以这样做,除去各种诊断方法所得到的结果可能包含无法准确控制的系统误差以外,还因为我们对这种方法所依据的物理模型持某种保留态度,即该模型是否适用于当前的等离子体。而更根本的原因是,在聚变等离子体中,就温度测量而言,电子温度往往和离子温度差异很大。而且,在磁约束装置中,粒子分布函数或温度往往是各向异性的。再者,由于不同的加热手段的施行,粒子速度可能是非麦克斯韦分布的,用两种温度,甚至更多种温度来描述可能更恰当。当然,在这样的情况下,用速度分布函数而不用温度来描述等离子体更加严格和精确,但是缺乏实用性,因为分布函数更难于准确测量,而温度是做各种物理分析必不可少的参数。

在现代聚变研究中,诊断更一般的意义和作用是:研究磁流体不稳定性和建立稳定等离子体的方法;决定能量和粒子约束时间及输运系数;发展辅助加热方法;探究和控制等离子体杂质;研究等离子体涨落以确定对等离子体输运的影响。诊断的首要功能当然是为物理研究提供必要的数据。但在装置的实际运行中,特别是聚变堆的运转中,它还为装置的控制和安全运行提供数据进行保障。对于当前一些主要物理问题,特别是 ITER 所关心的物理问题,所需要的诊断项目可以举例如表 5-1-1。

表 5-1-1 主要物理研究课题和相应的诊断项目

物理研究课题	诊断项目	要求
等离子体约束	等离子体参数和加热功率轮廓、杂质活动	边界区高的空间分辨
运转极限	参数轮廓、边缘扰动、旋转速度	
破裂现象	参数轮廓、第一壁测量、逃逸电子	快的时间响应
反常输运	参数轮廓,涨落	高的时空分辨
偏滤器物理	粒子流、参数空间梯度	边界区参数测量
α 粒子物理	约束 α 粒子轮廓、逃逸 α 粒子	
点火研究	各区域聚变功率、辐射功率	
稳态燃烧研究	参数轮廓	

可根据不同的标准对诊断进行分类，例如，根据被探测物理量，如电子温度 T_e，电子密度 n_e，离子温度 T_i 等；根据所探测区域，可分为芯部，边界区和固体表面；根据测量原理，如电磁波散射、电磁辐射等；根据具体测量技术，如激光、微波、光谱、固体探针等。

2. 诊断方法

主要诊断方法　现将托卡马克研究中一些最重要物理量和研究对象的主要诊断方法列入表 5-1-2，其中 T_e, n_e, T_i, $q(r)$, $V(r)$, I_p, U_L, Δx, β 分别为电子温度、电子密度、离子温度、安全因子轮廓、旋转速度轮廓、等离子体电流、环电压、水平位移、比压。

表 5-1-2　最重要物理量和诊断方法

物理量	诊断方法：芯部	边界区
T_e	激光散射，ECE，韧致辐射，发射光谱	静电探针
n_e	微波干涉，远红外干涉，激光散射	静电探针
T_i	中性粒子能谱仪，谱线展宽，中子产额	谱线展宽
$q(r)$	Faraday 旋转，Zeeman 效应，动态 Stark 效应	磁探圈
$V(r)$	Doppler 位移	马赫探针
MHD 活动	Mirnov 探圈，软 X 射线层析，ECE 成像	吹气成像
微观扰动	重离子束，波散射反射，ECE，发射光谱，磁探圈，逃逸电子扩散	静电探针
$I_p, U_L, \Delta x, \beta$	各种磁探圈	电磁测量

诊断方法的选择　如上所述，对于一个物理量，可以有一种以上的诊断方法。那么，我们如何在具体的实验安排中选择诊断方案呢？这要根据多种因素考虑决定。

时间 / 空间分辨率　对于宏观问题，在其发展慢的阶段，要求的时间分辨率不高，但是在其迅速发展阶段，如破裂，要求高的时间分辨。对微观不稳定性，一般要求高的时间分辨，希望能达到微秒量级。空间分辨则根据所研究的具体问题而定，如 ETG(电子温度梯度) 模有细微的结构，要求发展高空间分辨的诊断方法。此外很多测量量是通过等离子体的弦积分量，须进行空间反演。主动光谱方法能做到比较准确的空间分辨。

测量精度　一般来说，等离子体诊断的测量精度不高，有些测量如静电探针，仅提供一位有效数字，也能用以分析很多物理问题。但是另一些诊断，如宏观稳定性研究所需的安全因子测量，希望尽可能精确。

动态范围　即一种诊断项目所能测量物理量的量级范围。磁约束聚变的等离子体参数范围很广，如电子温度从边界区的几 eV 到芯部的几千 eV，一般需要几种诊断设备测量。

空间覆盖度　要求能探测等离子体内外尽量多的空间位置。而由于波的可近性、诊断窗口的局限和诊断方法，这一点可能受到限制。

信噪比　可用屏蔽、隔离或滤波等方法减少噪声。但信噪比始终是一个值得考虑的问题，尤其是很多诊断的精度不高。

定标　例如，同样测量电子温度，用 Thomson 散射几乎不存在定标问题，而用 ECE 则需要复杂的定标。如果温度的绝对值不很重要，而特别关心它的空间轮廓或相对涨落，则 ECE 是比较方便的诊断方法。

对物理过程的理解　技术上最简单的诊断在物理上往往是最复杂的。例如，光学波段的发射光谱是最简单的诊断方法，而且所得数据包含丰富的物理内容，原则上可以计算温度密度等许多等离子体参数。但是，为计算这些参数，须决定采用哪种关于原子离子电离态分布的简化物理模型。这是件比较困难的工作，再加之数据处理的复杂性，一般仅把这样的计算结果当作参考。静电探针也存在类似的问题。

技术难度　诊断系统的实际运行要考虑到成本和研制周期，以及建成后掌握的难易。常规性的诊断要求设备的**鲁棒性**(robust)，即容易运行、无须特殊维护和专业知识背景。

可视化　对物理过程的了解，特别是其时空关系，要求直观的图像显示。过去，一般采用分立的测量通道将数据采集处理后绘成图像。但是随着技术的进步、时空分辨率的提高，直接从测量系统输出二维图像成为发展趋势。

集成化　对光或电磁信号的处理和探测，如滤波、接收、混频，过去都是用分立元件完成的。为提高时空分辨和可靠性、实现可视化，将其集成化，也是当前诊断技术的发展方向。

适用性　主要指置于真空室内诊断部件能适宜高温等离子体的环境，以及燃烧等离子体的辐射环境。这些部件包括置于边界处的固体探针和探圈、天线、反射镜等。

应根据所研究的物理问题及现有实验条件灵活选择诊断方法，不应拘泥于已有的模式。这往往是实验成功的关键。

数据采集　在数字化技术发展之前，聚变实验研究的数据采集和处理是件非常麻烦的事情。数字化技术的应用使得精密的物理实验研究成为可能，而且数字化技术的各种新成就包括网络技术都很快用于聚变工程的数据采集和运行控制，并推动聚变研究的进展。

数据采集系统一般包括数据的采集、传输、管理、客户服务等环节。多数探测器将所探测的物理量转变为模拟电信号。电信号在传播过程中要经过光电隔离器 (图 5-1-1)。该器件由发光二极管和光电二极管及相应线性放大电路构成，可对电信号进行隔离，一般耐压几十kV 以上。隔离的目的，一是防止干扰，二是避免可能产生的高电压传到测量室。模拟电信号经模数转换为数字信号后输入到计算机。数字信号为 0~5V 的 TTL(transistor transistor logic) 电平，不易失真。对于相当多的光学诊断，探测器直接接收光学信号。此时，一般用光纤直接将光学信号传入测量室。

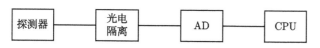

图 5-1-1　一般诊断信号的传送和处理

在采集数据的数字化处理中，最重要的是采样频率的选择。根据 Nyquist 采样定理，采样频率应大于最大采集频率的两倍，最好为 5~10 倍。频率过低会发生**混叠**(aliasing)，造成信号失真。在聚变装置物理研究中，要视研究的物理问题选择采样频率。一般宏观问题所需采样频率低，微观的湍流研究需要高的采样率。

计算机对接收到的测量信号予以存储和处理，在一次放电后显示重要数据随放电时间的变化，即所谓**放电波形**(discharge waveforms)，并进行必要的数值计算，例如，磁面的拟合用以显示等离子体位形。此外，随着诊断系统的完善，放电时间的延长，一次放电所采集的数据量越来越大，可达 G(10^9) 字节以上，迫切需要对采集数据进行压缩。也就是说，在一次放电以内或两次放电之间进行**实时**(real-time) 数据处理，根据原始数据计算等离子体参数或化为可视的图形。近年来，有的装置上采用**神经网络**(neural network) 的数据处理技术。这是一种模拟生物神经运行机制的方法, 有自我学习的机能。

原则上, 对所采集原始数据的处理可以使用硬件和软件两种方法, 论其优缺点各有千秋。例如, 以下所述的微分信号的积分、涨落信号的模式分析、滤波, 乃至大型矩阵的计算, 都有两种方法可以选择。硬件方法用于模拟信号, 运行时间短, 但不如软件方法灵活。而软件方法的缺点, 除去耗时以外, 还有数字信号的不连续性。

5.2　磁　测　量

1. 磁探圈

磁探圈又称磁探针, 是一个小回形线圈, 一般为多匝。当通过的磁通发生变化时, 就在探圈输出端产生电动势 $\mathrm{d}\phi/\mathrm{d}t$。在线圈足够小时, 可认为所包容的磁场近似均匀, 磁通 $\phi = NSB$, 得到输出电压为

$$V = NS\frac{\mathrm{d}B}{\mathrm{d}t} \tag{5-2-1}$$

其中, N 为线圈匝数, S 为每匝面积。它们的乘积 NS 是磁探圈的主要参数。

对这样的探圈的一般要求是: ①要有高的灵敏度。这要求线圈的匝数多, 面积大, 即大的 NS 值; ②如果放在真空室内, 要对等离子体干扰小, 要有好的空间分辨率。这又要求线圈的体积小。如果用于高频信号测量, 应减少匝数以减少自感, 改善频率响应, 因为其时间常数 $\tau = L/R$ 决定其高频响应。显然这样的要求是彼此矛盾的, 应根据具体要求选择设计方案。此外置于真空室内的探圈需要放在金属屏蔽筒内进行静电屏蔽。屏蔽室的壁要足够薄或开缝以保证频率响应。

这样的磁探圈可直接用于测量托卡马克等离子体的磁场涨落幅度。这是因为涨落的测量如果求其相对幅度, 一般无须积分。但从 Fourier 变换求其频谱时须将幅度除以频率。

积分器　一般来说, 我们使用磁探圈所要测量的不是磁场的随时间变化率, 而是磁场本身。这就要求我们对所输出的信号积分。这可用如图 5-2-1(a) 的简单积分线路实现。从这样的线路输出的电压为

$$V_\mathrm{o} = \frac{1}{C}\int_0^t I\mathrm{d}t = \frac{1}{RC}\int_0^t (V_\mathrm{i} - V_\mathrm{o})\mathrm{d}t \tag{5-2-2}$$

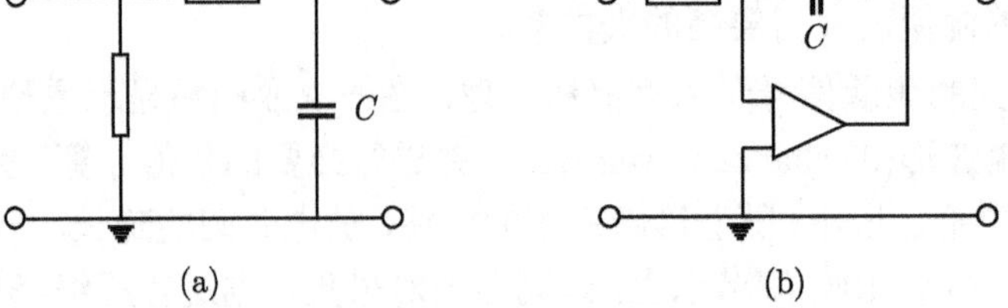

图 5-2-1　简单积分器 (a) 和有源积分器 (b)

当**积分常数**，即电阻和电容的乘积 RC 相当大时，输出电压 V_o 较输入电压 V_i 小得多，在等式右方可以忽略。我们再将式 (5-2-1) 代入 V_i，就得到

$$V_o = \frac{NS}{RC}B \tag{5-2-3}$$

输出电压正比于所探测磁场。如上所述，只有当输出电压 V_o 较输入电压 V_i 小得多时，也就是积分常数 RC 很大时，才可在式 (5-2-2) 中将其忽略而得到式 (5-2-3)，这就必然降低了测量的灵敏度。所以必须适当选择 RC 值，一般在所测时间周期的几倍左右。使用电子积分器或称有源积分器能较好地解决这一问题，其基本线路如图 5-2-1(b)，即将一运算放大器插入积分电路。这时，输出信号被放大了，但电阻 R 两端的电压差仍由放大前的电压决定，就可在保证精度条件下增加灵敏度。当然电子积分器也带来零点漂移等缺点。

　　用磁探圈和积分器测量磁场需要定标，即灵敏度的矫正。灵敏度可根据其尺寸和匝数计算得到，但一般需要实验标定。这有两种办法：一是用已知灵敏度的探圈标定；二是用已知磁场标定。后一种办法所用的磁场一般有长螺线管和**赫姆霍兹线圈**两种。对于充分长的螺线管，其中的磁场的强度为 $\mu_0 nI$，n 为单位长度匝数，I 为电流。赫姆霍兹线圈是平行放置电流方向相同的一对线圈，其间距等于它们的半径 R。其轴上中心点的磁场为 $0.715\mu_0 NI/R$，N 为每个线圈匝数。

　　自积分探圈　　常用的磁探圈直接测量的是磁场的微分信号，须用积分器或数值积分。当信号变化很快时，得到的结果可能失真，亦不适合进一步的分析。此时可采用自积分探圈。它的感抗 ωL 远大于阻抗 R，和负载电阻串联使用。在其电路方程中，电阻项可以忽略，$V = L\dfrac{\mathrm{d}I}{\mathrm{d}t}$，使用式 (5-2-1) 得到

$$I = \int \frac{V}{L}\mathrm{d}t = \frac{NS}{L}B \tag{5-2-4}$$

可在负载电阻上测量这个正比于磁场的电流信号。因为这一磁探圈的感抗要远大于其内阻，而且要远大于负载电阻，一般使用铁芯以增加自感，可用于高频信号或磁涨落的探测。

2. 逆磁线圈

　　图 5-2-2(T. Dolan, Fusion research: principles, experiments and technology，电子版) 显示几种常用于托卡马克测量的磁探圈。其中 C_1 是逆磁线圈，用于测量等离子体柱的**逆磁效应**以决定极向比压值 β_p。从式 (4-5-22)，令 $\Delta\phi = \phi - \phi_v$，$\phi = \pi a^2 B_\phi$，即存在等离子体时的环向磁通减去真空值，可得到

$$1 - \beta_p = \frac{8\pi B_\varphi}{\mu_0^2 I_p^2}\Delta\phi \tag{5-2-5}$$

可以在有无等离子体两种情况放电用同一线圈测量环向磁通，将两次得到信号相减得到 $\Delta\phi$，从环向磁场 B_φ 和等离子体电流 I_p 等参数计算 β_p 值。但是这个 $\Delta\phi$ 和磁通本身比较是个非常小的量，而且线圈所测的量可能包含一些杂散场，线圈本身也会受到放电时的振动而改变其方位。所以必须仔细设计具体测量方案。

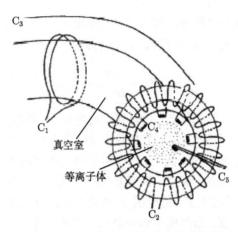

图 5-2-2   几种用于托卡马克的磁探圈

C_1：逆磁探圈; C_2：Rogowski 线圈; C_3：环向回线; C_4：Mirnov 探圈; C_5：小磁探圈

方法之一是用环向场线圈作为探测逆磁效应的线圈。当环向场为稳态或稳定而持续时间较电流脉冲很长时，可以测量等离子体存在时的逆磁效应在环向场线圈内感应的电流 $\Delta I = \Delta\Phi/L$，L 为环向场线圈自感。方法之二是用一套在真空室外的线圈来测量逆磁效应产生的磁通变化。此时这一逆磁线圈应严格垂直于环轴，而且要计算与环向场线圈的互感及杂散场的效应。这是一种精度要求很高的测量。

3. Rogowski 线圈

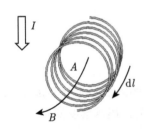

图 5-2-3   Rogowski 线圈模型

这种线圈 (图 5-2-3) 用于测量脉冲电流。它实际上是一个头尾相连成环状的螺线管。设其截面面积 A 是常量，每单位长度匝数 n，在一匝范围内磁场空间变化很小，通过这个螺线管的总磁通为

$$\phi = n \oint_l \iint_A \mathrm{d}A \vec{B} \cdot \mathrm{d}\vec{l} \tag{5-2-6}$$

其中，$\mathrm{d}l$ 为沿螺线管轴的线元。根据安培定律

$$\oint_l \vec{B} \cdot \mathrm{d}\vec{l} = \mu I \tag{5-2-7}$$

其中，I 为这一回路所封闭的总电流，μ 为螺线管内的材料的磁导率。因此不难得到磁通和电流的关系

$$\phi = nA\mu I \tag{5-2-8}$$

用这样的线圈所测量的磁通变化正比于所包含的电流的变化率，所以用积分器可以测等离子体电流，如图 5-2-2 中 C_2 所示。具体使用时，还要串联一个单匝线圈沿线圈轴方向返回，以抵消和所测电流平行方向磁场的变化。注意只要满足了上述近似要求，线圈和所测电流不一定等距离。由于托卡马克等离子体电流有一定空间分布，峰值一般在中心，在一般条件下所推公式 (5-2-8) 适用。如真空室有环向割缝，可将其绕在真空室以外测量等离子体电流。如果真空室无割缝则须置于真空室内，此时须满足真空等方面的要求。

这样的 Rogowski 线圈当然还可用于其他脉冲电流 (如通过各个磁体线圈的电流) 的测量, 这时我们应注意是否满足磁场空间变化缓慢的要求。这实际上要求线圈离所测电流足够远。如果不能这样做, 在与所测电流距离相等 (对称放置) 的条件下, 可根据线圈截面形状推导适合的计算公式。

测量传输电缆内脉冲电流的方法, 除去使用 Rogowski 线圈以外, 还可用测量串联的无感电阻上的分压来计算。

4. 测量位移的探圈 (圆截面)

圆截面托卡马克多为中小型装置, 一般可直接测量其水平和垂直位移。这一位移是最外磁面, 即等离子体表面的位移。这一方法也可近似用于非圆截面装置。

对称探圈 这是一种测量圆截面等离子体柱位移的探圈, 对称分布在赤道面上环内外对称位置 (图 5-2-4(a)) 以测水平位移, 或上下位置测量垂直位移。从式 (4-5-12) 和 $B_\theta = \dfrac{1}{R}\dfrac{\partial \psi}{\partial r}$ 及 $B_r = -\dfrac{1}{Rr}\dfrac{\partial \psi}{\partial \theta}$ 可以得到等离子体以外小半径 r 处的角向和径向真空磁场

$$B_\theta(r,\theta) = -\frac{\mu_0 I_{\mathrm{p}}}{2\pi r}\left\{1 + \frac{r}{2R}\left[\ln\frac{r}{a} - 1 + \left(\Lambda + \frac{1}{2}\right)\left(1 + \frac{a^2}{r^2}\right)\right]\cos\theta\right\}$$

$$B_r(r,\theta) = -\frac{\mu_0 I_{\mathrm{p}}}{4\pi R}\left[\ln\frac{r}{a} + \left(\Lambda + \frac{1}{2}\right)\left(1 - \frac{a^2}{r^2}\right)\right]\sin\theta \tag{5-2-9}$$

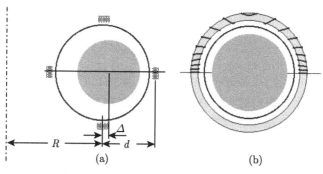

图 5-2-4　对称探圈 (a) 和余弦探圈 (b)

现在利用式 (5-2-9) 前一式, 使用内外一对线圈测量极向磁场计算水平位移。设两线圈分布在小半径 d 上, 而等离子体向外位移 Δ。所以外线圈 $r = d - \Delta$, $\theta = 0$; 内线圈 $r = d + \Delta$, $\theta = \pi$。代进这些数值后, 得到两线圈所在位置的磁场。设两线圈的输出分别为 U_{out} 和 U_{in}, $\Delta/d \ll 1$, 仍只考虑到一阶量, 得到水平位移

$$\Delta = d\left\{\frac{U_{\mathrm{out}} - U_{\mathrm{in}}}{U_{\mathrm{out}} + U_{\mathrm{in}}} - \frac{d}{2R}\left[\ln\frac{d}{a} - 1 + \left(\Lambda + \frac{1}{2}\right)\left(1 + \frac{a^2}{d^2}\right)\right]\right\} \tag{5-2-10}$$

但是必须知道 Λ 的值, 其中包含了等离子体内感 l_{i} 和极向比压 β_p。这些值可以估计, β_p 值可从逆磁测量得到。此外, 如果认为这些等离子体参数在位移过程中不变, 式 (5-2-10) 右侧第二项是一个常数, 与测量数值和位移的相对关系不变, 可用于位置的实时控制。

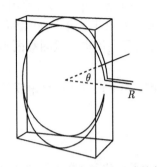

图 5-2-5　一个宽度和 $\sin\theta$ 成比例的鞍形线圈

在 $\theta=\pi$ 处反相

式 (5-2-9) 的第 2 式所表示的径向磁场也包含一些等离子体参数,存在位移时包含位移信息。所以可以使用鞍形线圈 (图 5-2-5) 测量这一径向磁场,和角向磁场测量结果一起处理,计算等离子体的位移。

此外,当将测量线圈置于等离子体表面时,$r=a$,式 (5-2-9) 的前一式为

$$B_\theta(a) = -\frac{\mu_0 I_\mathrm{p}}{2\pi a}\left(1+\frac{a}{R}\Lambda\cos\theta\right) \tag{5-2-11}$$

所以内外两线圈输出信号相减可以得到 $a\Lambda/R$,从此值可以计算 $\Lambda = \beta_p + \frac{l_\mathrm{i}}{2} - 1$。用逆磁探圈测量 β_p 值后可以从 Λ 值计算内感 l_i。

当然也可从上下对称安装的探圈测量垂直位移。这时得到的公式和式 (5-2-9) 类似,但没有涉及等离子体性质的第二项,结果只与测量信号之比有关。

余弦探圈　对称探圈的缺点是须经运算才能得到位移值,不适于实时反馈控制一类的应用。余弦线圈是一种 Rogowski 线圈的变种 (极向模数 $m=1$),用于测量极向磁场,分布在固定小半径上 (也往往安放在真空室外),缠绕密度与极向角度的余弦 $\cos\theta$ 成比例 (图 5-2-4(b))。姑且不计环效应,即在式 (5-2-9) 中只计及第一项,考虑直圆柱电流的向外位移 Δ,很容易证明处于角度 θ,半径 d 的线圈的相对于等离子体中心的新的半径为 $r=d-\Delta\cos\theta$。至于其切向方向的变化属于二阶小量,可不予考虑。将这个值代入得到

$$B_\theta = -\frac{\mu_0 I_\mathrm{p}}{2\pi d}\left(1+\frac{\Delta}{d}\cos\theta\right) \tag{5-2-12}$$

所以,位移即正比于极向场沿小环分布的余弦分量。如果我们将这一极向磁场沿小环圆周测出,再作 Fourier 变换就可得到这一位移。而余弦线圈就可看成用硬件实现这一 Fourier 变换。其原理和软件的积分方法是一样的,就是其他分量在线圈内被抵消了。例如,由于余弦线圈在环内外侧的走向相反,零阶量 (等离子体电流) 被抵消。所以这一输出直接正比于等离子体位移,可用于位置的反馈控制。当然仔细的测量仍须计及环效应和等离子体参数的影响。环效应 (指一阶效应) 可用改进的绕法考虑在内。

5. 测量磁面的方法

对于大型装置或球形环,等离子体截面为非圆,上述单独测量水平或垂直位移的方法不适用。此时须同时决定磁面的形状与位置。所用诊断为测量局部磁场的磁探圈和测量局部磁通的磁通环 (绕大环一周)。它们环绕等离子体截面安装,要有充分的数量。图 5-2-6(Liu Jian et al., Plasma Sci. Technol., 12(2010) 161) 为球形环 SUNIST 上的磁探圈和磁通环的布置。每一处磁探圈有垂直方向和水平方向 (R 方向) 一对。磁通环为单匝。

测量局部磁场的小磁探圈又称为 pick-up coils,它们所测的是磁场的时间微分,一般测量极向磁场,经积分后得到局部磁场值。因为这样的探圈应尽量接近等离子体,而且导电真空室有屏蔽作用,所以测量磁面的探圈应置于真空室内。此外,探测频率在 MHz 以上的磁涨落的探圈也应置于真空室内。

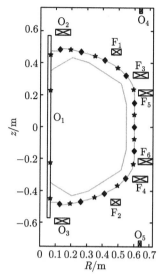

图 5-2-6　SUNIST 装置磁探圈 (菱形)
和磁通环 (星号) 的布置

图 5-2-7　置于真空室内的陶瓷骨架磁探圈

O 为欧姆场线圈, F 为平衡场线圈

只有很特殊的情况 (小型装置低参数短脉冲运转) 才能将探圈置于等离子体内部, 如图 5-2-2 中 C_5 所显示的。但是, 即使仅置于真空室内, 对其工艺处理都有很高的要求 (图 5-2-7), 一般使用无机的**矿物绝缘线**(mineral isolation cable, MIC) 缠绕, 以避免污染真空和被烧毁。置于燃烧等离子体装置内的磁探圈及其引线, 以及其他类似探测器, 尚需有防辐射、冷却等措施, 而且可能要考虑电动力等复杂问题。

因为环境的关系, 置于等离子体内部的磁探圈不可能做成复杂的阵列, 而空间分辨测量要靠重复放电, 每次放电移动测量位置来实现, 称为 shot-to-shot 方法。一些小型装置可以用这种方法得到电流分布剖面。

环向回线 (磁通环)　这些在极向不同位置布置的环向回线 (图 5-2-2 的 C_3) 所测量的是通过不同位置大环的总磁通变化, 时间积分后为总磁通。它们不能直接测极向磁场, 但如果在径向有空间分辨, 它的空间梯度除以 $2\pi R$ 则为极向磁场。当等离子体处于平衡时, 分布在不同极向位置的环向回线的测量信号相同, 即为环电压。当等离子体的位置或形状或电流分布变化时, 它们的输出信号有所不同。因此, 如果在真空区充分布置这样的回线, 可以得到真空区磁通量分布和等磁通面 (磁面)。而且, 通过外推的方法, 参考孔栏所在位置, 可以得到等离子体最后一个封闭磁面即表面的形状。

一般来说, 从真空室内的许多小磁探圈和大环方向的磁通环来测量局部极向磁场和磁通变化来计算最外磁面的形状和位置, 也就是等离子体柱的位移有两种方法。第一种方法是线电流法, 即假设等离子体内有几根线状环向电流, 其位置和电流大小待定, 从边界外的磁场和磁通测量数据用最小二乘法决定。这样几根模拟等离子体电流的线电流在边界处产生的磁面就是我们要求的磁面。在决定最外磁面时, 我们要提供一个参考点, 例如, 固体孔栏内侧所决定的点。这种方法得到的一例结果是 HL-2A 上的偏滤器位形 (图 3-6-8)。第二种方法是再通过平衡公式来拟合等离子体内的磁面结构。这方面已有一些现成的程序如 EFIT。

使用这一程序时，往往需要提供关于等离子体压强方面的数据，如极向比压 β_p。使用两种磁面反演方法，都要考虑导电真空室上感应电流的影响。

电流矩测量　使用围绕环形等离子体小截面的回路测量切向或法向磁场时，可以在测量值上叠加一个权重因子。例如，上述余弦线圈就是用变化缠绕密度的方法加上一个 $\cos\theta$ 的权重因子。一般地说，可令这个权重因子为 f(切向磁场) 和 g(法向磁场)。这里切向和法向均对探测回路而言。和因子 g 有关，再引进一个向量 $\vec{q}$，令

$$\nabla \times \vec{q} = \nabla g, \quad \nabla \times (\nabla \times \vec{q}) = 0 \tag{5-2-13}$$

即 $\nabla \times \vec{q}$ 是一个无旋的势场，g 是它的势。用这个场产生一个等离子体内的电流矩的积分，并利用麦克斯韦方程进行推导

$$\int \vec{j}_p \cdot \vec{q}\,\mathrm{d}V = \frac{1}{\mu_0} \int (\nabla \times \vec{B}) \cdot \vec{q}\,\mathrm{d}V = \frac{1}{\mu_0} \int [\nabla \cdot (\vec{B} \times \vec{q}) + \vec{B} \cdot (\nabla \times \vec{q})]\mathrm{d}V$$

$$= \frac{1}{\mu_0} \int [\nabla \cdot (\vec{B} \times \vec{q}) + \vec{B} \cdot \nabla g]\mathrm{d}V = \frac{1}{\mu_0} \oint (\vec{B} \times \vec{q} + g\vec{B})\mathrm{d}S \tag{5-2-14}$$

因为在等离子体环以外没有电流，所以后一式中面积分可以用于任何围绕等离子体环的环形封闭曲面。再利用轴对称性，将上式左侧化为沿等离子体小截面的面积分，右侧化为某一环向位置的封闭线积分。因左侧 $\mathrm{d}V = 2\pi R\mathrm{d}S_\phi$，令 $\vec{q} = \vec{e}_\phi f/R$，从式 (5-2-13) 得到

$$\begin{cases} \dfrac{\partial g}{\partial R} = -\dfrac{1}{R}\dfrac{\partial f}{\partial z} \\[2mm] \dfrac{\partial g}{\partial z} = \dfrac{1}{R}\dfrac{\partial f}{\partial R} \\[2mm] \dfrac{\partial^2 f}{\partial R^2} - \dfrac{1}{R}\dfrac{\partial f}{\partial R} + \dfrac{\partial^2 f}{\partial z^2} = 0 \end{cases} \tag{5-2-15}$$

如果 f 和 g 满足上列各式，则有

$$\int j_p f\mathrm{d}S_\phi = \frac{1}{\mu_0} \oint (fB_\tau + RgB_n)\mathrm{d}l \tag{5-2-16}$$

其中 B_τ 为切向磁场，B_n 为法向磁场。在实验上分别用有权重的 Rogowski 线圈和鞍形线圈测量。

为方便起见，可将 f 和 g 在柱坐标中按幂级数展开，例如，前几项为

f	g
1	0
R^2	$2z$
$R^4 - 4R^2z^2$	$4R^2z - 8z^3/3$

从第一组可得到

$$\int j_p\mathrm{d}S_\phi = \frac{1}{\mu_0} \oint B_\tau\mathrm{d}l \tag{5-2-17}$$

即为安培定律。从第二组得到

$$\int j_p R^2\mathrm{d}S_\phi = \frac{1}{\mu_0} \oint (R^2 B_\tau + 2RzB_n)\mathrm{d}l \tag{5-2-18}$$

可以计算电流重心的大半径或者说上下对称时的电流重心。如果探测回路沿磁面走向，则右侧第二项为零，可简化为

$$R_{\mathrm{c}}^2 = \frac{1}{\mu_0 I_{\mathrm{p}}} \oint R^2 B_p \mathrm{d}l \tag{5-2-19}$$

电流重心 R_{c} 一般处于磁轴和最外磁面中心之间。使用此式须仔细对探测线圈进行标定。由于电流在位移时磁面也在变化，此式不适宜测量等离子体位移。为准确测量等离子体的位移一般将电流矩按照 r/R, Δ/r 的幂级展开，设计不同权重因子的测量线圈。这种办法比较适用于矩形真空室。

6. Mirnov 探圈和关联探圈

Mirnov 探圈 (图 5-2-2 的 C_4) 用于探测等离子体的低频 (一般为几十 kHz) 扰动，可置于真空室外，一般均匀分布在小环圆周上。主要测量极向磁场的扰动，也可测量径向磁场的扰动。它主要探测某种极向模数 m 的磁流体扰动结构如磁岛的转动以研究其特征 (图 5-2-8)。至于环向的模数 n 可通过在不同环向位置安装此种探圈进行探测。

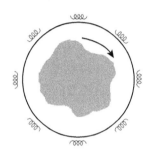

图 5-2-8　磁流体扰动和 Mirnov 探圈

图 5-2-9(杨青巍，托卡马克上 MHD 不稳定性的实验研究，核工业物理研究院博士学位论文，2006) 是一组典型的由 16 个均匀分布的极向磁场测量线圈组成的 Mirnov 探圈的输出波形。相邻信号之间有一个相移，角度旋转一周的相移为 6π，所以这是一个典型的 $m = 3$ 的宏观不稳定性模式。结构的旋转在周围产生有相移的正弦信号。一般的数据处理方法是作这组数据的二维 Fourier 分析，得到不同的极向模数 m 和相应的频率。

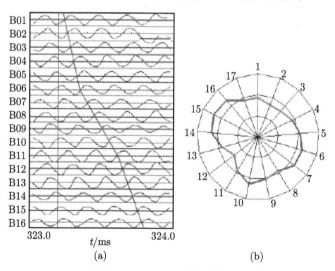

图 5-2-9　HL-1M 装置上的 Mirnov 探圈信号和复原的扰动角分布图

但这样的测量不能直接输出某一模式的振动强度，须经数据处理才能得到。为了能直接输出一些主要的模式如 $m = 2, 3$，也可用硬件实现 Fourier 分析，其方法就是将分布在不同极向角度的线圈根据一定规律串联。对于所探测到的 $m = 2$ 的模，0° 的信号和 180° 的信号

同相，和 90° 及 270° 的信号反相。所以，我们将 0° 和 180° 的线圈串联，并与 90°、270° 的线圈反串联，在 $m = 2$ 的模式下，它们输出同相，振幅相加。所以这样的串联线圈的输出强度就代表 $m = 2$ 的振动强度。当然也可通过适当的连接测量 $m = 3$ 的模式 (线圈数目最好是 3 的倍数如 12 个)。这样的线圈通称**关联探圈**。当然还可以像余弦探圈那样，将线圈按照密度正比于 $\cos m\theta$ 或 $\sin m\theta$ 缠绕。这样可直接探测模数为 m 的扰动信号强度。这种方法适用于小型圆截面装置。

实际上，由于环效应等，特别是对于非圆截面装置的等离子体宏观不稳定性研究，Fourier 分析方法并不适用，往往使用更一般的 SVD 分析方法。

7. 导电真空室的屏蔽问题

如果使用置于导电真空室外的磁探圈测量真空室内等离子体的扰动，存在真空室的屏蔽问题。其等效电路如图 5-2-10 所示。外电路不包括电感项是因为假设真空室电流仅在内部产生磁场。从这等效回路可知外部磁场

$$B_{\mathrm{e}} = \frac{B_{\mathrm{i}}}{1 + \mathrm{i}\omega\tau} \tag{5-2-20}$$

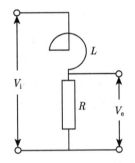

图 5-2-10　真空室壁电流等效回路

其中，B_{i} 为圆频率为 ω 的内部磁场，τ 为导电壁的时间常数，其值为 $\tau_\lambda = \dfrac{\mu_0 d}{2k\eta}$ (见 3.4 节)，其中 d 为真空室壁厚，k 为扰动波数，η 为电阻率。对于很低的频率，有 $B_{\mathrm{e}} \approx B_{\mathrm{i}}$。如果频率较高，有 $B_{\mathrm{e}} \approx -\mathrm{i}B_{\mathrm{i}}/\omega\tau$。一般壁的时间常数在几 ms 以上，所以对于几 kHz，几十 kHz 以上的磁流体扰动，如果在真空室外测量，应属于后一情况。但是，鉴于这类模式分析不重视绝对幅度、相位和频谱，而扰动有相当的强度，所以一般在真空室外探测，以避免置于真空室内带来的技术问题。

如果用磁探圈测量高频磁场涨落，由于 $\omega\tau \gg 1$，一般置探圈于真空室内。如果扰动频率很高，应使用另一壁的时间常数 $\tau_{\mathrm{w}} = \dfrac{\mu_0 d^2}{2\eta}$，它来自一般的趋肤深度公式，在 $\omega\tau_{\mathrm{w}} > 1$ 时起作用。

8. 其他测量磁场的方法

迄今为止，在很多托卡马克等聚变装置上一直用磁探圈测量磁场。但是，磁探圈所直接测量的是磁场的变化，而不是磁场本身。目前，聚变装置的放电时间越来越长，甚至达到稳态，各种磁场的变化很慢，磁探圈的使用逐渐不能满足需要，除非令其以一定频率垂直磁场旋转。此外正在发展适于大装置的直接测量磁场的诊断方法。

一种选择是使用霍尔 (Hall) 元件制成探测器。霍尔元件是一种利用霍尔效应制造的半导体器件。霍尔效应是一种固体等离子体效应，指在金属或半导体中，当和磁场垂直方向流过直流电流时，在与磁场和电流垂直方向就会产生一个和磁场成正比的直流电动势 $\vec{E}_{\mathrm{H}} = R_{\mathrm{H}}\vec{j} \times \vec{B}$，其中 R_{H} 称为霍尔系数，为材料性质所决定。一般使用半导体材料制成霍尔元件，使用时通过电流 J(图 5-2-11)，测量垂直方向的电动势 E，可以计算磁场的强度 B。一些实

验室所使用的高斯计就是用霍尔元件制成的。这种测量方法已经开始用于一些聚变装置,缺点是抗干扰能力差,在强磁场时有非线性问题。

类似的方法还有使用核磁共振探针测量磁场。它利用核磁共振原理制成,用射频波 (几个到几十个 MHz) 扫描这个器件,测量共振频率,可以计算所处磁场的数值。

还可利用电磁波的 Faraday 效应,使偏振光在光导纤维中传播,如果磁场平行光的传播方向,其偏振面会旋转。可以通过测量旋转角度以计算磁场强度。这一原理已用在微波波段 (即偏振仪),但未广泛用于光学波段。这一方法得到沿光导路径的积分量, 尚须进行数据处理, 也可做成类似 Rogowski 线圈那样的结构。以上几种替代的磁场测量方法的缺点都是设备较复杂,特别不适于安装在真空室内。

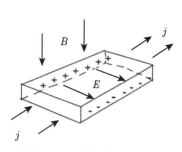

图 5-2-11 霍尔探测器测量磁场原理

5.3 静 电 探 针

静电探针又称 Langmuir 探针,是固体探针的一种,广泛用于低温等离子体,也用于高温等离子体的边界区域或偏滤器内,它的理论基础是等离子体鞘理论。

1. 等离子体鞘 (plasma sheath)

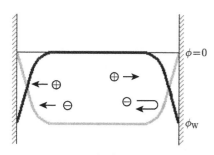

图 5-3-1 等离子体鞘结构

灰线为对电子的位阱

浸入等离子体的微观电荷受到静电屏蔽作用,即德拜屏蔽。在邻近等离子体的宏观固体表面,存在流向固体表面的粒子流,也产生屏蔽作用。对于与等离子体接触的固体壁,在几个德拜长度的距离上存在一个非中性区域,称为等离子体鞘。等离子体鞘使等离子体处于高电位,并在等离子体内部相应产生一个约束电子的位阱 (图 5-3-1)。对容纳等离子体的容器壁而言,电子流和离子流相等的条件维持和调整了这个等离子体鞘。

假设离子从主等离子体区域进入鞘区时的速度为 u_0,鞘区是无碰撞的,坐标零点取在等离子体内。按照能量守恒,忽略温度效应,只计粒子动能与位能,在鞘内任意点坐标 x 处有

$$\frac{1}{2}m_i u_0^2 = \frac{1}{2}m_i u^2 + e\phi(x) \tag{5-3-1}$$

取零点电位 $\phi(0) = 0$,在 $x > 0$ 处 $\phi(x) < 0$。任意点的速度

$$u = \sqrt{u_0^2 - \frac{2e\phi}{m_i}} \tag{5-3-2}$$

离子被加速。从粒子守恒,有

$$u_0 n_0 = u(x)n_i(x) \tag{5-3-3}$$

从式 (5-3-2) 和式 (5-3-3) 得到任意坐标离子密度

$$n_{\mathrm{i}}(x) = n_0 \left(1 - \frac{2e\phi}{m_{\mathrm{i}}u_0^2}\right)^{-1/2} \tag{5-3-4}$$

我们再认为平衡时电子速度分布遵从玻尔兹曼分布，$n_{\mathrm{e}}(x) = n_0 \exp(e\phi/T_{\mathrm{e}})$（此处 e 取绝对值）。泊松方程为

$$\varepsilon_0 \frac{\mathrm{d}^2\phi}{\mathrm{d}x^2} = e(n_{\mathrm{e}} - n_{\mathrm{i}}) = en_0 \left[\exp\left(\frac{e\phi}{T_{\mathrm{e}}}\right) - \left(1 - \frac{2e\phi}{m_{\mathrm{i}}u_0^2}\right)^{-1/2}\right] \tag{5-3-5}$$

在 ϕ 很小时，展开至二阶项

$$\varepsilon_0 \frac{\mathrm{d}^2\phi}{\mathrm{d}x^2} = e(n_{\mathrm{e}} - n_{\mathrm{i}}) = en_0 \left[\left(1 + \frac{e\phi}{T_{\mathrm{e}}} + \frac{1}{2}\left(\frac{e\phi}{T_{\mathrm{e}}}\right)^2\right) - \left(1 + \frac{e\phi}{m_{\mathrm{i}}u_0^2} + \frac{3}{8}\left(\frac{e\phi}{m_{\mathrm{i}}u_0^2}\right)^2\right)\right]$$

$$= e^2 n_0 \phi \left\{\left(\frac{1}{T_{\mathrm{e}}} - \frac{1}{m_{\mathrm{i}}u_0^2}\right) + \frac{e\phi}{2}\left[\left(\frac{1}{T_{\mathrm{e}}}\right)^2 - \frac{3}{4}\left(\frac{1}{m_{\mathrm{i}}u_0^2}\right)^2\right]\right\} \tag{5-3-6}$$

上式左方为 ϕ 的二次微商，正值对应曲线往上弯，负值对应曲线往下弯。从物理图像分析，在零点附近只能往下弯，所以等式两侧皆为负，从右侧一阶项要求离子初速度

$$u_0 > C_{\mathrm{s}} = \sqrt{\frac{T_{\mathrm{e}}}{m_{\mathrm{i}}}} \tag{5-3-7}$$

即初始速度超过离子声速，另外还得到此处 $n_{\mathrm{i}} > n_{\mathrm{e}}$。上式即为**玻姆判据**，它与另一侧 (壁) 的边界条件无关，因为我们没有使用任何另一侧边界条件。不管是悬浮电位 (电子流等于离子流)，还是鞘电位由外界控制，只要是负鞘 (相对于等离子体) 就须满足这一判据。因为离子是逐步加速的，总能在上游找到离子速度等于声速的地方，所以可将离子流密度确定为 $n_{\mathrm{i}}C_{\mathrm{s}}$。这就是静电探针饱和离子流测量的物理基础。

　　方程的解取决于另一侧的边条件，即壁处的电位，由它决定鞘的厚度。在悬浮电位条件下，这一电位应由朝向壁的电子流与离子流相等的条件决定

$$n_0 \sqrt{\frac{T_{\mathrm{e}}}{m_{\mathrm{i}}}} = \frac{1}{4} n_0 \exp\left(\frac{e\phi_{\mathrm{W}}}{T_{\mathrm{e}}}\right) \sqrt{\frac{8T_{\mathrm{e}}}{\pi m_{\mathrm{e}}}} \tag{5-3-8}$$

得到鞘电位

$$\phi_{\mathrm{W}} = -\frac{T_{\mathrm{e}}}{2e} \ln \frac{m_{\mathrm{i}}}{2\pi m_{\mathrm{e}}} \tag{5-3-9}$$

为电子温度量级。这是因为，由于离子初速度一定，在密度固定时流量一定，相等条件主要靠电子流调节。上式也可写为 $\phi_{\mathrm{W}} = -\alpha T_{\mathrm{e}}/e$，$\alpha$ 称为鞘电位降系数。对于氢等离子体，$\alpha = 2.8$，氘等离子体 $\alpha = 3.2$。如果考虑离子温度贡献且离子温度等于电子温度时，对氢等离子体 $\alpha = 2.5$，氘等离子体 $\alpha = 2.8$。当壁电位由外界调节时，壁电位越负即鞘的高度越高，鞘的宽度也越大。一般鞘宽度为几个德拜长度，德拜长度为 (温度单位 eV)

$$\lambda_{\mathrm{D}} = \sqrt{\frac{\varepsilon_0 T_{\mathrm{e}}}{n_{\mathrm{e}}e^2}} = 7.4 \times 10^3 \sqrt{\frac{T_{\mathrm{e}}}{n_{\mathrm{e}}}} \tag{5-3-10}$$

等离子体鞘产生在所有与等离子体接触的固体表面,包括伸入等离子体的固体探针。但探针由于体积、形状不同于容纳等离子体的容器的壁,所以,即使在平衡时 (悬浮电位),等离子体鞘的高度和厚度也不同于容器壁处的鞘。而且,静电探针上还要进行电压扫描,有电流通过,鞘也随之变化。但是,只要鞘存在,上述结论就成立,即离开鞘的起点的离子流速度为离子声速。

因为离子必须高于声速进入等离子体鞘,在这一鞘的边缘电场不可能等于零,所以在进入鞘前就必须加速。因而在等离子体内部存在一个尺度更大的区域,称为**预鞘**(presheath)。其中存在弱电场加速并形成离子流。预鞘不能用上述理论模型来描述,必须加进其他假设,如粒子不守恒 (考虑中性粒子的电离),或者动量不守恒 (粒子碰撞)。这个预鞘的电场虽然很弱,但是由于长度的关系,也能造成大的电位降。这使得鞘的边缘的离子密度低于等离子体中心处的密度,其关系可以这样考虑:因为这点离子速度为声速 $C_s = \sqrt{\dfrac{T_e}{m_i}}$,动能为 $\dfrac{1}{2}T_e$,仍认为能量守恒,该点位能为其负值。按照玻尔兹曼分布,该点离子密度应为中心区的 $\exp(-1/2) = 0.6065 \approx 0.5$,即一半左右。

2. 单探针

单探针的基本结构很简单,是一根难熔金属 (钨、钼、钽) 丝或棒,一般套在陶瓷管里,仅留一小段暴露于等离子体内,有时陶瓷管外还加金属 (不锈钢) 管静电屏蔽。使用时,探针芯加一直流电压,另一端接等离子体内一参考电极,或导电真空室壁并接地。如真空室是绝缘体,须使用有一定面积的参考电极,以保持其上的电位稳定。测量所加电压和通过电流,对所加电压进行扫描可得到 I-V 特性曲线 (图 5-3-2)。当然实际所得的特性曲线 (图 5-3-3)和理想的并不完全一样。

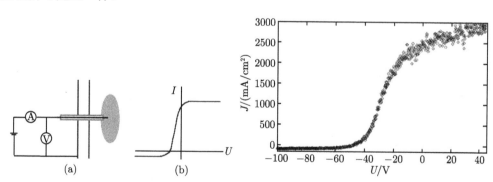

图 5-3-2 静电探针及其特性曲线　　　　图 5-3-3 静电探针实际测量特性曲线

一般的特性曲线上的电压是实验上所加的电压 U,而不是探针相对于等离子体的电位 V_p。U 为 V_p 和等离子体相对于探针电路地线所连接的参考电极的电压 U_R 之和 (图 5-3-4),如果参考电极为容器的壁,一般对等离子体呈负电位,U_R 就是等离子体鞘的高度。如果以 V_p 为变量作图,特性曲线应在横向平移。

在一个简化模型下可从特性曲线得到一些等离子体参数。这一模型须满足下列条件:①粒子速度为麦克斯韦分布;②不存在强磁场;③电子离子平均自由程较探针尺度大得多;

④探针尺寸较等离子体鞘厚度大得多；⑤探针表面无二次过程。其中第③点决定了使用的密度上限，第④点决定了密度下限。一般托卡马克等离子体的密度在使用范围之内。

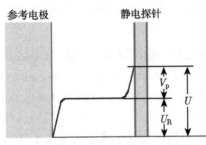

图 5-3-4　静电探针和参考电极周围的电位分布

为解释特性曲线，设所加电压从正到负改变。当所加偏压很正时，探针周围形成电子鞘层，离子流不能达到探针表面，只存在电子流，见图 5-3-5①。按照分子运动论，这一饱和电子流为

$$I_{e0} = \frac{1}{4} e n_e \bar{v}_e S = \frac{1}{2} e n_e S \sqrt{\frac{2T_e}{\pi m_e}} \qquad (5\text{-}3\text{-}11)$$

其中，$\bar{v}_e$ 为平均电子速度，S 为探针有效接收面积。由于电场改变了附近粒子分布，具体实验中得到的电子饱和流往往并不饱和 (图 5-3-3)，难于凭借饱和电子流测量值获得等离子体参数。

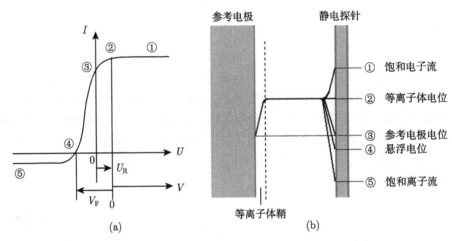

图 5-3-5　静电探针特性曲线对应的等离子体电位分布

当所加电压逐渐从很大的正值减小时，电子电流不再饱和，说明加在探针上的电压 V_p 开始为负。所以可以把探针特性曲线的中间部分和电子饱和流的转折点作为 V_p 的零点 (图 5-3-5②)，这一点可定为等离子体电位。至于实验上的零点 (图 5-3-5③) 为参考电极的电位。转折点的微商不连续，因为电压从这点再变负时，开始形成负的等离子体鞘。我们可建立两个坐标系，测量系统用 U 表示，相对于等离子体的电位用 V 表示。二者的差为参考电极处的鞘高度 U_R。

当所加偏压数值继续降低时，探针收集电流为电子电流和离子电流之差。但此时电子须克服探针的鞘层电位 V_p(相对于②点，为负) 才能达到探针表面。因为电子速度是麦克斯韦分布的，计及能量在 V_p 以上的数目，得到电子电流为

$$I_e = I_{e0} \exp\left(\frac{eV_p}{T_e}\right) \qquad (5\text{-}3\text{-}12)$$

总探针电流为

$$I = I_{e0} \exp\left(\frac{eV_p}{T_e}\right) - I_{i0} \tag{5-3-13}$$

其中，I_{i0} 为饱和离子流。不难得到电子温度为

$$T_e = \left|\frac{\mathrm{d}(eV_p)}{\mathrm{d}\ln(I + I_{i0})}\right| = \left|\frac{\mathrm{d}(eU)}{\mathrm{d}\ln(I + I_{i0})}\right| \tag{5-3-14}$$

即从测量半对数坐标特性曲线中间部分的斜率计算电子温度 (图 5-3-5②和④之间)。这一计算无须知道横轴和纵轴的零点，使用实验所加电压得到的特性曲线数据即可。

特性曲线和横轴的交点，即回路开路时的电压④处为悬浮电位，记为 V_F。它不同于等离子体电位，之间存在等离子体鞘。由于尺寸形状等，这个鞘也不等于参考电极 (如壁) 上的鞘，因而开路探针的悬浮电位一般也不等于参考电极电位。

探针特性曲线左方，相应于电压很负的情况，属于纯的离子饱和流 (图 5-3-5⑤)，离子流是以离子声速向探针表面流动的。相应离子电流为

$$I_{i0} = n_i e S \sqrt{\frac{T_e}{m_i}} \tag{5-3-15}$$

但实际上，测量得到的离子饱和流较这个值小。如果认为离子来自等离子体鞘的边缘，由于预鞘的存在，这点的电位低于等离子体电位，按照上述分析，离子密度应为中心区之半。所以一般在式 (5-3-15) 右侧乘以一个系数 1/2。或者说，按照式 (5-3-15) 得到的离子密度再乘以 2。

如果等离子体密度较高，德拜长度，或者鞘厚度不很大，式 (5-3-15) 中的面积 S 就是探针表面积。如果密度低，德拜长度可与探针尺寸相比，就要根据探针形状 (圆柱或平面) 决定 S 值。此外，当德拜长度较长时，进入鞘的离子不一定都达到探针，依赖于探针形状，而且饱和离子流及饱和电子流都与所加电压有关。

在实验中，可先从饱和离子流的值和特性曲线中间一段计算电子温度 T_e，然后再计算离子密度，并从电中性条件得到电子密度 (忽略高电离态杂质时认为二者相等)。从探针特性曲线还可以得到参考电极处的鞘电位 U_R 和悬浮电位 V_F(图 5-3-5)。但是由于 V_p 的零点，即曲线拐点的位置难于准确确定，所以所得到的这些参数不很准确。

求电子分布函数　静电探针的特征曲线包含大量信息，原则上可以从中获得电子速度分布函数。如果这一分布函数是 $f_e(v)$(未归一化)，到达探针的电子电流密度应为

$$j_e = e \int_0^{2\pi} \mathrm{d}\varphi \int_0^{\pi/2} \cos\theta\sin\theta\mathrm{d}\theta \int_v^\infty v^3 f(v)\mathrm{d}v = \pi e \int_v^\infty v^3 f(v)\mathrm{d}v \tag{5-3-16}$$

其中，速度积分下限是相当于鞘电位 V_p 的速度。以电子总能量 $W = \frac{1}{2}m_e v^2 + eV_p$ 作为新变量，得到

$$j_e = \frac{2\pi e}{m_e^2} \int_{eV_p}^\infty (W - eV_p)f(W)\mathrm{d}W \tag{5-3-17}$$

对麦克斯韦分布来说，就得到式 (5-3-12)，对于一般速度分布，微分两次得到

$$f(\text{eV}) = \frac{m_\text{e}^2}{2\pi e^3 S} \frac{\text{d}^2 I_\text{e}}{\text{d}U^2} \tag{5-3-18}$$

因为所加电压 U 和相对于等离子体的电位 V_p 仅差一常量，变量以 U 代替 V_p，但所得结果在横轴平移一个 U_p 值，此式称 **Druyvesteyn 公式**。利用对所得到的分布函数 $f(\text{eV})$ 积分可以得到电子密度和温度。但这一公式主要用来计算电子速度分布函数，特别在非麦克斯韦分布情况下。

3. 双探针

上述静电探针在使用中存在一个问题，就是参考电极相对于等离子体的电位 U_R 不能准确知道，而且经常是不稳定的。在计算电子温度时，取对数后的特性曲线直线段经常不直，选用不同段的曲线计算得到的温度差异很大。为克服这一困难，有时使用双静电探针 (图 5-3-6)，简称双探针。它是用两个同样的静电探针安装在空间接近的位置，都对地绝缘。扫描电压加在两探针之间。如果两探针完全相同且所处等离子体参数相同，特性曲线应是相对于原点反对称，电子温度可在原点附近测量。双探针的另一优点是避免电子饱和流。电子饱和流远强于离子饱和流，在探针表面产生的热量容易烧毁探针。磁场对双探针的干扰也比对单探针小得多。

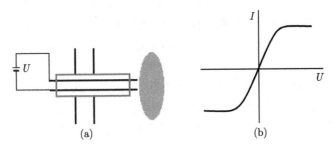

图 5-3-6　双探针电路及其特性曲线

在两个饱和区域，电流决定于相应的离子流。如果两探针对称，两饱和离子流相等，而中间段两探针的电流应遵循式 (5-3-12)，所以两电子电流的比

$$\frac{I_\text{e1}}{I_\text{e2}} = \exp\left(\frac{eU}{T_\text{e}}\right) \tag{5-3-19}$$

取对数后为 $\ln I_\text{e1} - \ln I_\text{e2} = \dfrac{eU}{T_\text{e}}$，再对 U 微商

$$\frac{1}{I_\text{e1}} \frac{\text{d}I_\text{e1}}{\text{d}U} - \frac{1}{I_\text{e2}} \frac{\text{d}I_\text{e2}}{\text{d}U} = \frac{e}{T_\text{e}} \tag{5-3-20}$$

将 $I_\text{e1} = I + I_\text{i0}$，$I_\text{e2} = I_\text{i0} - I$ 代入，得到

$$\frac{\text{d}I}{\text{d}U} = \frac{e}{T_\text{e}} \frac{I_\text{i0}^2 - I^2}{2I_\text{i0}} \tag{5-3-21}$$

在总电流 $I = 0$ 时特别简单

$$\left(\frac{\text{d}I}{\text{d}U}\right)_{I=0} = \frac{eI_\text{i0}}{2T_\text{e}} \tag{5-3-22}$$

很容易从零点附近曲线的斜率得到电子温度, 无须对纵坐标取对数。

对于单探针和双探针, 可用饱和离子流作为等离子体密度的直接测量量, 因为边界区等离子体的温度变化不大, 容易估计, 但是电子温度测量比较麻烦, 所以必须画出特性曲线测其斜率, 不利于电子温度涨落的测量。有一种三探针方法可以直接测量电子温度。

4. 三探针

这种诊断为用一组三个同样的静电探针组合 (图 5-3-7), 置于等离子体内彼此接近的位置, 其中 1, 2 两探针间加上一个适当的直流电压。由于它们的电位是悬浮的, $U_2 - U_1$ 固定, 会自动调整 U_1, U_2 使得满足 $I_1 = I_2$。这时, I_1 为饱和离子流, I_2 为电子流 I_e 减饱和离子流。

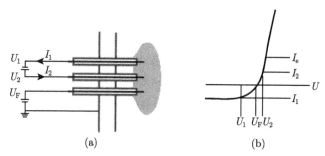

图 5-3-7 三探针及其特性曲线

横轴为对地的电压, 不是 $U_2 - U_1$, 因此与图 5-3-6 不同

按照式 (5-3-13),

$$I_{e0} \exp\left(\frac{eV_2}{T_e}\right) - I_{i0} = I_{i0} \tag{5-3-23}$$

得到

$$\frac{eV_2}{T_e} = \ln 2 + \ln \frac{I_{i0}}{I_{e0}} \tag{5-3-24}$$

置探针 3 于悬浮电位, 使其流过电流为零, 按照式 (5-3-13), 电流 $I = 0$ 时, 有

$$\frac{I_{i0}}{I_{e0}} = \exp\left(\frac{eV_F}{T_e}\right) \tag{5-3-25}$$

所以如果 V_2 以 V_F 为零点, 从式 (5-3-24) 和式 (5-3-25) 得到

$$\frac{e(V_2 - V_F)}{T_e} = \ln 2 \tag{5-3-26}$$

式 (5-3-23) 和式 (5-3-25) 中的 V_2, V_F 都相对等离子体而言, 但是它们的差可以使用实验值。从式 (5-3-26) 可以直接得到电子温度

$$T_e = \frac{e(U_2 - U_F)}{\ln 2} \tag{5-3-27}$$

如果电压单位为 V, 得到的温度单位就是 eV, 这样从三探针测量数据可直接得到电子温度。使用时须注意在探针 1, 2 上所加电压 $U_2 - U_1$ 要取适当的值, 使得电流 I_1 几乎完全是离子饱和流, 其中的电子流部分可以忽略, 使得式 (5-3-23) 成立。

从悬浮电位测量值可以得到参考电极鞘电位。从式 (5-3-13)，在过渡区探针电流为离子流和电子流之和

$$I = \frac{1}{4} e n_e S \sqrt{\frac{8 T_e}{\pi m_e}} \exp\left(\frac{e V_p}{T_e}\right) - e n_e S \sqrt{\frac{T_e}{m_i}} \tag{5-3-28}$$

其中，V_p 是探针鞘电位，由于所测的是等离子体鞘电位和 V_p 之和，当电流为零时，$-V_p = -V_F = U_R - U_F$。U_R 就是等离子体鞘电位或称等离子体电位，U_F 为所测悬浮电位。得到

$$U_R = U_F + \frac{T_e}{2e} \ln \frac{m_i}{2\pi m_e} = U_F + \alpha T_e \tag{5-3-29}$$

可从悬浮电位 U_F 扣除电子温度项直接得到等离子体电位 U_R。在推导这个公式时没有考虑进入鞘的离子流密度小于主等离子体的密度。如果考虑这一减少，相应鞘电位降系数 α 还要高一些。注意所测 U_F 可以为正值或负值，在图 5-3-5 上为负值。

从式 (5-3-29)，可以从探针的悬浮电位和测量得到的电子温度计算等离子体电位或其涨落。在实验中，由于二次过程，往往比式 (5-3-29) 的值略低。

5. 静电探针的使用

使用静电探针要注意一些实际问题。很重要的是污染问题，即探针表面被有机物污染，使实际接收粒子流面积小于设计面积，造成很大的测量偏差。除使用前仔细清洗外，在使用过程中可用离子轰击清除污染。具体方法是在使用前加上直流负高压放电几分钟。

磁场会造成测量结果的偏差。在磁场不很强时，对离子饱和流的影响不大，仍可用上述方法测量。在磁场很强时，会使饱和离子流显著降低，但磁场对双静电探针的干扰很小。在强磁场的条件下最好选用双探针。

静电探针可测量多种等离子体参数，但只能用于等离子体边界区，其使用范围取决于等离子体边界区的温度、密度和放电脉冲长度，因而在大中型装置中的使用很受限制。为解决这个问题，可使用一种快速运动的探针传动机构，使探针在放电脉冲期间快速伸进等离子体并撤回，避免被烧毁以及污染等离子体。现有技术的动作时间在 10ms 量级。

6. 其他固体探针

除去静电探针以外，还有一些伸进等离子体的固体探针，如发射探针、圆珠笔探针和马赫探针，可以算作静电探针的变型。类似的探测元件还有能量分析器和 α 粒子闪烁探测器，一般用于等离子体的边界区域或偏滤器内。

发射探针　一般是一段通电的钨丝 (图 5-3-8)，加热后达到热电子发射温度 (约 2000K)，产生电子发射流。当其偏压为正时，发射电子又返回探针。偏压低于等离子体电位时，发射电子流叠加在离子收集流之上，而且较离子收集流大得多，并随灯丝加热电流增加而增加 (图 5-3-9)。式 (5-3-13) 变为

$$I = I_{e0} \exp\left(\frac{e V_p}{T_e}\right) - I_{i0} - I_{em} \tag{5-3-30}$$

其中, I_{em} 为电子发射流。随这一电子发射流的增加, 悬浮电位 (电流 I 为零的电位) 越来越向右侧移动, 接近等离子体电位。可以将探针开路时的电位认为是等离子体电位, 这是一种更直接的测量等离子体电位的方法。

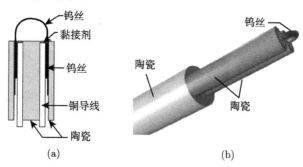

图 5-3-8　发射探针构造和外形

图 5-3-8 是一个用于悬浮环装置的发射探针的结构和外形, 其热丝是用钨丝做成的, 直径 1mm, 长 6mm, 所测量对象的电子温度 10eV, 密度 $10^{17}m^{-3}$。这种探针主要用于等离子体的电场涨落。图 5-3-9 是用于氩气放电的一组发射探针的特性曲线, 可见随热丝加热电流的增加, 悬浮电位越来越接近等离子体电位。

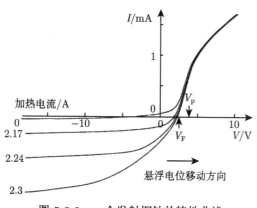

图 5-3-9　一个发射探针的特性曲线

近年来, 经常使用一种更方便的圆珠笔探针 (图 5-3-10, J. Adamek et al., J. Nucl. Mat., 390(2009) 1114) 测量磁化等离子体中的等离子体电位。**圆珠笔探针**(ball-pen probe) 类似静电探针, 垂直于磁场放置。其收集极在一个绝缘筒内可上下滑动, 端部离绝缘筒顶部保持一定距离, 利用电子回旋半径小的特点, 只能收集部分能量高的电子流。当探针处于悬浮电位时, 式 (5-3-13) 为零

$$I_{e0} \exp\left(\frac{eV_p}{T_e}\right) = I_{i0} \tag{5-3-31}$$

$$V_p = \frac{T_e}{e} \ln \frac{I_{i0}}{I_{e0}} \tag{5-3-32}$$

V_p 是探针鞘电位, 按照式 (5-3-29) 的推导方法, 得到收集电流为零时, 悬浮电位

$$U_F = U_R + \frac{T_e}{e} \ln \frac{I_{i0}}{I_{e0}} \tag{5-3-33}$$

如果调解收集极在适当位置，使饱和电子流等于饱和离子流，即其伏安曲线为反对称形，则所测悬浮电位就是等离子体电位。

马赫(Mach)**探针**　结构如图 5-3-11 所示，由紧靠在一起的两个同样的金属探针组成，其间用绝缘材料挡住，与绝缘体间缝隙须小于离子回旋半径，使得每一探针只能接收一侧的粒子流。当所加电压为负，接收离子流时，在探针两侧均形成鞘和预鞘 (图 5-3-12)。离子在预鞘中被加速到声速 C_s 达到探针。预鞘的长度为 $L = (2a)^2 C_s/D_\perp$，其中 a 为探针绝缘层横向半径，$D_\perp$ 为粒子横向扩散率。如果在探针两侧长度为 L 的区域内无其他物体存在，预鞘为**自由预鞘区**。在自由预鞘区条件下，可以探测与绝缘层垂直的宏观流动速度。

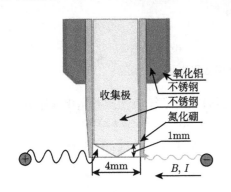

图 5-3-10　圆珠笔探针结构和典型尺度

图 5-3-11　马赫探针构造

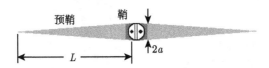

图 5-3-12　马赫探针两侧的等离子体鞘和预鞘

如果等离子体流动速度为 u，它和声速的比例 $M = u/C_s$ 称为马赫数。从探针在迎流动面接收粒子流 Γ_u 和背对流动的粒子流 Γ_d 可以得到马赫数。从流体方程得到

$$M = \frac{2(\Gamma_u - \Gamma_d)}{\Gamma_u + \Gamma_d} \tag{5-3-34}$$

和这结果近似的另一表达式为

$$M = 0.5\ln(\Gamma_u/\Gamma_d) \tag{5-3-35}$$

一般的等离子体内的马赫数均有 $M<1$，在此范围内，两公式相差不大。一般认为，上述模型可以用在探测托卡马克等离子体的环向流动，但不能定量用于极向流动测量，因不符自由预鞘区条件。

离子能量分析器(regarding field energy analyzer)是伸进等离子体的一个一端开口的小金属圆筒 (图 5-3-13，T. Dolan, Fusion research: principles, experiments and technology, 电子版)，离子从入口处进入，经过几个栅极到达收集极。第一个栅极是加负电位 $-\phi_r$ 的排斥栅，用于排斥电子使其不能进入分析器。第二个栅极是处于正电位 ϕ_b 的偏压栅，使能量高于这一电位的离子才能进入。对于一个稳态等离子体，这个栅极电位是扫描的。不同偏压所得的

信号对偏压数值微分,就得到离子能量谱。这一偏压栅内尚有一个加负电位 $-\phi_s$ 的屏蔽栅,用以进行静电屏蔽和防止来自偏压栅的二次电子进入收集极 (电位 ϕ_c)。图 5-3-13(b) 是一例测量结果,显示不同离子温度时扫描得到的收集电流。这一收集电流在扫描偏压 ϕ_b 很低时保持不变,所有入射离子进入收集器。只有当扫描电压达到等离子体鞘电位后,等离子体鞘消失,离子流才随扫描电压的增加而减少。这种离子能量分析器可用来测量等离子体边界处或偏滤室内的离子能量分布及温度涨落。

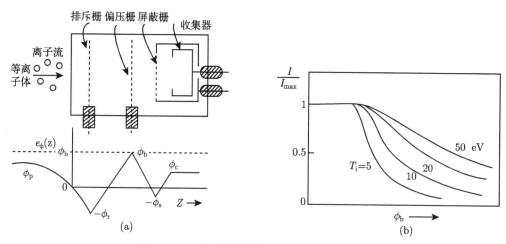

图 5-3-13 离子能量分析器的结构和工作原理

α 离子闪烁探测器 聚变反应产生的高能 α 粒子的回旋半径为厘米量级,可以在等离子体边界处直接测量其回旋半径和投射角分布。

这一探测器是一个小方盒 (图 5-3-14),侧面开有入射针孔,连接一狭缝,使入射 α 粒子达到荧光屏时按照回旋半径/投射角参数二维分布。探测器置于真空室内,赤道面外下侧,离子磁场漂移方向。

7. 静电探针探测涨落信号

经常用静电探针测量等离子体的涨落。因为它可以测量密度涨落和电位涨落,都属于静电涨落机制。由于涨落频率很高,不可能用电压扫描的方法,只能将探针置于一固定电压收集信号。它经常用于测量饱和离子流,其涨落主要反映密度涨落,而对温度涨落不敏感 (因为是平方根依赖关系)。所测量的悬浮电位涨落也不等同于等离子体电位的涨落 (式 (5-3-29)),但是如果温度涨落较小,则接近等离子体电位的涨落。使用三探针还可监测温度的涨落。

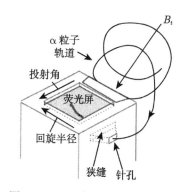

图 5-3-14 α 离子闪烁探测器结构

在测量快速变化的信号时,探针的时间响应取决于周围空间电荷的平衡时间。在离子饱和流范围和过渡阶段,这时间主要取决于电子等离子体频率,对于托卡马克型装置一般在

10^{-8} 秒量级。所以,探针方法可以测量几百 MHz 的涨落信号。

空间相关测量 静电探针在托卡马克上的最重要应用是湍流的探测。湍流是一种广谱的时空涨落,其特点是频谱宽度 $\Delta\omega \approx \omega$,波数谱宽度 $\Delta k \approx k$。为探测湍流,须进行空间相关研究,在测量上,可采用探针阵列。所测最大波数由两探针最小距离决定。

图 5-3-15(S. J. Zweben and R. W. Gould, Nucl. Fusion, 25(1985) 171) 是早期在加州理工学院的小型托卡马克 Caltech 上使用的一维和二维静电探针阵列。这是一种很容易想象到的设计,它的缺点,是对高温等离子体有很大的干扰,以至于不能测出实际的物理图像,但是目前仍经常用于等离子体参数较低的装置。

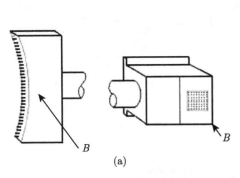
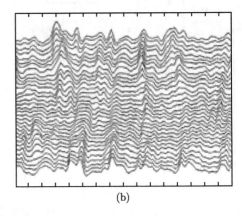

(a)　　　　　　　　　　　　　　　(b)

图 5-3-15 (a)Caltech 上的静电探针阵列 (B 为磁场方向) 和 (b) 一维极向探针阵列所测离子饱和流

横轴每格 20μs

实际上,使用少得多的探针数目,就可以测量某一方向上的相关。在很多实验中,用两个同样的探针即可,称为两点法。例如,图 5-3-16 所示的两对探针可以测量环向的相关。它们都在环向错开一定位置,以避免一个处在另一个由磁场形成的影子里。当然它们也可测量极向的相关。从这种两点测量也可得到它们连线方向的电场。

用于托卡马克等离子体边缘区的静电探针的波数探测范围是 $1\sim10\mathrm{cm}^{-1}$。探针设计可以进行各种组合,以研究不同的物理问题,如可同时测极向和径向电场涨落的雷诺协强探针。图 5-3-17 为 HL-2A 装置上测量带状流的组合式三层探针,可以同时测量带状流的极向和环向模数。

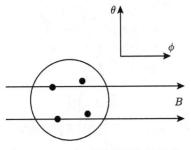

图 5-3-16 两点法测量探针结构

图 5-3-17 三层静电探针

5.4 等离子体的辐射探测

1. 概述

等离子体的辐射探测, 特别是光学波段的发射光谱诊断, 是发展较早的等离子体诊断项目之一。等离子体中发射的光谱由连续谱和线状谱构成, 覆盖从红外到 X 射线的波段, 包含非常丰富的物理内容。目前它用于杂质的组分、密度、流强度、有效电荷数、电子和离子的温度和密度、等离子体旋转速度、安全因子测量等诊断项目。

在早期实验研究中, 主要监测从等离子体中发出的发射光谱。图 5-4-1 是小型托卡马克装置 CASTOR(http://www.ipp.cas.cz) 上典型的真空紫外 (VUV) 发射光谱, 其线状谱主要是 O 和 C 的杂质谱线。谱线上标志的光谱符号和相应的电离态的关系, 以 C 为例, 见表 5-4-1。

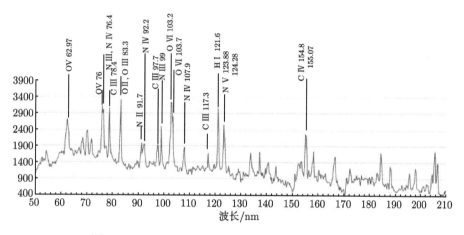

图 5-4-1   CASTOR 装置上典型的真空紫外区发射光谱

表 5-4-1   杂质 C 的电离次数、化学符号、光谱符号和光谱类型的关系

电离次数	化学符号	光谱符号	光谱类型
0	C	CI	原子
1	C^+	CII	类 B 离子
2	C^{2+} 或 C^{++}	CIII	类 Be 离子
3	C^{3+}	CIV	类 Li 离子
4	C^{4+}	CV	类 He 离子
5	C^{5+}	CVI	类 H 离子
6	C^{6+}		(C 核)

从发射光谱图上可以辨别杂质的种类, 所以发射光谱经常用来作杂质种类和含量的监测。在小型装置上, 发射光谱集中在可见和紫外波段。在大中型装置上, 由于温度高, 辐射逐渐向短波移动, 主要探测区域为紫外、真空紫外和 X 射线波段。在芯部, 轻杂质 C、O 被完全剥离, 只能探测到一些更高电离态离子 (主要是金属离子) 的发射光谱线。

这些波段的范围、探测原理、主要探测元件类型和分光方法可见图 5-4-2。

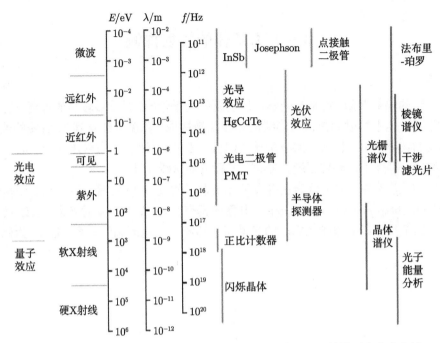

图 5-4-2　电磁波谱：光子能量、波长、频率、探测原理、元件类型和分光方法

从图 5-4-1 看，线状谱线主要来自杂质离子。在小型装置上，主要是低 Z 的轻杂质离子。在大中型装置上，高 Z 的金属杂质很重要。但即使在大中型装置上，不同区域的光谱行为和主要探测项目也有所不同。以现代大型装置为例，如表 5-4-2 所示。

表 5-4-2　大型装置上不同区域的电离状态和主要诊断项目

区域	辐射波段	H, He	低 Z 杂质	高 Z 杂质	主要诊断
边缘区	可见, UV	部分电离	部分电离	部分电离	τ_{p}, Z_{eff}
中间区	UV, X 射线	完全电离	部分剥离	部分剥离	杂质输运
核心区	X 射线	完全电离	完全剥离	部分 / 完全剥离	X 射线能谱

注：τ_{p} 为粒子约束时间，Z_{eff} 为核的有效电荷数。

从等离子体的辐射机制来看，从电子在跃迁前后的状态可分类为：

自由态 → 自由态：轫致辐射、回旋辐射

束缚态 → 束缚态：线辐射

自由态 → 束缚态：复合辐射、双电子辐射

其中轫致辐射、复合辐射和双电子辐射是连续谱，回旋辐射和线辐射是线状谱。复合辐射和双电子辐射有时合称复合辐射。低温等离子体中的二原子分子和多原子分子及其离子可能发生振动能级和转动能级间的跃迁，发射带状谱线。这些过程可能在孔栏阴影区，或偏滤器位形分支磁面以外区域，即删削区内发生。托卡马克一类装置的等离子体由于密度较低，可视为光学薄，一般不存在发射光子的自吸收。

相对论性高能电子曲线运动时发射**同步辐射**(synchrotron radiation)，可视为相对论性的回旋辐射，集中在电子运动方向，有很宽的谱。在当前装置上，同步辐射主要由逃逸电子发

出，处在 $10\mu m$ 左右的红外波段。在将来的聚变堆中，同步辐射可能十分强烈，形成连续谱的背景。

光谱诊断属于非接触测量，特别是被动光谱即发射光谱，对等离子体无任何干扰，诊断设备简单。但是在大型装置上，由于装置主体结构复杂，需较复杂的光路系统，包括反射镜、窗口、聚焦系统，真空紫外光谱尚需真空管道。对于燃烧等离子体，尚有防辐射及处理其他部件退化机制 (如镜面污染) 的措施。

2. 辐射探测器件

在**毫米波段**，最基本的探测方法是用**点接触半导体二极管**进行检波，将所得信号进行放大和检测。也可将半导体二极管用作混频，将接收信号与本地振荡信号混合叠加，得到对应不同本地振荡谐波的混频信号，选择适当中频信号予以放大、检波，得到视频信号。

在**红外波段**，须用半导体的内光电效应来探测。所谓内光电效应指入射光子和半导体材料内的电子相互作用而激发的载流子的各种效应。因为在半导体内产生电荷也须入射光子有一定能量，所以这样的器件也有一个长波限，但低温会使这长波限增加，所以器件多工作在低温 (液氮或液氦温度)，其中比较常用的有**光导型探测器**。它利用光子激发的载流子引起的半导体的电导率的变化来探测入射光功率，可用于红外和毫米波。常用的器件有 InSb, HgCdTe, PbS 等，经常用在低温环境中，探测电路如图 5-4-3 所示。

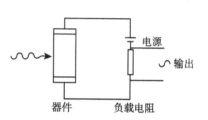

图 5-4-3 光导型探测器的使用电路

光伏型探测器利用光生伏打效应工作。它要求光照面附近有一个位垒, PN 结或 Schottky 位垒，来形成电场分离光子激发的电子–空穴对，从而在位垒两侧产生电势差，其大小与光子通量成正比。这类探测器存在自生偏压，不外加偏压也能工作，但是实际往往外加偏压，一般是反向偏压，所以图 5-4-3 的线路也能适用。前面所说的制造光导型探测器的材料一般也能制造光伏型探测器。和光导型探测器比较，它有较短的响应时间。

此外，广泛用热效应制成器件进行红外探测，如热电偶。还有一种**热释电探测器**如 $LiTaO_3$，它是由晶体做成的电容，当温度增加时会产生极化电荷作为吸收热量的测度。这些热效应探测器件不但可用于红外探测，而且由于光谱范围非常广，也用于等离子体总辐射功率的探测研究能量平衡，其缺点是响应时间长。为减小响应时间，通常将这样的器件做成单元体积很小的阵列。

在远红外波段，可用基于 Josephson 效应制成探测器。所谓 **Josephson 效应**，就是两个超导体弱耦合时所发生的量子隧道效应。这种探测器的灵敏度高、响应快，也可用于亚毫米波段。

在**可见和紫外波段**，经常使用**光电二极管**探测器。光电二极管由光阴极和阳极组成，封装在真空管内。光阴极由脱出功很低的金属或半导体制成，工作时加负偏压。当光入射到光阴极时，如果其能量超过光阴极的脱出功，就使阴极发射电子。电子在电场作用下向阳极运动，为阳极收集。当电压超过一定值时，阳极收集的电流与电压无关，而与光通量成正比。光电二极管输出的电流比较弱，须经放大，增益也较低，信噪比低，但其时间响应较快，可以达到 ns 甚至 ps。

光电倍增管(photomultiplier tube, PMT) 的原理和光电二极管相似，但其光阴极和阳极间加了若干二次电子倍增极 (图 5-4-4)。从光阴极到二次电子倍增极再到阳极，所加电压递增。从光阴极发射出的电子束在各个二次电子倍增极上产生不断放大的二次电子束，最后在阳极上得到相当强的电子束，其电子束的增益可达 10^8。光电二极管和光电倍增管的长波限由光阴极材料的脱出功决定，约为 $1.2\mu m$，短波限由窗口材料决定。无窗光电倍增管可工作到 10nm。

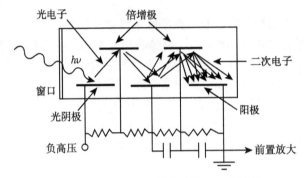

图 5-4-4　光电倍增管的结构和工作原理

在真空紫外波段，也可用荧光物质水杨酸钠的甲醇或乙醇溶液涂在光的接收面上，将紫外光转换为 350~550nm 波长的可见光，再用其他方法接收。

有两种办法记录光电倍增管记录的信号。一个是模拟记录，就是认为输出的电流，或转换为电压，其随时间变化的值就正比于入射光的功率。当入射光减弱时，输出信号的涨落增大，最后变成离散的脉冲系列。将这样的脉冲数目作为光信号的记录称为光子计数法。当入射光很弱时，适用光子计数法。光子计数法有稳定性高、信噪比高的优点。

实际上，光子计数法更多用于高能粒子和射线探测，这就需要将高能粒子或射线的能量转换为可见光。办法是在光电倍增管前放一块闪烁体 (一般用硅油耦合)。入射的高能粒子或射线激发闪烁体的原子，使其发出短寿命荧光。这样的闪烁体可以为无机物，如 NaI(Tl)，也可以是有机物，如闪烁塑料。输出的电压脉冲经放大、整形，进入多道脉冲高度分析仪，对不同高度的脉冲计数，就可以得到入射粒子或射线的能谱 (图 5-4-5)，其能量绝对值可用已知能量放射源校准。

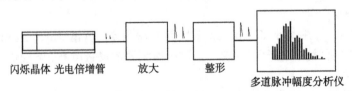

闪烁晶体　光电倍增管　　　放大　　　　整形　　　　多道脉冲幅度分析仪

图 5-4-5　光子计数法测量能谱

上述真空光电管和光电二极管难于小型化用于空间分辨。现在的**光电二极管阵列** (photodiode array, PDA) 是一种固体器件 (图 5-4-6)，根据光生伏打效应制成，它本身是一个 PN 结阵列。当一定频率的光入射时，光子在 PN 结形成的势垒附近产生电子空穴对。

电子空穴对发生分离，电子向 N 型区运动，空穴进入 P 型区，使 PN 结有电流通过。一个扫描电路可以依次读出电流大小，以决定光强空间分布。PDA 可以是一维或二维的。

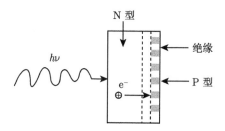

图 5-4-6 光电二极管阵列结构和工作原理

另一种光电器件称为**雪崩二极管**(avalanche photodiode，APD)。它也是一种半导体器件，用硅或砷化镓 PN 结制成，利用载流子的碰撞电离和渡越时间两种物理效应产生的雪崩过程实现电流放大。和一般的光电二极管比较，它有高的增益；和一般的光电倍增管比较，它的主要优点是在红外波段有很高的量子效率。

沿光电倍增管的原理发展的**多通道板**(multichannel plate, MCP)，弥补了电子倍增器空间分辨差的缺陷。多通道板由很多通道式电子倍增器并联组成。通道式电子倍增器是特殊的高阻材料 (铅玻璃或陶瓷) 制成的细管。管两端加高压，当有足够能量的电子或光子入射时，在壁上不断产生二次电子达到倍增效应，其电子倍增过程可达几十次。增益由管直径和长度之比决定，而与其绝对尺寸无关。但是直管多通道式电子倍增器由于离子产生效应，增益不超过 10^4。一种外形类似蜗牛的弯管型电子倍增器弥补了这一缺陷，增益可达 10^6。这种电子倍增器适用于紫外波段。在入口处镀以适当材料的膜可以扩展长波限。

很多直管多通道式电子倍增器可以并联形成多通道板，这样的器件主要用于**像增强器**(image intensifier)。它的优点是：小型高增益、二维空间分辨、高速响应、可用于磁场环境，对带电粒子、紫外线、X 射线、中子都敏感。用像增强器组成图 5-4-7 这样的成像光纤可以直接拍摄软 X 射线的发射图像。

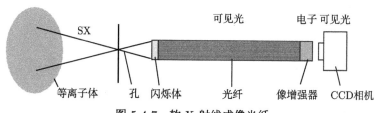

图 5-4-7 软 X 射线成像光纤

电荷耦合器件(charge coupled device，CCD) 是一种用电荷量来表示不同状态的动态移位寄存器，一般在 N 型或 P 型硅上生长一层 SiO_2 薄膜，再在其上制成电极，构成金属–氧化物半导体电容器。每一个电容构成一像素，当光入射时，在电容上产生电荷，电荷大小与光强成正比。可以用三组像素分别探测不同颜色的光，形成彩色的像，关键技术是数据的读取，周期性地改变时钟脉冲的幅度和相位，使信号电荷在集成电路内定向传输。以一组 PN 结收集电荷，经放大、数字化后输出。它的优点是有较高的灵敏度，已广泛使用在很多日常和研究领域，也通常用作光谱仪的接收器件。CCD 也可用于能量较低的 X 射线的探测。

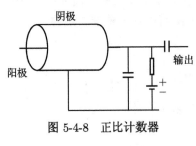

图 5-4-8　正比计数器

在 **X 射线波段**，传统的 X 射线探测使用气体探测器。它利用 X 射线在气体中产生的电离电荷来记录射线强度，包括电离室、正比计数管和盖革计数管。比较常用的是正比计数管，其结构如图 5-4-8 所示。它的工作电压足够高，可以产生雪崩过程，但一般只有在入射光子处于很接近阳极时才导致电离，所以输出信号与入射光子能量无关，放大倍数与外加电压、气体成分与压强有关。一般工作电压几千伏，放大倍数 10^3 左右，常用甲烷作工作气体。它经常工作于脉冲状态，记录单光子事件。

半导体探测器也广泛用于 X 射线探测。它实际上是一种固体电离室，电场加在 PN 结中，目前主要有金硅面垒探测器和硅锂漂移探测器两种。金硅面垒探测器是在 N 型硅表面镀上一层金，形成表面的 PN 结。后一种探测器为用硅 (或锗) 单晶制成的锂漂移型探测器。

探测高能 X 射线以及 γ 射线 (100keV 以上) 常用的闪烁探测器已在前面结合光电倍增管叙述。

在一些测量中需要发光强度的绝对定标，从而需要标准光源，这在可见和紫外波段已经解决。比较传统的可见区标准光源是**钨带灯**(tungsten ribbon lamp)，多数运转在 3000K 左右的温度，光谱范围在 100nm~1μm，分布接近黑体辐射，只要提供准确的电流，就可查出它的亮度的谱分布。在波长短于 100nm 的真空紫外区，则发展了一些电弧光源。在更短的波长，可用光谱的分支比法间接标定，即测量已知温度等离子体的一对发射谱线，从公式算出它们的强度比，从处于可见区已定标的谱线强度推出紫外区谱线强度。

在对光源进行标定时，经常使用积分球。它是一个中空球体，内表面涂以漫反射材料，在壁上开几个小孔，用于入射光和放置探测器。使用积分球测量光源性能时，可以避免直接测量时，由于光束形状、探测器位置、照射不均匀等因素带来的误差。

在发射光谱诊断中，空间分辨测量是重要的。在早期，经常使用**转镜**(图 5-4-9) 作空间扫描测量，近年来则经常使用各种多道探测设备。

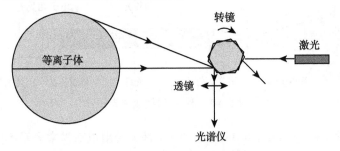

图 5-4-9　转镜扫描设备原理图

激光信号用于确定测量启动时间

如果脉冲等离子体的放电重复性好，在测量无关联的宏观参数时，可以将放电序列看成系综，进行重复测量。在两次放电间隔改变测量位置以实现空间分辨，这一概念也适用于其他诊断项目。

3. 连续辐射测量

等离子体的连续谱辐射有轫致辐射、复合辐射和双电子辐射。**轫致辐射**是带电粒子加速 (或减速) 过程中发生的辐射。在完全电离等离子体中，轫致辐射主要是电子与离子碰撞造成的，其单位体积辐射功率，或称辐射功率密度可表为

$$P_b = \frac{8\pi}{3} \frac{Z^2 n_e n_i}{m_e c^3 \hbar} \left(\frac{e^2}{4\pi\varepsilon_0}\right)^3 \left(\frac{T_e}{m_e}\right)^{1/2}$$
$$= 5 \times 10^{-37} Z^2 n_e n_z T_e^{1/2}$$
$$= 5 \times 10^{-37} Z n_e^2 T_e^{1/2} (\mathrm{W/m^3}) \tag{5-4-1}$$

其中，Z 为离子电荷，温度单位为 keV。对于几种离子的情况，使用**有效电荷数**

$$Z_{\mathrm{eff}} = \frac{\sum\limits_k n_k z_k^2}{\sum\limits_k n_k z_k} = \frac{\sum\limits_k n_k z_k^2}{n_e} \tag{5-4-2}$$

代替式 (5-4-1) 最后一式中的 Z，Z 或 Z_{eff} 的意义为离子携带电荷数。但是在温度较高时，高速电子可能穿透束缚电子而直接与核作用。所以在这种情况下，Z 应理解为核电荷数，有效电荷数为代表杂质水平的重要等离子体参数。Z_{eff} 是杂质含量或等离子体纯度的度量。正常放电情况下，轻杂质 (C, O) 数密度应为工作气体的百分之几，重杂质 (金属) 应在百分之一以下，Z_{eff} 在 2 以下。

电子温度测量 轫致辐射的频谱很宽。实验室等离子体的轫致辐射可从可见区到 X 射线区。电子和离子间的近距离散射发射高能光子，远距离散射发射低能光子。在高频须采用量子力学处理。频谱可写为

$$\varepsilon_\omega = \frac{8}{3\sqrt{3}} \frac{Z_{\mathrm{eff}} n_e^2}{m_e^2 c^3} \left(\frac{e^2}{4\pi\varepsilon_0}\right)^3 \left(\frac{m_e}{2\pi T_e}\right)^{1/2} \bar{g}(\omega, T_e) e^{-h\omega/T_e} \tag{5-4-3}$$

其中，Gaunt 因子 $\bar{g}(\omega, T_e)$ 是频率和温度的缓变函数，因此频谱主要取决于 $\left(\dfrac{m_e}{2\pi T_e}\right)^{1/2}$ $e^{-h\omega/T_e}$ 项。在 $h\omega \geqslant T_e$ 时随频率变化明显，所以可在高频段测量频谱计算温度。此时使用对数坐标表示，功率谱应为一直线，斜率反比于电子温度，可以在不作光强绝对测量时计算电子温度，也无须定标。困难之一是轫致辐射功率正比于电子密度平方，在低密度时非常微弱。之二是轫致辐射谱受到其他类型辐射的干扰，必须选择一段没有线辐射和复合辐射的波段进行。例如，图 5-4-10(K. Ida et al., Nucl. Fusion, 30(1990) 665) 显示在波长 523nm 附近有一段 2nm 长的区间没有线状谱可用于此目的。图 5-4-11 为用 X 射线波段连续辐射计算不同小半径处氢等离子体电子温度一例。

式 (5-4-1) 还表明，总的轫致辐射功率正比于有效电荷 Z_{eff}，因此可以由连续谱的测量得到 Z_{eff}。这一测量须对探测信号的绝对强度进行标定。在实验中，可在可见和软 X 射线波段探测高温等离子体的轫致辐射。在 ITER 上，将在 523nm 附近测量连续辐射强度以决定有效电荷数的空间分布。

复合辐射　　在图 5-4-11 上，可以看到指数关系的实验数据在对数坐标上为直线，但是有一些间断点，这是由另一种连续辐射，即复合辐射造成的。这种涉及束缚态–自由态跃迁的辐射有两种。如下的单电子俘获、激发和辐射过程称**辐射复合**

$$O^{+++} + e^- \longrightarrow O^{++*} \longrightarrow O^{++} + h\nu$$

其中间态有一个束缚电子跃迁至高能级。

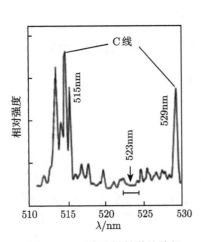

图 5-4-10　连续辐射谱的选择

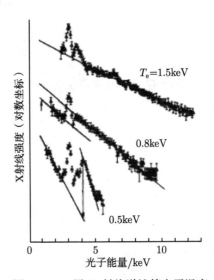

图 5-4-11　用 X 射线谱计算电子温度

如下的过程称**双电子复合**(dielectronic recombination)，也以氧的三次电离离子为例

$$O^{+++} + e^- \longrightarrow O^{++**} \longrightarrow O^{++*} + h\nu_1 \longrightarrow O^{++} + h\nu_1 + h\nu_2$$

表示一个电子和离子碰撞时，激发了一个价电子至激发态，同时自己被俘获也处于高激发态，称为双激发态，然后发射两个光子回到基态 (图 5-4-12)。因其中间态有两个电子跃迁，故称双电子复合。

以上两种辐射都是连续谱，但不是光滑的连续谱。辐射光子能量为自由电子的能量与相应电子在原子或离子内的束缚能之和，因为自由电子的能量是连续分布的，所以辐射光子的能量也是连续分布的。但是相邻两种电离态的复合辐射谱之间有一个相当于低电离态电离能的阶跃，所以辐射谱整体呈锯齿状。

实际连续光谱是复合辐射谱和韧致辐射谱的叠加。图 5-4-13(M. Galanti and N.J.Peacock, J.Phys. B, 8(1975) 2427) 是一例 C 离子连续谱测量结果。因为复合辐射的频谱和韧致辐射谱类似，所以叠加复合辐射并不影响使用韧致辐射谱计算电子温度。

4. 特征线辐射和日冕模型

原子和离子的特征线辐射是原子或离子的电子态能级间跃迁产生的。氢同位素只有原子存在束缚电子因而存在线辐射，而杂质存在不同电离态的线辐射。每种原子或离子存在较强的特征谱线，可根据这样的谱线辨认存在的杂质粒子种类。一般的原子谱线处于可见和近紫外区。低电离态的离子特征谱线也处于可见、近紫外区。更高电离态的离子谱线处于真空紫外或软 X 射线区。特征线辐射传递非常多的关于等离子体参数的信息。

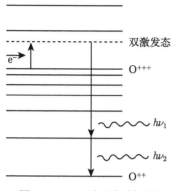

图 5-4-12　双电子辐射过程

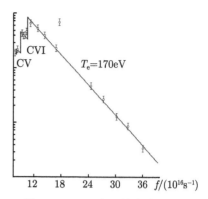

图 5-4-13　C 离子的连续谱辐射

最容易观察的特征谱线是工作气体辐射的 H_α 线 (656.28nm) 或 D_α 线 (656.11nm)，它们是主量子数 $n=3\to 2$ 跃迁的原子线，属于 Balmer 线系，在大装置上仅存在于删削区及偏滤器内，所以它们的空间定位很容易。一般用光电二极管阵列测量其空间分布，主要用于监测等离子体与孔栏或器壁的相互作用，以及一种边缘扰动模式边缘局域模 (edge localized modes, ELM)，还可监测边界区 H/D 之比，以及计算进入等离子体的粒子流。它们的强度变化经常作为从 L 模到 H 模转换的标准。

日冕模型　在很多光谱诊断问题中，都需要知道等离子体组分 (原子、离子) 的电离态和激发态的分布。在非平衡条件下，需要计算电离或激发以及复合的速率方程。在一些情况下，等离子体可能达到某种平衡，可以用相应的平衡公式处理。在等离子体中，主要平衡类型有二，相当于两种极端情形。一种是**日冕模型**(coronal equilibrium)，另一为**局部热平衡模型**(local thermal equilibrium，LTE)。在两个模型中，都是靠电子碰撞向高电离态跃迁。但在日冕模型中，是靠无碰撞的自发辐射向低能态跃迁，而在局部热平衡中，靠碰撞复合向低能态跃迁。具体哪种模型适用，要根据等离子体参数决定，和具体谱线也有关系。在托卡马克和仿星器装置中，由于密度较低、温度高，所以在很多情况下适用日冕模型。

在日冕模型中，某一电离态的离子数目 n_z 随时间变化的速率方程为

$$\frac{\mathrm{d}n_z}{\mathrm{d}t} = n_e[n_{z+1}\alpha_{z+1} + n_{z-1}s_{z-1} - n_z(\alpha_z + s_z)] \tag{5-4-4}$$

对原子和最高电离态，右方只存在两项。在式 (5-4-4) 中自发辐射复合速率系数 α_z 和碰撞电离速率系数 s_z 只是电子温度的函数，所以平衡态下电离态的分布，即不同电离态的比例，只与电子温度有关 (图 5-4-14(a))。可以证明平衡时

$$\frac{n_z}{n_{z+1}} = \frac{\alpha_{z+1}}{s_z} \tag{5-4-5}$$

比较精细的模型尚须考虑输运和电荷交换的影响。

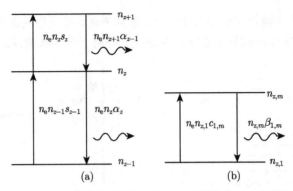

图 5-4-14　日冕模型下的电离态 (a) 和激发态 (b) 间的跃迁

离子基态的电离速率系数可写为

$$s_z = \frac{10(T_e/E_\infty^z)^{1/2}}{(E_\infty^z)^{3/2}(6.0 + T_e/E_\infty^z)} \exp\left(-\frac{E_\infty^z}{T_e}\right) (\text{m}^3/\text{s}) \tag{5-4-6}$$

其中，E_∞^z 为电离电位 (单位 eV)。辐射跃迁速率系数可近似写为

$$\begin{aligned} \alpha_z = {} & 5.2 \times 10^{-8} Z(E_\infty^z/T_e)^{1/2} \\ & \times [0.43 + 0.5\ln(E_\infty^z/T_e) + 0.469(E_\infty^z/T_e)^{-1/3}](\text{m}^3/\text{s}) \end{aligned} \tag{5-4-7}$$

在 $1\text{eV} < T_e/Z^2 < 15\text{eV}$ 范围内，可简化为

$$\alpha_z = 2.7 \times 10^{-7} Z^2 T_e^{-1/2}(\text{m}^3/\text{s}) \tag{5-4-8}$$

对于不同成分不同电离态的两种系数也有详细图表可查。

日冕模型中假设碰撞激发和自发辐射去激发相平衡 (图 5-4-14(b))，其中 c_{1m} 和 β_{1m} 分别为基态和第一激发态间的碰撞激发速率系数和自发辐射的去激发速率系数。但实际去激发要考虑向所有低能级的跃迁。在平衡时

$$n_e n_1 c_{1m} = n_m \sum_{n<m} \beta_{mn} = n_m/\tau_m \tag{5-4-9}$$

其中，c_{1m} 为碰撞激发速率系数，β_{mn} 为去激发速率系数，$\tau_m = 1/\sum\limits_{n<m} \beta_{mn}$ 为 m 激发态的寿命。

从式 (5-4-5) 可知，在日冕平衡下不同电离态的比例和电子密度无关，只是电子温度的函数。所以对某一种杂质，可以制成不同电离态组分随电子温度变化的图，例如，图 5-4-15 为 C 和 O 离子不同电离态的比例随电子温度的变化，其中 C 的 4^+ 态和 O 的 6^+ 态的温度分布范围最广，是因为 2s 和 2p 外层电子都已剥离，只余两个较稳定的 1s 电子。而且，不同温度下的各种辐射功率密度，除回旋辐射与磁场有关外，也可制成图供查阅，如图 5-4-16(C 和 O 杂质)。

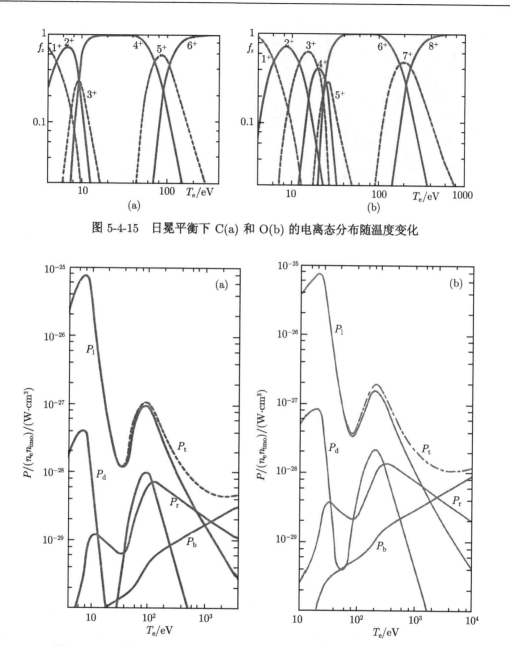

图 5-4-15 日冕平衡下 C(a) 和 O(b) 的电离态分布随温度变化

图 5-4-16 日冕平衡下 C(a) 和 O(b) 杂质不同类型辐射功率与电子温度关系

P_l 线辐射, P_d 双电子复合辐射, P_r 复合辐射, P_b 轫致辐射, P_t 总辐射

在 PLT 装置上，已知电子温度和密度的径向轮廓 $T_e(r)$ 和 $n_e(r)$，使用日冕模型计算杂质 Fe 的五种高电离态的径向分布。图 5-4-17(S. Sudkewer, Phys. Scr., 23(1981) 72) 为计算结果 (a) 和实验中测量结果 (b) 的比较。这些结果表明，这一杂质的不同电离态，随电离次数增高而从外向内呈壳层结构。计算结果和测量数据的偏离主要因为模型中未考虑粒子径向扩散。

谱线分支比方法(branch ratio method) 在不同的平衡模型下，可以用同一杂质的两发射谱线的强度比推测等离子体参数。其中特别方便的是同一电离态的同一基态的辐射线强度比，称为分支比方法。已知等离子体参数时，也可用这一方法标定真空紫外谱线绝对强度。

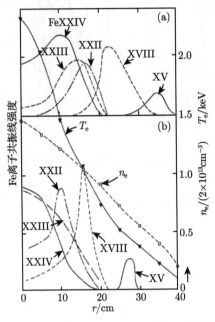

图 5-4-17   PLT 装置上 Fe 的 14、17、21、22 和 23 次电离态沿小半径分布的测量结果 (a)
和根据日冕模型的计算结果 (b)

以日冕模型为例。从 m 激发态跃迁到基态的谱线 (图 5-4-14) 的强度可写为 $I_{1m} = h\nu_{1m}\beta_{1m}n_m$，$m$ 激发态的粒子数密度 n_m 可从式 (5-4-9) 得到为 $n_e n_1 c_{1m} \tau_m$。所以，从 m, p 两激发态向同一基态跃迁的谱线强度比为

$$\frac{I_{1m}}{I_{1p}} = \frac{c_{1m}\beta_{1m}\tau_m\lambda_p}{c_{1p}\beta_{1p}\tau_p\lambda_m} \tag{5-4-10}$$

其中，λ 为两谱线的波长。式 (5-4-10) 左方其余物理量均为电子温度的函数，与密度无关。因此从一对谱线的强度比可以得到电子温度。这样的温度也称为激发电子温度。

有些情况下，电离态和激发态的分布不完全符合日冕平衡或局部热平衡，与具体谱线有关。一般应同时考虑自发辐射和碰撞复合，称为**碰撞辐射模型**(collisional radiative model)。在实验中一般使用氦的谱线，利用氦原子能级单重态和三重态跃迁几率的温度依赖性使用分支比法计算等离子体温度和密度。在小型装置中可以在工作气体中加入少量氦气，在大型装置中可以使用氦束或喷气注入。一般首先使用电离速率方程计算温度密度对谱线强度比的关系，制成图表，然后从测量值与计算结果比较得到相应等离子体参数。图 5-4-18(B. Schweer, Trans. Fusion Sci. Tech., 49(2006) 404) 为 TEXTOR 上使用 HeI 谱线得到的强度比分布图，使用的三条谱线是：728nm(3^1S$\rightarrow 2^1$P)，707nm(3^3S$\rightarrow 2^3$P)，668nm(3^1D$\rightarrow 2^1$P)。这是在温度–密度平面上两种谱线分支比的等高线图。可使用这个图从测量得到的两对谱线强度比确定等离子体温度和密度。

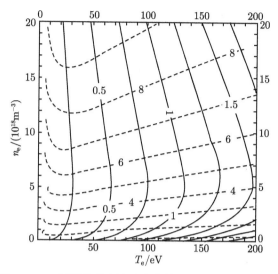

图 5-4-18 氦谱线强度比决定的等离子体温度密度曲线

实线: 728nm/707nm, 虚线: 668nm/728nm

5. 谱线展宽

等离子体的线辐射有多种展宽机构。自然宽度来自测不准关系, 一般很小。因激发态寿命一般在 10^{-8}s 以上, 谱线自然宽度在 $10^{-5} \sim 10^{-8}$nm。Stark 效应来自粒子间的碰撞, 在高密度等离子体中较强。因为是粒子间电场的相互作用故有此名。Zeeman 效应是磁场中谱线的分裂, 一般强度磁场下也很弱。例如, 在 1T 磁场下, 波长 500nm 的谱线的正常 Zeeman 分裂仅为 0.0117nm。在托卡马克等离子体中, 主要展宽机制是 Doppler 展宽。

Doppler 展宽 的发生机制是离子视向热运动的 Doppler 效应。因此, 通过谱线轮廓的测量可以计算离子温度。速度分布下 Doppler 展宽谱线是 Gauss 线型, 按频率分布是

$$I(\nu) = I(\nu_0) \exp\left[-\frac{(\nu - \nu_0)^2 m_i c^2}{2\nu_0 T_i}\right] \tag{5-4-11}$$

ν_0 为中心频率, c 为光速。其波长**半高宽**(full width at half maximum, FWHM)(图 5-4-19, 有时使用 $1/e$ 宽度, 对 Gauss 分布是半高宽的 $1/\sqrt{\ln 2} \cong 1.2$ 倍) 为

$$\Delta\lambda_{1/2} = \lambda\sqrt{\frac{8T_i \ln 2}{m_i c^2}} = 2.43 \times 10^{-3}\lambda\sqrt{\frac{T_i}{A}} \tag{5-4-12}$$

其中, A 为离子质量数, T_i 以 keV 为单位。在托卡马克中, 可以测量杂质线的 Doppler 展宽以计算离子温度。利用这一效应, 用快速的电荷交换复合光谱测量可以计算离子温度的涨落。

Stark 展宽 又称压强展宽, 源于邻近粒子与辐射原子或离子间的碰撞, 或称库仑相互作用。由于等离子体中的碰撞是多体的远程作用, 所以这种展宽机制比较复杂, 有两种简化的极端情形模型。第一种是碰撞模型, 假设粒子的辐射仅在碰撞瞬间受到干扰, 两次相邻碰撞的平均间隔时间为 τ, 那么从一系列短的波列的 Fourier 分析可知相应的谱线展宽为

$\Delta\nu \approx 1/\tau$(图 5-4-20)。这类展宽的谱线线型为如下形式的 Lorentz 线型:

$$I(\nu) = \frac{I(\nu_0)}{1 + [(\nu - \nu_0)2\pi\tau]^2} \tag{5-4-13}$$

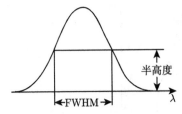

图 5-4-19   谱线半高宽的定义

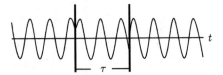

图 5-4-20   一种谱线 Stark 展宽模型

另一简化模型称准静态模型,假设辐射粒子所遭受的周围粒子的作用是准静态的,计算每一种作用引起的 Stark 位移,然后用统计方法计算总的谱线展宽。除这两种简化模型外,还发展了更准确的模型和计算公式。这些公式一般比较复杂,只有对于氢和氦有较简单的公式。对于氢同位素,Stark 展宽主要是外电场与原子的固有电多极矩的作用,称线性 Stark 效应,属于标准的 Lorentz 线型,可用以下公式计算电子密度:

$$n_e = 8.02 \times 10^{18} \left(\Delta\lambda_{1/2}/\alpha_{1/2}\right)^{3/2} \ (\mathrm{m}^{-3}) \tag{5-4-14}$$

其中,系数 $\alpha_{1/2}$ 依赖于温度、密度,对不同谱线有不同值。一般取 H_β 线用于测量,因其展宽较大。H_α 线的展宽较小,且自吸收较强。

Stark 展宽主要依赖于等离子体密度,也与温度有关。对于 $10^{20}\mathrm{m}^{-3}$ 以上密度的等离子体,这一展宽不可忽略。例如,弹丸注入到等离子体中时,蒸发后形成的密等离子体可以用测量谱线的 Stark 展宽来计算等离子体密度。

利用谱线在电场中的 Stark 展宽可以测量射频波交变电场。例如,在 Tore Supra 上测量低杂波波导天线附近强的波场对 D_β 谱线的动力 Stark 效应 (dynamic Stark effect),计算得到波场的强度和方向。

展宽的复合效应   当同一谱线存在两种展宽机制又都不可忽略时,其谱线轮廓为两种分布的**卷积**(convolution)

$$I(\Delta\nu) = \int I_1(\Delta\nu - \Delta\nu')I_2(\Delta\nu)\mathrm{d}(\Delta\nu') \tag{5-4-15}$$

当两轮廓皆为 Gauss 型,则总的线型也为 Gauss 型,总的半宽度的平方为两半宽度的平方和。当两轮廓皆为 Lorentz 型时,则总的线型也为 Lorentz 型,总的半宽度为两半宽度之和。当两轮廓分别为两种线型时,总线型为 Voigt 函数。这时可用 Voigt 函数与实验结果拟合,再用反卷积程序分离出两种线型。

Doppler 位移   从视向速度引起的谱线 Doppler 位移可以计算原子或离子的宏观运动速度。谱线位移和视向速度的关系是

$$\delta\lambda/\lambda = v/c \tag{5-4-16}$$

在托卡马克中,Doppler 位移主要用于测量等离子体的环向和极向旋转速度。例如,可以同时测量环向相反方向两个弦上的谱线位移 $\pm\delta\lambda$,它们的差就为 $2\delta\lambda$,而不必和无位移的标准谱线比较。

一般来说，Doppler 位移对测量精度的要求高于 Doppler 展宽测量。托卡马克等离子体的旋转速度在每秒几千米到几十千米，相应谱线 Doppler 位移为 $10^{-2} \sim 10^{-1}$nm。按照目前的光谱技术，像元的分辨率可在 10^{-2}nm 左右，通过谱线轮廓的拟合可使分辨率提高一个量级，所以这一测量是可行的。图 5-4-21(D. J. Groebner et al., Rev. Sci. Instrum., 61(1990) 2920) 为 DIIID 上所测 HeII 468.6nm 谱线的轮廓和位移。其中 H 模谱线的相对红移来源于极向旋转速度的不同。在这一装置上，L 模的极向旋转速度为 0~10km/s，而 H 模为 15~30km/s。

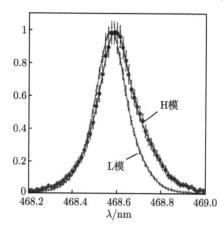

图 5-4-21　DIIID 上 HeII468.6nm 归一化谱线轮廓

Doppler 展宽和位移是有效的测量杂质离子温度和宏观速度，特别是旋转的方法。但是通常的工作气体氢同位素在等离子体内部完全电离，没有线状谱辐射。在 DIIID 装置上，选用氢作工作气体，发现在 H 模运转时边界区的主离子的极向旋转和杂质离子旋转方向相反。这一事实说明，杂质谱线的测量结果不一定能代表主离子。在大装置中，谱线展宽的测量方法适于边界区。在等离子体芯部，由于缺乏适当的谱线，经常采用主动光谱。此外，如果在小截面上不同极向位置安装几组谱线轮廓测量设备，可通过测量数据的反演得到原子或离子的温度和定向速度的空间分布，称为 Doppler 层析。

在小型装置上由于氢原子存在于一定厚度的区域，可以根据辐射谱线展宽测量原子的视向运动。这一运动通过碰撞和电荷交换可以反映主离子 (质子) 的运动。在 CT-6B 装置上用单色仪分光，用像增强器和光电二极管阵列接收信号，用氢灯作波长标准，观测到 H_α 线的位移，反映了氢原子的极向旋转和从外侧向内运动两种运动。后者是充气在外侧进行所致。

6. 其他类型辐射测量

辐射测量一词一般指全波段或某一波段的所有类型辐射功率的测量，用以研究等离子体的杂质成分、能量平衡和输运以及宏观不稳定性。

软 X 射线辐射　有单道 (或多道) 测量和二维成像两种。单道或多道测量用于测量电子温度、研究锯齿振荡等现象。此时一般不作 Abel 变换，而认为接收的辐射成分主要来自热的核心部分，因为韧致辐射功率密度正比于 $n_{\mathrm{e}}^2 \sqrt{T_{\mathrm{e}}}$(式 (5-4-1))。

一种比较简单的测量电子温度的方法称为**吸收比较法**，系测量从等离子体同一部位发出、通过两不同厚度的金属膜的两束软 X 射线的相对强度。因为不同厚度的金属膜过滤掉的低能软 X 射线波段不同，所接收的两束射线强度之比和等离子体发射的射线的频谱有关，也就主要由电子温度决定，所以可从这一比值计算等离子体电子温度。利用这一原理也可制成结构比较简单的多道诊断设备。

更准确的测量电子温度的方法是测量处于软 X 射线波段的等离子体连续辐射频谱。测量软 X 射线的频谱即能谱分析须用晶体谱仪。这是因为光栅分光的最小波长为 1nm。比这波长更短的 X 射线使用相当于光栅的晶体作分光器件，其晶格常数 a 相当于光栅刻距。当光束入射时，反射角度须满足布拉格条件 $a\sin\alpha = k\lambda$，k 为阶数。这样的谱仪有两种，一为平面谱仪，一为弯晶谱仪。弯晶谱仪置于罗兰圆上，曲率半径和罗兰圆相同，对入射光有聚光作用。另一种测量能谱的方法是脉冲幅度分析。

二维成像则用层析方法恢复截面图像，主要研究宏观不稳定性。一般将探测器分为几组，分布在等离子体小截面周围 (图 5-4-24，核工业西南物理研究院提供)。每一组用小孔成像。小孔处用低 Z 金属膜 (如铍膜) 隔离可见光。一般用响应快的半导体器件，如金硅面垒探测器作为探测元件。

以上几种诊断一般不做绝对强度的标定。

辐射量热计　为研究能量平衡过程，用辐射量热计 (bolometer) 探测等离子体的能量辐射。应选择从红外线到 X 射线有广谱响应的探测器，如热敏电阻、热电偶、热释电器件。由于作用基于热效应，这些器件都做得很小，但仍有较长的响应时间。一般也用小孔成像 (图 5-4-22(b))。图 5-4-23(B. J. Peterson et al., Plasma and Fusion Research: Regular Articles, 2(2007) S1018) 为 JT-60 装置上辐射测量得到的辐射分布。

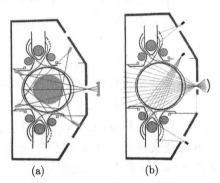

图 5-4-22　HL-2A 装置上软 X 射线探测 (a) 和辐射量热器 (b) 的分布

量热计的温升 ΔT 的变化可以写为

$$\frac{\mathrm{d}\Delta T}{\mathrm{d}t} = \frac{P_{\mathrm{in}}}{C} - \frac{\Delta T}{\tau_{\mathrm{c}}} \tag{5-4-17}$$

其中，P_{in} 为入射功率，C 为量热计热容量，τ_{c} 为其冷却特征时间。因其体积做得很小，厚度为几微米，热容量很小，所以如果放电时间充分长，温升可以认为与入射功率成正比。

EAST 上使用了两组 16 道的**绝对极紫外**(absolute extreme ultraviolet, AXUV) 硅光二极管阵列探测辐射功率。这种探测器在很宽的能量范围有很平的响应。

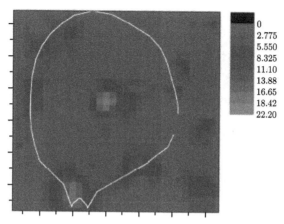

图 5-4-23　JT-60U 上量热计数据反演得到的辐射分布

白线为真空室轮廓

　　一个辐射量热计阵列需要很多引线, 还须很大的数据处理量。目前往往使用红外照相的方法监测探测阵列 (薄金属箔) 的温升, 直接显示辐射功率的分布。

　　高速照相是一种主要的等离子体诊断。传统的转镜/胶片高速照相设备有很高的时间空间分辨率, 但是结构复杂, 使用不便, 数据处理困难。近年来, 高速 CCD 相机发展很快, 在许多装置上成为必备的诊断设备, 它们适于研究各种宏观不稳定性。图 5-4-24(H.Zohm, Nucl.Fusion, 47(2007) S521) 为球形环 MAST 上 L 模和 H 模等离子体的照片, 可以看到 H 模发生时的一种丝状结构。

　　使用高速照相, 通过相应的识别软件, 可以计算等离子体截面的形状和位置。和电磁测量比较, 这种测量方法可以避免电磁干扰, 可用于截面和位置的控制。

　　使用高速照相和可见光波段的**干涉滤光片**结合可以很方便地研究一些物理问题。干涉滤光片系在载体 (玻璃、石英) 上镀多层介质膜, 使不同波长的光选择通过, 其宽度可达 10nm。和光谱仪比较, 有能量利用率高、可以二维成像的优点。由于相机成像速率的提高, 结合脉冲吹气的吹气成像 (gas puffing imaging, GPI) 广泛用来研究边界区的密度涨落和温度涨落。图 5-4-25(R. J. Maqueda et al., Rev. Sci. Instrum., 74(2003) 2020) 为 NSTX 上吹气成像照片。氦气从图右上方吹入, 使用 HeI 587.6nm 谱线的滤光片, 相机曝光时间为 $74\mu s$, 虽然探测的是中性粒子, 在 r-θ 平面上可见发光区仍按磁力线方向展开。

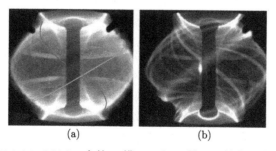

(a)　　　　　　　　(b)

图 5-4-24　MAST 上的 L 模 (a) 和 H 模 (b) 等离子体照片

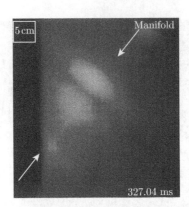

图 5-4-25   NSTX 上的吹气成像照片 (后附彩图)

由于 CCD 技术的进展，相机速度和容量的增加，可以对拍摄的连续照片进行时间上的滤波。例如，从磁测量知道 MHD 模式的频率，而选取同样频率的图像分量，能更仔细地研究特定模式的特性。这种方法称为欧拉视频放大，详见第 6 章。

硬 X 射线的探测   在托卡马克放电中，能量很高的硬 X 射线主要来源于**逃逸电子** (runaway electrons)，也可能来源于波加热或驱动电流时产生的高能粒子。由于带电粒子之间的碰撞频率随它们间相对速度的增大而降低，所以在一定环向电场下，当粒子速度超过一定临界值时，它就不断被电场加速而形成高能的逃逸粒子。在实验上，很多情况会产生逃逸电子，如密度的减少、杂质的增加、电子分量的加热和电流驱动，以及破裂现象的发生。逃逸电子经扩散轰击孔栏或真空室壁，产生的韧致辐射是很强的硬 X 射线。较强的穿透能力使其几乎成为所有测量设备的干扰源。测量硬 X 射线的能谱可以知道逃逸电子的能量分布。

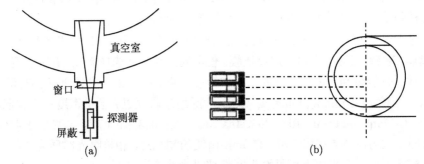

图 5-4-26   进行硬 X 射线空间分辨测量设备

(a) 为顶视图；(b) 为侧面剖面图

逃逸电子和等离子体内部的离子碰撞也会产生硬 X 射线波段的韧致辐射，如果测量其能谱能更好地研究这些电子的扩散以及磁场结构问题。但是由于等离子体内部发出的硬 X 射线往往被来自真空室壁上的信号淹没，所以这样的测量很困难，要选择如图 5-4-26(Qi Xiazhi and Wang Long, Chin. Phys. Lett., 5(1988) 469) 这样的真空室结构，使沿磁力线运动的高能电子不致打在探测器对面的真空室壁上。探测器 (光电倍增管) 也要用铅很好地屏蔽和准直。

等离子体中的电子受力为 $-e(\vec{E} + \vec{v} \times \vec{B})$。一般热电子的扩散主要受电场涨落的影响；

而对于速度高达几十 keV 以上的逃逸电子主要是磁场涨落决定扩散系数。为研究磁涨落，可以给逃逸电子一个扰动，如等离子体位置的突然移动或加一螺旋场，观察逃逸电子从边界处发出的硬 X 射线的变化可以推导扩散系数，进而推算磁场涨落的幅度。

7. 主动光谱

被动接收的等离子体发射光谱虽然携带了不少信息，但是最大缺点是缺乏好的空间分辨，也缺乏时间控制手段。弥补的方法之一是主动光谱，即对等离子体予以干扰，主动激发某种谱线予以测量以获得等离子体参数。这种干扰，主要采用激光束或原子束。

使用激光束的主动光谱的代表是**激光诱导荧光**(laser induced fluorescence, LIF)，在低温等离子体研究中应用较普遍。它利用激光束将某一杂质的原子或离子从初能级 1 激发至一亚稳态能级 2(图 5-4-27)，然后通过发射荧光弛豫至另一低能级 3。一般在垂直激光方向探测发射的荧光，可以计算处于初能级 1 的原子或离子密度。由于每一组分的探测要求特定的入射波长，一般用可调频的染料激光做光源，针对待测杂质选择波长。这样，它不仅有良好的空间分辨，而且有对组分的良好选择性。再者，荧光的发射有一个相对于激光束滞后的弛豫时间。所以它能排除激光对探测信号的干扰，取得高的信噪比。例如，图 5-4-28 中测量得到的荧光信号很容易和激光反射信号区别，可以从中减去激光反射信号，再放大就得到信噪比很好的信号。这一诊断适于测量杂质的组成、密度、温度和宏观速度等物理量，研究杂质输运问题。但是由于它限于探测原子和未完全剥离离子，在聚变装置中主要用在边界区，因为激光诱导荧光可以仔细调节入射激光频率，也可用来测量不同激发态的原子密度和速度分布。

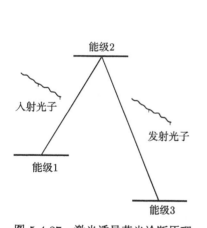

图 5-4-27 激光诱导荧光诊断原理

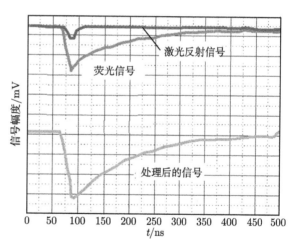

图 5-4-28 激光反射信号和荧光信号及其处理

在很多情况下，观测对象缺乏图 5-4-27 这样理想的三能级系统，也可以用二能级系统进行这样的诊断。也就是入射激光将电子从下能级激发到上能级时，测量从上能级自发辐射的光强，计算基态原子密度。这样的激光诱导荧光也称为荧光散射。这时从上能级也发射出同样频率的受激跃迁光子。但是这样的光子都沿激光入射方向发射，可在其余方向测量自发辐射，一般选 90° 方向接收荧光信号，类似于非相干激光散射诊断布局。

　　对工作气体氢而言，最方便使用的谱线是处在可见区的 H_α 线，即在 $n=3$ 和 $n=2$ 的能级之间的跃迁。可从这一荧光散射结果按照理论公式计算 $n=1$ 的基态原子密度。从 $n=2$ 能级到 $n=1$ 能级的跃迁线是 Lyman 线系的 L_α 线，波长 121.5nm，处在真空紫外区。在 TEXTOR 装置上用染料激光入射到真空室内的非线性晶体上产生三倍频光激发这一谱线，直接测量边界区 $n=1$ 的基态原子密度为 $5 \times 10^{15} m^{-3}$，并测量到其速度分布。

　　主动光谱中更多地采用中性原子束。这种诊断方法的典型配置如图 5-4-29(https://www.euro-fusion.org/jet) 所显示的 JET 上的中性粒子束激发的主动光谱诊断设备。它的中性粒子束从大半径外侧入射，在不同半径与等离子体中的离子电荷交换，主要在环的切线方向收集等离子体与中性粒子束作用产生的辐射，通在过光纤传输后分光，同时得到几种杂质谱线，可以进行强度、谱线轮廓、位移的分析。

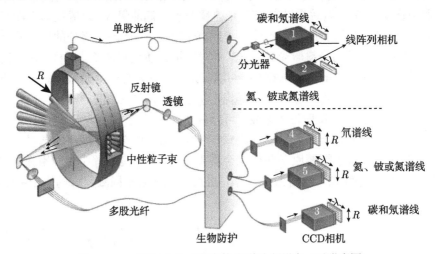

图 5-4-29　JET 上的电荷交换光谱诊断设备 (后附彩图)

　　用于主动光谱的注入原子束有这样几种。第一种称热粒子源，最早使用锂原子束，其方法为将金属锂置于炉内加热，蒸发的锂原子从小孔逸出形成锂束入射等离子体，其速度为热运动速度，能量为 0.1eV 左右，角分布较分散。这样的锂束的流量过强，且易在各表面处沉积氧化层。后来改用铜锂或铝锂合金，它们受热的时候，锂原子就会扩散到表面，逸出空间。锂原子电离电位低 (5.39eV)，对大型装置而言，其原子束往往不能达到等离子体中心就被电离，只能用于边界区。有时也使用气体束，如氢、氘、氦束。相对而言，氦束 (电离电位 24.6eV) 渗透距离较深。与之类似的是超声分子束，方向性优于原子束。

　　第二种称超热粒子源，即使用**激光吹气法**(laser blow-off) 产生的原子或离子束。将脉冲激光聚焦到镀有金属薄层的载体表面，使金属蒸发形成等离子体并迅速膨胀，射入靶等离子体，能量可达 10eV。这一方法仅能产生短脉冲粒子束 (100μs 左右)，且只能从固态镀层产生，经常用于杂质，特别是金属杂质输运研究。追踪少量杂质引起的电子温度降低，也可研究等离子体内的能量输运过程。

　　第三种为在离子源中将原子电离后加速，再中性化，形成诊断用高能中性粒子束。其能量可达几个 keV，发散角在 1° 左右，可渗透相当深的距离并具有好的空间分辨。

　　从物理过程以及探测的对象分类，使用原子束的主动光谱分为**束发射光谱**(beam emission spectroscopy, BES) 和**电荷交换复合光谱**(charge exchange recombination spectroscopy, CXRS 或 CER) 两种。束发射光谱指入射原子束受等离子体中电子碰撞激发所发射的谱线，主要研究等离子体电子分量。电荷交换复合光谱指靶等离子体离子与入射原子束电荷交换形成的低电离态离子或中性粒子的辐射，主要研究等离子体离子分量。这两种诊断均能定量测量等离子体参数。为此，须准确知道束强度。这有两种办法，一是测量束的辐射线强度，如 H、D 束 Balmer 系谱线强度，二是根据模型计算其沿途径的衰减。

例如，热锂原子束的束发射光谱可用来测量电子密度轮廓。这是因为锂原子的电离和激发速率系数在很宽的温度范围 (几 eV 到几百 eV) 内与电子温度关系不大，所以其发光强度和电子密度成正比。例如，利用 LiI 670.8nm 谱线 (2p-2s) 测量，由于我们知道锂原子束的强度，所以可以计算靶等离子体电子密度轮廓的绝对值而无须定标。图 5-4-30(M. Willenstorer et al., Plasma Phys. Contr. Fusion, 56(2014) 107) 为 ASDEX-Upgrade 上 H 模运行时用锂束发射光谱测量台基区电子密度结果，补充了 DCN 远红外激光干涉仪测量主等离子体密度范围之不足。

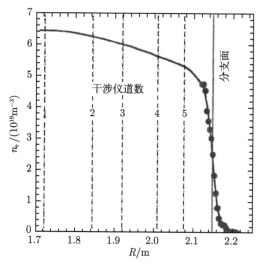

图 5-4-30　ASDEX-Upgrade 上用锂束测量台基区电子密度

结合远红外干涉仪测量数据得到整个电子密度分布轮廓

束发射光谱也很适合电子密度涨落的测量，探测的幅度精确至 0.1%。空间分辨可达 1~2cm，可研究涨落的空间相关。

另一方面，用超声分子束方法注入的氦束，由于上述单重态和三重态谱线的区别，可以从原子谱线分支比同时决定电子密度和温度 (图 5-4-18)。在 TEXTOR 装置上做过这样的测量。

电荷交换复合光谱主要涉及离子分量的诊断。等离子体离子与束原子进行电荷交换所产生的原子或低电离态离子所发射谱线强度与原来的离子密度成正比，而且从谱线位置和轮廓可以计算离子温度和旋转速度，即使对于完全剥离的离子也可进行。例如，ASDEX 上使用锂束测量完全剥离的氦离子和碳离子的离子温度，其反应为

$$Li + He^{2+} \longrightarrow Li^+ + He^{+*}$$

$$Li + C^{6+} \longrightarrow Li^+ + C^{5+*}$$

所使用的低电离态的共振线的波长分别为 HeII 468.5nm 和 CVI 529.0nm。常用于 CXRS 的共振线还有 OVIII 434.0nm, OVIII 606.8nm 等谱线。

通过与原子束的电荷交换，使用 CXRS 还可测量聚变产生的高能 α 粒子。因为这一聚变产物均发生于大装置，所以所需氦束的能量应在几百 keV 到 MeV 范围，也可使用弹丸注入产生的电荷交换进行测量。

8.q 轮廓的测量

主动光谱的应用另一例就是重要参量等离子体电流在小截面内的分布，或者说安全因子 q 轮廓的测量。这一方法根据的是磁场内的 Zeeman 效应或动态 Stark 效应，因为这些效应比较微弱，测量设备都相当复杂。

Zeeman 效应是发射谱线在磁场里的分裂现象。谱线分裂为波长不变的 π 分量和两个分别有上下波长位移的 σ 分量，位移正比于磁场强度。π 和 σ 分别标记电向量平行和垂直磁场的谱线分量。对于分裂为三条谱线的正常 Zeeman 效应，谱线位移 $\delta\lambda = k\lambda^2 B(\mathrm{T})$，系数 $k = 46.7\mathrm{m}^{-1}$。当从平行磁场方向观察时，$\theta = 0$，π 分量消失，两 σ 分量为转动方向相反的圆偏振光。从垂直于磁场方向观察时，$\theta = \pi/2$，两分量皆为线偏振光，π 分量平行磁场，σ 分量垂直磁场。当观察方位处于两者之间时，$0<\theta<\pi/2$，π 分量仍为平行磁场的线偏振光，σ 分量为椭圆偏振光 (图 5-4-31)，此时，两分量强度沿角度 θ 的分布为 $I_\pi = I_0\sin^2\theta$，$I_\sigma = I_0(1+\cos^2\theta)$。

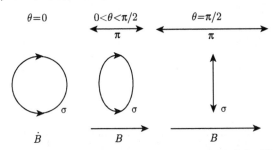

图 5-4-31　Zeeman 效应谱线分量的偏振 (θ 为观测方向与磁场方向夹角)

在聚变装置研究中，最早想到并尝试的是对等离子体内已存在杂质谱线测量 Zeeman 分裂。这一分裂很小，而且叠加在 Doppler 展宽之上，很难分开。而且，即使测量到这一谱线分裂，由此直接计算的也是总磁场，而在托卡马克类装置上，想要测量的极向场只占总磁场很小部分，因而测量极向磁场的问题主要是测量磁场方向问题。实际探测位置属于图 5-4-31 上的 $0<\theta<\pi/2$ 一般情况。此时从谱线分裂，即 σ 分量和 π 分量的谱线距离计算磁场强度，从两分量强度比值计算探测方向与磁场方向的夹角 θ。此外，π 分量的偏振在探测方向与磁场方向决定的平面内。这两条件可以决定磁场在三维空间中的方向。对于较弱的磁场，两分量很难分别测量，此时可以测量它们总的 Stokes 参数来进行计算。Stokes 参数是各偏振分量 (各个方向的线偏振和两个旋转方向的圆偏振) 的不同组合。这后一方法曾用于测量太阳磁场。

因为 Doppler 展宽反比于 $\sqrt{A}$ 式 (5-4-12)，A 为原子或离子质量数，因此选择重离子谱线较易测量。在 TEXT 装置上，曾使用钛高次离化线 TiXVII 383.4nm，经多次重复放电测得电流轮廓。

由于重杂质数量少，谱线强度低，后来改用轻杂质。在 JIPP T-IIU 上掺杂 He 放电，在小截面的切向测量 HeII 468.6nm 谱线的 Zeeman 效应。他们用这种方法以 1.5ms 的时间分辨率测量了电流上升时期的极向场发展过程。

但轻杂质在等离子体中心区完全剥离，缺乏需要的谱线，而且为改善空间分辨，在大装置中只能采用主动光谱即中性粒子束注入的方法。使用这一方法比较成功的仍是 TEXT 上的工作。这一诊断采用 95keV，1mA 的锂束从环外侧注入 (图 5-4-32，W. P. West, Rev. Sci. Instrum., 57(1986) 2006)，又用染料激光束从同一路径射入，调整激光波长与锂原子磁场内分裂的共振能级的 π 分量匹配，在垂直方向观察平行磁场的 π 分量光强，以决定磁场方向。为提高灵敏度，将激光束的偏振面以 50kHz 的频率旋转，当 (电场) 偏振面平行磁场时，π 分量被激发，由此得到正弦调制信号。这一方法成功用于低密度放电 (低于 $10^{19}\mathrm{m}^{-3}$)，由于锂束迅速电离，所以不适于正常放电的大装置。

在 TFTR 装置上用锂弹丸注入在环外侧注入，观测 LiII 548.5nm 谱线的 Zeeman 分裂，在外侧注入方向观测波长不变的 π 分量，其偏振方向应平行于磁场。从谱线偏振的历史发展得到磁场的空间分布计算垂直磁场，曲线为利用平衡方程的拟合结果 (图 5-4-33，J. L. Terry et al., Rev. Sci. Instrum., 61(1990) 2908)。此测量为使用简单设备巧妙设计实验方案之范例。

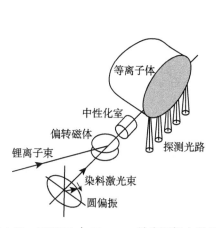

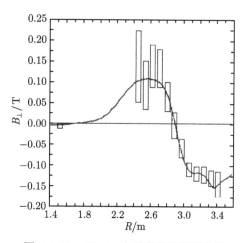

图 5-4-32　TEXT 上 Zeeman 效应测极向磁场设备　　　图 5-4-33　TFTR 上垂直磁场测量结果

在 JT-60U 上，用 10kV 的锂束注入等离子体的边界区，用一套 Zeeman 效应偏振测量系统测量 Doppler 位移的锂原子线 LiI 670.8nm 的偏振角。其中使用了光弹调制器、标准具、相敏探测器和锁相放大器，并使用了一种新的波长调制方法，灵敏度可达 0.1°。

动态 Stark 效应 (motional Stark effect，MSE) 目前更为普遍应用的是使用氢或氘束的动态 Stark 效应测量极向场。当入射原子束达到很高速度垂直于磁场运动时，它在自己的参考系中就会产生电场 $\vec{E} = \vec{v} \times \vec{B}$，并由于 Stark 效应发生分裂。从两分量的偏振性质可以决定磁场方向，从它们的分裂距离可以决定磁场强度。当入射氢原子束的速度达到 50~100keV 时，电场可达每厘米几十 kV，动态 Stark 效应造成的谱线分裂会超过磁场内的 Zeeman 分裂。

在 JET 装置上的这一实验安排可见图 5-4-34(https://www.euro-fusion.org/jet)。观察方向在 D 原子束入射方向附近与束方向成一个小角度，所以从原子束发出的光会发生 Doppler 位移。这使得其谱线位置偏移所使用的 D_α 线正常位置，不与等离子体内原子发出的谱线重叠。边缘处的中性气体辐射光谱 H_α 或 D_α 仍在原来位置出现。而在 Doppler 位移处，出现三组 Stark 分裂的谱线。中心处为垂直电场的 σ 分量，两旁为平行电场的 π 分量。它们之间分裂距离为

$$\Delta\lambda_S = \frac{3a_0 e \lambda_0^2 vB}{2hc} \tag{5-4-18}$$

其中，a_0 为 Bohr 半径，h 为 Planck 常量。这三条线总的半高宽约为 $6\Delta\lambda_S$，从测量结果容易计算磁场 $\boldsymbol{B}$。但是在磁场中环向场占主要成分，虽说可以扣除而得到极向场，但是误差很大。另外，电场和观测方向间的夹角 θ 可通过两分量的强度表述

$$\tan\theta = \sqrt{\frac{2I_\pi}{I_\sigma - I_\pi}} \tag{5-4-19}$$

由此可计算角度 θ 以决定电场方向以及磁场方向，但由于收集光路对两种偏振光作用并不完全对称，此法产生的误差也很大。最好的方法是测量各分量的偏振。

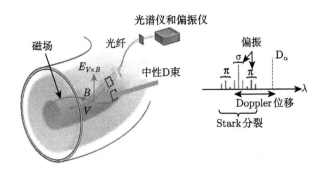

图 5-4-34　动态 Stark 效应测极向磁场

虽然这一方案有许多优点，但是所接收的信号仍很微弱，需要更精细设计的探测光学。目前经常应用的典型光学探测系统如图 5-4-35(R. W. Rice, 7th Inter. Conf. on Plasma Phys. Control. Fusion, Tokai, 1995) 所示，所收集的光学信号通过两个**光弹调制器**(photoelastic modulation，PEM)。这种器件是用压电效应调制厚度的双折射片，两垂直方向的折射率可随时间变化，因而调制入射电磁波两垂直方向分量的相差。再经偏振片后，偏振变化可转换为幅度调制。如果在第一个 PEM 后加上调制频率不同的第二个 PEM，且方位相差 45°，后面再加方位相差 22.5° 的偏振片，那么输出信号将包含两倍频分量。从这两分量强度之比按下式计算可以得到入射光的偏振角度 γ：

$$\tan(2\gamma) = I(2\omega_1)/I(2\omega_2) \tag{5-4-20}$$

这一输出信号进入测量室后，用一扫描干涉滤光片轮流选择 σ 分量和 π 分量通过，用光电倍增管收集，通过锁相放大器选择两种倍频信号，计算两分量的偏振方向以决定磁场方向。这种光路的设计特点是两偏振光分量使用一套光路以避免可能的系统误差。实验结果表明

这种诊断方法可以比较精细地测量磁场偏离环向的角度，误差可达零点几度，相应的局部 q 值可以精确到两位数，已成为标准的电流轮廓测量方法，但是对于小于 1T 的弱磁场装置，动态 Stark 效应引起分裂过小。此时可以考虑使用荧光的方法。

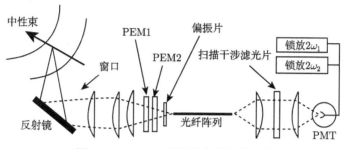

图 5-4-35　MSE 诊断的典型接收光路

这一方法后经不断改进。因为观察角度变化引起 Doppler 位移不同，一些方案采用调制滤光片研制成像 MSE 系统。另一方案考虑到 Stark 和 Zeeman 联合效应，测量椭圆偏振光的 Stokes 分量，制成成像系统。还有一些装置上，通过多点动态 Stark 效应测量计算径向电场的分布。

用于动态 Stark 效应诊断的设备可以同时测量离子温度。在上述实验中，处于正常波长位置的 H_α 谱线由两部分组成，分别由入射快原子 (D 或 H) 和等离子体的主离子 (D^+ 或 H^+) 电荷交换生成的原子，称电荷交换原子，以及边界区的低温原子发出。它们的谱线重叠在一起，但容易区分，因为电荷交换原子具有芯部离子的温度，谱线轮廓宽，而边界区冷原子的谱线窄。所以测量电荷交换原子谱线宽度可以得到芯部离子温度，而且可做到空间分辨 (分辨率 1cm 左右)，成为当前常用的测量离子温度的方法。

9. 电子回旋发射 (electron cyclotron emission, ECE)

回旋辐射是一种磁轫致辐射，是带电粒子处于磁场中，受洛伦兹力产生向心加速度引起的辐射，其频率就是电子在磁场中的回旋频率 $\omega_{ce} = \dfrac{eB}{m}$。因此回旋辐射是一种线辐射，但电子能量很高时，考虑到相对论效应时有谐波 $2\omega_{ce}$，$3\omega_{ce}$ 等频率发射。回旋辐射在平行磁场方向观测是圆偏振波，在垂直磁场方向观察是垂直于磁场的线偏振波，其余方向则为椭圆偏振波。所以在垂直等离子体环方向观测时，主要成分为异常波 (X 模)。

回旋辐射的辐射功率密度为

$$P_c = 6.2 \times 10^{-17} n_e T_e B^2 (\text{W/m}^3) \tag{5-4-21}$$

其中，温度单位为 keV。因为回旋辐射功率与电子温度成正比，在高温时是重要能量损失机构，在诊断应用上可测量电子温度。

在托卡马克中，磁场是不均匀的，不同磁场处的 ECE 的频率不同。可以不同频率的 ECE 的发射强度推断电子温度在水平方向的分布。在中小型装置中，只有 X 模的基频和二次谐波是光学厚的，可用黑体辐射公式，其他 ECE 线均为光学薄。在大型装置中，则全为光学厚。光学厚薄原则上均可用来测量电子温度，但光学薄时反射和超热电子因素需考虑,分析数据比较困难。对于磁场为 2~8T 的大装置,ECE 处在黑体辐射的长波段,可以用 Rayleigh-Jeans 公式表述,用来计算电子温度,无须另外定标,但辐射的绝对强度测量有很多困难。

如果在环外侧接收信号,X 模的基频 ECE 将遇到高杂波共振层的吸收。这一频率可写为 $\omega_{UH} = \sqrt{\omega_{pe}^2 + \omega_{ce}^2}$,$\omega_{pe}$ 为电子等离子体频率。因此,一般测量 X 模的二次谐波。

图 5-4-36(G. Taylor, Rev. Sci. Instrum., 61(1990) 2837) 是 TFTR 装置上前三个 ECE 谐波的谱图。它们分别来自三个不同的垂直测量位置,虚线为考虑到非麦克斯韦分布的修正。由图可以看到,由于热运动、相对论效应等,每一谐线都展宽为一个分布。在温度高的装置中,不同谐波会发生重叠现象。

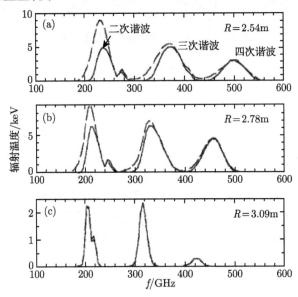

图 5-4-36　TFTR 上垂直方向的 ECE 测量结果

ECE 诊断广泛用于测量电子温度轮廓,但是一般需要绝对温度的定标。这可用不同温度的黑体源定标,但更多的是用激光 Thomson 散射结果定标。此外,真空室壁的反射效应也须考虑,特别是在光学薄的情况。有些装置上曾用电子回旋波段的微波于等离子体环一侧入射,在另一侧接收以计算等离子体对波的吸收。从这一实验可以直接测量这一波段的光学厚度 τ,而且由于 $\tau \propto n_e T_e$,可以直接测量平均等离子体压强。如果不属于光学厚,即 $\tau \leqslant 1$,知道了 τ 和 n_e 以后可以计算 T_e。

同时探测两束频率接近的 ECE 可以探测温度涨落的相关。更适宜研究涨落的设备是 ECE 成像设备,称为 ECEI,结构如图 5-4-37 所示。它将等离子体用透镜成像在混频器阵列天线上,接收信号在此与本地振荡混频,再进行信号处理。例如,EAST 上研制的 ECE 二维成像设备,由极向 24 道、径向 16 道构成,在等离子体内的空间分辨率为 1~2cm,频率范围 90~140GHz,可以测量等离子体电子温度分布及涨落。它由准光学成像系统、天线阵列盒、信号处理系统、信号采集系统组成。

由于 ECEI 可以直接测量等离子体温度的二维涨落,而无须像软 X 射线层析那样需做空间反演,所以已普遍用于等离子体涨落实验研究。使用 ECE 测量电子温度及温度涨落所受的限制主要来自等离子体的非热辐射。特别是当代大型装置往往使用各种辅助加热手段产生高能电子，使得所探测的信号不容易进行分析。

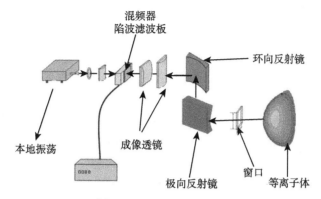

图 5-4-37　ECE 成像设备

5.5　折射和反射测量

本节涉及的折射率测量主要集中在微波波段，讲述的内容连同 5.4 节中的电子回旋发射和下节的微波散射，基本概括了微波诊断的主要内容。

1. 干涉仪

原理　利用电磁波在等离子体中的折射率随等离子体电子密度的变化可制成干涉仪 (interferometer)，是测量电子密度的主要手段。电场向量平行于磁的平面电磁波 (O 模) 的传播不受磁场的影响。无碰撞时的折射率为

$$N^2 = \frac{c^2 k^2}{\omega^2} = 1 - \frac{\omega_{\mathrm{pe}}^2}{\omega^2} = 1 - \frac{e^2}{\varepsilon_0 m_{\mathrm{e}} \omega^2} n_{\mathrm{e}} \tag{5-5-1}$$

其中，ω_{pe} 为电子等离子体频率。在等离子体密度较临界密度 (入射频率等于局部等离子体频率)$n_{\mathrm{ec}} = \varepsilon_0 m_{\mathrm{e}} \omega^2 / e^2$ 低时，第二项很小，近似有

$$N \approx 1 - \frac{e^2}{2\varepsilon_0 m_{\mathrm{e}} \omega^2} n_{\mathrm{e}} = 1 - \frac{n_{\mathrm{e}}}{2n_{\mathrm{ec}}} \tag{5-5-2}$$

所谓干涉仪是这样的仪器，它发射的 O 模线偏振电磁波分为两束。一束通过等离子体，为测量束；另有参考束以同样长度路程 l 从等离子体外通过。两束光程差为

$$\Delta\Phi = \frac{\omega}{c}\left[l - \int_0^l \left(1 - \frac{e^2}{2\varepsilon_0 m_{\mathrm{e}} \omega^2} n_{\mathrm{e}}\right) \mathrm{d}x \right] = \frac{e^2}{2\varepsilon_0 c m_{\mathrm{e}} \omega} \int_0^l n_{\mathrm{e}} \mathrm{d}x \tag{5-5-3}$$

与电子密度沿等离子体内传播路径积分值成正比。相当于 2π 相移的电子密度积分值

$$\int_0^l n_{\mathrm{e}} \mathrm{d}x = \frac{4\pi\varepsilon_0 c m_{\mathrm{e}} \omega}{e^2} \tag{5-5-4}$$

因为得到的是弦积分值，须进行 Abel 变换计算局部值。和温度及其他参数相比，等离子体密度分布比较平缓，计算相对容易。

光程差 (5-5-3) 可以用数字表示为

$$\Delta\Phi = 2.82 \times 10^{-15}\lambda \int_0^l n_{\mathrm{e}}\mathrm{d}x \tag{5-5-5}$$

λ 为波长，各量都用标准单位制。

须仔细选择干涉仪电磁波源工作波长。从式 (5-5-4) 可知，对于一定的密度分布，长波得到的 2π 相移数目多，短波的数目少。数目多则密度测量精确，但太多时，密度快速变化时计算相移数目会发生混乱，且波长太长时，折射效应严重。一般来说，密度高、等离子体尺寸大时须减少波长。另一方面，等离子体的截止密度可写为

$$n_{\mathrm{cr}} = \frac{1.11}{\lambda^2} \times 10^{15} \tag{5-5-6}$$

密度为 $10^{20}\mathrm{m}^{-3}$ 的等离子体，相应截止波长大约为 3.3mm。所以小型装置可采用毫米微波，而大中型装置须采用远红外激光作干涉仪光源。在 ITER 那样的大型装置中，由于光程长，也适宜微米波长的近红外波。

用于测量等离子体密度的干涉仪主要有两种形式。一种是 Mach-Zehnder 型，特点是探测光一次通过等离子体。一种是 Michelson 型，探测光通过等离子体后反射，从同样路径返回，两次通过等离子体。一般的干涉仪电磁波从等离子体上方或下方入射，在不同大半径的弦上测量。也可从水平方向入射，在内侧反射射出，在垂直方向空间分辨测量。在有条件时，可将波源如微波发射天线置于环内侧且使发散角较大，在环外侧几个部位接收。

微波干涉仪 图 5-5-1(T. Dolan, Fusion research: principles, experiments and technology, 电子版) 是微波干涉仪的原理图，是一种 Mach-Zehnder 型双光束干涉仪。波源一般采用毫米波段的速调管，波导传输。从波源输出的微波束被 T 形分支分为两束，一支作为测量束通过等离子体。另一束作为参考束通过可变衰减器和相移器，再通过另一 T 形分支与测量束汇合，再通过检测器并经视频放大，就可直接观察两束微波的相差。

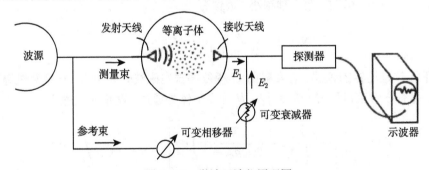

图 5-5-1　微波干涉仪原理图

振幅相同、相差为 $\Delta\Phi$ 的两束微波相叠加后应为

$$I\cos(\omega t + \Delta\Phi) + I\cos(\omega t) = 2I\cos\frac{\Delta\Phi}{2}\cos\left(\omega t + \frac{\Delta\Phi}{2}\right) \tag{5-5-7}$$

由于所用的探测器所探测的是振幅的平方，即功率，所以信号振幅正比于 $\cos\Delta\Phi$。如果用可变衰减器调节两束微波的振幅一样，所输出信号振幅就与相差有固定的关系。还可调节参考束的相位使不存在等离子体时相差为 π，即输出信号的振幅为零。

为在示波器上直观地表示相移即密度的变化，可将波束源进行调频，使不同频移的输出扫描在示波器上形成几条横向直线，即本底干涉条纹。当存在等离子体时，测量束和参考束的相差随时间变化，使每一横线明暗相间，而不同的横线之间有移动。可从这样的干涉条纹看到等离子体密度的变化 (图 5-5-2)。

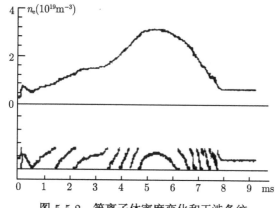

图 5-5-2　等离子体密度变化和干涉条纹

远红外激光干涉仪　微波干涉仪使用很方便，显示也很直观，缺点是当等离子体电子密度较高时，即使使用 2mm 的微波，也可能达到或接近临界密度，使式 (5-5-2) 的近似不再成立。为解决这个问题，只能使用波长更短的电磁波，即远红外波段。在这一波段，波源使用远红外激光器。这样的激光器一般为电激励的，如常用的 HCN 激光或 DCN 激光，其常用的输出波长分别为 337μm 和 195μm，一般能满足托卡马克等离子体测量密度的要求。这样的远红外激光器的技术比较复杂，显示也比较困难。主要原因是这样的波段调频困难。为解决调频，经常采用如图 5-5-3(T. Dolan, Fusion research: principles, experiments and technology, 电子版) 那样的设计。

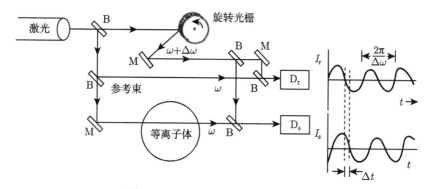

图 5-5-3　远红外激光干涉仪原理图

这一干涉仪将激光输出用半透明反射镜分为三束，除去测量束和参考束外，还有一束用于调频。这一束在一个转动的圆柱形光栅上反射，利用 Doppler 效应使频率改变 $\Delta\omega$，它的值由光栅旋转速度决定。然后，这一调频光束又经分光后和另两束光叠加。这样两束光叠加后的调制振幅分别为 $\cos\left(\dfrac{\Delta\Phi}{2}+\dfrac{\Delta\omega}{2}t\right)$ 和 $\cos\dfrac{\Delta\omega}{2}t$。用平方律探测器接收的两个信号频率为低频信号 $\Delta\omega$，其间有一个相差 $\Delta\Phi$。这实际上是在电子学上接收高频信号常用的外差方法。

用于 EAST 上的三道远红外干涉仪的原理图见图 5-5-4(Shi Nan et al., Plasma Sci. Technol., 13(2011) 347)。它使用直流放电驱动的 HCN 远红外激光器，其典型输出波形如图 5-5-5(出处同图 5-5-4) 所示。可以看到其中有相位 2π 变化的几个地方。这个问题很容易用数据处理方法解决，得到平滑的密度变化曲线。

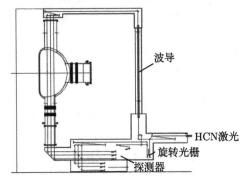

图 5-5-4　EAST 上的远红外激光干涉仪

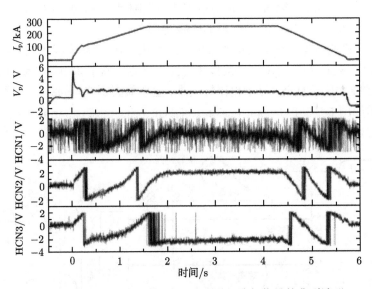

图 5-5-5　EAST 上电流、电压和几道干涉仪信号的典型波形

这一 HCN 激光器工作于 $337\mu m$ 波长，其结构如图 5-5-6(出处同图 5-5-4) 所示。它的振荡腔是一个玻璃管，腔长由一个反射镜和一个半透金属网构成，激光由石英窗输出。反射镜可以微调以调节腔长。阳极为一个黄铜筒，阴极为 LaB_4 材料，充以 N_2、CH_4、H_2 三种气

体,比例为 1:1:5,它们在放电时合成 HCN 气体,放电后分解。

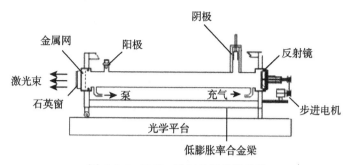

图 5-5-6　HCN 远红外激光器结构

干涉仪在使用上的主要问题是振动的干扰。像图 5-5-3 显示的结构由于有转动光栅更引起机械振动,所以这样的干涉仪均安装在独立的沉重底座上。为避免或减小振动问题,也可使用两台激光器分别作为探测束和参考束,调整激光器腔长使得它们的工作频率相差需要差频 $\Delta\omega$。在更短的工作波长 (几十 μm) 往往使用光泵激光,用一台激光 (一般为 CO_2 激光) 同时激励两台红外激光。

为进一步减小振动效应,采用双色激光器,即上述每一台激光均使用两个不同的频率工作。两色激光各自独立构成一台干涉仪,但使用同一光路和探测元件。最后比较两者的测量结果,用以计算并排除振动带来的误差。

远红外激光器构造复杂,运转不易,且有振动等缺陷。近年来,出现一种固体的太赫兹器件,有代替远红外激光器的趋势。

色散干涉仪(dispersion interferometer) 是一种测量等离子体对电磁波色散来计算密度的干涉仪,原理可见图 5-5-7。从激光器射出的激光束先通过一个倍频晶体,部分基频光转换为倍频光,一起通过被探测的等离子体,射出后再通过另一倍频晶体,再次产生倍频光束。然后用滤光片滤掉基频光,用探测器探测两束倍频光的混合,根据式 (5-5-7),可从振幅的变化知道它们的相位差,而这相位差决定于基频光和倍频光在通过等离子体时的光程差。这光程差和两种波长的光束在等离子体里的折射率的差成比例。而等离子体的折射率和密度的关系是知道的,所以可以从这折射率的差推导出等离子体的平均密度。这种干涉仪受振动的影响较小。

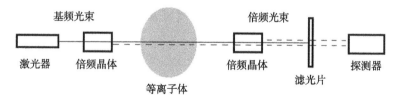

图 5-5-7　色散干涉仪原理图

飞行时间折射仪(time-of-flight refractometry) 是另一种通过测等离子体折射率来计算密度的仪器。测量微波脉冲通过等离子体的时间,和无等离子体时比较。这个差与等离子体的密度在测量路径上的积分成正比,可使用 O 模或 X 模探针波。

2. 偏振仪 (polarimeter)

Faraday 旋转测量是利用磁场的旋光效应测量磁场的诊断，在托卡马克等离子体中可用来测量极向磁场。从磁场中的右旋和左旋波的色散关系可以得到它们在平行传播方向的折射率

$$N_{||} = \frac{ck_{||}}{\omega} = \sqrt{\frac{(\omega \mp \omega_{\mathrm{R}})(\omega \pm \omega_{\mathrm{L}})}{(\omega \pm \omega_{\mathrm{ci}})(\omega \mp \omega_{\mathrm{ce}})}} \tag{5-5-8}$$

其中

$$\omega_{\mathrm{R}} = \frac{\omega_{\mathrm{ce}}}{2} + \sqrt{\left(\frac{\omega_{\mathrm{ce}}}{2}\right)^2 + \omega_{\mathrm{pe}}^2 + \omega_{\mathrm{ce}}\omega_{\mathrm{ci}}} \tag{5-5-9}$$

$$\omega_{\mathrm{L}} = -\frac{\omega_{\mathrm{ce}}}{2} + \sqrt{\left(\frac{\omega_{\mathrm{ce}}}{2}\right)^2 + \omega_{\mathrm{pe}}^2 + \omega_{\mathrm{ce}}\omega_{\mathrm{ci}}} \tag{5-5-10}$$

$$\omega_{\mathrm{pe}} = \sqrt{\frac{n_{\mathrm{e}}e^2}{m_{\mathrm{e}}\varepsilon_0}} \tag{5-5-11}$$

它们分别称为上截止频率、下截止频率和电子等离子体频率。脚标 p 和 c 分别表示等离子体频率和回旋频率，e 和 i 分别代表电子和离子分量。在 $\omega \gg \omega_{\mathrm{pe}} \gg \omega_{\mathrm{ce}} \gg \omega_{\mathrm{ci}}$ 的条件下，式 (5-5-7) 可以简化为

$$N_{||} \approx \sqrt{1 - \frac{\omega_{\mathrm{pe}}^2}{\omega(\omega \mp \omega_{\mathrm{ce}})}} \approx 1 - \frac{1}{2}\frac{\omega_{\mathrm{pe}}^2}{\omega^2}\left(1 \pm \frac{\omega_{\mathrm{ce}}}{\omega}\right) \tag{5-5-12}$$

由于右旋、左旋波的折射系数不同，在传播一段距离 l 后光程不同，会产生相位差

$$\Delta\phi = \int_0^l \frac{\omega}{c}\Delta N_{||}\mathrm{d}x = \int_0^l \frac{1}{c}\frac{\omega_{\mathrm{pe}}^2}{\omega^2}\omega_{\mathrm{ce}}\mathrm{d}x = \frac{1}{\omega^2}\frac{e^3}{c\varepsilon_0 m_{\mathrm{e}}^2}\int_0^l n_{\mathrm{e}}B_{||}\mathrm{d}x \tag{5-5-13}$$

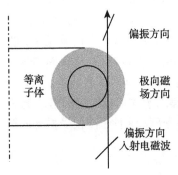

偏振方向

极向磁场方向

偏振方向

入射电磁波

等离子体

图 5-5-8　偏振仪原理

如果我们入射一束线偏振光 (图 5-5-8)，它在平行场的方向分解为两支圆偏振光，它们在传播一段距离后，由于之间的相位差，其合成的线偏振光的偏振面就会转动一个角度 $\Delta\psi = \Delta\phi/2$。测量这个角度，就得到平行方向磁场和电子密度乘积的积分值。这一角度可表为 (弧度，其余为标准单位制)

$$\Delta\psi = 2.62 \times 10^{-13}\lambda^2 \int_0^l n_{\mathrm{e}}B_{||}\mathrm{d}x \tag{5-5-14}$$

在托卡马克等离子体中，可用微波或远红外激光垂直磁场入射通过等离子体后测量偏振面旋转。一般偏振仪兼做干涉仪，但是，为测量极向磁场，我们不但要知道电子密度沿光线传播方向的分布，也要知道极向磁场的分布。此外，偏振面的转动角相当小，为 1° 量级，在大型装置上由于光程长、密度均匀，会有所改善。这种测量极向磁场的方法主要适用于测量一半小半径附近的极向场，而在中心处和边缘处测量误差较大。

偏振仪也可从环的切向射入。这时，由于沿光路的主要是环向磁场，比较均匀且容易计算，所以主要用作测量等离子体密度。为 ITER 设计的干涉仪/偏振仪 (图 5-5-9, ITER Group，Nucl. Fusion, 39(1999) 2541) 使用两个波长 10.6μm 和 5.3μm 激光束，在赤道面接近环的切向沿 5 条路径入射，经反射镜反射，经原路返回 (Michelson 型)，用以计算 Faraday 旋转并结合其他诊断计算电子密度。两波长独立得出结果，比较它们的差以推算、扣除振动误差。

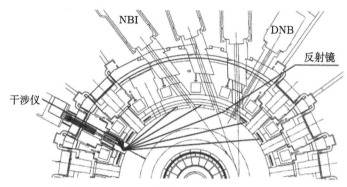

图 5-5-9　ITER 上的干涉仪/偏振仪光路图

由于远红外激光技术的发展，新类型的干涉仪和偏振仪不断出现。例如，三波偏振仪使用三个具有微小频差 (MHz 左右) 的三个激光器作光源。其中两激光束分别为左、右圆偏振，通过等离子体，另一束为线偏振的参考束。测量通过等离子体的两束圆偏振光之间的相差可以得到 Faraday 旋转，而它们与参考束的相差正比于线平均电子密度。这样的偏振仪的优点是测量 Faraday 旋转的精度较高，可以同时得到 Faraday 旋转和平均电子密度。在 J-TEXT 上使用光泵的甲酸激光器 (波长 432μm) 的三波偏振仪进行测量。

当电磁波平行磁场传播时，会发生线偏振光偏振面旋转的 Faraday 效应。如果电磁波垂直磁场传播，则波由 O 模和 X 模组成，合成为椭圆偏振光。当其传播时，椭圆度会发生改变，称为 **Cotton-Mouton 效应**。这个椭圆度角的变化为

$$\Delta\alpha = 2.45 \times 10^{-11}\lambda^3 \int_0^l n_e B_\perp^2 \mathrm{d}x \tag{5-5-15}$$

一般用 O 模和 X 模组成的线偏振波入射，测量通过等离子体后的偏转角和椭圆度角。由于垂直方向磁场 $B_\perp$ 主要由环向磁场决定，所以 Cotton-Mouton 效应主要用于测量电子密度。

3. 微波反射仪

电磁波传播方向与磁场垂直时，分为 O 模和 X 模。它们分别在局部频率等于 ω_{pe}、ω_R、ω_L 处截止而反射，见式 (5-5-9)~ 式 (5-5-11)。其中电子等离子体频率 ω_{pe} 相对于 O 模，上下截止频率 $\omega_R > \omega_{pe}, \omega_{ce}$，或 $\omega_L < \omega_{pe}, \omega_{ce}$ 相对于 X 模。以 O 模为例，当其垂直于等离子体表面入射时，在临界密度处式 (5-5-5) 因等离子体对波截止而被反射 (图 5-5-10)，因临界密度 n_{cr} 与 O 模电磁波频率的平方成正比，入射不同频率的电磁波在不同密度处反射，可以用频率扫描，测量反射波的相位变化可以知道这一密度的位置，由此得到密度轮廓。事实上，这

种测量等离子体密度的方法早已用在探测电离层中的电子密度轮廓。由于其距离远，使用短脉冲雷达波，测量不同频率波的返回时间决定密度的高度分布。

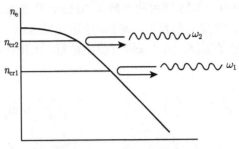

图 5-5-10 反射仪工作原理

在中小型装置上，密度分布不均匀，一般呈类抛物线分布，适合使用 O 模测量电子密度轮廓。但现代大型装置中，除很薄的边界层外，密度分布相当均匀 (图 5-5-11，ITER Group, Nucl. Fusion, 39(1999) 2541)。O 模反射测量可用于决定截面形状，而其他两个截止层随半径变化很大，所以可选择 X 模的上截止 (upper) 在弱场侧入射，或下截止 (lower) 在强场侧入射用于反射测量。

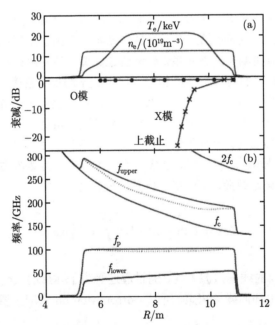

图 5-5-11 ITER 中平面附近的温度和密度轮廓、O 模和 X 模传播特性 (a) 和特征频率轮廓 (b)

(b) 从上到下为电子回旋频率二倍频、上截止频率、电子回旋频率、等离子体频率、下截止频率

反射仪另一用处是利用散射原理测量密度涨落。如果在反射面附近有密度涨落，其波矢及频率和入射波反射波间满足匹配条件，测量反射波频谱可以研究密度涨落，实际上相当于 180° 的散射。鉴于截止层附近波电场幅度增高 (图 5-5-12)，这一效应显著。但是截止层附近入射波的波数 (波长) 也有所变化，计算时要注意。图 5-5-13(M. E. Manso, Plasma Phys.

Control. Fusion, 35(1993) B141) 是 JET 装置上获得的涨落频谱随时间的变化。

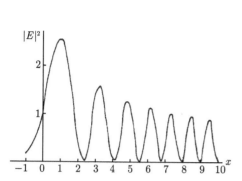

图 5-5-12 截止层附近波振幅平方的空间变化

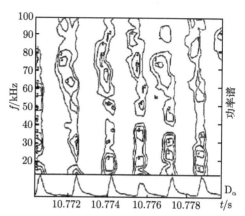

图 5-5-13 JET 装置上用反射仪得到的涨落频谱及 D_α 谱线强度的时间变化

Doppler 反射仪使微波束斜入射到等离子体反射面,测量反射波的角度分布、频率位移,以确定反射面在垂直方向涨落的特征。它实际是反射和散射两过程的结合,由于垂直方向涨落波矢 $\vec{k}_\perp$ 的存在,除去可以观察到通常的反射波外,还可从另一角度观察到 1 阶反射波或称散射波。它与入射波或正常的反射波间符合匹配条件 $\vec{k}_s = \vec{k}_r + \vec{k}_\perp$,以及 $\omega_s = \omega_i + \omega_\perp$(图 5-5-14)。

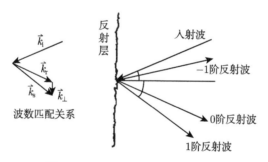

图 5-5-14 Doppler 反射仪工作原理

从波数匹配条件可计算涨落波数 $k_\perp$,从接收的散射信号的频移可知涨落频率,从两者可计算涨落结构的相速。但在托卡马克中使用时,这个相速经常是等离子体极向旋转速度和在等离子体坐标系中涨落结构相速之和。在涨落相速很小时,可以用来测量等离子体旋转速度。

5.6 电磁波散射测量

1. 电磁波的散射理论

先考虑单个电子对单色平面电磁波的散射。假设入射光子能量远小于电子静止能量,电子振荡幅度远小于电磁波长,则不考虑相对论效应和量子效应,使用经典电动力学辐射理论。设入射电磁波的电场为 $\vec{E}_i = \vec{E}_0 \exp[i(\omega_0 t - \vec{k} \cdot \vec{r})]$，忽略波磁场的作用，在波作用下，电子产生的加速度为

$$\dot{\vec{v}} = -\frac{e}{m_e}\vec{E}_i = -\frac{e}{m_e}\vec{E}_0 \exp[i(\omega_0 t - \vec{k} \cdot \vec{r})] \tag{5-6-1}$$

根据经典理论，在远离电子的 $\vec{R}$ 处，振荡电子的辐射电场为

$$\begin{aligned}
\vec{E}_s(\vec{R}, t) &= -\left\{\frac{e}{4\pi\varepsilon_0 c^2 |\vec{R} - \vec{r}|}\vec{s} \times (\vec{s} \times \dot{\vec{v}})\right\}_{t'} \\
&= \left\{\frac{e^2}{4\pi\varepsilon_0 m_e c^2}\frac{E_0}{R}\vec{s} \times (\vec{s} \times \vec{e}_0) \exp[i(\omega_0 t - \vec{k} \cdot \vec{r})]\right\}_{t'}
\end{aligned} \tag{5-6-2}$$

其中，单位向量 $\vec{s} = \vec{R}/R$，$\vec{e}_0 = \vec{E}_0/E_0$，已考虑近似 $|\vec{R} - \vec{r}| \approx R$。这是一个推迟解，包括振幅和相角两部分。式中的量应取以下时间的值：

$$t' = t - \frac{|\vec{R} - \vec{r}|}{c} \approx t - \frac{R}{c} + \frac{\vec{s} \cdot \vec{r}(t')}{c} \tag{5-6-3}$$

不考虑电磁波对电子平均运动轨道的影响

$$\vec{r}(t') = \vec{r}(0) + \vec{v}t' \tag{5-6-4}$$

$\vec{v}$ 为电子原始速度。代入式 (5-6-3) 整理得到

$$t' = \frac{t - \dfrac{R}{c} + \dfrac{\vec{s} \cdot \vec{r}(0)}{c}}{1 - \vec{s} \cdot \vec{\beta}} \tag{5-6-5}$$

其中，$\vec{\beta} = \vec{v}/c$。

散射电场的相角为

$$\omega_0 t' - \vec{k}_0 \cdot \vec{r}(t') = (\omega_0 - \vec{k}_0 \cdot \vec{v})t' - \vec{k}_0 \cdot \vec{r}(0) = \omega_s t - \vec{k}_s \cdot \vec{R} + (\vec{k}_s - \vec{k}_0) \cdot \vec{r}(0) \tag{5-6-6}$$

其中

$$\omega_s = \omega_0 \frac{1 - \vec{j} \cdot \vec{\beta}}{1 - \vec{s} \cdot \vec{\beta}}, \quad \vec{k}_s = k_0 \frac{1 - \vec{j} \cdot \vec{\beta}}{1 - \vec{s} \cdot \vec{\beta}}\vec{s}, \quad \vec{j} = \frac{\vec{k}_0}{k_0} \tag{5-6-7}$$

散射频率与入射频率的差

$$\omega = \omega_s - \omega_0 = (\vec{k}_s - \vec{k}_0) \cdot \vec{v} = \vec{k} \cdot \vec{v} = kv\cos\psi \tag{5-6-8}$$

其中，ψ 为入射电磁波传播方向与电子运动方向夹角 (图 5-6-1)。所以这一频移是一个 Doppler 频移。上式中 $\vec{k} = \vec{k}_s - \vec{k}_0$ 为差分波矢，其绝对值

$$k = \sqrt{k_s^2 + k_0^2 - 2k_0 k_s \cos\theta} \tag{5-6-9}$$

θ 为入射波与散射波间夹角。注意 ψ 和 θ 不一定在一个平面上。对于 $\beta = v/c \ll 1$ 的非相对论情况，$k_s \approx k_0$，可化为

$$k = 2k_0 \sin\frac{\theta}{2} \tag{5-6-10}$$

散射波的振幅为

$$|\vec{E}_s(\vec{R}, t)| = \frac{e^2}{4\pi\varepsilon_0 m_e c^2} \frac{E_0}{R} |\vec{s} \times (\vec{s} \times \vec{e}_0)|$$

$$= \frac{r_0}{R} E_0 |\vec{s} \times (\vec{s} \times \vec{e}_0)| \tag{5-6-11}$$

这是一个偶极子的辐射场, 其中

$$r_0 = \frac{e^2}{4\pi\varepsilon_0 m_e c^2} = 2.82 \times 10^{-15} \text{m} \tag{5-6-12}$$

为电子经典半径。微分散射截面为

$$\frac{d\sigma}{d\Omega} = r_0^2 |\vec{s} \times (\vec{s} \times \vec{e}_0)|^2 \tag{5-6-13}$$

从向量公式 $\vec{A} \times (\vec{B} \times \vec{C}) = (\vec{A} \cdot \vec{C})\vec{B} - (\vec{A} \cdot \vec{B})\vec{C}$ 可知 $\vec{s} \times (\vec{s} \times \vec{e}_0) = (\vec{s} \cdot \vec{e}_0) - \vec{e}_0$, 从几何关系 (图 5-6-2) 得到其绝对值为 $\sin\varphi$, φ 为两单位向量的交角。其辐射功率按 $\sin^2\varphi$ 分布, 如图 5-6-3 所示。如果再用 $\vec{e}_0$ 所在垂直与入射方向平面内的角度 α(偏振的方位角) 和散射角 θ 表示 (图 5-6-4), 微分散射截面为

$$\frac{d\sigma}{d\Omega} = r_0^2 \sin^2\varphi = r_0^2(1 - \sin^2\theta \cos^2\alpha) \tag{5-6-14}$$

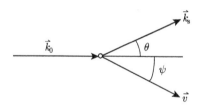

图 5-6-1 散射几何
$\vec{k}_0$ 为入射波矢, $\vec{k}_s$ 为散射波矢,
$\vec{v}$ 为电子运动速度

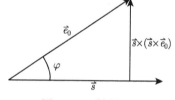

图 5-6-2 散射几何
$\vec{e}_0$ 为入射波电场方向单位向量,
$\vec{s}$ 为散射方向单位向量

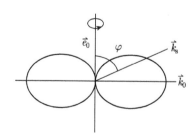

图 5-6-3 偏振波在单电子上散射功率角分布

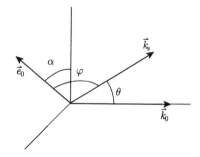

图 5-6-4 散射几何, α 为入射波偏振的方位角

如果入射波是非偏振波, 对所有 α 角度平均, 得到

$$\frac{d\sigma}{d\Omega} = \frac{1}{2} r_0^2(1 + \cos^2\theta) \tag{5-6-15}$$

对所有立体角积分的总散射截面

$$\sigma_{\mathrm{T}} = \int \frac{\mathrm{d}\sigma}{\mathrm{d}\Omega} \mathrm{d}\Omega = \frac{8\pi}{3} r_0^2 = 6.65 \times 10^{-29} \mathrm{m}^2 \tag{5-6-16}$$

即 Thomson 散射截面, 这是一个很小的截面。只有用激光这样强的光源, 才能实现等离子体的散射测量。

在等离子体中的散射　当电子温度低于 1keV 时, 可以忽略相对论效应。在等离子体中有三种成分。上面推导出单个电子对电磁波的散射, 从这些公式的形式可知散射截面和粒子的质量平方成反比。因此可以推断, 离子成分的散射截面要比电子小得多。至于中性粒子如原子分子的散射, 在完全电离等离子体中可以忽略。

等离子体内多电子对电磁波的散射波, 是每一单电子散射波的叠加, 在远离散射体积的 $\vec{R}$ 处, N 个电子总散射电场为

$$
\begin{aligned}
\vec{E}_{\mathrm{s}}^{\mathrm{T}}(\vec{R}, t) &= \frac{r_0 E_0}{R} \vec{s} \times (\vec{s} \times \vec{e}_0) \sum_{j=1}^{N} \exp\{\mathrm{i}[\omega_0 t' - \vec{k}_0 \cdot \vec{r}_0(t')]\} \\
&= \frac{r_0 E_0}{R} \vec{s} \times (\vec{s} \times \vec{e}_0) \int_V n_{\mathrm{e}}(\vec{r}, t) \exp\{\mathrm{i}[\omega_0 t' - \vec{k}_0 \cdot \vec{r}_0(t')]\} \mathrm{d}\vec{r}
\end{aligned} \tag{5-6-17}
$$

如果电子均匀分布, 由于散射波相位不同, 散射场彼此抵消, 这一总的散射功率为零。因此, 电子对波的散射完全来自等离子体密度的涨落。对于完全随机的涨落, 其密度涨落幅度正比于 $\sqrt{n_{\mathrm{e}}}$, 因此, 散射功率应与电子密度成正比。由于电子有一定速度分布, 而散射波的 Doppler 频移与电子速度有关, 所以从其频谱可以得到关于电子速度分布的信息, 一般采用总散射电场的 Fourier 变换表示

$$\vec{E}_{\mathrm{s}}^{\mathrm{T}}(\vec{R}, \omega_{\mathrm{s}}) = \int_{-\infty}^{\infty} \vec{E}_{\mathrm{s}}^{\mathrm{T}}(\vec{R}, t) \exp(-\mathrm{i}\omega_{\mathrm{s}} t) \tag{5-6-18}$$

2. 相干散射和非相干散射

从以上式 (5-6-2) 可知, 两相近的电子的散射电场的相差为 $\vec{k} \cdot (\vec{r}_1 - \vec{r}_2)$。当两电子相距较远时, 它们的散射波可能抵消。当然这也与入射波的波长有关。因为等离子体涨落的尺度是德拜长度, 我们将波长或波数与等离子体的德拜长度 λ_{D} 相比。如果 $k\lambda_{\mathrm{D}} \gg 1$, 德拜球内粒子上的散射可能有充分大的相差, 可以探测到单粒子的行为, 称为非相干散射。相反, 如果 $k\lambda_{\mathrm{D}} \ll 1$, 德拜球内粒子的散射相位趋同, 振幅叠加, "衣着粒子" (dressed particles) 作为整体被散射, 称为相干散射 (图 5-6-5)。

也可引进 $k\lambda_{\mathrm{D}}$ 的倒数作为判断是否相干的参数

$$\alpha = \frac{1}{k\lambda_{\mathrm{D}}} = \frac{\lambda_0}{4\pi \sin\frac{\theta}{2}} \sqrt{\frac{n_{\mathrm{e}} e^2}{\varepsilon T_{\mathrm{e}}}} = 1.07 \times 10^{-14} \frac{\lambda_0(\mathrm{nm})}{\sin\frac{\theta}{2}} \sqrt{\frac{n_{\mathrm{e}}}{T_{\mathrm{e}}(\mathrm{eV})}} \tag{5-6-19}$$

$\alpha \ll 1$ 为非相干散射, 散射波完全由电子贡献。$\alpha \geqslant 1$ 时贡献来自电子和围绕电子的离子, 发生相干现象。$\alpha \gg 1$ 为相干散射, 贡献来自电子密度的涨落。

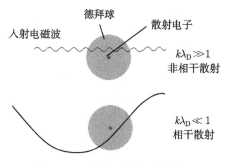

图 5-6-5 非相干和相干散射

可以把在等离子体上的散射光强写为以下形式，即单位体积等离子体向空间某一方向的单位立体角内、单位频率间隔的散射功率为

$$I(\omega, \Omega) = I_0 n_e \sigma_e S(\vec{k}, \omega) \tag{5-6-20}$$

其中，σ_e 是单个自由电子的微分散射截面，$S(\vec{k}, \omega)$ 称为形状因子。所以等离子体中的微分散射截面就是单电子的微分散射截面 (Fourier 变换以后) 乘上形状因子。

形状因子 $S(\vec{k}, \omega)$ 可通过解等离子体的动力方程和泊松方程得到密度的涨落分布推出。如果假设电子和离子都遵循麦克斯韦速度分布，且电子温度较离子温度高不很多，忽略碰撞效应时，可以得到较简单的解。

当 $k\lambda_D \gg 1$ 或 $\alpha \ll 1$ 时 (非相干散射)，可以只考虑电子分量的贡献，形状因子为

$$S(\vec{k}, \omega) \cong \frac{2\sqrt{\pi}}{k v_e} \exp\left[-\left(\frac{\omega}{k v_e}\right)^2\right] \tag{5-6-21}$$

其中，$v_e = \sqrt{2T_e/m_e}$ 为电子热速度。这一散射谱是一个 Gauss 型的谱 (图 5-6-6(a))，相应的半宽度为

$$\frac{\Delta\omega_{1/2}}{\omega_0} = \frac{\Delta\lambda_{1/2}}{\lambda_0} = 4\sin\frac{\theta}{2}\sqrt{\frac{2T_e}{m_e c^2}\ln 2} \tag{5-6-22}$$

因此，在实验中测量散射谱线的宽度，就可计算出电子温度。测量某一方向的已知立体角内的总散射功率，也可计算电子密度。当用红宝石激光 $90°$ 散射时，散射谱波长半宽度 $\Delta\lambda(\text{nm}) = 1.62\sqrt{T_e(\text{eV})}$，$T_e = 1\text{keV}$ 时为 51nm。

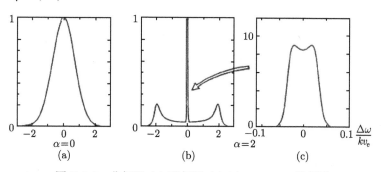

图 5-6-6 非相干 (a) 和相干 (b),(c)Thomson 散射谱

当 $\alpha > 1$ 时，发生相干现象，电子成分的贡献为在入射频率两侧出现对称的两个峰 (图 5-6-6(b))。其频移为

$$\Delta\omega = \pm\sqrt{\omega_{pe}^2 + \frac{3T_e}{m_e}k^2} \qquad (5\text{-}6\text{-}23)$$

它相当于等离子体的纵向振荡频率，就是电子等离子体波的频率。当电子温度不很高时就是电子等离子体频率。从这一频移可通过计算电子等离子体频率得到电子密度数值。

离子成分的贡献和另一参数

$$\beta = \sqrt{Z\frac{T_e}{T_i}\frac{\alpha^2}{1+\alpha^2}} \cong \sqrt{Z\frac{T_e}{T_i}} \qquad (5\text{-}6\text{-}24)$$

有关，Z 为离子电荷数。在 $\beta \ll 1$ 时，为分布在入射频率附近的 Gauss 型轮廓。其半宽度也有类似电子分量 (5-6-21) 那样的表示，但换成离子参数。虽然原则上可以用来计算离子温度，但是杂质等因素的影响使问题很复杂。由于 $m_i \gg m_e$，这一分布远小于 $\alpha \ll 1$ 时电子成分的贡献。当 β 值增大时，离子成分的贡献逐渐偏离 Gauss 型，在两侧出现峰值 (图 5-6-6(c))。在 $1 \leqslant \beta \leqslant 2$ 区域，这两个峰的相对位置

$$\Delta\omega = \pm k\sqrt{2ZT_e/m_i} = \pm\sqrt{2}\omega_{ia} \qquad (5\text{-}6\text{-}25)$$

其中，$\omega_{ia} = k\sqrt{ZT_e/m_i}$ 为离子声波频率，它反映了离子成分的纵向集体振荡模式。

$\alpha \gg 1$ 适合研究集体涨落模式引起的散射。因为涨落的散射光正比于电子密度，当电子密度做某种模式的变化时，会产生相应的散射光。波在这样的密度涨落上的散射会产生相互干涉，使得在不同方向的散射强度不同。这一类散射往往要强于热运动引起的散射，可以用来研究集体运动模式，一般不计散射的绝对幅度，而集中探测有关的色散关系。

图 5-6-7 中，$\vec{k}_p$ 为某种等离子体中集体振荡模式的波矢，$\vec{k}_i$ 为入射电磁波波矢，$\vec{k}_s$ 为散射波波矢。根据波阵面的运动情况，可以判断，它们之间存在匹配关系 $\vec{k}_s = \vec{k}_i \pm \vec{k}_p$ 以及 $\omega_s = \omega_i \pm \omega_p$。可以根据接收散射波的方向判断加减号，并得到波的色散关系 $\omega(\vec{k})$。如果观察到很宽的频谱和波数谱，$\Delta\omega \approx \omega$，$\Delta k \approx k$，所测涨落就是一个湍流谱。

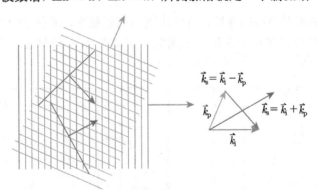

图 5-6-7　等离子体集体振荡模式的 Thomson 散射

一般在实际集体散射诊断系统中，散射波和入射波处于同一波段，$\left|\vec{k}_s\right| \cong \left|\vec{k}_i\right|$，$\omega_s \cong \omega_i$。因而有 $\left|\vec{k}_p\right| \cong 2\left|\vec{k}_i\right|\sin\frac{\theta}{2}$，其中，$\theta$ 为散射波和入射波传播方向间夹角。

在设计散射系统时，首先决定探测等离子体参数还是研究集体行为。为此，须分别使 α 值远小于或远大于 1。除去与等离子体参数有关外，α 还与控制参数入射光波长以及散射角有关。以三种激光波长为例，即红宝石激光 693nm，CO_2 激光 10.6μm，及 CH_3F 激光 496μm。图 5-6-8 给出这三种激光在 90° 和 5° 散射角时的 $\alpha = 1$ 条件在等离子体参数空间的位置。

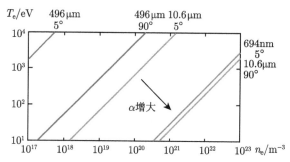

图 5-6-8 对不同的激光波长和散射角满足 $\alpha = 1$ 的等离子体参数范围

3. 非相干散射

对于非相干散射，最好用短波长激光器如可见区的红宝石，或 YAG 激光，90° 散射角。这时接收信号受入射光影响也小。对于相干散射，最好用远红外激光器，小角度散射。这时的困难主要是杂散光的影响、角度分辨以及理想的探测器等问题。

激光 Thomson 散射测量电子温度　典型光路见图 5-6-9。一般激光在上或下方窗口入射，在侧面收集 90° 散射光。入射光偏振面垂直散射光路 (图 5-6-3)。由于电子的散射截面很小，要求激光器有强的输出功率，优良的光束质量 (以得到小的焦斑)。如果不对激光脉冲产生的杂散光进行处理，它们的强度将比散射光高 6~8 个量级。为得到高的信噪比，激光脉冲要有一定宽度 (10ns 量级)。为尽量降低杂散光水平，在入射光路上设有一系列光阑，在出射光路上要有光收集器。在散射光路对过的真空室壁上有消除散射光的光消散器。分光系统要有充分大的色散。

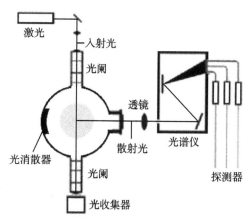

图 5-6-9 典型激光 Thomson 散射光路

图 5-6-10 为入射和散射光谱轮廓对比。电子温度较低时，散射光谱为 Gauss 型，在电子温度达到几个 keV 以上时，由于相对论效应，有明显的蓝移，轮廓也逐渐偏离 Gauss 型。从散射光谱线的半宽度可以计算电子温度，从谱线面积可以计算电子密度。

一般来说，电子温度的测量几乎不存在定标问题。但是电子密度的计算和定标比较复杂，因为散射光绝对强度的计算涉及散射立体角、散射体积等不好测量或计算的量。为此，一般可将真空室内充满一个大气压的空气，用同一设备在空气上散射信号定标。中性粒子主要是 Rayleigh 散射，光谱也是 Gauss 型的，半宽度由中性粒子温度决定，从总面积可计算其粒子密度。对于 694nm 的波长，空气原子的散射截面是 $1.49 \times 10^{-31} \mathrm{cm}^{-2}$。根据两散射谱线面积之比就可推算等离子体的电子密度。

目前，激光 Thomson 散射系统多做成空间和时间多点测量。时间多点用一系列激光脉冲实现，重复频率可达几百 Hz。空间多点为用长焦距透镜聚焦，多点收集散射光，如 TCV 装置上的布置 (图 5-6-11)。也可进行温度涨落的空间分辨测量，一般用光栅光谱仪或干涉滤光片分光，分 3～8 通道接收，用雪崩二极管或光电倍增管探测信号。

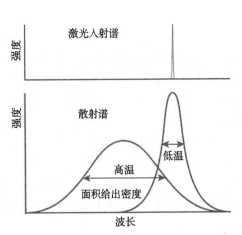

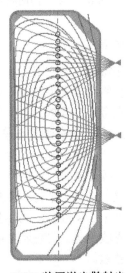

图 5-6-10 入射光谱和非相干散射光谱　　图 5-6-11 TCV 装置激光散射光路及探测点

光雷达技术 包括激光 Thomson 散射的许多等离子体诊断都逐渐要求更好的空间分辨。一些激光散射系统已具备几十个空间分辨点。这样的系统有一个入射光路，多个散射光路，在结构上十分复杂。另一缺点是它们大多是在垂直方向有多个测量点，而在大半径方向作空间分辨有一些困难。随着装置规模的发展，以及技术的进步，另一种散射系统的设计开始实现，即所谓**光雷达**(light detection and ranging, LIDAR)。它是一种背向散射，入射光路和散射光路合一，利用短脉冲激光散射信号的时间延迟实现空间分辨，工作原理类似飞行时间谱仪。图 5-6-12 为入射激光脉冲和散射光脉冲的时空传播图。τ_{L} 为激光脉冲长度，τ_{D} 为探测器的时间分辨率。所能探测的空间分辨率为 $c(\tau_{\mathrm{L}} + \tau_{\mathrm{D}})/2$，$c$ 为光速。目前 JET 的 LIDAR 系统所使用的激光脉冲长度为 $300\mathrm{ps}(3 \times 10^{-10}\mathrm{s})$，探测器和数据处理系统的带宽是 700MHz，得到的空间分辨率为 12cm。

LIDAR 的工作原理如图 5-6-13 所示。从激光器发出的入射光和散射光采用同一光路，

用分光器 (半透镜) 收集散射光，并进行分光。如果收集时间远大于激光脉冲长度和探测系统的时间分辨率，每一道光谱通道所收集的时间序列应为不同空间距离处的散射光。而同一时刻不同光谱通道的信号就构成了某一空间散射光的谱线形状，用以计算此处的电子温度。和传统 Thomson 散射方法比较，这一方法的优点是占用窗口少，对光容易，在大半径方向空间分辨，缺点是目前空间分辨率低，这主要受接收器时间响应的限制。

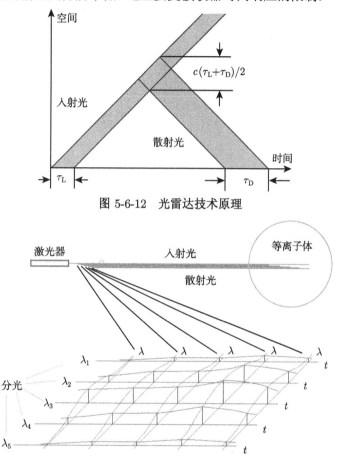

图 5-6-12 光雷达技术原理

图 5-6-13 LIDAR 技术原理

在大型装置上，电子温度高，散射谱线宽度大，经常采用滤光片组合方法来分光，用多通道板作探测器，有很高的灵敏度和较快的响应时间。图 5-6-14(H. Saizmann et al., Rev. Sci. Instrum., 59(1988) 1451) 是一组用于散射光分光的滤光片组合的透过率曲线，其中位于激光波长 694nm 处的下陷是一红宝石滤光片形成的，用以屏蔽入射激光的散射光。

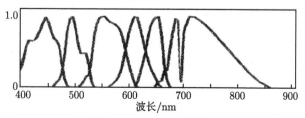

图 5-6-14 一组用于 Thomson 散射测量的滤光片的透过率

图 5-6-15(ITER Group, Nucl. Fusion, 39(1999) 2541) 为 ITER 所设计的测量主等离子体 LIDAR 系统的结构图。光路的曲折用于中子和其他类型辐射的屏蔽。在该装置上，由于空间分辨率的要求，边界区和偏滤器的电子温度仍靠常规激光散射测量。

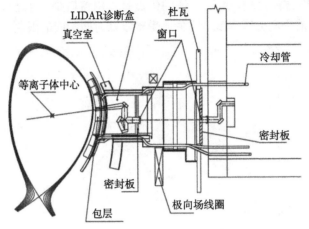

图 5-6-15　ITER 上主等离子体的 LIDAR 系统

电子温度测量方法总结见表 5-6-1。

表 5-6-1　主要测量电子温度方法

方法	优点	缺点
激光 Thomson 散射	绝对测量，空间分辨	时间不连续
ECE	时间连续	需定标，适用光学厚
X 射线能谱	可测能量分布	无空间分辨

目前主要应用的还是前两种技术。以激光 Thomson 散射为绝对测量，以 ECE 测量为辅助方法，但 ECE 适合于测量电子温度的涨落。此外发射光谱的谱线强度比法也可用于计算电子温度。

电子密度测量方法总结见表 5-6-2。

表 5-6-2　主要测量电子密度方法

方法	优点	缺点
干涉仪	技术成熟	弦平均值需反演
反射仪	适合不同磁场位形	适合密度梯度高
偏振仪	技术成熟	需知磁场分布
激光散射	空间分辨好	需定标
束发射光谱	空间分辨好	需中性粒子束

传统的方法是干涉仪，但目前使用反射仪的增多。偏振仪主要用于测量极向磁场。这几种依赖于折射率的方法均须根据测量密度范围仔细选择工作波长和适当的激光器或微波源。在边界区尚可使用静电探针测量电子温度和密度。

非相干散射测量磁场方向　原则上激光 Thomson 散射可以研究等离子体任何运动模式，例如，可以研究电子在电场下的漂移运动，进而计算等离子体环向电流分布。但是其漂移运动速度远小于热运动速度, 难于探测, 而且等离子体电流尚有离子分量的贡献, 因此这一方法可行性差。

非相干散射也反映电子在磁场中的回旋运动。这一运动造成的散射对热运动的散射谱以间距为 ω_{ce} 的频率调制 (图 5-6-16), 每个峰的宽度是 $2kv_e\sin\psi$, v_e 为电子热速度, ψ 是散射向量 $\vec{k} = \vec{k}_s - \vec{k}_0$ 与磁场垂直平面的夹角。因为电子的回旋运动垂直磁场, 只有在这个角很小时, 这些调制峰才能探测到。所以, 如果能在某一方向探测到如图 5-6-16 那样的散射谱, 结合 $\vec{k}$、$\vec{k}_s$、$\vec{k}_0$ 这三个向量在一个平面上的条件, 则可以判断磁场方向, 从峰之间的距离可以计算磁场的强度。

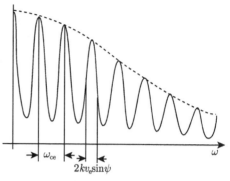

图 5-6-16 被电子回旋运动调制的散射谱

就托卡马克等离子体而言, 测量这样的散射谱很困难, 因为对于典型参数, 这个散射谱中每个峰的强度不过几个光子的量级。在这样的条件下, 只能用 Fabry-Perot 标准具进行分光。当标准具上两相邻干涉级的频率间隔与 ω_{ce} 精确匹配时, 调制峰就会叠加在一起增大强度, 从而确定磁场方向。

4. 集体散射

集体散射即相干散射, 鉴于对 α 值的要求, 选择光源在红外到微波波段。探测点的波数分辨率 $\Delta k = 2/w$, w 为光束束腰半径。纵向空间分辨率为 $\Delta L = 2k_i w/k$。短波的散射角小, 分辨率低 (图 5-6-17), 但还应考虑激光器的便利。用 CO_2 光泵的远红外激光 (亚毫米波) 和相应的探测器 (Schottky 二极管) 技术比较复杂。所以至今输出波长为 $10.6\mu m$ 的 CO_2 激光仍在用于集体散射, 其散射角只有零点几度。

一个典型的集体散射系统见图 5-6-18。激光从等离子体下部入射, 在等离子体中散射后,

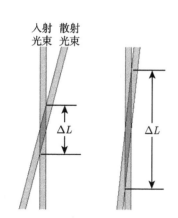

图 5-6-17 散射角和空间分辨率关系

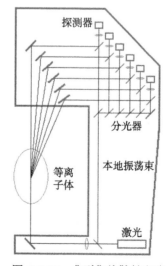

图 5-6-18 典型集体散射光路

相应于不同探测波数的不同散射角的散射光经反射镜和分光器 (半透镜) 入射到探测器，同时入射的还有本地振荡光束，它们在探测器里混频，得到相应所探测的密度扰动的频率，因而可以得到函数 $\omega(k)$，即色散关系。如果对应 k 的频谱很宽，则所探测的对象是一个湍流。

图 5-6-19(Ch. P. Ritz et al., Nucl. Fusion, 27(1987) 1125) 为 TEXT 上用集体散射对不同波数 k 所得到的频率谱，将这些数据合起来就形成二维的涨落功率谱 $S(k,\omega)$(图 5-6-20，A. J. Wootton et al., FRCR#310,University of Texas, Austin, 1988)。

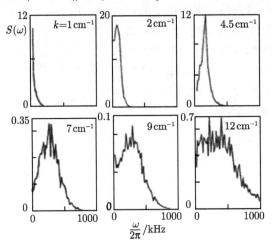

图 5-6-19   TEXT 上不同 k 值的散射频率谱

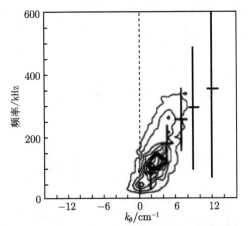

图 5-6-20   TEXT 上散射得到的涨落功率谱

十字为用静电探针得到的数据

图 5-6-21(李亚东提供) 是在 HT-7 装置上得到的波数谱。所用的散射设备也采用 CO_2 激光器光源，输出功率 10W 左右，使用低温的 HgGdTe 探测器探测信号。曲线是按照指数关系 $S(k_\theta) \sim k_{\theta 0}\mathrm{e}^{-3.6678}$ 模拟得到的数据。

上述红外或远红外集体散射诊断设备都是小角度散射。在接收器中，散射波和本地振荡的波前必须充分重合才能做到需要的混频。在理论上这样的散射所能探测的最大波数为 $100\mathrm{cm}^{-1}$ 左右，实际达到的约为 $20\mathrm{cm}^{-1}$。所以一些精细的模式如 ETG 模，不能用这种方法探测，必须考虑到新的探测原理。

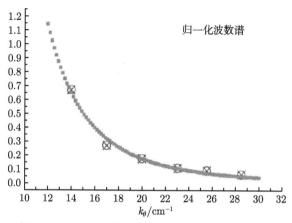

图 5-6-21 HT-7 装置上用集体散射得到的波数谱

准连续点是拟合曲线

以下再介绍两种微波散射诊断。它们都利用了波在等离子体中的共振或截止层处的模式转换。

高杂波共振背散射 等离子体波在传播到某些区域时会发生两种临界现象。一为截止，此时折射率 $N \to 0$，波长增大，波被反射；一为共振，此时 $N \to \infty$，波长减小，波被吸收。**高杂波共振背散射**(upper hybrid resonance backscattering) 正是利用非常波 (X 模) 在高杂波共振 (UHR) 处波数增加，波长减小的性质作散射诊断。又由于波在共振处发生模转换，波幅较大，所以又称增强散射。但是，对环形等离子体而言，对于一定的探针频率，在上杂波共振面的环外侧还存在上截止面 $\omega = \omega_R$，所以探针波必须从强场侧入射。

具体实验布置如图 5-6-22(A. D. Gurchenko et al., Nucl. Fusion, 47(2007) 245) 所示。$\vec{k}_0$ 为入射波矢，$\vec{k}$ 为共振面附近入射波矢，它远大于 $\vec{k}_0$(波长变短)，$\vec{q}$ 为探测的涨落波矢，$\vec{k}_\theta$ 和 $\vec{q}_\theta$ 为它们的角向分量，散射条件为 $q_r = -2k_r$。该实验使用 52~69GHz 的探针波，测量了 120~170cm^{-1} 的涨落波谱。

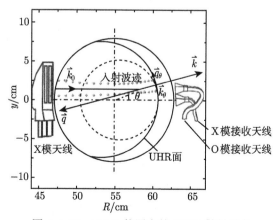

图 5-6-22 FT-2 装置上的 UHR 散射设备

交叉偏振散射(cross-polarization scattering) 可以直接测量等离子体内部磁场涨落。这一诊断是用 O 模微波接近垂直入射，在密度截止层处发生反射，部分 O 模在磁场涨落散射下，转换为 X 模，能穿过 O 模截止层，被探测器接收，而其余部分 O 模被反射 (图 5-6-23, L. Colas et al., Nucl. Fusion, 38(1988) 903)。这种 O+$\tilde{B}$ —— X 转换可以得到极向磁场涨落，而另一种 X+$\tilde{B}$ —— O 转换可以得到极向和径向磁场涨落。在 Tore Supra 装置上使用频率 60GHz 输出功率 70W 的微波进行了这一诊断，得到了磁涨落沿小半径的变化。

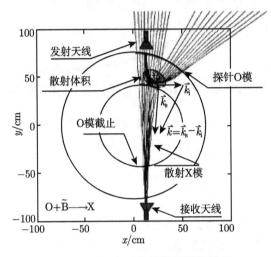

图 5-6-23   交叉偏振散射测量原理

5.7 粒 子 测 量

1. 中性粒子能谱仪

中性粒子能谱仪测量从等离子体逸出的电荷交换中性粒子的能量分布以决定等离子体内的离子温度。在等离子体内，热离子和从外部进入的原子进行电荷交换，例如

$$H^+ + H \longrightarrow H + H^+$$

新产生的中性原子携带原来离子的动能，逸出等离子体，其能谱代表等离子体内部的离子能量分布。

这种中性能谱仪有静电偏转和磁偏转两类。图 5-7-1(T. Nakashima et al., Rev. Sci. Instrum., 70(1999) 849) 表示的是用于串列磁镜 GAMMA10 的能谱仪，从等离子体出射的中性粒子先通过剥离室被电离，然后通过一对加电压的平行平板，被电场偏转分开不同能量，用通道型电子倍增器或多通道板接收。

虽然从等离子体逸出的电荷交换中性粒子携带了等离子体内的离子速度分布的信息，但是从中性粒子能谱仪得到的能谱计算离子温度仍然比较复杂。这是因为仪器探测的是从等离子体内一道弦上发出的粒子，而且不同能量粒子在电荷剥离室内的剥离效率不同。图 5-7-2(V. P. Bhatnagar et al., Nucl. Fusion, 33(1993) 83) 为 JET 装置上离子回旋波段加热前后的中性粒子能谱。射频 (RF) 加热后的能谱由两段组成。高温的一段来自等离子体芯部。

在大型装置上，等离子体内部原子很稀少，电荷交换主要发生在边缘区，用中性粒子能谱仪测量芯部离子温度不再适用。

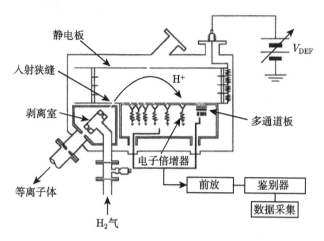

图 5-7-1 中性能谱仪原理图

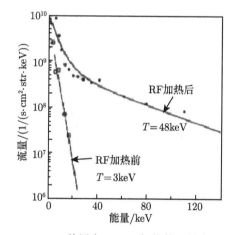

图 5-7-2 JET 装置上 ICRF 加热前后的中性能谱

这种中性粒子能谱仪适合 1~10keV 的粒子能量探测。低能中性粒子 (<0.5keV) 可用飞行时间谱仪测量能谱。对于磁约束聚变装置，这种谱仪必须配备快门以确定起始时刻。

2. 中子探测

聚变反应产生的高能中子采用核物理的常规方法探测。因为中子不带电荷，也不能转换为带电粒子，不能直接探测，必须借助于某种核反应或动能交换过程。聚变反应有两种中子产生：D-D 反应产生的 2.45MeV 中子和 D-T 反应产生的 14MeV 中子。因为 D-D 反应有 T 产生，即使纯氘燃烧也会有 0.2%~2% 的 14MeV 中子产生。测量这些中子可以研究高能 T 离子的行为。

第一种测量是探测中子通量，可以有多种方法。常用的有**裂变电离室**，是将电离室电极上敷涂裂变物质如 ^{235}U，当中子进入电离室并产生裂变反应时，反应产物将产生较大的电离脉冲，可在强的 γ 本底下工作。一些大型装置上用的裂变室包含大约 1g 裂变材料，并装有中子慢化剂, 灵敏度为大约 10^8 个中子产生一个计数。如果用 D-T 运行, 这样的裂变室输出信号会饱和, 可以选用灵敏度低的 ^{238}U 作裂变材料。

另一类是中子能谱的测量, 常用 ^{3}He **正比管**。它利用中子与 ^{3}He 的反应

$$^3He + n \longrightarrow T + p$$

放出的反应能为 0.764MeV。反应产物总能量减去反应能就是中子的能量。

还可用**反冲质子**测量中子能谱。中子虽然不能直接用闪烁体探测, 但是可以和原子核进行弹性碰撞, 称为反冲。反冲后的散射中子能量为

$$E_n = \frac{4Mm}{(M+m)^2} E_{n0} \cos^2 \theta \tag{5-7-1}$$

其中, M 和 m 分别为核和中子质量, E_{n0} 为中子初始能量, θ 为散射角。当与氢核作用时, 可以认为 $M = m$, 产生的反冲质子的能量等于或低于入射中子能量, 可以从其能谱推出中子能谱。具体方法多采用有机闪烁体测量, 可以从脉冲形状分辨中子和 γ 射线。因为反冲质子谱是不同能量中子的积分, 还应考虑闪烁体的响应特性, 用反卷积方法恢复中子能谱。

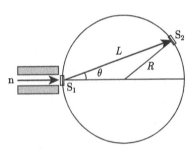

图 5-7-3　飞行时间中子能谱仪
原理示意图

还可使用**飞行时间**方法测量中子能量。和激光等离子体诊断不同, 磁约束等离子体持续很长时间, 必须确定飞行时间起点, 使用的方法也是利用质子的反冲。使等离子体发射的中子入射闪烁晶体靶 S_1, 以反冲质子发射的信号为时间起点, 用第二个置于一定距离以外的第二个靶 S_2 测量中子飞行时间以确定能谱, 因为第一个靶散射的中子的能量为 $E_{n0}\cos^2\theta$, 速度按 $\cos\theta$ 分布。利用这一关系, 将第一个靶和多个探测器即第二个靶都安装在一个半径为 R 的球面上 (图 5-7-3)。只要中子的初始能量相同, 不同散射角的散射中子到达球面上不同位置的探测器的飞行时间就相同, 这样就能提高探测效率。在这一探测装置中散射中子飞行时间为 $t = \sqrt{2mR^2/E_{n0}}$。一般装置尺度为米量级, 对于 MeV 以上的入射中子, 飞行时间在几十 ns 量级, 能量分辨率大约百分之几。

采用以上几种方法可从等离子体不同方向测量不同弦上的中子通量和能谱, 通过层析计算截面上聚变反应率的分布, 并推算 α 粒子源的分布, 以及聚变功率密度。例如, JET 采用液体闪烁计数器相机, 大半径方向 10 路, 垂直方向 9 路 (图 5-7-4, O. N. Jarvis, Rev. Sci. Instrm., 63(1992) 4511), 用神经网络方法重建中子发射的截面分布。

此外, 从中子能谱可以推算反应离子的温度或速度分布。聚变中子的能量分布函数可写为

$$F(E) = \exp\left[-\left(\frac{E - \bar{E}}{\Delta E}\right)^2\right] \tag{5-7-2}$$

其中, $\bar{E}$ 为平均能量, 这一分布 $1/e$ 的半宽度为

$$\Delta E = 2\sqrt{\frac{m_n T_i \bar{E}}{m_n + m_r}} \tag{5-7-3}$$

其中, m_n 为中子质量, m_r 为另一反应产物 (如 D-T 反应中的 ^{4}He) 质量。这样, 从中子能谱可以得到反应离子的温度 T_i。图 5-7-5 是在 JET 装置上用 ^{3}He 正比室得到的脉冲高度谱, 相应离子能量为 2.2keV。

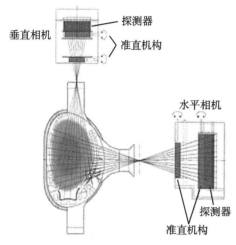

图 5-7-4 JET 装置上中子探测器阵列的分布

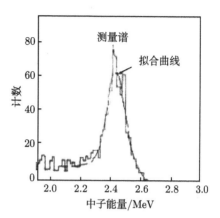

图 5-7-5 中子能谱测量结果和其拟合曲线

表 5-7-1 比较了常用的测量离子温度的方法。

表 5-7-1 离子温度测量方法比较

方法	优点	缺点
谱线 Doppler 展宽	一定空间分辨	需适当发射谱线
中性粒子能谱	可测离子能谱	适合边缘区域
电荷交换复合光谱	好的空间分辨	需诊断原子束
中子能谱	适合高温芯部测量	需有聚变反应发生

此外, 在等离子体边缘处, 可使用能量分析器直接测量离子能量分布。

3. α 粒子探测

作为 D-T 聚变反应产物的 α 粒子 (氦核) 携带 3.52MeV 的能量, 对等离子体再加热, 是燃烧等离子体的重要组分。其中一部分逸出等离子体, 作为带电粒子, 易于探测, 而对于约束在等离子体内的 α 粒子, 也需要探测其能量和空间分布。

约束 α 粒子的探测和一般中性粒子相近, 但是必须采用主动的方法。一般使用氢原子束或锂弹丸入射, 经过电荷交换, 生成一次电离的离子 He$^+$ 或经二次中性化生成 He 原子逸出。前者可以测量其辐射谱线, 后者可用中性粒子能谱仪测量。

第二种诊断 α 粒子的方法是探测通过能量传递产生的高能中子。聚变反应产生的高能 α 粒子在热化之前和聚变燃料 (D, T) 弹性碰撞产生一些超热离子。超热离子参加聚变反应后所产生的中子也具有较高的能量, 形成聚变中子能谱的高能尾巴。这样的超热中子被称为 knock-on neutrons, 通过对其测量可以得到高能 α 粒子的信息。图 5-7-6(J. Källne et al., Phys. Rev. Lett., 85(2000) 1246) 显示了 JET 装置上测的中子能谱。可以看到, 当电子温度为 8.6keV 时, 有明显的高能分量。而电子温度为 4keV 时, 这个高能分量看不见。

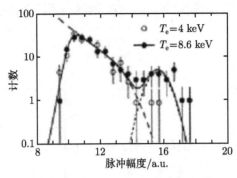

图 5-7-6   JET 装置上的中子能谱

还可以通过 α 粒子参与的核反应产生的 γ 射线来测量 α 粒子的空间分布, 例如, 探测和 Be 杂质离子反应产生的 4.4MeV 的 γ 射线, 但这一方法须知 Be 的空间分布。

4. 重离子束探针

以上几种粒子测量都属于被动测量, 探测发自等离子体的粒子, 而重离子束探针 (heavy ion beam probe, HIBP) 是主动将离子束入射到等离子体中的粒子探测方法, 主要用以探测等离子体内部密度涨落, 其原理见图 5-7-7。将一重离子束, 一般为一次电离的高 Z 离子 Tl$^+$ 或 Cs$^+$, 入射到等离子体芯部。这要求其回旋半径和等离子体小半径相比, 所以典型能量在几百 keV 到 MeV 范围。这离子束在等离子体内遭受碰撞, 部分被再次电离, 成为二次电离离子, 其回旋半径为原来的 1/2, 因而脱离入射轨道, 作为二次束离开等离子体, 被可以分析能量的接收器接收。

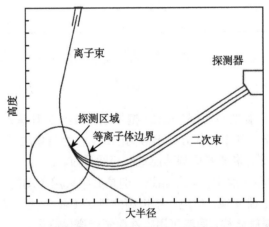

图 5-7-7   重离子探针工作原理

因为携带不同电荷离子的位能不同, 探测器所接收的二次离子的能量在原来基础上增加了 $e\phi$, ϕ 为探测点的电位, 因而二次离子能量的涨落就反映了探测点电位的涨落。而二次离子强度则与探测点电子密度成比例, 所以二次离子流强的涨落反映了等离子体内的电子密度涨落。信号在极向平面的空间分辨可以测量等离子体内反射点间的相关和波数, 而环向

(垂直所示平面) 的空间分辨测量可以计算极向磁场及其涨落, 但这需要更高的测量精度, 较难进行.

重离子探针可探测 0.1% 的密度相对涨落, 空间分辨可达 1cm, 适合研究湍流. 图 5-7-8(R. V. Bravence et al., Nucl. Fusion, 31(1991) 687) 是 TEXT 装置上用重离子探针测量得到的密度涨落相对幅度的空间分布, 几条曲线是根据不同模型得到的计算值. 图 5-7-9(Y. Hamada et al., Plasma Phys. Control. Fusion, 48(2006) S177) 是 JIPP TII-U 上的重离子探针探测位置的分布图. 该实验使用 250keV, 300keV, 450keV 三种能量, 在极向六个入射角入射, 使入射 Tl$^+$ 在 18 个探测点二次电离. 此外, 在接收器上设了六个入口, 又可在每一探测区域分辨六个测量点. 因为这一诊断可以同时探测密度和电位的涨落, 是研究带状流和 streamer 的有力工具. 在 JIPP TII-U 上用这样的探针测量到了 streamer 结构.

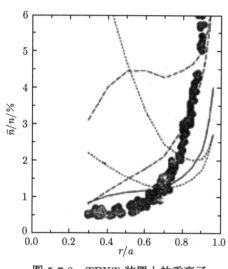

图 5-7-8　TEXT 装置上的重离子
探针测量结果

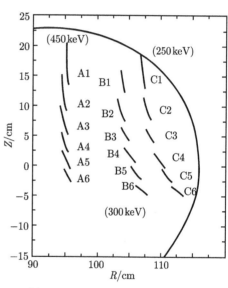

图 5-7-9　JIPP TII-U 上的重离子
探针探测位置分布

将重离子探针用于大型托卡马克有一定难度, 因为用于这样大型装置的离子束需要几个 MeV 的能量. 制造这样的加速器并无困难, 问题是相应的探测器体积庞大, 所需要加的电压高. 此外, 庞大的加速器和探测器也往往难于和装置主体直接对接, 需要一个连接和偏转的管道, 也是很有规模的工程项目.

利用离子束作为诊断手段存在多种思路. 快离子束探针是其中一种 (图 5-7-10, H. Soltwisch, Plasma Phys. Control. Fusion, 34(1992) 1669). 这种诊断在赤道面切向注入中性粒子束到托卡马克等离子体, 中性粒子在等离子体内被电离, 约束在一个磁面附近形成壳层. 在赤道面距离注入方位环向 180° 处探测注入离子在等离子体中和中性粒子电荷交换后逸出的中性粒子. 因为离子在等离子体中的磁漂移决定射出位置, 而这种通行粒子轨道在水平方向的偏离和这个磁面的安全因子 q 成正比, 可用以判断内部磁场位形参数. 使用 $E \leqslant$ 30kV 的 D 原子束, 在 ATC 和 PDX 上进行过这种测量, 用以计算 $q(r)$ 轮廓. 在大型装置上由于等离子体中心区缺乏中性粒子, 这种诊断方法用处有限.

近年来，一种新的离子源 —— 激光离子源问世。这种离子源用脉冲激光入射固体薄膜靶产生离子束，区别于传统离子源的特点是设备体积小但离子束能散大而脉冲短，这使得它不能用作上述重离子探针的离子源，但是可以利用这两个特点按照不同的物理原理提出新的离子束诊断概念。其一和上述快离子探针的原理相似，因为入射离子在环向磁场里发生极向偏转，在极向磁场里发生环向偏转，同一边界处入射的不同能量离子离开等离子体后在真空室内表面落点的轨迹形状可以推算极向磁场分布 (图 5-7-11，X. Y. Yang et al., Rev. Sci. Instrum, 85(2014) 11E429)。如果离子束由不同电离态的离子组成，那么从不同电离态离子的落点轨迹还可以计算径向电场。这种诊断方案可称为离子束轨道探针，离子的接收可用半导体探测器。如果考虑到二次离子，可以利用飞行时间原理，从二次束在边界落点的空间–时间分布直接反演等离子体截面内的二维涨落分布。第二种应用的主要困难是目前激光离子束的束流强度还不够。

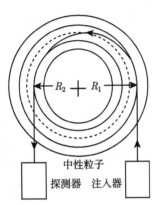

图 5-7-10   快离子探针诊断方法原理

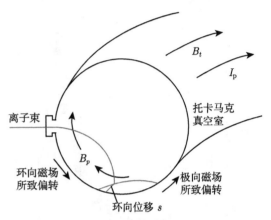

图 5-7-11   离子轨道探针测量极向磁场原理

涨落测量方法比较　等离子体的涨落可以区分为静电涨落和磁涨落两种机制。静电涨落表现为电子密度的涨落和电位的涨落，二者由玻尔兹曼关系联系。物理研究需要的主要涨落参量有涨落幅度、各个方向的相关长度、频谱、波数谱及频率–波数谱，我们以后称为 $S(\omega, k)$ 的，可以从中得到关于波或湍流的许多重要参量和性质。从密度涨落和电位涨落的相关可以得到湍流引起的粒子流和能流。磁涨落的探测方法较少，在小装置上可用伸进等离子体的磁探圈直接测量。用逃逸电子可以探测磁涨落的平均幅度，但无空间分辨，见表 5-7-2。

除去电子温度的涨落测量外，对于识别湍流的模式，离子温度涨落的测量也是重要的诊断项目。现在测量离子涨落的有效方法是快速的电荷交换复合光谱。已经得到的测量结果显示离子温度的涨落行为接近电子密度的涨落。

测量电流轮廓方法总结　测量电流轮廓，或者说测量极向磁场或 q 值轮廓，对于不稳定性及输运研究是个很重要的诊断项目，但技术上存在很大困难，需要很精细的设计和实施。早在 1992 年，一篇综述文章 (H. Soltwisch, Rev. Sci. Instrum., 34(1992) 1669) 介绍了电流轮廓测量的十几种方法。虽然原则上可以根据电子温度轮廓、杂质的分布得到的电导率计算，也可以根据磁场位形的模拟计算得到的磁面位形来判断，但多年来的实验研究证明，必须直接测量电流或极向磁场的轮廓。可以使用的方法基本上是主动干扰的方法，即注入粒子束、弹丸或激光束，或二者同时注入，见表 5-7-3。此外尚有微波束谐波、弹丸蒸发云形状、阿尔文波共振模式激发等方法，但测量精度较差，未能广泛应用。

表 5-7-2　涨落测量方法的比较

方法	电子密度	电位	电子温度	磁场	特点
静电探针	√	√	√		边界区，$\omega\text{-}k$ 谱
磁探圈				√	边界区
束发射光谱	√				好的空间分辨
电子回旋发射			√		
反射仪	√				边界区
波散射	√				$\omega\text{-}k$ 谱
高杂波背散射	√				可测高波数
交叉偏振散射				√	
重离子探针	√	√			$\omega\text{-}k$ 谱
高速照相	√				可测二维结构

表 5-7-3　电流轮廓测量方法比较

方法	主动手段	特点
动态 Stark 效应	高能 H(D) 束	适用于强磁场
偏振仪 Faraday 效应	远红外光束	须对积分数据作反演
锂束的 Zeeman 效应	锂束或锂丸	难于进入芯部
激光散射	激光束	探测光学复杂
重离子探针	高能重离子束	需较高精度
快离子探针	快 H(D) 离子	不易用于大型装置

与此相关的，还有等离子体内部电位分布及其涨落的测量，是更为困难的任务。迄今只有重离子探针方法比较成功。将电位的作用考虑到动态 Stark 效应计算中，原则上也可得到关于电位分布的数据，但需要很高的探测精度。现在一般使用从离子径向平衡公式计算的方法估计。

阅 读 文 献

项志遒，俞昌旋. 高温等离子体诊断原理. 上海：上海科学技术出版社，1982

Bretz N. Diagnostic instrumentation for microturbenmence in tokamaks. Rev. Sci. Instrum., 1997, 68: 2927

Demidov V I, Ratynskaia S V, Rypdal K. Electric probes for plasmas: the link between theory and instrument. Rev. Sci. Instrum., 2002, 73: 3409

Donne A J H. New physics insights through diagnostics advances. Plasma Phys. Control. Fusion, 2006, 48: B483

Zweben S J, Boedo J A, Grulke O, et al. Edge turbulence measurement in toroidal fusion devices. Plasma Phys. Control. Fusion. 2007, 49(7): S1.

Hamada Y, Nishizawa A, Watari T, et al. Heavy ion beam probe, present states and future development. Plasma and Fusion Research, 2008, 2(2): S1024.

第6章　诊断的数据处理

6.1　图　像　重　建

　　环形等离子体诊断中的一个重要问题是空间分辨。由于高温的等离子体芯部不能插进任何固体探针，主要诊断只能采取非接触测量，所接收信号往往是空间积分量。粒子束激发的主动光谱方法能实现很好的空间分辨，但是一次只能测量一道弦上的参数，不能同时得到整个截面的图像。而托卡马克的一些重要研究课题如 MHD 活动和微观、介观尺度的相干结构研究需要这样的图像。

　　在不考虑环效应前提下，这样的图像也往往是非轴对称的，可能有复杂的结构，但一般在环向变化缓慢。这样，主要任务就是根据探测数据实现小截面内的二维图像重构，而在环向的结构探测可以通过在几个环向位置进行类似的测量而解决。随着实验工作的进展，目前亦在探索三维图像重建的方法。下面介绍几种常用的数据处理方法。

1. 探测光路几何

　　小孔成像　从真空紫外到 X 射线波段，由于缺乏适当的透射和折射材料，一般采用小孔成像的方法。一般在孔上覆盖有机的 Milar 膜阻挡可见光，也可覆盖低质量数的铍膜阻挡粒子和低能射线。为探测参数二维分布，有时也用狭缝代替小孔。

　　这样的探测几何类似日食观测 (图 6-1-1)，但观测者和观测对象位置反了过来。在被探测平面通过小孔 (月球) 观察探测器 (太阳)，可以区分全食区 (深灰色) 和偏食区 (浅灰色)两个区域。

　　从图 6-1-1 上的图形可以得到由图上尺度符号表示的横向分辨率

$$a = \frac{1}{2}\left[(d+D)\frac{z}{z_0} + d\right] \tag{6-1-1}$$

因为一般物距远大于像距，$z \gg z_0$，式中最后一项不重要。所以横向分辨尺度和探测器和孔的横向尺寸成正比，但开孔过小会降低接收能量和信噪比。一般孔的尺寸为毫米量级，探测的空间分辨度为厘米量级。

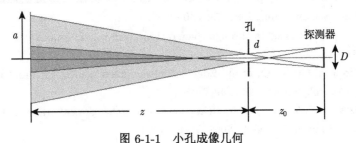

图 6-1-1　小孔成像几何

透镜成像 对于可见光探测可用透镜成像。这时可以使用平行光，即成像于无穷远处，探测器置于透镜外侧焦面。在无吸收情况下，探测弦上所有截面对接收信号的贡献都是一样的。如果将像成在等离子体内弦上任意一点，可以证明，在各向同性辐射时，测量弦通过的所有截面贡献的总光强是一样的，和平行光并无不同，但是横向空间分辨率在不同截面上不同，所以一般的弦积分测量二者皆可取。但是如果发光点集中在探测弦上某处，如小半径最小处，用聚焦方法可以得到较好的空间分辨。

当使用透镜聚焦方法探测物平面附近的发光强度涨落时，因为物平面附近有相当高的空间分辨率，而其他截面贡献平均值，所得到的是涨落值和弦上其他截面平均值的叠加。纵向空间分辨率应为 (图 6-1-2，董丽芳，王龙，光学学报，17(1997) 1139)

$$\delta \sim \frac{\lambda z}{2r} \tag{6-1-2}$$

其中，λ 为涨落波长，z 为物距，r 为透镜 (或光阑) 半径。为取得好的纵向分辨率，物距应尽量短，透镜应尽量大。

2. Abel 变换

基本公式 这是处理物理量弦积分测量结果以得到空间分辨数据的一种常用方法。例如，通过测量得到如下弦积分 (图 6-1-3)：

$$I(y) = \int \varepsilon(x,y)\mathrm{d}x \tag{6-1-3}$$

其中，$\varepsilon(x,y)$ 为某一物理量单位长度的强度 (和测量通道的宽度有关)。当系统为轴对称时，上式可写为

$$I(y) = \int \varepsilon(r)\mathrm{d}x = 2\int_{|y|}^{a} \frac{\varepsilon(r)r\mathrm{d}r}{\sqrt{r^2 - y^2}} \tag{6-1-4}$$

a 为所测区域半径，实验中一般为等离子体小半径。它的反演为

$$\varepsilon(r) = -\frac{1}{\pi}\int_{r}^{a} \frac{\mathrm{d}I(y)}{\mathrm{d}y}\frac{\mathrm{d}y}{\sqrt{y^2 - r^2}} \tag{6-1-5}$$

式 (6-1-4) 称为 Abel 变换。一些可以积分的函数及其 Abel 变换列入表 6-1-1 中。

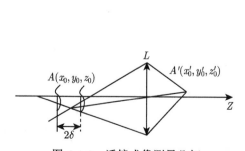

图 6-1-2 透镜成像测量几何

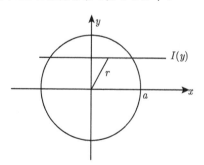

图 6-1-3 测量坐标

表 6-1-1　Abel 变换表

分布类型	$\varepsilon(r)$	$I(y)$
均匀分布	1	$2\sqrt{a^2 - y^2}$
半圆	$\sqrt{a^2 - r^2}$	$\dfrac{\pi}{2}(a^2 - y^2)$
抛物线	$a^2 - r^2$	$\dfrac{4}{3}(a^2 - y^2)^{3/2}$

此外，如果将积分限延长至无穷，可以计算 Gauss 分布 $\varepsilon(r) = \mathrm{e}^{-r^2/2\sigma^2}$ 的 Abel 变换为 $I(y) = \sigma\sqrt{\pi}\mathrm{e}^{-y^2/2\sigma^2}$，即仍为方差不变的 Gauss 分布。当这方差 σ 显著小于半径 a 时，对于有限半径内的数据可以近似使用这一变换。

线性方程组解法　在实际的实验工作中，一般用数值解 Abel 变换。此时一般在有限数目的宽度相等的弦上进行测量 (图 6-1-4)，如果将截面划分为相应的等宽圆环单元，可将得到的积分量写为

$$I_i = \sum_{j \geqslant i} L_{ji}\varepsilon_j \tag{6-1-6}$$

其中，下标 j 表示圆环单元 (从外向里)，i 表示测量弦 (从上向下)。L_{ji} 是一个几何量矩阵，为测量弦在某单元内的长度。式 (6-1-6) 是一个线性代数方程，容易按正规程序得到解。

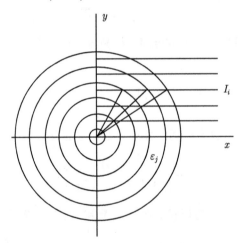

图 6-1-4　Abel 变换图

注意到矩阵 L_{ji} 是一个三角矩阵，式 (6-1-6) 的第一个方程仅包含一个未知数 ε_1，所以可以从这个方程中解出 ε_1。而第二个方程包含两个未知数 $\varepsilon_1, \varepsilon_2$，可用得到的 ε_1 代入得到 ε_2。以此类推，可以逐步迭代得到全部解，而无须计算行列式，虽然结果是一样的。从这一解的过程可以看出一个问题，就是由于误差的积累，越到截面的中心，得到的结果误差越大。如果被测物理量是中间高边上低、单调变化的，即峰值分布，采用这一方法得到的结果一般还能接受。如果这一物理量在中心处很低，或者非单调变化，所得结果有很大的误差，甚至完全不可信。

以上 Abel 变换假设轴对称。但在实际托卡马克上可能由于环效应，内外不对称。这时

可采用以下简化模型, 将待测物理量分为两级

$$\varepsilon(r,\theta) = \varepsilon_0(r) + \varepsilon_1(r)\cos\theta \tag{6-1-7}$$

θ 为极向角。由于待测量加倍, 测量弦数也应加倍。显然, 至少一半的测量弦应是垂直方向的。

Fourier 分析方法 由于上述解线性方程组方法有误差大的缺点, 所以提出很多其他解 Abel 变换的方法, 其一为 Fourier 分析方法。此法将测量值 $I(y)$ 分解为 Fourier 分量, 先考虑对称情况, 因为是偶函数, 只取余弦分量

$$I(y) = \sum_{k=0}^{N} b_k \cos\frac{k\pi y}{a} \tag{6-1-8}$$

Fourier 分量系数从下式得到:

$$b_k = \frac{1}{N}\sum_{n=0}^{N} I(y)\cos\frac{k\pi y}{a} \tag{6-1-9}$$

其中, y 为第 n 道弦高度。将式 (6-1-8) 代入式 (6-1-5), 得到

$$\varepsilon(r) = \sum_{k=0}^{N} \frac{k b_k}{a} \int_r^a \frac{\sin(k\pi y/a)}{\sqrt{y^2 - r^2}}\mathrm{d}y \tag{6-1-10}$$

求和号中的积分和测量数据没有关系, 可以在把半径 r 归一化后作为 r 的函数系列 $f_k(r)$ 事先求出备用, 称为基函数。数据处理中所做的是将测量量 $I(y)$ 对变量 y 作 Fourier 分析求出基函数展开的系数 b_k, 可用 FFT 进行。然后根据式 (6-1-10) 得到 $\varepsilon(r)$。

很容易将这些公式推广到非对称情况。这种办法需要有较多的测量道数。在 a 趋于无限的情况, 上述函数 $f_k(r)$ 趋于零阶第一类 Bessel 函数 $J_0(r)$, 所以在数据集中在中间部分情况下, 可以使用 Bessel 函数代替。除去可以用现成的 FFT 程序计算外, 这种方法还适于对测量数据进行滤波。

一般的 Abel 变换 图 6-1-4 和式 (6-1-6) 所表示的, 是狭义的 Abel 变换。凡是通过弦积分测量数据恢复二维发射率分布的数学方法都可泛称 Abel 变换。如上所述, 简单的 Abel 变换对噪声十分敏感, 所以有很多不同的数学方法处理这样的问题。

在等离子体实验研究中, 有一些很实际的方法。例如, 在肯定温度和密度是峰值分布时, 可以假设以轫致辐射为主的软 X 射线沿半径分布为

$$\varepsilon(r) = a(1 - r^2)\exp(-br^2) \tag{6-1-11}$$

其中, a 和 b 是两个待定常数, 半径 r 已对等离子体小半径归一化。式 (6-1-11) 的根据是轫致辐射功率密度公式, 以及密度、温度轮廓分别假设为 $(1-r^2)^\alpha$ 和 $(1-r^2)^\gamma$ 这样的形式。这样, 用两道测量结果就可以确定 a, b 两个常数。使用更多的不同测量弦上的测量数据将会得到不同的结果。可以取它们的平均值作为最后结果或用最小二乘法决定。当存在强的噪声背景时, 这种简易方法往往能得到更接近实际的结果。

在实际的实验工作中，往往遇到更为复杂的 Abel 变换。例如，从发射光谱的弦积分测量数据根据离子谱线的 Doppler 展宽和 Doppler 位移计算离子温度和视向速度的径向分布，就需要推导更复杂的计算公式和程序。

在托卡马克等离子体中经常发生三维的发光现象，例如，等离子体边界处丝状的边缘局域模 (ELM)。这时可以利用发光强度在磁场方向变化很慢的特点，将螺旋形的空域内的 Abel 变换化为二维问题。

3. 层析

简单的 Abel 变换适宜研究轴对称或准轴对称问题，更一般的图像重建问题也可用式 (6-1-1) 来表示，但在缺乏对称性的情况下，要求更精细的空间分辨。**层析**(tomography) 就是针对这种情况提出的一种图像重建方法。

因为较大实验装置的等离子体电子温度在几个 keV 以上，辐射主要处在软 X 射线波段，层析主要处理软 X 射线辐射信号。一般在一个等离子体截面上使用几组探测器，每组由十几到几十个，或上百个探测器单元组成。在数据处理中，一般将等离子体当作光学薄的，不考虑吸收，也忽略折射效应。

等离子体层析移植于医学的 CT(computer tomography) 技术，但两者有很大不同。CT 测量的是 X 射线的吸收分布，而层析测量辐射分布。两者在数学处理上并无不同。等离子体对射线可假设无吸收，使处理变得简单。但是等离子体的层析技术环境劣于医学 CT，得到的空间分辨率也较低。层析的测量道数一般为 10^2 量级，而医学 CT 可达到 10^5。

测量几何　每一固定的辐射探测器对应一测量弦，弦的方位由两参数 p,ξ 决定，p 为测量弦到原点 (等离子体截面中心) 的距离，ξ 为测量弦相对于 x 轴的角度 (图 6-1-5, L. C. Jngesson et al., Nucl. Fusion, 38(1998) 1675)，其取值范围 $-1 \leqslant p \leqslant 1$，$0 \leqslant \xi \leqslant \pi$。$p$ 值一般相对于某一小半径处 (如探测器所在处) 归一化，但有时 (非圆小截面) 也可能大于 1。

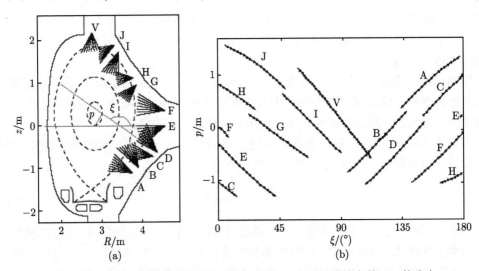

图 6-1-5　JET 装置上的软 X 射线探测器布局和测量弦按参数 p,ξ 的分布

设 $\varepsilon(r,\theta)$ 为等离子体内任意点的辐射强度，$I(p,\xi)$ 为某一测量弦上的测量结果。在无吸

收假设下，有类似于式 (6-1-3) 的沿弦积分表示

$$I(p, \xi) = \int_{l(p, \xi)} \varepsilon(r, \theta) \mathrm{d}s \tag{6-1-12}$$

p, ξ 为相应的弦参数，弦的方程在直角坐标系中为 $p = y \cos \xi - x \sin \xi$。

　　层析所要做的，就是从一组测量数据 $I(p, \xi)$ 中求源函数 $\varepsilon(r, \theta)$，这是一个典型的反演问题。和 Abel 变换一样，我们将被探测区域划分 N 个单元，而探测器数目是 M。如果 $M = N$，可以有解，因为从 M 个探测器的探测数据可以得到 M 个方程。如果 $M > N$，在最小二乘法的意义上有解。但是有解的另一条件由测量几何决定。这是因为，如果将测量的 M 道数据和 N 个未知数分别看作矩阵，它们间的关系由几何关系给出的转换矩阵决定。由于每一测量弦仅通过部分探测单元，这一矩阵是一个稀疏矩阵，不一定存在逆矩阵。为此，我们在设计测量几何时，希望所有测量弦尽量均匀分布在 (p, ξ) 平面，如 JET 装置上所做的那样 (图 6-1-5)。

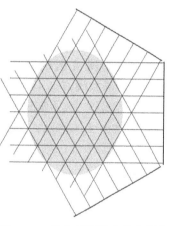

　　如果测量弦是按照图 6-1-6 所示的那样安排，是最理想的设计，因为它们在 (p, ξ) 平面上不但是均匀的而且是有规则的分布，在数据处理上也很方便。但是这样的探测器分布在实际聚变装置中几乎是不可能的，只有在医学 CT 中可行。

　　实际的探测器只能安装在真空室外几个位置，通过小孔成像接收信号。对于一个探测器位置，设其对中心的极向角为 ψ，则这一点收集的不同的弦的方程为 $p = \sin(\xi - \psi)$，在 (p, ξ) 平面上是一条正弦曲线 (图 6-1-5)。不管在这探测点安装多少个探测器，只能增加这一曲线上的测量点密度。如果在极向获得好的分辨，必须在尽量多的极向位置上安装探测器。这种空间上的限制造成层析数据处理的困难。

图 6-1-6　均匀规则分布的探测器

　　有限元方法　层析的数据处理方法可分两类。一是有限元方法，二是解析方法。有限元方法首先将被探测区域划分成若干单元，认为每个单元内的发射强度相同。这样，每一探测弦上接收的信号等于所穿过的单元的贡献之和，而每单元的贡献和测量弦在此单元内通过的长度成正比

$$I_1 = A_{11}\varepsilon_1 + A_{12}\varepsilon_2 + \cdots + A_{1N}\varepsilon_N$$
$$I_2 = A_{21}\varepsilon_1 + A_{22}\varepsilon_2 + \cdots + A_{2N}\varepsilon_N$$
$$\cdots\cdots \tag{6-1-13}$$
$$I_M = A_{M1}\varepsilon_1 + A_{M2}\varepsilon_2 + \cdots + A_{MN}\varepsilon_N$$

或写为

$$\boldsymbol{I} = \boldsymbol{A} \cdot \boldsymbol{E} \tag{6-1-14}$$

其中，矩阵 $\boldsymbol{A}$ 完全由几何关系决定，对于固定的探测器分布是一定的。如果 $M = N$ 且 $\boldsymbol{A}$ 存在逆矩阵，则有解

$$E = A^{-1} \cdot I \tag{6-1-15}$$

在数据处理过程中，首先计算逆矩阵 A^{-1}，然后按照标准线性代数程序计算得到解。

单元的划分可以有多种选择，一般选择为直角坐标的矩形单元比较方便。至于单元数 M 是可以自由选择的。可以比较三种情况。如果 $M > N$，此时须用最小二乘法解，求

$$\chi^2 = (A \cdot E - I)^{\mathrm{T}}(A \cdot E - I) \tag{6-1-16}$$

的最小值，其中 T 表示转置。如果 $M = N$ 可以从式 (6-1-15) 中解出 E，但是在有噪声时，不一定是最好的选择，可以增加单元数，用下面叙述的方法。

如果 $M < N$，此时没有解，如果取 χ^2 最小，则可以得到 $\chi^2 = 0$，但没有确定的解。即使在 $M = N$ 时，A 也可能是稀疏矩阵而无逆矩阵。这两种情况泛称病态矩阵。此时必须在 χ^2 基础上再加一约束项，使这个量达到最小

$$\phi = \chi^2/2 + \alpha R$$

其中，R 是调整 (regularization) 函数，α 是权重常数，调整函数 R 可以有多种取法，包括最大熵方法，其原则是使得到的数据分布更为平滑。

图 6-1-7(L. C. Ingesson et al., Nucl. Fusion 38(1998) 1675) 是 JET 装置上发生 ELM 时用数值方法处理软 X 射线层析数据得到的等离子体辐射强度发射分布。其中用到了非负值的限制，并沿磁力线方向 (图中曲线) 进行了各向异性的平滑处理。图左下方的小方形是偏滤器处的面元尺度，为主等离子体区域面元线度的 2/3。辐射的绝对强度标定源于假设主等离子体的辐射为 $T_{\mathrm{e}} = 10\mathrm{keV}$ 的韧致辐射。

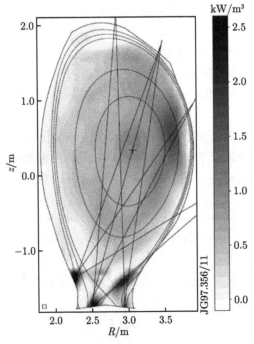

图 6-1-7　JET 装置上发生 ELM 时的软 X 射线层析得到的辐射发射强度分布

解析方法 在讲述层析的解析解法时，我们采用一般文献中的符号，测量几何如图 6-1-8 (L. Wang and R. S. Granetz, Rev. Sci. Instrum., 62(1991) 842) 所示。这里用角度 ϕ 代替 $\xi = \phi + \pi/2$。以上的积分方程 (6-1-12) 改写为

$$f(p,\phi) = \int\limits_{l(p,\phi)} g(r,\theta)\mathrm{d}s \tag{6-1-17}$$

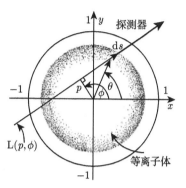

图 6-1-8 层析探测几何

现在将 $f(p,\phi)$ 和 $g(r,\theta)$ 两函数分别对不同角度作 Fourier 变换

$$f(p,\phi) = \sum_{m=0}^{\infty} [f_m^c(p)\cos(m\phi) + f_m^s(p)\sin(m\phi)] \tag{6-1-18}$$

$$g(r,\theta) = \sum_{m=0}^{\infty} [g_m^c(r)\cos(m\theta) + g_m^s(r)\sin(m\theta)] \tag{6-1-19}$$

然后将式 (6-1-19) 的两组 Fourier 变换系数按照某一正交多项式 $g_{ml}(r)$ 展开

$$g_m^{c,s}(r) = \sum_{l=0}^{\infty} a_{ml}^{c,s} g_{ml}(r) \tag{6-1-20}$$

可以证明第一式的变换系数也可写成同样系数的另一正交多项式 $f_{ml}(p)$ 展开

$$f_m^{c,s}(p) = \sum_{l=0}^{\infty} a_{ml}^{c,s} f_{ml}(p) \tag{6-1-21}$$

将它们代入式 (6-1-17)~ 式 (6-1-19)，利用关系 $s = \sqrt{r^2 - p^2}$, $\mathrm{d}s = \dfrac{r\mathrm{d}r}{\sqrt{r^2 - p^2}}$, $\cos(\theta - \phi) = p/r$，使同样的 Fourier 分量系数相等，得到两组函数间的关系

$$f_{ml}(p) = 2\int\limits_{p}^{1} \frac{g_{ml}(r)T_m(p/r)r\mathrm{d}r}{\sqrt{r^2 - p^2}} \tag{6-1-22}$$

其中，$T_m(x) = \cos(m\cos^{-1}x)$ 为第一类 Chebyshev 多项式，此式称 Radon 变换。注意当轴对称时，$m = 0$, $T_0(x) = 1$，上式化为 Abel 变换 (6-1-4)。Radon 变换的逆变换为

$$g_{ml}(r) = -\frac{1}{\pi}\frac{\mathrm{d}}{\mathrm{d}r}\int\limits_{r}^{1} \frac{f_{ml}(p)T_m(p/r)r\mathrm{d}p}{p\sqrt{p^2 - r^2}} \tag{6-1-23}$$

计算时首先选取正交多项式 $g_{ml}(r)$，然后根据式 (6-1-22) 求 $f_{ml}(r)$，将 Fourier 分量按照 $f_{ml}(r)$ 展开，系数待定，再与测量值比较，得到展开系数。将这些系数用在式 (6-1-20)，得到 $g_m(r)$，继而得到 $g(r,\theta)$。反演流程可用图 6-1-9 表示：

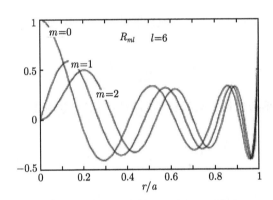

图 6-1-9　函数展开法层析反演流程图

正交函数 $g_{ml}(r)$ 可以有不同的选择。一般多用 Zernicke 多项式

$$R_{ml}(r) = \sum_{s=0}^{l} \frac{(-1)^s (m+2l-s)!}{s!(m+l-s)!(l-s)!} r^{m+2l-2s} \tag{6-1-24}$$

此多项式 $l=6$ 时的前几式为图 6-1-10(T. Mahammadnejad et al., J. Fusion Energ., 29(2010) 109) 所示。用以展开

$$g_m(r) = \sum_{l=0}^{\infty} a_{ml} R_{ml}(r) \tag{6-1-25}$$

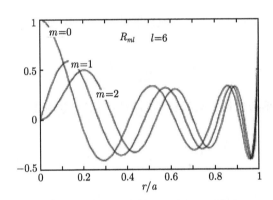

图 6-1-10　Zernicke 多项式 R_{m6} 波形
$m=1, 2, 3$

从式 (6-1-21) 得到

$$f_m(p) = \sum_{l=0}^{\infty} a_{ml} \frac{2}{m+2l+1} \sin[(m+2l+1)\cos^{-1} p] \tag{6-1-26}$$

这样就得到一组关于系数 $a_{ml}^{c,s}$ 的方程组。如果在求和中 l 最大取值 L, m 最大取值 M，则共有 $(L+1)(2M+1)$ 个未知系数待求。这两个序数取得太小则空间分辨不够，太大则对噪声太敏感。最后从式 (6-1-25) 求得 $g_m(r)$，从式 (6-1-19) 求得源函数 $g(r,\theta)$。

从图 6-1-10 可以看到，使用 Zernicke 多项式的缺点是边界处数值容易发散，有人提出用第一类 Bessel 多项式代替。

4. 最大熵方法

最大熵方法(maximum entropy analysis)　是一种处理不适定问题 (数据不完全或包含噪声) 的方法。这一方法是：在所有可能的解中，选择熵最大的一个。以一维频谱分析为例，我们的测量数据是一个时间序列。如果它是完全的 (变量从 $+\infty$ 到 $-\infty$)、无噪声的，那么经过 Fourier 变换得到它的频谱是完全确定的、唯一的, 当然这种理想情况是无法实现的。第二种情况是时间序列数据是不完全的 (变量从 $-M$ 到 M), 但无噪声。这时得到的频谱是确定的, 但不是唯一的, 取决于对不存在数据的区域是如何设定的。这是经常发生的情况, 一般 Fourier 变换程序就针对这样的情况。但实际上, 也往往近似能满足这样的条件。更一般的情形是数据是不完全的, 有噪声的。这时, 解的唯一性肯定不能满足, 解的存在性也发生问题。最大熵方法用来解决这样的问题。

熵的定义 所谓熵是不确定度的测量。设有离散信源: 可能的取值及其对应几率为

$$x_1, x_2, x_3, \cdots, x_n$$

$$p_1, p_2, p_3, \cdots, p_n$$

发生几率满足 $\sum_{i=1}^{n} p_i = 1$。要求这个不确定度的测度 H 满足:

(1) $H(p_1, \cdots, p_n)$ 是 p_i 的连续函数。

(2) 若 $p_1 = p_2 = \cdots = p_n$, 则 H 是 n 的单调递增函数。

(3) 合成法则, 即将可能取值分为若干组, 对应几率 $w_1, w_2, \cdots, w_m$, 则总的 H 为相对于这些组的 H 值加上每组的 H 值, 以相应几率为权重

$$H(p_1, p_2, \cdots, p_n) = H(w_1, w_2, \cdots, w_m) + w_1 H_1 + w_2 H_2 + \cdots + w_m H_m \qquad (6\text{-}1\text{-}27)$$

满足上述三条件的 H 函数只有唯一的形式:

$$H(p_1, p_2, \cdots, p_n) = -k \sum_{i=1}^{n} p_i \log p_i \qquad (6\text{-}1\text{-}28)$$

通常取系数 $k = 1$, 而取 $H(1/2, 1/2) = \log 2$ 为其单位, 称为**比特**(bit)。这就是投掷硬币观看正反面时的情况。

为什么要用最大熵法则呢? 这是因为, 解必须与已知数据吻合, 而且要对未知部分作最少的假定, 实际上广泛应用的对数据的内插和外推都符合最大熵法则。另外从对称性来说, 根据所谓的**拉普拉斯无差别原理**(Laplace's principle of indifference): 两个事件具有相同的几率, 除非有理由认为不是这样。$p_i = 1/n$ 即均等几率有最大熵。

最大熵方法用于图像反演 最大熵方法主要用于一维的谱分析和图像反演。现以图像反演为例。现有待测分布函数 $f_j, j = 1, 2, \cdots, N$, 测量量 $d_k, k = 1, 2, \cdots, N$, 它们之间的关系为

$$d_k = O_{jk} f_j + n_k \qquad (6\text{-}1\text{-}29)$$

其中, n_k 为第 k 道测量过程产生的噪声。例如, 我们可以把 f 理解为二维截面上的发光强度, d_k 为沿弦进行积分测量得到的辐射量。为得到待测量, 进行反演运算

$$f_j = O_{jk}^{-1} d_k \qquad (6\text{-}1\text{-}30)$$

当然在实际操作过程中, 无法区别测量量及其中包含的噪声 n_k。正因为如此, 我们对解不十分信任, 而寻求另外的解, 这解并不一定满足式 (6-1-30)。

　　为此，我们考察两个函数。一个就是熵

$$S = -\sum_{j=1}^{N} p_j \log p_j, \quad p_j = f_j \Big/ \sum_{j=1}^{N} f_j \tag{6-1-31}$$

另一个解表征我们寻求的解与"严格解"(6-1-30) 的差别，

$$\chi^2 = \sum_{k=1}^{N} (O_{jk} f_j - d_k)^2 / \sigma_k^2 \tag{6-1-32}$$

其中，σ_k 为第 k 道测量预计的不确定性。

　　如果我们很相信我们的测量结果，认为没有噪声，我们就让 χ 尽量小，以至为零，即使用式 (6-1-30)。如果非常不相信我们的测量结果，就让熵 S 尽量大，直至所有待测量 f_i 都相等。显然，合理的选择处于两者之间。但是在两者之间的哪一点呢？这里必须有个标准。由于 σ_k 为第 k 道测量预计的不确定性反演结果 (6-1-30) 和真实值间的差别的量级，式 (6-1-32) 中求和号中的每一项期望是 1 左右，所以选择 $\chi^2 = N$ 是适合的。我们所希望得到的解就是在满足条件 $\chi^2 = N$ 时使熵 S 最大的解。严格的统计学证明，这样的解的置信度达到 99%。

　　一种方法是在 N 维参数空间里，先置初始值完全相等 (N 维空间对角线上)，即熵 S 最大。然后逐步迭代，向 $-\nabla\chi^2$ 和 $-\nabla S$ 方向走，最后达到 $\chi^2 = N$，如图 6-1-11 所示。

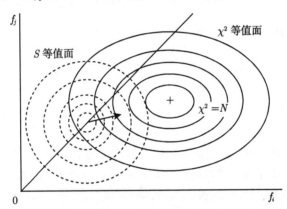

图 6-1-11　最大熵法解图像恢复

图为 N 维参数空间，左方 $f_i = f_j$ 上的点为最大熵，即所有参数相等。右方十字为精确解，$\chi^2 = 0$。封闭曲线分别为 S 等值面和 χ^2 等值面。箭头表示求解方向

　　这里所介绍的最大熵方法比较耗费计算时间，而且也不容易得到最佳解，因为具体数据结构是很复杂的，不像图 6-1-11 上所表现得那样简单。对于具体问题尚有多种不同的算法。

　　5. 欧拉视频放大 (Eulerian video magnification)

　　这是一种比较常用的视频信号处理方法，即为空间时间滤波。例如，在常见的图像中发现，无论时空，信号低频部分噪声小，高频部分噪声大，于是将低频分量放大，使图像更为清楚，而且能观察到肉眼观察不到的现象。在磁约束聚变装置中，经常用这种方法针对研究对象对视频信号 (如高速 CCD 相机的信号) 进行滤波。这种方法很适合用于研究磁流体不

稳定现象，因为频率一般为几到几十 kHz，可以取这个波段的信号再建图形，容易很好地分辨模数、相位和旋转方向。例如，MAST 装置上用这种方法选择放大 7.4~7.6kHz 的视频信号，观察到撕裂模的时空变化。

6.2 模式分析

1. Fourier 变换及其存在问题

本节所说的模式是指由相应物理过程决定的某种物理量时空分布的基本形态，例如，一根弦有不同的振动模式。在线性阶段这些不同的模式是相互独立的，称为**内禀**(intrinsic) 模式，在数学上相当于本征 (eigen) 方程的本征向量。

在等离子体物理研究的一般情况下，我们即使知道决定运动的方程 (如磁流体方程)，由于位形、组分、参数分布、边界条件的复杂性，一般也无法列出相应本征方程的具体形式，因而无法用解析方法得出可能存在的内禀运动模式与实验比较。这时，我们只能对实验数据本身进行分析，即将其分解为独立的分量，这一过程称为**解构**(decomposition)。

当然，将数据分解为独立分量的方法即解构方法是多种多样的，所得结果也应是无穷多的。不是任何一种解构都能得到合理的内禀模式，应参照物理模型选择适当的方法。此外，一种约定俗成的做法是选择结果最简单的解构方法，即得到的分量数目最少，或者说收敛最快。

沿用已久的解构方法就是 Fourier 变换。它将复杂的运动分解为不同频率的简谐振荡模式，如弦的振动，这是自然界最简单的运动模式之一。我们以 Mirnov 探圈信号的处理为例，说明这种传统方法在环形等离子体实验结果分析中存在的问题。

磁流体模式分析　我们假设等离子体内存在某种宏观模式，以小截面内按角向分布为例，可用如下图形表示。这样的图形可按角度作空间的 Fourier 分析，分解为不同的 m 模式 (图 6-2-1)。

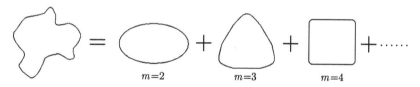

图 6-2-1　扰动模式在角向的 Fourier 分析

未表示 $m = 0$ 和 1 的分量

如果这一模式还在角向以圆频率 ω 做旋转，那么，我们在某一固定方向观察时 (图 6-2-2)，会看到随时间变化的接收信号，如果对其作时间的 Fourier 分析，相当于对空间的 Fourier 分析的集合。每一空间的 m 数的相应频率应为 $m\omega$。也就是说，时空 Fourier 分析的系数应构成对角矩阵。

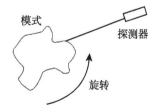

图 6-2-2　旋转模式探测模型

但是实验未证实这一模型，不同空间 Fourier 分量的频率未必遵从这一规律。这说明上

述刚体旋转的模型不符合事实。这主要由于以下原因:

(1) 由于环效应, 每一 (m, n) 模式按极向角的分布不是简单的 $\exp[i(m\theta - n\varphi)]$, 而近似为 $\exp[i(m\theta^* - n\varphi)]$, 其中, $\theta^* = \theta - \lambda\sin\theta$, $\lambda = (\Lambda + 2)a/R_0$, 称为 **Merezhkin 修正**。从这个形式可以分解出不同的 m 分量。图 6-2-3(Merezhkin, Sov. J. Plasma Phys., 4(1978) 152) 是 T-6 装置上的 Mirnov 探圈信号用极向角 θ(图中为 ω) 和 $\theta^*(\omega^*)$ 表示的结果。其参数 a/R =0.2~0.25, $l_i/2 + \beta_p$ =0.5~0.8, 纵坐标单位是奥斯特 (Oe), 为磁场单位, 在真空中和 Gauss 一样 (Gauss 应为磁感应单位)。可以看到这是一个 m =4 的磁流体模, 使用 θ^* 修正更为合理。

(2) 模式不是刚体转动, 例如在不同的共振面上发生不同模式的扰动, 其转动频率可能不一样。

(3) 非圆截面。这也导致不可能作为刚体旋转。

(4) 由于装置结构的限制, 测量线圈可能为非等距布局。

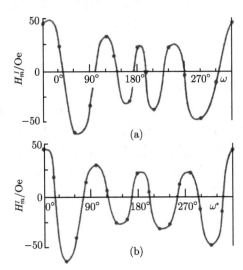

图 6-2-3　T-6 装置上的 Mirnov 探圈信号

(a) 图用极向角 ω 为变量; (b) 图用修正的角度 ω^* 为变量

此外还需考虑 Shafranov 位移等因素的影响。因此, Fourier 分析未必是最好的分析方法, 内禀模在空间和时间未必是正弦变化的。所以我们寻求一种更好的一般方法。

上述解构磁流体扰动的极向模数 m 时遇到的困难, 在分析环向模数 n 时并不存在。这是因为环向是对称的 (托卡马克) 或准对称的 (仿星器), 没有上述破坏对称性因素, 所以 Fourier 分析完全适用。例如, 气球模有较高的环向模数, 环形阿尔文本征模只有环向模数, 没有极向模数。其环向模数 n 可达十几, 要求环向布置充分多的测量线圈。

2. 奇异值分析

奇异值分析(singular value decomposition, SVD) 是广泛应用的一种数值处理方法, 经常用于等离子体磁流体活动的模式分析。

原理 SVD 方法的主要步骤是将一个由实验数据得到的矩阵 μ_{ij} 对角化。它的本征向量称为主轴，而本征值的平方根为奇异值 SV，相应于最大的 SV 的主轴为最重要的 "方向"，即运动模式。

设有 M 个测量通道，每一通道有 N 个时序测量数据。它们构成 M 列 N 行的 $N \times M$ 矩阵 $\boldsymbol{X}$，一般 $M < N$

$$\boldsymbol{X} = \frac{1}{\sqrt{N}} \begin{pmatrix} x_{11} & x_{12} & \cdots & x_{1M} \\ x_{21} & x_{22} & \cdots & x_{2M} \\ \vdots & \vdots & & \vdots \\ x_{N1} & x_{N2} & \cdots & x_{NM} \end{pmatrix} \tag{6-2-1}$$

加系数 $1/\sqrt{N}$ 是为了归一化。这一矩阵的横向是空间轴，纵向是时间轴。

将 $\boldsymbol{X}$ 表为乘积

$$\boldsymbol{X} = \boldsymbol{V}\boldsymbol{S}\boldsymbol{U}^{\mathrm{T}} \tag{6-2-2}$$

或写为分量形式

$$x_{ij} = \sum_{k=1}^{M} v_{ik} s_k u_{jk} \tag{6-2-3}$$

其中，$\boldsymbol{S}$ 为 $M \times M$ 对角矩阵，

$$S_{ij} = \delta_{ij} s_i \tag{6-2-4}$$

$s_i \geqslant 0$，称为 $\boldsymbol{X}$ 的奇异值，从大到小排列。$\boldsymbol{V}$ 为 $N \times M$ 矩阵，以 M 个列向量构成正交基

$$\sum_{k=1}^{M} v_{ik} v_{jk} = \delta_{ij} \tag{6-2-5}$$

这样的正交基是空间本征模，称为 topos。$\boldsymbol{U}$ 为 $M \times M$ 矩阵，也有同样性质，上标 T 为转置。构成 $\boldsymbol{U}$ 的正交基是时间本征模，称为 chronos。

下面定义**共变**(covariance)**矩阵**$\boldsymbol{\mu}$，这是一个 $M \times M$ 矩阵，又称**散射矩阵**，矩阵元是两两不同测量通道信号乘积的时间平均值

$$\mu_{ij} = (\boldsymbol{X}^{\mathrm{T}} \boldsymbol{X})_{ij} = \frac{1}{N} \sum_{k=1}^{N} x_{ki} x_{kj} \tag{6-2-6}$$

它是一个对称矩阵。不难得到

$$\boldsymbol{U}^{\mathrm{T}} \boldsymbol{\mu} \boldsymbol{U} = \boldsymbol{U}^{\mathrm{T}} \boldsymbol{X}^{\mathrm{T}} \boldsymbol{X} \boldsymbol{U} = \boldsymbol{U}^{\mathrm{T}} \boldsymbol{U} \boldsymbol{S} \boldsymbol{V}^{\mathrm{T}} \boldsymbol{V} \boldsymbol{S} \boldsymbol{U}^{\mathrm{T}} \boldsymbol{U} = \boldsymbol{S}^2 \tag{6-2-7}$$

其中利用了正交矩阵的转置即其逆的性质，$\boldsymbol{S}^2$ 也为对角矩阵。上式又可写为

$$\boldsymbol{\mu} \boldsymbol{U} = \boldsymbol{U} \boldsymbol{S}^2 \tag{6-2-8}$$

为 $\boldsymbol{\mu}$ 的本征方程，$\boldsymbol{S}^2$ 为其本征值。这实际上是 M 个独立的本征方程组，相应的本征向量构成主轴。每一方程可以单独求解，因为写成分量形式为

$$\begin{pmatrix} \mu_{11} & \mu_{12} & \cdots & \mu_{1M} \\ \mu_{21} & \mu_{22} & \cdots & \mu_{2M} \\ \vdots & \vdots & & \vdots \\ \mu_{M1} & \mu_{M2} & \cdots & \mu_{MM} \end{pmatrix} \cdot \begin{pmatrix} U_{1k} \\ U_{2k} \\ \vdots \\ U_{Mk} \end{pmatrix} = s_k^2 \cdot \begin{pmatrix} U_{1k} \\ U_{2k} \\ \vdots \\ U_{Mk} \end{pmatrix} \tag{6-2-9}$$

其中，$k = 1, 2, \cdots, M$。这些下标都出现在未知量上，所以它们代表同一本征值方程不同的解。作为方程下标可以去掉，可写为

$$\mu u = s^2 u \tag{6-2-10}$$

s^2 和 u 为要求的本征值和本征向量。

同样可以定义另一 $N \times N$ 散射矩阵

$$\tau = \boldsymbol{X}\boldsymbol{X}^{\mathrm{T}} \tag{6-2-11}$$

同样方法得到类似的方程

$$\tau v = s^2 v \tag{6-2-12}$$

也从中得到 M 个本征值方程，其本征值和方程是一样的，但本征向量的长度为 N。

此外，将式 (6-2-2) 右乘以 $\boldsymbol{U}$，得到 $\boldsymbol{X}\boldsymbol{U} = \boldsymbol{V}\boldsymbol{S}$，或写为

$$\boldsymbol{X}u = sv \tag{6-2-13}$$

可以从空间本征模求相应的时间本征模。式 (6-2-13) 联系了时间和空间的本征模，实际上是色散关系。

所以，信号处理的方法是，首先从多道测量数据计算散射矩阵 μ，然后解它的本征方程，求得一系列本征值和本征向量即空间本征模，再从式 (6-2-12) 或式 (6-2-13) 求相应的时间本征模。

现举 Mirnov 探圈数据处理托卡马克磁流体扰动模式的例子。图 6-2-4(I. Furno et al., Nucl. Fusion, 41(2001) 403) 是 TCA 装置上一幅典型的本征值 $A_k = s^2$，有时称权重，按大小排列的分布图，k 为序号。和其他实验结果一样，数值大的权重往往只有有限的几个。其余的权重一般要小几个量级。这说明，真正的模式只有少数几个，而其余的可能是噪声引起的。所以在实际的实验数据处理中，我们只须处理权重最大的几组模式。而且，我们可以只使用前几个模式的数据按照式 (6-2-2) 重建 $\boldsymbol{X}$ 矩阵。所以 SVD 也是一种滤波的方法。

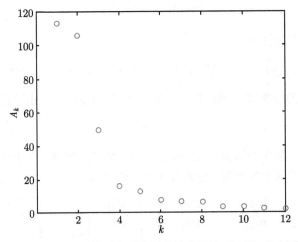

图 6-2-4　TCA 装置上磁流体扰动本征值 (权重) 分布图

图 6-2-4 上前四个最大权重所相应的时间本征函数和空间本征函数见图 6-2-5 和图 6-2-6。其中前两个模式的涨落幅度，以及时间行为和空间分布很一致，类似 $m = 2$ 的磁流体模。这种情况称为简并，表达一对相对独立的模式。

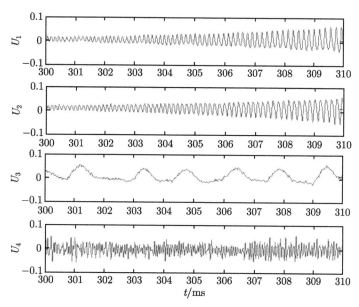

图 6-2-5 TCA 装置磁流体扰动前四个时间本征函数

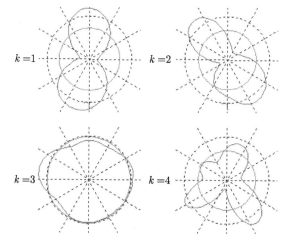

图 6-2-6 TCA 装置磁流体扰动前四个空间本征函数

3. HHT

HHT 是 Hilbert-Huang transformation 一词的简称。它是黄锷提出的，是与 Hilbert 变换结合的一种处理随机性质时间序列数据的方法，广泛用于各种非线性过程的信号处理。先介绍 Hilbert 变换。

定义下式为函数 $f(x)$ 的 Hilbert 变换

$$F(x) = \frac{1}{\pi} \int_{-\infty}^{\infty} \frac{f(x')\mathrm{d}x'}{x'-x} \tag{6-2-14}$$

因 $x' = x$ 处被积函数发散，此处积分取其 Cauchy 主值。这一积分相当于该函数与 $-1/\pi x$ 的卷积。它的频谱与 $f(x)$ 一样但相位相差 $\pi/2$。例如，$\sin x$ 的 Hilbert 变换为 $\cos x$，$\cos x$ 的 Hilbert 变换为 $-\sin x$，所以这一变换相当于一个 $-\pi/2$ 的移相器。

这样，如果所处理的函数是个时间序列 $f(t)$，可与它的 Hilbert 变换 $F(t)$ 构成一个复数 $V(t) = f(t) + \mathrm{i}F(t)$，$f(t)$ 是这个复数在实轴上的投影，而 $F(t)$ 为其虚部。复数的模

$$|V(t)| = \sqrt{f^2(t) + F^2(t)} \tag{6-2-15}$$

为瞬态振幅，而

$$\theta(t) = \tan^{-1} \frac{F(t)}{f(t)} \tag{6-2-16}$$

为瞬态相角。

$$\omega(t) = \frac{\mathrm{d}\theta(t)}{\mathrm{d}t} \tag{6-2-17}$$

为瞬态频率。Hilbert 变换得到的，是函数的瞬态性质。

HHT 基于一种经验模式分析方法 (empirical mode decomposition, EMD)，所处理的时间序列须满足两个条件：①极点值 (极大值和极小值) 数目必须和零点值的数目相等或相差 1；②由局部极大值构成的包络线和由局部极小值构成的包络线的平均值为零。这第②点容易做到，因为可将图形上下移动。这样的函数的例子如图 6-2-7 所示。

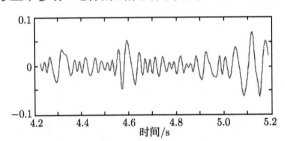

图 6-2-7　能进行 HHT 变换的函数图形

叙述 EMD 的处理步骤，以 T-10 装置上 Mirnov 探圈得到的数据为例，此时变量不是时间而是角度 (图 6-2-8，A. M. Kakurin and I. I. Orlovsy, Plasma Phys. Rep., 30(2004) 370)。

(1) 将所有局部极大值连接构成函数 X_{ip}(图 6-2-8(a) 上端虚线)；

(2) 将所有局部极小值连接构成函数 X_{in}(图 6-2-8(a) 下端虚线)；

(3) 求二者平均值 $X_{\mathrm{m}} = (X_{\mathrm{ip}} + X_{\mathrm{in}})/2$(图 6-2-8(a) 中间点线)；

(4) 计算 $X_{\mathrm{r}} = X - X_{\mathrm{m}}$；

(5) 将 X_{r} 代替原函数重复以上 (1)~(4) 步，进行多次，得到第一个内禀模函数 $C_1 = X_{\mathrm{r}}$(图 6-2-8(b))，或称 imf_0；

(6) 以 $R_1 = X - C_1$ 代替 X，重复以上 (1)~(4) 步，得到第二个 C_2(图 6-2-8(c))，或称 imf_1；

(7) 继续重复上述步骤，得到 $C_{i+1} = C_i - R_{i+1}$。

在第 (5) 步里，迭代次数的选择有两种办法，一为两次相邻迭代得到结果的差低于一临界值，二为规定迭代次数，如 5 次。

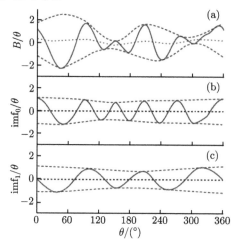

图 6-2-8 T-10 装置上 Mirnov 探圈数据的 EMD 处理过程和得到的前两个 imf 分量

从图 6-2-8 显示的结果看，所得到的 imf 分量都是些类似正弦振荡的波形，但振幅和频率都有所变化，而频率大小是递减的。图中的 $\mathrm{imf_0}$ 相当于 $m = 5$ 的模式，而 $\mathrm{imf_1}$ 相当于 $m = 3$ 的模式。

用 EMD 方法对数据进行分解得到 imf 分量后，再对每个分量进行 Hilbert 变换，分别求出它们的瞬态振幅、相角和频率，这样两种方法的结合就是 HHT。这些 imf 分量之间彼此近似正交。

在 ADITYA 托卡马克装置上，对边界区静电探针得到的悬浮电位数据进行 EMD 分析，得到十几个 imf 分量。其中前几个见图 6-2-9(R. Jha et al., Phys. Plasmas, 13(2006) 082507)。

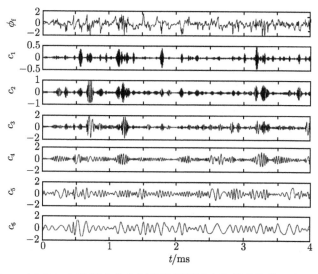

图 6-2-9 ADITYA 装置上静电探针所得悬浮电位数据的前几个 imf 分量

振幅比较高的是第 4 个以后的几个。

6.3　涨落的功率谱测量

1. 时间序列测量

直流项和涨落项　对于一个平稳的随机序列 (相当于我们的测量信号) 可以写为连续函数形式

$$x(t) = \bar{x} + \tilde{x}(t) \tag{6-3-1}$$

或写为离散的时间序列 $x_i = \bar{x} + \tilde{x}_i$, $i = 1,\ 2,\ 3, \cdots$。式 (6-3-1) 右侧前一项为与时间无关的直流项，后一项为涨落项。直流项为平均值

$$\bar{x} = \frac{1}{N} \sum_{i=1}^{N} x_i \tag{6-3-2}$$

可以用一个均方根值表征涨落信号的大小

$$\tilde{x} = \sqrt{\frac{1}{N} \sum_{i=1}^{N} (x_i - \bar{x})^2} \tag{6-3-3}$$

之所以取均方根，是因为它们的一次项的平均值为零。从统计学角度来说，式 (6-3-3) 又可写作统计方差 σ。

测量结果一例见图 6-3-1(W. H. Wang et al., Plasma Phys. Control. Fusion, 47(2005) 1)，为 SUNIST 装置上用三探针方法测量边界区电子密度 n_e、电子温度 T_e 和等离子体电位 ϕ_p 的结果。其中 (a) 图为这些涨落量的相对值，(b) 图为绝对涨落水平。

自相关和互相关　可定义时间序列 $x(t)$ 或简写为 x 的**自相关函数**

$$\rho(x, \delta t) = \frac{1}{N} \sum_N [x(t) - \bar{x}][x(t + \delta t) - \bar{x}] \tag{6-3-4}$$

求和中 $i = 1, \cdots, N$ 的取值范围要充分大，相应时间尺度远大于 δt。图 6-3-2(王文浩提供) 为 SUNIST 装置边界 $r = 52$cm 处静电探针测量得到的饱和离子流信号的自相关函数图形。这种图形的特点是时间延迟零点附近有一个尖锐的峰，是局部涨落相关造成的，其宽度相当于涨落的退相关时间，在这个图上为几十微秒。此外，图形还存在很宽的谱，称为尾翼，是涨落的长程相关造成的。

还可定义两信号 $x(t)$ 和 $y(t)$ 间的**互相关函数**：

$$\rho(x, y) = \frac{1}{N} \sum_N [x(t) - \bar{x}][y(t) - \bar{y}] \tag{6-3-5}$$

这样两个信号可以是同一地点测量的不同物理量 (如电子密度和等离子体电位)，也可以是空间位置接近两点同时测量的同一物理量。互相关函数包含幅度的信息，在有些文献中称为**协方差**(covariance, 符号为 cov)，而在归一化后才称互相关函数。

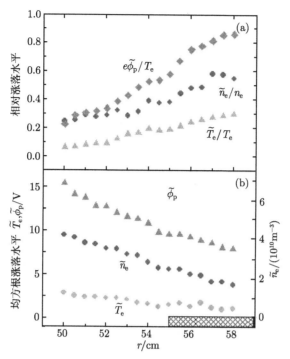

图 6-3-1 SUNIST 装置边界区探针测量涨落的结果 (阴影区为孔栏位置)

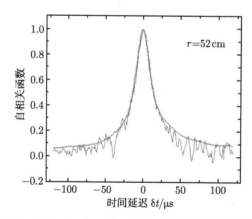

图 6-3-2 SUNIST 装置边界区探针测量信号的自相关函数

功率谱 还可对信号 $x(t)$ 作 Fourier 分析, 将这一时间序列在频域表示。Fourier 分析的一般表示为

$$X(\omega) = \int_{-\infty}^{\infty} x(t)\mathrm{e}^{-\mathrm{i}\omega t}\mathrm{d}t \tag{6-3-6}$$

实际当然不能选取无限大的积分区域, 只能选取尽量多的数据, 相应时间长度要较主要频率的周期长得多。对于实验上采的离散数据, 假设取样间隔时间为 Δt, $x_i = x[(i-1)\Delta t]$, 用新的 i 代替 $i-1$, 其 Fourier 分量为

$$X(n\Delta f) = \frac{1}{N} \sum_{i=0}^{N-1} x(i\Delta t) \exp(-2\pi n \cdot i\Delta t) \tag{6-3-7}$$

这一信号的 (自)**功率谱**为

$$P_{xx}(f) = X(f)X^*(f) \tag{6-3-8}$$

其中, * 为复共轭。两信号间的**互功率谱**为

$$P_{xy}(f) = X(f)Y^*(f) = |P_{xy}(f)| \exp[i\alpha_{xy}(f)] \tag{6-3-9}$$

其中, $\alpha_{xy}(f)$ 为两信号间的**相位差谱**。同样, 这一公式可以用于同一地点测的不同信号, 也可以用在空间两点同类信号的相关。

按照一般湍流规律, 频率函数的湍流功率谱 (6-3-8) 呈 $f^{-\xi}$ 定律分布。ξ 是一个大于 0 的常数。在双对数坐标图上, 这样的功率谱是一条斜率为负的直线 (图 6-3-3, 王文浩提供)。这样的谱的性质是, 它的形状对于频率, 或者说对时间乘上一个因子 (相当于在图 6-3-3 上横向平移) 是不变的。也就是说, 这样的涨落信号, 如果时间轴膨胀或缩小, 不同频率分量间的搭配是不变的。在这个意义上, 在时间轴变化时, 看不出其形状有什么区别。这种现象称为**自相似**(self-similarity)。

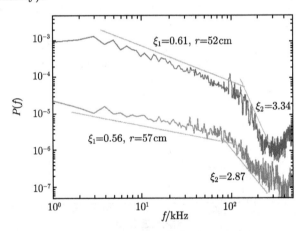

图 6-3-3 SUNIST 等离子体边界区两个径向位置探针信号的功率谱

托卡马克边界区涨落的谱特征, 从低频到高频, 一般可以划分为接近 f^0, f^{-1} 和 f^{-4} 规律的三段。图 6-3-3 表示 SUNIST 边缘静电探针所测信号功率谱的后两段。

如果系统的运动速度限制在一定范围内, 从时间尺度变化的自相似可以推断空间尺度的自相似。进一步研究证实这种功率谱的形式和空间结构的自相似性联系, 属于一种自组织的临界性。

2. 功率谱的测量

实验中有多种方法测量功率谱。第 5 章介绍了电磁波集体散射方法。现在以静电探针方法为例说明一些测量原理和数据处理方法。使用如图 5-3-16 那样的两点法探针设计, 从式

(6-3-9)，这两个探针所探测的涨落的局域波数为

$$k(f) = \alpha_{12}(f)/d \tag{6-3-10}$$

$\alpha_{12}(f)$ 为两探针信号频率为 f 的分量之间的相位差，d 为两探针的间距。式 (6-3-10) 所表示的是频率 f 对应的波数，它应是一个统计平均值，对不同样本一般是不一样的。

这样两点法所能测量的最大波数 (相应最小波长 d) 是 $2\pi/d$。最小波数可以选择将 $\pm\pi/d$ 间分为 $2P$ 等份，因为我们要考虑两个相反方向的传播。这样 $\Delta k = \pi/Pd$，波数取值为 $p\Delta k$，$p = 0,\ \pm1, \pm2, \cdots, \pm P$。对于频率范围也进行了最小间隔为 Δf 的划分。最大频率取决于采样频率，最低频率和采样长度有关，假设共有 N 个频率点，得到 $(2P+1)N$ 个格点的二维网格。

将两个探针上采集得到的信号分别作 Fourier 分解，各得到 N 个分量。对每对频率为 f 的分量，用式 (6-3-9) 求得互功率谱，并从式 (6-3-10) 得到相应波数 $k(f)$，将得到的互功率谱振幅添加到相应频率波数网格中。由于使用 N 个频率，这样的数据共 N 个。

然后从 M 个样本平均，得到这一涨落的**功率谱密度**

$$S(k.f) = S(p\Delta k, n\Delta f) = \frac{1}{M}\sum_{j=1}^{M} I_{[0,\Delta k]}[k - k^{(j)}(f)] \left| P_{12}^{(j)}(f) \right| \tag{6-3-11}$$

其中

$$I_{[0,h]} = \begin{cases} 1, & -h/2 \leqslant x \leqslant h/2 \\ 0, & x < -h/2, \quad x > h/2 \end{cases} \tag{6-3-12}$$

是一个宽度为 h 的窗口函数 (图 6-3-4)，相当于 δ 函数的作用。

简言之，我们要做的，第一步是将两个探针信号分别作 Fourier 分析，然后根据式 (6-3-9) 求它们的互功率谱振幅 P_{12} 和相位差 α_{12}，再根据式 (6-3-10) 求每一频率对应的波数 $k(f)$。然后准备一个二维网格，横轴表示 k，分 $2P+1$ 格点，纵轴表示 f，分 N 格点。将上面步骤所得到的 $P_{12}(k, f)$ 填入相应格点。对于一个样本，对应一个 f 值只有一个对应的 k 值及相应 P_{12}。如果处理的是线性波，这些数据点会连成一条色散曲

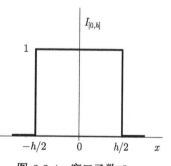

图 6-3-4　窗口函数 $I_{[0,h]}$

线；如果处理的是湍流，一个样本的数据点分布是无规的，而下一个样本所得到的数据点一般不与上一个重合。处理属于同一系综的充分多的样本以后，就在二维网格上得到了功率在 k-f 平面上的分布，就是 $S(k, f)$ 函数，如图 6-3-5 所示 SUNIST 边界处静电涨落的功率谱密度 (出处同图 6-3-1)。

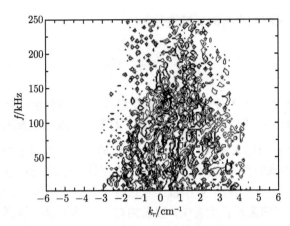

图 6-3-5　SUNIST 装置边界区涨落的功率谱密度

　　从这个流程来看，必须使用相当多的样本数 (至少和网格点数可比) 才能得到满意的功率谱函数。可以使用相同实验条件下重复实验得到的数据，也可将一道数据分成不同时间段作为系综的样本。

　　还可将功率谱密度归一化

$$s(k, f) = \frac{S(k, f)}{\sum\limits_{k, f} S(k, f)} \tag{6-3-13}$$

表示湍流分布在 $[k, k + \Delta k]$ 和 $[f, f + \Delta f]$ 范围内的几率密度。

　　从功率谱密度可以得到一系列关于探测湍流的参数，见表 6-3-1，一些名称在不同文献中可能不同，它们的物理意义可从名称和公式中看到。用其他方法如电磁波集体散射也可以得到功率谱密度 $s(k, f)$，如图 5-6-20 所示。对其也可进行这些进一步的计算。

表 6-3-1　从功率谱可以得到的湍流参数

名称	公式
条件波数谱密度 (conditional wavenumber spectrum density)	$s(k\|f) = s(k, f)/s(f), \quad s(f) = \sum\limits_{k} s(k, f)$
统计色散关系 (statistical dispersion relation)	$\bar{k}(f) = \sum\limits_{k} k \cdot s(k\|f)$
平均波数 (averaged wavenumber)	$\langle k \rangle = \sum\limits_{f} \bar{k}(f) \cdot s(f)$
波数谱宽 (wavenumber spectral width)	$\bar{\sigma}_k(f) = \sqrt{\langle \sigma_k^2(f) \rangle} = \sqrt{\sum\limits_{k} [k - \bar{k}(f)]^2 \cdot s(k\|f)}$
平均波数展宽 (averaged wavenumber width)	$\sqrt{\langle \sigma_k^2 \rangle} = \sqrt{\sum\limits_{f} \langle \sigma_k^2(f) \rangle \cdot s(f)}$
相关长度 (correlation length)	$l_{\mathrm{c}} = 1/\sqrt{\langle \sigma_k^2 \rangle}$

续表

相对波数展宽 (relative wavenumber width)	$\langle \sigma_k \vert k \rangle = \sum\limits_f \bar{\sigma}_k(f) s(f) / \bar{k}(f)$
相速 (phase velocity)	$v_{\mathrm{ph}} = \sum\limits_{k,f} 2\pi f \cdot s(k,f)/k$

表中 $s(f)$ 为频谱，条件波数谱密度是将波数谱归一化表示。$k(f)$ 或 $f(k)$ 是线性波的色散关系，此处的统计色散关系是某一频率的波数，是湍流的一种统计关系，表示频率和波束关系的平均值，这个函数对频率平均得到平均波数。波数谱宽为一定频率的波束分布的方差，平均波数谱宽为上述函数对频率的平均。其倒数为相关长度，在湍流测量里是个很重要的量。相对波数展宽是波数谱宽对于平均波数的值，或者说是功率谱在波数方向的宽度对于这一方向对于波数零点偏移量的相对值。而相速为通过原点的直线斜率的平均值，和线性波的相速相对应。上述一些统计量在图 6-3-6 上表示它们的意义。

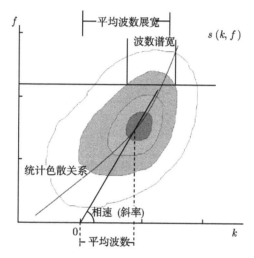

图 6-3-6　功率谱密度图上一些统计量的意义

以上均考虑一个方向的波数，实际的波矢是一个向量。在托卡马克等离子体中，有意义的是径向和极向的波数。在 SUNIST 装置中，使用一组三个静电探针在这两个方向做边界区悬浮电位相关测量，得到功率谱密度 $S(k_r, k_p, f)$。作为前两变量的函数以及在这两个方向的相关长度如图 6-3-7(出处同图 6-3-1) 所示。

表 6-3-1 上所列的参数是将一般线性波色散关系有关平均量推广的结果。实际的功率谱密度图包含更多的信息，须仔细分析研究。如图 6-3-8(R. Chatterjee and G. A. Hallock, Phys. Rev. Lett., 82(1999) 2876) 为 TEXT-U 上涨落的功率谱密度图，从中可以分析出存在两种具有不同相速的模式，它们的相速分别为 6.3×10^3m/s 和 2×10^3m/s。表 6-3-1 中所列的相速实际为平均相速。

表 6-3-1 的统计色散关系 $\bar{k}(f)$ 和两点法得到的局部波数 $k(f)$(6-3-10) 的关系是

$$\bar{k}(f) = \frac{1}{M} \sum_{j=1}^{M} k^j(f) \tag{6-3-14}$$

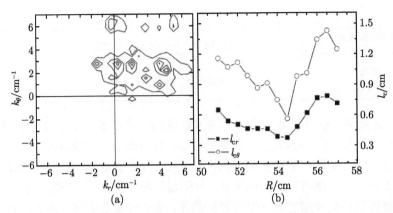

图 6-3-7　SUNIST 装置上大半径 51cm 处的 k_r-k_θ 谱 (a) 及边界处两个方向的相关长度 (b)

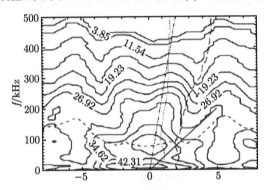

图 6-3-8　TEXT-U 装置上功率谱密度图

可以用来验证计算结果。表中波数谱宽 $\bar{\sigma}_k(f)$ 可表为

$$\bar{\sigma}_k^2(f) = \frac{2}{d}|1 - \gamma_{12}(f)| \tag{6-3-15}$$

其中

$$\gamma_{12}(f) = \frac{1}{M} \sum_{j=1}^{M} \frac{\left| P_{12}^{(j)}(f) \right|}{\sqrt{\left| P_{11}^{(j)}(f) P_{22}^{(j)}(f) \right|}} \tag{6-3-16}$$

为**相干谱**(coherency spectrum)。这一相干谱也可用于表征同一地点两种参数涨落信号之间的相干程度。

从密度和电场涨落 (从两探针的悬浮电位相减得到) 可以计算涨落引起的粒子流和能流。径向涨落粒子流可表为

$$\Gamma_r = \langle \Gamma_r(t) \rangle = \langle \tilde{n}_e \tilde{v}_e \rangle \approx \left\langle \tilde{n}_e \tilde{E}_\theta \right\rangle \Big/ B_t \tag{6-3-17}$$

可从密度和电场的涨落数据计算。只有在密度涨落和电场涨落相关时，这一粒子流才不为零。涨落引起的能流由对流项和传导项组成，对流项来自粒子密度涨落，传导项来自温度涨落

$$Q_r = Q_{\text{conv}} + Q_{\text{cond}}$$

$$= \frac{3}{2} T_j \left\langle \tilde{n}_j \tilde{E}_\theta \right\rangle / B_t + \frac{3}{2} \tilde{n}_j \left\langle \tilde{T}_j \tilde{E}_\theta \right\rangle / B_t \tag{6-3-18}$$

在式 (6-3-18) 中，j 可代表 e 或 i。以上两式中的相关项如 $\left\langle \tilde{n}_e \tilde{E}_\theta \right\rangle$，实际上就是两测量信号 n_e 和 E_θ 的互相关函数 (6-3-5)。注意 E_θ 无直流量，故式 (6-3-18) 只由两项构成。

图 6-3-9(出处同图 6-3-1) 为 SUNIST 装置上根据探针数据计算的边界区的能流通量 (包括对流项和传导项) 和粒子通量。两竖直线间为电场剪切区，这些通量都是朝外的。

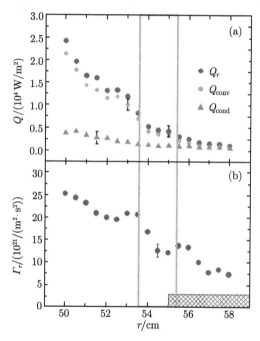

图 6-3-9 SUNIST 边界区涨落引起的能流 (a) 和粒子流 (b)

阴影为孔栏区，两竖线间为电场剪切区

在等离子体涨落测量中，经常采用三探针测量密度和电场及其涨落，或者用四探针测量雷诺胁强 (见第 8 章)。

从磁涨落测量数据不能直接计算相应的粒子流和能流。它们应该与相对径向涨落 $\tilde{B}_r / B_t$ 相关，但具体计算公式与所取的粒子运动模型有关。如果可以测到平行磁场方向能流的涨落 $\tilde{Q}_\parallel$，那么磁涨落引起的径向能流为 $\left\langle \tilde{Q}_\parallel \tilde{B}_r \right\rangle / B$。磁场涨落引起的动量流为 $\left\langle \vec{\tilde{B}} \vec{\tilde{B}} \right\rangle / (\mu_0 \bar{n} m_i)$，这是一个张量。

6.4 湍流信号的非线性性质分析

1. 几率分布函数分析

对于一个随机时间序列，还可进行**几率分布函数**(possibility distribution function，PDF) 分析。所谓几率分布函数，指对函数不同取值的几率分布，如时间函数，如图 6-4-1(b) 所示

的 $x(t)$，现在以 x 为自变量，考察这个函数对不同的 x 取值的多少，绘成新的函数，如 (a) 图所示，就是原函数 $x(t)$ 的几率分布函数 $F(x)$。

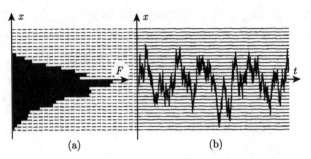

图 6-4-1 其几率分布函数 $F(x)$(a) 及时间函数 $x(t)$(b)

对于白噪声，涨落量的几率分布函数是形如 $e^{-x^2/2\sigma^2}$ 的 Gauss 分布，σ 为其方差 (以下沿用这一符号)，如果纵轴用对数坐标，则为倒置的抛物线。但一般等离子体输运通量和静电场的涨落均是非 Gauss 的。例如，图 6-4-2(V. Antoni et al., Phys. Rev. Lett., 87(2001) 045001) 是反场箍缩装置 FRX 上边界区静电湍流引起的粒子流的 PDF，其形状和对称性均偏离 Gauss 分布很远。可以证明，即使密度和电场涨落两者都是 Gauss 型的，由它们决定的粒子流一般也不是 Gauss 分布的，而由前两者的相位差决定。

为定量表示对 Gauss 分布的偏离程度，引进两个量，均为分布函数的高阶矩。一个是三阶矩**斜度**(skewness)

$$S = \frac{1}{\sigma^3} \frac{1}{N} \sum_{i=1}^{N} (x_i - \bar{x})^3 \tag{6-4-1}$$

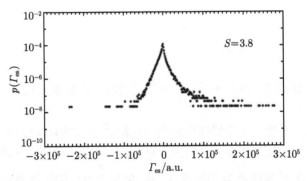

图 6-4-2 反场箍缩 RFX 装置边界区静电涨落粒子流的 PDF

另一个是四阶矩**陡度**(kurtosis)

$$K = \frac{1}{\sigma^4} \frac{1}{N} \sum_{i=1}^{N} (x_i - \bar{x})^4 \tag{6-4-2}$$

对于 Gauss 几率分布，$S = 0$，$K = 3$，而偏离这些值者即偏离 Gauss 分布。例如，图 6-4-2 上的离子流几率分布的斜度为 3.8。有时候也将 $K - 3$ 定义为陡度，零值相应于 Gauss 分布。有时将陡度称为**平度**(flatness)。注意到上两式中的方差 σ 为二阶矩。

在巴西托卡马克 TCABR 上测量删削区等离子体悬浮电位涨落，对数据进行 PDF 分析。结果见图 6-4-3(M. S. Baytista et al., Phys. Plasmas, 10(2003) 1283)。这一分布强烈偏离 Gauss 分布，表明有某种结构存在。(b) 图是射入阿尔文波以后同一测量的结果，粗线为 Gauss 分布拟合，可以看到基本恢复了 Gauss 分布，说明这些结构被入射波破坏。

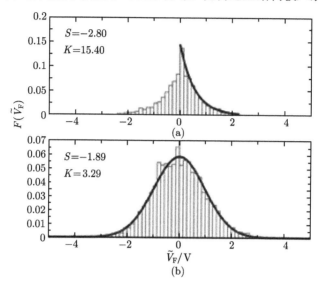

图 6-4-3 TCABR 上删削区等离子体悬浮电位的 PDF 及斜度和陡度值

(a) 图为入射阿尔文波之前; (b) 图为入射以后，横轴为采集数据与平均值的差

有时还计算一个时间序列对时间微商的斜度，表征涨落信号的时间不对称性，经常用符号 A 表示 (asymmetry)。它相对于零值 (如 Gauss 分布) 的偏离意味着波形上升沿和下降沿的不对称，例如，锯齿振荡信号波形就有这样的性质。对于一般探测线圈所采集的磁场微商信号适宜进行这种计算。

2. 小波变换

我们在上一节所做的，无论在时域还是空域，对湍流信号的处理，都是基于 Fourier 变换。这种处理方法无法研究其性质随时间的变化。上面所说的 Hilbert 变换解决了这个问题，从这一变换可以得到瞬态频率、瞬态振幅和相角。当然也可以用移动窗作 Fourier 变换来解决这个问题，但是用小波变换更为自然，而且可以用来研究涨落的细节特征。

小波变换(wavelet transform) 这一变换类似于带宽滤波器，适于考查某一频率涨落的时间行为。它也是一种时间-频率变换，表述为

$$x(t) \rightarrow x_\tau(t) = \frac{1}{\sqrt{\tau}} \int_{-\infty}^{\infty} \psi\left(\frac{t-t'}{\tau}\right) x(t') \mathrm{d}t' \tag{6-4-3}$$

其中，τ 为变换的特征时间，ψ 为小波函数，它可理解为原函数和小波函数的卷积。通用的小波函数有两种：Morlet 型和草帽型 (Mexican hat)。Morlet 型是 Gauss 型轮廓的调制 (图 6-4-4(a)，N. Mahdizadeh et al., Phys. Plasmas, 11(2004) 3932)

$$\psi(t) = C(\mathrm{e}^{\mathrm{i}2\pi t} - \mathrm{e}^{-2\pi^2})\mathrm{e}^{-t^2/2} \tag{6-4-4}$$

草帽型为 Gauss 型轮廓的二次微商 (图 6-4-4(b))

$$\psi(t) = C(1-t^2)\mathrm{e}^{-t^2/2} \tag{6-4-5}$$

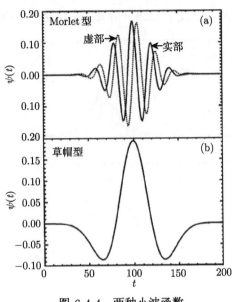

图 6-4-4　两种小波函数

小波变换 (6-4-3) 在形式上与 Fourier 变换 (6-3-6) 相似, 但 Fourier 变换得到的是频谱, 小波变换得到的是一定频率范围内的波形。小波变换和 Hilbert 变换比较, 二者都得到振幅随时间和频率的变化。但一次小波变换的计算是针对某一特征频率的, 它在时间和频率上都有区间性; 而 Hilbert 变换是瞬时的, 频率是确定的。从式 (6-4-4) 本身可以看出, Morlet 型小波的特征频率就是 $f = 1/\tau$, 而草帽型小波函数的 Fourier 变换为 $\sqrt{2\pi}\omega^2 \exp(-\omega^2/2)$, 取极大值为 $\omega = \sqrt{2}$, 所以相应特征频率是 $f = \dfrac{1}{\sqrt{2\pi}\tau}$。

从小波变换可以得到相应某一特征时间的功率

$$P_\tau = \frac{1}{T} \int\limits_T |x_\tau(t)|^2 \mathrm{d}t \tag{6-4-6}$$

从而得出功率谱, 这一结果类似于 Fourier 变换。图 6-4-5(A. Fujisawa et al., Plasma Phys. Control. Fusion, 49(2007) 211) 是仿星器 CHS 上用重离子束探针测量的电场涨落功率谱, 其中较为平滑的由小波变换得到, 而另一条作为比较的是同样尺度窗口的 FFT 得到的。

小波变换得到的函数并不是相应于某一特征时间振荡的振幅, 而是振荡波形, 所以可以对某一频率 (相应于 τ) 进行 PDF 分析, 计算它的斜度和陡度, 以研究斜度和陡度偏离的来源。这是小波变换的优势。

例如, 图 6-4-6 (V. Carbone et al., Phys. Plasmas, 7(2000) 445) 为对反场箍缩装置 RFX 上用静电探针采集的边界区悬浮电位的涨落测量结果取不同的 τ 值作小波变换 (草帽型) 后所得 PDF 数据 (原文称 K 为平度), 其中曲线是数据拟合。从中可以看到, 不同时间的信号并不都保持尺度不变性, 只有在 20μs 以后, 才具有自相似性, PDF 参数基本不变。

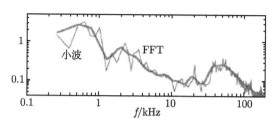

图 6-4-5　CHS 装置上的电场涨落功率谱

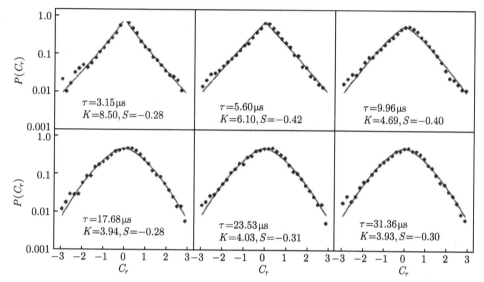

图 6-4-6　反场箍缩 RFX 上边界处悬浮电位涨落经取不同 τ 值小波变换后的 PDF

在一个小仿星器 TJ-K 上，用静电探针对整个等离子体截面进行测量，将悬浮电位的涨落作小波处理，发现频谱不同阶段 PDF 的陡度不同。在斜率为零的阶段，PDF 是 Gauss 型的。在另两个斜率段，都相应不同的 PDF 陡度。从湍流理论，如果小波变换后的陡度随频率增加而增加，则涨落是阵发的。

小波方法是一种强有力的工具，可用于各种计算和分析。小波双相干是其中一种。

小波双相干(wavelet bicoherence)　用于表征频域内的宽谱间的耦合。首先定义**小波双谱**(wavelet bispectrum)

$$B(\tau_1, \tau_2) = \int_T W(\tau,t)W(\tau_1,t)W(\tau_2,t)\mathrm{d}t \tag{6-4-7}$$

其中，$W(\tau,t)$ 为对测量函数进行特征时间尺度为 τ 的小波变换。积分内三个时间尺度满足 $1/\tau = 1/\tau_1 + 1/\tau_2$，或写为 $f = f_1 + f_2$，称为**频率和定则**。如果信号是完全无规的，不同频率间没有耦合，则 $B(\tau_1, \tau_2) = 0$，如果存在相耦合，即存在 $Ee^{-i\omega t} = E_1E_2e^{-i(\omega_1+\omega_2)t}$ 形式的非线性相互作用，则其不为零。因此该积分为相耦合的测度，但一般用归一化的小波双相干表示

$$[b(\tau_1,\tau_2)]^2 = \frac{[B(\tau_1,\tau_2)]^2}{\left[\int |W(\tau_1,t)W(\tau_2,t)|\mathrm{d}t\right]\left[\int |W(\tau,t)|^2\mathrm{d}t\right]} \tag{6-4-8}$$

这个函数是时间尺度 τ_1，τ_2 的函数，但实际上往往将其值在相应的二维频率 f_1，f_2 平面上表示。

小波双相位(wavelet biphase) 定义为

$$\Theta = \tan^{-1}[\mathrm{Im}B(\tau_1,\tau_2)/\mathrm{Re}B(\tau_1,\tau_2)] \tag{6-4-9}$$

也为 f_1，f_2 的函数，表示他们之间的耦合关系。如果之间没有耦合，$B(\tau_1,\tau_2)=0$，不存在小波双相位。

小波双相干也可用于两道同样信号，或同一地点不同种类信号之间，称为**小波互双相干**(cross wavelet bicoherence)，其中 m,n 表示两道信号

$$[b_{m,n}(\tau_1,\tau_2)]^2 = \frac{\left|\displaystyle\int W_m^*(\tau,t)W_n(\tau_1,t)W_n(\tau_2,t)\mathrm{d}t\right|^2}{\left[\displaystyle\int |W_n(\tau_1,t)W_n(\tau_2,t)|^2\mathrm{d}t\right]\left[\displaystyle\int W_m^*(\tau,t)W_m(\tau,t)\mathrm{d}t\right]} \tag{6-4-10}$$

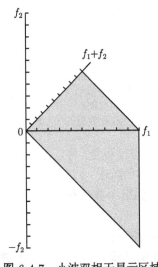

图 6-4-7　小波双相干显示区域

实际表现小波双相干 (或其平方) 区域的标准图形如图 6-4-7 所示。一般取 $f_1 \geqslant f_2$，横轴取 f_1，横轴以上为 f_1+f_2 区域，以下为 f_1-f_2 区域。两区域的 45° 射线以左部分由于对称性 (f_1 和 f_2 交换) 数据重复，故不取。右方边界 (粗线) 则由最大取样频率决定 (假设 f_1+f_2 取值范围和 f_1，f_2 一样)。

图 6-4-8(Y. Nagashima et al., Rev. Sci. Instrum., 77(2006) 045110) 为 JFT-2M 上边界区悬浮电位涨落的小波双相干和双相位，可以见到 $f_1 \pm f_2 = 10\mathrm{kHz}$ 处的峰值，表现 GAM(测地声模) 和背景湍流的相互作用。

还可使双相干函数对所有 τ_1，τ_2 求和，得到频率函数**求和双相干**(summed bicoherence)

$$[b(\tau)]^2 = \sum_{\tau_1,\tau_2}[b(\tau_1,\tau_2)]^2 \tag{6-4-11}$$

当然它们仍满足频率和定则。

在 CT-6B 装置上，对 H_α 谱线强度测量边界区密度涨落，对数据进行小波双相干处理，探测到频率为 65kHz，30kHz 和 35kHz 分量的耦合。它们的求和双相干随频率的变化见图 6-4-9(Dong Li fang et al., Chin. Phys. Lett., 23(2006) 3007)。图中 A 和 B 两曲线分别为两段放电时间间隔的数据。在相关值较大的 B 段，用其他分析方法探测到明显的相干结构。

和不同频率之间的耦合分析相似，也可对波数之间的耦合进行小波双相干分析，或者进行频率–波数二维的分析。此外，双相干方法不限于小波，也可以直接对湍流信号的 Fourier 分量作双相干处理。

Ritz 方法　从小波双相干可以知道三波之间的关联，但是不能知道能流的方向。有一种 Ritz 方法可以从实验数据定量计算存在耦合的波分量之间的能量流向。

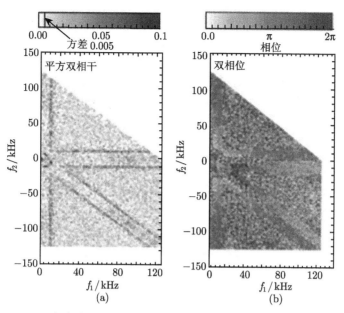

图 6-4-8　JFT-2M 上边缘区悬浮电位涨落小波双相干 (a) 和小波双相位 (b)(后附彩图)

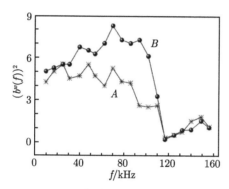

图 6-4-9　CT-6B 上边界区密度涨落的求和双相干

　　这一方法的理论根据是第 8 章所述的关于漂移波之间耦合的 Hasegawa-Mima 方程。某一涨落的 Fourier 分量随时间变化可写为

$$\frac{\partial \phi(k,t)}{\partial t} = (\gamma_k + \mathrm{i}\omega_k)\phi(k,t) + \frac{1}{2}\sum_{k_1+k_2=k}\Lambda_k^Q(k_1,k_2)\phi(k_1,t)\phi(k_2,t) \tag{6-4-12}$$

其中, $\phi(k,t)$ 为涨落谱的 Fourier 分量, γ_k 和 ω_k 分别为其增长率和圆频率, $\Lambda_k^Q(k_1,k_2)$ 为波分量之间的耦合系数。这个耦合系数可以写为

$$\Lambda_k^Q(k_1,k_2) = \frac{1}{2}\frac{\langle Y_k X_{k_1}^* X_{k_2}^*\rangle}{\langle |X_{k_1}X_{k_2}|^2\rangle}\frac{\langle Y_k X_k^*\rangle / |\langle Y_k X_k^*\rangle|}{\tau} \tag{6-4-13}$$

其中, $X_k = \phi(k,t)$, $Y_k = \phi(k,t+\tau)$, τ 为延迟时间, * 号为复共轭, $\langle\,\rangle$ 为对系综平均。功率输运函数为

$$T_k(k_1,k_2) = \mathrm{Re}[\Lambda_k^Q(k_1,k_2)\langle \phi_k^* \phi_{k_1}\phi_{k_2}\rangle] \tag{6-4-14}$$

其中, $k = k_1 + k_2$。这个函数为正则模式增长, 输出能量, 为负则模式衰减, 输入能量。

用这种方法处理 TEXT-U 上得到的涨落数据, 但是将波数转化为频率。在类似图 6-4-7 的图 6-4-10(Ch. P. Ritz et al., Phys. Fluids, B1(1989) 153) 上表现函数 $T_k(k_1 + k_2)$ 的二维分布。正值用实线、负值用虚线表示。可以看出在 30~110kHz 频段的模式是线性不稳定的, 而其他频段在衰减。这一结果说明, 能量从 60kHz 左右的区域转移到稳定区域, 特别是 10~40kHz 的低频区。

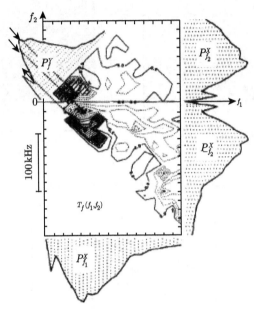

图 6-4-10   TEXT-U 上从实验数据计算得到的功率输运函数分布

箭头向内表示输入能量, 向外表示输出能量

在一台螺旋磁轴装置 H-1 上, 用 Ritz 方法首先从实验上证实了能量通过非线性相互作用从涨落宽谱区转移到低频区构成较大尺度的相干结构, 即发生反级联过程。在这台装置上实现了从低约束模 (L 模) 到高约束模 (H 模) 的转变。在转变前后, 用静电探针测量悬浮电位的涨落。它比等离子体电位有更好的信噪比, 用空间相邻的探针测量角向波数, 然后用 Ritz 方法处理得到的数据。

所得结果见图 6-4-11(H. Xia and M. G. Shatz, Phys. Rev. Lett., 91(2001) 155001), 它对比了 L-H 模转换前后频率低于 60kHz 的涨落分布。图 (a) 是频率分辨率较差时的两幅频谱, 可见在转换后, 涨落幅度大幅下降。图 (b) 是频率分辨率提高到 0.6kHz 后的频谱, 可见 L 模在低频有较规律的结构, 在高频存在 f^{-6} 的负指数衰减。H 模在 40kHz 处有个峰值, 而低频结构由于强的径向电场剪切被压制。图 (c) 为非线性能量传输函数 $W_{\mathrm{NL}}^k = (1 + k_\perp^2) \sum_k T_k(k_1, k_2)$ 的频率分布, 可见在 L 模, 频段 20kHz 以上此值为负, 输出能量; 而 20kHz 以下为正, 输入能量。图 (d) 为线性增长率 γ_k 的频率分布, 对于两种模式大致一样, 也相应于 H 模在 40kHz 处的峰值。

此外, 从带有时间延迟 δt 的互相关函数 (6-3-5) 也证明了能量从较高频率的涨落谱流向低频的相干结构。

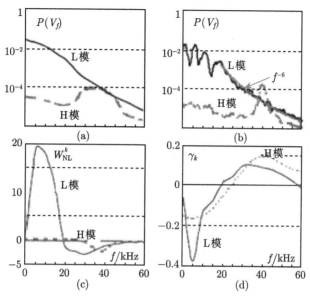

图 6-4-11　H-1 装置上 L-H 模转换前后的悬浮电位涨落功率谱 (a)、(b)，非线性能量传输系数 (c) 和线性增长率 (d)

3. 相干结构的探测

在托卡马克及其他聚变装置等离子体涨落的研究中，发现阵发特性和相干结构为其重要特征。阵发特性是湍流输运过程中等离子体参量的涨落在时间和空间存在大幅度变化。时间上的**阵发**(intermittence) 特性指物理量的时序信号中存在特征时间为 $10\mu s$ 量级的巨涨落。它们之间的时间间隔不具有确定性，但存在长时间的相关特征 (自相似)。空间上的阵发特性指涨落量沿径向存在稳定的不均匀分布，在某些位置涨落相对幅度存在峰值。相干结构指某一局部区域的位势涨落幅度很大，而且其寿命可与逆磁漂移时间相比，以至于相应的电场可约束流体元，使其以涨落相干的方式运动。既被约束又要运动，致使这样的相干结构必然采取类似涡旋的存在形式。一般认为是某种不稳定性使一群粒子以一种相干的方式运动，呈现出一种相干结构。由于相干结构自身对于二次扰动是不稳定的，这一结构又不断地被破坏和重新形成。因此，通过一定的分析手段从时空湍流信号中辨别提取出相干结构并研究它们的特性，成为近年来聚变实验研究颇受关注的研究课题之一。

在研究等离子体湍流阵发特性和相干结构的方法中，上述几率函数分布分析、谱分析技术包括小波分析、双相干分析都是重要研究方法。例如，在 TEXTOR 装置的削削区用静电探针测量离子饱和流的涨落，表现明显的阵发特征 (图 6-4-12, Y. H. Xu et al., Plasma Phys. Control. Fusion, 47(2005) 1841)。它的 PDF 分析明显偏离 Gauss 分布。

此外，双正交技术，特别是条件平均技术也是研究相干结构的有力工具。

双正交技术(biorthogonal decomposition, BD) 即上面所说的奇异值分析 (SVD)，曾将其用于 ASDEX 的湍流分析。在该装置距离等离子体表面 1.5cm 的地方安装了一个 16 道静电探针阵列，单元间相距 2mm。对悬浮电位数据进行 BD 处理，得到主要的 4 道分量，其时间和空间波形如图 6-4-13(S. Benkadda et al., Phys. Rev. Lett., 73(1994) 3403) 所示，可以看到不同频率涨落的空间结构。

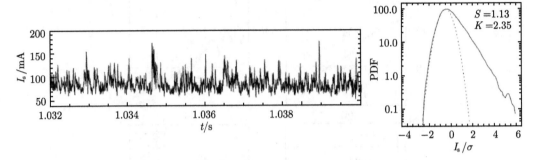

图 6-4-12　TEXTOR 删削区等离子体静电探针离子饱和流信号及其 PDF 分析

倒置抛物线为对比的 Gauss 线型

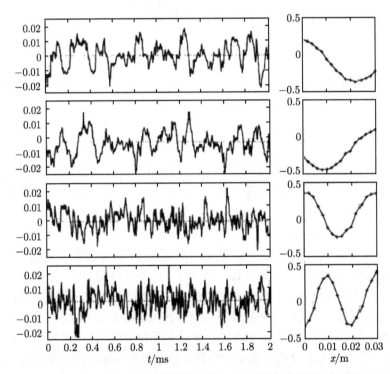

图 6-4-13　ASDEX 上静电探针涨落数据的双正交分析得到主要分量的时空结构

条件平均技术(conditional averaging method) 有时也称条件取样 (conditional sampling)，是一种将随机涨落平均掉，只包括相干涨落的方法，实际上是一种手工操作。

用条件平均技术对涨落数据进行分析的基本过程如下：固定一道涨落信号为参考信号 $\phi_{\mathrm{ref}}(t)$，当参考信号的取值和形状满足预先所设定条件，例如，达到某一临界值 ϕ_{c} 时，就认为发生了一个"事件"，将此时刻 t_1 设为参考时刻，以其为中心，从相应时刻的其他道信号 $\phi_{\mathrm{mov}}(r+\delta r,t)$ 中以半宽度 τ_{max} 提取出一段子信号。然后继续在参考道中寻找满足同样条件时间点 t_i，并从其他道提取出相应的子信号。最后将所有子信号 (设为 N 个) 进行平均，

便得到条件平均结果

$$\phi_{\mathrm{con}}(r + \delta r, \tau) = \frac{1}{N} \sum_{i=1}^{N} [\phi_{\mathrm{mov}}(r + \delta r, t_i + \tau) | \phi_{\mathrm{ref}}(r, t_i) = \phi_{\mathrm{c}}] \qquad (6\text{-}4\text{-}15)$$

比较不同空间测量道的结果以及参考道信号用同样方法平均 (称**自条件平均**, auto-conditional averaging), 可得到该事件结构 (一般认为是相干结构) 的时空演化。特别是从二维空间的条件平均中, 可看到相干结构的发展、合并、崩溃和重新形成的过程, 这对涨落机理的研究有很大帮助。

图 6-4-14 表示 TEXTOR 上删削区离子饱和流波形, 即图 6-4-12 中波形的一段。圆圈区是幅度大于 3σ 的事件, 被选择作为分析事件用于条件平均技术处理数据。

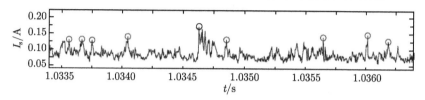

图 6-4-14　TEXTOR 上删削区离子饱和流及条件取样事例

图 6-4-15(L. Dong et al., Rev. Sci. Instrum., 74(2003) 5093) 为在 CT-6B 装置上对 H_α 谱线强度测量数据进行处理的结果。其中 a 道为参考道, 测量弦半径 9.43cm, b, c, d 的弦半径分别为 10cm, 8.86cm 和 8.29cm, 也就是这三测量道与参考道距离分别为 0.57cm, -0.53cm 和 -1.14cm。设定条件是幅度达到 2σ(σ 为方差), 一次时间微商为零, 二次微商为负, 即极大值, 取值范围为 $\pm 64\mu$s。如果幅度标准更高, 则得到的峰值更高, 但样本数 N 更少。从图 6-4-15 所示的结果可以看出, 这一种相干结构的径向尺度大约为 1cm 左右, 在径向没有传播。这种方法适宜研究尺度较大的相干结构。

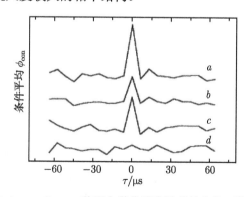

图 6-4-15　CT-6B 装置上谱线强度涨落的条件平均结果

在基础研究装置 LAPD 上, 用伸进等离子体的静电探针探测到密度和电位涨落的二维分布。他们用条件平均探测两种结构: 一为密度正偏离 (blob), 如图 6-4-16(T. A. Carter, Phys. Plasmas, 13(2006) 010701) 的 (a) 图所示; 一为密度负偏离 (hole), 如 (b) 图所示。不同曲线表示不同 x 值所处位置。可以看出, 正偏离是从中心向外运动的, 而负偏离是向内运动的。以等高线将所得条件平均量绘在二维平面上，(c) 图是正偏离的密度分布，可见其单极结构；(d) 图是负偏离的密度分布，其结构要复杂得多。(e) 图是密度正偏离处的电位分布，可见其偶极分布；而 (f) 图所显示的负密度偏离相应的电位分布亦表现了复杂结构。

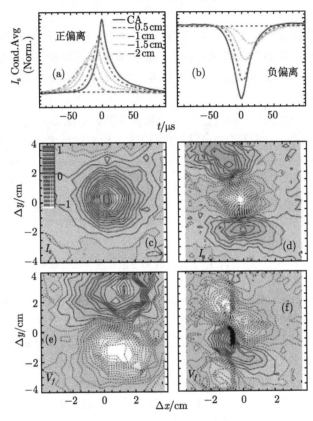

图 6-4-16　LAPD 装置上用条件平均得到密度和电位二维结构 (后附彩图)

等值线图 (c)~(f) 实线为正值，虚线为负值

长程相关和 R/S 技术　等离子体湍流经常表现为时间和空间的长程相关，如数据的自相关函数的长尾翼 (图 6-3-2)。但这一尾翼只能做定性研究，可以用**重标定域统计**(the rescaled adjusted range statistics，R/S) 方法进行定量研究，其要点是用 Hurst 指数来表征这一长程相关的程度。

如果一平稳随机序列是极端短程相关的，即认为是个 Markov 链，在离散时间序列中，每一事件发生几率仅与前一事件相关。在进行类似于随机行走的随机运动时，其统计方差 Δx 和观察时间 Δt 的关系是 $(\Delta x)^2 \propto \Delta t$。带电粒子间库仑碰撞的积累就属于这类过程。存在长程相关时，这个关系不成立，可以一般地写为 $(\Delta x)^2 \propto (\Delta t)^{2H}$，其中 H 称为 **Hurst 指数**，不存在长程相关时为 0.5，如果 $0.5 < H < 1$，则为长程正相关；如果 $0 < H < 0.5$，则为长程负相关。$H = 1$ 为决定性过程。

使用 R/S 方法这样计算实验数据的 H 值：设平稳时间序列 x_i，$i = 1, 2, 3, \cdots, n$，平均值 $\bar{x}$，方差 σ，令 $W_k = \sum_{i=1}^{k}(x_i - \bar{x})$，则序列 $W = \{W_k | k = 1, 2, 3, \cdots, n\}$ 称为对原始数据的

重标定。令

$$R(n) = \max\{0, W_k | k = 1, 2, 3, \cdots, n\} - \min\{0, W_k | k = 1, 2, 3, \cdots, n\} \tag{6-4-16}$$

则有

$$R(n)/\sqrt{\sigma} \underset{n \to \infty}{\longrightarrow} \lambda n^H$$

可将上式双方取对数，作函数图，用最小二乘法得到的斜率就是 H 值。这种计算要求较大的数据量，一般应高于 10^4。

在 SUNIST 装置上用静电探针测量边界区等离子体密度涨落，对 $10\sim15$ 次放电数据进行统计 (图 6-4-17，出处同图 6-3-1) 得到 Hurst 指数。这个图形在起始段，时间尺度小于退相关时间时，数据形成较陡的直线。时间超过这个临界时间后，开始渐近一个有一定斜率的直线，据此计算出 $H = 0.66$。

这一测量结果和许多装置上，包括托卡马克、仿星器和反场箍缩等磁约束装置在删削区以内的测量结果相近。这些用静电探针离子饱和流测量的 H 数值都在 $0.6\sim0.72$，而删削区的结果比较分散。说明在这些磁约束等离子体装置中，产生这种远程相关和自相似的原因可能是普适的。

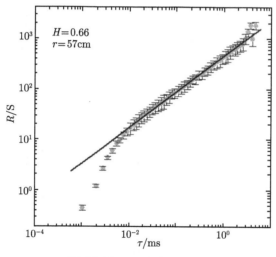

图 6-4-17 SUNIST 装置上用 R/S 方法计算边界区扰动的 Hurst 指数

6.5 非线性物理的研究方法

1. 非线性物理现象

20 世纪发展起来的非线性物理的方法，旨在探讨物理过程的内在随机性。它研究的系统，在时间上表现为一种类似于随机过程的混沌 (chaos) 行为，在空间上表现为结构的自相似和分形。在物理学和其他学科均发现这样的混沌现象，并表现许多普适特性。在数值模拟和一些实验研究中，也找到从自振荡通向混沌的途径，有倍周期分岔、阵发混沌，以及两条通向混沌的准周期道路等。

在一些比较简单的基础等离子体实验装置中，对这样一些现象进行了比较详尽的研究。和这样一些混沌现象联系的，是放电稳定态和不稳定态之间的转换，类似于第 8 章所叙述的聚变装置中的运转模式转换。例如，一台偏压灯丝作为等离子体源的装置上，在放电电流的双稳区用静电探针测量到一种自振荡现象。这一单频的振荡可以发展为二倍频，继而四倍频，最后经多次倍频发展为混沌态。图 6-5-1(J. Qin et al., Phys. Rev. Lett., 63(1989) 163) 是探针空间电位波形和相空间内 (空间电位及其时间微商构成的平面) 的轨迹的发展过程。在另一种实验条件下，这一振荡发生阵发现象，也发展为混沌态 (图 6-5-2)。

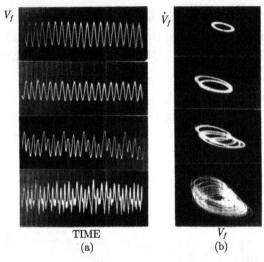

图 6-5-1   一台等离子体基础研究装置上观察到的静电探针悬浮电位的自振荡波形 (a) 和在相空间的轨迹 (b)，表现为倍周期分岔

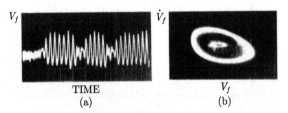

图 6-5-2   同一装置上得到的阵发现象的波形 (a) 和相空间轨迹 (b)

在托卡马克和其他类型磁约束等离子体的微观过程研究中，线性波如何发展为湍流是个较难解决的问题。因为在这种等离子体的活动中，也经常观察到阵发现象，和相干结构相联系，也观察到结构的自相似现象，所以希望使用非线性物理的方法寻求答案。但是将这些方法用于分析托卡马克等离子体中的复杂现象尚存在许多困难。特别是在用混沌来解释湍流起源的问题上，取得的进展十分有限。

2. 分维和分形

在基础研究装置和磁约束装置中观察的相干结构在时间和空间上表现为一种自相似性。这一自相似在尺度上是一种分维结构，称为**分形**(fractal)。

分维是传统意义上的维数的推广，可以海岸线长度问题来说明。因为海岸线的形状是极不规则的 (图 6-5-3)，它的长度与所选用的测量标尺的长度有关。例如，使用长度为 r 的标尺测量了 N 次。由图可以直观看出，如果标尺长度缩到 εr，其中 $\varepsilon < 1$，测量次数肯定大于 N/ε，即测量长度与标尺长度有关，说明这是个分维结构 (称为分形)。维数可以定义为

$$D = \lim_{\varepsilon \to 0} \frac{\log N(\varepsilon)}{\log(1/\varepsilon)} \tag{6-5-1}$$

这个定义符合一般维数定义，如一个正方体，用长度为 r 的标尺测量时体积为 r^3，用长度为原来一半的标尺测量的体积为 $8r^3$，用上式计算维数是 3。在这一定义中，认为 ε 很小时存在极限，就是说明当尺度变小时，几何形状不变，是一种自相似图形。

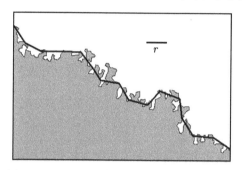

图 6-5-3 用长度 r 的标尺测量海岸线的长度

这样的混沌系统的维数有多种定义，其中关联维数可以从涨落的实验数据计算。

关联维数(correlation dimension) 的计算方法是：首先从时间序列 $\{x_i\}$ 构造一组 n 维向量，它们组成一个嵌入空间

$$\vec{r}_i = \{x_i, x_{i+\tau}, x_{i+2\tau}, \cdots, x_{i+(n-1)\tau}\}, \quad i = 1, 2, \cdots, N$$

其中，τ 为延迟时间，n 为**嵌入维数**(embedding dimension)，均需适当选择。这里所做的，就是将整个数据链分为 n 段，将每段数据当作重构空间中一个坐标的数据。为了说明这种空间的重构，可以举正弦函数为例。如果我们把这个函数分为两段，后一段正好是余弦函数，构成另一坐标，可以认作速度。所以我们所测量的，就是一个单摆运动在位置坐标上的投影。

然后在这个空间里计算相关和

$$C(r) = \lim_{N \to \infty} \frac{1}{N^2} \sum_{i,j=1}^{N} \theta(r - |\vec{r}_i - \vec{r}_j|) \tag{6-5-2}$$

其中，$\theta(x)$ 为 **Heaviside 函数**(变量正值时为 1，其余为零)。这里的 r，实际上是在嵌入空间测量距离标尺的长度。在 r 的中间数值区域，$C(r)$ 遵循指数律

$$C(r) \propto r^\nu \tag{6-5-3}$$

ν 即为系统的关联维数。但是这个维数不能小于嵌入维数 n，所以 n 须足够大，使 ν 随 n 增大而饱和的值才为真正的关联维数。图 6-5-4(J. Qin and L. Wang, Phys. Lett., A156(1991)

81) 为在上述稳态等离子体装置上的一种振荡模式得到关联维数值 $\nu = 2.67$ 的过程。在少数托卡马克中,也计算了等离子体涨落的关联维数。但是在多数磁约束装置中,未能得到合理的结果,原因可能是维数过高或噪声的干扰。

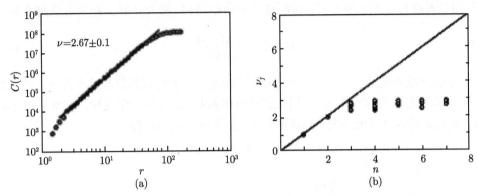

图 6-5-4 $\tau = 4, n = 4$ 时的 $C(r) \propto r^{\nu}$ 关系 (a) 以及 ν 和嵌入维数 n 的关系 (b)

3. Lyapunov 指数 (Lyapunov exponent)

混沌态的另一特征是其演化过程与初态关系很大。初态相距很近的两点经长期演化会距离越来越远。这表现在相空间的轨迹的行为上。一个动力系统在长期演化后,它在相空间的轨迹上的点的集合称为**吸引子**(attractor)。一个有阻尼的单摆在相空间的轨迹最后缩为一点,无阻尼的单摆的相空间轨迹形成一个环,称为极限环。而混沌态的吸引子的结构非常复杂,互相缠绕但不相交,称为**奇怪吸引子**(strange attractor)。它的特点是初态很接近的两点,其间距会随时间进程逐渐增大,可以用时间的指数来描述,这个指数就是 Lyapunov 指数。在多维空间里,不同方向可能有不同的 Lyapunov 指数。对于一个混沌态系统,至少有一个 Lyapunov 指数是正值。所以如果我们求得最大的 Lyapunov 指数,就可以知道系统是否是混沌的。

从实验得到的时间序列求 Lyapunov 指数有很多种方法。这里介绍比较简单的 Wolf 方法。这是一种追踪相空间轨道的方法。先构筑一个适当维数的嵌入空间,在其中选取一个初始数据点和通过它的基准轨道 (图 6-5-5)。再在这个初始点附近选取另一数据点和初始点间距离为 $L(t_0)$。然后追踪其轨道 (参考轨道) 的发展,待其与基准轨道间的距离 $L'(t_1)$ 超过一个标准值时,就在基准轨道附近再选取另一个靠近的数据点,和基准轨道间距为 $L(t_1)$,但

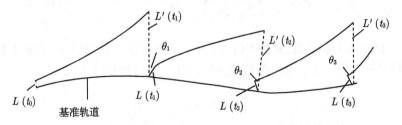

图 6-5-5   相空间的基准轨道和 Lyapunov 指数计算方法

是长度为 $L'(t_1)$ 和 $L(t_1)$ 这两条线之间的夹角 θ_1 要尽量小。从这个新的点出发，继续进行这样的操作，直至全部数据点用完为止，就得到最大 Lyapunov 指数为

$$\lambda = \frac{1}{t_M - t_0} \sum_{k=1}^{N} \ln \frac{L'(t_k)}{L(t_{k-1})} \tag{6-5-4}$$

其中，N 为总迭代步数。这个结果之所以是最大 Lyapunov 指数，是因为参考轨道对基准轨道的偏离总是趋于朝最不稳定的方向发展，而对角度 θ 最小的要求就是要维持这个最不稳定的方向。如果要求第二个最大 Lyapunov 指数，就要换一个方向。

在一些基础等离子体装置中用这些非线性物理处理方法对涨落信号进行了研究并得到更为复杂的结果。例如，在一台直线装置中，观测探针涨落信号在相空间的三维投影中的轨迹 (图 6-5-6，M. Burin et al., Phys. Plasmas, 12(2005) 052320)。当放电电流增大时，相空间的轨迹从固定点 (FP) 发展到一维的极限环 (LC)。随电流进一步增大，发展成二维的极限环 (T2)。然后又发生锁频 (ML)，退化到一维。当电流进一步增加时，就演化为混沌态 (CHAOS)。最后发展为无限维的湍流态 (∞)。

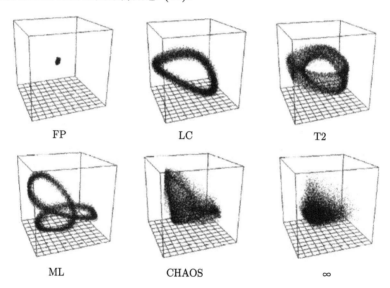

图 6-5-6　一台基础研究装置中涨落信号在相空间中的演化

阅 读 文 献

Carreras B A, van Milligen B P, Pedrosa M A, et al. Experimental evidence of long-range correlations and self-similarity in plasma fluctuations. Phys. Plasmas. 1999, 6(5): 1885

Fujisawa A. A review—observations of turbulence and structure in magnetized plasmas. Plasma and Fusion Res.: Review Articles, 2010, 5: 046

Granetz R S, Ameulders P. X-ray tomography on JET. Nucl. Fusion, 1988, 28: 457

J. S. Kim et al. MHD mode identification of tokamak plasmas from Mirnov signals. Plasma Phys. Control. Fusion, 1999, 41: 1399

Kakurin A M, Orlovsky I I. Hilbert-Huang transform in MHD plasma diagnostics. Plasma Phys. Rep., 2005, 31: 1054

Ritz C P, Powers E J, Bengtson R D. Experimental measurement of threewave coupling and energy cascading. Phys. Fluids, 1989, B1: 153

van Milligen B P, Sánchez E, Estrada T, et al. Wavelet bicoherence: a new turbulence analysis tool. Phys. Plasmas, 1995, 2(8): 3017

第 7 章　磁流体不稳定性

7.1　概　　论

环形等离子体的不稳定性问题可区分为宏观、微观两类。宏观不稳定性有大尺度的结构，可造成等离子体磁面位形或拓扑的变化，导致能量损失和平衡的丧失。为了稳定宏观模式，须对装置的运行参数范围加以限制。其中，在托卡马克装置上，由宏观不稳定性引起的破裂现象尤为重要。在理论上，宏观问题一般用单流体方程处理，有时也须考虑有限回旋半径和其他动理学效应，因此也称**磁流体**(magnetohydrodynamic，MHD) 不稳定性。而微观不稳定性的扰动尺度为离子回旋半径量级，主要以湍流形式影响等离子体的输运过程。

简正模分析法　磁流体不稳定性的理论分析方法主要有两种。在简正模分析法中，将等离子体元的任何一个小扰动展开为独立的 Fourier 分量

$$\xi(\vec{r},t) = \xi(\vec{r})\mathrm{e}^{-\mathrm{i}\omega t}, \quad \omega = \omega_r + \mathrm{i}\omega_i \tag{7-1-1}$$

将其代入线性化磁流体方程组中，得到各个模式的扰动频率。扰动模式的稳定性决定于 ω 虚部的符号。如果 $\omega_\mathrm{i} > 0$，扰动是不稳定的；如果 $\omega_\mathrm{i} < 0$，扰动是稳定的。这一方法称**模式分析**，可以得到某一模式的增长率 $\gamma = \omega_\mathrm{i}$。图 7-1-1 (A. M. M. Todd et al., Phys. Rev. Lett., 38(1977) 826) 为在 TFTR 装置位形中计算一个高比压参数下固定边界磁流体不稳定性问题的结果，图示小截面上扰动元增长率的分布，每一箭头表示扰动量的大小与方向，可见在外侧 (右方) 形成一些涡旋状结构。这种方法可以对模式的结构进行较详细的分析，但是只适用于较简单的位形。

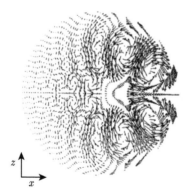

图 7-1-1　模式分析法得到小截面上的扰动模式分布

另一常用的理论分析方法是**能量原理**。考虑扰动造成的系统能量变化

$$\delta W = -\frac{1}{2}\int \vec{\xi}\cdot\vec{F}\mathrm{d}t \tag{7-1-2}$$

其中，$\vec{F}$ 是扰动引起的作用力。如果对任何可能的扰动 $\vec{\xi}$，δW 是负的，则系统是不稳定的；反之，如果对所有可能的扰动 $\vec{\xi}$，δW 都是正的，则系统是稳定的。

凭借这些方法可以得到一些比较普遍的结论。对于轴对称的等离子体柱，可推出稳定局域扰动的必要条件，称 **Suydam 条件**

$$\frac{2\mu_0}{B_z^2}\frac{\mathrm{d}p}{\mathrm{d}r} + \frac{r}{4}\left(\frac{1}{\mu_B}\frac{\mathrm{d}\mu_B}{\mathrm{d}r}\right)^2 \geqslant 0 \tag{7-1-3}$$

其中，$\mu_B = \dfrac{B_\theta}{rB_z}$ 为剪切参量。由于式 (7-1-3) 的左端第一项总小于零，这一条件对剪切的数值提出了一定要求，所以边界区的强剪切总是有利于稳定的。但 Suydam 条件是一个必要条件并非充分条件。

基本形态　在环形等离子体装置中，宏观不稳定性的模式按直柱模型可写为 $\exp[\mathrm{i}(m\theta - n\varphi - \omega t)]$，其特征模数为 m(极向) 和 n(环向)，一般发生在 $m/n = q$，m, n 为较小整数的共振面上。其驱动源可以是等离子体电流产生的磁能 (如撕裂模、低 β 扭曲模)，也可以是压强梯度 (如交换模)，处理时一般视为直柱，不考虑环效应。这种扰动模式可一般地称为**螺旋不稳定性**(helical instability)。严格地说这种展开形式只适用于圆截面、大环径比的环形等离子体。对于大型装置和球形环，因缺乏适当的表述方法，一般也沿用同样的形式。

探测方法　最简单的探测方法是用磁探圈监测极向磁场振荡 $\tilde{B}_p$。一般只需观测其相对振幅的变化即可了解磁流体活动的强度。采用 Mirnov 探圈不难确定磁流体扰动的模数，如图 5-2-9 所示的 HL-1 上的结果。用软 X 射线探测及层析处理，或者使用高速照相探测轫致辐射分布，以及使用 ECE 成像方法可以观测到细致的扰动位形。

在确定模数，特别是极向模数 m 的时候，要注意的是截面图形上扰动量的极向分布 (图 7-1-2，M. I. Patrov et al., Plasma Phys. Rep., 33(2007) 81)，而不宜简单根据 Fourier 变换结果，现在往往使用 SVD 等数据处理方法进行解构。

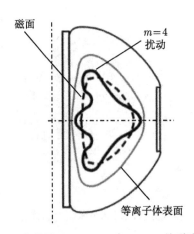

图 7-1-2　球形环 Globus-M 上 $m = 4$ 的磁流体扰动

在比较复杂的情况下，要用数值模拟和实验结果比较才能确定扰动的模数和机制归属。例如，图 7-1-3 (G. T. A. Huysmans et al., Nucl. Fusion, 38(1998) 179) 表示在 JET 装置上观察到一种外部模是如何确定为外扭曲模的。这是在一种中性粒子束加热产生的 H 模实验中得到的数据，其中离子温度高于电子温度。图中的细实线为几道软 X 射线探测器所探测到的辐射涨落信号幅度。将这一结果与两种模型的数值模拟结果比较，其中粗实线是 $m = 5$ 的外扭曲模，虚线是相应的电阻模。从这一比较和其他分析可以确定这一宏观不稳定性为外扭曲模。

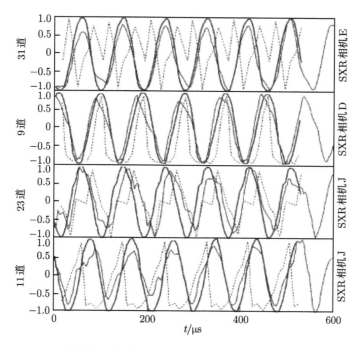

图 7-1-3　JET 上的软 X 射线涨落幅度与两种理论模型的数值模拟结果比较

分类　宏观不稳定性可分为**理想磁流体模**(ideal MHD modes) 和**电阻模**(resistive modes) 两类。所谓理想磁流体是指不考虑电阻效应，它的准确意义是：即使不存在电阻也会发生这样的不稳定性。所以在实际情况下两类不稳定性都会发生，一般在其线性阶段是理想磁流体的，然后发展成为非线性的、电阻性的，一般也会发生拓扑的变化。在实验上二者不易区分。

在环形装置中，宏观模又可分为外模和内模两种。如果扰动不涉及边界的变化，称为**内模**(internal modes)。由于边界不动，它只引起电流或压强轮廓的变化，可能增大输运或限制运转区域。在内模中，只有 $m=1$ 的模可能是不稳定的。边界发生变化的不稳定性称**外模**(external modes)。外模可能引起整体等离子体平衡的破坏，尤为危险。此外在实验上又有**外部模**(outer modes) 一说，泛指发生在等离子体边缘处的 MHD 不稳定性。

另一种分类是根据驱动源的性质，一种是**压强驱动**的。从平衡公式 $\nabla p = \vec{j}_\perp \times \vec{B}$，可知此类不稳定性和垂直于磁场方向的电流有关，也和磁场的曲率有关。压强驱动模经常属于内模，对最大可能的比压值起限制作用。另一种是**电流驱动**的不稳定性，和平行磁场方向的电流 $\vec{j}_{||}$ 有关。这样的不稳定性，即使在很低比压下也会发生，可以是内模也可能是外模。

环形等离子体中的宏观不稳定性种类繁多。现择其重要者列入表 7-1-1 中，其中还列出主要稳定方法。

在表 7-1-1 中，扭曲不稳定性在低 β 时为电流驱动，在高 β 时也有压强驱动。关于气球模稳定条件的讨论详见后面内容。此外尚有 $m=1$ 的电阻模，类似于内扭曲模。另有等离子体的垂直位移不稳定性，也属于宏观不稳定性一类。

表 7-1-1　环形装置中主要 MHD 不稳定性

名称	性质	形态	驱动源	稳定方法
扭曲不稳定性	理想	低 m	电流梯度/压强梯度	$q(a)/q(0) > 2,\quad q(a) > m$
撕裂模	电阻	低 m	电流梯度	磁剪切，$q(a) > m$
内扭曲模	理想	$m=1$	压强梯度	$q(0) > 1$
气球模	理想/电阻	高 n	压强梯度	$\langle \beta \rangle \leqslant a/Rq^2(a)$

7.2　理想磁流体不稳定性

1. 扭曲模

外扭曲模　扭曲模 (kink mode) 的成因可见图 7-2-1。当直柱形等离子体弯曲时，一侧的磁力线加强而使磁压强增加，促使等离子体柱进一步弯曲。因为驱动机制可归结为电流管的相互作用，所以主要驱动源为电流梯度。在高密度时，压强梯度也起一定作用。

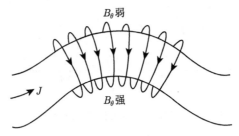

图 7-2-1　扭曲模的成因

从磁流体方程得到相应于 $\exp[\mathrm{i}(m\theta - n\varphi)]$ 形式扰动 ξ，在圆截面、大环径比、低 β 近似下，系统的能量变化为

$$\delta W_p = \frac{\pi^2 B_\varphi^2}{\mu_0 R} \left\{ \int_0^a \left[\left(r\frac{\mathrm{d}\xi}{\mathrm{d}r} \right)^2 + (m^2 - 1)\xi^2 \right] \left(\frac{n}{m} - \frac{1}{q} \right)^2 r\mathrm{d}r \right.$$
$$\left. + \left[\frac{2}{q_a} \left(\frac{n}{m} - \frac{1}{q_a} \right) + \left(\frac{n}{m} - \frac{1}{q_a} \right)^2 \right] a^2 \xi_a^2 \right\} \tag{7-2-1}$$

其中，$q_a = q(a)$，$\xi_a = \xi(a)$，如果这一物理量 δW_p 对任何扰动都是正定的则系统是稳定的，其中右侧第二项为边界处的条件。如果不考虑边界效应则只计第一项，这样的不稳定性称为内模。这一项应是正定的，除非发生在 $q=1$ 共振面上的 $m = n = 1$ 不稳定性，此时 $(m^2 - 1)\xi^2 = 0$，而 $\mathrm{d}\xi/\mathrm{d}r$ 主要分布在 $q=1$ 共振面上，而在这一面上 $(n/m - 1/q)^2 = 0$，所以积分为 0，须考虑更高阶项，有可能不稳定。

如果考虑边界条件，发生的不稳定性称为外模。从式 (7-2-1) 可以看到，当边界处的 $q_a \leqslant m/n$ 时，有可能发生不稳定性。

一般托卡马克等离子体电流分布可用式 (4-5-28) 拟合:

$$j(r) = j_0 \left(1 - \frac{r^2}{a^2}\right)^\alpha$$

其中, α 是一个参数, 它的值越大, 电流分布越接近峰值分布。当 $\alpha = 1$, 即电流为抛物线轮廓时, 从理论得到此时的 $m = 1, 2, 3$ 的模式的增长率 γ 随 nq_a 变化如图 7-2-2 (J. Wesson, Tokamaks, 4th ed. Oxford, 2011) 所示。注意其纵轴量表示的分母是相应于极向场的阿尔文速度 $v_A = B/\sqrt{\mu_0\rho}$, ρ 为质量密度, a/v_A 称阿尔文时间, 一般为 μs 量级。因为这些模式的环向模数 n 多为 1, 所以稳定性对 $q(a)$ 值提出了要求。可以看到, 当 $q(a)$ 值稍微低于模数 m 时, 最易发生不稳定性。

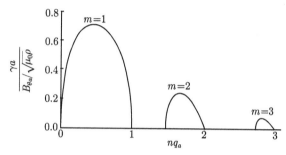

图 7-2-2　抛物线轮廓的扭曲模增长率和 nq 的关系

图 7-2-3 (L. A. Artsimovich, Nucl. Fusion, 12(1972) 215) 显示的示波图是 T-3 装置的早期实验结果。在等离子体电流上升阶段, $q(a)$ 不断降低, 当它通过整数值时, 从 Mirnov 探圈信号观察到相应的 MHD 不稳定性, 即依次出现 $m = 6, 5, 4, \cdots$ 的模式。在一般托卡马克装置运行中, 经常看到这样的现象。

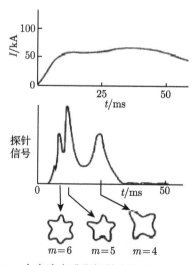

图 7-2-3　T-3 上电流上升期间的电流和 Mirnov 探圈信号

扭曲模的稳定条件可归纳为要求 $q(a)/q(0) > 2$ 和 $q(a) > m$, 其稳定区域可见图 7-2-4 (出处同图 7-2-2)。图中也表示了 $q(a)/q(0)$ 值和拟合公式 (4-5-28) 中的 α 值的对应关系。为维持稳定，前一个不等式要求电流轮廓不能过宽。

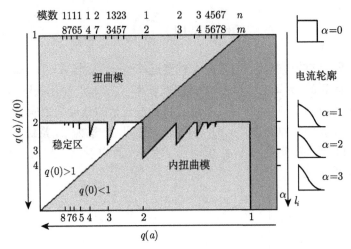

图 7-2-4　扭曲模和内扭曲模的稳定区域

因为有 $q(a)/q(0) = \alpha + 1$。所以 $q(a)/q(0) > 2$ 的条件要求 $\alpha > 1$，也就是说，电流轮廓要优于 (尖于) 抛物轮廓。一般中小型装置的正常放电这个值在 2 左右。

对于圆截面的环形系统，还可以推出磁流体稳定的 **Kruskal-Shafranov 判据**，它要求处处 $q(r) > 1$。一般认为，只须 $q(a) > 3$，这条件就可满足。因为 $q(0)$ 一般在 1 左右，所以只需满足扭曲模的 $q(a)/q(0) > 2$ 条件。

内扭曲模　在内扭曲模中，$m =1$ 的模最重要。因为它的模数 m 和 n 都等于 1，这个模相当于磁面整体向一个方向平移，破坏轴对称。这个模的稳定要求 $q_0 > 1$，也画在图 7-2-4 中。从图可看出，为保持稳定，表面 q 值越大越好。然而高的 q 值相当于低电流强磁场，于聚变目标不符。因此，绝大多数托卡马克工作在 $q(a) > 3$，少数情形在 $q(a) > 2$，称低 q 运转。扭曲模主要靠选择适当的参数区域来稳定。

一般螺旋不稳定性模型均假设导电壁在距离等离子体无穷远处。接近等离子体的导电壁或等离子体的旋转也可稳定低 m 数的扭曲模。

垂直不稳定性　$q(a) > 2$ 的条件决定了托卡马克电流的上限。有一种方法可以在满足这一条件的前提下增加等离子体电流，就是在垂直方向拉长截面。按照安全因子 q 的定义，可以写为

$$q = \frac{B_\varphi}{B_p}\frac{L_p}{L_\varphi} = \frac{1+\kappa}{2}\frac{B_\varphi}{B_p}\frac{r}{R_0} \tag{7-2-2}$$

其中，L_p，L_φ 分别为绕小截面和大环一圈的周长，κ 为拉长比 (图 2-3-1)。对比式 (4-2-15)，q 值增加因子为 $(1+\kappa)/2$。所以在同样等离子体电流时，拉长截面更能满足 MHD 不稳定性的要求。

按照第 4 章关于位移稳定性的讨论，为使等离子体在垂直方向拉长，必须使标志垂直场曲率的量 $n = -\dfrac{R}{B_\mathrm{v}}\dfrac{\partial B_\mathrm{v}}{\partial R} < 0$，但这使等离子体的垂直位移变得不稳定。这个问题，可用快速的主动反馈或被动的导体系来解决。在 TCV 托卡马克装置上，拉长比最大做到 $\kappa = 3$。

2. 气球模和第二稳定区

气球模(ballooning mode) 是一种局域模,一般有高的 n 模数。它属于一种 $k_{||} \neq 0$ 的交换不稳定性。

交换不稳定性(exchange instability) 是一种压强驱动的局域不稳定性。当彼此接近的两磁管发生交换时,如果交换后的磁能下降,这一扰动就是不稳定的,因为是沿磁力线发展的,又称**槽纹不稳定性**(flute instability),形态如图 7-2-5 所示。稳定交换不稳定性的条件早已推出,就是磁场要有 "好曲率",也就是说,等离子体要处在弱磁场一侧 (最小 B),如图 7-2-5(b) 中的右小图。磁力线如拱坝一样用来抵御来自等离子体的压力。

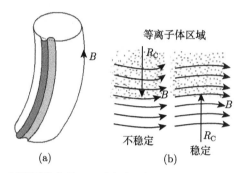

图 7-2-5　交换不稳定性 (a) 和好坏磁场曲率 (b),R_C 为曲率半径

由于气球模高度的局域性,沿磁力线的平均最小 B 不能有效稳定这种模式,因而不稳定性在局部坏磁场曲率处,即环外侧出现,在实验上不难从 n 模数判断气球模。图 7-2-6 (K. M. McGuire et al., Phys. Plasmas, 2(1995) 2176) 为 TFTR 装置上 D-T 运行时在两个环向位置的 ECE 测量结果。可以看到先产生了一个 $n=1$ 的扭曲模,然后爆发了一个气球模。

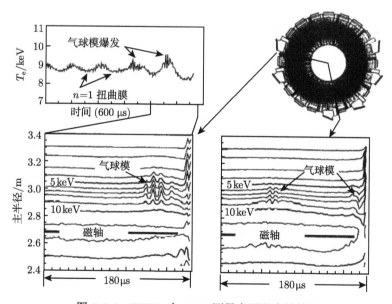

图 7-2-6　TFTR 上 ECE 测量电子温度的结果

判断是气球模的根据是,其一,它发生在环外侧,极向不对称;其二是在不同的环向位置观察到的相位很不一样,说明是高 n 模数的,此处 $n = 10 \sim 15$。图 7-2-7 为用软 X 射线成像得到的截面结构图,可以看到模结构在环外侧。

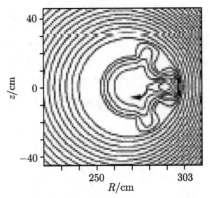

图 7-2-7 软 X 射线成像结果

在理论上,从能量原理分析,两个无量纲量对气球模稳定性起重要作用。一个是磁剪切 $s = \dfrac{r}{q}\dfrac{\mathrm{d}q}{\mathrm{d}r}$ (式 (4-2-19)),另一个是有关压强梯度的量

$$\alpha = -\frac{2\mu_0 R q^2}{B^2}\frac{\mathrm{d}p}{\mathrm{d}r} \tag{7-2-3}$$

称为气球模参数。对于圆形截面,计算得到气球模的稳定区域如图 7-2-8 所示 (出处同图 7-2-2)。

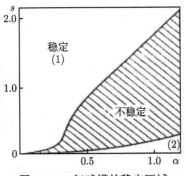

图 7-2-8 气球模的稳定区域

这个稳定区域图的显著特点是有两个稳定区域。一个处在低 α 值,即一般托卡马克运行区域。第二个处在高 α 区,为高密度区,通常称为**第二稳定区**,因为可以达到高的比压值,所以是实验上努力的方向。图 7-2-9 解释了第二稳定区的由来。如上所述,对于局域模,起作用的是局部的磁场形态,而图 7-2-8 和图 7-2-9 的纵轴 s 是剪切沿磁面的平均值。当 α 值很小时,β 值低,Shafranov 位移小,磁面结构接近同心圆环,s 的局部值接近平均值,可以稳定气球模,为低 β 的稳定区。当 α 值,即 β 值增加时,尽管平均 s 值不变,外侧的局部剪切逐渐降低,气模变得不稳定。但是,当 β 值进一步增加时,外侧会产生反向剪切,使气球模又趋于稳定。

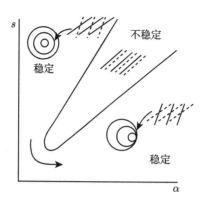

图 7-2-9 两个稳定区域的解释

在一定边界条件下的解中，气球模的两稳定区间有一个通道，如图 7-2-9 所示。所以在实验上，可以调整等离子体参数使运行状态从第一稳定区向第二稳定区过渡。图 7-2-10 (E. A. Lazarus et al., Phys. Fluids, B4(1992) 3644) 为在 DIIID 装置上实验得到的比压值和 q 值的径向分布，以及局部的 s-α 图。在中心区负剪切区域，已实现向第二稳定区的过渡，另外还有一实现第二稳定区的途径是使用豆子形等离子体截面。对气球模的理论处理也可引进电阻。预计电阻气球模在第二稳定区更稳定。

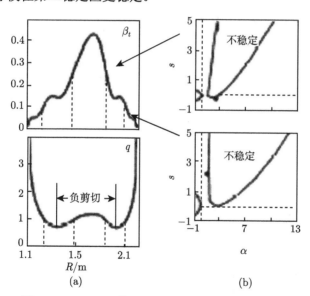

图 7-2-10 DIIID 装置上的第二稳定区的实验结果

(a) 为 β_t 和 q 值在大半径上的轮廓；(b) 为等离子体相应部位参数在 s-α 图上的位置 (黑点)

关于直圆柱的 Suydam 判据在环形位形中为 **Mercier 判据**

$$\frac{2\mu_0}{B_z^2}(1-q^2)\frac{\mathrm{d}p}{\mathrm{d}r} + \frac{r}{4}\left(\frac{1}{\mu_B}\frac{\mathrm{d}\mu_B}{\mathrm{d}r}\right)^2 \geqslant 0 \tag{7-2-4}$$

较 Suydam 判据，它增加了 $(1-q^2)$ 因子。因为是微分形式，它适用于气球模这样的局域模。平方项表示正负磁剪切均可起稳定作用，相应于两个稳定区。一般来说，环效应增加了稳定

作用。用磁剪切 s 和关于压强梯度的量 α (7-2-3) 来表示式 (7-2-4) 为

$$\frac{4r}{R}\left(\frac{1}{q^2}-1\right)\frac{\alpha}{s^2}-1<0 \tag{7-2-5}$$

这是一个抛物线，但是 s 和 α 都是局部量，不能简单画在图 7-2-8 上。这一稳定性判据也要求强剪切、低压强梯度和大于 1 的 q 值，在反剪切位形中，须仔细考虑这个必要判据。式 (7-2-5) 有时写成 $D_M<1/4$，其中 $D_M=\varepsilon\frac{\alpha}{s^2}(1/q^2-1)$ 称为 Mercier 指数，$\varepsilon=r/R$。

实验观测显示，气球模的作用通常限制了运行极限，而不致造成放电的破裂。这是因为它是一种局域性的不稳定性，主要作用是增加能量损失。

3. β 极限

在第 4 章，我们从等离子体平衡出发，得到总的比压值的极限为

$$\beta<\frac{1}{q_a^2}\frac{a}{R}=\frac{\varepsilon}{q_a^2} \tag{7-2-6}$$

这是一个非常粗糙的估计，有时在右侧加一个 0.5 的系数。从稳定气球模的要求可以得到更精确的表示。在这一推导中，我们仍使用第一个稳定区，因为第二稳定区在实验上确实达到了，但属于演示性的，未能普遍实现，也未能达到很高的比压值。

将总比压值写为

$$\beta=\frac{2\pi\int_0^a pr\mathrm{d}r}{\pi a^2 B_\varphi^2/2\mu_0}=\frac{2\mu_0}{a^2 B_\varphi^2}\int_0^a-\frac{\mathrm{d}p}{\mathrm{d}r}r^2\mathrm{d}r \tag{7-2-7}$$

将从理论得到的稳定区域图的边界用一个直线 $s=1.67\alpha$ 拟合 (图 7-2-11，出处同图 7-2-2)，这个关系又可写为

$$-\frac{\mathrm{d}p}{\mathrm{d}r}=0.30\frac{B_\varphi^2}{\mu_0 R}\frac{r}{q^3}\frac{\mathrm{d}q}{\mathrm{d}r} \tag{7-2-8}$$

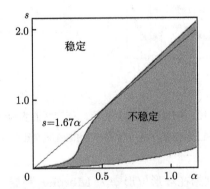

图 7-2-11　气球模稳定区和边界直线拟合

将其代入式 (7-2-7)，得

$$\beta=-0.30\frac{1}{Ra^2}\int_0^a\frac{\mathrm{d}}{\mathrm{d}r}\left(\frac{1}{q^2}\right)r^3\mathrm{d}r \tag{7-2-9}$$

假设均匀电流轮廓如图 7-2-12 所示，积分得到最大比压值

$$\beta_{\mathrm{m}} = 1.2 \frac{\varepsilon}{q_a^2} (\sqrt{q_a} - 1) \tag{7-2-10}$$

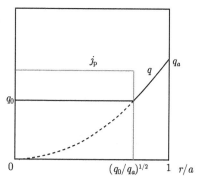

图 7-2-12 假设的电流和 q 轮廓

将这个关系画在图上，可以用一直线很好拟合 (图 7-2-13，出处同图 7-2-2)。用百分比形式写为

$$\beta_{\mathrm{m}}(\%) = 28 \frac{\varepsilon}{q_a} = 5.6 \frac{I_{\mathrm{p}}(\mathrm{MA})}{a B_\varphi} \tag{7-2-11}$$

可以定义归一化比压

$$\beta_{\mathrm{N}} = \frac{\beta(\%)}{I_{\mathrm{p}}/a B_\varphi} \tag{7-2-12}$$

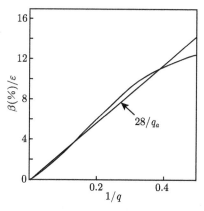

图 7-2-13 按百分比计算的比压极限和 $1/q$ 的关系

按照式 (7-2-11)，归一化比压应为 5.6。但是如图 7-2-12 那样的理想电流分布是不可能实现的，所以它的极限应由实验决定。

图 7-2-14 (E. J. Strait, Phys. Plasmas, 1(1993) 1415) 表示多个装置上得到的结果，其中比压值按百分比。对于不同截面的等离子体，归一化比压多在 3~4，所以可写为

$$\beta_{\mathrm{N,max}} \approx 3.5 \tag{7-2-13}$$

这一极限称为理想 β 极限。相应于式 (7-2-11) 中的系数 5.6 应换为一个因子，称为 Troyon 因子，该式所表达的极限称为 **Troyon 极限**。

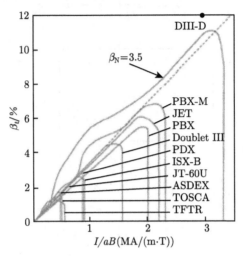

图 7-2-14 多个装置上比压值和 I/aB 的关系

由式 (7-2-11) 得到环向比压 $\beta(\%) = (I_\mathrm{p}/aB_\varphi)\beta_\mathrm{N}$，而按实验 β_N 值是有限制的。但是两比压之间的比例系数 $I_\mathrm{p}/(aB_\varphi) \propto 1/(q_a A)$，其中 A 为环径比。按此比例，球形环的 A 值较传统托卡马克小得多，因此可以得到高的环向比压。事实确实如此，在球形环 START 上得到的环向比压曾创造了 $\beta_t = 0.40$ 的最高纪录。在图 7-2-15 (T. C. Luce, Phys. Plasmas, 18(2011) 030501) 上，将球形环达到的比压值添加到和图 7-2-14 同样的坐标中，可以看到这类装置中比压值的提高。

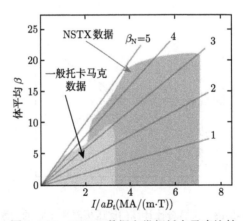

图 7-2-15 NSTX 数据和常规托卡马克比较

以上得到的结果系对最佳电流轮廓而言。如果把自感计算在内，这个极限可写为

$$\beta_{\mathrm{N,max}} \approx 4l_\mathrm{i}\,\frac{I_\mathrm{p}(\mathrm{MA})}{aB_\varphi} \tag{7-2-14}$$

或者简单写为 $\beta_{\mathrm{N,max}} \approx 4l_\mathrm{i}$，其中，$l_\mathrm{i}$ 为单位长度内感，一般在 $0.8 \sim 1$ 范围。因此，中心峰值的电流分布可得到高的比压。

虽然我们从气球模的稳定性分析得到定标关系 (7-2-12)，但是上面所得到的比压极限也可大致应用于其他理想磁流体不稳定性，例如，图 7-2-16 (W. Howl et al., Phys. Fluids, B4(1992) 1724) 是 DIIID 装置上对不同压强轮廓计算得到的稳定区域。可以看到当压强轮廓很平时，达到的比压值和 l_i 成正比，基本上符合式 (7-2-14)，但稳定性边界由内扭曲模决定，另一边界和外扭曲模有关。这些极限还和运行的时间长度有关。

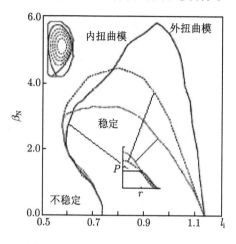

图 7-2-16　DIIID 上的磁流体稳定区

7.3　非理想磁流体不稳定性

1. 磁岛几何

理想磁流体现象中，因为没有电阻，等离子体冻结在磁力线上，无论等离子体如何运动变形，磁力线拓扑都不会变化。存在电阻时，可在磁扩散时间尺度上改变磁场拓扑。

磁面拓扑的改变形成**磁岛**(magnetic island)。为说明其物理图像，我们在环形等离子体一个磁面上选择一点，从平行磁力线方向观察 (图 7-3-1, 注意环向磁场和环向电流同方向)，

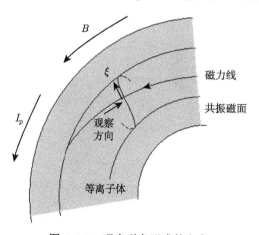

图 7-3-1　观察磁岛形成的方向

或者说令磁场位形在垂直磁力线方向投影。因为是顺着磁力线观察的，这点的磁场投影为
零。由于磁剪切，其上下两层的磁场投影方向相反。通过这点有一个零磁场的中间层，就是
我们所取的带状投影曲面与磁面的交线，作为两个方向磁场的分界线，见图 7-3-2(a)。对于
正剪切磁场结构，q 值向外增大，旋转变换减小，所以从磁场方向观察，外侧磁力线反向。这
个方向问题对于新经典撕裂模很重要。这样的磁场结构类似于地球磁场尾部的中性片。如果
在这个中间层附近发生磁流体扰动，产生垂直方向的磁场分量，存在电阻时磁力线容许断开
重联，会产生如图 7-3-2(b) 的结构。这样结构的特点是存在一些零磁场分量的 O 点和 X 点，
而它们之间是方向交替的垂直方向的磁场。在 O 点周围形成封闭磁力线区域，称为磁岛。

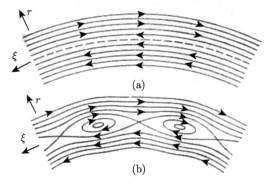

图 7-3-2   磁面结构和磁岛形成

这样的扰动和磁场重联并形成磁岛只能发生在共振面附近，在环向和极向形成周期性
结构，并形成新的磁轴。一个 $m=2, n=1$ 的磁岛拓扑可见图 7-3-3。可在 $q(r_{\mathrm{s}}) = m/n$ 的共振
面附近，引进与磁力线垂直方向的螺旋角 (图 7-3-1 和图 7-3-2)

$$\xi = \theta - \frac{n}{m}\varphi \tag{7-3-1}$$

ξ 方向的螺旋磁场为

$$B_{\mathrm{h}} = B_p \left[1 - \frac{n}{m} q(r) \right] \tag{7-3-2}$$

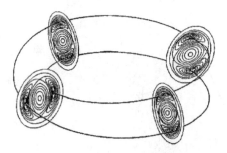

图 7-3-3 $m=2, n=1$ 磁岛拓扑

扰动产生的径向磁场可写近似为 $\delta B = \hat{B}_{\mathrm{r}} \sin m\xi$，在 ξ-r 平面上的磁力线方程为

$$\frac{\mathrm{d}r}{r_{\mathrm{s}}\mathrm{d}\xi} = \frac{\delta B}{B_{\mathrm{h}}} \tag{7-3-3}$$

r_s 为共振面小半径，将式 (7-3-2) 在其附近做 Taylor 展开，将上式积分得到磁力线方程

$$\Omega = \frac{2(\delta r)^2}{w^2} - \cos m\xi \tag{7-3-4}$$

Ω 为积分常数，$\delta r = r - r_s$，w 为磁岛半宽度

$$w = 2\sqrt{\frac{r_s q_s \hat{B}_r}{m B_p \mathrm{d}q/\mathrm{d}r}} = 2r_s\sqrt{\frac{\hat{B}_r}{m B_p s}} \tag{7-3-5}$$

其中，s 为磁剪切，$\Omega = 1$ 为分支磁面，$-1 < \Omega < 1$ 为岛内部磁面，$\Omega > 1$ 为岛外部磁面。

磁岛的探测和宽度测量 在实验上有几种方法观察磁岛和测量其宽度。其一就是按照上述磁岛宽度公式 (7-3-5)，利用边界区测量的 $\tilde{B}_p$ 和 $q(r)$ 轮廓 (一般为估计)，根据 MHD 方程可以计算这一磁岛宽度。

比较直接的方法是 Mirnov 探圈信号反演，这样的一组探圈信号如图 5-2-9 所示。可在极坐标上表示以显示其极向模数，还可以进行反演计算得到扰动磁场位形和磁岛宽度。这种计算基于假设扰动发生在相应的共振面上。对于比较复杂的扰动模式，这种反演有一定局限性。

在磁岛研究中使用最多的还是对软 X 射线探测数据进行层析得到的二维图像。用 ECE 探测也可得到类似的温度分布图像，它们适于研究磁岛结构和相互作用。图 7-3-4 (A. E. Costley, Plasma Phys. Control. Fusion, 30(1988) 1455) 是 JET 上分别用 ECE 和软 X 射线层析在锯齿振荡崩塌后 2ms 时获取的图像。两图显示等离子体截面内部右上方黑色区域为温度最高和辐射强度最大区域，左下方为温度较低、辐射较弱的区域。

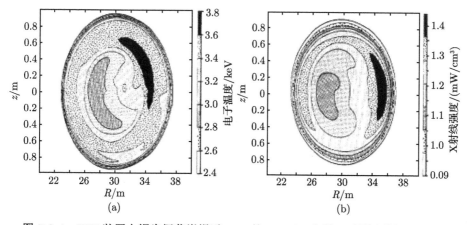

图 7-3-4 JET 装置上锯齿振荡崩塌后 2ms 的 ECE(a) 和软 X 射线层析 (b) 图像

高速照相也是研究磁场结构的有力工具。在 DIIID 上，用 256×256 像素的高速照相在环的切向拍摄波长 450 ~ 900nm 轫致辐射强度反映的密度涨落，用 10kHz 左右的共振频率滤波，获得这一频率振荡的振幅、相角和瞬态幅度图像，而且从中知道模式的旋转方向 (图 7-3-5，M. A. van Zeeland et al., Nucl. Fusion, 48(2008) 092002)。

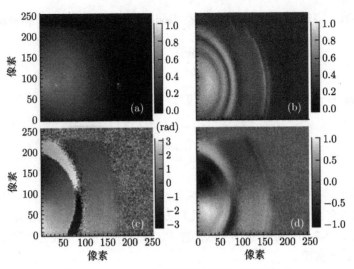

图 7-3-5　DIIID 上高速照相图片 (后附彩图)

(a) 未滤波；(b) 滤波后振幅；(c) 相位 ϕ；(d) 振幅乘以 $\sin\phi$

2. 撕裂模

等离子体的非理想性造成磁场拓扑的变化称为**磁场重联**(magnetic reconnection)。这一现象发生在图 7-3-2 的 X 点附近。重联的具体发生机构至今还在研究之中，成为等离子体物理的重大未决问题。近来的研究认为，霍尔效应在其中起很大作用。此外湍流的存在肯定能加速这个过程。由于磁力线的运动和压缩，在重联点附近还发生粒子加速过程。

当然，如果这样的扰动发生在非共振磁面，这样的岛结构也不会形成和发展。但是，在其处于共振面，即相应的安全因子 q 等于小整数组成的分数时，这样的扰动传播会返回扰动发生点而得到加强。磁场不断重联使磁岛宽度逐渐加大，直至饱和机制发生作用。这一不稳定模式称为**撕裂模**(tearing mode)。

从磁场扩散方程可知磁岛径向宽度 w 的增长率为

$$\frac{\mathrm{d}w}{\mathrm{d}t} \cong \frac{\eta}{2\mu_0}\Delta'(w) \tag{7-3-6}$$

其中，η 为电阻率，

$$\Delta'(w) = \frac{\psi'}{\psi}\bigg|_{r_s-w/2}^{r_s+w/2} = \frac{1}{B_r}\frac{\partial B_r}{\partial r}\bigg|_{r_s-w/2}^{r_s+w/2} \tag{7-3-7}$$

为撕裂参数，其中，r_s 为共振磁面半径，ψ 为螺旋磁通，就是通过一根共振磁力线和磁轴之间的面的磁通。式 (7-3-6) 称 **Rutherford 方程**，但根据不同模型，式右方的常系数有所不同。从这一方程可知，只有在 $\Delta'(w) < 0$ 时，这一模式才是稳定的。

磁岛结构历经发生、发展 (宽度增加) 和饱和等阶段。磁岛造成了径向输运的短路，成为一种能量损失机构。当不同模数磁岛发生相互作用时 (图 7-3-6)，会影响到等离子体平衡，产生**破裂**现象。

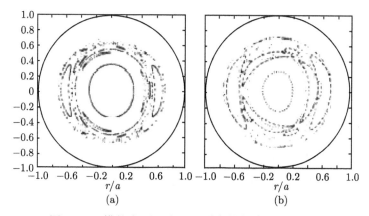

图 7-3-6 模数为 2/1 和 3/2 磁岛的发展和相互作用

双撕裂模 为解释磁岛的破裂,还提出一种双撕裂模概念,其形态和发展过程如图 7-3-7 所示。产生的原因有二:一是在电流上升阶段电流处于趋肤分布,这时 q 也非单调轮廓,在其最低点附近可能存在两个同样旋转变换的共振面而且距离很近,在反剪切磁场位形中也会存在这样的现象。其二,如前所述,由于环效应,一个 m 模可以衍生出其他极向模式,其中最重要的是 $m \pm 1$ 模。m 模和其一可以形成双撕裂模。双撕裂模不仅可以解释磁岛的重联,它产生的不稳定性较单撕裂模更强烈,也可解释电流上升阶段的反常趋肤效应。这一效应指的是电流的渗透较电阻率所决定的时间要快得多。对于高的 m 数,也可以形成多撕裂模。

图 7-3-7 双撕裂模的发展过程

为抑制双撕裂模,可以用注入动量矩方法,如使用中性粒子束注入产生有剪切的旋转,减小两撕裂模之间的耦合。

可以从 Mirnov 探圈探测到外扭曲模和电阻模 (磁岛) 旋转引起的振荡现象,称为 Mirnov 振荡。一般的振荡频率多为几个 kHz,模式旋转方向为电子逆磁漂移运动方向。

3. 锯齿振荡

锯齿振荡 如前所述,内扭曲模的稳定要求 $q_0 > 1$。当这个要求不满足时,会在软 X 射线或 ECE 信号上观测到一种形状类似于锯齿的波形,称为**锯齿振荡**(sawtooth oscillations)。

例如，图 7-3-8(von Goeler et al. Phys. Rev. Lett., 23(1974) 1201) 所示的是 ST 装置上观察的周期性软 X 射线信号。其中，中心道 ($r = 0$) 为正锯齿，先慢上升，然后快速下降，如此循环。外侧一道 ($r = 3.9$cm) 为负锯齿，行为相反。

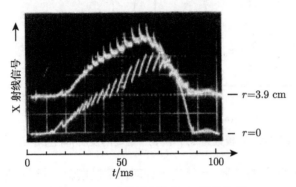

图 7-3-8   ST 装置上的软 X 射线信号

锯齿振荡现象及其成因可见图 7-3-9(ITER Group,Nucl. Fusion, 39(1999) 2251)。(c) 波形图是软 X 射线或 ECE 的测量信号，它基本上可代表测量弦中心点的电子温度变化。在等离子体中心弦的测量结果中，得到的是正锯齿，即信号逐渐上升，然后突然下降，如此重复。随测量弦外移，锯齿幅度降低，到了某半径的地方，这一信号变平，不再呈现锯齿，称此处小半径为**反转半径**(inversion radius)r_{inv}。如果再往外移动，则出现反锯齿，相位与正锯齿相反。安全因子 q(b) 也经历了相应的变化，但相位和温度变化相反。

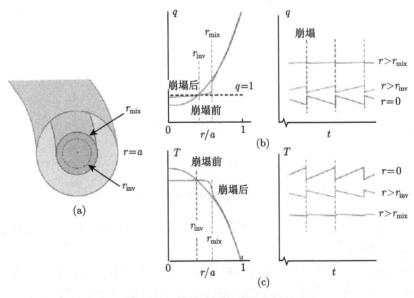

图 7-3-9   锯齿现象及其发生机理

对照图 7-3-9(a) 的温度 T 和 q 值分布图，容易解释锯齿的成因。反转半径就是 $q=1$ 有理磁面的半径，温度和 q 值的轮廓初为连续曲线。鉴于这个半径以内部分的 $q < 1$，可能发生 MHD 不稳定性。不稳定性在很短的时间尺度 (微秒) 下发生和发展，称为**崩塌**(crash)。在

这一短短的时间内，由于磁场结构的快速变化，温度轮廓在反转面附近变平，也就是反转面内温度下降和反转面外温度上升的过程。崩塌过后，由于加热和输运过程，内部区域温度逐渐上升，外部区域温度逐渐下降，如此反复。而受这一稳定性影响的区域可称为混合区域，相应半径为**混合半径**(mixing radius)r_{mix}，一般为小半径的 20%～40%。

按照电流轮廓的准抛物线分布 (4-5-28)，边界处和中心处 q 值之比为 $q_a/q_0 = \alpha + 1$，而边界 q 值是环向场和等离子体电流决定的。当边界 q 值不变时，随等离子体温度升高，温度和电流轮廓变得尖锐，α 值增加，中心处 q 值会低于 1，不再满足内扭曲模稳定的要求，所以这种锯齿振荡是普遍发生的现象。

锯齿振荡造成芯部的能量损失，在混合半径过大时，会引发其他类型的不稳定性。但是，另一方面，它可以减少或避免杂质及氦灰向芯部的集中。这一现象在研究早期就已被观察到。可以用是否存在锯齿振荡和反转半径的位置大致估算电流轮廓。而反锯齿有一个向外的传播过程，表现为随半径增加，观察的锯齿相位向后延迟。凭借这个热脉冲的传播，可以计算电子热导系数。例如，当等离子体电流轮廓为类抛物线分布且 $\alpha = 2$ 的"标准轮廓"时，用一个简化的脉冲传播模型可以得到中心处的电子热导为

$$\chi_e(0) = \frac{3}{16} a^2 \frac{1}{T_0} \frac{\Delta T}{\Delta t} \tag{7-3-8}$$

其中，a 为等离子体小半径，T_0 为中心温度，ΔT 和 Δt 分别为锯齿幅度和周期。此处一般将软 X 射线信号处理为温度，并不需要知道它的绝对值。

用 $q = 1$ 磁面附近的 $m = 1$ 的 MHD 不稳定性可以很好地解释锯齿振荡现象。但是我们没有说明发生的磁面变化的具体过程。对此已经提出不同的模型，一般都在非理想磁流体框架内处理。

Kadomtsev 模型 这一模型仍将锯齿振荡不稳定性归结为撕裂模，但由于发生在芯部且其模数 $m = n = 1$，它的拓扑有特殊之处 (图 7-3-10，取自 NSTX 装置上用于数值计算的图)，就是新的磁轴可能代替原来的磁轴。其他模式，如图 7-3-3 所显示的 2/1 模式形成磁岛的轴两次通过小截面，不可能有这样的替换。再看小截面上的投影图 (图 7-3-11，出处同图 7-2-2)。当电流逐渐增大时，在核心部分出现 $q < 1$ 区域 (阴影部分)。当其发展到一定程度时，磁面破裂，产生磁岛，磁岛逐渐发展，最后占据中心，代替原来的低 q 部分，然后同一过程周而复始。Kadomtsev 计算了这一磁岛的发展过程的时间，也就是崩塌时间为 $\tau_K \approx \sqrt{\tau_A \tau_R}$ 量级，其中 τ_A, τ_R 分别为阿尔文时间和电阻扩散时间。

Kadomtsev 模型取得了一些成功，但是随着实验的进展、更精细的诊断手段出现，也在实验上发现了一些与模型不符合的现象。首先，按照这一模型，锯齿的崩塌时间 τ_K 应随装置的增大而延长。例如，按照 JET 装置的参数，这一时间应为 10ms 左右，而实际观察到的为 100μs 上下。其次，按照 Kadomtsev 模型，破裂区的 q 值总维持在稍微低于 1 的值，但后来的电流轮廓测量显示，中心的 q 值得可以处在 0.7～0.8。在这种情况下，出现了对锯齿振荡的另外的解释。其中一种是冷泡模型，它认为造成锯齿振荡的是一种准交换模，即共振面以外的部分向磁面内鼓出一个冷泡。因为它是冷的，电流分布较平，q 值降低。JET 装置上 X 射线成像实验比较支持这样的模型 (图 7-3-4)。

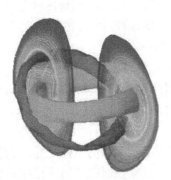

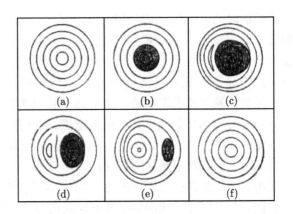

图 7-3-10 $m = n = 1$ 磁岛的拓扑结构   图 7-3-11   Kadomtsev 模型在小截面上的投影表示

此外在一些装置上发现在 $q_0 < 1$ 时也未观察到锯齿, 所以可能不是 q_0 是否小于 1, 而是另一有关 q 梯度的量 $\left(r\dfrac{\mathrm{d}q}{\mathrm{d}r}\right)_{q=1}$ 决定了是否发生锯齿振荡。一些实验数据也支持这一判断。

4. 新经典撕裂模

随着托卡马克装置参数的提高, 等离子体逐渐进入无碰撞区, 新的 MHD 不稳定性开始出现。1995 年, 一种类似撕裂模的不稳定性在 TFTR 上发现, 它就是**新经典撕裂模**(neoclassical tearing modes, NTM)。这种不稳定性早在多年前就已在理论上预言, 可见核工业西南物理研究院的曲文孝研究员早年在 Wisconsin 大学的工作 (W. X. Qu and J. D. Callen, UWPR-85-5, University of Wisconsin, 1985)。

新经典撕裂模的形成和自举电流有关。一个磁岛形成以后, 它的内部压强轮廓变平, 自举电流不再形成。环向电流的减少相当于产生了一个反向电流, 这个反向电流在磁岛内产生的磁场和原来磁岛周围的磁场同向, 加强了磁岛磁场, 使磁岛增宽。或者说, 由麦克斯韦方程, 使极向磁场发生扰动, 改变了致稳项 $\Delta'(w)$, 而使磁岛生长, 形成新的不稳定性。这一机制使磁岛增长方程 (7-3-6) 右方又增加一项, 即使在 $\Delta'(w) < 0$ 时磁岛也能增长。从图 7-3-2 表示的磁场拓扑可知, 新经典撕裂模的成因和磁场剪切有关, 它只发生在正剪切区, 如仿星器的磁场位形是负剪切, 所以不会发生新经典撕裂模。

从新经典撕裂模的成因来看, 它的出现要求等离子体进入无碰撞区, 有充分的捕获粒子, 且粒子碰撞频率低于捕获粒子反弹频率, 还要求高的比压值, 这经常在有辅助加热时出现, 以形成充分的自举电流。此外, 这一机构本身不形成磁岛, 所以必须存在种子磁岛, 在其基础上发展。对于很窄的磁岛, 横向热流在输运中起一定的作用。当磁岛宽度和离子回旋半径可比时, 磁岛内离子和电子的运动模式不同, 产生了一个静电势, 引起离子极化电流, 也是一种致稳效应, 此外磁场曲率也起一定作用。这些因素决定形成新经典撕裂模时磁岛的临界宽度。

图 7-3-12 (Z. Chang et al., Phys. Rev. Lett., 34(1995) 4663) 是 TFTR 上两次 "超放电" 中极向磁扰动及其频率的示波图, 其中使用了 24MW 的中性粒子束注入 (NBI)。扰动模数分别为 $m/n = 3/2$ 和 $4/3$。由此可见新经典撕裂模的又一特点, 就是模数 n 经常异于 1。图 7-3-13 (出处同图 7-3-12) 为其磁岛宽度的理论计算和实验的比较。从这一图可以看到, 磁岛

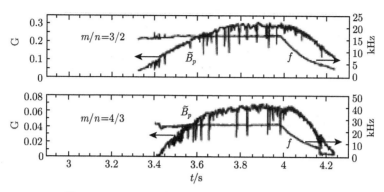

图 7-3-12　TFTR 上两次放电中的新经典撕裂模

图为极向磁扰动和扰动频率

的产生是阈值性的, 初始岛宽约为 1cm。

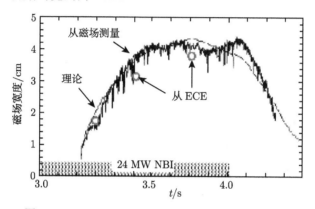

图 7-3-13　TFTR 新经典磁岛宽度的理论和测量值

图 7-3-14 (JET Team, Fusion Energy Conf., 1998) 为 JET 装置上用软 X 射线成像观察到的新经典磁岛结构, 其归一化比压值 β_N 分别为 2.4(a) 和 3.4(b)。可以看到, 当比压值增加时, 岛结构向内部发展, 模数 m 从 3 变为 2。

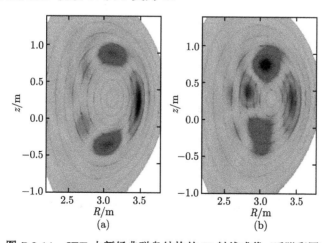

图 7-3-14　JET 上新经典磁岛结构的 X 射线成像 (后附彩图)

新经典撕裂模严重影响能量约束，一般可使能量约束减少 10%~30%，$\beta_N < 2$。图 7-3-15 (H. Zohm et al., Plasma Phys. Control. Fusion, 39(1997) B237) 是在 ASDEX 装置上中性粒子加热时出现新经典模的示波图。可以看到在出现 3/2 磁岛时，输运发生短路和电子温度下降。

减少和避免新经典撕裂模的方法有：减少种子磁岛 (避免锯齿、气球模、鱼骨模等)，反剪切运转或先进模式运转使 $q_0 > 1$，或使用离子回旋波加热或电流驱动、电子回旋波控制锯齿振荡。主动反馈控制方法有磁岛处局部辅助加热和电流驱动进行干扰，或在共振面驱动电流以代替 "丢失" 的自举电流。

图 7-3-16 (R. J. La Haye et al., Phys. Plasmas, 9(2002) 2051) 为 DIIID 上主动反馈控制 NTM 时间追踪图形，其横轴为主半径，纵轴为用 ECE 测量的 $n = 2$ 模的幅度。实线代表使用**等离子体控制系统**(PCS) 且对其优化的结果。这一系统根据 ECE 测量结果控制电子回旋电流驱动的淀积位置，并根据其效应决定下一步措施。NTM 复发在锯齿振荡崩塌时。虚线为无优化时的结果。

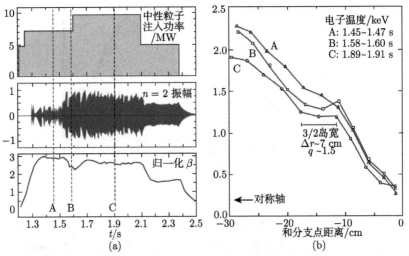

图 7-3-15　ASDEX-U 上中性粒子加热时出现的新经典撕裂模的磁场扰动和归一化比压值波形 (a) 及三个时刻的温度轮廓(b)

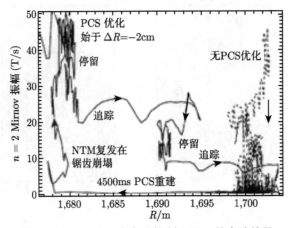

图 7-3-16　DIIID 上主动控制 NTM 的实验结果

7.4　边缘区的不稳定性

1. 边缘局域模

边缘局域模(ELM) 是在 ASDEX 上 H 模 (一种高约束模) 运行时发现的一种边缘区域的 MHD 活动。它在 H 模运转中起着重要的作用，可以逐渐消散边界区能量，维持等离子体的稳定性。

ELM 的显著特征是 H_α 或 D_α 线辐射的增强。这是不稳定性的发生使大量氢同位素粒子进入等离子体所致。图 7-4-1 为 ASDEX-U 装置上中性粒子加热后的 H_α 线发射强度波形图。其中 I, II 两种类型发生在一次放电，类型 III 发生在密度较低的另一次放电。从氢同位素谱线辐射来看，这种增强是爆发型的，从其形态可将 ELM 区分为几种类型。

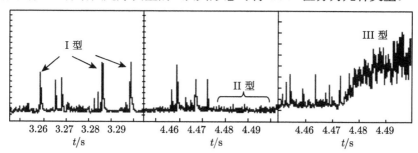

图 7-4-1　ASDEX-U 上中性粒子注入时的 H_α 辐射波形图

I 型：高振幅，低频率，又称巨型，在中性粒子束功率高时出现，频率随功率增加而增加 (图 7-4-2, R. Sartori et al., Plasma Phys. Control. Fusion, 46(2004) 723)。

II 型：振幅很低，低电流时出现，后来有时归入新发现的 V 型。

III 型：较低振幅，高频率，在中性粒子束功率低时出现，频率随功率增加而降低 (图 7-4-2)。

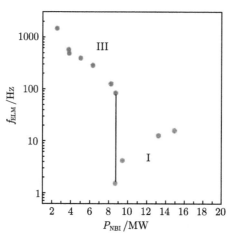

图 7-4-2　JET 上 I 型 III 型 ELM 频率和中性束功率关系

研究初期主要以 H_α 或 D_α 线辐射脉冲的频率和形状对 ELM 进行分类。在 DIIID 上称 II 型为草丛型，在 ASDEX 和 JET 上称 III 型为草丛型，也可将草丛型列为单独类型。以后又发现了不同名目的许多类型, 大致可分为 I 型、III 型和低幅度型三类。原来认为低幅度的 II 型 ELM 不导致大的能量损失, 且能逐渐消散边界区的能量积累, 被选择为 H 模的运转要素。但是进一步研究发现 I 型能导致更好的约束。

图 7-4-3 (K. Kamiya et al., Plasma Phys. Control. Fusion, 49(2007) S43) 为 JT-60U 上的中性粒子束加热的 H 模运行的实验结果。其中 (a) 为几幅典型示波图, 最下面是从偏滤器区域发射的 D_α 线辐射强度, 可以见到它们与总储能和电子密度相关。图 (b) 为 L 模以及 I 型、III 型有 ELM 的 H 模放电在台基 (即 H 模运转时约 90% 半径的区域) 处温度密度平面上的分布。可以见到 I 型 ELM 有更好的约束, 能达到更高的台基压强。

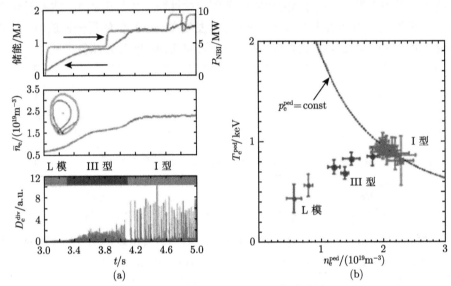

图 7-4-3　JT-60U 上 ELM 实验结果

(a) 典型波形, 从上到下: 储能和中性粒子注入功率, 电子密度, 偏滤器区 D_α 线辐射强度; (b) L 模和 I 型、III 型 ELM 放电台基温度和密度分布, 曲线为台基压强等于常数轨迹

这些模式的出现, 多数有先兆, 主要是高模数的 MHD 现象。现把这些先兆归纳如下 (表 7-4-1)。

表 7-4-1　I 型和 III 型 ELM 出现先兆参数

类型	装置	模数		岛宽 W/cm	频率 f/kHz	增长时间 τ/μs
		n	m			
III 型	JET	>8	—	10	50~100	250
	DIIID	6~13	—	—	50~100	—
	ASDEX-U	10~15	15~20	4	60~100	—
	Alcator-C-Mod	>5	>10	—	150	<50
	COMPASS-D	—	—	—	70~120	<200
	TCV	5~8	—	—	120→70	50
	JFT-2M	—	—	—	250~	20
I 型	JET	0~4	—	5	15	100
	ASDEX-U	5~10	10~15	1~2	5~20	1000
	COMPASS-D	3~8	—	1~2	70~200	30
	TCV	—	16~20	—	50	50

除去 I, III 两种类型 ELM 外, 尚在一系列装置上发现低幅度或根本没有 ELM 现象的 H 模, 可以归为一类。将它们的相对幅度 (能量变化/台基能量) 和台基区碰撞率 (归一化到捕获粒子反弹频率) 的关系在图 7-4-4(出处同图 7-4-3) 上表示。除去几种 ELM 类型 H 模外, 图上尚表示静态 H 模 (quiescent H mode, QH)、高反剪切 H 模 (high reversed shear H mode, HRS) 和增强 D_α 线 H 模 (enhanced D_α H mode, EDA) 的运转区域。因为台基温度较低, 可能处在碰撞区。这样一些低幅度或无 MHD 模式也可得到较好的约束, 但是是否适于用在 ITER 尚须进一步研究。

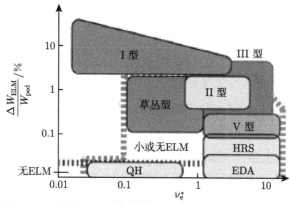

图 7-4-4 不同 ELM 模式的相对能量损失与碰撞率关系

物理图像 近年来, 使用扫描探针、径向干涉仪、束发射光谱、高速照相等诊断方法, 已经对 ELM 现象的物理图像有比较清楚的了解。

H 模是一种边缘输运垒的高约束模, 它在边界 $0.9 \sim 1.0a$ 处形成台基 (图 7-4-5(a), 出处同图 7-4-3), 有陡峭的压强 (或温度、密度) 梯度。当台基压强或其梯度达到一定临界值时, 就发生崩塌, 损失能量和粒子, 即为 ELM 现象。这一现象不是全局的, 仅在环外侧局部发生 (图 7-4-5(b), τ_{ELM}, $\tau_\perp$, $\tau_\parallel$ 分别为 ELM 产生时间, 垂直和平行传播时间), 然后沿删削层传播。所涉及的能量消散范围限于半径的 $0.7 \sim 0.8$, 芯部的约束不变。正因为如此, 可以利用适当的 ELM 来消散边界区能量、控制芯部密度和杂质积累, 不致形成更严重的不稳定性。

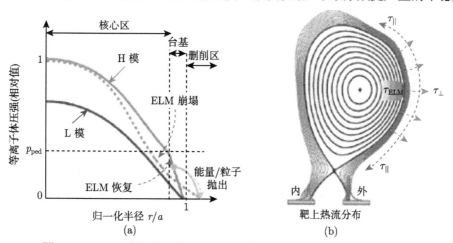

图 7-4-5 ELM 崩塌前后的压强轮廓 (a) 以及 ELM 的形成和传播 (b)

产生机制 ELM 不稳定性的物理机制尚不很清楚。从表 7-4-1 看，它显然是高度局域性的，和高模数 MHD 活动有关，一般认为它和剥离模有关。所谓**剥离模**(peeling modes) 是一种边界区自举电流和欧姆电流驱动的外扭曲模，发生在边界处的共振面上，具有高的 m 数和低的 $n(=1)$ 模数。它和气球模混合，可能形成一种高 m 中等 n $(=3\sim20)$ 的模式 (图 7-4-6)。这一机制已在一些装置的实验中验证。

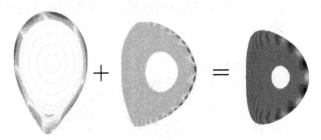

图 7-4-6　剥离模和气球模及其混合模的模式 (后附彩图)

对称轴在左方

对于这种混合模式，也做了一些理论工作。图 7-4-7 (J. W. Conner et al., Phys. Plasmas, 5(1998) 2687) 为边界区的剥离模和气球模不稳定区域在 s-α 平面上的表示。剥离模是电流驱动的，而台基区的电流会减小剪切，所以这种模式处于低剪切区。后来的计算表明，对于大形变的截面 (大的拉长比和三角形变)，有可能实现第二稳定区。

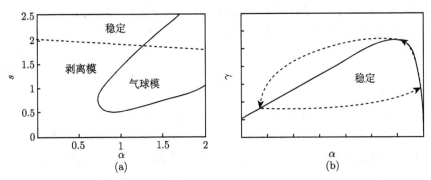

图 7-4-7　边界区剥离模和气球模稳定区 (a) 以及第 I 类 ELM 的发生机制 (b)

在圆截面近似下可以推导出边界区电流密度参数 $\gamma = 2j_{||}/\langle j\rangle = 1-2s$。$j_{||}$ 为边界区平行磁场方向电流密度。用 γ 代替磁剪切 s 画出两种不稳定性的稳定区域如图 7-4-7(b)。在这个图上还给出了第 I 类 ELM 的一种解释。边界区等离子体在稳定区内因加热而不断增加压强，达到右方的气球模的稳定边界，压强不再增加而发展电流密度，在稳定边界向上方发展，达到剥离模稳定边界而发生崩塌，参数降低，返回稳定区，再次进入循环。这一模型后来又改进用以解释三种 ELM 的发生区域 (图 7-4-8，P. B. Snyder et al., Phys.Plasmas, 9(2002) 2037)。

近年来在球形环 MAST 上所做的先进工作又揭示了 ELM 的某些性质。图 7-4-9 (A. Kirk et al., Phys. Rev. Lett., 92(2004) 245002) (a) 图是其外侧边界区高时空分辨 Thomson 激光散射的电子密度测量结果，分别为 ELM 之前、上升阶段和快结束时的数据。下面三图则为对测量结果的一种解释，即所探测的是在分支磁面附近一种沿磁力线的丝状 (filamentlike) 结构。这一结构经发展产生磁力线的重联，脱离原来磁面，但最终还回到等离子体。总过程持续 $100\mu s$ 左右。

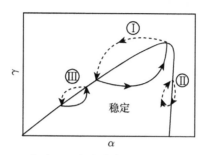

图 7-4-8　三种 ELM 在边界区电流密度和压强梯度平面上的分布和运行

这一模型已为高速照相结果所证实。图 7-4-9(b) 图为 ELM 开始时的照片及根据非线性气球模模型计算结果的图形。这一模型预计所产生结构会发展为丝状，局域于某磁力线位置，变窄，扭曲并被抛出。周期为 $(\tau_A^2\tau_E)^{1/3}$(τ_A 为阿尔文时间，τ_E 为能量约束时间)，对 MAST 为 $110\mu s$ 左右，和实验基本符合。这样的丝状结构也在其他传统托卡马克上观察到。它类似太阳火焰中的丝状结构。

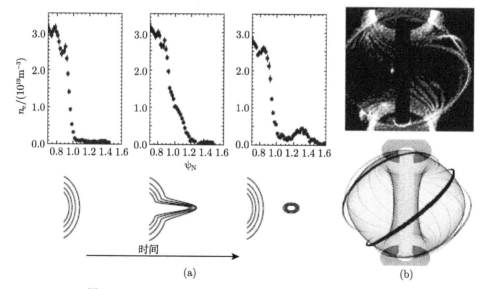

图 7-4-9　MAST 上激光 Thomson 散射测量密度结果和模型

时间分别为 ELM 前 $770\mu s$，及之后 $140\mu s$，$180\mu s$(a)，ELM 丝状结构的高速照相 (b) 上和数值模拟结果 (b) 下

总地来说，对 ELM 已进行了比较详尽的研究，特别是诊断精度的提高容许研究其结构和三维运动模式，但是对于 ITER 是否能接受 ELM 尚未定论，特别是这一模式引起的热冲击将缩短偏滤器板甚至第一壁的寿命。已进行了一些控制 ELM 的实验，包括在边界区加共振螺旋磁场，以及用弹丸或超声分子束注入进行干扰以控制其幅度等方法。

2. 边缘多层次非对称辐射

边缘多层次非对称辐射(multifaceted asymmetric radiation from the edge，MARFE) 是一种环向对称、极向不对称，发生在等离子体环内侧，有时发生在偏滤器的 X 点附近的辐射不稳定性。这种不稳定性首先在 Alcator-C 装置上发现，后来在很多装置上也经常观察到，均发生在等离子体环的强场侧，有的装置尚处在中平面附近，有的偏离一个角度。径向尺度约为小半径的 1/10。图 7-4-10 为 MARFE 发生区域的图以及实际照片。因为温度降低，辐射集中在可见光波段。在 Z_{eff} 较小时，MARFE 发生在接近密度极限区；在 Z_{eff} 较大时，可在较低密度时发生。

使用多道发射光谱、量热器、静电探针测量，发现 MARFE 区域的等离子体密度及其涨落增加，温度降低，但这一不稳定性对主等离子体的影响很小。在发生这一现象时，主等离子体一般能平稳运行，只有在很少情况下造成放电的破坏。在不影响主等离子体运行参数情况下，由于 MARFE 区域辐射增强，可以使孔栏或偏滤器靶板负载减少。为解释这一现象，提出了一些理论模型，其中考虑到温度低时径向输运所起的作用，以解释极向的不对称。

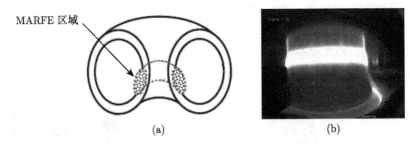

图 7-4-10　MARFE 发生区域 (a) 和照片 (b)

图 7-4-11 为 Alcator C-Mod 上的 MARFE 出现时辐射空间分布及放电示波图。此时 MARFE 区的电子密度为 $(2 \sim 3) \times 10^{21} \mathrm{m}^{-3}$，电子温度为 0.7~1eV。从辐射分布图来看，其分布不完全是上下对称的。

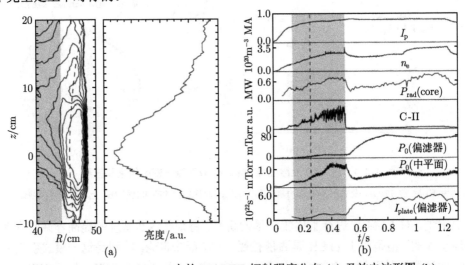

图 7-4-11　Alcator C-Mod 上的 MARFE 辐射强度分布 (a) 及放电波形图 (b)

(b) 中从上到下：等离子体电流，电子密度，辐射功率，CII 辐射强度，偏滤器辐射，中平面辐射，偏滤器板收集电流

MARFE 发生机制可归结为杂质辐射和温度关系的负梯度。从轻杂质的日冕模型的辐射能量密度分布图 (图 5-4-16) 来看，在几到几十 eV 的电子温度区间，线辐射、复合辐射，特别是线辐射和双电子辐射，都有强的负温度梯度，温度降低造成辐射增加，辐射增加又促使温度进一步降低，称为辐射热不稳定性。

MARFE 发生还有第二种机制，就是当温度降低时，由于压力平衡，平行磁场方向的输运使电子密度 n_e 和杂质密度 n_{imp} 都相应增加，进一步促进辐射损失增强。所以在温度只有几个 eV 的区域，有时也会发生 MARFE 现象。

从辐射反常区的能量平衡出发，得到关于 MARFE 的发生条件为

$$\frac{n_{imp}}{n_e} \geqslant \frac{1}{\Delta^2(\text{cm})} \tag{7-4-1}$$

Δ 为 MARFE 区域宽度，以 cm 为单位。

MARFE 现象的显著特点是它的极向不对称性，它们均在环内侧出现。因为观测到环内侧从等离子体向外的热流最弱，所以可能导致环内侧温度降低。这一现象应与粒子向环外侧的电漂移有关。至于位于环内侧的 MARFE 区域有时还呈现上下不对称，和边界区工作粒子和杂质粒子分布的不对称有关。边界区向内的粒子流一般是极向不对称的，主要位于环外侧。这一粒子流在向内运动时，和极向旋转的等离子体离子相互作用 (弹性碰撞、电离、电荷交换)，使粒子分布呈现上下不对称。在 CT-6B 装置上也观察到等离子体极向旋转带来的中性粒子分布的上下不对称性。与此有关的另一考虑是，很多 MARFE 发生区的温度只有几个 eV，不在负温度梯度区内，所以这一现象可能和边界区粒子循环有关。

3. 电阻壁模

电阻壁模(resistive wall mode, RWM) 不是一种新的模式，它实际上就是外扭曲模，但是从与壁的相互作用角度描述称为电阻壁模。以上叙述所用的模型，包括推导 Troyon 极限的模型，都是假设导电壁距离等离子体为无限远。实际的导电壁对等离子体中的宏观不稳定性总是有作用的。但是实际的导电壁必然有电阻，仅在其电流渗透时间 $\tau = L/R$(见 3.4 节介绍的公式) 内起作用。也就是说，电阻壁无论远近，仅对 MHD 模式起减缓的作用，而不能完全制止。但是，实际的磁流体模式往往呈现很快的旋转，包括等离子体本身的旋转和模式的相对旋转。如果旋转速度快于电阻壁的渗透时间，则电阻壁可以看做超导体，模式是稳定的，称为**等离子体模**。如果旋转速度低于壁渗透时间，则模式可以增长，称为**电阻壁模**。

图 7-4-12 (E. J. Strait et al., Phys. Rev. Lett., 74(1995) 2487) 为 DIIID 上的实验结果，(a) 为环向旋转频率 (电荷交换光谱 CER 和 Mirnov 探针测量结果)，(b) 为径向磁场涨落 δB_r，(c) 为归一化比压值 β_N 和中性粒子束注入功率 P_{NB}。可以见到中性粒子注入以后，等离子体比压值升高到理想比压值 (无壁极限) 以上，而且持续到 100ms 以上 (壁的渗透时间是 5ms)。旋转测量结果显示，在此期间，在几个共振面上，旋转速度远大于电阻壁渗透速度。但是，当 $q=3$ 面上的旋转速度降低到接近零时，相应的不稳定性迅速发展，比压值也降低到理想极限以下。

电阻壁模的计算涉及等离子体和壁的相互作用，以及模式相对于等离子体和等离子体本身的旋转，过程很复杂，可用 4.6 节介绍的方法研究。研究结果表明，对于等离子体模，

离壁越近越稳定。但是对于电阻壁模，如果离壁近，则会受壁的阻尼使本身旋转速度降低而不随等离子体一起旋转。两种模式的增长率随离壁距离的关系见图 7-4-13(ITER Group, Nucl. Fusion, 39(1999) 2251)。这一计算针对 $n = 1$ 外扭曲模，超过理想比压极限 30%，以及 $\omega/\omega_A = 0.06$，ω_A 为阿尔文频率，即以阿尔文速度旋转的频率。图中还显示了**滑动频率**(slip frequency)$\Delta\omega_{res}$，为等离子体转动频率和模式转动频率之差，即模式对等离子体的转动频率，对等离子体模，它趋于零。该图的阴影区 ($r_w/a = 1.4 \sim 1.7$) 为对两类模式都稳定的区域。

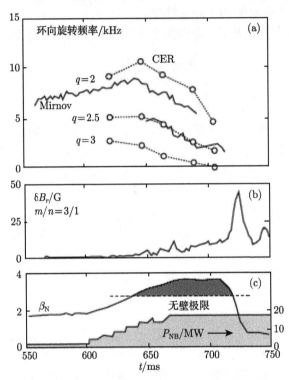

图 7-4-12　DIIID 中性粒子注入实验结果

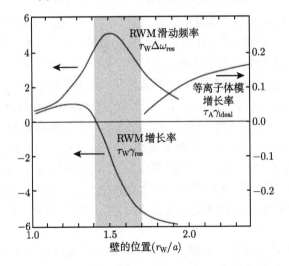

图 7-4-13　计算得到的 RWM 模和等离子体模的增长率及滑动频率与壁距离的关系

避免电阻壁模可以采用中性粒子注入产生旋转的方法。一些实验表明，这需要旋转速度超过一个临界值，这个临界值为阿尔文速度的百分之几。

另外也可以使用主动反馈的方法，即驱动一组非对称线圈的电流 (图 7-4-14，A.Bondeson et al., Nucl. Fusion, 41(2001) 455)。之所以用非轴对称线圈是因为所稳定的模式经常是 $n=1$ 模。这样的系统使用局部的探测线圈控制反馈线圈产生局部的磁场，相当于导体壳的稳定作用。

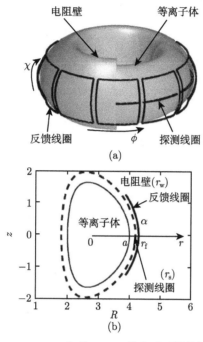

图 7-4-14 JET 上对 RWM 的主动反馈线圈结构

7.5 高能粒子产生的不稳定性

D-T 燃烧等离子体中聚变反应产生的 3.52MeV 的 α 粒子，以及中性粒子注入和射频加热和电流驱动产生的接近 MeV 能量的粒子可能与等离子体中一些相应特征时间尺度的过程相互作用，可能引起不稳定性，也可能致稳。

这些成为捕获粒子的 MeV 能量离子的进动频率一般高于典型 MHD 扰动频率，使通过香蕉轨道中心的磁通，也就是磁化等离子体的第三个绝热不变量守恒，对这样的 MHD 扰动起致稳作用，已在实验上观察到对内扭曲模的稳定作用。只是当这些高能粒子的速度降到 100keV 以下时，这个磁通不再守恒，产生各种的不稳定性。引起能量损失的不稳定性主要是鱼骨不稳定性和环形阿尔文本征模。

1. 鱼骨不稳定性

这是在 PDX 装置上中性粒子束垂直注入时首先发现的不稳定性。图 7-5-1 (K.McGuire et al., Phys. Rev. Lett., 50(1983) 891)(a) 图是不稳定性出现时的软 X 射线信号，为锯齿振荡信号上叠加了间歇的低频信号 (5~15kHz)，持续时间小于 1ms，间隔时间为几个 ms。(b) 图为极向磁场的涨落信号，其一段振荡信号放大后形状很像鱼骨，故称为**鱼骨不稳定性**(fishbone instability)。(c) 图为聚变中子信号，显示在发生不稳定性时温度下降、中子产额减少，估计导致 20%~40% 中性束输入能量的损失。这一不稳定性经识别为 $m=1$, $n=1$ 的内扭曲模。鱼骨不稳定性降低了中性粒子束加热的效率。这一不稳定性后来在很多托卡马克装置上出现，在仿星器上也观察到。

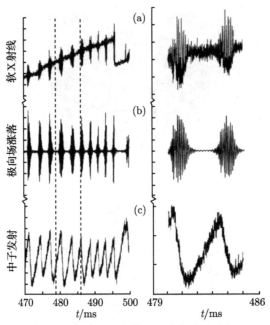

图 7-5-1   PBX 上发现的鱼骨不稳定性

右图为时间放大图，所有参数为任意单位

对于这一现象，首先提出两种解释。陈骝 (L.Chen) 等认为，是模的相速和捕获粒子环向进动的速度共振所致。因为高能中性粒子垂直注入，形成捕获粒子很高的垂直速度，造成一定速度的环向进动。他们导出的不稳定条件要求高能捕获粒子的比压超过一定临界值。

后来在 DIIID 上，中性束切向注入时也发生鱼骨不稳定性。这种现象可以解释为波和通行粒子的环向进动耦合的结果。

B.Coppi 等从扰动相速等于离子逆磁速度 v_{*i} 出发，也发展另一模型，称为离子逆磁分支。后来的研究表明，这两种解释相应两种极端情形，两种机构可能同时发生。图 7-5-2(出处同图 7-2-2) 为鱼骨不稳定性的发生区域，横轴为快离子的极向比压，纵轴为离子逆磁频率 $\omega_{*i} = v_{id}/r$。此后陆续提出一些更完备的理论。

一些实验结果证实了上述理论解释。在 ASDEX-Upgrade 上观察的鱼骨不稳定性的振荡频率和 PDX 上一样，爆发后很快降低。图 7-5-3 (T. Kass et al., Nucl. Fusion, 38(1998) 807) 为其磁场涨落示波图和小波分析。它的频率一开始为 23kHz，以后逐渐降低，类似哨声行为。因其由中性束注入产生的环向旋转频率为 8.5kHz，开始时模的实际振荡频率应为 14.5kHz，接近计算的 16kHz。旋转方向为离子逆磁方向。这一实验也证实了鱼骨不稳定性要求快离子压强超过一定阈值。

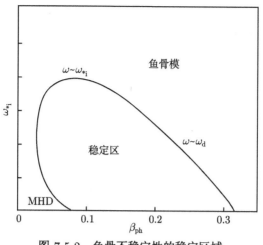

图 7-5-2　鱼骨不稳定性的稳定区域

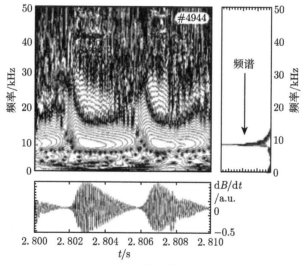

图 7-5-3　ASDEX-Upgrade 上鱼骨不稳定性磁场涨落波形及小波分析

以上所述鱼骨模均与离子运动相关, 称离子鱼骨模。2000 年, 在 DIIID 装置上发现, 在离轴电子回旋波电流驱动以及中性粒子束加热时, 高能电子也能激发内扭曲模, 称为电子鱼骨模。后来 FTU 和 Tore Supra 装置在低杂波电流驱动时, 以及 HL-2A 装置在电子回旋加热时也观察到类似的不稳定性。这种不稳定性与浅捕获电子的进动相关, 因为它们的进动方向与深捕获离子进动方向相同, 也有类似离子鱼骨模的行为。

聚变产生的高能 α 粒子也可能产生鱼骨不稳定性, 其阈值决定于 α 粒子密度。估计在 ITER 的磁轴上 α 粒子的比压值超过 1% 时可能引发这一不稳定性。实际的 α 粒子比压值可能达到这个临界值, 所以在 ITER 上须防备这一不稳定性发生。

2. 环形阿尔文本征模

和鱼骨不稳定性不同, 环形阿尔文本征模 (toroidal Alfvén eigenmodes, TAE) 是先有理论预言后在实验上发现的。阿尔文波是一种低频磁流体模式, 特征速度是阿尔文速度 $v_{\mathrm{A}} =$

$B/\sqrt{\mu_0\rho}$，ρ 为质量密度。在环形等离子体装置里，由于环效应和磁场梯度，阿尔文波呈现多种复杂模式。其中剪切阿尔文波很快衰减，而快离子能够激发环形阿尔文本征模，它是一种分布于某一半径处的单频模式。

剪切阿尔文波是传播方向平行磁场的波，其一般色散关系是 $\omega = v_A k_{\parallel}$，在柱坐标中波的形式为 $\exp\left[i\left(m\theta - n\dfrac{z}{R} + \omega t\right)\right]$，波数为 $k_{\parallel} = \dfrac{1}{R}\left(\dfrac{m}{q(r)} - n\right)$，所以频率作为半径的函数为

$$\omega(r) = \frac{v_A}{R}\left|\frac{m}{q(r)} - n\right| = \frac{B_p}{\sqrt{\mu_0\rho}}\frac{1}{r}|m - nq(r)| \tag{7-5-1}$$

对于一定的 m 值，频率随 q 值而变，因而随小半径而变，见图 7-5-4 的解释。由于磁场和密度的空间变化，阿尔文速度在各处不同，所以这种连续谱的剪切阿尔文波很难被激发。但在实验中，可用外加激励源激发某种模式，用式 (7-5-1) 计算 q 值的分布。

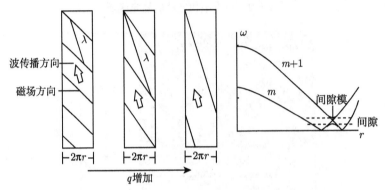

图 7-5-4 圆柱系统中波长和 q 值关系和环形系统中阿尔文间隙模的形成

由于不同的 m 值的模的频率零点不同，它们的连续谱有交叉。在环形系统里，波在传播过程中，周期性通过强场侧和弱场侧，相速，也就是折射率被调制，形成类似光子晶体的周期结构，导致不同 m 模间的耦合，在交叉处形成频率间隙，在间隙处出现一种新的模式，就是环形阿尔文本征模，又称间隙模。它的中心频率是 $\omega_{TAE}(r) = v_A/(2q(r)R)$，间隙宽度 $\Delta\omega/\omega_{TAE}$ 为 $\varepsilon = r/R$ 量级。

为什么会出现这个连续剪切阿尔文波的间隙呢？因为在这个间隙里两支交汇的波叠加，有 $\sin(m\theta) + \sin[(m+1)\theta] = \sin[(m+0.5)\theta]\cos(0.5\theta)$。其中后一因子转 θ 角两圈才回到原值，像一个 Möbius 带子。在转一圈的时候相位相反抵消，所以波不能传播。

在实验中，当聚变产生的 α 粒子的速度接近阿尔文速度时，可以激发这一模式。例如，在 D-T 等离子体里，当电子密度为 $10^{20}\mathrm{m}^{-3}$，磁场为 5T 时，$V_A = 7\times10^6\mathrm{m/s}$，而 3.5MeV 的 α 粒子的初速度为 $1.3\times10^7\mathrm{m/s}$。这一模式首先在 TFTR 上 D-T 运行并有中性粒子束注入时看到，实验条件是中心弱磁剪切，且 q_0 略大于 1。图 7-5-5 显示该装置上的实验结果。几种低模数的模发生在中性粒子注入之后，频率在 240~260kHz，并随时间增加，可能是中心区密度减小的缘故，它接近理论预言的频率 ω_{TAE}。模在环向传播方向是 α 粒子的离子逆磁漂移方向。之所以在中性束注入后出现，是因为 α 粒子已开始慢化而未热化。在一些装置上，在中性粒子束注入和离子回旋波加热时，也观察到环向阿尔文本征模。

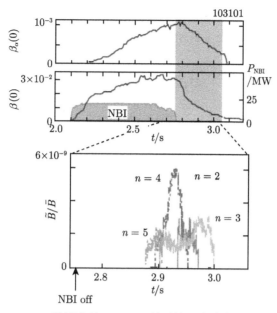

图 7-5-5 TFTR 装置上的 TAE，α 粒子比压和总比压以及磁场涨落

除去 TAE 以外，还存在多种其他类型的阿尔文波模式。在高温等离子体中，动理效应如有限回旋半径在间隙区变得很重要，在 TAE 频率之上形成一系列动理环向阿尔文本征模 (KTAE)。截面变形引起更高频率的模式。环效应再加上拉长截面和三角形变则分别形成 EAE(两倍频，$m=1$ 和 $m=2$ 模的耦合) 和 NAE(三倍频，$m=1$ 和 $m=3$ 模的耦合)。在低剪切的中心区可能出现中心局域模 CLM。此外高能粒子可能引起一种能量粒子模 EPM。它们的频率范围和径向分布见图 7-5-6 (S. Putvinski et al., Phil. Trans. R. Soc. Lond., A357(1999)

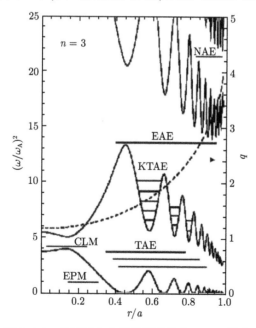

图 7-5-6 各种阿尔文模的频率分布，$n=3$ 模

493)。近年来由于芯部诊断技术的发展，各种类型的阿尔文模式接连被发现。但最危险的可能是 TAE，在 TFTR 和 DIIID 上可引起注入粒子 70% 以上的损失。

7.6 密度极限和先进模式

1. 密度极限

密度极限 上面我们讨论了由扭曲模稳定性决定的 q 极限，以及由气球模等稳定性决定的 β 极限。现在我们讨论密度极限。

在托卡马克研究早期就发现了能达到的电子密度和等离子体电流的关系。例如，图 7-6-1 (J. Bucalossi et al., 30th EPS Conf. St.Petersburg, 2003) 所示的在 Tore Supra 装置上无补充送气时的两次放电中总粒子数量和电流之间的正比关系，这种关系一般在所谓 Hugill 图上表示 (图 7-6-2，出处同图 7-2-2)。这个参数图的横轴和纵轴分别为 $n_e R/B_\varphi$(称 Murakami(村上) 参量) 和 $1/q_a$。因为 $1/q_a$ 可写为

$$\frac{1}{q_a} = \frac{\mu_0}{2\pi} \frac{R}{B_\varphi} \frac{I_p}{a^2} \tag{7-6-1}$$

所以 Hugill 图所表示的实际上是电流密度和电子密度之依赖关系。在这个图上，所能达到的区域上界由最小 q_a 决定，与密度无关。而右边界，实验发现和 Murakami 参量成比例。也就是说，所能达到的最大电流密度和电子密度成正比，而当有辅助加热时，右边界向高密度方向移动。图 7-6-3(出处同图 7-2-2) 是 JET 装置上几次放电的参数轨迹图。它们最后都终结于高电流时的破裂。

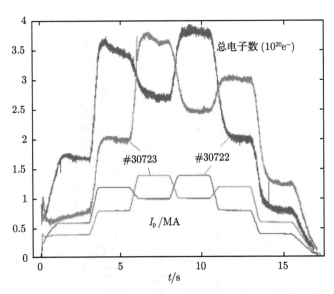

图 7-6-1　Tore Supra 上无补充充气时接连两次放电的总粒子数量和放电电流关系

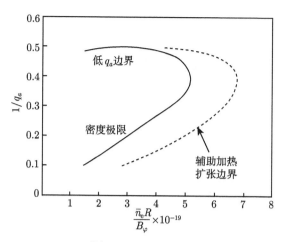

图 7-6-2 Hugill 图

事实上，这个图所表示的放电稳定区域还存在左方的低密度边界，它是由低密度时产生的逃逸放电决定的。所以，在这个图上，稳定的放电区域是一个三角形，存在左、右、上三个边界。辅助加热、改善壁条件和避免垂直不稳定性可以扩张右方的密度极限。

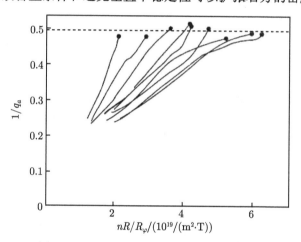

图 7-6-3 JET 装置上几次放电的参数轨迹

Hugill 图上的密度极限是经验性的，但从边界辐射角度考虑有一简单模型予以解释。当密度增加时，杂质含量也随之增加，因而增加等离子体边界区的杂质辐射。而边界区的辐射能量损失如果超过从核心区来的传导热流 (图 7-6-4)，边界区的热导能量损失就降为零。而边界区的温度轮廓是由输运过程决定的。如果没有热导，等离子体边界就可能与孔栏或分支面脱离，造成不稳定性。所以，边界区辐射等于核心区热导就成为稳定性判据。假设辐射全为杂质辐射，可推导这一条件为

$$\frac{1}{q_a} = \alpha \frac{(n_e n_{imp})^{5/8} R}{B_t} \tag{7-6-2}$$

其中，α 为一常数。在这公式中，如果假设杂质密度正比于电子密度，其定标关系近似于以上所说的密度极限。

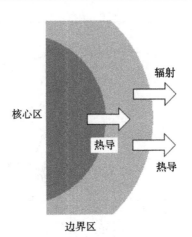

图 7-6-4 边界区能量平衡模型

密度的上限可以定量归纳为 **Greenwald 极限**

$$n_{\mathrm{GW}}(10^{20}\mathrm{m}^{-3}) = I(\mathrm{MA})/\pi a^2(\mathrm{m}) \tag{7-6-3}$$

一般托卡马克的运行密度小于 Greenwald 极限，但希望在 ITER 上达到它的 0.8~1.2。

密度极限还可以解释为等离子体外部区域的磁岛上杂质辐射导致的失稳作用，也可以和 MARFE 现象联系。在很多装置上发现，MARFE 也确定了一个类似于 Greenwald 极限的密度边界，而且所限制的密度更低，和总辐射功率等参数有关。

多种原因影响密度极限。式 (7-6-2) 也说明，高的杂质含量能降低密度极限。另一种定标关系为

$$n_{\mathrm{e}}^{\mathrm{crit}} \propto \sqrt{\frac{P_{\mathrm{heat}}}{Z_{\mathrm{eff}} - 1}} \tag{7-6-4}$$

其中，P_{heat} 为加热功率。所以提高加热功率也是增加密度的方法之一 (图 7-6-2)。

提高密度的方法　在任意托卡马克上，如果只凭原来充进真空室的气体的击穿，不能得到高的电子密度。所以一般采用放电期间补充吹气方法来提高电子密度。在小型装置 CT-6B 上采用补充充气可使密度提高一倍，也使能量约束时间提高一倍。但是，对大中型装置来说，吹气进入的气体大多在边界区电离，粒子不能有效补充核心区。所以发展了燃料弹丸注入的加料方式比较有效地解决了这个问题。在有些装置上，用弹丸注入突破了 Greenwald 密度极限。例如，DIIID 装置上，用中性粒子注入维持的等离子体再用弹丸注入，将电子密度提高到 1.5 个 Greenwald 极限，能量约束时间 τ_{E} 也得到相应提高，但是同时总的辐射损失也增加很多，直至超过中性粒子加热功率，这是弹丸注入常遇到的问题。例如，图 7-6-5(ITER Group, Nucl. Fusion, 39(1999) 2251) 显示 DIIID 上的弹丸注入实验在注入后期就发生这样的问题。但由于有多种方法能使密度能超过 Greenwald 极限，看来这不是一个严格的规律。

在强场侧注入弹丸 (图 3-7-3) 会产生高的加料效率并能保证等离子体约束的质量，原因可能是好的磁场曲率的作用。

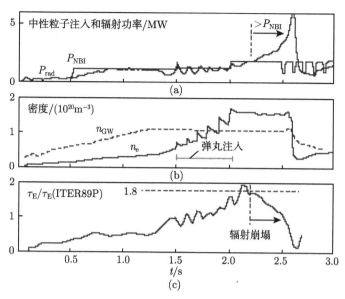

图 7-6-5 DIID 装置上的弹丸注入实验波形

(a) 中性粒子注入功率和辐射功率；(b) 电子密度和 Greenwald 密度极限；

(c) 能量约束时间 (和 ITER89P 定标律比较)

由于密度极限和杂质含量间存在依赖关系，所以近年来，第一壁条件的改善特别是壁处理技术的发展对扩展密度极限有显著作用。图 7-6-6 (J. Rapp et al., 26th Int. Conf. on Control. Fusion and Plasma Phys., Maastvicht, 1999) 为 TEXTOR 上对真空室壁进行处理后的实验结果。在 JET 上，采用铍孔栏和铍处理使最高密度提高了 30%~50%。

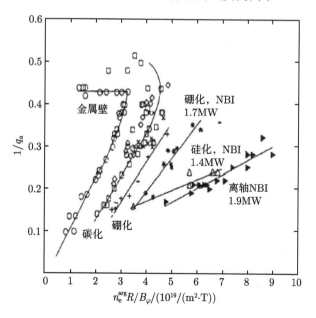

图 7-6-6 TEXTOR 上不同壁处理方式和中性粒子束注入功率所达到的电流和密度区域

在本章的以上各节讨论了由 MHD 不稳定性和辐射过程决定的 q 极限、β 极限和密度极限，它们决定了等离子体稳定运转的边界。而在这一边界所规定的区域内的参数选择，产生了所谓先进模式的讨论和研究。

2. 先进模式

在 20 世纪 80 年代 H 模发现以前，对未来聚变堆的规模有一个估计，用其尺度和磁场表示大约是 $a \cdot B \approx 25\text{m·T}$。当时建造这样规模的堆相当困难。H 模实现以后，对于等离子体约束大约乘一个 2 的因子。我们注意到，根据 H 模改进的尺寸缩小的 ITER 设计，它的 $a \cdot B \approx 10.6\text{m·T}$，为原来估计的一半以下。另一方面，改进后的 ITER 总预算也正好为原来的一半左右。这件事给人的启发是，对于如此复杂而其物理还不完全清楚的装置，其约束也许能再改善，在保证安全运行前提下，使其达到指标进一步提高，并适合于聚变堆的实际要求。在这一背景下，针对聚变堆的运行，特别是对于 DEMO 的设计，于 20 世纪 90 年代提出了**先进模式**(advanced performance 或 advanced scenario) 概念。它是一种高约束、高比压、高自举电流份额的运行模式。狭义的先进模式专门指完全非感应驱动电流的模式。

先进模式的**目的**是：小装置尺度，大功率密度，可靠性，稳态运转。

为达到这些目的所选择的**努力途径**，首先是等离子体电流的降低。等离子体电流原本起着两种作用：一为产生磁场结构的旋转变换以消除粒子漂移；二为欧姆加热。对于旋转变换而言，所达到的 q 值要满足 MHD 稳定性的要求，过高的等离子体电流并无好处。至于欧姆加热，由于目的是稳态运转，在非感应电流驱动相，已主要指望各种辅助加热提供输入能量。以 ITER 为例，它的电子回旋波加热、离子回旋波加热和中性粒子加热的功率均设计各为 50MW，聚变功率最大 500MW，而能量增益因子 $Q = 5 \sim 10$。所以适当降低等离子体电流是完全可能的。

和降低等离子体电流相联系的是应该提高边界 q 值，这主要是用于抑制 MHD 不稳定性。由于比压 β 所限制的运行区域边界主要由各种 MHD 不稳定性决定，所以提高 q 值得可以得到高的 l_i 值和 β_N 值，并确保不发生危险的破裂现象。在先进模式的运转中，边界区 q 值 (有时采用 $r=0.95a$ 处的 q_{95}) 可以在 3~4 以上。

随 β_N 值的增大，压强梯度增加，自举电流份额增加。这一份额可以写为

$$f_{\text{bs}} = \frac{I_{\text{bs}}}{I_{\text{p}}} \propto \beta_N q_a / \sqrt{\varepsilon} \tag{7-6-5}$$

因此，提高 β_N 值可以提高自举电流份额。同时，希望达到密度的第二稳定区。

所采取的**手段**：主要是以辅助加热和电流驱动控制压强和电流轮廓，改进剖面形状并达到第二稳定区。其次，增强环向磁场、改善磁场波纹度、减少等离子体和壁的相互作用也起一定作用。下面就一些具体问题予以说明。

自举电流份额的提高　自举电流是一种新经典输运产生的非感应等离子体电流。它的产生需要原先存在其他机制引起的等离子体电流，所以是一种电流的放大机制。为实现托卡马克的稳态运转，应尽量增加自举电流所占总电流的份额 f_{bs}，例如，希望在 90% 以上。这样的自举电流份额已在实验上达到。

在实验上，和其他非感应电流一样，自举电流的出现经常表现为环电压的降低。可以根据总等离子体电流扣除感应驱动电流而得到非感应驱动电流

$$I_{\mathrm{p}}^{\mathrm{driven}} = I_{\mathrm{p}} - \frac{U_{\mathrm{L}}}{R} \int_0^a \sigma_{||} r \mathrm{d}r \qquad (7\text{-}6\text{-}6)$$

其中，$\sigma_{||}$ 为平行磁场方向的电导率。至于这电导率用什么公式，须看等离子体处于什么输运区域。图 7-6-7 (H. Kishimoto et al., Nucl. Fusion, 45(2005) 986) 为 JT-60U 装置上的环电压测量值与计算值比较。可以看到，在这一装置上，采用新经典电导比较符合测量值。

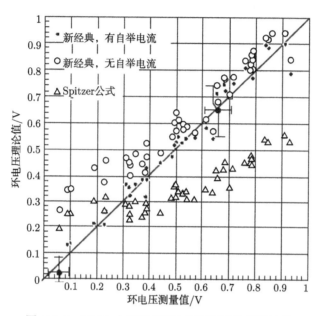

图 7-6-7　JT-60 上测量的环电压和理论计算的比较

在有外界电流驱动时，将非感应驱动电流中的自举电流和其他外界驱动电流区分，可以根据电流方向决定。自举电流总和与原来的电流方向相同，而驱动电流的方向可以改变。

图 7-6-8(出处同图 7-6-7) 为 JT-60U 上高 l_{i} 运转时的自举电流测量。(a) 图是环电压测量值，以及用新经典电导值的计算结果。(b) 图是自举电流份额，最高已经达到 80% 左右。(c) 图为内感的计算值，可用以核准自举电流的计算结果。

JT-60U 上的实验也证实，自举电流份额和极向比压 β_p 成正比。图 7-6-9(出处同图 7-6-7) 为自举电流份额的理论和实验数值比较。理论计算根据 Z_{eff} 以及 T_{i}, T_{e} 轮廓测量数据；β_p 值来自逆磁测量数据。

电流轮廓　针对 ITER 的两种运行模式 (准稳态和稳态) 可以有两种不同的选择，相应于 q 轮廓的弱剪切和反剪切。这两种先进模式所要达到的主要指标和 ITER 设计的感应电流驱动模式的主要特征比较见表 7-6-1。

第一种模式针对 $Q{=}10$ 的感应驱动模式，称为**混合模式**(hybrid scenario)，一半等离子体电流为非感应驱动，选择弱的正剪切，但中心区的 $q_0 > 1$，以较低的等离子体电流达到高的 l_i 和 β_{N} 值，并可延长放电时间。在实验中，可以用降低电流或扩大放电通道 (增加小半径或增大拉长比) 来实现。一般中心区为种子电流而边缘区为自举电流分布。

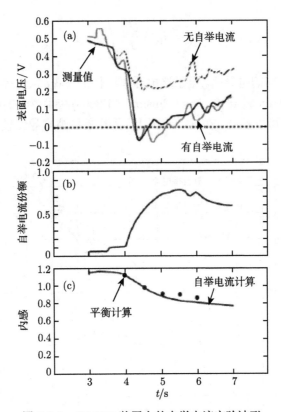

图 7-6-8　JT-60U 装置上的自举电流实验波形

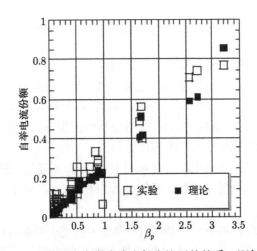

图 7-6-9　JT-60U 装置上自举电流和极向比压的关系, 理论和实验比较

表 7-6-1　为 ITER 所设计的两种先进模式和 ITER 原设计 (感应) 参数的比较

模式	I_p/MA	非感应电流份额	HH$_{98}$(y, 2)	l_i	β_N	持续时间/s
感应	15	0.15	1.0	0.8	1.8	400
混合	～12	～0.50	1～1.2	0.9	2～2.5	1000
稳态	～9	1.00	≥3	0.6	≥2.6	3000

这一模式经常使用强的中性粒子束注入，中心区离子温度比电子温度大得多，而且高的旋转剪切造成内部输运垒。中心区 $q_0 = 1 \sim 1.5$，边缘区 $q_{95} = 3.5 \sim 4.5$，对 $H_{98}(y,2)$ 定标律的改善系数可以达到 1.2~1.6。在现有的一些装置上已实现这样的运转，例如，在 JT-60U（图 7-6-10，出处同图 7-6-7）上，最高的 $n_e \tau_E T_i$ 记录为 $1.5 \times 10^{21} \mathrm{m^{-3} \cdot s \cdot keV}$，就是以这种模式达到的，此外还创造了峰值离子温度 $T_i = 45 \mathrm{keV}$ 的最高纪录。

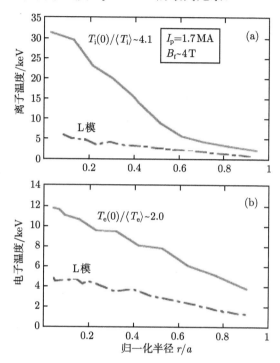

图 7-6-10　JT-60 上高 β_p 运行达到的离子和电子温度分布并与 L 模比较

第二种模式针对 $Q=5$ 的非感应驱动模式，称为**稳态模式**(steady-state scenario)，为全非感应电流驱动模式，选择反剪切位形以形成内部输运垒，增强芯部约束，并保证得到大的自举电流份额。从图 7-6-11(出处同图 7-6-7) 所示的 JT-60U 上的测量结果看，温度轮廓显著不同于混合模式，其中心区 $q_0 > 1.5$，边缘区 $q_{95} > 5$。一般在电流上升期间用强的辅助加热把电流中空分布"冻结"起来的办法来实现这种模式，已在很多现有装置上进行了相关实验。JT-60U 的这种运行模式的等效 D-T 反应 Q 值可以达到 1.25。

针对 ITER 运行的先进运行模式研究也在其他大型装置上进行。在混合模式方面，已经能稳定运行 $\beta_N \sim 3$，感应和非感应驱动电流各占 50% 的放电，约束较常规 H 模式有所改善，T_i/T_e 也有所增加。在反剪切模式方面，也得到 $q_{95} > 5$ 的稳态运转，符合 ITER 上 $Q > 5$ 运转的要求。

为进一步说明两种先进模式在装置参数空间的位置，在图 7-6-12 (T. C. Luce, Phys. Plasmas, 18(2011) 030501) 中对两种模式和常规的托卡马克运行模式进行了比较。这是一幅半定量的示意图，横轴为 $\varepsilon\beta_p$，大致相当于自举电流份额（自举电流 $\propto \sqrt{\varepsilon}\beta_p$），纵轴为 β/ε，大致相当于聚变功率。运行区域右侧为平衡极限，为 $\beta_p \sim R/a$ 所限制，运行区域左侧为电流极限，即要求 $q > 2$。区域右上方为压强极限，即比压 β_N 的极限，因为 $\beta_N \propto \sqrt{\varepsilon\beta_p\beta/\varepsilon}$，

所以 β_N 的等值线为双曲线。常规托卡马克运行区域位于低自举电流和低 q 值区域，而两种先进模式均采取截面变形 (拉长比和三角形变) 和合理的压强轮廓等方法提高比压极限，并且提高边界 q 值，保证安全性且提高自举电流份额，达到准稳态或稳态模式。

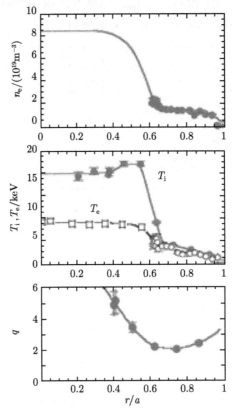

图 7-6-11　JT-60U 上反剪切位形放电的参数轮廓

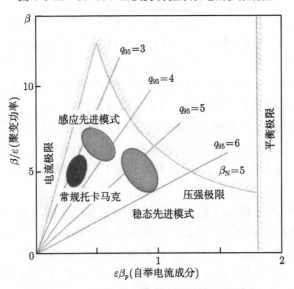

图 7-6-12　几种运行模式在参数空间的分布

等离子体形状控制 如上所述,拉长截面可以提高 q 值,增加稳定性。但是拉长比 κ 的增加受垂直不稳定性的限制,也会引起内感 l_i 的减少。更仔细的计算得到有效表面 q 值为

$$q_{95} = \frac{2\pi B_t a^2}{\mu_0 R I_p} \frac{1+\kappa^2}{2}(1+2\delta^2-1.2\delta^3)(1.17-0.65/A)/(1-1/A^2)^2 \tag{7-6-7}$$

其中,δ 为三角形变形参数,$A = R/a$。上式右侧从第一个分式以后部分就是 q 值的增大因子。从这个公式看,三角形变对 q 值也起重大作用。所以截面变形 (shaping) 也是达到先进模式的重要手段,并已在多项实验上得到验证。在为 ITER 设计的先进模式中,特别是对于稳态模式,非常强调三角形变。在 DIIID 上的变形实验中,提高 κ 和 δ 这两个参数使得 $n_i T_i \tau_E$ 值和等效聚变功率密度都比 JET 和 JT-60U 上的实验结果 ITER 的目标参数大 2~3 倍。

高约束态的维持 高约束态,或称改善约束态,特别是高的 β_N 运转,往往只能持续很短的时间。一般用能量约束时间 τ_E 为单位来判断高约束态的维持,可以以放电长于 $5\tau_E$ 或 $10\tau_E$ 作为稳态放电的标准。短于这个时间称为暂态放电。这大致相当于或高于粒子约束时间。一些装置致力于提高改善约束态的持续时间。维持高约束态的关键问题之一是控制 3/2 和 2/1 模数的新经典磁岛的发展。例如,在 JT-60U 上用控制新经典撕裂模使持续时间增加。控制方法可以采用优化压强和电流轮廓,使相应共振面上的压强梯度减小,或者加大三角形变来增加稳定 (图 7-6-13,出处同图 7-6-7)。实时的控制可用电子回旋电流驱动 (ECCD)来产生局部电流使这些磁岛不致发展。在 JET 上,发现展宽的压强轮廓能够维持长时间的 $\beta_N = 3$ 的运行,包括有无内部输运垒的放电,时间达到 $10\tau_E$,而较强的峰值压强轮廓即使在较低的 β_N 值时也会引起破裂。2003 年,在这一装置上使用中性粒子束注入加热,实现了 28s 的高约束等离子体放电。

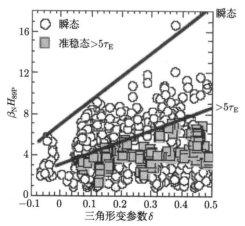

图 7-6-13 JT-60U 上三角形变对指标 $\beta_N H_{89p}$ 影响

此外,在大的装置上,较粒子约束时间长的特征时间尺度有电流轮廓的弛豫时间和第一壁的粒子饱和时间 τ_R,未观察到电流轮廓弛豫时间对维持高约束态的影响。但是当壁处于粒子饱和时,等离子体密度增加且不易控制。由此产生的维持问题正在研究和解决中。在 JT-60U 装置上,可在自举电流份额达到 80% 和 β_N 达到 3 时维持长于 τ_R 的时间尺度,但是在 $10\tau_R$ 尺度时,分别下降到 50% 和 2.5。

目前，偏滤器托卡马克的运行时间多在 20s 以下，最高达到 60s。在超导托卡马克 EAST 上，采取壁的锂化处理、等离子体精确控制等手段，成功实现了长达 411s、中心等离子体密度 $2\times10^{19}\mathrm{m}^{-3}$、中心电子温度 2keV 的长脉冲运行纪录。他们还发展了一套离子回旋波的壁处理技术，成为壁处理的有效手段，对于装置的准稳态高参数运行有重要意义。在此基础上，在 EAST 实验中，利用低杂波与射频波的协同效应，在较低的边界粒子循环率下实现了稳定重复的超过 32s 的高约束放电 (图 7-6-14，李建刚，物理，45(2016) 88)。

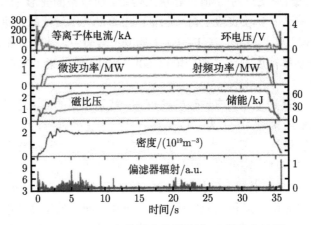

图 7-6-14　EAST 装置上的长脉冲 H 模放电波形

先进运行模式的研究，主要为了确保在 ITER 上能实现预计的两种运行模式，即 $Q>10$，维持 400s 的感应驱动放电和 $Q>5$，稳态非感应驱动放电的成功，特别是着重寻找高比压、高密度、高自举电流比例的稳定放电。ITER 的工程设计有一定灵活性，可以运转、比较不同的运行模式，这一研究已取得很大进展。还有人根据这一研究提出建造体积更小、有限 Q 值、稳态运转的紧凑型聚变堆的设想。

7.7　破裂及有关现象

1. 破裂

破裂(disruption) 是托卡马克装置实验中常见的现象，甚至是不可避免的现象之一，在装置调试期间经常发生。在新装置调试放电条件时，可把是否有破裂当作实现托卡马克类型放电的判据。它的最显著特征是高幅度而短暂的负电压脉冲 (negative spikes)(图 7-7-1)，可以达到负的几十甚至上百伏。同时等离子体电流有少许增加，但有时在放电波形上不能观察到。

很多迹象显示发生破裂时等离子体电流轮廓变平，这是磁岛结构的破裂所致。由于电流分布变平，自感减小 (图 4-5-7)，而内部磁能 $L_\mathrm{p}I_\mathrm{p}^2/2$ 难于及时消散，导致等离子体电流增加，而所测量的环电压是变压器初级线圈和等离子体两者产生磁通变化的测量。等离子体电流产生的磁通与变压器产生的磁通方向相反，所以等离子体电流的突然增加使得在等离子体柱旁的环电压突然降低。

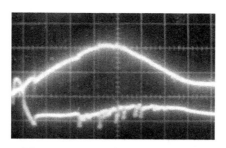

图 7-7-1 CT-6 装置早期放电波形

从上到下：$I_p(10kA/div)$, $U_L(10V/div)$, 横轴 $t(1ms/div)$

破裂是 MHD 不稳定性发展的结果，可区分为**大破裂**和**小破裂**。大破裂造成巨大能量损失，平衡不能维持，结束放电。小破裂又称内破裂，一般只造成能量的部分损失，而不导致平衡的破坏。图 7-7-1 所表示的几个电压负脉冲都相应于小破裂，电流波形和水平位移看不出相应变化或只有小的扰动。此外锯齿振荡类似于小破裂，特别是一种巨锯齿，是 $m = 1$ 不稳定性和其他低 m 模式耦合的结果。

大破裂造成平衡的破坏，能量的损失，导致电流的淬灭，放电的终结，它可能造成严重的后果。首先是热量和粒子流的释放可能集中在第一壁的局部区域，造成真空室的毁坏。例如，法国的 TFR 装置就发生过这样的事故。其次，破裂所形成的电磁脉冲在真空室和导电结构材料上感应产生的作用力可能超过大气压力和重力，产生破坏性的后果。因此，破裂现象须严肃对待，不允许在 ITER 和反应堆上出现。

内重联 在球形环中，极少观察到破裂现象，但是经常发生过一种类似现象，称为**内重联**。它的特征是电流在 $100\mu s$ 的时间内升高，相应电压产生负脉冲，等离子体密度显著下降。进一步分析表明，在产生内重联时，中心区压强下降，热能向边界区传播，有低模数 MHD 活动出现，可能是压强梯度驱动的不稳定性，但不致破坏整体的放电。图 7-7-2 (P. Helander et al., Phys. Rev. Lett., 89(2002) 235002) 为 MAST 上的内重联事件发生时的示波图。可以看到，在电流发生扰动时，也观察到电压的负脉冲。而且，同时探测到被加速的热质子，说明确实产生了强的环向电场，它是 MHD 模的部分破裂造成的。内重联不致造成大破裂那样的事件，但是对运行区域提出限制。

一些实验和理论工作试图解释内重联发生时虽然机制类似破裂，但是不致对平衡造成大的危害这一现象。原因可能是，由于小的环径比，当内感减小、等离子体电流增加时，截面的拉长比和边界 q 值都相应增加，从而产生的致稳效应避开低 q 的运行极限。

破裂的阶段划分 研究早期称破裂为不稳定性，但后来的进一步研究表明它不是一种单一的不稳定性，而是一系列事件连续发生的综合结果，其过程大致可分为以下几个阶段 (图 7-7-3，出处同图 7-2-2)。

预先兆阶段：电流或密度的增加导致向更不稳定位形发展。但有时也观察不到任何变化，然后破裂突然发生。

先兆阶段：当内部变化发展到一定程度时出现明显的 MHD 活动，在大多数情况下，$m = 2$ 模开始发展，有时也观察到其他低模数模式。在中型装置上这一阶段大约持续 10ms。

快破裂阶段：中心温度下降，电流轮廓变平，产生负电压脉冲。此阶段持续 1ms 左右。

电流淬灭阶段：电流下降到零，放电终止。

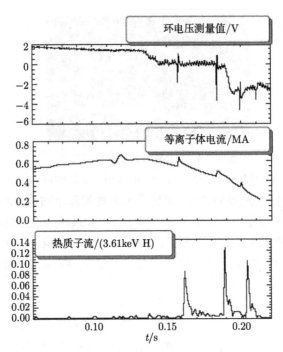

图 7-7-2　MAST 上的内重联事件的放电波形

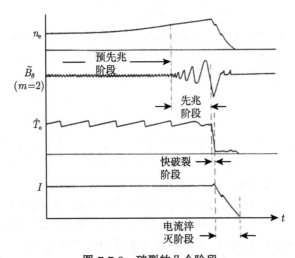

图 7-7-3　破裂的几个阶段

波形为电子密度、极向磁场扰动、峰值电子温度和等离子体电流

　　以上描述的过程主要指大破裂。小破裂定义为磁场局部重联导致的能量损失，但没有流向壁的大的能流，也不致发生电流淬灭。这种小破裂一般源于相邻模数的撕裂模或新经典撕裂模的非线性发展导致的互相重叠。其时间尺度 $10 \sim 100\mu s$，可损失 5%～20% 的等离子体能量。

　　破裂产生的原因　从实验观察角度，导致破裂的原因是多种多样的。不同原因导致的破裂在发生细节上可能有所不同，但主要环节都如上所述。图 7-7-4 (J. Wesson et al., Nucl.

Fusion, 29(1989) 641) 为 JET 上不同原因导致的破裂在 l_i-$q(a)$ 图上的表示。主要破裂原因介绍如下。

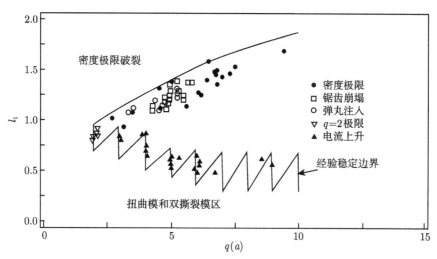

图 7-7-4 JET 装置在 l_i-$q(a)$ 图上的稳定区域和引起破裂原因

低 q 破裂：电流增大，工作区域接近稳定区边界，当环境有某些扰动，如和壁相互作用增强时，参数区域偏离稳定区，形成破裂。其先兆主要是扰动磁场增强和锁模。

密度极限破裂：密度增加使辐射功率增加，边缘冷却，电流通道变化，也会发生破裂。如 JET 上的实验 (图 7-6-3)。

平衡控制失效：一般使等离子体柱外移，和孔栏强烈相互作用，释放大量杂质，导致等离子体冷却，发生破裂。

电流上升过快：电流上升速度超过电流渗透速度，偏离准稳态，也会发生不稳定性。一般边缘的 q 值起主要作用，但在电流上升很快时，双撕裂模是破裂的主要原因。

比压极限破裂：一般在高功率加热时发生。

长脉冲运行：在 HT-7 上发现，用非感应电流驱动实现的长脉冲运行后期会发生破裂，相信和壁上的粒子循环及杂质释放有关。

下面比较详细地研究破裂的各个发展阶段。首先，在破裂前，即预先兆和先兆阶段，有 MHD 持续活动，如图 7-7-5(出处同图 7-7-4) 所示的 $n = 1$ 和 $n = 2$ 模的增长。有时会偶发一些突然的增长，伴随以小破裂。有时会发现模式的振荡突然消失，但是不能说明相应的模式的消失，因为测量的径向磁场 B_r 不仅没有消失，而且持续增长一直到快破裂阶段，说明磁岛结构突然增长，只是不再传播。这种现象称为**锁模**。

磁岛宽度的增长使这一区域的热传导短路，导致温度轮廓变平，密度轮廓也在一定程度上变平，此为热淬灭相，随之以电流淬灭相。

再考察快破裂阶段的详细过程。图 7-7-6(出处同图 7-2-2) 为 JET 装置上典型的密度极限破裂放电波形。快破裂分为热淬灭和电流淬灭两个阶段，其中的热淬灭又分慢淬灭和快淬灭两阶段。慢淬灭阶段起源于 $n = 1$ 的锁模，而在快热淬灭阶段，$m = n = 1$ 模快速发展。

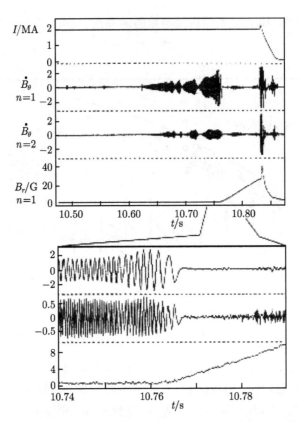

图 7-7-5　JET 上破裂前的 MHD 活动和锁模，波形为等离子体电流、极向磁场扰动波形 $(n = 1, 2)$
和径向磁场$(n = 1)$

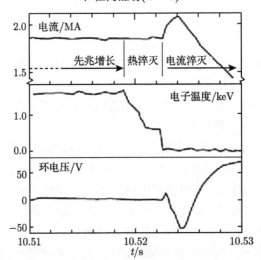

图 7-7-6　JET 上破裂热淬灭阶段的波形图

电子温度数据来自 ECE 诊断

　　随后产生负电压脉冲和短的正电流脉冲。这一阶段在中心区往往观察到冷泡的俘获。而电压负脉冲也证实了电流轮廓的变平。热淬灭分为两个阶段是比较普遍的规律，其持续时间和装置尺寸有一定定标关系。由于在此阶段，大量热量传导至壁或其他面向等离子体的部件，仔细计算热淬灭及电流淬灭的时间在工程上十分重要。

T-10 上的软 X 射线重构结果也显示了 MHD 活动对破裂的作用。破裂时首先观察到为 $m=1$ 模先兆信号的出现，继而看到 $m=2$ 模式的发展。然后两种模式相互作用，导致崩塌，有冷泡进入核心区。

以上所举的一些装置上的实验结果表明，引起破裂的原因和发展途径大致如图 7-7-7 所示。但是在轮廓变平机制上，锯齿振荡和杂质集中只是提供了必要条件，至于事件的具体起源，可归之于两种不同的物理过程。

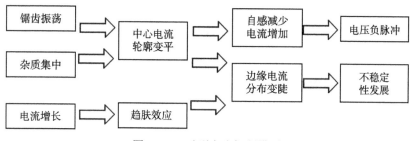

图 7-7-7　破裂产生机制模型

其一：由于磁扰动的非线性发展，不同螺旋度的模式重联 (重叠)，形成随机磁场，因而在宽的等离子体区域造成传导输运机构，使能量很快散失。

其二：低磁剪切条件下理想螺旋不稳定性的非线性发展可造成边界区的 "冷泡" 的俘获和宏观传输，进入中心区，使能量很快损失。

当然，两种物理机制并不完全排斥，它们也可能发生在不同的发展阶段。上述 T-10 上的观测结果也证实了这一点。

在能量的淬灭阶段 (快破裂阶段) 后就是电流的淬灭阶段。在这一阶段，等离子体电流降低到零。除去温度降低引起电阻增加的因素外，等离子体的运动引起强烈的和壁的相互作用引入杂质使辐射增加也是重要原因。这一淬灭的持续时间大致为等离子体柱本身的时间常数，即其自感除以电阻，但应考虑辐射冷却的作用。

电流淬灭阶段伴随以逃逸电子产生，并形成逃逸放电。这是因为，电阻增加，环电压升高；另一方面，由于粒子损失和电离度降低使密度下降，导致粒子碰撞频率降低。

伴随电流淬灭，在导电真空室上感应电流并引起强的电动力。在拉长截面并装备极向偏滤器的装置上，电流淬灭时会发生垂直不稳定性，使电流通道向上或向下运动，部分等离子体电流经过真空室，并在真空室内形成晕电流。

2. 有关物理现象

锁模　实验观察到，当撕裂模在磁场结构中形成磁岛后，这些磁岛绕极向和环向旋转。这一旋转由两部分构成。一是这一结构本身以其相速旋转，二是等离子体柱本身的旋转，当有中性粒子束注入时，这样的自身旋转容易产生。而锁模就是指磁岛的转速降为零，在极向磁场扰动的磁探圈上观察不到信号，这相当于电阻壁模接近导体壁的情形。实验结果指出，这一过程是随着磁岛变宽进行的。所观察到的磁场振动频率按指数律衰减到零

(图 7-7-8, M. F. F. Nave and J. A. Wesson, Nucl. Fusion, 30(1990) 2575)。

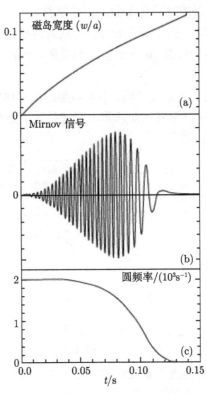

图 7-7-8 $m = 2$ 撕裂模的锁模计算 (a) 磁岛宽度、(b) 磁场扰动振幅和 (c) 转动圆频率

锁模的形成原因，一是导电壁的阻尼作用。当磁岛宽度变大时，它在导电壁中感应的电流也变大，逐渐减缓模式的旋转直到停止。第二原因是误差场。这场主要来自线圈连线或安装误差。

因为锁模可能产生破裂，须研究防止锁模的方法。首先是仔细测量误差场和安装误差矫正线圈。和环向场比较，能引起锁模的误差场为 10^{-4} 量级，而容许的误差场在 10^{-5} 以下。其余的防止锁模方法有 ECRH 局部加热、中性粒子加热加速旋转、变形截面等。

垂直不稳定性和真空室电流 对于有偏滤器的拉长截面等离子体，在破裂过程中，热淬灭结束后到电流淬灭阶段发生很复杂的物理过程，首先是等离子体截面变长，向偏滤器运动，然后产生晕电流，直到电流淬灭。

因为这样的拉长截面等离子体对垂直位移是不稳定的，在热淬灭相，由于等离子体宏观参数的突然改变，很容易失去垂直位置的控制而向上方或下方运动。例如，图 7-7-9 (R. S. Granets et al., Nucl. Fusion, 36(1996) 505) 所示的 Alcator C-Mod 上的截面磁场结构重构图和示波图。从图可以看到，破裂发生后，等离子体电流呈中空状态，并迅速向下运动，直到几乎完全进入偏滤室时，环向等离子体电流仍保持原来多一半。要指出的是，即使没有破裂热淬灭，也有可能产生垂直位移的失控。这种垂直位移等离子体有时称 "热等离子体"，因未经热淬灭相。

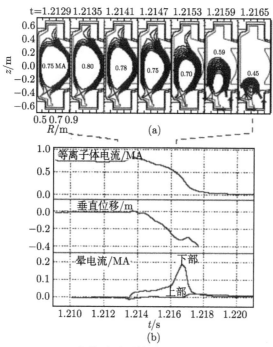

图 7-7-9　Alcator C-Mod 上的破裂后的磁场形态 (a) 和电流、垂直位移以及
上下两部分空心电流波形(b)

等离子体在运动过程中，由于极向和环向磁通守恒，形成螺旋状的晕电流，部分流经等离子体，部分流经真空室 (图 7-7-10)。其宽度为 $0.2\sim0.3a$，在环向不对称，在等离子体内是螺旋的，在真空室内是极向的。从图 7-7-11(出处同图 7-7-9) 所显示 Alcator C-Mod 上局部 Rogowski 线圈测量结果看，这一电流在环向分布非常不均匀而且是沿环绕环向运动的，转了两圈后消失。这种情况可能是 $m=1$ 和 $n=1$ 不稳定性引起的，但这些实验结果还显示一些细微的结构。在其他一些装置实验中，有些未显示电流的环向转动现象。鉴于上述复杂的过程，除去热的冲击外，破裂造成的垂直位移对真空室最大的影响是产生强的电动力。

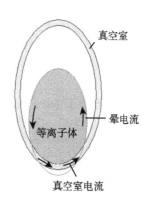

图 7-7-10　晕电流

逃逸电子和逃逸放电　这是一种速度空间的不稳定性。和中性粒子间碰撞不同，带电粒子间的碰撞截面和其速度的 4 次方成反比，碰撞频率和速度的 3 次方成反比。所以，越是速度高的带电粒子所遇到的碰撞越少，因而在电场中越容易被加至高速。在托卡马克等离子体中，这样的电子称为**逃逸电子**。它在加速过程中又不断通过碰撞产生新的逃逸电子，形成逃逸放电。逃逸电子和逃逸放电是托卡马克上常见的现象，经常在放电开始时，密度低时，以及杂质进入时发生，会产生大量高能 X 射线干扰诊断。形成逃逸的条件可写为

$$Ee > \frac{m_e v_e}{\tau_s} \tag{7-7-1}$$

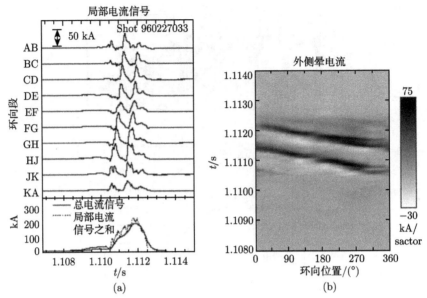

图 7-7-11　Alcator C-Mod 上 10 个环向位置的晕电流测量及其三维图

其中，$\tau_{\mathrm{s}} = 1/n_{\mathrm{e}} v_{\mathrm{e}} \sigma_{\mathrm{ec}}$ 为电子动量的慢化时间。考虑到与电子和离子两种碰撞，这一慢化时间为

$$\tau_{\mathrm{s}} = \frac{4}{3} \frac{\pi \varepsilon_0^2 m_{\mathrm{e}}^2 v_{\mathrm{e}}^3}{n_{\mathrm{e}} e^4 \ln \Lambda} \tag{7-7-2}$$

将电子速度改为电子热速度 $v_{\mathrm{Te}} = \sqrt{T_{\mathrm{e}}/m_{\mathrm{e}}}$，可得产生逃逸电子的临界电场

$$E_{\mathrm{c}} = \frac{3 n_{\mathrm{e}} e^3 \ln \Lambda}{4 \pi \varepsilon_0^2 m_{\mathrm{e}} v_{\mathrm{Te}}^2} = 3 E_{\mathrm{D}} \cong 0.12 n_{\mathrm{e,20}} (\mathrm{V/m}) \tag{7-7-3}$$

其中，E_{D} 称为 Driecer 电场。

当破裂发生时，在电流淬灭相的后期，由于电阻降低导致电压上升，以及密度的降低，产生大量能量达到几个 MeV 的高能逃逸电子，可能形成低密度的逃逸放电。实验观察到的显著特点是强的硬 X 射线辐射，如图 7-7-12 (R. D. Gill, Nucl. Fusion, 33(1993) 1613) 所表示的 JET 上的破裂产生的逃逸放电波形。在能量淬灭相，由于温度迅速降低，软 X 射线也迅速降到零。此时等离子体电流也按指数律降低，电压上升，引起大量逃逸电子产生并被加速，大剂量硬 X 射线辐射产生。这样低密度的逃逸放电可以维持相当长的时间，电流幅度约为原来等离子体电流的一半。

为防止大量逃逸电子产生和逃逸放电，可以采取多种措施。一为充进工作气体，因为逃逸的临界电场与密度成正比，提高电子密度可以降低逃逸的危险。同样可以采用弹丸注入以提高密度和产生 MHD 活动，破坏逃逸电子雪崩过程。也可外加负电压以降低总环电压。

以上所述的，是主破裂发生并导致放电结束时发生的过程和现象。在实验装置和聚变堆实际的运转中，我们并不希望正常的放电以这种不可控的方式结束。于是在实验装置或未来的聚变堆上有一个如何安全地结束放电的问题，或者说，如何在几秒钟内**快速停车**。涉及快速停车的问题和破裂现象相似，所可能采用的方法有工作气体或杂质气体的吹入、工作气体或杂质弹丸的注入等。

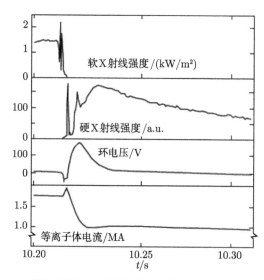

图 7-7-12　JET 上破裂时的软 X 射线、硬 X 射线、环电压和等离子体电流波形

3. 破裂的对策

现在，我们总结如何防止可能引起装置事故的主破裂或减少它的危害，当然最好是降低它的发生几率。这首先要选择适当的运转空间，主要包括 q, l_i, β 的运转区域。图 7-7-13(ITER Group，Nucl. Fusion, 39(1999) 2251) 为 JT-60 上对应不同 $q_{eff} \approx 1.25q_{95}$ 值的破裂发生频率。从图看出，当远离运转极限时，破裂危险是逐渐降低的。

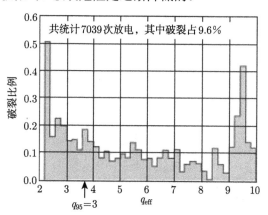

图 7-7-13　JT-60 上不同 q_{eff} 值的破裂频率

最好能做出破裂发生的预报。但是用上述先兆中少数参数预测也是不可靠的，会有不可接收的漏报和误报几率。例如，在 HL-2A 装置上统计先兆磁场扰动的振幅和周期的乘积，图 7-7-14 (杨青巍，托卡马克上 MHD 不稳定性的实验研究，核工业西南物理研究院博士学位论文，2006) 为所统计的结果，可以看到数据分散性很大，很难作为破裂预报的根据。

其次是对可能发生破裂的等离子体位形进行慢的间接的控制，动作时间在 1s 以上。这一时间尺度为等离子体的能量和粒子约束特征时间，甚至电阻扩散时间，可以改变电流轮廓。这一方法对发展较慢的新经典磁岛有抑制作用。

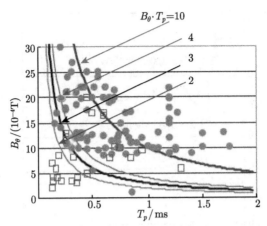

图 7-7-14　HL-2A 上用磁场扰动幅度周期的乘积预测破裂

圆点为破裂, 方块为不破裂

　　也可在观察到破裂先兆时进行快速的反馈控制, 所使用的手段有 ECCD、ECRH 以及其他辅助加热和电流驱动方法, 主要在先兆阶段进行干扰, 改变局部电流、压强梯度或增加旋转, 降低 MHD 活动的增长。在 DIIID 装置上, 用动力误差场矫正方法, 很大程度上降低了破裂的发生水平。

　　当破裂不能阻止时, 就要尽量减少它造成的危害。涉及破裂的主要过程和现象可以总结为图 7-7-15 (ITER Group, Nucl. Fusion, 39(1999) 2251)。对周围环境的影响主要有热淬灭、电流淬灭、垂直移动、晕电流、逃逸电子等项, 可以采取一些方法减轻它们的强度和影响, 如在破裂发生时减少截面的拉长比。另一可采取的方法是按上述方法实行快速停车。

　　当然主要问题是如何判断破裂的先兆, 以及是否有充分的预警时间。鉴于破裂的先兆是随机性的, 缺乏普遍能用的反馈方法, 一些装置上用神经网络方法对破裂进行预测。这一系统要求输入多种测量信号, 首先在多次放电中, 根据破裂发生的几率进行在线的 "训练", 然后用来进行预测。当然, 如何将这一方法用于 ITER 尚待进一步研究。

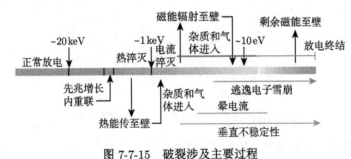

图 7-7-15　破裂涉及主要过程

阅 读 文 献

Kamiya K, Asakura N, Boedo J, et al. Edge localized modes: recent experimental findings and related issues. Plasma Phys. Control. Fusion, 2007, 49: S43

Kishimoto H, Ishido S. Advanced tokamak research on JT-60. Nucl. Fusion, 2005, 45: 986

La Haye R J. Neoclassical tearing modes and their control. Phys. Plasmas, 2006, 13: 055501

Taylor T S. Physics of advanced tokamaks. Plasma Phys. Control. Fusion, 1997, 39: B47

Wesson J A, Gill R D, Hugon M, et al. Disruption in JET. Nucl. Fusion, 1989, 29: 641

Zohm H. Edge localized modes (ELMs). Plasma Phys. Control. Fusion, 1996, 38: B105

第8章 输运和约束

8.1 一般实验研究

1. 能量约束时间和粒子约束时间

环形等离子体的输运问题主要研究能量、粒子、动量和环向电流的径向输运，以能量和粒子输运为研究重点，逐渐涉及动量和电流。和其他许多物理学问题一样，这一研究从宏观量的唯象研究开始，然后涉及其微观机构。本章主要沿这一研究的历史发展思路阐述。

总体输运性能 将等离子体作为一个整体，它的能量平衡方程为

$$\frac{\mathrm{d}W}{\mathrm{d}t} = P - \frac{W}{\tau_\mathrm{E}} \tag{8-1-1}$$

其中，$W = \frac{3}{2}n_\mathrm{e}(T_\mathrm{e} + T_\mathrm{i})V$ 为等离子体总热能，P 为加热功率。不难从实验数据计算**能量约束时间** τ_E

$$\tau_\mathrm{E} = \frac{W}{P - \dfrac{\mathrm{d}W}{\mathrm{d}t}} \tag{8-1-2}$$

在平衡时，简化为 $\tau_\mathrm{E} = W/P$。τ_E 又可称为整体 (global) 能量约束时间。对于欧姆放电，在达到能量平衡即放电达到电流平顶时，可从放电电流 I_p 和环电压 U_L 计算输入功率 $P = I_\mathrm{p}U_\mathrm{L}$，从温度、密度测量或逆磁测量求得总热能 W 以计算 τ_E。一般 W 只算热能，不包括宏观转动的动能，所以又称为**热的**(thermal) 能量约束时间。此外，有时将辐射损失功率从加热功率中扣除，只考虑热导传递的能量损失。

同样可列出总粒子数 N 的平衡方程

$$\frac{\mathrm{d}N}{\mathrm{d}t} = S - \frac{N}{\tau_\mathrm{p}} \tag{8-1-3}$$

根据这一公式也可从源项 S 和总粒子数 N 来计算粒子约束时间 τ_p。但和能量平衡方程不同，虽然总粒子数容易从密度测量结果计算，但粒子源项 S 非常难于估计。在系统很清洁的情况下它取决于充入的工作气体量，但并非所有充入气体都进入等离子体并被电离，而有一大部分损失到壁或被排出。如果用弹丸注入加料则比较能够准确计算。另一方面来自器壁的吸附气体也提供了重要的粒子源。在杂质水平较高时，杂质也贡献很大部分电子。实验中可以测量工作气体原子发射谱线强度来估计电离原子数目。用脉冲充气实验也可计算粒子约束时间。能量约束时间 τ_E 和粒子约束时间 τ_p 都是判断托卡马克等离子体约束性能的重要参数。

实际的输运可能是非线性的，也就是说，按照式 (8-1-2) 算出的能量约束时间不是常量，而与等离子体参数有关，这一非线性是输运系数非线性的表现。可定义**增量能量约束时**

间(incremental energy confinement time) 为

$$\tau_{\mathrm{E}}^{\mathrm{inc}} = \frac{\partial W}{\partial \left(P - \dfrac{\mathrm{d}W}{\mathrm{d}t} \right)} \tag{8-1-4}$$

它是 $W \sim P - \mathrm{d}W/\mathrm{d}t$ 曲线的微商 (图 8-1-1), 而式 (8-1-2) 中 τ_{E} 则为从原点至该曲线的工作点直线的斜率。$\tau_{\mathrm{E}}^{\mathrm{inc}}$ 能更实际地反映接近平衡时的能量收支情况, 类似于经济学中的边际效用。

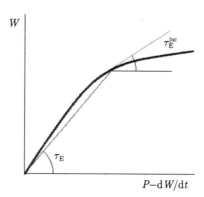

图 8-1-1 增量能量约束时间 $\tau_{\mathrm{E}}^{\mathrm{inc}}$ 的意义

如果输运矩阵 (输运量的流和其空间梯度的关系矩阵) 是对角的, 且其组元是常数, 则两种能量约束时间是一样的。它们的差别来自矩阵的非对角项和非常数组元 (例如, 能量输运系数和温度或温度梯度有关)。

输运系数的估算 从宏观参数数据可以估计输运系数。从粒子约束时间可推出粒子扩散系数。考虑直圆柱模型, 只有小半径 r 是变量, 先写出粒子数守恒方程

$$\frac{\partial n(r)}{\partial t} + \nabla \cdot [n(r)\vec{v}(r)] = 0 \tag{8-1-5}$$

其中, $n(r)$ 为粒子数密度。式左侧第二项为粒子流的散度。我们将粒子流写为 $\vec{\varGamma} = n(r)\vec{v}(r) = -D\nabla n(r)$, D 为扩散系数, 代入式 (8-1-5), 得到粒子输运方程

$$\frac{\partial n(r)}{\partial t} = \nabla \cdot [D\nabla n(r)] \tag{8-1-6}$$

因而在没有粒子源项情况下, 将式 (8-1-3) 除以体积 V, 认为粒子约束时间 τ_{p} 概念适用于局部, 代入式 (8-1-6) 得到

$$-\frac{n(r)}{\tau_{\mathrm{p}}} = \nabla \cdot [D\nabla n(r)] \tag{8-1-7}$$

假使扩散系数 D 在整个等离子体也是常数, 式 (8-1-7) 可在柱坐标中写为

$$\frac{1}{r}\frac{\partial}{\partial r}\left(r\frac{\partial n}{\partial r} \right) + \frac{1}{D\tau_{\mathrm{p}}}n = 0 \tag{8-1-8}$$

这是粒子密度 $n(r)$ 的线性方程, 取边界条件 $n(a) = 0$, 将尺度无量纲化后, 得到 Bessel 函数的解 $J_0(r/\sqrt{D\tau_{\mathrm{p}}})$, 其第一个零点是 2.4。得到 $\dfrac{a}{\sqrt{D\tau_{\mathrm{p}}}} = 2.4$, 因而得到联系扩散系数和粒

子约束时间的关系

$$\tau_{\mathrm{p}} = \frac{a^2}{5.8D} \tag{8-1-9}$$

但是实际上不能如此简单地推导粒子约束时间。这是因为，在粒子输运方程中尚有一向内的箍缩项 $V(r) < 0$，或称对流项，来自 Ware 箍缩及其他机制 (主要是湍流)，输运方程应为

$$\frac{\partial n(r)}{\partial t} = \nabla \cdot [D\nabla n(r) - n(r)V(r)] \tag{8-1-10}$$

准确的粒子约束时间测量或模拟应计及这一项的贡献，但式 (8-1-9) 可用于量级的估计。

相应的能量输运方程比较复杂，在不考虑黏滞加热时，可写为

$$\frac{\partial}{\partial t}\left(\frac{3}{2}nT\right) + \nabla \cdot \left(\frac{3}{2}nT\vec{v}\right) + \nabla \cdot \vec{q} = Q - p\nabla \cdot \vec{v} \tag{8-1-11}$$

左侧第二项是对流能量损失，即粒子扩散引起的能量扩散，第三项是热导形成的热流项。右侧第一项是热源，第二项是压强做功。我们只考虑热导项的贡献，这一热流可表为 $\vec{q} = -\kappa\nabla T$，$\kappa$ 称为热导率。这时，我们可采取同样的步骤推导热导率和能量约束时间的关系。为方便计，再引入**热扩散系数**(thermal diffusivity) $\chi = \kappa/n$，和扩散系数同量纲，便于比较。如果不计 $3/2$ 的系数，同样得到

$$\tau_{\mathrm{E}} = \frac{a^2}{5.8\chi} \tag{8-1-12}$$

此处忽略式 (8-1-11) 的第二项由粒子携带的能量输运是因为从实验上得到 $\tau_{\mathrm{p}} \gg \tau_{\mathrm{E}}$，即粒子约束远高于能量约束。从式 (8-1-9) 和式 (8-1-12) 可以得到约束对于装置尺度 l 和输运系数的定标，也可以知道，任何输运量的特征输运时间是 l^2/χ，χ 是相应的一般输运系数。

如果在式 (8-1-11) 中考虑第二项粒子流的贡献，应包括密度梯度项。这一项在输运矩阵中为非对角项。在粒子输运方程中也有类似的非对角项。

2. 输运系数的测定

从整体能量约束时间和粒子约束时间所得到的输运系数只是个估计，因为在这一模型中假设输运系数在等离子体内是常量。实际的输运系数是等离子体参数的函数，在实验上体现为空间的函数，也可认为是磁面的函数，它还有复杂的非线性性质。在实验上测量输运系数有下列方法。

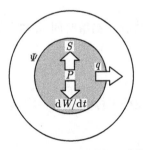

图 8-1-2   稳态法计算局部输运系数的模型

稳态法   如果我们求某一磁面 (或用小半径 r 代替) 上的热导率 κ，按照 $\vec{q} = -\kappa\nabla T$，可从诊断得到的温度轮廓求得温度梯度 $\partial T/\partial r$，再求热流 q。考虑磁面内的能量平衡，这一磁面内的加热功率为 $P(\Psi)$，可以从欧姆电流密度或辅助加热功率计算，它的一部分用于加热，为 $\mathrm{d}W(\Psi)/\mathrm{d}t$，另一部分可能消耗于某种沉 (sink)$S(\Psi)$，如辐射损失。剩余部分即为通过磁面 Ψ 的热流 (图 8-1-2)

$$q = (P - S - \mathrm{d}W/\mathrm{d}t)/\sigma \tag{8-1-13}$$

其中，σ 为磁面的面积。这一计算大多在稳态进行，所以可称**稳态法**。此时，式 (8-1-13) 右括号内最后一项为零，计算更为简单。

这种方法适合研究热输运，但是用于粒子扩散时，由于存在两个输运系数，扩散率 D 和对流项 $V(r)$，不能在一个方程中决定，所以在研究粒子输运时，往往采用下述的扰动法。

扰动法研究输运 在稳态达到以后，利用对稳态的小扰动可以研究输运问题。当扰动较小时，可以将所有输运量分解为两项，如 $T(t) = T_0 + \tilde{T}$，其中 T_0 为稳态值，$\tilde{T}(t)$ 为扰动值。当 $\tilde{T}(t) \ll T_0$ 时，可将输运方程展开，略去二阶量，将方程线性化，更为方便。和稳态法不同，扰动法测量的是和增量约束时间对应的增量输运系数。这一方法也适用于计算输运矩阵的非对角项，对测量数据也往往无须绝对定标，但需要一定的时间分辨。以粒子输运和能量输运为例，简化的输运方程写成矩阵形式

$$\begin{pmatrix} \partial n / \partial t \\ \partial T / \partial t \end{pmatrix} = \begin{pmatrix} A_{11} & A_{12} \\ A_{21} & A_{22} \end{pmatrix} \begin{pmatrix} \nabla^2 n \\ \nabla^2 T \end{pmatrix}$$

A_{11} 和 A_{22} 就是扩散系数和热扩散系数，A_{12} 和 A_{21} 为对角项。

锯齿振荡的利用 用于输运研究的扰动可以是自然发生的，比较常用的是 $q=1$ 的反转面附近的锯齿振荡。经常利用这样的振荡作热脉冲处理，考察其传播过程以计算电子热导。

图 8-1-3 (G. M. D. Hogeweij, J. O'Rourke and A. C. C. Sops, Plasma Phys. Control. Fusion, 33(1991) 189) 为 JET 上发生锯齿振荡时一个锯齿周期的 ECE、反射仪信号和用干涉仪得到的平均密度的测量结果。上面两道分别是反转面以内和以外的 ECE 波形，相位是反的，但反转面外 $r/a=0.67$ 处的信号有少许延迟。第三道是接近第二道位置处 $r/a=0.70$ 处的反射仪测量的密度信号，可以看到有相当长的延迟时间，说明粒子扩散落后于热脉冲的传播。从实验数据进行计算得到的热扩散系数较粒子扩散率要大一个量级以上，$A_{22} \gg A_{11}$。此外还可以看到，锯齿崩塌后，随 $r/a=0.67$ 处电子温度的升高，反射仪和干涉仪所测量的电子密度在短时间内不升反降，说明温度梯度对粒子流的贡献是负的，$A_{12} < 0$，可能属于温度梯度引起的反常箍缩。经比较仔细的计算，得到该装置上的输运系数矩阵典型值 (单位m²/s) 是

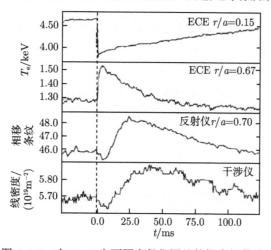

图 8-1-3 在 JET 上不同半径位置处的锯齿振荡波形

$$A = \begin{pmatrix} 0.3 & -0.5 \\ 0.2 & 2 \end{pmatrix}$$

扰动法所测量的主要是增量输运系数。许多实验显示结果如图 8-1-1 定性所示，这一增量输运系数远高于平衡态的输运系数。实际上，在上述 JET 实验结果的分析中，可以发现波形可分解为对应两种输运系数的时间尺度分量。例如，对锯齿振荡引起的温度脉冲传播的分析中，可以用两种时间尺度的模拟分量之和拟合实验结果，分别称为快分量和慢分量 (图 8-1-4, J. C. M. de Hass et al., Nucl. Fusion, 31(1991) 1261)。快分量相当于增量输运系数，慢分量相当于平衡态输运系数。

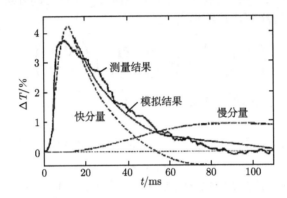

图 8-1-4　JET 上锯齿振荡引起的电子温度扰动波形及两种时间尺度的输运模型模拟结果

这种完全被动的测量被广泛应用于输运研究，对于电子分量输运研究特别方便。还可以用电荷交换光谱通过杂质离子谱线展宽和位移测量杂质离子热导和矩输运，也可用下述方法直接测量主离子的热输运。

在 JFT-2M 上用中性粒子飞行时间谱仪测量锯齿振荡崩塌产生的离子温度脉冲的传播测量离子热导率 (图 8-1-5, Y. Miura et al., Phys. Plasmas, 3(1996) 3696)。谱仪的快门用一个涡轮分子泵部件改制，分辨率 0.2ms，用来测量离子能量分布，发现这一分布在锯齿振荡崩塌后有很大的改变。这一平均能量的突变比起 ECE 测量的锯齿崩塌时间延迟 0.5~0.7ms。而中性粒子流的强度和 H_α 谱线的增加落后崩塌更长的时间，说明中性粒子能量的增加不是来源于粒子被加热后的扩散，而是来自离子热导。用一个 Monte-Carlo 程序模拟中性粒子输运，假设电荷交换的热中性粒子产生率和局部中性粒子密度成比例，计算不同能量中性粒子的起源地点，得到的结果是主要来自等离子体表面。扰动热传导方程为

$$\frac{3}{2}\frac{\partial \tilde{T}_i}{\partial t} = \chi_i \frac{1}{r}\frac{\partial}{\partial r}\left(r\frac{\partial \tilde{T}_i}{\partial r} \right) \tag{8-1-14}$$

初条件为 $\tilde{T}_i(r,0) = (r^2 - r_{inv}^2)T_0/r_{inv}^2$，$r_{inv}$ 为反转半径。从这一方程的解可得到类似于式 (8-1-12) 的热扩散系数和等离子体小半径的关系，并从时间延迟数据得到离子热扩散系数为 $\chi_i = (7-18)m^2/s$，与电子热导同量级。数值分散范围之大可能因为能谱仪时间分辨率不够或等离子体内电荷交换位置的分布。

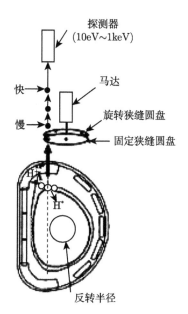

图 8-1-5 JFT-2M 上用飞行时间谱仪测量锯齿崩塌后电荷交换中性粒子能量变化

用于输运系数测量的人为产生扰动方法很多，例如，针对不同输运量的实验手段：

粒子：吹气，超声分子束注入，弹丸注入；

能量：ECRH，ICRH；

动量：切向中性粒子束注入；

电流：电流上升，交流调制。

这些输运量的注入可采用单个脉冲或重复脉冲方式。单个脉冲主要观察注入后有关参数的响应幅度和滞后时间，而重复脉冲方法主要对有关扰动参量作 Fourier 分析，从振幅和相角计算输运系数。只有少数情况如电流调制是正弦形状变化的扰动，其他多数情况是脉冲序列，由一系列谐波组成，一般只取基频分量，但是对高频分量的分析也能得到更多的信息。

密度调制　一般采用调制吹气方法和测量多道密度变化来计算粒子输运系数。其原理是将粒子输运方程 (8-1-10) 中的粒子密度分为平衡和扰动项，扰动项以频率 ω 调制，考虑一维径向扰动方程

$$\mathrm{i}\omega\tilde{n}(r) = \frac{1}{r}\frac{\partial}{\partial r}\left[r\left(D(r)\frac{\partial\tilde{n}}{\partial r} + V(r)\tilde{n}\right)\right] + \tilde{P}(r) \tag{8-1-15}$$

其中 $\tilde{P}(r)$ 为源项，$V(r)$ 取绝对值。将上式对半径积分一次

$$\frac{\partial\tilde{n}}{\partial r} = -\frac{V}{D}\tilde{n} + \frac{1}{rD}\int_0^r(-\tilde{P} + \mathrm{i}\omega\tilde{n})r\mathrm{d}r \tag{8-1-16}$$

这一方程的边条件是 $\tilde{n}(a) = 0$，$\partial\tilde{n}/\partial r|_{r=0} = 0$，只要知道扩散系数和源就可以解。源项一般分布在边界区，可从 H_α 线辐射测量得到。因此可用不同半径密度扰动的幅度和相位推测输运系数 D 和 V。

在 ASDEX 上进行了这种密度调制实验。在实验中，用压电阀门在边界外充气，调制频率 10Hz，用干涉仪在垂直方向测量密度。图 8-1-6 (K. W. Gentle, O. Gehre and K. Krieger,

Nucl. Fusion, 32(1992) 217)(a) 为对干涉仪数据反演后得到的四个半径处的电子密度，其中最上方为中心道。计算时未用测量结果直接反演，而用一个 $D(r)$ 和 $V(r)$ 的模型和数据拟合以得到最适合的解，其中 $V(r)$ 写成形式 $V(r) = V_0(r)r/a$，$D(r)$ 和 $V(r)/r$ 都假设为三段折线形式 (图 8-1-6(b))，折线的幅度和衔接位置是拟合参数。对三种密度的实验结果进行拟合，以本底电子密度 $2 \times 10^{19} \mathrm{m}^{-3}$，粒子源项为图 8-1-6(b) 最上方曲线的数据拟合最好。得到的扩散系数是 $D(r) = (0.81 - 0.97)\mathrm{m}^2/\mathrm{s}$，对流速度是 $V(r) = (5.58 - 8.93)\mathrm{m/s}$。

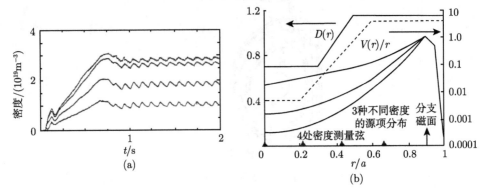

图 8-1-6 ASDEX 上密度调制波形 (a)，最上曲线为中心道；(b) 表示假设的扩散参数模型、不同密度的粒子源项分布曲线和测量弦的位置

在许多装置上进行了更精密的密度调制实验。在 J-TEXT 装置上用一系列脉冲吹气对密度进行调制，测量多路密度变化，得到扩散系数 $D(r) = 0.2\mathrm{m}^2/\mathrm{s}$，对流速度 $V(r) = 3.5\mathrm{m/s}$。

加热功率调制 在各种辅助加热方法中，ECRH 是研究能量输运的强有力手段。它的优点是能量淀积的局域性好，各种参数如调制频率、脉冲长度以及淀积部位可以根据需要调节，进行在轴和离轴调制，可以研究热脉冲向内或向外的传播。一般选择调制频率高于 τ_{E}^{-1} 来研究输运。非常高的调制频率则用来研究功率的淀积。也可用短的 ECRH 脉冲研究其传播，和用锯齿振荡方法的研究结果对比。

在 ASDEX-U 上，用 140GHz 的电子回旋波加热，等离子体内的淀积宽度为 5cm 左右。采用 100Hz 调制频率，10% 的功率调制，在轴和离轴加热，观察电子温度调制分量的幅度和相角的分布 (图 8-1-7，E. Ryter et al., Phys. Rev. Lett., 86(2001) 2325，横轴为归一化小半径)，和理论模型比较，证实了热输运的临界性是温度轮廓刚性的原因。

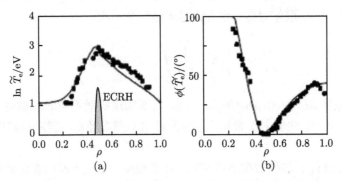

图 8-1-7 ASDEX 上 ECRH 脉冲调制实验中电子温度调制幅度和相角的径向分布

电流调制　将欧姆变压器初级电流进行低频的调制可以调制等离子体电流。这种电流调制和等离子体柱的水平位移耦合。但是这样的调制电流分量只能渗透到等离子体表面一定深度，取决于调制频率和等离子体温度。早期曾用这种方法测量等离子体小半径。

图 8-1-8 (Zhang Pengyun and Wang Long, Chin. Phys. Lett., 18(2001) 802) 显示在 CT-6B 装置上的交流调制实验的放电波形。测量这一表面加热形成的热波向等离子体内部传播过程可以计算等离子体的电子热导，也可以藉以研究电流渗透机制。曾在这一装置上研究一种反常扩散机制，即将外加环向电场分解为平行磁场和垂直磁场两个分量。其中，平行磁场部分是正常趋肤的，垂直部分是不趋肤的，电磁场以磁声波形式向内传播。而由于磁场的剪切，两种分量沿径向传播时不断转换，构成一种磁场反常渗透机制。

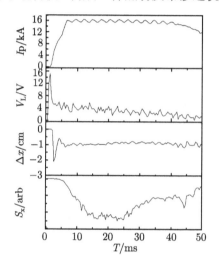

图 8-1-8　CT-6B 上的交流调制实验波形

等离子体电流，环电压，水平位移，软 X 射线信号

早期实验中均假设输运正比于输运量的空间梯度。后来发现实际情况为图 8-1-9 所示的三种。其中Ⅱ是一般的输运，但存在非线性现象，也正是造成图 8-1-1 所示的能量约束时间的非线性的来源之一。Ⅰ 为阈值性的输运，表现为轮廓的**刚性**(stiffness)。Ⅲ是将非对角项算进有效输运所致。

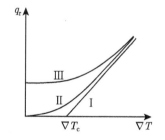

图 8-1-9　几种类型的热输运现象

实际上类型 Ⅰ 的依赖关系是一种特例。其普遍类型是当输运量的梯度达到某一**临界梯度** ∇T_c 时，输运系数突然增大，这主要表现在电子热导上。实验发现存在一个临界电子温度梯度。当实际梯度超过这个临界值时热流就增加很多，以很快的速度抹平这个梯度，使轮廓呈现刚性。

3. 量纲分析

量纲分析(dimensional analysis) 是物理学、力学常用的分析方法。这个方法的宗旨是将实际的物理参数组成若干无量纲量，认为它们更能反映系统的本质。有如下 π **定理**：如果一些物理参数构成一个方程, 那么必然存在另一由数量更少的独立无量纲量 (即不能用同组其他无量纲量构成) 组成的方程。另一重要定理是**相似性定理**(laws of similitude): 如果两系统的无量纲量分别相等, 那么它们的行为是相似的。

　　这种量纲分析有什么用? 我们当然可以说, 如果两系统的有量纲量 (即物理参数) 分别相等, 那么它们的行为是相似的, 甚至是雷同的。但这是物理实验的基本要求, 即重复性的要求。而用无量纲量的量纲分析有两要点: 一是它的数目少于物理参数的数目, 二是可以用来推断、预言不同尺度实验的行为。显然, 这对磁约束聚变这样的研究课题是十分有用的方法, 也适用于空间等离子体和天体等离子体研究中难于实测的一些研究领域。

　　这一方法用来分析而不是推导。例如, 对无碰撞的 Vlasov 方程进行分析

$$\frac{\partial f}{\partial t} + \vec{v} \cdot \frac{\partial f}{\partial \vec{r}} + \frac{e}{m}(\vec{E} + \vec{v} \times \vec{B}) \cdot \frac{\partial f}{\partial \vec{v}} = 0 \tag{8-1-17}$$

我们假设, 将它的时间尺度改变 γ 倍, 变为 γt, 那么为了使该方程仍成立, 还须做以下变换, 即将尺度、电场、磁场分别换为 γr, E/γ, B/γ, 而保持速度、温度不变。要注意, 这样的选择不是唯一的, 例如, 可以变换 e, 但对于我们的系统意义不大。另外, 如果将速度换为 βv, 那么, 时间、电场、磁场和温度将分别为 t/β, $\beta^2 E$, βB, $\beta^2 T$。我们可以将能量约束时间写为 $\tau_E \propto B^q T^r a^s$, 将以上两组变换关系分别代入, 得到两式

$$\gamma \tau_E = (B/\gamma)^q T^r (\gamma a)^s = \gamma B^q T^r a^s$$

$$\tau_E/\beta = (\beta B)^q (\beta^2 T)^r a^s = B^q T^r a^s/\beta$$

从以上两式分别得到 $q + 2r = -1$, $s - q = 1$, 因而得到关于能量约束时间的定标

$$\tau_E \propto \frac{1}{B}\left(\frac{T}{a^2 B^2}\right)^r \tag{8-1-18}$$

或者更一般写为

$$\tau_E = \frac{1}{B} F\left(\frac{T}{a^2 B^2}\right) \tag{8-1-19}$$

其中, F 是一个函数。这样我们就得到了一个对无碰撞等离子体的能量约束时间可能很重要的无量纲量 $\frac{T}{a^2 B^2}$。它也可化为 ρ^{*2}, 其中 $\rho* = r_L/a$, 为回旋半径和等离子体小半径之比, 称为**归一化回旋半径**。

　　在这些无量纲量中, 我们学过的还有: 比压 β, 磁剪切 s, 环径比参数 $\varepsilon = 1/A$, 拉长比 κ, 三角形变参量 δ, 边缘安全因子 q_a。此外比较常用的还有碰撞率。

　　碰撞率　对碰撞率的强度标准的制定主要看能否破坏香蕉粒子轨道。所以它的无量纲量应为碰撞频率除以捕获粒子的反弹频率。但是我们原来定义的是碰撞偏移 90° 角的碰撞频率, 而将捕获粒子从速度空间区域中碰出无须偏转 90°。捕获粒子在速度空间占大约 $\sqrt{2\varepsilon} = \sqrt{2a/R}$ 的角度, 相应于立体角 2ε, 所以有效碰撞时间应乘以这个系数。离子–离子的碰撞时间为

$$\tau_{ii} = \frac{12\pi^{3/2}\varepsilon_0^2 m_i^{1/2} T_i^{3/2}}{nZ^4 e^4 \ln \Lambda}$$

无量纲的碰撞率定义为

$$\nu* = \frac{1}{2\varepsilon\tau_{\mathrm{ii}}}\frac{Rq}{v_{\mathrm{th}}\sqrt{\varepsilon/2}} \approx \frac{v_{\mathrm{ii}}Rq}{\varepsilon^{3/2}v_{\mathrm{th}}} \propto nRT^{-2}q\varepsilon^{-3/2}$$

后一式表示对工程参数的定标。其他无量纲量也可类似定标

$$\beta = \frac{2\mu_0 n(T_{\mathrm{e}}+T_{\mathrm{i}})}{B^2} \propto nTB^{-2}$$

$$\rho* = \frac{m_{\mathrm{i}}}{eBa}\sqrt{\frac{T_{\mathrm{i}}}{m_{\mathrm{i}}}} \propto T^{1/2}a^{-1}B^{-1}$$

$$q_{\mathrm{a}} = \frac{2\pi\kappa Ba^2}{\mu_0 RI_{\mathrm{p}}} \propto \kappa a^2 R^{-1}BI^{-1}$$

其中忽略了对粒子电荷和质量的定标。在以上无量纲量中，$\rho*$，$\nu*$ 和 ε 对湍流输运都很重要。此外高 β 值可控制磁面压缩 (Shafranov 位移) 并可能激发电磁模。

另一重要的无量纲量是密度和温度的梯度标量长度 (gradient scale length)$L_n = -n\left/\dfrac{\mathrm{d}n}{\mathrm{d}r}\right.$ 和 $L_T = -T\left/\dfrac{dT}{dr}\right.$ 之比 $\eta = L_n/L_T = \dfrac{\mathrm{d}(\ln T)}{\mathrm{d}r}\left/\dfrac{\mathrm{d}(\ln n)}{\mathrm{d}r}\right.$，对离子和电子分量经常分别写为 η_{i} 或 η_{e}。此外还存在其他一些无量纲量如 Z_{eff}，$T_{\mathrm{i}}/T_{\mathrm{e}}$，以及环向流的马赫数 M 等。

在实验上，比较不同装置上的实验结果，如果其他无量纲量相等或相近，可以决定一种无量纲量的定标关系。例如，JET 和 DIID 上的一些实验结果中的 q_a 和 β_{N} 值相近，得到 $B\tau_{\mathrm{E}} \sim 1/\rho*^3$ 的线性定标关系。图 8-1-10 (C. O. Petty et al., Phys. Plasmas, 29(1995) 2342) 为 DIIID 上所得到的实验结果。经过仔细调整，在磁场分别为 1.9T 和 0.95T 的 H 模放电中，使比压 β，碰撞率 $\nu*$，电子温度和离子温度比 $T_{\mathrm{e}}/T_{\mathrm{i}}$，无量纲密度梯度标量长度 $\alpha_n = L_n/a$ 和无量纲温度梯度标量长度 $\alpha_{T_{\mathrm{i}}} = L_T/a$ 保持相同或近似的截面，而观察能量约束时间和 $\rho*$ 的定

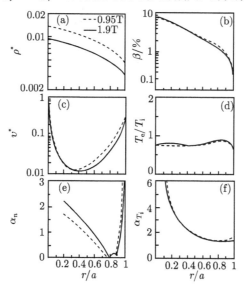

图 8-1-10　DIIID 上的无量纲参数分析实验

标关系。在 DIIID 和 JET 上还进行了 β 和 ν^* 的定标。

在等离子体的实验研究中，经常研制一些基础实验设备以模拟不宜直接进行实验研究的过程 (如空间和天体等离子体)。为真实模拟实际过程，应按照上述相似性定理，尽量使一些无量纲量相等或接近。例如，我们要模拟波与等离子体的相互作用时，应使下列无量纲量相等：等离子体线度与波长之比 L/λ_0，碰撞频率与波的频率之比 ν_e/ω_0，波的能量密度与等离子体压强之比 $\varepsilon_0 E_0^2/n_e T_e$。

4. 托卡马克等离子体的输运图像

能量输运   实际的输运过程当然比式 (8-1-8) 和式 (8-1-11) 所表示的复杂。特别是，一般应将电子和离子分别处理，得出各自的输运方程。

$$\frac{\mathrm{d}}{\mathrm{d}t}\left(\frac{3}{2}n_e T_e\right) = P_{he} - L_R - P_{ei} + \frac{1}{r}\frac{\partial}{\partial r}r\left(\kappa_e\frac{\partial T_e}{\partial r} + D_e\frac{3}{2}T_e\frac{\partial n_e}{\partial r}\right) \tag{8-1-20}$$

$$\frac{\mathrm{d}}{\mathrm{d}t}\left(\frac{3}{2}n_i T_i\right) = P_{hi} - L_{CX} + P_{ei} + \frac{1}{r}\frac{\partial}{\partial r}r\left(\kappa_i\frac{\partial T_i}{\partial r} + D_i\frac{3}{2}T_i\frac{\partial n_i}{\partial r}\right) \tag{8-1-21}$$

其中，P_{he} 为电子的加热功率，一般为欧姆加热；P_{hi} 为离子的加热功率，来自可能的辅助加热；L_R 和 L_{CX} 分别为辐射和电荷交换能量损失率。当主要加热为欧姆加热时，电子间的能量弛豫过程比电子离子间的能量弛豫快得多，所以电子首先达到热平衡，然后才将能量通过碰撞传给离子，$P_{ei} > 0$。因此在欧姆加热托卡马克等离子体中，电子温度都高于离子温度。离子温度一般为电子温度的 $1/3\sim1/2$。

在 ISX-B 托卡马克上详细研究了能量输运过程，其等离子体内功率流见图 8-1-11 (P. C. Liewer, Nucl. Fusion, 25(1985) 543)。在芯部等离子体区域，欧姆加热主要加热电子分量，中性粒子注入同时加热电子和离子分量。在芯部和边界间的过渡区，主要通过电子热导和离子热导传播能量。内破裂和锯齿振荡在芯部能量损失中起重要作用。此外在边界区有多种能量损失过程，多数涉及原子过程，辐射损失占有很大比重。

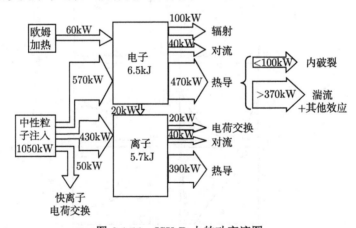

图 8-1-11   ISX-B 上的功率流图

角动量的输运   托卡马克中，除去粒子和能量的输运外，还应考虑角动量和电磁场的输运。角动量输运有时简称动量输运或矩输运，主要指环向转动产生的角动量的输运过程。因为离子质量远大于电子质量, 所以从考察角动量角度看, 等离子体的转动主要指离子分量的转动。

托卡马克等离子体存在环向和极向转动。实验发现, 这些转动速度远小于离子热速度, 而且, 环向转动的角速度在磁面上是常量, 因此可算作磁面量。

在等离子体边界区可用马赫探针测量环向流速。这流速当然是主离子的流速。在等离子体内部只能用光谱诊断测量杂质离子的 Doppler 位移来判断转动速度。在高温中心区须用电荷交换光谱进行这一测量, 而且处于 X 射线波段, 须使用 X 射线谱仪测量。

图 8-1-12 (J. E. Rice et al., Nucl. Fusion, 37(1997) 421) 展示了 Alcator C-Mod 上沿大环切向逆时针 (从上面看) 所测量到的 Ar 和 Mo 杂质离子的 X 射线波段的谱线, 两组曲线代表电流顺时针和逆时针。从实验结果判断, 杂质离子在环向的旋转是和电流反向的, 也就是说, 和电流中的离子漂移方向相反。比较两组曲线可知在电流平顶区, 杂质离子的旋转速度约为 2×10^4m/s, 两种离子速度相差不大。这一结果符合新经典输运理论。

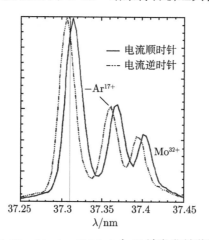

图 8-1-12 Alcator C-Mod 上 X 波段发射谱线图

这里需要解决的问题是, 等离子体的主离子和杂质离子可能有不同的转速, 如何从实验数据得到主离子的转速? 一种方法是利用径向离子力学平衡方程

$$E_r = \frac{\nabla p}{Zen_e} - v_\theta B_\varphi + v_\varphi B_\theta \tag{8-1-22}$$

其中, 压强梯度 ∇p 可从等离子体宏观参数测量得到。将这一公式用于杂质离子, 从光谱测量得到的杂质离子的环向速度 v_φ 和极向速度 v_θ, 可以计算径向电场 E_r。再将这一公式用于主离子, 可用新经典输运公式计算主离子极向旋转速度, 据以算出主离子环向旋转速度。但是用新经典输运公式算出的极向转速经常与实验不很符合。此时可用其他诊断如 MSE 来测量径向电场, 以验证计算结果。

如果不计非对角项, 角动量的输运方程为

$$m_i \frac{\partial(n_i v_\varphi)}{\partial t} = \nabla\left(-m_i\chi_\varphi\frac{\partial(n_i v_\varphi)}{\partial r} + m_i V n_i v_\varphi\right) + S \tag{8-1-23}$$

其中, m_i, n_i 分别为离子质量和密度, χ_φ 为角动量的输运系数, 也和扩散系数同量纲, V 为对流速度 (式 (8-1-10)), S 为源项。源项可能来自中性粒子束注入、射频波电流驱动。后来发现, 湍流也可驱动环向旋转。

可在中性粒子束注入时测量动量约束时间 τ_φ。从总角动量守恒可知有

$$\frac{1}{\tau_\varphi} \int m_i n_i v_\varphi \mathrm{d}V = P_b (2m_b/E_b)^{1/2}(R_{\tan}/R) \tag{8-1-24}$$

其中, $R_{\tan}$ 是注入线的大半径, P_b 是注入功率。m_b 和 E_b 分别是注入粒子的质量和能量。环向旋转速度 v_φ 可用电荷交换光谱测量, 再从密度轮廓测量可以计算 τ_φ。

电磁场的输运   主要是环向电场的径向渗透问题, 涉及电流启动和上升过程, 这一电磁感应也可化为输运方程的形式。从麦克斯韦方程 $\nabla \times \vec{B} = \mu_0 \vec{j}$, 可以得到 $\vec{j}_\varphi = \frac{1}{\mu_0 r}\frac{\partial(rB_p)}{\partial r}$, 从 $\nabla \times \vec{E} = -\frac{\partial \vec{B}}{\partial t}$, 得到 $\frac{\partial B_p}{\partial t} = \frac{\partial E_\varphi}{\partial r} = \frac{\partial}{\partial r}(\eta j_\varphi)$, 其中 η 为电阻率。这样就将环向电场渗透问题化为极向磁场的输运问题

$$\frac{\partial B_p}{\partial t} = \frac{\partial}{\partial r}\left(\frac{\eta}{\mu_0 r}\frac{\partial(rB_p)}{\partial r}\right) + \frac{\partial}{\partial r}(\eta I_b) \tag{8-1-25}$$

其中, I_b 为自举电流, 该项为非对角项。这一输运方程中相应的输运系数是 η/μ_0, 相应的电流渗透时间为 $\mu_0 a^2/\eta$。这一电流渗透时间一般大于能量约束时间和粒子约束时间, 在大型装置中, 往往达不到平衡态, 所以环电压在不同磁面上可能是不同的值。

在实际的电流上升相的电流扩散过程中, 往往观察到电流扩散时间短于从电阻计算的电流渗透时间, 称为反常电流扩散, 是由多种原因 (如双撕裂模) 造成的。

8.2 输运系数模型和实验定标律

1. 经典输运

随机行走模型   讨论输运现象时均采用随机行走模型。这个模型假设输运是由一系列彼此无关的事件组成的。每一事件均使粒子或其他输运量向邻域移动一步。步长的大小和方向是随机的, 但有一个平均值或均方值。相邻两事件的间隔时间也是随机的, 但是也有一平均值。这个步长和时间间隔均远小于宏观输运的时空尺度, 符合统计规律。它们围绕平均值的涨落或者说方差也远小于宏观输运的尺度, 所以在研究输运模型时往往使用固定的平均值代替随机量。这时只有事件中的移动方向是随机量了。以一维问题为例, 因为向两侧移动的几率一样, 多次移动造成一个对称的分布, 平均移动距离为零, 可用分布的二次矩即其方差代表其扩散距离。因此从量纲分析可以判断输运系数应该正比于步长的平方 l^2 并反比于时间间隔 τ 或正比于事件的发生频率 ν。实际上, 就大致等于 $\chi \approx l^2/\tau = l^2\nu$ 或再乘上一个常系数。精确的系数取决于更精细的模型。

在经典的中性气体输运研究中, 使用随机行走模型得到的输运系数是 $\lambda^2\nu_c \approx \lambda\bar{v}$, 其中, λ 为分子碰撞决定的平均自由程, ν_c 为碰撞频率, $\bar{v}$ 为平均速度。对于磁约束等离子体中的带电粒子, 以上模型适用于平行磁场的输运, 但碰撞频率使用带电粒子之间的碰撞频率。

带电粒子的碰撞频率和中性粒子的碰撞不同, 带电粒子之间相互作用是长程的库仑力, 所以绝大部分碰撞都是偏转小角度的远距离散射。散射造成的角度偏移的积累也可用随机

行走模型来处理, 实际上是一个速度空间的扩散问题。但是角度的积累和线度的积累不同, 旋转 2π 角度后就返回原点, 因而在未达到 2π 之前这一扩散模型就不适用。一般选择 $\pi/2$ 为截止点, 也就是说, 一个试验粒子达到 $\pi/2$ 角度偏转是和大量场粒子的小角度碰撞积累, 就相当于遭遇了一次碰撞。相应的时间称为弛豫时间或动量弛豫时间, 等于

$$\tau_{\pi/2} = \frac{4\pi\varepsilon_0^2\mu^2 v^3}{nZ_1Z_2e^4\ln\Lambda} \tag{8-2-1}$$

其中, $\mu = m_1m_2/(m_1+m_2)$ 为折合质量, v 为相对速度, n 为场粒子密度, Z_1, Z_2 分别为试验粒子和场粒子的电荷数, $\ln\Lambda$ 为库仑对数。这一时间的特点与相对速度的 3 次方成比例。

考虑试验粒子和场粒子都是电子, 场粒子为麦克斯韦速度分布, 电子–电子碰撞的动量弛豫时间为

$$\tau_{ee} = \frac{12\pi\sqrt{\pi}\varepsilon_0^2\sqrt{m_e}T_e^{3/2}}{n_e e^4 \ln\Lambda} \tag{8-2-2}$$

其下标第一个字母表示试验粒子, 第二个表示场粒子。这一时间的倒数 $\nu_{ee} = 1/\tau_{ee}$ 即为相应的动量传输频率或碰撞频率。除去动量传输频率以外, 还须考虑相应的能量传输频率。

在离子温度等于电子温度的假设下, 可以用简化模型讨论不同组分间的碰撞频率量级比例。这个简化模型只考虑一个运动试验粒子和一个静止场粒子的对头撞, 运动前后它们都在一条直线上运动。以电子–电子碰撞频率 ν_{ee} 为标准, 先考虑电子在离子上的碰撞 ν_{ei}, 折合质量可以认为和电子–电子碰撞相同 (忽略因子 2), 相对速度也一样, 所以可以认为 $\nu_{ei} \approx \nu_{ee}$。再看离子–离子碰撞, 由于折合质量是 $m_i/2$ 而不是 m_e, 式 (8-2-1) 右侧增加一个 $(m_i/m_e)^2$ 的因子。但是相对速度是离子速度, v^3 项增加一个 $1/(m_i/m_e)^{3/2}$ 的因子, 所以式 (8-2-1) 右侧要乘以一个 $(m_i/m_e)^{1/2}$ 的因子, 也就是碰撞频率要乘以一个 $(m_e/m_i)^{1/2}$ 的因子, 所以 $\nu_{ii} \approx (m_e/m_i)^{1/2}\nu_{ee}$。最后讨论 ν_{ie}, 考虑运动离子和一个静止电子的碰撞。由于能量守恒和动量守恒, 电子的速度改变是 $\Delta v_e = 2v_i$, 离子速度改变的相对值是 $\Delta v_i/v_i = 2m_e/m_i$ (不考虑符号), 所以其有效碰撞频率为 $(m_e/m_i)\nu_{ei}$。

再考虑能量传输频率。同样用上述模型, 当一个运动电子和一个静止电子碰撞时, 它们的速度发生交换, 能量也完全传递, 所以同类粒子的能量传输频率和动量传输频率是一样的。而一个运动电子和一个静止离子碰撞时, 由于电子的质量较离子小得多, 电子速度改变约为 $-2v_e$。从动量守恒知道离子动量 $m_iv_i = 2m_ev_e$。可以计算离子动能的变化是 $4(m_e/m_i)m_ev_e^2/2$, 电子须经历约 m_i/m_e 次这样的碰撞才能将能量完全传输给离子, 所以电子在离子上的能量碰撞频率为 $(m_e/m_i)\nu_{ee}$。类似推测离子在静止电子上的碰撞, 电子也只取得能量 $m_ev_i^2/2$, 所以离子在电子上的能量传输频率也为 $(m_e/m_i)\nu_{ee}$。上述讨论可以总结为表 8-2-1。

表 8-2-1 电子–离子双成分等离子体中几种碰撞频率的量级比较

	ν_{ee}	ν_{ii}	ν_{ei}	ν_{ie}
动量	1	$\sqrt{m_e/m_i}$	1	m_e/m_i
能量	1	$\sqrt{m_e/m_i}$	m_e/m_i	m_e/m_i

这样几种碰撞频率共包括三个量级, 其中只有试验电子遭受离子碰撞时动量弛豫时间和能量传输时间不一致。对于目前的大中型装置, 电子–电子的碰撞时间约在 $10\mu s$ 量级, 离

子–离子碰撞时间约在 ms 量级，而离子–电子碰撞时间，包括电子离子间的能量传输时间在十几 ms 量级。这种量级关系定性符合上述规律。所以，电子分量本身可在很短时间达到麦克斯韦速度分布，而电子离子间的能量平衡的时间很长，致使欧姆加热等离子体的电子温度远高于离子温度。

同类粒子碰撞问题　磁约束等离子体中的主要输运过程是垂直于磁场的输运。这时，输运系数中的平均自由程应为一次碰撞偏移的回旋半径。但是这与参与碰撞的粒子种类有关。两同类粒子的对头撞 (图 8-2-1(a)) 以后，能量动量和轨道均发生角色对换，对扩散无任何贡献。另一极端是 90° 碰撞 (图 8-2-1(b))，碰撞后虽质量中心不变，但每个粒子的回旋中心会发生回旋半径量级的移动，对扩散有贡献。但对不同角度平均后，效应远小于异类粒子间的碰撞，一般不予考虑。图 8-2-1(c) 是带不同电荷粒子 (如正负离子) 间的碰撞，所造成的回旋中心位移是回旋半径量级，电子离子碰撞也属于此类。当然，无论是对头撞还是 90° 碰撞，都是极端情况，绝大多数碰撞是远距离小角度碰撞的积累，但上述结论不变，也就是说，在输运研究中如果不计及高次效应，则只须考虑不同种类粒子间的碰撞。

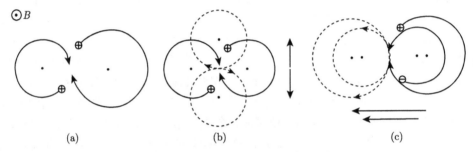

图 8-2-1　磁场内带电粒子碰撞轨道

(a) 为两同类粒子对头撞；(b) 为两同类粒子 90° 碰撞；(c) 为带不同电荷但质量相同粒子对头撞。虚线为碰撞后轨迹，细线箭头表示回旋中心在碰撞后的移动

从经典的带电粒子回旋运动模型出发，扩散系数应为 $D_e \approx r_{Le}^2 \nu_{ei}$, $D_i \approx r_{Li}^2 \nu_{ie}$，其中 r_L 和 ν_{ei}, ν_{ie} 分别为回旋半径和动量输运的碰撞频率。这一碰撞主要是电子离子之间的碰撞。电子离子回旋半径之比为 $\sqrt{m_e/m_i}$，而 $\nu_{ei} : \nu_{ie} = 1 : m_e/m_i$，所以如果电子离子温度相等，它们的扩散系数也相等。如果考虑到杂质和中性粒子的作用，离子的扩散要快一些。

电子和离子的经典热扩散系数为 $\chi_e \approx r_{Le}^2 \nu_{ee}$ 和 $\chi_i \approx r_{Li}^2 \nu_{ii}$。$\nu_{ee}$ 和 ν_{ii} 分别为电子和离子的能量传输时间，他们和动量输运系数近似，$\nu_{ee} : \nu_{ii} : \nu_{ie} = 1 : \sqrt{m_e/m_i} : m_e/m_i$。所以，电子热扩散系数 χ_e 应接近电子和离子的扩散系数，而离子热扩散系数为上述几个系数的 $\sqrt{m_i/m_e}$ 倍，为最大的输运系数。理论和实验比较，热扩散，即热导强于粒子扩散，对离子而言是定性一致的。

由于回旋半径 $r_L \propto \sqrt{T}/B$，碰撞频率 $\nu \propto n/T^{3/2}$，这一经典扩散系数的定标应为 $D, \chi \propto n/(\sqrt{T}B^2)$，能量约束时间 $\tau_E \propto \sqrt{T}B^2 l^2/n$。但是在各种磁约束装置中，均未观察到这样的定标律。

2. 新经典输运

许多环形磁约束装置上的实验测量的结果证实，等离子体的输运系数远大于经典输运理论的预计, 一些定性推断也与实验不符. 于是发展了考虑到环形位形中粒子的特殊运动形式, 即环形约束形态和约束粒子轨道, 得出新经典输运理论. 这一理论的关键之处, 是在输运系数推导中, 用环形位形中的轨道特征尺度代替回旋半径.

因为带电粒子在环形磁场位形中存在复杂的运动轨道, 选择什么轨道特征尺度应根据碰撞频率所处的区域. 这里有两个特征碰撞频率, 对应两个特征时间尺度. 一个是构成通行粒子封闭轨道的旋转圆频率 v_{th}/Rq, 另一个就是捕获粒子反弹圆频率乘以有效碰撞几率得到的值 $\varepsilon^{3/2}v_{th}/Rq$. 如果粒子碰撞频率高于 v_{th}/Rq, 则通行粒子不能构成完整的轨道, 但可形成局部轨道, 经一次碰撞后在垂直磁场方向的偏移是通行粒子偏离磁面的值, 约为 $r_{L}q$. 这时无须考虑捕获粒子的贡献, 因为不能形成捕获粒子轨道, 即使是部分轨道, 因为如前所述, 在捕获粒子的反弹周期中, 大部分时间耗费在反转点附近. 这个输运区域称为碰撞区.

碰撞区 按照经典输运理论, 磁场中的粒子扩散系数应为 $r_{L}^{2}\nu_{c}$, ν_{c} 为碰撞频率. 但是在托卡马克位形下, 由于粒子轨道偏离磁面, 一次碰撞所造成的位移应远大于一个回旋半径. 按照式 (4-3-10) 这一偏离应再乘以一个 $q(r)$, 所得到的扩散系数应为

$$D = (r_{L}q(r))^2\nu_{ei} \tag{8-2-3}$$

这一扩散仍和碰撞频率成正比, 但比经典输运大一个量级, 称为 Pfirsch-Schlüter 扩散.

之所以叫 Pfirsch-Schlüter 扩散, 是因为增大部分来源于 Pfirsch-Schlüter 电流相应的电场. 这一电流与压强梯度成比例, 所以对输运有贡献. 从欧姆定律 $\vec{E} + \vec{v} \times \vec{B} = \eta\vec{j}$ 和平衡方程 $\vec{j} \times \vec{B} = \nabla p$ 可以得到粒子垂直磁场方向速度

$$\vec{v}_{\perp} = \frac{\vec{E} \times \vec{B}}{B^2} - \eta_{\perp}\frac{\nabla p}{B^2} \tag{8-2-4}$$

如果没有垂直方向的电场, 式 (8-2-4) 第二项就是经典输运 $r_{L}^{2}\nu\nabla n$. 在第一项中, 以 Pfirsch-Schlüter 电流相应的电场代入得到更准确的碰撞区新经典扩散系数 (和式 (4-7-13) 比较)

$$D = \left(1 + 2\frac{\eta_{\parallel}}{\eta_{\perp}}q^2\right)r_{L}^{2}\nu_{ei} \tag{8-2-5}$$

$\eta_{\parallel}$ 和 $\eta_{\perp}$ 分别为平行方向和垂直方向的电阻率.

香蕉区 以上说的是碰撞频率, 根本构不成完整约束粒子轨道的情况. 当碰撞率很低, 碰撞频率低于 $\varepsilon^{3/2}v_{th}/Rq$, 或 $\nu* < 1$ 时, 粒子明显区分为捕获粒子和通行粒子, 应主要考虑捕获粒子的贡献. 对于捕获粒子引起的输运, 有几个因素需要考虑. 首先, 考虑捕获粒子所占比例. 在速度空间, 捕获粒子占据了 $2\pi\sqrt{2\varepsilon/(1+\varepsilon)}$ 的立体角, 当 $\varepsilon = r/R$ 很小时, 其相应角度范围大约为 $\sqrt{\varepsilon}$, 为捕获粒子的份额. 其次, 由于捕获粒子在这 $\sqrt{\varepsilon}$ 角度内散射, 速度方向改变一个弧度的有效碰撞频率须乘以一个 $1/\varepsilon$ 的因子 (扩散的时间尺度和空间尺度的平方相当), $\nu_{eff} = \nu_{ei}/\varepsilon$. 此外, 考虑到香蕉粒子轨道的偏离, 扩散系数再乘以因子 $(q(r)/\sqrt{\varepsilon})^2$, 得到香蕉区的扩散系数

$$D = \sqrt{\varepsilon}(r_{L}q(r)/\sqrt{\varepsilon})^2\nu_{ei}/\varepsilon = \varepsilon^{-3/2}(r_{L}q(r))^2\nu_{ei} \tag{8-2-6}$$

同样可以估计电子热扩散系数和粒子扩散系数式 (8-2-6) 相同, 而离子热扩散系数为其 $\sqrt{m_{i}/m_{e}}$ 倍, 为最大输运系数. 这些系数的量级相互关系和经典输运相同.

平台区　在碰撞频率介于上述两种特征频率之间时

$$\varepsilon^{3/2} v_{\text{th}} / Rq < \nu_{\text{ei}} < v_{\text{th}} / Rq$$

相应于前述无量纲碰撞频率 $\nu^* = 1$ 和 $\varepsilon^{-3/2}$，输运系数也处于前两区域输运系数之间。把碰撞区的下边界值 v_{th}/Rq 代入这一区域的扩散系数公式，并把香蕉区的上边界值 $\varepsilon^{3/2} v_{\text{th}}/Rq$ 也代入相应公式，发现二者都等于

$$D = \frac{v_{\text{th}} q(r)}{R} r_{\text{L}}^2 \tag{8-2-7}$$

说明这个输运区域是一个平台结构，输运系数和碰撞频率无关，故称为平台区。在这一区域平行速度较低的粒子转大环一周所产生的速度变化起主要作用。综合三个碰撞区域，扩散系数和碰撞频率的关系如图 8-2-2 所示。

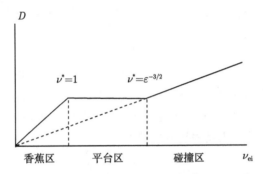

图 8-2-2　新经典输运系数和碰撞频率的关系

综合香蕉区和碰撞区，输运系数的定标关系比经典输运系数增加一个 q^2 的系数，为 $nq^2/(\sqrt{T}B^2)$，能量约束时间 $\tau_E \propto \sqrt{T}B^2 l^2/(nq^2) \propto \sqrt{T}B_p^2 l^2/n$。至于输运系数量级对粒子质量的关系和经典输运一样，即两种粒子的扩散和电子热导接近，而离子热导最大。

但是新经典输运理论也不能完全解释实验结果，特别是实际电子热导和离子热导接近，较新经典值高得多，而粒子扩散率较热扩散系数低。图 8-2-3 (A. Hasegawa and M. Wakatani

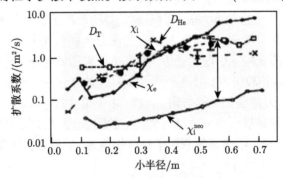

图 8-2-3　TFTR 上几种实测输运系数的径向分布与新经典理论值比较
垂直箭头表示离子热扩散系数的理论值和实验值的差距

Phys. Rev. Lett., 59(1987) 1581) 为 TFTR 装置上测量的电子热导、离子热导、T 和 He 两种离子的扩散系数与新经典值的比较。这种理论暂时不能解释的输运现象称为反常输运。

新经典电阻 对于无碰撞等离子体, 由于存在不能完成环向绕圈运动的捕获粒子, 环向电导降低。扣除捕获电子贡献以后, 其相应新经典电导可用 Spetzer 电导 σ_{Sp} 表示如下:

$$\sigma = \sigma_{\mathrm{Sp}}(1 - \sqrt{\varepsilon})^2 \tag{8-2-8}$$

其中, $\varepsilon = r/R$ 是小半径的函数。Spetzer 电阻 (σ_{Sp} 的倒数) 为

$$\eta_{\mathrm{Sp}} = 1.65 \times 10^{-9} \alpha Z_{\mathrm{eff}} \ln \Lambda / T_{\mathrm{e}}^{3/2}(\Omega \cdot \mathrm{m}) \tag{8-2-9}$$

其中, 温度单位为 keV, α 为一接近 1 的因子, 与 Z_{eff} 有关。

新经典电阻和自举电流属于平行磁场方向的输运问题, 实验数据能很好地符合新经典输运理论。

3. 玻姆扩散和回旋玻姆扩散

玻姆 (Bohm) 扩散 远在磁约束聚变研究开展以前, 就已提出玻姆扩散这一经验公式。在包括磁化电弧和仿星器的一系列装置里, 很多测量结果遵循下列扩散系数公式:

$$D_\perp = \frac{1}{16} \frac{T_{\mathrm{e}}}{eB} \equiv D_{\mathrm{B}} \tag{8-2-10}$$

这一扩散系数称为**玻姆扩散**系数, 玻姆扩散系数决定的扩散时间 $\tau_{\mathrm{B}} = a^2/D_{\mathrm{B}}$ 称为**玻姆时间**。这一扩散系数与电子密度无关, 所以放电结束后密度呈指数衰减, 其数值也比经典的扩散系数高得多。它似乎可表为 $D \approx r_{\mathrm{L}}^2 \omega_{\mathrm{c}}$, 即用回旋频率代替经典扩散系数的碰撞频率。这一定标没有严格的理论根据。分析表明, 它只是最大可能的输运。但是从湍流输运可以给出一些解释。因为湍流输运涉及电漂移 $\vec{E} \times \vec{B}/B^2$ 机制, 所以输运系数和磁场 B 成反比。

我们注意到, 玻姆扩散时间 $\tau_{\mathrm{B}} \propto \dfrac{a^2 B}{T} = \dfrac{1}{B}\left(\dfrac{a^2 B^2}{T}\right)$, 符合从量纲分析得到的定标关系 (8-1-18)。当然这不是唯一能符合该关系的输运模型。

回旋玻姆扩散 从上述 JET 和 DIIID 的实验结果可知, 在 q 和 β_{N} 都接近的实验条件下。能量约束时间和磁场的乘积与归一化回旋半径的三次方成反比关系, $B\tau_{\mathrm{E}} \propto 1/\rho^{*3}$。因为 $\rho^{*2} \propto T/B^2$, 能量约束时间可以通过玻姆时间表示出来

$$\tau_{\mathrm{E}} = \tau_{\mathrm{B}} \frac{1}{\rho^*} F(\beta, \nu^*) \tag{8-2-11}$$

$F(\beta, \nu^*)$ 为另两无量纲量的函数。这一扩散称为**回旋玻姆**(gyro-Bohm) 扩散。

回旋玻姆和玻姆扩散的区别在于因子 $1/\rho^*$。我们注意到, $\rho* = \dfrac{r_{\mathrm{L}}}{a} \propto \sqrt{\dfrac{T}{a^2 B^2}}$, 所以回旋玻姆也符合从量纲分析得到的定标律 (8-1-19)。实验和数值计算结果都表明, 回旋玻姆扩散适合于小尺度的湍流, 而玻姆扩散适合于尺度为 a 的湍流情况。或者说, 回旋玻姆扩散适合大的装置。图 8-2-4 (Z. Lin et al., Phys. Rev. Lett., 88(2002) 195004) 是林志弘用数值方法模拟湍流输运得到的离子热扩散和装置尺寸的定标关系。他的结论是对于现在的装置, 以玻姆扩散为主, 而对于聚变堆, 则为回旋玻姆扩散。他的结论符合现在的托卡马克情形, 而仿星器接近回旋玻姆。后来的湍流研究表明, 回旋玻姆输运联系漂移波模型, 而玻姆输运和大尺

度的涨落结构有关。而在 DIIID 上进行的实验中，发现 L 模运转时，电子热输运为回旋玻姆，离子热输运较玻姆输运还要高；H 模运行时遵循回旋玻姆规律。现在进行的数值模拟研究中经常两种模型混用。

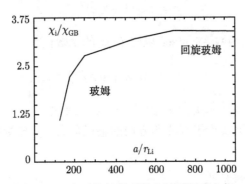

图 8-2-4　离子热扩散系数和装置尺度定标

横轴为 $1/\rho*$，纵轴为 ITG 模 (离子温度梯度模) 离子热扩散系数数值模拟值和回旋玻姆值之比

4. 实验能量约束定标律

从托卡马克研究初期就从实验上总结能量约束对装置尺寸和参数的依赖关系，称**定标律**(scaling law)。后来主要根据 Alcator-A 上的数据总结了**新 Alcator 定标律**。这是因为该装置的环向磁场高达 10T，容许大的等离子体电流及相应高电子密度。这一定标律为

$$\tau_E = 0.07 n_{e,20} q \kappa^{0.5} R^2 a \tag{8-2-12}$$

其中皆用标准单位，但电子密度单位为 $10^{20} \mathrm{m}^{-3}$。这一定标表述了能量约束时间和密度的正比关系，很容易在一般的欧姆加热装置的补充送气实验中验证。这一定标律 (图 8-2-5，

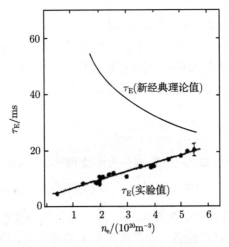

图 8-2-5　Alcator 上的能量约束时间测量结果

A. Gondhalekar et al., Proc.7th IAEA Inter. Conf. Innsbruck, 1978, Vol.1, 199.IAEA Vienna, 1979) 预示在大的装置上可以得到更高的约束时间，而且随密度增加输运可望达到新经典输运值。

但是后来在 Alcator-C(磁场 12T) 上发现随密度增加，能量约束时间不再增加而达到饱和。之后又在其他装置上验证同样现象，并总结出达到饱和的临界密度为

$$n_{e,20}^{crit} = 0.65 A_i^{0.5} B_t/(qR) \tag{8-2-13}$$

A_i 为原子序数，表示同位素效应。从这个公式可以看到，只有像 Alcator 那样的强磁场小装置才能达到高的临界密度。将这个临界密度代入式 (8-2-12)，得到饱和能量约束时间

$$\tau_E^{sat} = 0.0455\sqrt{A_i\kappa B_t Ra} \tag{8-2-14}$$

这一公式并未对欧姆加热功率定标，但是如果认为边界区 q 值是一定的，磁场 B_t 正比于等离子体电流 I_p，也正比于加热功率 P_{OH} 的平方根。饱和前的约束区域称**线性欧姆约束区**(LOC)，饱和后的约束区域称**饱和欧姆约束区**(SOC)。在 LOC，主要是电子分量的输运起作用，而在 SOC，由于密度增加，电子温度和离子温度接近，离子输运起主要作用。从另一角度看，也可认为高密度是正常约束，而低密度时的低约束是一种约束退化现象，来源于杂质辐射或逃逸电子的产生。

后来，在强的辅助加热装置上发现，饱和能量约束时间和辅助加热功率的平方根成反比，并总结出辅助加热时的 Kaye-Goldston 定标律

$$\tau_G = 0.037 \frac{I_p(\text{MA})R^{1.75}\kappa^{0.5}}{P(\text{MW})^{0.5}a^{0.37}} \tag{8-2-15}$$

和 LOC 相比，不再有密度和安全因子的定标，而代之以等离子体电流。对等离子体电流的定标可能来自对安全因子的限制。如果设 q 为常量，利用 $q_a = \dfrac{2\pi B_t}{\mu_0 R}\dfrac{a^2}{I_p}$，从上式得到

$$\tau_G \propto \frac{\sqrt{\kappa}B_t R^{0.75}a^{1.63}}{\sqrt{P}} \tag{8-2-16}$$

这一饱和值可写为 $\tau_G \approx \tau_E^{sat}\sqrt{P_{OH}/P}$。和后来的 H 模相比，这一以辅助加热为主的约束模式称 **L 模**(图 8-2-6)，其中 RI 模为辐射型高约束模。

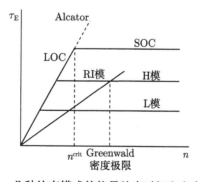

图 8-2-6　几种约束模式的能量约束时间和密度的定标

一些更大装置运转后又总结出更精确的 ITER89-P 定标律

$$\tau_E^{\text{ITER89-P}} = 0.048 \frac{I_p^{0.85}R^{1.2}a^{0.3}\kappa^{0.5}n_{20}^{0.1}B_t^{0.2}A_i^{0.5}}{P^{0.5}} \tag{8-2-17}$$

这一定标律就是 ITER 原来设计指标的基础。

辅助加热时的 L 模和改善的 H 模都有 $\tau_{\mathrm{E}} \propto 1/\sqrt{P}$ 的定标律。这种随加热功率增加而能量约束时间减少的现象是普适的,也存在于仿星器中,称为**功率退化**(degradation)。有两种机制可引起这一现象,一是热扩散系数 $\chi \propto \nabla T$,也就是热流 $q \propto (\nabla T)^2$,二是 $\chi \propto T$。但实验上没有发现这样简单的关系。还有一种可能,就是它并非局域性质,而取决于整体的性能。

在定标律 (8-2-17) 中能量约束时间用 8 个工程参量 I_{p}, R, a, κ, n, B_t, A_{i}, P 表示。为研究和物理参数的关系,须将这 8 个工程参量转换成下列 8 个物理参数,其中除去玻姆时间 $\tau_{\mathrm{B}} = a^2 B/T$ 以外,均为无量纲量

$$\tau_{\mathrm{B}}, \rho^*, \nu^*, \beta, A_{\mathrm{i}}, q, \varepsilon, \kappa$$

这种选择当然有一定任意性,选择玻姆时间是为了和玻姆输运或回旋玻姆输运比较。如果将能量约束时间也表示为符合实验定标律的物理参数的幂数的乘积,实际上是进行两组参数间的线性变换。工程参量和物理参数的关系前面已说到。至于温度 T 和工程参数的关系可由能量平衡方程得到的关系 $P\tau_{\mathrm{E}} = 6\pi^2 nTa^2 R$ 推出。由这种量纲分析可知 L 模的定标接近玻姆扩散。

8.3   改善约束模

1. H 模

1982 年,F.Wagner 领导的研究组在 ASDEX 装置上发现了后来称为 H 模的运行模式。这一模式出现在中性粒子束加热过程中,图 8-3-1 (F. Wagner, Plasma Phys. Control. Fusion, 49(2007) B1) 为在中性粒子束注入期间两种模式的线平均电子密度波形,其中类型 a 即 L 模,类型 b 即 H 模。

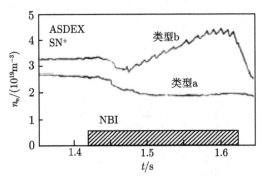

图 8-3-1   ASDEX 上的 H 模和 L 模放电

电子密度波形和中性粒子束注入波形,SN$^+$ 表示居于离子磁场漂移侧的单零点偏滤器

两种模式的其他实验条件一样,只是 L 模的中性粒子束功率为 1.6MW,而 H 模增加到 1.9MW。从显示更多数据的图 8-3-2 (F. Wagner et al., Phys. Rev. Lett., 49(1982) 1408) 可以看到,在中性束注入后,L 模的电子密度先略增加后降低,而向外的粒子流和偏滤器反射粒子流都增加,说明粒子约束变坏。电子温度和极向比压也先增加后减少。而 H 模的电子温度

和极向比压值都显著增加, 但气流和偏滤器返回流显著减少, 都说明粒子循环显著降低, 即粒子约束加强。而且, 我们从图 8-3-2 还看到在加上中性束后存在一个时刻 (垂直虚线), H 模放电在此时刻前的行为和 L 模相近, 而在这时刻后即有显著差别。此外还有 H_α 或 D_α 线辐射减弱和涨落水平降低, 也说明粒子循环率的降低, 粒子约束性能的改善。

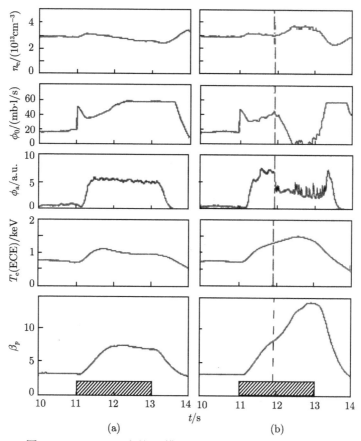

图 8-3-2　ASDEX 上的 L 模 (a) 和 H 模 (b) 放电波形图

从上到下为: 电子密度, 朝外气流量, 偏滤器反射原子流, 电子温度, β_p 和中性粒子束注入波形

H 模有如下主要特点:

(1) L 模和 H 模是在同样实验条件下的两个显著不同的约束分支。H 模的能量约束大约增加到 L 模的 2 倍, 或写为 $H = \tau_E^H / \tau_E^L = 2$。$H$ 是增大因子, 也称改善系数。

(2) 能量、粒子 (包括杂质粒子) 和动量约束同时改善。图 8-3-3(出处同图 8-3-2) 显示 ASDEX 上两种模式能量约束时间和密度的对比, 可见 H 模下的两者均显著提高。

(3) L-H 模转换要求一最小加热功率, 即临界功率 P_{th}。它和偏滤器位形、同位素效应、杂质含量等因素有关。

(4) 从加热功率增加到实现 L-H 模转变需要一个**延缓时间**(dwell-time)。这一时间随加热功率增加而减少。

(5) 当加热功率降低或关闭后, H 模依然维持一段时间。

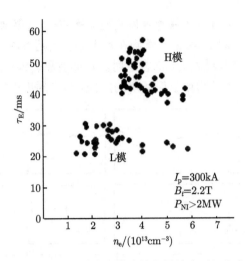

图 8-3-3　ASDEX 两种放电模式的能量约束时间和密度区域

原图有不同符号,分别表示环向限制器放电和偏滤器放电、从温度轮廓计算和从逆磁测量得到

(6) 实现 L-H 模转换的时间尺度为 100μs 量级,此时间后密度和电位的涨落水平显著降低,D_α 谱线辐射强度显著降低,说明粒子循环率下降。

(7) 同样存在密度阈值,在低密度很难实现 L-H 模转换。

(8) 边缘局域模 ELM 常伴随 H 模出现,此时能较长时间地维持 H 模,但 H 值不超过 1.75。

此外,他们还发现,当偏滤器单零点工作时,如果这一偏滤器工作在离子漂移侧,则功率阈值较低。如果在电子漂移侧,则功率阈值较高。如果为双零点工作,则阈值处于两者之间。这一功率阈值在很多装置上总结为

$$P_{\text{th}}(\text{MW}) = 0.049 B_t^{0.8} n_e^{0.72} S^{0.94} \tag{8-3-1}$$

其中,磁场单位为 T,密度单位为 10^{20}m^{-3},等离子体表面积 S 的单位为 m^2。当然这个阈值还与其他许多参数有关。

H 模首先在 ASDEX 的偏滤器放电且进行中性粒子束加热时得到,后来也在孔栏运行模式下实现,但 H 值未能超过 1.5。在随后几年里,这种 L-H 模转变在其他托卡马克,以及仿星器、球形环、串列磁镜等装置上实现。引起转变的实验方法也从中性粒子束注入扩展到电子回旋加热、离子回旋波加热、低杂波驱动和偏压孔栏等方法。所观察的现象也和典型的 H 模相似,有时称为类 H 模。

随 H 模的实现,对输运过程产生了新的认识。对于欧姆放电和 L 模,热扩散系数 χ_i 和 χ_e 均为 $1\text{m}^2/\text{s}$ 左右,其中离子热导 χ_i 为新经典值的 1～10 倍,电子热导 χ_e 为新经典值的 10^2 倍,粒子扩散率 D 约为 $\chi_e/4$,也远高于新经典值。而对于 H 模,粒子扩散系数和 χ_i 接近新经典值,而 χ_e 虽有所降低,但仍远高于新经典值,被认为是反常的。

这些输运系数的量级均指现代大中型装置等离子体芯部的数值。随半径增加,局部输运系数也很快增加。很多装置中,输运系数从芯部的接近新经典值过渡到边界区的反常输运。

H 模在很大程度上改善了约束,称为**改善约束模**。但后来又陆续发现了一系列改善约束的模式,所以 H 模仅是改善约束模的一种。但是,由于 H 模的一些优点,它后来被选为 ITER 的首选运行模式。这些优点有:

(1) 鲁棒性,在很多装置的不同条件下均可得到,运行中可以保持很长时间。

(2) 对壁的条件要求不高。

(3) 平的芯部密度轮廓,避免杂质和氦灰集中。

(4) 高密度时有好的约束,电子温度和离子温度接近。

(5) 对电流轮廓的控制没特殊要求。

H 模的缺点是密度增加,并伴随以杂质含量增加,引起辐射增长而不能维持。而 ELM 为一种边缘能量和粒子的损失机制,能保证较长时间的 H 模运转。由于以上优点,且这一模式在很多装置上经过了充分研究,积累了丰富的经验,所以准备在 ITER 上采用。

更精细的拟合计算得到关于有 ELM 的 H 模的能量约束时间定标律:

$$\tau_{\mathrm{E}}^{\mathrm{IPB98}(y,2)} = 0.0562 \frac{I_{\mathrm{p}}^{0.93} R^{1.39} a^{0.58} \kappa^{0.78} n_{20}^{0.41} B_t^{0.15} A_{\mathrm{i}}^{0.19}}{P^{0.69}} \tag{8-3-2}$$

从量纲分析可知这样的定标接近回旋玻姆扩散。图 8-3-4(ITER Group, Nucl. Fusion, 39(1999) 2137) 的横轴为根据以上 IPB98(y, 2) 定标律计算得到的各个主要装置上的能量约束时间,而纵轴为实验值。如果这一定标符合实验,则数据点应在 45° 对角线上。实际得到的数据偏离约 15.8%。此图也画出了 ITER 的定标值。ITER 的等离子体参数就是据此推算的。

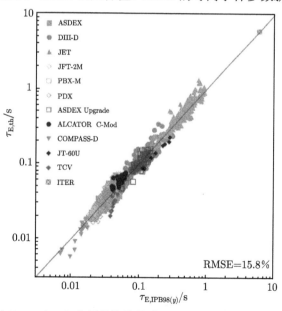

图 8-3-4 对 IPB98(y, 2) 定标的检验及对 ITER 运行参数的预测 (后附彩图)

在一些装置上模拟了为 ITER 设计的这种运行模式。例如,在 JET 装置上模拟 ITER 运行的 ELM 型 H 模放电接近稳态的放电实验。其运行参数为 I_{p}=1.2MA,B_t=1.7T,n_{e}=0.4× $10^{20}\mathrm{m}^{-3}$,P=4.8MW,达到的参数为 H_{89}=2.6,β_{N}=1.7,$n_{\mathrm{e}}/n_{\mathrm{eGW}} \sim 0.4$,放电持续时间约 $36\tau_{\mathrm{E}}$。按定标律计算,这样的运行模式在 ITER 上可以达到能量增益因子 Q=10 的水平。

　　边缘输运垒　在 ASDEX 上发现的 L-H 模转换是个长期探讨的物理问题。它显然是一种可发展为两种截然不同状态的分岔现象。首先要弄明白的是这种区别发生在等离子体的哪个部位。图 8-3-5 (F. Wagner et al., Phys. Rev. Lett., 53(1984) 1453) 显示 ASDEX 上在欧姆加热到中性粒子加热转变过程中的两道边缘处的软 X 射线信号，其变化主要与温度变化相关。此时正在发生锯齿振荡，在某些锯齿周期由于锯齿振幅超过临界值产生了短暂的 H 模，维持十几个毫秒。其中，居于分支磁面以内的测量道显示信号的增强，而居于分支面外的测量道显示信号的减弱。显然，分支面附近的输运在 H 模期间显著降低，我们称之为输运垒，因为居于边缘区域，称为**边缘输运垒**(edge transport barrier, ETB)。在很多装置上的实验工作也证实了 H 模等离子体存在这样的边缘输运垒。此处的温度和密度轮廓变陡，伴随以整个等离子体 D_α 谱线辐射的降低，指示向外粒子流的减少。而且，以后的实验还显示输运垒区的密度涨落幅度降低，磁涨落幅度也有所降低。这些特征也见于仿星器和磁镜装置。

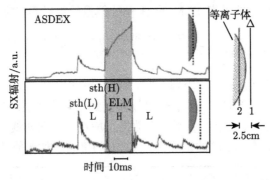

图 8-3-5　ASDEX 装置上 L-H 模转换过程中分支磁面内外两道软 X 射线信号
sth(L) 和 sth(H) 表示 L 模和 H 模的锯齿振幅

　　图 8-3-6 (M. E. Manso, Plasma Phys. Control. Fusion, 35(1993) B141) 为 ASDEX 装置上一次 L-H 模转换期间密度轮廓的变化过程，可以看到这个输运垒是在几十毫秒时间里发展起来的。这就是 H 模的转换有一个延缓时间的原因。

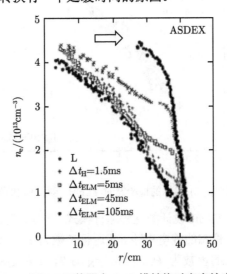

图 8-3-6　ASDEX 装置上 L-H 模转换时密度轮廓变化

在 DIIID 装置上，在尽量接近的等离子体形状、平均密度、等离子体电流、环向磁场和加热功率的条件下，比较 L 模和 H 模下的输运系数，验证 H 模的电子热导、离子热导和动量输运均较 L 模有很大降低，但仍高于新经典输运值。

改善 H 模 后来在 ASDEX-U 装置上继续 H 模的研究，发展了一种改善 H 模。采取的方法是在电流上升阶段进行早期加热。这一模式的芯部密度较高，低剪切，$q_0 \geqslant 1$，q_{95} 在 $3.2 \sim 4.5$，β_N 达到 2.5，密度为 Greenwald 极限的 0.85 倍。这种改善 H 模式维持了几秒时间，能有限控制新经典磁岛的发展，可选择作为 ITER 的混合运行模式。

2. 反剪切位形和内部输运垒

在 ASDEX 实现 H 模以后，在这一装置和其他装置上寻找并发现了类似的改善约束模式，大概可以分为边缘输运垒和**内部输运垒**(ITB) 两类，以及也属于内部改善约束的超放电类型。此外，还有一种杂质辐射型的改善模式。其中 ITB 可用磁场反剪切来实现，也可用其他方法得到。但这样的分类有一定任意性。

反剪切位形 反剪切也称负剪切，在很多装置上实现，并有多种名称。可以用快速电流上升 (短于电流渗透时间) 来实现。对于稳态情况，可在中心区反向电流驱动，或边缘区正向电流驱动。此外，用高的压强梯度产生高自举电流也有助于反剪切的实现。

图 8-3-7 (F. M. Levinton et al., Phys. Rev. Lett., 75(1995) 4417) 为 TFTR 上的放电波形，显示了典型的反剪切位形的实现方式。在电流上升阶段，电流上升率为 1.8MA/s，远超于电流渗透速度，以形成中空电流轮廓。电流达到 1MA 后，用较低功率的中性粒子注入提高温度增加电流扩散时间以维持反剪切。电流达到平顶后，用大功率中性粒子注入增大反剪切，实现所谓增大反剪切模式 (ERS)。这里存在一个 $18 \sim 25$MW 的高功率中性粒子注入阈值，在功率增加前，磁场位形类似于后面叙述的超放电，加热功率增加后，经过一段延缓时间，随反剪切增加，约束进一步改善。粒子扩散达到新经典值，离子热扩散低于新经典值，涨落水平降低。但电子热导变化不大。输运垒处在 q 的最小值附近，温度和密度轮廓呈峰化分布。总的等离子体参数达到 $l_i \sim 2$，$\beta_N \sim 3$，$H \sim 2$。

在 DIIID 装置上进行中性粒子束加热时，也观察到类似现象。热输运降低主要发生在离子通道。在输运垒内，离子温度、电子温度和粒子密度大幅升高。输运垒外的边缘区可能处于两种状态：类 L 模或类 H 模，两者的参数轮廓不同。

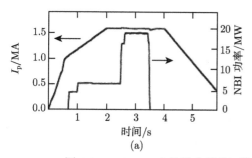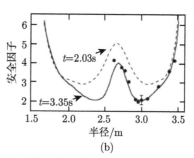

图 8-3-7 TFTR 上的增大反剪切模式的等离子体电流和中性粒子束

注入功率的放电波形 (a) 和两个时刻的 q 值轮廓 (b)

反剪切可能通过不止一种作用改善约束。肯定的是它使短波长的气球模趋于稳定，并达到第二稳定区，而中心 q 值增加也有利于长、短波不稳定性的稳定作用。一种简单的解释是它增加了弱场侧的局部磁剪切。如图 7-2-9 所示，弱场侧的局部磁剪切取决于平均剪切 s 和无量纲的压强梯度 α 两参数，所以大致可以用二者差 $s-\alpha$ 表示，α 的增加和 Shafranov 位移增大相关。在其取某一正值时因为局部剪切消失达到最大输运 (图 8-3-8)，小于这个输运最大值时为局部反剪切。局部反剪切降低输运在局部积蓄能量，使 α 进一步增加，工作点左移，局部反剪切加强，形成输运垒。这图说明了为什么平均弱剪切也能起改善约束的作用，如在 JET 和 JT-60 上所显示的那样。

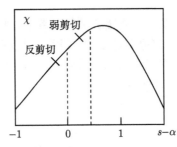

图 8-3-8　能量输运和宏观参数 $s-\alpha$ 关系示意图

内部输运垒 (ITB) 的形成　实验上观察到反剪切导致约束改善表现为内部输运垒。图 8-3-9 (S. Ishida et al., Phys. Rev. Lett., 79(1997) 3917) 为 JT-60 上反剪切位形下的电子密度，电子和离子温度和安全因子的轮廓。可以看到，在半径 $r/a \sim 0.6$ 处形成了一个非常窄的内部输运垒，此处等离子体参数有很高的梯度。

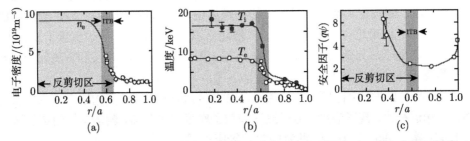

图 8-3-9　JT-60 上反剪切位形下的电子密度 (a)、电子和离子温度 (b) 和安全因子轮廓 (c)

内部输运垒一般在 $q=2, 3$ 的共振面附近形成，往往处于 q 轮廓最小值附近。在输运垒附近，离子热导、粒子扩散和动量输运都显著改善，有时也观察到电子热导的改善。在有的实验里，也观察到内部输运垒整个内部约束的改善。

我们再看 JET 装置上 D-D 和 D-T 运行中内部输运垒的形成 (图 8-3-10, C. Gormezano et al., Phys. Rev. Lett., 80(1998) 5544)。这一放电中，在电流上升阶段进行预加热以延缓电流扩散，形成平的或中空电流轮廓。这时的三乘积达到 $n_i T_i \tau_E = 1 \times 10^{21} \mathrm{m}^{-3} \cdot \mathrm{s} \cdot \mathrm{keV}$，并产生聚变功率 8.2MW，中心区离子输运达到新经典理论水平 (图 8-3-11，出处同图 8-3-10)。

发现反剪切改善约束得到的能量约束时间和反剪切形成的最小 q 数值及其位置有关。一般来说，这个 $q_{\min}$ 越小，位置越靠外越有利于约束改善。内部输运垒的形成，一般认为也与 $\vec{E} \times \vec{B}$ 剪切对湍流的压制有关。但是对一些湍流模式的研究揭示，$q_{\min}$ 处由于没有剪切，极向模式和环向模式之间的联系中断, 可能也是内部输运垒形成原因之一。

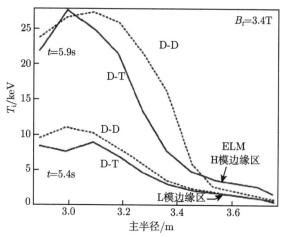

图 8-3-10　JET 上 L 模和 H 模离子温度轮廓

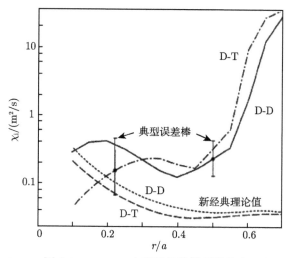

图 8-3-11　JET 上离子热扩散系数轮廓

反剪切位形又称中空电流位形, 因其中心区电流密度较低。这种位形的极端是电流洞位形, 具有典型的内部输运垒结构。图 8-3-12 (H. kishimoto et al., Nucl. Fusion, 45(2005) 986) 是 JT-60U 上电流洞放电的典型参数分布图。在占半径 40% 范围内的电流洞外, 自举电流占主要成分。在内部输运垒区域观察到很高的磁剪切和环向速度剪切。电流洞内的密度涨落也远低于一般的内部输运垒位形。相对于 ITER IBP98$(y, 2)$ 的能量约束时间定标律式 (8-3-2), 改善系数 $H = 1.16 \sim 1.25$。因而它是一种很独特也很稳定的位形, 因为它的内感 l_i 很低, 也容易实现。这一位形在 JET 上也曾得到, 但是还没有得到很广泛的研究。

3. 超放电类型

另一些改善约束模式, 包括超放电、VH 模式、高 l_i 放电、改善 L 模等, 可归为一类, 称超放电类型, 也属于内部改善约束。它们的共同特点是密度和压强的峰值分布、$T_i \gg T_e$、强的同位素效应，和 L 模比较，能增强约束到 3 倍。这些类型的实现特别要求有好的边界条件，特别是低的粒子循环率。

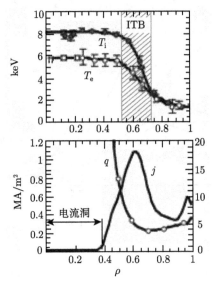

图 8-3-12　JT-60U 上电流洞放电的离子温度、电子温度、电流密度和安全因子轮廓
横轴为归一化小半径

超放电(supershot) 是在 TFTR 上，先用中性粒子注入对 D 等离子体加热，然后用离子回旋波对少数离子 ^{3}He 加热后实现的。它是一种峰值密度轮廓放电，离子温度较电子温度高得多，峰值处分别为 45keV 和 14keV。最高能量约束改善系数 $H > 3$，和密度峰化因子 $n_e(0)/\langle n_e(r)\rangle$ 成比例。这种模式产生的最重要条件是控制来自壁的粒子流。

VH 模式　在 DIIID 上实现的一种称为 VH(very high) 的模式。它是在真空室壁硼化之后得到的。它的特点是较高的中心密度和中心离子温度，中心区 Z_{eff} 接近 1，辐射功率很低。图 8-3-13 (G. L. Jackson et al., Phys. Rev. Lett., 67(1991) 3098) 为其总能量、加热功率、辐射功率、密度和 D_α 辐射的波形图。可以看到，在加热功率上升以后经一定延迟时间再表现为向 VH 模的转变，即密度上升，辐射减少。但是在维持一段 VH 模后，又弛豫到 ELM 相。从其参数轮廓来看也应属于边缘输运垒型改善约束态，输运垒在半径 $r/a = 0.8 \sim 1$ 范围，较一般 H 模宽，或者说，输运垒向中心发展，所以有时也称为内部输运垒类型。但是，它没有磁场的反剪切或弱剪切。

在 JET 装置上也得到了 VH 模，是在中性粒子束加热或离子回旋波加热时出现的。其特点是高的压强梯度和高的电流密度，边缘区域高的自举电流，其改善系数 H 达到 3。在 VH 模达到前，曾出现 ELM 现象。

总地来说，H 模或 VH 模这样的边缘区输运垒类型的缺点是不能持久的，随约束改善，密度逐渐增加，辐射功率随之增加，趋于不稳定，须用 ELM 消散边缘区能量。近年来，长脉冲运行情况有所改善。

电流峰值分布放电或称高 l_i 放电，有反剪切或弱剪切，形成输运垒使电子热扩散接近新经典输运水平，主要用电流下降期芯部辅助加热来实现。电子热导接近新经典值 ~1.5。在 Tore Supra 装置上称为 LHEP(LH enhanced performance)，可以维持 2 分钟的低杂波驱动电流放电。在 TFTR 装置上,于电流上升阶段扩展等离子体小半径使自感 l_i 值增加到 2。由于稳定性增加,相应 β_N 值达到 3。

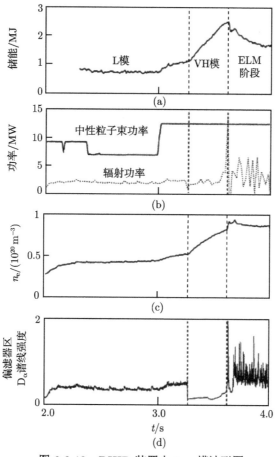

图 8-3-13 DIIID 装置上 VH 模波形图

弹丸增大约束模(pellet-enhanced performance, PEP) 在 JET 上用弹丸注入得到强的中心峰值 (图 8-3-14, M. Hugon et al., Nucl. Fusion, 32(1992) 33),实现电流中空分布,产生反磁场剪切,而且大的密度梯度产生强的自举电流份额,这大的自举电流对维持反剪切也有贡献。这种放电类似于超放电,也属于峰值密度放电。其缺点和 H 模一样,由于杂质积累而不能维持长久。这种模式也属于反剪切位形。

改善 L 模 在 JT-60 上,用中性粒子束在芯部加热,用器壁硼化减少密度,仔细控制内感和旋转速度以压制锁模,实现了一种高 β_p 放电,较 L 模约束改善系数达到 3,并达到 60% 的自举电流份额,中心离子温度远高于电子温度,离子温度和密度为峰值轮廓,电子温度分布较宽,电流轮廓也较宽,$l_i < 1.2$,这种放电可以接近稳态运转。

图 8-3-15 为 ASDEX-U 上 H 模和改善 L 模的能量约束时间对总加热功率的依赖关系。可见改善 L 模对功率的定标较原来 L 模定标 $\tau_E \propto 1/\sqrt{P}$ 有所改善,而且随加热功率增加更接近 H 模。将离子漂移方向对偏滤器零点可以降低 H 模的功率阈值,但是和改善 L 模行为无关。

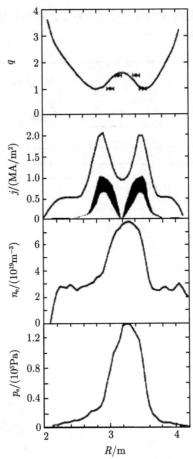

图 8-3-14 JET 上的 PEP 放电波形

从上至下分别为安全因子、电流密度 (下方为自举电流, 粗线表示误差)、电子密度、电子压强,

后二者从LIDAR 测量得到

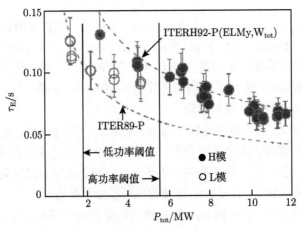

图 8-3-15 改善 L 模的加热功率定标

和 H 模式比较, 两曲线分别表示 ITER92-P 和 ITER89-P 定标

这种改善 L 模后来发展为一种 I 模。它是在离子磁场漂移方向背向偏滤器 X 点、L-H 模转换阈值较高时实现的。阈值和磁场强度关系较弱。I 模的特点是边界处形成类似 H 模的温度台基并达到较好的约束，但是密度轮廓几乎未变。这种模式主要在 ASDEX-U 装置上进行，尚须在更多装置上验证。

4. 杂质辐射型放电

杂质辐射型放电又称 RI(radiative improved) 模。这种改善约束模式主要在 TEXTOR-94 装置上进行研究。这种模式在放电时注入 Ne，或者 Ar，Si 杂质，杂质的辐射冷却边缘区域，降低和壁的相互作用，达到改善约束，但无功率阈值，也无 ELM 出现，约束性能可以达到有 ELM 的 H 模放电水平。这里边缘区的杂质辐射代替了 ELM 作为能量消散机制。这种模式的特点是密度可达到 Greenwald 极限的 1.2 倍，β_N 可达到 2.1，密度可达到 $0.7 \sim 1.2 n_{GR}$，约束性能随密度线性增加 (图 8-3-16, A. M. Messiaen et al., Phys. Rev. Lett., 77(1996) 2487，也参见图 8-2-6)；可达到准稳态，最多持续 $160\tau_E$；达到低 q 值，q_a 可达 2.7。

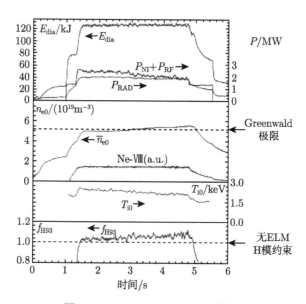

图 8-3-16　TEXTOR-94 上示波图

从上到下：RI 模的储能 (逆磁测量)，总加热功率，辐射功率，电子密度，Ne-VIII 谱线强度，

峰值离子温度，对H93 定标的增大因子

这一模式的主要特点是高 Z_{eff} 以及高的径向密度梯度。这两者导致临界温度梯度的增加和剪切流致稳作用的增强。此外，离子温度梯度模 (ITG) 的增长率 $\propto 1/\sqrt{Z}$，所以杂质也有致稳作用，但要防止杂质向芯部集中。

在其他几个装置上也进行了杂质注入实验，并配合其他高约束态，获得一些高的参数指标，但这种模式能否用于 ITER，尚须进一步研究。

表 8-3-1 为几种高约束态主要指标的比较。

表 8-3-1   几种高约束态的比较

类型	模式	主要研究装置	特点	达到方法	H
边缘输运垒 (ETB)	H 模	ASDEX	能持久 (ELM)	强辅助加热	1.5~2
	VH 模	DIIID, JET			
内部输运垒 (ITB)	RS	JET, TFTR,	反剪切弱剪切	电流快速上升	2
		JT-60, DIIID			
超放电	Supershot PEP	JET, TFTR,	峰值密度压强	中性粒子注入	1.5~3
		Tore Supra	$T_i \gg T_e$	弹丸注入电流	
				降低电流驱动	
辐射型	RI 模	TEXTOR-94	高 β	杂质注入	2

5. 对 H 模产生机制的理解

上述几种改善约束态都存在输运垒, 其特点是: 宽度 0.5~3cm, 为离子极向回旋半径量级; 在这一区域密度梯度增加, 温度梯度增加; 有强的径向电场, 一般为负值; 离子极向旋转速度增加, 湍流得到抑制; 密度涨落和磁涨落幅度降低; 涨落量间相位差发生变化; 径向相关长度降低。图 8-3-17 (K. Ida et al., Phys. Fluids, B4(1992) 2553) 为 JFT-2M 装置上 L-H 模转换前后边界区参数的变化, 并用欧姆加热参数对照。这一转换是用中性束注入单零偏滤器位形中实现的。在分支面内用电荷交换光谱测量旋转速度和离子温度, 从径向平衡方程推导电位和电场, 在分支面外直接用静电探针测量电位。从图可以看到, L-H 模转换后极向

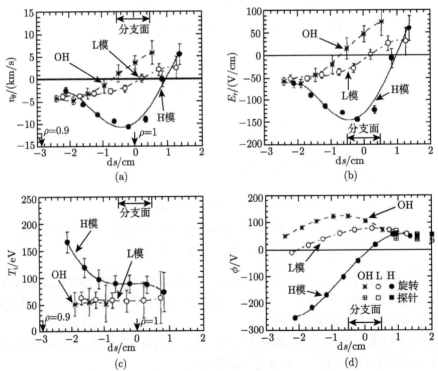

图 8-3-17   JFT-2M 上欧姆加热 (OH) 和 L-H 模转换前后边缘区极向旋转速度 (a)、径向电场 (b)、
离子温度(c) 和空间电位轮廓 (d)

横坐标为径向和分支点的距离, 电位由旋转测量和静电探针两种方法得到, ρ 为归一化小半径

宏观流速增加 (向负值) 并在分支面附近产生很大的空间梯度，形成强剪切流。转换前电场方向在分支面附近换向，转换后分支面附近变得更负且形成很陡的梯度。空间电位的变化也与此符合。转换以后，H 模在分支面内的离子温度有大幅提高。这些结果说明，L-H 模转换后，在分支面附近形成输运垒，这个形成过程与宏观转动和电场的剪切变强相关。

曾经比较仿星器 W7-AS 和托卡马克 ASDEX-U 上的边缘区电场测量结果。它们在 L-H 模转换后分支面内的电场变得更负，而且形成一个阱，有很大的径向梯度。这个阱距离分支面都是 3cm，宽度也相近。它们的差别是，仿星器 W7-AS 在转换前就有一个浅的电场阱，使转换更容易一些，所以仿星器的临界转变功率较托卡马克更低。

此外，偏压孔栏实验中，靠人为改变边界区的电位及其轮廓，也能实现 H 模，也说明边界区电场轮廓在 H 模中起的作用。那么，径向电场轮廓的变化又如何影响输运呢？

写出径向离子平衡方程 (8-1-22)

$$E_r = \frac{\nabla p}{Zen_{\mathrm{e}}} - v_\theta B_\varphi + v_\varphi B_\theta$$

方程将径向电场和极向和环向旋转相联系，电场梯度增加必然增加旋转梯度，形成剪切流。所有的改善约束模都观察到剪切流的作用。一般环向旋转和极向旋转的速度同量级，但环向磁场 B_φ 远强于极向磁场 B_θ，所以在式 (8-1-22) 中极向旋转速度 v_θ 是影响平衡的主要因素。

极向旋转起源于离子轨道损失引起的整体等离子体负电位。这向内的径向电场 E_r 维持粒子的双极扩散，并且平衡离子的动力压强，还与环向磁场作用产生极向旋转。粒子的源项 (充气) 和沉项 (偏滤器和限制器) 在极向的不对称分布也影响这一旋转速度。这一旋转受到的阻尼来自新经典黏滞力和离子的电荷交换。所谓新经典黏滞力指小截面内封闭轨道的捕获粒子不能绕极向转动，而且与转动的通行粒子碰撞引起阻尼。一些装置上测量了 H 模到 L 模的恢复时间相当于离子–离子碰撞时间，也说明这种阻尼机构可能是主要的。此外，热离子与冷的中性粒子的电荷交换也损失了转动动量。

在仿星器上，不仅存在环效应形成的捕获粒子，而且不对称结构在边界形成的磁岛也可约束粒子，对极向转动产生阻尼。这些磁岛结构与边界处的旋转变换 ι 的数值有关。当 ι 连续变化时，不同模数的磁岛连续产生和消失，它们之间可以形成 H 模的间隙。这也说明，极向旋转对 H 模形成的重要作用。

如图 8-3-17 所示，极向流速的局部增加必然形成很高的梯度，也就是剪切流。而剪切流的作用可以归纳于：湍流的基本结构是涡旋式的相干结构，相当于扰动波长，也就是随机行走模型中的步长。剪切流会破坏这样的结构，减少相干长度，或称解耦，减少湍流输运 (图 8-3-18)。在中性流体中也观察到类似的现象。

另一方面，有径向剪切的电场本身也对湍流有抑制作用。因为有剪切的电场相当于一个均匀场叠加一个四极场。在四极场作用下，湍流相干结构也会发生类似图 8-3-18 上显示的解耦过程。

在关系式 (8-1-22) 中，哪一项是引起 L-H 模转换的主动项呢？首先被排除的是压强梯度项。这是因为在转换中，压强轮廓的变化有一个延迟时间。图 8-3-19 (K. H. Burrel, Phys. Plasmas, 6(1999) 4418) 是在 TEXTOR 装置上用探针加一电场振荡的实验结果。该振荡的周期为 5ms, 可以看到密度梯度的变化对电场梯度变化有一个延迟。当然, 压强轮廓改变的滞后并不意味着它在 L- 转换中不起作用。由 L-H 模转换形成输运垒以及高的负压强梯度, 又对负的电场位阱作贡献, 维持了 H 模的稳定。

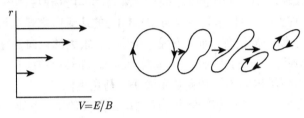

图 8-3-18　剪切流使湍流解耦

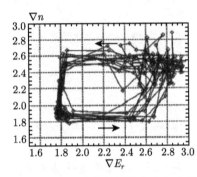

图 8-3-19　TEXTOR 上加振荡偏压时的电场梯度和密度梯度振荡 (标尺任意单位)

总之, 对 H-L 模转换以及反转换过程中事件时间序列的研究证明, 在关系式 (8-1-22) 中, $\vec{v} \times \vec{B}$ 项可能起着更关键的作用。在其两个分量中, 涉及 v_θ 的项为负, 对负电场的形成也许有更大的作用。涉及 v_φ 的项, 在中性粒子正向注入 (和电流平行) 时, 此项为正, 反向注入为负。这和 ASDEX 上的一项反向注入时得到 H 模的实验结果符合。但实验表明, 这一项的变化也比较滞后。

在 L-H 模转换中 $\vec{v} \times \vec{B}$ 剪切对抑制湍流输运起重要作用, 而后来的实验证明这一剪切流的推动力也来自湍流。这就使 L-H 模转换物理有更丰富的内容。从理论分析可知, 剪切流也有负面效应。它可驱动 Kelvin-Holmholtz 不稳定性, 但环形装置中原来存在的磁剪切会予以抑制。

8.4　微观不稳定性

鉴于环形等离子体的输运水平仍超过新经典输运理论预期的实验结果, 很早就将这一反常输运现象的来源归于湍流输运。在许多装置上观察到输运系数随半径增加而很快增加 (图 8-2-3), 也和涨落水平增加相联系。L-H 模转换发现以后, 特别是观测到转换后随输运的降低, 等离子体的涨落水平也相应降低, 进一步将输运和微观不稳定性联系起来。这种实验现象被普遍观察到, 例如, 在 Tore Supra 上欧姆放电时观察到的电子热扩散系数和密度涨落平方相对值的相关 (图 8-4-1, X. Garbet et al., Nucl. Fusion, 32(1992) 2147)。

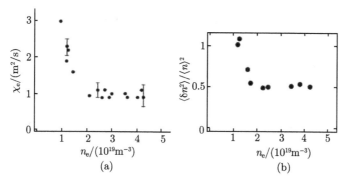

图 8-4-1 Tore Supra 上电子热扩散系数和平均密度关系 (a)($r/a = 0.7$) 以及相对密度涨落平方相对值和平均密度关系 (b) ($r/a = 0.7 \sim 1$)

微观不稳定性指系统偏离麦克斯韦分布而产生的不稳定现象, 例如, 发生在速度空间的束流不稳定性 (逆朗道阻尼) 和损失锥不稳定性。而和环形装置输运问题联系的, 主要是由等离子体自由能驱动的微观涨落现象, 尺度为离子回旋半径量级。广义微观涨落还包括**对流元**(convective cell)、随机磁场等机构。但很多实验研究表明, 所观测的不稳定性, 一般具有漂移波的特征。这种微观不稳定性起源于流体方程的非线性性质。

1. 湍流基本知识

流体方程 流体的动力学方程为

$$\frac{\mathrm{d}\vec{u}}{\mathrm{d}t} = \frac{\partial \vec{u}}{\partial t} + (\vec{u} \cdot \nabla)\vec{u} = -\nabla\left(\frac{p}{\rho}\right) + \nu\nabla^2\vec{u} \tag{8-4-1}$$

其中, $\vec{u}$ 为流体速度, ρ 为质量密度, $\nu = \mu/\rho$ 为**动理黏滞系数**(kinetic viscosity), μ 为**黏滞系数**。如果流体不可压缩, 则方程为

$$\frac{\mathrm{d}\vec{u}}{\mathrm{d}t} = \frac{\partial \vec{u}}{\partial t} + (\vec{u} \cdot \nabla)\vec{u} = -\frac{1}{\rho}\nabla p + \nu\nabla^2\vec{u} \tag{8-4-2}$$

称为 **Navier-Stokes 方程**。可与连续性方程

$$\nabla \cdot \vec{u} = 0 \tag{8-4-3}$$

联合求解。

再求能量方程, 用 $\vec{u}$ 点乘式 (8-4-1), 考虑到连续性方程以及一般的向量公式

$$\vec{u} \cdot \nabla^2\vec{u} = -\vec{u} \cdot (\nabla \times \nabla \times \vec{u}) = -\nabla[(\nabla \times \vec{u}) \times \vec{u}] - (\nabla \times \vec{u})^2$$

得到

$$\frac{\mathrm{d}}{\mathrm{d}t}\left(\frac{1}{2}u^2\right) = -\nabla \cdot \left[\frac{p}{\rho}\vec{u} + \nu(\nabla \times \vec{u}) \times \vec{u}\right] - \nu(\nabla \times \vec{u})^2 \tag{8-4-4}$$

右侧第一项为流入体元之能量, 对于稳定边界的封闭区域

$$\frac{\mathrm{d}}{\mathrm{d}t}\int_V \varepsilon\mathrm{d}\vec{r} = -\nu\int_V (\nabla \times \vec{u})^2\mathrm{d}\vec{r} \tag{8-4-5}$$

其中，$\varepsilon = u^2/2$ 为能量密度。此处未计流体内能，动能随时间衰减。

还可定义流体的**螺旋量**(helicity)。它的性质和磁螺旋度 (2-6-2) 相似

$$H = \int_V \vec{u} \cdot (\nabla \times \vec{u}) \mathrm{d}\vec{r} \tag{8-4-6}$$

它等于两个链接的流管中的流量的乘积 $H = \Phi_1 \Phi_2$。可以证明封闭体积内螺旋量的变化

$$\frac{\mathrm{d}}{\mathrm{d}t} H = -2\nu \int_V (\nabla \times \vec{u}) \cdot [\nabla \times (\nabla \times \vec{u})] \mathrm{d}\vec{r} \tag{8-4-7}$$

引进**雷诺数**(Reynolds number)

$$R = \frac{LV}{\nu} \tag{8-4-8}$$

其中，L 和 V 分别为流体的特征长度和速度。雷诺数表征流体惯性力与黏滞力之比。雷诺数相同的流体运动是动力学相似的，雷诺数小的流体运动称为**层流**(laminar flow)。当雷诺数增大时，流体的流动形式发生改变，时空对称性产生破缺，局部压强、速度等量发生不规则涨落，输运速率大幅度增加。发生转变的雷诺数与流体形状有关。对于管流，在 $R \approx 2000$ 时发生转变，在 $R \approx 4000$ 时完全转变为湍流。

湍流不是完全无规的，它存在着结构，由一系列不同尺度的涡旋构成。Navier-Stokes 方程的黏滞项 $\nu \nabla^2 \vec{u}$ 是速度的二阶空间微商。涡旋结构尺度越小，速度的空间改变率越大，受到的黏滞力越大。从雷诺数 $R = LV/\nu$ 看，如果将 L 视为涡旋的尺寸，尺度越小，雷诺数也越小，趋于不符合湍流的条件。所以，尺度最小的涡旋结构相当于雷诺数 $R=1$。鉴于湍流的雷诺数一般是几千，所以涡旋结构的尺度范围至少包含三个量级。对于一般尺度的湍流，最小涡旋尺寸在 1mm 以下。

构成湍流的涡旋的尺度分布是由湍流的**级联**(cascade) 过程形成的。因为流体的运动一般从宏观运动开始，即能量输入到大尺寸的结构，然后逐渐梯次形成较小的结构，称为级联。它来源于流体方程的非线性。在不可压缩流体方程 (8-4-2) 中，如果不计压强项，而且雷诺数相当大时，

$$\frac{\partial \vec{u}}{\partial t} = -(\vec{u} \cdot \nabla)\vec{u} \tag{8-4-9}$$

速度在空间的演化是由速度的二次项决定的，也就是说，形式如 $\sin k_0 x$ 形式的涡旋会随时间产生 $\sin 2k_0 x$ 形式的尺度更小的涡旋。这个尺度变小、波数变大的级联过程会一直进行下去，直到涡旋尺度 L 相当小，雷诺数小到一定程度，流体的黏滞力阻止了这一过程，级联才停止。

因此在能量密度的波数谱上，左侧低波数是能量输入区域，右侧高波数是能量耗散区，中间一段称为惯性段 (图 8-4-2)。

惯性段的结构和级联过程的复杂性在于上述方程 (8-4-9) 不能完全描述这一过程，还需考虑来源于高次项中与涨落有关的另一个二次项。

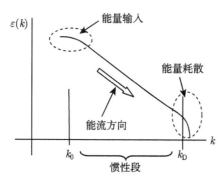

图 8-4-2　湍流波数谱一般形态

雷诺方程　从 Navier-Stokes 方程出发，将流体速度和压强均分解为平均和涨落两项

$$\vec{u} = \bar{\vec{u}} + \tilde{\vec{u}}, \quad p = \bar{p} + \tilde{p}$$

将其代入方程，对时间平均，除去平均项还保留以外，涨落的一次项平均为零，仅存二次项。在下式中用 $\vec{u}$ 代替 $\bar{\vec{u}}$，尖括号表示对时间的平均

$$\frac{\mathrm{d}\vec{u}}{\mathrm{d}t} = \frac{\partial \vec{u}}{\partial t} + (\vec{u} \cdot \nabla)\vec{u} = -\frac{\nabla p}{\rho} + \nu \nabla^2 \vec{u} - \left\langle (\tilde{\vec{u}} \cdot \nabla)\tilde{\vec{u}} \right\rangle \tag{8-4-10}$$

右侧所增加的最后一项来源于速度的涨落，其分量形式为 $-\dfrac{\partial}{\partial x_j}\langle \tilde{u}_i \tilde{u}_j \rangle$。如果将两个 $\vec{u}$ 合并为一个张量 $\vec{u}\vec{u}$，那么有 $\nabla \cdot \vec{u}\vec{u} = (\vec{u} \cdot \nabla)\vec{u} + (\nabla \cdot \vec{u})\vec{u}$。对于不可压缩流体 $\nabla \cdot \vec{u} = 0$，只取前一项。所以式 (8-4-10) 中增加的项可写为 $-\nabla \cdot \left\langle \tilde{\vec{u}}\tilde{\vec{u}} \right\rangle$。张量 $\left\langle \tilde{\vec{u}}\tilde{\vec{u}} \right\rangle$ 称为**雷诺胁强**(Reynold stress)，式 (8-4-10) 称为**雷诺方程**。

雷诺胁强项是微观运动对宏观运动的贡献。如果微观涨落是完全无规的，雷诺胁强这样的二阶项也为零。只有在运动参数间存在统计相关时，它才不为零。在实验上这一胁强可以从速度涨落测量结果来计算，但从理论上，它随时间的变化涉及更高的三阶项，而三阶项又取决于更高阶项。只有在某一阶截断，才能构成完整的方程组。所以这是个非常困难的理论问题。由于这一项的存在，在波数谱的惯性段不仅存在能量从低波数到高波数的流动，也存在相反的过程，所以这是个自组织过程。

在环形等离子体中，雷诺协强可能对宏观流动做出贡献。其中对极向流动的贡献主要来自 $\langle \tilde{v}_r \tilde{v}_\theta \rangle$ 项，而对环向流动的贡献主要来自 $\langle \tilde{v}_r \tilde{v}_\varphi \rangle$ 项。除了这种形式的雷诺协强以外，尚需考虑与密度涨落的耦合。因为粒子流为 $n\vec{u}$，须考虑形式如 $\langle \tilde{v}_r \tilde{n} \rangle \langle v_\varphi \rangle$ 的项，称为对流项，以及三阶项 $\langle \tilde{n}\tilde{v}_r \tilde{v}_\varphi \rangle$。

1941 年，Kolmogorov 用量纲分析方法解决了惯性段 k 定标问题。他得到的结构是每单位波数能量

$$e_k = \frac{\mathrm{d}E_k}{\mathrm{d}k} \approx \varepsilon^{2/3} k^{-5/3} \tag{8-4-11}$$

其中，ε 为单位流体质量平均能量耗散率。在推导这一关系中，假设湍流结构是自相似的，即其局部性质与尺度无关。

对于磁流体运动，因为流体倾向于在磁场方向流动，所以是各向异性的。在垂直磁场方向可视为二维湍流，同样遵循 $k_\perp^{-5/3}$ 律。而在与磁场平行方向，规律为 $k_\parallel^{-5/2}$。磁流体湍流与

一般力学湍流的另一区别是它不完全是自相似的，这源于其涡旋结构在磁场方向拉长。这使得它的参数数值的 PDF 不完全是 Gauss 的，而显现为一种**间歇湍流**(intermittent turbulence)特征。

2. 湍流测量结果

边界区   在边界区，主要采用静电探针测量，可以直接得到密度、电位和温度的涨落数据，从空间相关可以得到电场以及涨落的频谱和波数谱，计算湍流引起的粒子流和能流，从多针测量还可以得到雷诺协强和带状流数据，并可探测和研究大尺度的相干结构。

实际测量得到的边界区密度涨落在30%以上，可达 100%。电位涨落和密度涨落关系有些偏离玻尔兹曼分布，有 $\dfrac{e\tilde{\phi}}{T_e} > \dfrac{\tilde{n}}{n}$。用静电探针得到的温度涨落为 $\dfrac{\tilde{T}_e}{T_e} > 20\%$，在不同装置上有所不同。图 8-4-3 (A. J. Wootton et al., Phys. Fluids, B2(1990) 2879) 是 TEXT 上静电探针测量的温度、密度和电位的相对涨落振幅的径向分布，也表示了磁涨落的相对振幅 (磁场径向涨落和环向磁场比较)，约为 10^{-5} 量级。

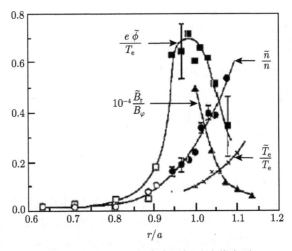

图 8-4-3   TEXT 上边缘区相对涨落水平

密度涨落频谱在高频有一临界频率，处于 10~100kHz 范围，与具体装置参数有关。在这个频率以上，功率谱以负指数 $f^{-1} \sim f^{-4}$ 衰减。在频谱图的横轴用不同的常数因子 "归一化" 后，不同装置上谱的形状非常相似，例如，几台托卡马克和仿星器上用边界区静电探针测量密度涨落的频谱，在横轴乘上一个不同的因子 λ 后，可以很好地重合 (图 8-4-4, M. A. Pedrose et al., Phys. Rev. Lett., 82(1999) 3621)。

边界区密度涨落谱的分布呈湍流性质，$\Delta\omega \sim \omega$，$\Delta k_\theta \sim k_\theta$，如球形环 SUNIST 装置上用静电探针测量得到的边缘区涨落功率谱密度 (图 6-3-5)。波数的三维分布呈各向异性，在平行方向很小，有 $k_\parallel \approx 10/(qR) \ll k_\perp$，所以涨落大致是二维的，呈沿磁场延伸的丝状结构，宽度为 cm 量级。在垂直方向有 $k_p \sim k_r$，2~3cm^{-1}，但平均的 k_r 接近零，两个方向上的波数谱宽约为 $\sigma_r/\sigma_\theta \approx 2$ (图 6-3-7)，相应的极向模数为 30~100。极向的波数谱类似频谱。扰动的极向相速小于 10^6cm/s，在电子逆磁漂移方向，但在分支磁面以外改变为离子逆磁方向，径向相速小于极向相速。

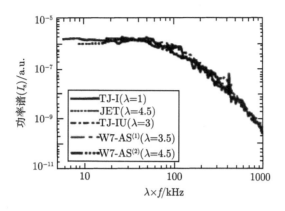

图 8-4-4 几台装置上边缘区密度涨落功率谱

边界区涨落的一些特点符合某些特定的微观不稳定性模式，但总的性质很可能是多种模式共同作用的结果。

涨落频谱大致可写为色散关系形式 $S(\omega) = (v_{E \times B} + v_{\rm ph}) S(k_\perp)$，其中 $v_{E \times B}$ 是等离子体整体旋转速度，$v_{\rm ph}$ 为模式的相速，一般第一项是主要的，因此波数谱和频谱有相似之处。计算时应注意 $v_{E \times B}$ 可能存在剪切，而不同模式的相速的大小和方向可能不同。离子模一般在离子逆磁方向，而电子模一般在电子逆磁方向。因为频谱和波数谱都是很宽的湍流谱，所以须求平均的统计色散关系。这一色散关系对低波数可能呈现线性，而高波数与模式有关。

芯部 可采用集体散射、重离子探针、Doppler 反射仪、束发射光谱等诊断方法，探测的相对涨落水平只有 1% 左右。测量得到的频率宽度 $\Delta \omega$ 为 100kHz 左右，但可能部分来源于极向剪切流的 Doppler 效应。波数谱主要由长波组成 (图 5-6-21)，径向相关长度 2~3cm，极向波数谱的峰值为 $k_\perp r_{\rm L} \leqslant 0.3$，$r_{\rm L}$ 为离子回旋半径，$k_r \sim k_p$。芯部的电位涨落符合 $\frac{e\tilde{\phi}}{T_{\rm e}} \sim \frac{\tilde{n}}{n}$ 关系。

在边界区和芯部，表述波数时也可用 $\rho_{\rm s} = C_{\rm s}/\omega_{\rm ci} = \sqrt{T_{\rm e}/T_{\rm i}} r_{\rm Li}$，相当于使用电子温度和离子质量的回旋半径，一般大于离子回旋半径 $r_{\rm Li}$，称为混合回旋半径，来作为径向长度的标尺，一些装置上大约为 $k_\perp \rho_{\rm s} \leqslant 0.15$。而在一些装置上发现相对涨落幅度和 $\rho_{\rm s}/L_n$ 成比例 (图 8-4-5, P. C. Liewer, Nucl. Fusion, 25(1985) 543)。从这些实验结果得到涨落幅度满足所谓混合长度估计

$$\frac{\tilde{n}}{n} \approx \frac{1}{k_\perp L_n} \tag{8-4-12}$$

其中，L_n 为密度梯度标量长度。而平行波数 $k_\| L \sim 1$，L 为环向连接长度。式 (8-4-12) 来自实验结果，但符合湍流理论的结论。它的物理意义如图 8-4-6 所示，这一涨落水平可以抹平局部的密度涨落，因而达到饱和，所以是不稳定性的增长和输运平衡的结果。如果输运时间是增长率的倒数 $1/\gamma_{\rm L}$，而相应长度是 $1/k_\perp$，则混合长度估计也可写成

$$D_\perp = \gamma_{\rm L}/k_\perp^2 \tag{8-4-13}$$

其中，$k_\perp$ 取最大值。

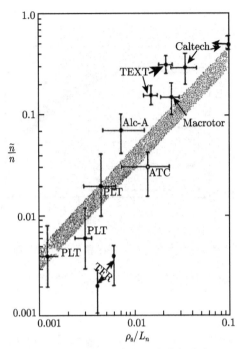

图 8-4-5　一些装置上得到的密度相对涨落幅度和 ρ_{s}/L_n 的关系

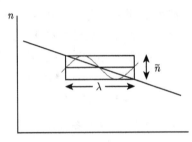

图 8-4-6　混合长度估计的意义

横轴为空间尺度

在某些装置上，还观察到芯部涨落的一些特点。其一是有时存在上下的不对称现象，可能有不同来源。其二是在宽的湍流谱中看到一些频宽和波数宽度都较窄的准相干模。再者，在离子逆磁漂移方向传播的模式也曾发现，可能属于离子温度梯度模。仔细观察 TEXT-U 上涨落的功率谱 (图 6-3-8)，也会看到存在方向相反的相速。

湍流输运　当密度涨落和电场涨落相关时，这一涨落可能引起粒子损失和能量的对流损失。如果温度涨落和电场涨落相关，可以引起能量的传导损失。相应的粒子流和能流可按照计算公式 (6-3-16) 和式 (6-3-17) 从测量数据得到。可以将这种涨落引起的粒子和能量损失数据和宏观角度的测量结果比较，并寻找符合的理论模型，以检验对输运的理论解释。

在边界区，这种对比较易进行。可从前述计算粒子扩散系数的方法，或从粒子约束时间推出损失到边界以外的粒子流，从功率平衡可以计算边界上朝外的能流，其中包含的对流损失部分可从粒子流算出。在一些装置上对比两组数据，结果显示，静电涨落引起的粒子流基本上与总的粒子流相符，或者说，占了其中很大部分。同样，总的能流也主要由与静电涨落联系的能流的两项构成，其中对流项大于传导项。SUNIST 的边界静电探针测量结果也显示这个特征 (图 6-3-9)。许多装置上的实验结果也显示，当等离子体柱位置移动时，或者极向有不对称因素出现时，结果与这幅图像有所偏离。

在芯部，由于测量数据不够精确等原因，这样的对比研究比较困难。一般在比较靠外的区域即过渡区，输运系数和密度涨落相关程度很好，如图 8-4-1 所示。对于热输运，与边界区不同, 芯部传导损失大于对流损失, 这与总的粒子约束时间长于能量约束时间相符。在芯部由于存在向内的对流速度, 粒子流很小。而芯部的热输运, 并非所有装置上都与这样计算得到的涨落输运计算结果相符。而无论在边界区和芯部, 寻找与输运相应的具体微观模式也遇到困难, 因为可能存在多种模式的作用。深入的研究证实存在更复杂的物理机制, 不是简单的对比所能解决的, 需要更仔细的分析和数值模拟方法的配合。

3. 极化漂移

为说明漂移波的产生机制, 须引进另一种漂移运动 —— 极化漂移。带电粒子的**极化漂移**(polarization drift) 是磁场中的低频振荡电场产生的一种在电场方向的同样频率的振荡运动。如第 1 章所述, 当存在与恒定磁场垂直的静电场时, 则产生与两个场都垂直的电漂移 $\vec{v}_\mathrm{E} = \vec{E} \times \vec{B}/B^2$ (式 (1-4-5))。如果这个电场随时间缓慢变化 (和回旋运动比较), 会在电场方向产生极化漂移。

设磁场在 z 方向, 电场在 y 方向 (图 8-4-7), 从粒子运动方程出发

$$\frac{\mathrm{d}^2 x}{\mathrm{d}t^2} = \frac{eB}{m}\frac{\mathrm{d}y}{\mathrm{d}t} = \omega_\mathrm{c}\frac{\mathrm{d}y}{\mathrm{d}t}$$

$$\frac{\mathrm{d}^2 y}{\mathrm{d}t^2} = \frac{eE}{m} - \frac{eB}{m}\frac{\mathrm{d}x}{\mathrm{d}t} = \frac{eE}{m} - \omega_\mathrm{c}\frac{\mathrm{d}x}{\mathrm{d}t} \tag{8-4-14}$$

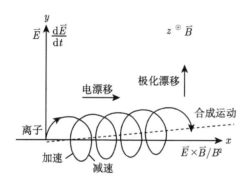

图 8-4-7 极化漂移产生的原理

从这两方程得到 x 和 y 方向的运动方程

$$\frac{\mathrm{d}^2 v_x}{\mathrm{d}t^2} = \omega_\mathrm{c}\frac{eE}{m} - \omega_\mathrm{c}^2 v_x$$

$$\frac{\mathrm{d}^2 v_y}{\mathrm{d}t^2} = \frac{e}{m}\frac{\mathrm{d}E}{\mathrm{d}t} - \omega_\mathrm{c}^2 v_y \tag{8-4-15}$$

v_x 为恒量时从式 (8-4-15) 第一式得到电漂移公式 (1-4-5)。如果电场变化频率远低于回旋频率, 第二式的左侧远小于右侧第一项, 得到叠加在回旋运动上 y 方向的极化漂移速度

$$v_p = \frac{e}{m\omega_\mathrm{c}^2}\frac{\mathrm{d}E}{\mathrm{d}t} = \frac{1}{e\omega_\mathrm{c}}\frac{\mathrm{d}E}{\mathrm{d}t} \tag{8-4-16}$$

这一运动源于回旋运动不同相位时电场的加速运动, 离子和电子运动方向相反, 由于离子回旋半径远大于电子的回旋半径, 离子的极化漂移速度也远大于电子的极化漂移速度, 所

以这一极化速度造成的极化电流主要由离子承担

$$\vec{j}_p = \frac{\rho}{B^2}\frac{\mathrm{d}\vec{E}}{\mathrm{d}t} \tag{8-4-17}$$

其中，ρ 为质量密度。

用图 8-4-7 解释极化电流的产生原理，先看电漂移的产生。带正电的离子在稳态磁场中做左旋的回旋运动时，受到垂直磁场方向电场作用，图上回旋轨道的右半部分减速而左半部分加速，使得轨道上半部延长而下半部缩短，产生均匀的 $\vec{E}\times\vec{B}$ 方向的漂移运动。现在设这一电场均匀增长，则左半周增加的速度超过右半部减少的速度，致使回旋轨道上移，形成电场方向的漂移运动。由于相同原因，带负电的电子则向下漂移。如果电场是交变的，则带电粒子也在电场方向振动。极化电流名称的来源是在等离子体中，电场一般不是外加的，而是由极化造成的。它的性质犹如电路中的电容。

4. 漂移波模型

漂移波(drift waves) 是非均匀等离子体内的一种低频扰动，为密度梯度或温度梯度产生的自由能驱动，将粒子热能转换成波的能量，再引起等离子体的随机运动。它的频率一般低于离子回旋频率，波长可以和离子回旋半径相比，相应时间尺度较等离子体在磁场中的扩散时间长，可能产生磁场方向的电场，或者说沿磁场方向存在变化的电位。此时电子和离子的行为须分别考虑，所以不能在理想磁流体的框架下处理。此外由于频率低于离子回旋频率，漂移近似成立，须考虑各种漂移运动的作用。

漂移波的产生可简述如下。当有密度或温度梯度的磁化等离子体内发生密度涨落时，会调制与磁场方向和密度或温度梯度方向垂直的逆磁电流发生扰动。而由于电中性，在与磁场平行方向也会发生密度和电位的调整，达到或接近玻尔兹曼分布，形成波动。如果存在损耗，这个波动可以造成输运。

电子漂移波的简单模型　以密度梯度驱动的静电漂移波为例说明漂移波的驱动机制。设磁场在 z 方向，密度梯度 ∇n 在 $-x$ 方向，一个如下形式的密度扰动沿 y 方向传播 (图 8-4-8)

$$\tilde{n} = \hat{n}_0 \exp[\mathrm{i}(k_y y - \omega t)] \tag{8-4-18}$$

图中还画出了连续两时刻的恒密度面 (虚线为下一时刻)。由于电子为玻尔兹曼分布，高密度扰动相当于高电位扰动，在 y 方向产生交替变化的电场，方向如图 8-4-8 所示。这一电场在 x 方向产生的电漂移 $\vec{E}\times\vec{B}/B^2$ 推动粒子在 x 方向运动，使波沿 y 方向传播。这个波是一个低频波，可从玻尔兹曼分布 $n \sim \exp(e\phi/T)$ 微商后得到

$$\tilde{\phi} = \frac{T}{e}\frac{\tilde{n}}{\bar{n}} = \frac{T}{e}\frac{\hat{n}_0}{\bar{n}}\exp[\mathrm{i}(k_y y - \omega t)] \tag{8-4-19}$$

这一关系称为绝热条件。相应 y 方向电场为

$$E_y = \frac{\partial \phi}{\partial y} = \frac{\mathrm{i}k_y T\hat{n}_0}{e\bar{n}}\exp[\mathrm{i}(k_y y - \omega t)] \tag{8-4-20}$$

电漂移造成的密度变化为

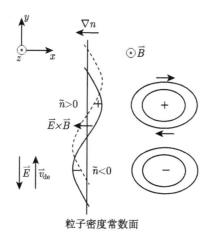

图 8-4-8 漂移波产生原理图

$$\frac{\mathrm{d}n}{\mathrm{d}t} = v_x \frac{\partial n}{\partial x} = \frac{E_y}{B} \frac{\partial n}{\partial x} = \frac{\mathrm{i}k_y T \hat{n}_0}{e\bar{n}B} \frac{\partial n}{\partial x} \exp[\mathrm{i}(k_y y - \omega t)] \tag{8-4-21}$$

又可从式 (8-4-20) 直接微商得到

$$\frac{\mathrm{d}n}{\mathrm{d}t} = -\mathrm{i}\omega \hat{n}_0 \exp[\mathrm{i}(k_y y - \omega t)] \tag{8-4-22}$$

比较两式得到涨落频率

$$\omega_{*e} = -\frac{k_y T_e}{e\bar{n}B} \frac{\partial n}{\partial x} \tag{8-4-23}$$

这一频率称为**电子逆磁频率**。它就是横向波数乘以电子逆磁漂移速度 v_{de} (4-7-1)，波的传播方向也与电子逆磁漂移方向相同。

考虑这一涨落引起的粒子流。仍取随机行走模型，如果认为相干步长为回旋半径 r_L 时间步长为 $1/\omega_*$，又近似认为 $\partial n/\partial x \sim \bar{n}/a$，$k_y \propto 1/r_L$，可以得到扩散系数

$$D = r_L^2 \omega_* = r_L^2 \frac{k_y T}{e\bar{n}B} \frac{\partial n}{\partial x} \propto \frac{r_L}{a} \frac{T}{eB} \tag{8-4-24}$$

属于回旋玻姆扩散类型。

再考虑电场方向的极化漂移。电场 (8-4-20) 对时间微商得到极化漂移

$$v_p = \frac{1}{e\omega_c} \frac{\partial E}{\partial t} = \frac{k_y T \hat{n}_0 \omega}{e^2 \bar{n} \omega_c} \exp[\mathrm{i}(k_y y - \omega t)] \tag{8-4-25}$$

它的方向在与电漂移垂直的 y 方向，相位相差 $\pi/2$，因此粒子运动形成椭圆形轨道，如图 8-4-8 所示。因假设绝热近似，同心椭圆也表示电位的等位线，箭头为粒子运动方向。如果粒子涨落和电位涨落同相，它们也表示粒子涨落密度的等高线。在这一简单模型中，密度涨落和电位涨落是同相的，不同相位产生的电漂移被平均掉，统计后不会产生粒子的输运。但是如果有耗散存在，两种涨落有相位差，密度和电位等位线不重合，密度最大值领先电位极大值一个相位。此时在一个对流结构里，x 方向的正向粒子流和反向粒子流不等，造成 $-\nabla n$ 方向的扩散。从这两个涨落量的振幅计算，也可以得到回旋玻姆扩散的结果。在式 (8-4-25) 中，仅取电场对时间的偏微商，如考虑对流项 $\vec{v} \cdot \nabla$，会产生非线性效应。

以上在考虑了电漂移和极化漂移后，得到密度扰动产生的漂移波。如果温度发生扰动，从式 (8-4-19) 可看出，也能使电位发生相同频率的相干扰动，产生类似形式的漂移波。在环形位形中，磁场曲率漂移亦为漂移波产生机构。在图 8-4-8 所表示的简单漂移波模型中，如果在密度梯度方向也存在磁场梯度，则磁曲率漂移产生的电荷分离也能产生 y 方向的电场，作为漂移波产生机制。可以引进磁漂移频率 $\omega_B = k_y v_B$，也可以表为 $\omega_B = (2L_n/R)\omega_*$，一般低于逆磁频率，$v_B$ 为磁漂移速度。因此，磁能梯度也属于驱动漂移波的自由能。在环外侧，磁能梯度和密度梯度 (或温度梯度) 同向，会引起更强烈的扰动。

5. 各种漂移波类型

以上只是一个简单的模型，一般的模型应考虑波的平行分量。在长波长、低平行相速近似下，色散关系为

$$\omega^2 - \omega_{*e}\omega - k_z^2 C_s^2 = 0 \tag{8-4-26}$$

其中，k_z 为平行波数，C_s 为离子声速。当平行波数 k_z 低时为电子漂移波；当 k_z 高时，主要为沿相反方向传播的两支受漂移波影响的**离子声波**(图 8-4-9)。上分支称电子分支，为快波，沿电子逆磁漂移方向传播；下支称离子分支，为慢波，沿离子逆磁漂移方向传播，受到强的离子朗道阻尼。从漂移波和离子声波的耦合可以推导环形几何中介观尺度的漂移波本征模。

在密度增大时，须考虑磁场的垂直扰动。碰撞频率低时，低频为漂移波，高频为阿尔文波。碰撞频率高时，漂移波和**阿尔文波**结合成漂移阿尔文波，色散关系为

$$\omega^2 - \omega_{*e}\omega - k_z^2 v_A^2 = 0 \tag{8-4-27}$$

其中，$v_A = B/\sqrt{\mu_0 \rho}$ 为阿尔文速度。对低比压等离子体，剪切阿尔文波的频率远高于离子声波。

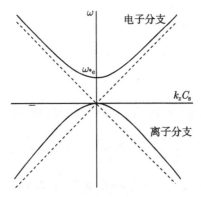

图 8-4-9　漂移波和离子声波的耦合

在静电型的通行粒子模式中，振动频率较捕获粒子的反弹运动频率高，称静电漂移波。这种波还有离子温度梯度模和电子温度梯度模，都是托卡马克等离子体中的重要微观模式，碰撞在波的激发中起着重要作用。在较低的频率，离子运动需要考虑。简单的模型可以得到色散关系

$$\omega^2 + k_\parallel^2 v_{T_i}^2 \left(\eta_i - \frac{2}{3}\right) = 0 \tag{8-4-28}$$

其中

$$\eta_{\mathrm{i}} = \frac{L_n}{L_{T_{\mathrm{i}}}} = \frac{\mathrm{d}\ln T_{\mathrm{i}}}{\mathrm{d}\ln n_{\mathrm{i}}} \qquad (8\text{-}4\text{-}29)$$

是个重要参数, 当其大于一个临界值时, 模式变得不稳定。仔细的计算所得到的这个临界值约为 1.5。但是对于密度轮廓很平的情况, 即 L_n 很大时, $L_{T_{\mathrm{i}}}/R$ 也有个临界值, 超过后也是不稳定的。从这个判断来说, 温度梯度是驱动源。这个模称**离子温度梯度模**(ion temperature gradient mode, ITG), 或 η_{i} 模。又根据采用模型的不同, 分为平板分支和环形分支。对于平板分支,

$$\omega \sim (k_{\parallel}^2 v_{T_{\mathrm{i}}}^2 \omega_{*\mathrm{i}} \eta_{\mathrm{i}})^{1/3} \qquad (8\text{-}4\text{-}30)$$

对于环形分支, 有

$$\omega \sim (\eta_{\mathrm{i}} \omega_{*\mathrm{i}} \omega_{\mathrm{di}})^{1/2} \qquad (8\text{-}4\text{-}31)$$

同样得到**电子温度梯度模**即 η_{e} 模 (electron temperature gradient mode, ETG), 其垂直波长处于离子回旋半径和电子回旋半径之间。当 $\eta_{\mathrm{e}} \gg 1$ 时, 这个模式不稳定, 其复频率为

$$\omega \sim (-k_{\parallel}^2 v_{T_{\mathrm{e}}}^2 \omega_{*\mathrm{e}} \eta_{\mathrm{e}})^{1/3} \qquad (8\text{-}4\text{-}32)$$

当扰动频率低于捕获粒子反弹频率时, 平行方向动力学并不重要。这一捕获粒子模式又分为耗散的和无碰撞两类。理论预言耗散模更为危险。

捕获电子模(trapped electron mode, TEM) 来源于捕获电子的环向进动与波相速的耦合, 为介观尺度的湍流, 频率接近电子逆磁漂移频率。实验也观察到这个模的阈值性。模拟计算得到 ITG 和 TEM 模在 L_n 和 L_T 图上的分布的一个典型例子如图 8-4-10 (X. Garber et al., Plasma Phys. Control. Fusion, 46(2004) B557) 所示, 其条件是 $T_{\mathrm{e}} = T_{\mathrm{i}}$。可以看出, 对于平坦的密度分布 (图左方), ITG 是最不稳定的模式, 而高的密度梯度会使 TEM 模不稳定, 而在高的温度梯度区域 (图上方), 两种模可以共存。

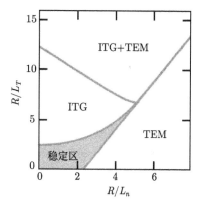

图 8-4-10 ITG 和 TEM 两种模式的发生区域和稳定区域

此外, 在 $k_{\parallel}$ 很小时环向相速可能小于离子热速度, 应考虑电磁作用, 称为**电磁漂移波**。

所说的几种漂移波在时间尺度和空间尺度上的分布可见图 8-4-11, 所取参数为当前大装置的运行参数。时间尺度和两种粒子的回旋频率及反弹频率、电子等离子体频率比较, 空间尺度和两种粒子的回旋半径比较, 还标明了磁流体活动和回旋波的频率范围。

在实验中发现在一定实验条件下往往是一种模式占主要地位, 可根据湍流谱、涨落传播方向、稳定性分析, 并与数值模拟结果比较以区分不同模式。例如, 在 TEXT 上用远红外散射测量涨落的 $S(\omega, k)$ 谱, 并据此计算统计色散关系 (表 6-3-1), 这一统计色散关系的相速叠加在 $\vec{E} \times \vec{B}$ 旋转造成的谱位移之上。用重离子探针测量径向电位分布计算这个旋转速度来扣除这个位移, 结果符合式 (8-4-23) 所表示的漂移波色散关系, 而且旋转方向在电子逆磁方向, 涨落幅度反比于密度梯度长度, 说明属于电子漂移波, 但是波谱宽度比由于散射体积在

小半径变化范围造成的线性波宽度大几倍，属于湍流性质。这种宽的湍流谱使得计算平均色散关系时产生很大误差。

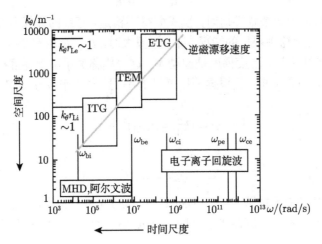

图 8-4-11　　主要漂移波类型在时间尺度和空间尺度上的分布

6. 实验验证

从实验角度出发，湍流频谱可分为两个区域。第一个是低频率、低波数区域 ($f < 400\text{kHz}$, $k \sim 2\text{cm}^{-1}$)，可以用远红外散射研究芯部区域。结果一般和 TEM 和 ITG 模特征符合，有比较长的径向相关长度。密度增加时，以 ITG 模为主。

举例说明在实验上如何结合数值模拟认证驱动模式。在 ASDEX-U 上进行一系列不同等离子体密度的 L 模放电，用 Doppler 反射仪测量扰动模式的旋转速度。图 8-4-12 (G. D. Conway et al., Nucl. Fusion, 46(2006) S799) 为相应于不同碰撞率的测量结果。这些结果显示所测量的旋转速度和方向与碰撞频率有关，这是因为旋转主要来自 $\vec{E} \times \vec{B}$ 旋转，而在所测量的区域 $\rho = r/a \approx 0.7$ 附近是旋转方向的转变区，转变点随碰撞频率变化。这一曲线由两段速度和碰撞频率的对数关系线段构成。为解释这一现象，使用回旋动理学程序 GS2 计算 ITG 和 TEM 两种模式的相速，得到的结果也在图上标出，它们的旋转方向分别为离子逆磁方向和电子逆磁方向。由于所测结果是 $\vec{E} \times \vec{B}$ 旋转速度和模式旋转速度之和，可以用两个碰撞频率区域的两种湍流模式解释这一测量曲线。因为 TEM 模在高碰撞区遭遇强的阻尼，ITG 模在高碰撞区域代替 TEM 模，模式转换区域为新经典输运香蕉区的边缘，和理论预言一致。从图也可看出，TEM 模的相速约为 1km/s，ITG 模相速仅几百 m/s。

在 TFTR 上，用快速的电荷交换光谱测量离子温度涨落，发现在整个等离子体外部区域离子温度的相对涨落为密度涨落的两倍，符合 ITG 稳定性分析，说明涨落很可能来源于 ITG 模。

第二个湍流区域为高波数区 ($k_\perp r_{\text{Li}} > 1$)。由于湍流 k 谱的负指数关系，波数高的涨落幅度低，这种短波长的涨落较难测量。在强的电子分量加热时，使用激光集体散射、Doppler 反射仪等方法取得一些实验结果，和 ETG 模式相符。在 FT-2 装置上，用 UHR 背散射诊断技术测量了 2～3MHz 的高频涨落及径向波数。探测到的小于 1MHz 的涨落处于边界区，可能属于碰撞 TEM 模。而第二个高于 2MHz 的模式的径向模数为 120~170cm^{-1}，符合 ETG 模性质。当阈值条件 $L_T < 1.25L_n$ 满足时，观察到振幅增长。

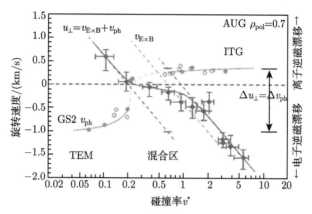

图 8-4-12　ASDEX-U 上涨落模式垂直速度和 GS2 模拟结果随碰撞频率变化曲线

以上介绍的是各种可能存在的漂移波类型及实验测量结果。在环形等离子体位形中，它们分别有不同的驱动机制和阻尼机制。另一重要问题是这样的线性波是如何发展成湍流的，当然下一步还有从湍流如何形成相干结构问题。这种问题的实验研究在一些位形简单的基础研究装置中取得一些结果。这个发展过程一般认为是非线性过程造成的，如**参量衰变不稳定性**(parametric decay instability)。这是一种由**有质动力**(ponderomotive force) 驱动的阈值性的三波相互作用模式，可以发生在不同类型的波之间，可以从相干波产生新的频率的波，并通过级联发展成广谱的湍流。

另一些实验使用非线性物理的研究方法，主要是观察主要参数在相空间的轨迹，计算关联维数和 Lyapunov 指数，研究相干波如何通过不同路径达到**混沌态**，并在空间发展为湍流。在一些基础实验装置中已对此进行了较为充分的研究，但是这种类型的研究在托卡马克等聚变装置中由于位形的复杂和诊断手段的限制，只取得有限的进展。

在温度只有几个 eV 的基础等离子体研究装置上，主要观察到电子压强梯度驱动的电阻漂移模，阻尼机制主要是电子离子间的碰撞。在欧姆加热的小型托卡马克装置上，发现主要是耗散型的捕获电子模。如上所述，在较大型托卡马克中，影响输运的主要不稳定性模式为图 8-4-13 (E. J. Doyle et al., Proc. 18th Int. Conf. on Fusion energy, Sorrento, 2000) 所显示的几种，构成输运现象的多尺度物理。图中还显示了它们的尺度、输运通道和抑制方法。在实验上模式的识别主要靠和数值模拟结果比较。ITG 模和 ETG 模分别为离子输运和电子输运的主要通道。它们有临界温度梯度性质，属于图 8-1-9 上的 I 型输运。捕获电子模 TEM 可引起电子分量的粒子和热输运，可能属于不同的输运类型，取决于密度梯度和碰撞率。此外，较重要的还有微撕裂模、电流扩散气球模。碰撞电阻、反常电流扩散在其耗散过程中起主要作用。它们多属于 III 型输运。

7. Hasegawa-Mima 方程

这是绝热近似下的漂移波方程。从流体的连续性方程出发，只考虑垂直磁场方向的运动。从连续性方程出发

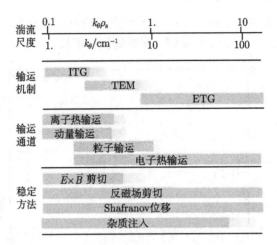

图 8-4-13 影响输运的主要微观不稳定性的尺度、通道和抑制方法

$$\frac{\partial n}{\partial t} + \nabla \cdot (n\vec{v}_\perp) = \frac{\partial n}{\partial t} + (\vec{v}_\perp \cdot \nabla)n + n\nabla \cdot \vec{v}_\perp = 0 \tag{8-4-33}$$

其中，垂直方向的运动速度包括电漂移和极化漂移 (式 (8-4-16))。

$$\vec{v}_\perp = \frac{\vec{E} \times \vec{B}}{B^2} + \frac{1}{e\omega_{ci}}\frac{\mathrm{d}\vec{E}}{\mathrm{d}t} = -\frac{1}{B}\nabla\phi \times \hat{z} - \frac{1}{e\omega_{ci}}\frac{\mathrm{d}}{\mathrm{d}t}\nabla\phi \tag{8-4-34}$$

其中，$\hat{z} = \vec{B}/B$，$\vec{E} = -\nabla\phi$。极化漂移的时间微商项包括两项

$$\frac{\mathrm{d}}{\mathrm{d}t} = \frac{\partial}{\partial t} - \frac{1}{B}(\nabla\phi \times \hat{z}) \cdot \nabla$$

另将密度项表为 $n = n_0 + \delta n$，按照绝热近似 $\delta n = n_0[\exp(e\phi/T_e) - 1] \cong n_0 e\phi/T_e$，取

$$\tilde{\phi} = \frac{e\phi}{T_e} = \frac{\delta n}{n_0} \sim \delta$$

另取时间空间变化尺度 $\frac{1}{\omega_{ci}}\frac{\mathrm{d}}{\mathrm{d}t} \sim \delta$，$L_n\nabla \sim \delta$，其中，$L_n$ 为密度标量梯度。忽略密度梯度后得到 Hasegawa-Mima 方程

$$(1 - \rho_s^2\nabla^2)\frac{\partial\tilde{\phi}}{\partial t} + \rho_s^4\omega_{ci}\left(\frac{\partial\nabla^2\tilde{\phi}}{\partial x}\frac{\partial\tilde{\phi}}{\partial y} - \frac{\partial\nabla^2\tilde{\phi}}{\partial y}\frac{\partial\tilde{\phi}}{\partial x}\right) = 0 \tag{8-4-35}$$

其中 $\rho_s = C_s/\omega_{ci}$。式 (8-4-35) 后一括号内部分可写成泊松括号 $[\tilde{\phi}, \nabla^2\phi]$ 形式。这一方程描述漂移波在垂直磁场的二维平面 (x, y) 上的运动，它的非线性来自极化电流中的对流项。将这一方程的解作 Fourier 展开，可以研究这种涨落的谱分布及其级联过程。这一方程的非线性性质根源于流体方程的内禀非线性。旋转的中性流体 Rossby 旋涡可以导出类似的方程。木星表面著名的大红斑可以用类似的模型解释。

8.5 雷诺协强和 L-H 模转换

对托卡马克和仿星器湍流的研究，特别是对 L-H 模转换过程及原因的探索导向微观和宏观过程相互转化的研究。其中最重要的内容是雷诺胁强的形成及对宏观输运的作用。

1. 雷诺协强研究

等离子体的径向平衡方程 (8-1-22) 并未考虑湍流的作用。从流体的不可压缩性得到的方程 (8-4-10) 中还包含涨落的二次项，即雷诺协强的梯度。在托卡马克中，湍流对极向旋转的贡献来自二次项

$$\frac{\partial \langle v_\theta \rangle}{\partial t} = -\left\langle \frac{\partial}{\partial r}(\tilde{v}_r \tilde{v}_\theta) \right\rangle \tag{8-5-1}$$

其中，雷诺协强项 $\langle \tilde{v}_r \tilde{v}_\theta \rangle$ 可通过三探针或四探针的极向和径向空间分辨的悬浮电位涨落测量得到

$$\tilde{v}_r = \frac{\tilde{E}_\theta}{B_\varphi} = -\frac{1}{B_\varphi}\frac{\partial \tilde{V}}{r \partial \theta}, \quad \tilde{v}_\theta = -\frac{\tilde{E}_r}{B_\varphi} = \frac{1}{B_\varphi}\frac{\partial \tilde{V}}{\partial r} \tag{8-5-2}$$

所以，如果雷诺协强有径向梯度，就会加速极向旋转，对湍流不稳定性起抑制作用。或者说，如果这一湍流驱动项高于阻尼，会使系统进入新的状态，如 H 模。

这里给出一组 CT-6B 上的测量数据，是在一个电流上升实验中得到的。当等离子体电流从 12kA 升至 18kA 后，观察到类似于约束改善的现象。图 8-5-1(王文浩，磁约束等离子体边缘湍流长程相关特性及湍流雷诺协强驱动极向流研究，中国科学技术大学博士学位论文，2002) 是电流上升前后径向动量平衡公式 (8-1-22) 中三项的具体数值的轮廓。其中 $-v_\theta B_\varphi$，$v_\varphi B_\theta$ 两项由测量得到，$\nabla p/(Zen_e)$ 由测量得到的 E_r 减去上述两项得到。由图可以看出，在转换前后，$v_\varphi B_\theta$ 变化不大，$\nabla p/(Zen_e)$ 项变化较大，而 $-v_\theta B_\varphi$ 项变化最大，特别是其梯度变陡，而这一项的变化显然来自极向旋转速度 v_θ 的变化。从这些数据也可看出，在转换前后，径向电场及其梯度也有很大变化。

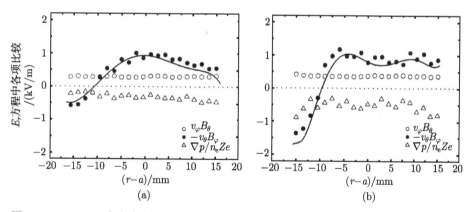

图 8-5-1 CT-6B 上电流上升前后径向动量平衡方程中几项的贡献在孔栏附近的分布，所有显示量折合成电场单位

从空间分辨的悬浮电位涨落的测量可以得到涨落幅度及其相位关系，从式 (8-5-2) 计算雷诺协强 $Rs = \langle \tilde{v}_r \tilde{v}_\theta \rangle$。图 8-5-2(出处同图 8-5-1) 为电流变化前后雷诺协强及其梯度轮廓的变化。由图可以看到，变换以后，其梯度的增加主要在离孔栏 15~20cm 的位置，和图 8-5-1(b) 在这一区域旋转速度的增加区域一致。

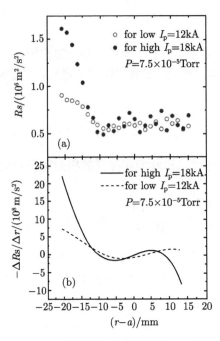

图 8-5-2　CT-6B 上电流上升前后雷诺胁强 Rs 及其梯度的分布

　　在 HT-6M 装置上，使用短的电流脉冲进行湍流加热，实现类 L-H 模转换。图 8-5-3 (Y. H. Xu et al., Phys. Rev. Lett., 84(2000) 3867) 为用静电探针测量得到的转换后几个时刻雷诺胁强在边界区的轮廓。由图看出，雷诺胁强是在加上电流脉冲后 0.1ms 内变陡的，然后又在较长时间内恢复接近原来的水平和轮廓。这说明，雷诺胁强可能在 L-H 模转换中起了主

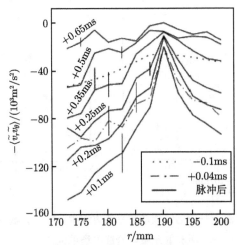

图 8-5-3　HT-6M 上雷诺胁强在 L-H 模转换后几个时刻的分布

要的触发作用，它增强了流的剪切，形成了一个新的平衡态。在这个新的态中，湍流得到抑制。

　　HT-2M 上的实验结果显示 L-H 模转换是一种物理世界中常见的分岔现象，可用一个通用模型解释。图 8-5-4 是表示热流 q 和温度梯度 (或密度梯度) 关系的曲面，曲面另一维度表

示其他控制参数。这一曲面不是热输运关系的简单表述,而是由包括离子径向平衡方程以及剪切流对湍流的抑制等多种关系决定的状态方程,图形像很多复杂的过程一样,在一定范围内含有会切结构。正是因为这种会切结构,对应于横轴一个点,如 S_0 点,可能存在 3 个不同的状态即热流,其中上下两个是稳定的,中间一个是不稳定的。当温度梯度从低向高增加时,热流沿曲面发展,但是到达会切区域时不能走向不稳定态,于是发生突变,到达另一稳定态。但是如果温度梯度减少,热流会沿这一低的稳定态返回,直到延迟一段再突变回高稳定态,这一现象称为**滞后**(hysteresis)。例如,在一些 L-H 模转变中,依靠加热功率阈值一半的功率就可维持已经实现的 H 模。此时,状态方程曲面的自变量是加热功率。在 DIIID 装置上,用在控制参数 L 模和 H 模之间振荡的方法也证实了存在这样的滞后现象。

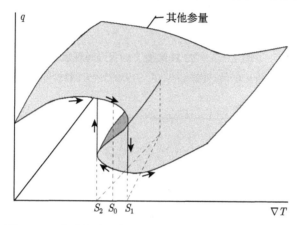

图 8-5-4 产生分岔现象的状态方程在二维曲面上的解释

L-H 模转换的发现是改善约束研究在技术上的突破,而雷诺胁强作用的发现则是相关物理研究的突破。它所表征的物理过程,是从微观运动 (湍流) 汲取能量形成宏观的运动,是一种自组织过程。以后,L-H 模转换物理的研究继续沿这一思路进行,取得进一步发展,得到对输运过程新的认识。

2. L-I-H 转换

最初发现的 L-H 模式转化在比较短时间内发生,转换时间大约 $100\mu s$,这种转换后来称为快转换。后来又发现另一种转换方式,就是在 L 模和 H 模之间有一种中间过程作为过渡,称为 **I 相**,或称**极限环**(limit-cycle oscillation, LCO)。

2010 年,在 TJ-II 仿星器上发现在 L-H 转换前,发生一种边缘区湍流强度和电场的周期性振荡,径向电场和 $\vec{E} \times \vec{B}$ 漂移落后于密度涨落 $\pi/2$ 相位。图 8-5-5(a) (T. Estrada et al., Europhys. Lett., 92(2010) 35001) 为这一过渡期间的径向电场 (实线) 和密度涨落幅度 (虚线) 的波形,可以看到电场涨落落后于密度涨落,它们在相空间形成极限环 (b)。

继而在很多环形装置上发现类似现象,其间歇振荡频率小于 5kHz。一般在离子磁场漂移指向偏滤器 X 点或使用双零偏滤器时出现。图 8-5-6 (G. S. Xu et al., Nucl. Fusion, 54(2004) 013007) 显示 EAST 上从 L 模通过 I 相过渡到 H 模时的 D_α 谱线辐射 (a) 和计算得到的雷诺协强 (b) 的波形。在 I 相,D_α 谱线辐射代表的湍流和雷诺协强发生强烈的振荡,而且可以看出，湍流振荡幅度的增加引起雷诺协强的增加。

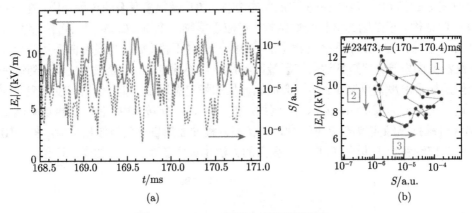

(a)　　　　　　　　　　　　　　　(b)

图 8-5-5　TJ-II 装置上的极限环现象

(a) 为径向电场和密度涨落波形；(b) 为其相位关系，横轴为湍流强度

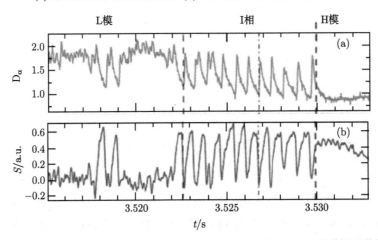

图 8-5-6　EAST 上从 L 模通过 I 相过渡到 H 模时的 D_α 谱线辐射和雷诺协强的振荡波形

在图 8-5-5 显示的相空间中，极限环的振荡是逆时针转动的。这一转动方向自然和坐标轴的选取有关。在一般聚变装置实验研究中，往往将这样的坐标选取颠倒，使这一湍流主导的振荡机制形成顺时针旋转。但在另一些实验条件下发现，加热使边界区压强梯度增加，离子逆磁速度增加，极向旋转速度也就增加，并通过离子动量平衡使径向电场增加。另一方面，压强梯度增加驱使湍流幅度增加，输运增长，趋于抹平压强的梯度。这样的振荡机制形成同样相空间图上极限环的逆时针旋转。

在一些聚变装置上发现在 I 相存在这样的逆时针旋转现象。例如，在 HL-2A 装置上，在 L 模通过 I 相过渡到 H 模时，观察到极限环从顺时针到逆时针旋转的转换。在逆时针旋转时，雷诺协强对极向流的推动和三波的非线性耦合都很弱，说明压强梯度对逆磁漂移的作用在 L-H 模转换中还是很重要的。图 8-5-7 (J. Cheng et al., Nucl. Fusion, 54(2014) 114004) 为该装置在 L-H 模转换过程中湍流幅度和径向电场构成的极限环转动方向的改变，即从顺时针改变为逆时针。

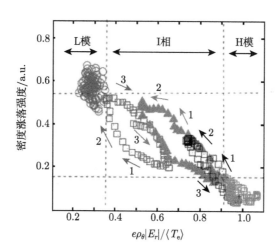

图 8-5-7　HL-2A 装置上 L-H 模转换过程中五个时间段 D_α 谱线的涨落幅度和归一化径向电场的时间发展，ρ_θ 为离子极向回旋半径

　　这种振荡现象，或者称极限环的出现可以一般地用**捕食者--被捕食者**(predador-prey) 模型解释。这一模型广泛用于非线性物理以至于许多自然现象的解释，可能首先用于生态学的食物链研究。被捕食者如某种昆虫，捕食者如以这种昆虫为食物的鸟类。当昆虫大量繁殖时，鸟类有了充分的食物，引起种群数量急剧增加。但是作为捕食者的鸟类大量繁殖的结果使昆虫数目很快减少，又引起鸟类的食物危机。因为一类动物的繁殖率的变化需要一定时间，这一相互作用必然伴随时间的滞后，因而引起周期性振荡，这就是著名的 "虫口" 模型。在我们研究的例子中，涨落幅度增加引起雷诺协强的增长，形成或加速等离子体的旋转剪切，以及通过动量平衡方程使得径向电场增加，这些过程反过来抑制了湍流的发展，形成一个封闭的逻辑结构。

　　这一捕食者--被捕食者模型进一步发展，将离子压强轮廓的作用包括在内，解释了 L-H 模转换过程，也说明了为什么存在一个功率转换阈值。在以后的研究中，发现介观尺度结构的带状流和 streamer 与漂移波湍流的关系也可用这一模型解释。

8.6　带　状　流

1. 带状流的发现

　　早在 20 世纪 80 年代，就已确定漂移波是湍流输运的主要机制，但是也存在一些疑问，例如，非局域性输运现象和冷脉冲的瞬态传播等发现显示，似乎存在一些较离子回旋半径更大尺寸的结构存在。从考虑到碰撞效应和磁场曲率的漂移波 Hasegawa-Wakatani 方程出发，从柱形几何中的模拟结果可以看出 (图 8-6-1，A. Hasegawa and M. Wakatani, Phys. Rev. Lett., 59(1987) 1581)，湍流形成低波数的相干结构，在一半半径处存在很强的流剪切，阻止了涡旋的径向输运，这样的相干结构称为**带状流** (zonal flow，ZF)。这种剪切流对涡旋结构的阻挡作用和木星表面的分层涡旋现象相似 (图 8-6-2，P. H. Diamond, A. Hasegawa and K. Mima, Plasma Phys. Comtorl. Fusion, 53(2011) 124001)。

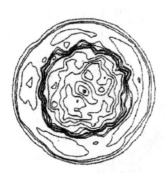

图 8-6-1　漂移波方程在柱形几何中的
　　　　　模拟结果 (等电位线)

图 8-6-2　木星表面的剪切流和涡旋结构

　　带状流是一种 $n = 0, m \cong 0$, 存在有限径向波数的电场振荡。它不能造成径向输运，也不能直接从自由能 (密度、温度梯度) 汲取能量，而通过和微观不稳定性相互作用而存在，因而和微观不稳定性，主要是漂移波形成共生关系。它可通过剪切节制输运，并通过耗散能量使不稳定性消散。因此，现在将它们统称为漂移波–带状流湍流。这种关于湍流输运的思路见图 8-6-3。

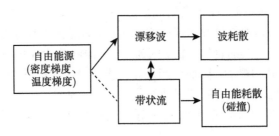

图 8-6-3　带状流和漂移波以及和输运的关系

　　带状流是径向电场涨落以及相关的 $\vec{E} \times \vec{B}$ 漂移引起的极向流动，环向和极向模数皆为零或接近零。由于环内外的不对称，极向流动在内侧被压缩，引起极向压强不对称，和 $m=1$ 的密度扰动耦合，靠两种机制补偿，因而产生两种类型的带状流。一种补偿方法是产生平行方向流，即为稳态模式，振动频率接近零，其机制类似于 Pfirsch-Schlüter 电流，平行流速为 $\tilde{v}_{\|} = -2q \cos\theta \tilde{v}_{E \times B}$，和 Pfirsch-Schlüter 电流分布类似。

　　因为粒子密度不像电荷，是比较容易压缩的，所以存在另一振荡解，称测地声模(geodesic acoustic mode, GAM)，其频率 $\omega_{\mathrm{GAM}} \sim C_s/R$。GAM 有可以观察的密度涨落，而稳态带状流有 $\nabla \cdot \vec{u} = 0$，密度涨落很低。测地声模名称的来历是因为它的波动方程由两项构成。一项是沿磁场传播的声波，另一项与测地曲率有关。测地曲率是一个曲面上的曲线的曲率在曲面上的分量，也就是当曲面展平时它的曲率。

　　两种带状流模式在径向延伸 10~50 个离子回旋半径长度，标量长度可写为 $\lambda_r \sim \sqrt{ar_{\mathrm{Li}}}$，在大装置上为厘米量级。

　　实验观测　有三种方法。第一种是测量 $\vec{E} \times \vec{B}$ 项引起的极向转动。在边界区可借助于静电探针，在中心区可测杂质谱线的 Doppler 位移。但一般由于杂质谱线较弱，须采用诊断中性束注入，而且要考虑离子逆磁漂移的影响。第二种方法是测量径向电场，在边缘区仍可用静电探针或测量电荷交换光谱，在芯部须用重离子探针。第三种方法是测量湍流结构的极向旋转，凡测量湍流结构的方法都可用，但要区分 $\vec{E} \times \vec{B}$ 引起的旋转和漂移波本身结构的旋转。

　　首先在一个仿星器 CHS 上观察到带状流。图 8-6-4 (A. Fujisawa et al., Phys. Rev. Lett., 93(2004) 165002)(a) 是实验测量设备的示意图，用双重离子束探针在环向相隔 90° 的两个截面三个径向位置测量电位计算径向电场。(b) 为其电场涨落的功率谱，$\Omega = C_s/R$。(c) 为两个环向位置电场的互相关函数。两探针中一个固定另一个移动，两曲线来自两种计算方法。从这个结果可以证明，振荡有两个频率，而在环向高度相关。从这一稳态带状流的时空结构 (图 8-6-5，出处同图 8-6-4) 我们可以看到，它的主要频率在 1kHz 左右，在径向也有一个低的传播速度。在图 8-6-4 中使用互相关函数来表示振幅是为了提高信噪比，因为互相关函数的定义 (6-3-5) 中包含幅度信息。在第 6 章的图 6-4-5 中 CHS 的电场涨落频谱图上，也可看出 1.5kHz 的带状流以及 19kHz 和 38kHz 两个相干 GAM 谱峰。

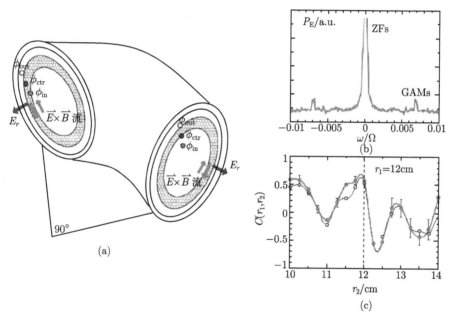

图 8-6-4　CHS 上的带状流测量几何 (a)、电场功率谱 (b) 及两个环向位置电场的互相关函数 (c)

　　在另一仿星器 H-1 heliac 上测量了 L 模的电位涨落频谱 (图 8-6-6)，可以见到两个带状流峰值，分属于稳态带状流 (ZF) 和测地声模 (GAM)。这两个峰值处，存在长程相关，而其余频率处为短程相关。

　　在托卡马克上，采用静电探针、发射探针、重离子束探针、束发射光谱、激光诱导荧光等诊断方法，在不同装置上广泛地研究了带状流的性质。很多装置上证实了带状流的存在以及和流剪切的关系，研究了两种模式的频率及振幅的定标关系。

　　在 HL-2A 装置上采用了三组三台阶式的静电探针 (图 8-6-7, T. Lan et al., Plasma Phys. Control. Fusion, 50(2008) 045002)，每组可测电位和电场涨落的三维结构，三组可测介观尺度的极向和环向相关，用以研究边缘区的带状流。这一实验研究表明，带状流是湍流中三波耦合过程产生的，将在下面详述。

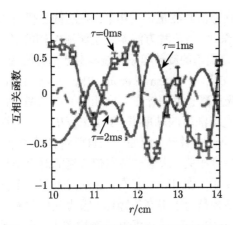

图 8-6-5   CHS 上所测电场空间互相关函数
          三个时刻的空间轮廓

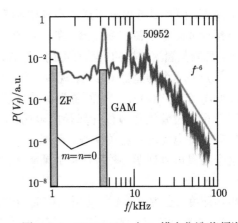

图 8-6-6   H-1 heliac 上 L 模电位涨落频谱

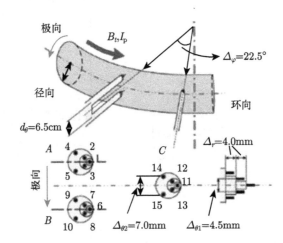

图 8-6-7   HL-2A 装置上的带状流测量设备

图 8-6-8 (A. Fujisawa, Nucl. Fusion, 49(2009) 013001) 为几台托卡马克装置上测量得到的涨落谱。其中 T-10 上为电位和密度涨落，TEXT-U 上为三个位置的电位涨落，DIIID 为四个位置的速度涨落，ASDEX-U 为 Doppler 位移测量结果。纵坐标皆为相对值，其中 GAM 的频率均在 10 到几十 kHz 的范围。

2. 带状流的激发

因为湍流的非线性相互作用所产生的雷诺胁强能驱动极向流，而极向流是和径向电场相关的，所以想到带状流是一种湍流激发的模式，而其具体证明来自三波耦合研究。这一研究的主要方法是小波双相干分析 (式 (6-4-8))。

图 6-4-8 为 JFT-2M 上用电位涨落数据得到的双相干模的平方和相角图。从图可以看出，在 $f_1 + f_2 = \pm 10\text{kHz}$ 的地方有峰值，而这个频率相当于 GAM 频率。图 8-6-9 (出处同图 8-6-7) 为上述 HL-2A 上实验的测量和计算结果，在频率差 7kHz 的地方有峰值。这些结果说明，在相当宽的频率范围内，湍流能量通过三波耦合传输给带状流。

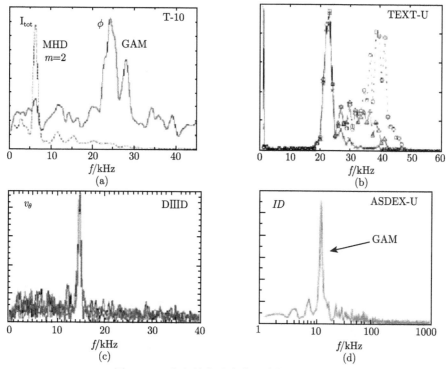

图 8-6-8 几台托卡马克装置上的涨落频谱

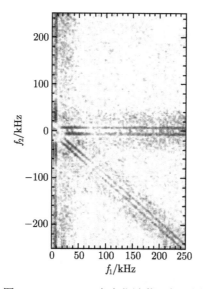

图 8-6-9 HL-2A 上电位涨落双相干图

为说明能量传输过程,在 CHS 上采用小波方法得到各波段的功率随时间变化 (图 8-6-10,A. Fujikawa et al., Plasma Phys. Control. Fusion, 48(2006) A365)。可以看到,30~250kHz 段湍流和稳态带状流 "尾巴" 2.5~10kHz 是反相位的,而和 GAM(10~30kHz) 几乎不相关。这一分析说明稳态带状流和湍流总能量之和接近守恒,说明它们之间的能量转换关系。

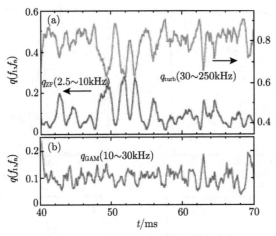

图 8-6-10   CHS 上不同波段小波功率

这种三波耦合驱动带状流的机构也称为**调制不稳定性**(modulational instability)。这样的以波的耦合形式出现的能量传输过程不仅存在于湍流和带状流之间,也应存在于不同波段湍流之间。因此,除去一般湍流的正级联过程 (图 8-6-11),还存在反级联过程。在这一过程中,能量从一个或几个泵波趋向在一个广谱中均匀分布,并最后淀积在尺度最大的分量中,即带状流或其他类型的大尺度结构。因此,带状流作为一种 "温和" 的能量储存机构,能对湍流起调节作用。之所以能如此,是因为和稳态流比较,这种模式的自感小、电磁惯性小,由于无平行波数,朗道阻尼很小,不直接影响径向输运。

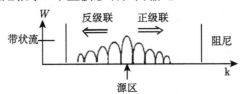

图 8-6-11   湍流正级联和反级联过程

3. 带状流的作用

在仿星器 H-1 heliac 上,观察到 H 模形成后电位轮廓和带状流的相关。图 8-6-12 (M. G.

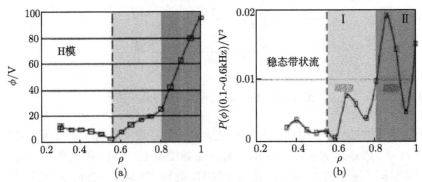

图 8-6-12   H-1 heliac 上 L-H 模转换后的电位径向轮廓和稳态带状流轮廓
横轴为归一化小半径

Shats et al., Phys. Rev. E, 71(2005) 046409) 的 (a) 图为其 H 模的电位轮廓图，而 (b) 图为稳态带状流 ZF(0.1~0.6kHz) 的功率轮廓，阴影处表示最大径向电场处。由图可看出，带状流对平均电场的变化起了主导的作用。

图 8-6-13 (H. Xia et al., Phys. Rev. Lett., 97(2006) 255003) 为在这个装置上 L-H 模转换前后的湍流频谱。在实现转换后，湍流涨落大幅下降，除去两个泵波外降落到很低的水平。所以，带状流对 L-H 模转换至少起了两种作用。一是降低湍流幅度，将湍流的静电能转换成旋转动能。二是增强剪切流，对湍流解耦，使其相位"无规化"(randomization)。

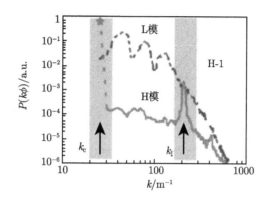

图 8-6-13　H-1 heliac 上 L-H 模转换前后的湍流频谱

8.7　轮廓刚性和大尺度结构

L-H 模转换后形成的高约束态中，离子热导和粒子扩散系数都降低到新经典输运的水平，但是电子热导仍高于新经典值。高约束态形成的输运垒对电子输运所起的作用也很小。近年来，对电子输运的研究成为热点。

1. 轮廓刚性

早在聚变研究初期，就发现托卡马克装置有"电流轮廓不变性"，被认为是复杂系统的自组织现象，但对其具体机制不了解。后来这一现象又称为**轮廓刚性**(profile stiffness)，在电流、电子温度和离子温度上均有表现，典型事例是电子温度轮廓。这一轮廓的幅度和加热功率有关，而形状和边界 q 值有关。高的 q 值得到峰值轮廓。但是，如果固定 q 值，在不存在内部输运垒时，很难改变轮廓形状。

对于中心加热的装置，归一化电子温度梯度 $R/L_{T_e} = R\nabla T_e/T_e$ 对几乎所有托卡马克都在 10 左右。如果温度轮廓用对数坐标表示 (图 8-7-1，F. Ryter et al., Plasma Phys. Control. Fusion, 43(2001) A323)，不同的加热条件仅使轮廓平移。它们的台基温度有所不同，而由于轮廓的刚性，中心区温度和台基温度成正比。而对于离轴加热，电子温度仍然保持峰值轮廓，但是 R/L_{T_e} 取较小的值 (图 8-7-2，F. Leuterer et al., Nucl. Fusion, 43(2003) 1329)。

电子温度轮廓的刚性显然和电子输运相关。电子输运的实验研究区分两种情况。其一，主要加热手段为电子加热。在低碰撞时，电子和离子间耦合很弱，T_e/T_i 很大，$R/L_{T_e} > R/L_{T_i}$，适于研究电子输运。这样的条件下，TEM 是最不稳定的模式，但在碰撞率增加时会变稳定。而 T_e/T_i 降低时，ETG 模的阈值会降低而主导电子输运。

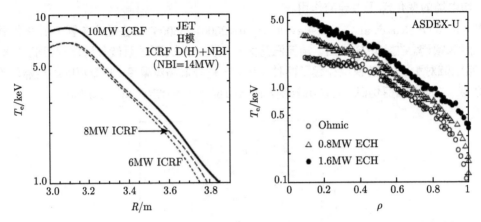

图 8-7-1　JET 和 ASDEX-U 上不同加热条件下的电子温度轮廓，ρ 为归一化小半径

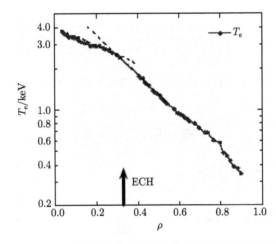

图 8-7-2　ASDEX-U 装置上电子回旋波离轴加热形成的电子温度轮廓

不同实验表明，存在 R/L_{T_e} 的阈值，在此阈值上，表现轮廓的刚性。实际装置上的 R/L_{T_e} 值为阈值的 2~3 倍。

另一情况是电子和离子同时加热。由于离子热输运也为阈值类型，所得到的温度轮廓也呈刚性，并具有接近的 R/L_{T_e} 值。这时，电子温度接近离子温度，两分量的输运有强的耦合，主要输运通道是 ITG 和 TEM。ETG 模也可能起重要作用。

2. 台基物理

因为电子温度轮廓，以及离子温度轮廓的刚性，边缘区等离子体参数对芯部等离子体有决定性的影响。H 模的边界为一个具有陡峭温度梯度的区域，称为**台基**(pedestal)。它和主等离子体在结构上的关系如图 8-7-3 所示。正因为边缘输运垒形成了这个台基，使得 H 模的约束远超过 L 模。它像热的储能等离子体芯部的一个水龙头，存在非常复杂的物理过程。

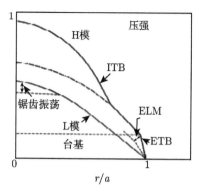

图 8-7-3 台基构造

H 模的 ELM 现象就是台基的崩塌形成的，所以台基的宽度和高度与 ELM 的类型有关。至于台基的最大压强梯度与理想气球模稳定性有关，芯部的约束密切依赖于台基。例如，在 DIIID 上总结出的对 ITER93-H 模定标的增大因子有 $H_{H93} \propto T_{e,PED}^{0.55} n_{e,PED}^{0.58}/B_t^{0.93}$，和台基压强的定标如图 8-7-4 (ITER Group, Nucl. Fusion, 39(1999) 2175) 所示。因此，为改善芯部等离子体约束，提高、维持台基的压强是十分关键的。

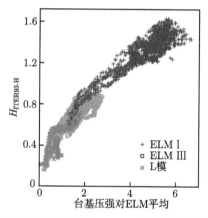

图 8-7-4　DIIID 上能量约束时间对 ITER93-H 模定标的增大因子和台基压强关系

近年来，台基物理研究和控制获得很大的进展。它和 L-H 模转换、中性粒子输运、ELM 现象都有密切的联系。

3. 能量输运的临界梯度模型

上述温度轮廓的刚性来源于输运系数的阈值性。从实验总结得到有阈值的电子热扩散系数公式

$$\chi_e = \chi_0, \quad \text{如果} \nabla T_e/T_e < \kappa_c$$
$$\chi_e = \chi_0 + \lambda q T_e^{3/2}\left(\frac{\nabla T_e}{T_e} - \kappa_c\right), \quad \text{如果} \nabla T_e/T_e \geqslant \kappa_c \tag{8-7-1}$$

其中，阈值 κ_c 和 λ 为调节系数，κ_c 为临界温度梯度，系数 λ 和小半径有关。$T_e^{3/2}$ 依赖性来自回旋玻姆输运的考虑。所以，在临界梯度阈值之上，热扩散系数不是常数，热流对 ∇T_e 是

二次方的关系 (图 8-7-5, 其中 PB 为功率平衡计算, HP 为热脉冲传播即调制计算).

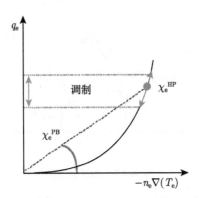

图 8-7-5 　阈值性电子热导

　　这里所说的输运是一种平衡性质, 由图 8-7-5 上工作点对原点引线的斜率决定, 称功率平衡热扩散系数 χ_e^{PB}. 如果发生的过程很快, 达不到能量平衡, 则输运由这一曲线的微分性质决定, 称**瞬态输运**(transient transport), 这发生在功率调制实验. 由于输运系数的非线性性质, 曲线斜率决定热脉冲热扩散系数 χ_e^{HP}. 在 $\nabla T_e / T_e$ 的阈值, 或 R/L_{T_e} 的阈值上, $\chi_e^{HP} > \chi_e^{PB}$, 其比例称为刚性因子 (图 8-7-6). 这种调制实验证实了阈值的存在.

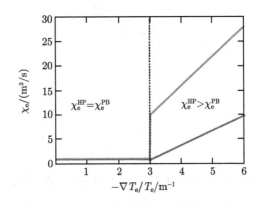

图 8-7-6 　功率平衡热扩散系数和热脉冲热扩散系数

　　温度轮廓的刚性就是这种阈值性输运系数决定的. 温度轮廓可以划分为三个区域, 它们的温度梯度分属输运系数三个不同性质的区域 (图 8-7-7). 中间的刚性区处于输运系数阈值附近. 温度梯度增加导致热流急剧增长, 降低温度梯度; 相反, 如果温度梯度降低, 会使热流减少很多, 反过来增加温度梯度, 因而维持了一个温度梯度的常数值, 形成刚性轮廓. 这个过程有时称为**边际稳定**(marginal stability), 在芯区, 温度轮廓很平, 梯度不足以到达输运系数阈值, 处在线性区, 而边界区有陡峭的温度梯度, 也远离输运系数阈值, 不具有刚性.

　　从一些装置上的温度调制实验可以得到热导和温度梯度的关系, 验证了这种临界梯度模型, 所得到的临界温度梯度 R/L_{T_e} 在 3~8 范围内, 和图 8-4-10 所显示的 ITG 模和 TEM 模的稳定区域相符, 说明这种临界梯度性质是由这两种不稳定性决定的.

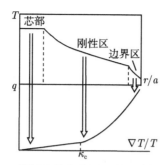

图 8-7-7 H 模温度轮廓分区及所属的输运系数区域

4. 电子内部输运垒

在实验中，也能实现电子内部输运垒，但是在密度很低，电子温度远高于离子温度的条件下得到的。这时 R/L_{T_e} 为 20 左右，一般内部为负剪切，有明显的输运垒，位于最低 q 值处，可以证明这种位形能稳定 TEM，但也可能稳定 ETG。输运垒外 $\chi_e \sim 1 \sim 4\mathrm{m}^2/\mathrm{s}$，输运垒内降为 $\chi_e \sim 0.1 \sim 0.5\mathrm{m}^2/\mathrm{s}$，但仍高于新经典值。

图 8-7-8 (S. Ide et al., Nucl. Fusion, 44(2004) 87) 所表示的是在 JT-60U 上实现的电子

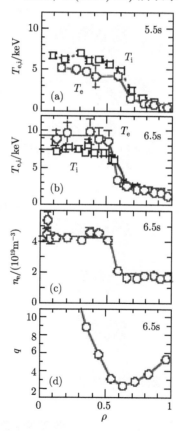

图 8-7-8 JT-60U 上的电子内部输运垒

输运垒在 5.8s 时形成，(a) 图为输运垒形成前的离子温度和电子温度轮廓，(b)~(d) 图分别为形成后的温度、密度和安全因子的轮廓

温度和离子温度较接近的电子内部输运垒。在这一装置上采用电流上升时期的中性粒子注入加热和电子回旋加热形成反剪切和内部输运垒，在 $t = 5.8\text{s}$ 时实现模转换。转换后，电子温度高于离子温度。

因为离子温度低，实验上实现的电子内部输运垒对未来的聚变堆没实用价值，但可以从这样的实验理解有关电子输运的物理问题。

5. 大输运事件和介观尺度结构

一般的内部输运垒不能有效降低电子输运，这似乎可以用电子湍流的涨落尺度小，难于解耦来解释，但又不能解释其输运远高于新经典值的事实。从对漂移波结构的分析来看，输运系数应符合回旋玻姆输运，但是，回旋玻姆输运系数是在玻姆输运系数上乘以 $\rho* = r_\text{L}/a$ 的因子。而电子的回旋半径远小于离子的回旋半径，所以其输运系数也应远小于离子输运，但事实并非如此。

从数值模拟可以看出原因。离子的 ITG 模的结构尺寸在径向和极向是各向同性的，而数值模拟结果表明，ETG 模式在径向存在一些拉长的涡旋结构，称为 streamer(暂译为**幅带**)。对于剪切 $s \sim 1$，气球模参数 α 很低的典型托卡马克参数对 ETG 模进行数值模拟计算，得到的结构如图 8-7-9 (F. Jenko et al., Phys. Plasmas, 7(2000) 1904) 所示。图中曲线为电位轮廓，实线为正值，虚线为负值。可以见到径向拉长的涡旋结构，其相关长度已达到 100 个电子回旋半径以上，可以有效地增加湍流输运。

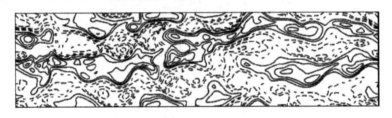

图 8-7-9　数值模拟得到的 ETG 湍流结构

横向为径向，长度 256 个电子回旋半径，纵轴为极向，长度 64 个电子回旋半径

已在一些实验中探测到幅带。幅带的成因也是由 ETG 模的级联过程产生的，但它的作用和带状流相反，起增大输运的作用。

在 JIPP TII-U 上用重离子探针测量了幅带现象 (设备图见图 5-7-9)。图 8-7-10 (Y. Hamada et al., Phys. Rev. Lett., 96(2006) 115003) 上两图是在外部区域约 0.7 小半径处几个相邻位置探测到的密度和电位涨落；下两图是在芯部约 0.3 小半径处探测的密度和电位涨落。和芯部的带状流比较，外部的密度涨落结构复杂，有大的相对振幅和陡的前沿，而在内部电位涨落大而密度涨落小。

这种外部涨落的特点是径向波数 k_r 小而极向波数 k_p 大，结构在径向延展大而在极向延展小，主要分布在坏曲率区域。这些特点符合对幅带的数值模拟结果。

在 DIIID 装置上用 ECE 在 0.2~1 半径范围内测量温度涨落，也探测到径向拉长的结构，有阵发性质，持续 2~50ms。(图 8-7-11, P. A. Politzer, Phys. Rev. Lett., 84(2000) 1192) 图中阴影区域表示相干结构。

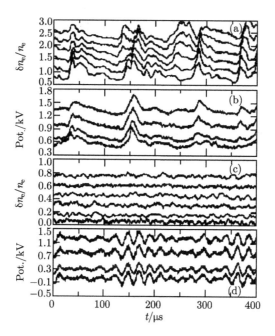

图 8-7-10 JIPP TII-U 上用重离子探针测量的 0.7 和 0.3 小半径处的密度和电位涨落

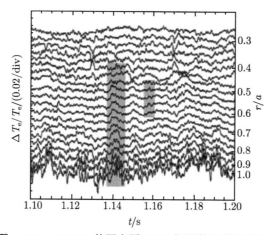

图 8-7-11 DIIID 装置上用 ECE 探测的温度涨落分布

幅带和带状流一样，称为大尺度结构，严重影响等离子体内的输运。相应的输运称为大输运事件。这种大的输运事件，实际上已脱离了传统的输运概念，也可称为非输运事件。这样的输运时间，由于其随机性质，实验重复性不好，较难系统研究，而其原因，应与湍流的多尺度物理相关。

这种大输运的随机性质，在边界区表现特别明显，测量信号有强烈的阵发性质。这可从直线装置 PISCES 和托卡马克 Tore Supra 上涨落信号的 PDF 分析的非 Gauss 性质看出 (图 8-7-12，G. Y. Antor et al., Phys. Rev. Lett., 87(2001) 065001)。与其联系的是边界区另一种大尺度结构 blob。

blob (暂译为凸斑) 是一种删削区涨落非线性耦合产生的相干结构，密度可能高于或低于背景等离子体 (hole, 或称凹斑)，首先发现于直线装置 PISCES，后来在 Tore Supra 上得到验证。在基础研究装置 LAPD 上观察的凸斑和凹斑的图见图 6-4-16。这样的结构沿磁力线伸长，截面近圆形，密度温度较周围高 (图 8-7-13)。在这长形结构里，曲率漂移产生极化，继而产生的 $\vec{E} \times \vec{B}$ 漂移推动结构向外运动，形成阵发型非扩散粒子损失。实验发现，涉及的 L 模的损失幅度远大于 H 模。在 DIIID 上，用束发射光谱得到凸斑的密度分布，高密度区域尺度为 2cm，极向和径向速度分别为 5km/s，1.5km/s。图 8-7-14 (J. A. Boedo et al., Phys. Plasmas, 10(2003) 1617) 是相继 6μs 间隔的连续照片。其中凸斑用虚线包围指示，正在向外运动，而另一居于右侧的浅颜色斑点是一个凹斑，正向内运动。

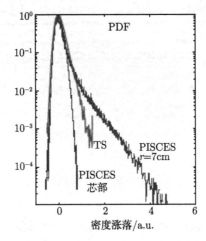

图 8-7-12　直线装置 PISCES 和 Tore Supra(TS) 上密度涨落 PDF 分析结果

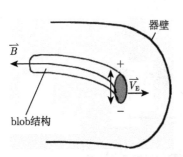

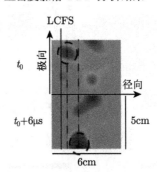

图 8-7-13　凸斑位形、极化和受力　　　　图 8-7-14　DIIID 上连续两时刻高速照相照片

在一些装置上对边界区发生的凸斑和凹斑进行统计。密度涨落的 PDF 分析携带了有关信息，也证明了上述运动模式。正的斜度 S 表示高密度的阵发结构，属于凸斑；而负的斜度 S 表示低密度的阵发结构，属于凹斑。图 8-7-15 (G. S. Xu, Nucl.Fusion, 49(2009) 092002) 是 JET 上的饱和离子流测量信号，分别为最后磁面外 28mm 和 −18mm 处所测，说明凸斑居于分支面外，而凹斑居于分支面内。JET 上的实验表明，涨落产生的带状流的剪切分隔了正和负的密度涨落，使得凸斑和凹斑分别向相反方向运动。

从许多托卡马克装置边界区静电探针测量饱和离子流涨落的结果得到了一个普遍规律，就是涨落数据 PDF 的斜度 S 和陡度 K 呈抛物线的函数关系。这一关系也在反场箍缩等其他类型等离子体装置上观察到，在低温环形等离子体装置上的整个等离子体区域均观察

到这个关系 (如图 6-4-16 所显示的涨落)。图 8-7-16 (J. Cheng et al., Plasma Phys. Control. Fusion, 52(2010) 055003) 为在 HL-2A 上边界区一定半径范围内的饱和离子流涨落的 K-S 关系图。不同形状数据点表示条件相近的不同放电。在这一装置上估计 blob 产生率 $8 \times 10^3 s^{-1}$，占粒子损失的 58%。

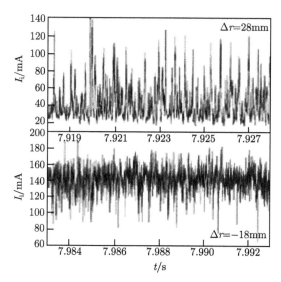

图 8-7-15　JET 边界区饱和离子流的涨落信号

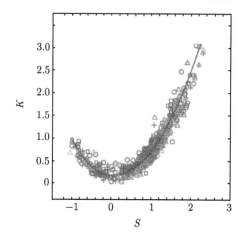

图 8-7-16　HL-2A 边界区的 K-S 函数关系

虽然凸斑和 ELM 在形态上有很多相似之处，ELM 属于宏观不稳定性产生的结构，其尺度和温度密度均高于凸斑的相应参数。而凸斑是由湍流产生的相干结构，可能来源于一种漂移–交换不稳定性。

脉冲的快速传播和非局域输运　这也是可能与大输运事件有关的输运现象。例如，JET 上 L-H 模转换引起的脉冲的向内传播时间超出测量分辨率，而且未看到衰减 (图 8-7-17, S. Neudachin et al., 20th EPS Conference, Lisbon, 1993)。又在一些装置上观察到由弹丸注入、气体喷入、ELM 触发的冷脉冲的快速传播。

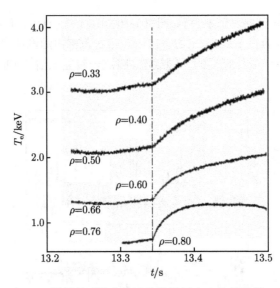

图 8-7-17　JET 上 L-H 模转换时温度脉冲从边界区向中心的传播，ρ 为归一化小半径

在 HL-2A 装置上，在电子回旋波 (ECRH) 加热时，用超声分子束 (SMBI) 注入到等离子体后，引起边缘区电子温度突然下降，同时芯部电子温度升高。这一传播时间远短于输运的时间尺度 (图 8-7-18，Sun et al., Plasma Phys. Control. Fusion, 52(2010) 045003)。这一变化导致电子温度轮廓更加峰化。后来还发现，这种非局域输运还可导致新经典撕裂模不稳定性。在 HL-2A 和其他一些装置上的实验都显示，这种非局域输运发生在低密度区。不同的输运模式可能与不同的湍流模式相关联。这种现象可能来源于非局域湍流，例如，幅带的作用，也可能与刚性轮廓有关。

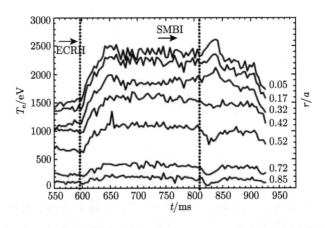

图 8-7-18　HL-2A 上超声分子束注入后芯部和边缘区电子温度变化

6. 磁涨落

磁涨落是和静电涨落不同的另一种涨落，其研究远落后于静电涨落。但是近年来，由于对反常输运，特别是对电子输运得不到合理的解释，更多的研究转向磁涨落。最早的磁涨落研究是在真空区探测极向磁场涨落，就如利用 Mirnov 探圈所做的那样，但是侧重更高的频

率和模数，然后进行反演以估计可能存在的微磁岛结构。

在 RTP 装置上，用高于欧姆加热 4～7 倍的 ECRH 进行局部加热，其淀积能量区域的径向宽度为小半径的 1/10。用高空间分辨率的激光 Thomson 散射测量电子温度轮廓。当进行芯部加热时，发现中心区域温度分布为丝状结构，而在 $q=1$ 面有一个输运垒 (图 8-7-19, M. R. de Baar, Phys. Plasmas, 6(1999) 4645)。在离轴加热时，不同半径处有不同的响应，分布为不连续的台阶状。

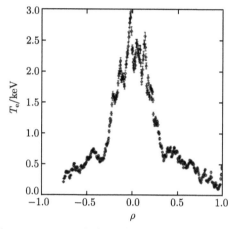

图 8-7-19　RTP 上电子回旋加热得到的温度轮廓

随诊断技术的进步，一些关于磁涨落的新实验结果问世。在 JET 上用 LIDAR 散射得到比较精细的电子温度轮廓，观察到在有理数 q 值处有一些平台 (图 8-7-20, M. F. F. Nave et al., Nucl. Fusion, 32(1992) 825)。这一结果为软 X 射线、ECE 诊断所验证，在不同装置上平台宽度从几个 mm 到几个 cm 不等。在 Tore Supra 装置上弹丸注入时的摄像结果也显示了这样的结构，它意味着等离子体的径向结构是由高输运和低输运地带交替组成的。而对高输运的性质，有人提出属于微磁岛或由微磁岛发展而成的随机磁场区域。

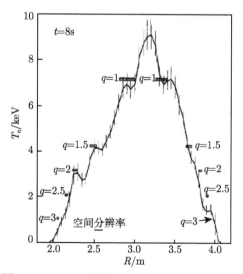

图 8-7-20　JET 上精细电子温度轮廓测量结果

对磁涨落研究的又一贡献是在 Tore Supra 上用交叉偏振散射 (cross-polarization scattering) 直接测量等离子体内部磁场涨落。这一诊断是用 O 模微波接近垂直入射，在截止层处发生反射，部分 O 模在磁场涨落散射下，转换为 X 模，能穿过 O 模截止层，被探测器接收，而其余部分 O 模被反射 (图 5-6-23)。这种 $O + \tilde{B} \longrightarrow X$ 转换可以得到极向磁场涨落，而 $X + \tilde{B} \longrightarrow O$ 转换可以得到极向和径向磁场涨落。

用这一设备在 Tore Supra 上测量参数梯度区 (0.3~0.7 半径处) 的磁涨落，其幅度向边缘处增加 (图 8-7-21, L. Colus et al., Nucl. Fusion, 38(1998) 903)，并和温度梯度强相关。热扩散系数的实验值符合从磁涨落公式

$$\chi_e = \pi q R v_{\text{th}} \left(\frac{\tilde{B}}{B} \right)^2 \tag{8-7-2}$$

得到的数值。

把这一测量结果和 TEXT 上边缘区测量结果比较，磁涨落峰值应在靠近边界区的区域，相对数值 $\delta B/B$ 在 10^{-4} 量级。

测量等离子体内的逃逸电子行为也是研究磁涨落的间接手段。在 TEXTOR-94 装置上，测量欧姆加热和中性粒子束加热时期能量高达 30MeV 的逃逸电子的同步辐射，发现这一辐射强度与中性粒子束加热功率有关。因为能量如此高的逃逸电子的轨道与磁面有较大的偏离，从逃逸电子约束的能量依赖性可以推断磁涨落模式的宽度。实验结果表明，对于欧姆放电，这个宽度小于 0.5cm，它随中性粒子束加热功率增加而增加，当加热功率为 0.6MW 时，这个宽度达到 4.4cm。

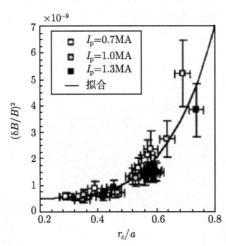

图 8-7-21　Tore Supra 上不同等离子体电流时的磁涨落幅度分布

8.8　粒子输运和矩输运

1. 工作粒子输运

一般来说，对粒子输运的研究远落后于热输运。这一方面由于粒子输运的重要性稍逊，另一方面由于粒子输运的实验研究更困难。近年来，由于许多装置上出现了峰化密度分布，

以及杂质聚集和聚变 α 粒子的排除问题的重要性, 对粒子输运研究有所加强。

最简单的实验研究是用稳态法计算粒子约束时间。在 JT-60 上的热离子 H 模所得到的结果如图 8-8-1 (H. Takenaga et al., Nucl. Fusion, 35(1995) 853) 所示。从这结果可以知道, 能量约束时间和粒子约束时间都随密度增加而增加, 粒子约束时间长于能量约束时间, 粒子约束时间和台基离子温度正相关, 这些结果可以推广到一般情况。但是一些装置上的实验发现, 芯部加料 (中性粒子束) 和边界加料 (吹气和粒子循环) 对粒子约束的作用不同。芯部加料较边界加料的粒子约束时间更长一些。

和温度轮廓比较, 电子密度在等离子体小截面上的分布比较平缓。图 8-8-2 (A. Zabolotsky, H. Weisen and TCV Team, Proc. 29th Eur. Conf. Montreux, 2002) 是 TCA 装置上用激光散射测量的两种电流分布放电类型的温度剖面和密度轮廓的比较。这两种轮廓都与电流轮廓有关, 电流轮廓形状可用宽度参数 $\langle j/j_0 q_0 \rangle$ 表征。在一般中小型装置上常用 $1 - r^2/a^2$ 这样的抛物线轮廓模拟密度分布。而在大型装置上密度分布更为平缓, 如图 5-5-11 所显示的 ITER 上预期的密度分布。

局部输运系数的测量比较复杂。从研究早期就发现, 必须在粒子输运方程中增加一个向里面的对流项, 否则无法解释密度轮廓的峰值分布。所以向外的粒子流可表示为

$$\Gamma = -D\nabla n + nV(r) = -D(\nabla n + C_v n 2r/a^2) \tag{8-8-1}$$

其中, C_v 是一个调节系数。这个对流项的存在使得在实验上决定扩散系数存在困难。一般采用调制或同位素示踪的方法研究粒子的输运。

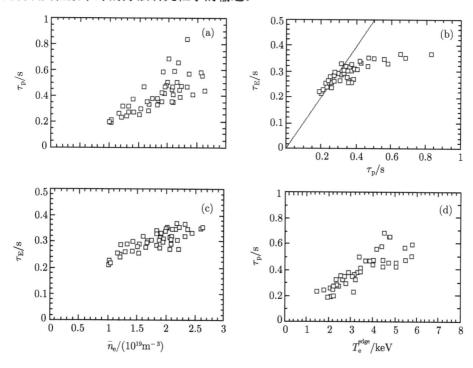

图 8-8-1 JT-60 的热离子 H 模的能量约束时间和粒子约束时间测量结果

(a) 和 (c) 为对密度的定标; (b) 为两种约束时间的比较; (d) 为粒子约束时间对台基离子温度的定标

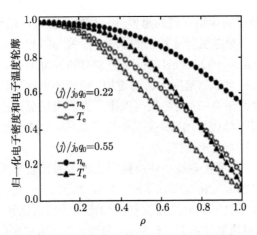

图 8-8-2　TCV 装置上两种放电的温度和密度剖面

一般粒子源集中在边界，在平衡时从式 (8-8-1) 第一式可以得到 $\nabla n/n = V(r)/D$，从密度梯度长度可知两系数之比。

一般地说，在边界区有相当大的密度涨落。可以判断粒子输运主要为湍流输运，符合漂移波湍流特征。而在芯部，粒子扩散和离子热扩散系数接近 (图 8-8-3, D. R. Baker et al., Nucl. Fusion, 40(2000) 1003)。对于 H 模，它们都接近新经典输运值。

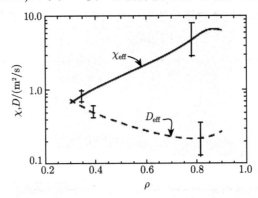

图 8-8-3　DIIID 上 L 模等效热输运和粒子扩散系数的径向分布

反常箍缩　许多装置的实验证实存在超过新经典箍缩的反常箍缩。例如，Tore Supra 装置上用完全 LHCD 维持了 4 分钟的峰化密度分布，粒子扩散率和对流速度都超过新经典值 (图 8-8-4, G. T. Hoang et al., Phys. Rev. Lett., 90(2003) 155002)。在 TCA 装置上也在环电压为零时用边界吹气得到峰值密度分布，清楚地证明存在异于 Ware 箍缩的反常箍缩。

目前，在不同装置上普遍研究了反常箍缩和磁场梯度、温度梯度、碰撞频率的关系，可以判断是湍流驱动的非对角贡献。从理论考察这一贡献可分为两项：一项为温度梯度驱动，称为热扩散，另一项与磁场曲率有关。这一湍流造成的反常箍缩项可以是向内或向外的，和碰撞率也有很大关系。

2. 杂质输运

杂质输运远比工作粒子输运复杂。由于带电粒子间的碰撞频率和每个粒子的带电荷数

Z 的平方成正比, 杂质输运应属于碰撞区, 但在实验上仍表现为反常的, 因此要考虑新经典输运和湍流输运。

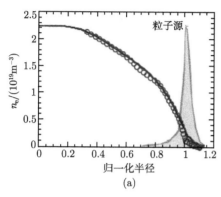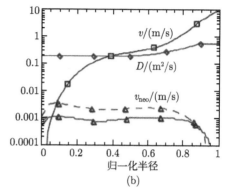

图 8-8-4　Tore Supra 装置上 LHCD 放电的密度轮廓和粒子源, 圆圈为测量点, 曲线为数值模拟 (a), 计算得到的扩散率和对流速度, 与新经典值 (neo) 比较 (b)

工作气体离子和杂质的碰撞远强于和电子的碰撞, 如果不考虑离子输运的源项和沉项, 只考虑一种杂质离子, 稳态时两种扩散平衡, 杂质引起的离子输运高于离子予以杂质的输运, 所以产生杂质向中心集中的效应, 形成杂质更向中心集中的径向分布

$$\frac{n_Z(r)}{n_Z(0)} = \left(\frac{n_i(r)}{n_i(0)}\right)^Z \tag{8-8-2}$$

Z 为杂质电荷数, 它引起的后果一是增加中心区的辐射, 二是妨碍排灰 (氦灰)。

尚缺乏完整的杂质输运理论, 但可总结下列经验公式, 其中第二项类似于工作气体粒子向内的对流速度:

$$\Gamma_Z = -D_Z\left(\frac{dn_Z}{dr} + 2S\frac{r}{a^2}n_Z\right) \tag{8-8-3}$$

其中, 扩散系数 $D_Z = 0.25 \sim 6\mathrm{m}^2/\mathrm{s}$, 对流项系数 $S = 0.5 \sim 2$。

在一些装置上总结了 L 模的杂质粒子约束时间的定标率:

$$\tau_{imp} = 7.4V_p^{0.70}I_p^{0.31}(P_H/n_e)^{-0.57} \tag{8-8-4}$$

其中, V_p 为等离子体体积, I_p 为等离子体电流, P_H 为总加热功率 (MW), 包括欧姆加热在内, n_e 为电子密度。对于 H 模, 结果比较复杂, 未总结出简单的定标率。

实验中经常用喷入杂质气体、弹丸注入和激光吹气等方法进行杂质输运研究。在 Tore Supra 上进行激光吹气实验, 得到的扩散系数和向内的速度分布 (图 8-8-5, T.Parisot Joint US-EU TTF Workshop, Marseille, 4th~9th, 2006)。从图可以看到, 扩散系数在芯部减少, 但仍远高于新经典值, 这一结果是有代表性的。但在 TEXTOR 上, 也发现 D 值在边界处也有所降低。

排灰是聚变堆运行的另一重要议题。D-T 反应产生的 3.5MeV 的 α 粒子 (氦核) 在等离子体中慢化、加热。在中心区, 其扩散系数为 $0.1\mathrm{m}^2/\mathrm{s}$, 为新经典水平。在边界区, 磁场波纹扩散起重要作用。

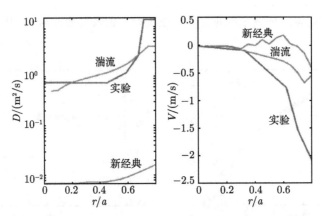

图 8-8-5　Tore Supra 上的杂质扩散系数和向内速度的测量值和湍流模型及新经典值比较

从排灰的要求出发，须使氦的有效约束时间和能量约束时间的比例小于一个临界值

$$\eta = \frac{\tau_{\mathrm{He}}^*}{\tau_{\mathrm{E}}} < \eta_{\mathrm{crit}}, \quad \tau_{\mathrm{He}}^* = \frac{\tau_{\mathrm{He}}}{1 - R_{\mathrm{eff}}}$$

其中，R_{eff} 是壁的粒子循环率。这个临界值 η_{crit} 为 15 左右。较多的 L 模和一些 H 模符合这个要求。

3. 等离子体旋转和矩输运

近年来，由于等离子体的旋转对湍流输运及 L-H 模式转换的影响，动量输运即矩输运研究取得很大进展。这种实验经常在中性粒子束注入时进行，因为中性粒子束携带了动量并传递给等离子体，成为重要动量源。离子回旋波加热也是动量源，但是较中性粒子束弱得多。例如，图 8-8-6 (P. C. de Vries et al., Nucl. Fusion, 49(2009) 075007) 是 JET 上使用中性粒子束和 ICRF 加热时产生的环向旋转速度的径向分布 ($R_0 = 3.0$m)。可以看到中性粒子束加热可以产生更大的环向旋转速度。也可以看到，这个动量是在靠近环轴处产生的，随小半径逐渐减弱，到边界处接近为零，说明边界处存在阻力，在等离子体内部也存在摩擦力，形成动量从中心到边界的输运过程。

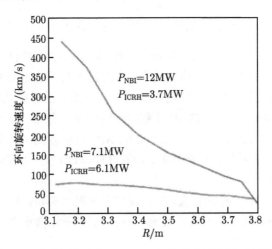

图 8-8-6　JET 上不同中性粒子加热功率和 ICRF 加热功率放电造成环向旋转速度的径向分布

很多装置上测量了动量约束时间。图 8-8-7 (K. D. Zastrow et al., Control. Fusion and Plasma Phys. (Proc. 22nd Eur. Conf. Bournemouth, 1995), Vol.19C, Part II, Geneva (1995)) 是在 JET 上测量的中性粒子注入时的热离子的动量约束时间和能量约束时间的关系图。可

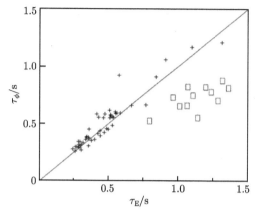

图 8-8-7　JET 上的动量约束时间和能量约束时间的关系

加号为 L 模和 ELM-H 模, 正方形代表热离子 H 模无 ELM 放电

见对于 L 模和 ELM-H 模两种约束时间很接近。一些实验也显示, 两种约束时间对等离子体电流和中性粒子束功率的定标也是相似的, 说明存在同样的物理机制。

但是也存在这两种约束时间有很大差别的情况, 和具体实验条件有关, 如 JET 上的无 ELM 的热离子模的动量约束时间就显著小于能量约束时间。这可能源于径向电场对环向旋转的影响, 可以从不同离子的径向平衡方程计算径向电场。

新经典理论预期动量输运应显著弱于能量输运。这是因为携带环向动量的通行粒子对磁面的偏离远小于对新经典能量输运起主要作用的捕获粒子。但是实验结果显示在碰撞区和香蕉区动量扩散一般都高于新经典输运理论的预期, 和能量输运系数接近。动量输运的这种反常性应归之于湍流效应。理论和一些实验显示也存在动量的反常箍缩, 像离子输运一样。至于动量扩散系数和能量扩散系数相等可用回旋玻姆模型解释。

等离子体的环向旋转在大半径方向产生一个离心力, 对等离子体平衡产生影响。这时, 在轴对称时的力学平衡方程 (4-1-1) 的右侧要增加一项, 即式 (4-1-2) 的左侧第二项, 可表为离心力 $m_i n_i \omega^2 \vec{R}$, 此处 ω 为环向角速度, 电子质量的贡献忽略。因为轴对称, 式 (4-2-6) 第二个分量方程不变, 磁面存在的结论也不变, 但是压强梯度 ∇p 不再垂直磁面, 压强不是磁面量, 等压强面和磁面错开一个距离。描述静态环形等离子体的 Grad-Shafranov 方程也不再成立。

自发旋转(intrinsic rotation)　和动量输运相关的另一研究课题是自发旋转, 即找不出宏观来源的动量源。在一系列装置上测量到这种环向旋转湍流并总结为 Rice 定标 $\Delta v_\varphi \propto \Delta W_p / I_p$, 其中 W_p 为等离子体总储能, Δ 表示对初始条件的差别。图 8-8-8 (J. E. Rice et al., Nucl. Fusion, 41(2001) 277) 是 Alcator C-Mod 离轴 ICRF 加热的实验结果。实验中观察到顺电流转动, 而从宏观参数计算得到的波动量转换的转速很小且在反电流方向。图中除欧姆放电数据 (Ohmic) 外, 余皆为 H 模和 H 模实现前数据之差。

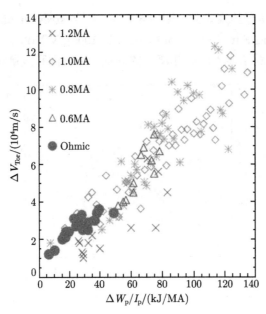

图 8-8-8　Alcator C-Mod 上的环向旋转速度实验数据和对 Rice 定标的验证

自发旋转的方向一般在顺等离子体电流方向。但是在 DIIID 上的欧姆放电和 ECH-H 模，归一化小半径 $\rho > 0.5$ 处旋转方向为顺电流方向，在内部为顺电流或反电流方向，取决于 ECH 淀积位置。一些实验中可以找到对应的对称性破缺。例如，在单零偏滤器的 C-Mod 上观察到分支面上产生的湍流环向流的符号取决于磁场曲率漂移的方向是朝向偏滤器还是反向。

自发旋转的原因可能是多方面的。一些实验结果显示，从环外侧或内侧充气，离子在垂直方向的磁场漂移会提供环向加速。另一些实验发现，ITG 模湍流可能与向内的箍缩效应有关。

从湍流理论推算，湍流驱动的动量流包括两项。一项是前面所述与密度涨落耦合的对流项 $\langle \tilde{v}_r \tilde{n} \rangle \langle v_\varphi \rangle$，另一项来自环向雷诺协强项 $\langle n \rangle \langle \tilde{v}_r \tilde{v}_\varphi \rangle$。这一雷诺协强写为

$$\langle \tilde{v}_r \tilde{v}_\varphi \rangle = -\chi_\varphi \frac{\partial \langle v_\varphi \rangle}{\partial r} + V \langle v_\varphi \rangle + \Pi_{r,\varphi}^{rs} \tag{8-8-5}$$

其中第一项是扩散项，χ_φ 是湍流黏滞率，第二项是对流项，为向内的箍缩，V 为对流速度，第三项称残余应力 (residual stress)，是湍流造成的动量流。已在一些装置的实验中研究了这一残余应力，证实了确为自发旋转的驱动机制之一。

阅 读 文 献

Angioni C, et al. Perticle transport in tokamak plasma, theory and experiment. Plasma Phys. Control. Fusion, 2009, 51: 124017

Connor J W. Tokamak turbulence-electrostatic or magnetic? Plasma Phys. Control. Fusion, 1993, 35: 293

de Grassie J S. Tokamak rotation source, transport and sinks. Plasma Phys. Control. Fusion, 2009, 51: 124047

D'lppolito D A, Myra J R, Zweben S J. Convective transport by intermittent blo-filaments: comparison of theory and experiment. Phys. Plasma, 2011, 18: 060501

Fujisawa A, et al. Experimental progress on zonal flow physics in toroidal plasmas. Nucl. Fusion, 47(2007) S718

Fyjisama A. A review of zonal flow experiment. Nucl. Fusion, 2009, 49: 013001

Itoh K. Physics of zonal flows. Phys. Plasmas, 2006, 13: 055502

Litaudon X. Internal transport barriers: critical physics issues? Plasma Phys. Control. Fusion, 2006, 48: A1

Peeters A G, Angioni C, Bottino A, et al. Toroidal momentum transport. Plasma Phys. Control. Fusion, 2006, 48: B418

Shats M G, Solomon W M. Zonal flow generation in the improved confinement mode plasma and its role in confinement bifurcation. New J. Phys., 2002, 4: 30

Wagner F. A quarter-centrury of H-mode studies. Plasma Phys. Control. Fusion, 2007, 49: B1

Weiland J. Progress on anomalous transport in tokamaks,drift waves and nonlinear structures. Plasma Phys. Control. Fusion, 2007, 49: A45

Wootton A J, Carreras B A, Matsumoto H, et al. Fluctuations and anomalous transport in tokamaks. Phys. Fluids. 1990, B2: 2879

第9章 辅助加热和非感应电流驱动

9.1 引 言

1. 欧姆加热的应用限度和辅助加热

传统托卡马克利用变压器进行欧姆加热。欧姆加热在工程上的缺点显而易见。欧姆变压器必须是脉冲工作的，这和将来的聚变堆稳态运行的要求相矛盾。它在物理上的缺点也是显而易见的。高温等离子体中的电子速度越高，所遇到的碰撞越少，也就是电阻越低，电子在电场中被加速后，能量向热能的转化率降低。在温度增高、接近聚变目标时，加热效率更低。此外，欧姆加热主要加热电子分量，决定聚变反应速率的离子温度总显著低于电子温度。另外在密度过低或环电压过高时还有逃逸电子产生问题。此外，欧姆加热也很难用以控制电流剖面，这是因为欧姆加热时的电流轮廓主要由输运过程决定，而这一过程难于直接控制。

用简单模型推导托卡马克欧姆加热所能达到的最高温度。Spitzer 电阻率公式已由式 (8-2-9) 给出。新经典电导须减去捕获粒子的贡献

$$\eta_{\mathrm{ncl}} = \frac{\eta_{\mathrm{Sp}}}{(1 - \sqrt{\varepsilon})^2} \tag{9-1-1}$$

设库仑对数 $\ln \varLambda = 17$，$\varepsilon = r/R = 1/3$，系数 $\alpha = 1$，取

$$\eta_{\mathrm{ncl}} \approx 8 \times 10^{-8} Z_{\mathrm{eff}} T_e^{-3/2} \tag{9-1-2}$$

其中，温度单位为 keV。

考虑一个平均模型，就是将稳态的能量平衡公式两侧均除以等离子体的体积，并认为电子温度和离子温度相等，写成 T(能量单位)

$$\frac{3nT}{\tau_{\mathrm{E}}} = \eta j^2 \tag{9-1-3}$$

等式右侧是欧姆加热的功率密度 ηj^2。平均电流密度由总电流和截面积决定，而总电流受到磁流体活动的限制，表现为和安全因子 q 的关系

$$j = \frac{\kappa}{1 + \kappa} \frac{B_t}{\mu_0 R} \frac{1}{q} \tag{9-1-4}$$

其中，κ 为截面拉长比，q 为边界处的安全因子。这里我们看到对欧姆加热提高等离子体温度的第二重限制，就是能达到的最大电流密度随装置尺度 R 增大而降低。原因是，电流对电流密度的贡献和尺度的二次方成反比，而对边界 q 值的贡献和尺度的关系是线性的。所以，尽管增大尺寸可以增强能量约束，但是这个优势基本上被电流密度降低给抵消了。

我们使用一个早期的欧姆加热能量约束时间定标律

$$\tau_{\rm E} = 0.5 \times 10^{-20} na^2 \tag{9-1-5}$$

取参数 $Z_{\rm eff} = 1.5$，$q_a = 3$，$A = R/a = 3$，从式 (9-1-2)～式 (9-1-5) 可得到欧姆加热所能达到的最高温度为

$$T_{\max} \approx 217 B_\varphi^{4/5} \tag{9-1-6}$$

这个粗略的简化模型的结果揭示了欧姆加热能得到的最高温度和磁场的定标关系，但是和实际情况比较偏低。如果考虑电流和温度的分布，并假设 $q_a q_0 = 1.5$，式 (9-1-6) 变成 $T_{\max} \approx 870 B_\varphi^{4/5}$，对于 6T 的磁场，最高温度能达到 3.6keV，远未达到聚变反应要求。如果要达到 10keV 的温度，磁场须达到 21T，是目前技术难以实现的。

后来发展的关于能量约束时间的新 Alcator 定标律 (8-2-12) 对装置尺度有更强的依赖性，所以在能达到最高温度的定标中包含尺度参数。但是这个贡献是个很弱的因子 $a^{2/5}$。如果装置线度提高一倍，就是体积增加到 8 倍，温度仅提高 32%。所以靠增大装置尺度来提高温度的余地是很有限的。在可以预见的将来，不进行非感应加热不能达到聚变目的。这种非感应加热一般称为**辅助加热**(auxiliary heating)。

目前托卡马克装置上的辅助加热方法主要是中性粒子束注入和射频波加热。在箍缩类装置上采用箍缩方法加热，包括激波加热。在早期研究中也曾使用类似于激光聚变的压缩加热，例如，我国研究早期的 “小龙” 装置就是一台压缩磁镜。早期托卡马克 ATC 是一台绝热压缩装置，通过增加垂直场进行 a^2/R 保持不变、大小半径同时压缩，其压缩时间短于能量约束时间和粒子约束时间。后来在托卡马克装置上还发展了一种压缩时间长于能量约束时间的慢压缩，也能有效提高等离子体参数。但由于占用过多的空间，这类压缩方法不适用于聚变堆。

2. 非感应驱动电流轮廓的计算

欧姆加热的另一缺点是脉冲运行。由于变压器只能提供有限的伏秒数，所以要做到稳态运行，须进行非感应电流驱动。一般来说，辅助加热技术也可用于电流驱动。它们可以分为中性粒子束注入和射频电磁波注入两类。

射频波电流驱动效率可定义为

$$\eta = \frac{\bar{n}_{\rm e} I_{\rm RF} R}{P_{\rm RF}} \tag{9-1-7}$$

$I_{\rm RF}$ 和 $P_{\rm RF}$ 分别为驱动电流和驱动功率。这个效率往往以 $10^{20} {\rm m}^{-2} \cdot {\rm A/W}$ 为单位，实际数值为 $0.01 \sim 0.1$ 的量级。

在感应驱动电流 (欧姆电流) 的放电中施行非感应电流驱动，往往并不表现为等离子体电流的增加，而表现为环电压的降低。此外，所有非感应电流驱动的方法也同时对等离子体加热，使温度升高，电阻降低，也就降低了环电压。在计算非感应驱动电流份额时这一效应也应考虑在内。原则上可以按照计算自举电流的方法 (7.6 节) 计算非感应驱动电流，但有些非感应电流驱动的方法可以较容易地改变驱动方向 (如在电子回旋波驱动中改变发射天线方向)。这时，可以比较两种方向驱动的结果，用以计算非感应驱动电流的数值。

计算非感应电流轮廓比较困难。这是因为按照式 (7-6-6)，需要知道环向电场的轮廓。在达到平衡的时候，这一环向电场由测量的环电压 $E = U_\mathrm{L}/2\pi R$ 决定。但大中型装置有较长的电流渗透时间，对于聚变堆尺度的装置可达几百秒，一般不能做如此简单的假设，而须作仔细的计算。

首先要决定总的电流轮廓。这依靠相应的诊断 (如 MSE)，并辅之以平衡计算。其次要决定环向电场轮廓。从式 (3-2-1)，某一固定点的电场为

$$E(R, z) = \frac{1}{R} \frac{\partial \psi}{\partial t}\bigg|_{R,z} \tag{9-1-8}$$

其中，ψ 为约化极向磁通，可由平衡计算得到。从上式可以得到这一电场的磁面平均值。然后，再从测量的电子温度轮廓和有效电荷数轮廓计算电阻率轮廓。从上面两种计算结果可以得到欧姆电流轮廓。再从总电流轮廓减去这一欧姆电流轮廓就得到非感应电流轮廓。

在现在的大型设备中均使用新经典电阻率公式，可以在欧姆放电中使用上述方法进行计算以核准其适用性。以上方法须仔细分析和计算测量及数值计算的误差，且原则上难以区别外界非感应驱动的电流和自举电流，可以按照等离子体参数计算自举电流份额。

再考虑对非感应驱动电流的限制因素。设典型聚变堆的发电功率 1000MW，等离子体电流 12.5MA(ITER 为 15MA)，等离子体密度约 $10^{20}\mathrm{m}^{-3}$ 量级，大半径为几米，相应电流驱动效率取 0.05A/W，需驱动功率 250MW 维持。假设电流驱动系统能量效率为 50%，需电功率 500MW，占聚变堆输出功率 50%。这个比例称为再循环功率比，实际能接受的比例只有 20%，再加上其他功率消耗，总的再循环功率比一般限制为 30%。因此，只靠常规的非感应驱动电流来维持聚变堆运转是不能接受的，等离子体电流中部分或大部分必须由自举电流承担。这也说明，在非感应电流驱动研究中，驱动效率是一项很重要的指标。

9.2　中性粒子束注入

中性粒子可以穿越磁场不被约束。注入到等离子体的高能中性粒子束通过和带电粒子的碰撞电离而被约束，并渐渐热化而加热等离子体。这一方法的优点是作为反应成分的离子分量的加热速率与电子分量加热相当，而非优先加热电子。

1. 束的吸收

中性粒子束主要通过三种原子过程而被电离吸收：电荷交换、离子碰撞电离和电子碰撞电离。我们可根据它们的反应速率系数选择适当的中性粒子能量，使得中性束在等离子体芯部被吸收，达到加热中心区的目的。束强度随注入距离的变化为

$$\frac{\mathrm{d}I}{\mathrm{d}x} = -n \left(\sigma_\mathrm{ex} + \sigma_\mathrm{i} + \frac{\langle\sigma_\mathrm{e}v_\mathrm{e}\rangle}{v_\mathrm{b}}\right) I \tag{9-2-1}$$

其中，n 为等离子体粒子密度，$\sigma_\mathrm{ex}, \sigma_\mathrm{i}, \sigma_\mathrm{e}$ 分别为电荷交换、离子碰撞电离和电子碰撞电离截面，$v_\mathrm{e}, v_\mathrm{b}$ 分别为电子和束粒子速度，尖括号为对电子速度分布求平均。因为束的能量超过等离子体内离子温度，前两截面只和束能量有关。第三项要对电子速度 v_e 平均是因为它

们的速度与束速度 v_b 量级相当。这一项主要决定于电子温度，与束速度关系不大，但传递的能量和束能量成正比。在一般装置上这两类能量吸收同量级。此外，实验发现，当中性粒子束能量超过 100keV 时，很多粒子经多次激发后被电离，很大程度上增加了电离截面。

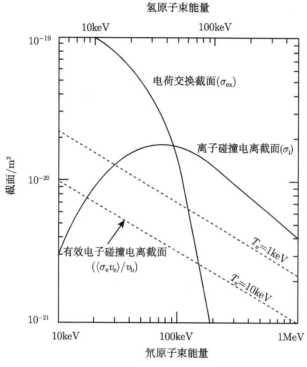

图 9-2-1 氢原子束的电荷交换、离子碰撞电离和电子碰撞电离截面

中性粒子束注入的主要技术问题是选择束参数使吸收主要发生在等离子体中心区域，以达到有效的加热。如果束能量主要在边界区淀积，产生后逃逸的快离子还会在壁上溅射产生杂质，因此必须根据三种吸收截面选择束能量。式 (9-2-1) 括号内的三项的值和束能量的关系见图 9-2-1(J. Wesson, Tokamaks, 4th ed, Oxford, 2011)。从图可见除去 100keV 以下的离子碰撞电离截面以外，所有曲线均显示负斜率，能量越高，反应截面越小，束传播的距离越长。所以对大的装置要求很高的注入中性粒子束能量。

从图 9-2-1 看，束能量为 100keV 时，电荷交换和离子碰撞电离两种截面占主要成分。它们的总截面 σ 大约为 $3 \times 10^{-20}\mathrm{m}^{-2}$，如果电子密度为 $10^{20}\mathrm{m}^{-3}$，穿透长度 $1/(\sigma n)$ 约为 0.3m。所以对大型装置和反应堆，中性粒子束能量必须高于这个值。例如，对于如 ITER 那样大的尺寸的装置，用于加热的中性粒子束能量应为 0.5MeV，而用于电流驱动的束能量应达 1MeV。这样的束只能用负离子源产生。

在注入位形上，可选择垂直注入 (图 9-2-2)。此时入射窗口容易设计但束可能穿透等离子体而未被完全吸收。此外，垂直注入的中性粒子束转化 (电离、电荷交换) 后，速度主要在垂直磁场方向，容易形成捕获粒子，部分通过轨道损失而逸出。相比之下，切向注入主要产生通行粒子，容易被约束，束在等离子体内的穿越距离也较长，但需要适当的注入窗口。这种切向注入有平行等离子体电流和反平行两种选择，形成的带电粒子轨道亦有所不同 (参见

图 4-3-5)。反向注入时，能量淀积的范围更广一些 (图 9-2-3)，但也容易造成粒子损失。

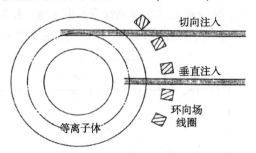

图 9-2-2 中性粒子束的垂直和切向注入

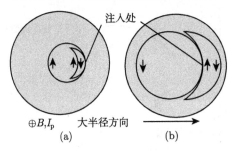

图 9-2-3 正向 (a) 和反向 (b) 中性粒子注入时转化的捕获粒子和通行粒子轨迹

　　一般切向注入实验中，中性粒子束都位于赤道面上使束线和磁轴相切或相交以取得最大加热效果。但是在一些电流驱动实验中，为实现先进运转模式形成弱剪切或反剪切，采用离轴中性粒子束注入驱动电流。一般注入在 0.3~0.5 的小半径处 (图 9-2-4)。

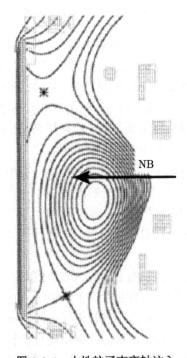

图 9-2-4 中性粒子束离轴注入

中性粒子束的能量不能完全被等离子体吸收,因为存在几种损失机构。第一就是部分束粒子未被电离穿透等离子体而损失到壁。第二是束粒子电离后又被电荷交换中性化而损失。此外,电离后的快离子还可能激发阿尔文本征模而损失部分能量。

2. 束的加热

中性粒子束被电离后,通过碰撞将能量传递给等离子体。每个束离子对等离子体粒子的加热功率是

$$P = m_b A_D \left(\frac{2m_e^{1/2} E_b}{3(2\pi)^{1/2} T_e^{3/2}} + \frac{m_b^{3/2}}{2^{3/2} m_i E_b^{1/2}} \right) \tag{9-2-2}$$

其中,下标 b 表示束离子,常数

$$A_D = \frac{ne^4 \ln \Lambda}{2\pi \varepsilon_0^2 m_b^2} \tag{9-2-3}$$

式 (9-2-2) 的第一项表示传给电子的份额,与束能量成正比;第二项为离子份额,与束能量根号成反比。图 9-2-5(出处同图 9-2-1) 为不同能量 (以电子温度为单位) 的束分配给电子和离子能量的比例 (氘束注入氘等离子体)。对于一定能量的入射束,这个热化过程是先从电子开始,待快离子慢化后,再传给离子。

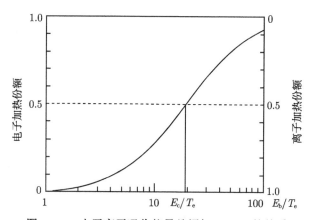

图 9-2-5 电子离子吸收能量份额与 E_b/T_e 的关系

在图 9-2-5 上,两种粒子吸收能量各占一半的能量记为 E_c,如令 $\ln \Lambda = 17$,则 E_c 为

$$E_c = 14.8 \frac{A_b}{A_i^{2/3}} T_e \tag{9-2-4}$$

A_b 和 A_i 分别为束原子和等离子体中离子的原子量。选择束能量也可控制加热电子和离子份额的比例。如束能量远高于 E_c,则主要加热电子。如束能量较低,则主要加热离子,可使加热后的等离子体的离子温度高于电子温度。

图 9-2-6(出处同图 9-2-1) 为束粒子在速度空间的轨迹示意图 (从右到左)。一开始,当其速度还很高的时候,能量主要消耗于与电子碰撞。当其能量消耗后低于 E_c(相应速度 v_c)时,主要消耗与离子碰撞。当其速度接近离子热速度时,相当多束粒子被散射改变投射角。它们对束的衰减有贡献,但相应能量未马上被等离子体吸收。当束能量再低时就被等离子体热化。

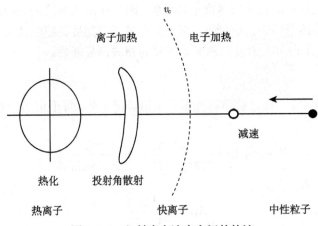

图 9-2-6　入射束在速度空间的轨迹

3. 实验研究

随着中性粒子束技术的发展，中性束成为一种托卡马克等离子体辅助加热的主要手段，在一系列装置上取得显著效果。图 9-2-7(JET Team, Plasma Phys. Control. Fusion, 34(1992)1749) 是 JET 上用峰值功率 14MW 的中性粒子束，包括 1.5MW 的氚束的加热结果。自上而下为离子和电子峰值温度、等离子体能量、中子产额、中性粒子束功率。其中加热后离子温度提高到 19keV，聚变功率达到 1.5MW。后来在这一装置上又用 3.1MW 的离子回旋波和 22.3MW 的中性粒子束加热，取得 16.1MW 聚变功率输出的记录。

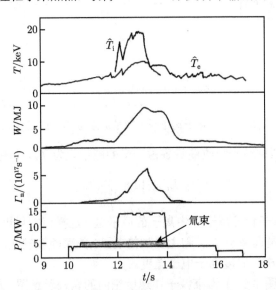

图 9-2-7　JET 上中性注入实验波形

图 9-2-8(N.V.Sakharov et al., Plasma Phys. Report, 34(2002) 81) 为球形环 Globus-M 上比较有无中性粒子束注入时的中性能谱仪测量离子温度结果，和欧姆加热 (OH) 结果比较。分别用 D 和 H 两种中性粒子束加热后观察到离子温度上升，其高能部分的斜率低于热离子

斜率 (斜率反比于电子温度), 表示已电离但未热化的快离子。

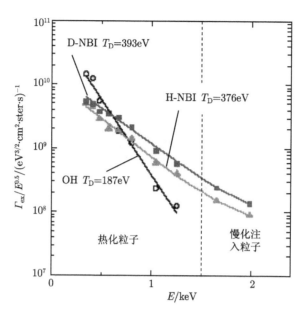

图 9-2-8   Globus-M 上的中性粒子能谱测量结果

4. 电流驱动

中性粒子注入所产生的效果, 除去加热以外, 还有粒子注入、电流驱动、动量注入。

当中性粒子束切向注入时, 可能产生环向等离子体电流。其主要组成部分是束通过碰撞和电荷交换产生的快离子, 也有被快离子加速而产生的电子。由于携带电荷符号的不同, 它们构成的电流方向是相反的, 因此部分抵消。在无碰撞输运区, 等离子体的电子热速度远超过注入中性粒子速度 ($v_{\mathrm{e}} \gg v_{\mathrm{b}}$) 时, 总的净驱动电流和快离子电流之比可表示为

$$\frac{I}{I_{\mathrm{f}}} = 1 - \frac{Z_{\mathrm{f}}}{Z_{\mathrm{eff}}} + 1.46\sqrt{\varepsilon}\,\frac{Z_{\mathrm{f}}}{Z_{\mathrm{eff}}}A(Z_{\mathrm{eff}}) \tag{9-2-5}$$

其中, Z_{f} 为快离子电荷数, Z_{eff} 为等离子体有效电荷数, $A(Z_{\mathrm{eff}})$ 为一个大于 1 的函数。在上式中, 第二项为如果没有捕获电子时电子流的贡献, 第三项为捕获电子引起的电子贡献的减少。如果不计捕获电子效应, 入射中性粒子核电荷数和等离子体有效电荷数一样, 则引起的净电流为零。如果不一样, 则产生净电流。但一般情况两电荷数相等或近似, 捕获电子项起主要作用, 产生的净电流为正。除去此处考虑的快离子的作用外, 热离子对电流驱动也有贡献。因为中性粒子束注入引起了等离子体包括离子和电子的整体转动, 但部分电子被捕获, 因而产生一个净环向电流。这个附加的驱动电流也可视为热离子产生的自举电流。

中性粒子束驱动电流已在实验上证实。如在 TFTR 上, 用 11.5MW 中性粒子束可以驱动 0.34MA 的电流。在 DIIID 上, 完全用中性粒子束驱动电流 0.34MA, 可在零环电压下持续 1.5s。

电流驱动效率和中性粒子束能量有关, 因为式 (9-2-5) 最后一项与 $\sqrt{\varepsilon}$ 成比例, 也与入

射弦半径有关。预计在优化运行条件下，使用高能中性粒子束，在 ITER 上可以产生高达 0.4 的电流驱动效率。

5. 动量注入

中性粒子束切向注入还会产生另一效果，就是动量守恒产生环向旋转。每一快粒子电离后，可在等离子体中产生环向角动量 $m_b v_b R$。另一种较弱的产生机制是中性粒子进入等离子体电离后的运动有径向分量，如图 9-2-3 所示。这一运动产生径向电流和磁场作用引起环向转动。中性粒子束注入的旋转效应已为实验所证实。这样的旋转，可以对宏观及微观不稳定性产生影响。在一定条件下，和环向电流反向的注入可以产生 H 模。

从这一角动量的稳态值或中性束结束后随时间的变化可以研究动量输运问题。实验表明，稳态角动量总低于计算预期值，或者说，输运系数大于新经典计算值，接近离子输运，也属于反常输运。

中性粒子束注入是托卡马克等离子体辅助加热和电流驱动，以及控制参数轮廓和输运过程的有力手段。用于聚变堆的中性粒子束的能量要接近或达到 1MeV，才能渗透到等离子体中心，需要使用负离子源产生。中性粒子束用于聚变堆存在的一个问题是注入口须占据很大面积，相应包层减少，也就减少了氚的增殖率，而且这些注入口可能增加氚的滞留。因此增加注入束的功率密度、减少注入口截面也是一个需要解决的技术问题。

在 ITER 上，拟用 17MW，1MeV 的负 D 离子产生的中性粒子束在 3 个准切向注入窗口注入进行加热和电流驱动。

9.3　冷等离子体波

1. 色散关系

在等离子体的射频加热和电流驱动研究中，从波的传播角度看，不考虑粒子热运动的冷等离子体模型是很好的近似。在这样的模型中，从麦克斯韦方程推出电磁波的波动方程，以及粒子动量方程及广义欧姆定律，对形式如 $\vec{E} = \vec{E}_0 \exp[\mathrm{i}(\vec{k} \cdot \vec{r} - \omega t)]$ 的平面波作小振幅展开，得到处于均匀恒定磁场下的均匀等离子体的介电张量，以及如下波的色散关系：

$$\tan^2 \theta = \frac{N_\perp^2}{N_\parallel^2} = \frac{-P(N^2 - R)(N^2 - L)}{(SN^2 - RL)(N^2 - P)} \tag{9-3-1}$$

其中，θ 为波的传播方向与磁场方向（z 方向）夹角（图 9-3-1），$N = ck/\omega$ 为折射率，$N_\perp = N \sin \theta$，$N_\parallel = N \cos \theta$，其余几个符号为依赖等离子体参数和波频率的无量纲参数：

$$P = 1 - \sum_s \frac{\omega_{\mathrm{p}s}^2}{\omega^2} \tag{9-3-2}$$

$$R = 1 - \sum_s \frac{\omega_{\mathrm{p}s}^2}{\omega(\omega \pm \omega_{\mathrm{c}s})} \tag{9-3-3}$$

$$L = 1 - \sum_s \frac{\omega_{\mathrm{p}s}^2}{\omega(\omega \mp \omega_{\mathrm{c}s})} \tag{9-3-4}$$

$$S = 1 - \sum_s \frac{\omega_{\mathrm{p}s}^2}{\omega^2 - \omega_{\mathrm{c}s}^2} = \frac{1}{2}(R + L) \tag{9-3-5}$$

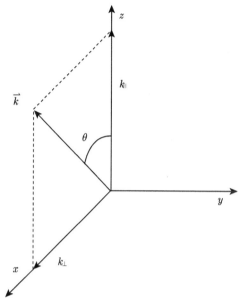

图 9-3-1 波的传播坐标

其中, $\omega_{\mathrm{p}s} = \sqrt{\dfrac{n_s q_s^2}{\varepsilon_0 m_s}}$ 为组分 s 的等离子体频率, $\omega_{\mathrm{c}s} = \dfrac{q_s B}{m_s}$ 为组分 s 的回旋频率, $\pm$ 号相应于粒子带正电或负电荷, n_s, q_s, m_s 分别为组分 s 粒子的密度、电荷、质量。还可引进另一不独立的无量纲量

$$D = \frac{1}{2}(R - L) \tag{9-3-6}$$

设波的传播方向在 x-z 平面上 (图 9-3-1), 波的偏振可从以下方程求得:

$$\begin{pmatrix} S - N_\parallel^2 & -\mathrm{i}D & N_\parallel N_\perp \\ \mathrm{i}D & S - N^2 & 0 \\ N_\parallel N_\perp & 0 & P - N_\perp^2 \end{pmatrix} \begin{pmatrix} E_x \\ E_y \\ E_z \end{pmatrix} = 0 \tag{9-3-7}$$

从其中第二个方程可以得到垂直于磁场方向两分量间的关系

$$\frac{\mathrm{i}E_x}{E_y} = \frac{N^2 - S}{D} \tag{9-3-8}$$

这个量为正, 则 E_x 相位先于 E_y, 为右旋; 否则为左旋。如果它们为 $+1$ 或 -1, 则为纯圆偏振, 否则为椭圆偏振, 包含两种不同幅度的圆偏振波。定量上, 左旋部分为 $E_x + \mathrm{i}E_y$, 右旋部分为 $E_x - \mathrm{i}E_y$。还可从式 (9-3-7) 中第三个方程得到和磁场方向分量的关系为

$$\frac{E_x}{E_z} = \frac{N_\perp^2 - P}{N_\parallel N_\perp} \tag{9-3-9}$$

　　为简单起见，我们分别考虑平行磁场和垂直磁场传播方向 (即波矢 $\vec{k}$ 的方向) 的波。以上的公式均适用于包含多种离子成分的情况。下面仅考虑电子和一种正离子的两分量等离子体。

2. 平行磁场传播的波

　　此时 $\theta = 0$，$N_\perp = 0$。色散方程 (9-3-1) 有三个解：$P = 0$，$N^2 = R$ 和 $N^2 = L$，第一个 $P = 0$ 相当于 $\omega \approx \omega_{pe}$，为等离子体频率的纵向振荡，考虑到电子热运动时为电子等离子体波。其余两个

$$N^2 = R: \frac{\mathrm{i}E_x}{E_y} = \frac{R-S}{D} = 1, \quad \text{为右旋圆偏振，和电子回旋运动方向一致}$$

$$N^2 = L: \frac{\mathrm{i}E_x}{E_y} = \frac{L-S}{D} = -1, \quad \text{为左旋圆偏振，和离子回旋运动方向一致}$$

色散关系写成 $\omega \sim k$ 的关系，即给出 $1/N^2 = \omega^2/(c^2 k^2)$ 的公式。对应上述两种波分别为

$$\frac{\omega^2}{c^2 k_{||}^2} = \frac{(\omega + \omega_{ci})(\omega - \omega_{ce})}{(\omega - \omega_R)(\omega + \omega_L)} \tag{9-3-10}$$

$$\frac{\omega^2}{c^2 k_{||}^2} = \frac{(\omega - \omega_{ci})(\omega + \omega_{ce})}{(\omega + \omega_R)(\omega - \omega_L)} \tag{9-3-11}$$

以上两式即式 (5-5-8)，以下两式即式 (5-5-9) 和 (5-5-10)：

$$\omega_R = \frac{\omega_{ce}}{2} + \sqrt{\left(\frac{\omega_{ce}}{2}\right)^2 + \omega_{pe}^2 + \omega_{ce}\omega_{ci}} \tag{9-3-12}$$

$$\omega_L = -\frac{\omega_{ce}}{2} + \sqrt{\left(\frac{\omega_{ce}}{2}\right)^2 + \omega_{pe}^2 + \omega_{ce}\omega_{ci}} \tag{9-3-13}$$

分别称为上截止频率和下截止频率。这里截止指的是折射率 $N = 0$，而 $N = \infty$ 称为共振。

　　在入射波频率很低时，$\omega < \omega_{ci}$，式 (9-3-10) 和式 (9-3-11) 可以近似写为

$$\frac{\omega^2}{c^2 k_{||}^2} \cong \frac{(\omega_{ci} \pm \omega)\omega_{ce}}{\omega_R \omega_L} = \frac{\omega_{ci}\omega_{ce}(1 \pm \omega/\omega_{ci})}{\omega_{pe}^2 + \omega_{ci}\omega_{ce}} = \frac{1 \pm \omega/\omega_{ci}}{1 + c^2/v_A^2} \tag{9-3-14}$$

其中，$v_A = B/\sqrt{\mu_0 \rho}$ 为阿尔文速度，ρ 为质量密度，推导中用到 $\mu_0 \varepsilon_0 = c^2$，$c$ 为真空中的光速。在 $v_A \ll c$ 时，波的相速为

$$v_{ph} = \omega/k \cong v_A\sqrt{1 \pm \omega/\omega_{ci}} \tag{9-3-15}$$

在频率很低时，波的相速接近阿尔文速度。当频率接近离子回旋频率时，两个波的色散关系产生差异，右旋的 $N^2 = R$ 的波相速高于阿尔文速度，称为快波；左旋的 $N^2 = L$ 的波相速低于阿尔文速度，称为慢波。

　　右旋波或快波在频率很低的磁流体波段称为**压缩阿尔文波**，在高于离子回旋频率 ω_{ci} 时称为**哨波**，在 $\omega = \omega_{ce}$ 时达到共振，$\omega = \omega_R$ 时为截止 (上截止)。两个区域间波不能传播。左

旋波或慢波在低频时为**剪切阿尔文波**，在 $\omega = \omega_{ci}$ 时达到共振，$\omega = \omega_L$ 为截止 (下截止)。两区域间不能传播。

在几种特征频率中，在托卡马克的芯部，一般 ω_{pe} 和 ω_{ce} 接近，但在边界区，肯定有 $\omega_{pe} < \omega_{ce}$。两截止频率 $\omega_R > \omega_L$，所以分别称为**上截止**和**下截止**。对一定频率来说，前者对应低密度，后者对应高密度。另有 $\omega_R > \omega_{ce}, \omega_{pe}$，至于 ω_L 在等离子体不同区域有所变化，在边界区，ω_{pe} 很小，$\omega_{pe} < \omega_L < \omega_{ce}$，在芯部一般有 $\omega_L < \omega_{ce}, \omega_{pe}$，但是密度很高时可能有 $\omega_{pe} > \sqrt{2}\omega_{ce}$，此时 $\omega_{ce} < \omega_L < \omega_{pe}$。

对于处于 $B = 3\text{T}$ 磁场中密度为 $n = 5 \times 10^{19} \text{m}^{-3}$ 的氢等离子体，两种等离子体频率分别为 $f_{pe} = 63.5\text{GHz}$，$f_{pi} = 1.48\text{GHz}$，两种回旋频率为 $f_{ce} = 84\text{GHz}$，$f_{ci} = 45.6\text{MHz}$，上截止频率为 $f_R = 118\text{GHz}$，下截止频率为 $f_L = 34\text{GHz}$，阿尔文速度 $v_A = 9.25 \times 10^6 \text{m/s}$。

3. 垂直磁场传播的波

此时 $\theta = \pi/2$，$N_{||} = 0$，式 (9-3-1) 有两个解：$N^2 = P$ 和 $N^2 = RL/S$。前一支波的电场在磁场方向，电子运动不受磁场影响，和无磁场情况下的电磁波一样，称为**寻常波**(O 模)。后一支波的电场在垂直磁场方向，称**非常波**(X 模)。两者的偏振为

$$N^2 = P : E_x = E_y = 0, \quad \text{电场分量在磁场方向的线偏振波}$$

$$N^2 = RL/S : \frac{\mathrm{i}E_x}{E_y} = \frac{RL/S - S}{D} = -\frac{D}{S}, \quad \text{一般为椭圆偏振}$$

它们的色散关系可分别写为

$$\frac{\omega^2}{c^2 k_\perp^2} = 1 + \frac{\omega_{pe}^2}{c^2 k_\perp^2} \tag{9-3-16}$$

$$\frac{\omega^2}{c^2 k_\perp^2} = \frac{(\omega^2 - \omega_{LH}^2)(\omega^2 - \omega_{UH}^2)}{(\omega^2 - \omega_L^2)(\omega^2 - \omega_R^2)} \tag{9-3-17}$$

其中，ω_{UH} 和 ω_{LH} 因涉及两类粒子，分别称为**高杂共振频率**和**低杂共振频率**，定义为

$$\omega_{UH}^2 = \omega_{ce}^2 + \omega_{pe}^2 \tag{9-3-18}$$

$$\frac{1}{\omega_{LH}^2} = \frac{1}{\omega_{ci}^2 + \omega_{pi}^2} + \frac{1}{\omega_{ce}\omega_{ci}} \tag{9-3-19}$$

其中略去了一些低阶离子项。从式 (9-3-16) 可以看到，O 模的色散关系和不存在磁的电磁波的色散关系一样。这个模不存在共振吸收，仅在 $\omega = \omega_{pe}$ 时截止。

X 模的色散关系比较复杂。它存在两个共振频率 ω_{UH} 和 ω_{LH} 及两个截止频率 ω_R 和 ω_L，它们所分离开的两个不能传播区域使 X 模分为三支。当 X 模处于共振频率，$N = \infty$，$S = 0$，$E_y = 0$，只有波传播方向的电场 E_x，为纵波，有利于波的模式转换。这两种共振都涉及两种粒子，但高杂共振从其近似表示看来，主要由电子运动决定。这种共振类似电子等离子体振荡，但在磁场内做回旋运动，电子轨道为垂直磁场的椭圆。低杂共振则涉及两种粒子的运动。

在很低的频率, X 模的色散关系 (9-3-17) 也可化为阿尔文波的形式, 这个波也称为压缩阿尔文波。从后面图 9-3-6 上的第 12 区中法阵面图来看, 这支波相当于平行方向传播的快波, 所以都称为压缩阿尔文波。它可以在任何角度传播, 所以波的色散关系可一般写为 $\omega = k v_A$。而平行方向传播的慢波只能在包括平行方向在内的一个小角度内传播, 色散关系写为 $\omega = k_{||} v_A$。考虑到离子的热运动后与离子声波发生耦合。

对于处于 $B = 3\mathrm{T}$ 磁场中密度为 $n = 5 \times 10^{19} \mathrm{m}^{-3}$ 的氢等离子体, $f_{\mathrm{UH}} = 105\mathrm{GHz}$, $f_{\mathrm{LH}} = 1.18\mathrm{GHz}$。处在这样的典型芯部等离子体参数下的几种特征频率在频谱上的分布如图 9-3-2 所示, 其中表征阿尔文波的频率数值系按波数 $k = 1\mathrm{m}^{-1}$ 计算得出。

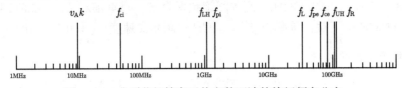

图 9-3-2　典型芯部等离子体参数下波的特征频率分布

图 9-3-3 为平行和垂直磁场两个方向传播的几种波的色散曲线, 阴影部分为相应的波不能传播区域。色散曲线有不同表示方法, 此处使用 $\omega \sim ck$ 的表示, c 为真空中的光速。横轴为平行或垂直方向波数, 纵轴为圆频率, 并定性标出几个特征频率。其中假设了 $\omega_{\mathrm{ce}} > \omega_{\mathrm{pe}}$, 和图 9-3-2 相同。

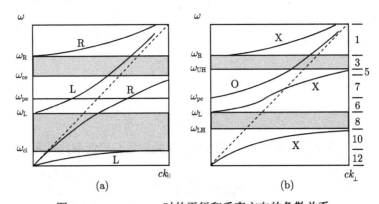

图 9-3-3　$\omega_{\mathrm{ce}} > \omega_{\mathrm{pe}}$ 时的平行和垂直方向的色散关系

阴影区系指相应的波不能传播的区域

在这样的色散关系图上, 曲线上任意点对原点的引线的斜率为波的相速 $v_{\mathrm{ph}} = \dfrac{\omega}{k}$, 而此点曲线切线斜率为波的群速度 $v_{\mathrm{g}} = \dfrac{\mathrm{d}\omega}{\mathrm{d}k}$ (图 9-3-4), 但都归一化到光速, 所以对角线的斜率表示光速。图中所标光疏介质和光密介质分别指折射率 $N = ck/\omega < 1$ 和 > 1, 也以对角线分界。这两词有时也用于相对意义。图 9-3-3 和图 9-3-4 的色散图上曲线均为单调增加函数, 它们的相速和群速度同号, 就是方向相同。但是有些情况色散曲线有负斜率部分, 相应的群速度为负值, 则相速和群速度反向, 称为背向波。

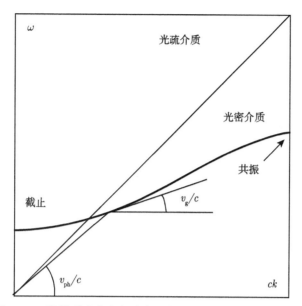

图 9-3-4 波的群速度和相速度及在截止或共振处的传播特性

4. 波的性质

截止和共振 从色散关系图 9-3-3 判断波的截止和共振。$k = 0$ 处切线平行横轴处为截止,如图 9-3-3 所示平行传播的右旋波的上截止 $(\omega = \omega_R)$ 和左旋波的下截止 $(\omega = \omega_L)$,垂直传播的 O 模的密度 (等离子体) 截止 $(\omega = \omega_{pe})$ 和 X 模的两种截止。截止处相速度为无穷,群速度为零,折射率 $N = ck/\omega = 0$,波在此处被反射。

$k \to \infty$ 处为共振,如平行传播波的回旋共振 $(\omega = \omega_{ci}, \omega_{ce})$,垂直传播波的高杂共振和低杂共振 $(\omega = \omega_{UH}, \omega_{LH})$。共振处相速度和群速度都等于零,折射率 $N = \infty$,波在此处被吸收或发生模转换。

当波斜入射到截止层或共振层时,它们的轨迹如图 9-3-5 所示,其中的光疏介质和光密介质为相对值。在这两种情形,接近截止层或共振层时,因为群速度接近零,能量积累,有利于模式转换。但截止层附近波长增加,共振层附近波长减少。因波长可能接近回旋半径,共振时更有利于模式转换和能量吸收使振幅减小。由于折射的关系,按照费马原理,截止层附近的波轨迹趋于和截止层平行,而共振层附近的波轨迹趋于和共振层垂直。这种共振面附近波的行为在表示 UHR 散射的图 5-6-22 上也可看到。

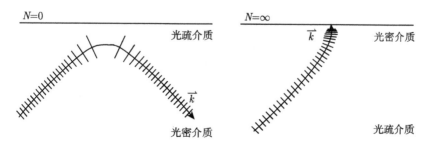

图 9-3-5 斜入射到截止层及共振层时的电磁波 (p 波) 轨迹及振幅、波长的变化

这样的斜入射波可能有两种线偏振。图上所表示的是偏振向量在入射面内,称 p 波。如偏振向量垂直入射面,则称 s 波。当它们入射到非均匀等离子体时,反射区场的结构不同。

CMA 图(Clemmow-Mullaly-Allis diagram) 对于两分量 (电子和离子) 等离子体,磁场中波的传播特性决定于 6 个参数:ω_{pe}, ω_{ce}, ω_{pi}, ω_{ci}, ω 和 θ。但是他们不是完全独立的,由于 $\omega_{\mathrm{pe}}^2/\omega_{\mathrm{pi}}^2 = \omega_{\mathrm{ce}}/\omega_{\mathrm{ci}} = m_{\mathrm{i}}/m_{\mathrm{e}}$,只有两个独立变量,就是电子密度和磁场。而频率 ω,可使用其与特征频率之比作为变量,或者说将特征频率归一到 ω。这样就形成了 CMA 图 (图 9-3-6)。这个图的横轴是 $\omega_{\mathrm{pe}}^2/\omega^2 = (e^2/\varepsilon_0 m_{\mathrm{e}})n_{\mathrm{e}}/\omega^2$,和电子密度成正比。纵轴为 $\omega_{\mathrm{ce}}\omega_{\mathrm{ci}}/\omega^2 = (e^2/m_{\mathrm{e}}m_{\mathrm{i}})B^2/\omega^2$ 和磁场平方成正比。两个轴都与频率平方成反比,所以图的上方是强磁场区域,右方为高密度区域,左下方为高频区域。在图中用截止 (虚线) 和共振 (实线) 曲线将工作区域划分为 13 个区域 (第 2 区是空的,没有波可以传播)。这些区域的边界是几个无量纲参数 P, S, R, L 为 0 或 ∞ 的轨迹,线上还标了某种波的相速 u,并标志着波的截止或共振。在边界线灰色阴影一侧是该参数小于 0 的区域。这样我们就知道在每个区域里这些参数的符号。因为 $S = (R+L)/2$ 和 $D = (R-L)/2$,R 和 L 为 ∞ 的边界也就是 S 和 D 为 ∞ 的边界。S 的这两个边界在图上未标,可以根据其他边界判断邻近区域 S 的符号。D 的这两个边界在图上标出,并标明两侧 D 的符号。

使用这图时还要注意 ω_{pe} 和 ω_{ce} 的关系。图中连接原点和等离子体截止和电子回旋共振交点的直线将全图划分为 ω_{pe} 大于和小于 ω_{ce} 两个区域。这种通过原点的直线是 $n_{\mathrm{e}}/B^2 =$const 的轨迹。

在每个区域内还用小图标有不同模式波的法阵面,垂直方向为磁场方向。从原点引线到法阵面交点长短为该方向相速,虚线表示光速。法阵面也可能为哑铃形 (8) 或轮盘形 (∞),此时存在一个临界角度,在临界角外的垂直或平行方向不能传播。

色散关系图 9-3-3 上表示区域在 CMA 图上以细的虚线所经区域表示,对应的频率区域标在图 9-3-3(b),只包含 1、3、5、7、6、8、10、12 各区域,而不含 4、9、11、13 各区域。这也是一般托卡马克芯部所处区域。此图不包含 4 区,是因为在图 9-3-3 中假设 $\omega_{\mathrm{ce}} > \omega_{\mathrm{pe}}$,而区域 4 在 $\omega_{\mathrm{ce}} < \omega_{\mathrm{pe}}$,只有在球形环参数下容易达到。图 9-3-3 不包含 9、11、13 区,是因为这几个区域处于离子共振波段,而且 $\omega_{\mathrm{pe}}^2/\omega^2 < 1$ 范围内,只有在等离子体很稀薄的情况才成立。因为在等离子体中心区域 $\omega_{\mathrm{ce}} \approx \omega_{\mathrm{pe}}$,所以在芯部 $\omega_{\mathrm{pe}}^2/\omega^2 \approx \omega_{\mathrm{ce}}^2/\omega_{\mathrm{ci}}^2 = m_{\mathrm{i}}^2/m_{\mathrm{e}}^2$ 为 10^6 量级。由于 $\omega_{\mathrm{pe}}^2 \propto n_{\mathrm{e}}$,所以 9、11、13 区域的右边界相应的电子密度要比中心区低 10^6 量级,在聚变装置里是很窄的区域,从外面入射的波很容易通过相应的截止层。

CMA 图显示的是均匀等离子体的情况,实际的等离子体都是不均匀的,空间参数的变化在此图上划出一条轨迹。例如,在托卡马克装置上,波都是从外边注入的,相当于从 CMA 图左方入射。如果在弱场侧入射,则轨迹朝上偏;如果从强场侧入射,则轨迹朝下偏。当波迹通过 CMA 图上不同区域时,会发生模式转换或反射等现象。在波加热问题中就是可近性问题。

图 9-3-6 所示的 CMA 图主要针对平行方向和垂直方向传播的波而划分区域。对于一般传播方向,例如,实验中经常使用的波传播主要在垂直磁场方向但也有平行分量的情况,这个图上的上截止、下截止、高杂共振、低杂共振边界的位置将有所移动。但是这时,这些曲线的位置和另一无量纲量、平行方向的折射率 $N_\|$ 有很大关系,而这个量在不同使用频率时

相差很大，所以不能画出统一的 CMA 图。

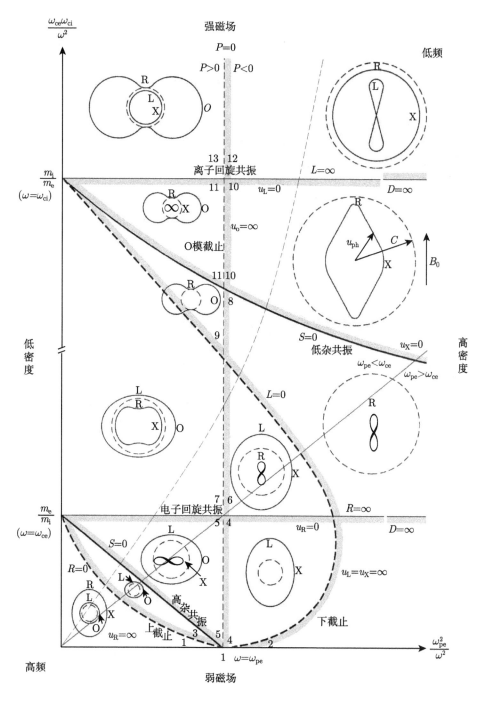

图 9-3-6 CMA 图

为 P. C. Clemmow 和 R. F. Mullaly 引入，经 W. P. Alles 改进，阴影侧表示相应参数值为负。离子回旋共振边界两侧参数 L 和 D 符号相反，电子回旋共振边界两侧 R 和 D 符号相同，细的虚线经过图 9-3-3 所表示区域

9.4　射频加热和电流驱动

　　射频加热是中性粒子束加热以外的另一类辅助加热方法，采用不同波段的电磁波从外面注入到等离子体使其吸收加热。正常的能量吸收过程是带电粒子在电磁场作用下以同一频率从事规律振动，与其他粒子碰撞后将能量转化为热能。但这一碰撞频率正比于 $T_e^{-3/2}$，在高温下能量转化效率也降低。所以靠经典的吸收过程，射频加热的效率是不高的，但是等离子体里的共振吸收有强的吸收效率。

1. 波的耦合

　　入射到真空室的射频波和室内的等离子体的耦合问题，也就是射频波的能量能否进入等离子体传播，与工作波段有很大关系。对于高频的电子回旋波，因性质与真空中传播的电磁波相近，且因波长远小于装置尺寸，属于远场耦合，和等离子体的耦合问题较易解决。对属于长波的离子共振波段、低杂波和阿尔文波来说，性质和电磁波有很大距离，且因波长和装置尺寸相近，为近场耦合，须计算耦合问题以设计天线系统。此时要在相应的边界条件下解波动方程。

　　后面所说的几种用于加热或电流驱动的射频波中，以快波居多。现以离子共振波段的快波天线为例说明。这样的天线如第 3 章中介绍的 DIIID 装置上的快波天线，是一根或几根的一段极向弧形导体。用这样的天线向等离子体内部发射的波矢 k_r 可表为 $k_r^2 = k_0^2 - k_y^2 - k_\parallel^2$，其中 k_0 为真空波矢，y 是极向，$\parallel$ 是环向。两个和传播方向垂直的波矢由天线尺寸决定。$k_\parallel = \pi/w$，$k_y = \pi/h$，w 是天线在环向宽度，h 是其在极向高度。如果天线是几组，那么由它们之间的间距和相位差决定。从环向的 Fourier 分析可得到环向波数谱。图 9-4-1(C. C. Petty et al., Nucl. Fusion, 35(1995) 773) 为 DIIID 上快波天线的两种环向波数谱，相位分别为 $(0, \pi, \pi, 0)$ 和 $(0, \pi/2, \pi, 3\pi/2)$。不对称的波数谱用于环向电流驱动。

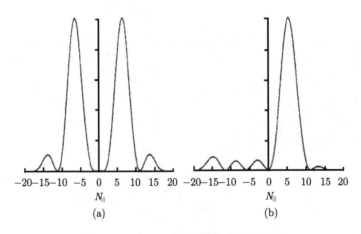

图 9-4-1　DIIID 装置快波天线波数谱

相位分配为 $0, \pi, \pi, 0$(a) 和 $0, \pi/2, \pi, 3\pi/2$(b)

　　以离子回旋波段的快波为例说明耦合计算模型。因为波是倾斜入射的，要知道不同模式之间的关系。这样的波相当于 CMA 图 (图 9-3-6) 的 12 区或 10 区, 右旋的快波和 X 模是一支模式, 或者说, X 模是右旋的。它的电场分量垂直于磁场。用简单的平板模型来解 (图 9-4-2), 即将真空区和等离子体区划分为三个区域, 并建立直角坐标系。稳态磁场在环向 (z), 波电场向量应在 y 和 x 方向。在等离子体部分, 如果认为是均匀介质且忽略反射波, 可写为 $E_y, B_z \sim \exp(\mathrm{i}k_\perp x)$。在 I, II 两区域, 边界条件为: 在金属真空室上 $E_y = 0$, 天线设为无限薄, 无限长, 有限宽度 w, I 区和 II 区之间切向磁场跃变量 $-\mu_0 j_y$。而在等离子体–真空界面, 场的切向分量连续, 表面阻抗 E_y/H_z 不变。这样就能得到真空区的解。

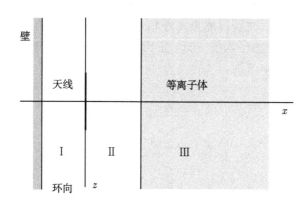

图 9-4-2 天线与等离子体耦合的平板模型

这是个很简单的一维模型, 且不考虑波的反射。在实际应用中, 一般进行二维甚至三维的关于波与等离子体的耦合的数值模拟计算。对低杂波而言, 可建立类似的模型, 其中天线可用波导管的出口来代替, 区域 I 为波导管内的场。

2. 波的吸收

等离子体内波的正常吸收过程是这样的: 波的电场驱动带电粒子做同一频率的振动。因为粒子运动和受力相差一个 $\pi/2$ 的相位, 这样有规律的运动不能造成电磁波的吸收。只有振动的粒子和其他粒子碰撞, 将规则的运动化为混乱的热运动, 才能使电磁波的能量被吸收。所以这样的吸收又称为碰撞吸收, 吸收率决定于碰撞率。对于高温等离子体, 带电粒子间的碰撞率和温度的 $3/2$ 次方成反比, 所以高温等离子体中粒子之间的碰撞率很低。例如, 如果 $T_e \sim T_i \sim 5\mathrm{keV}$, $n_e \sim 5 \times 10^{19}\mathrm{m}^{-3}$, 碰撞频率为 $\nu = 2.9 \times 10^{-12} n T^{-3/2} \ln \Lambda = 20\mathrm{kHz}$。而在等离子体中, 衡量碰撞对吸收的贡献量是 ν/ω。而对于托卡马克的辅助加热和电流驱动, 电磁波频率一般在 $1\mathrm{MHz}$ 以上。因此, 正常的碰撞吸收是微不足道的。有效的波的能量吸收, 必须借助于波的共振。

在图 9-3-3 的波色散图上, 右方无穷处 $k \to \infty$ 为波的共振。此处波数趋于无穷, 群速度趋于零, 或者说, 能量传输速度减为零。此处波长极短, 能量积蓄, 存在两种反常能量吸收机构。

第一种是模的转换。或者说, 所传播的电磁波转化为另一种波。这种模式转化已不能用冷等离子体波理论来描述。冷等离子体模型之所以失效, 是因为共振处的波相速也趋于零, 和粒子的热运动速度相近, 热运动不能忽略, 波在垂直方向的波长和粒子回旋半径可比, 产生有限回旋半径效应。这种模式转换后产生的波称为**动理**(kinetic) 波，再通过其他机构被等离子体粒子吸收并热化。

第二种是波直接将能量传递给粒子。其中首先是**朗道阻尼**(Landau damping)。因为波的相速度近于粒子热速度，它们有可能发生耦合而将能量传递给粒子。对于正常传播的电磁波，因为相速接近光速，且为横波，不能产生朗道阻尼。只有在发生共振或模转换，转换成其他形式的短波长的波，才能与粒子热运动耦合。

因为粒子的热运动有一定速度分布，和波交换能量的是速度接近波的相速那部分粒子。至于是被波场加速 (朗道阻尼) 或被减速 (逆朗道阻尼)，决定于粒子的速度和相位。总地来说，等离子体是否能够从波获得能量要看相当于波相速附近的速度分布函数。也就是说，等离子体粒子被波加速的平均值 $\langle \Delta v \rangle$ 正比于这个速度附近分布函数曲线斜率的负值 $-(\partial f(v)/\partial v)_{v=v_{\mathrm{ph}}}$ (图 9-4-3)。

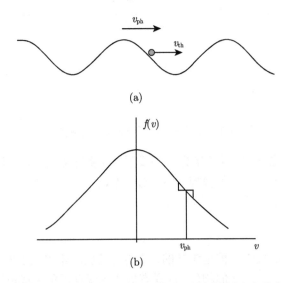

(a)

(b)

图 9-4-3　波和粒子的相互作用 (a)，以及朗道阻尼引起粒子速度分布函数的变化 (b)

和朗道阻尼相似的能量吸收机制有**飞越期磁泵**(transit time magnetic pumping, TTMP)。它的机制是频率为 ω 的波的磁场叠加在稳态磁场上，产生一个加在粒子上的作用力 $m\dfrac{\mathrm{d}v}{\mathrm{d}t} = -\mu \nabla B$，使粒子速度改变。因粒子加速时间为 $d/v_{\parallel} \sim \omega^{-1}$，$d$ 为加速区特征长度，速度低于 ωd 的粒子被加速，而高于此速度的被减速。所以如果速度分布在此速度附近有负梯度，就像朗道阻尼一样，可以加热等离子体。因为磁矩守恒要求磁场慢变，这一机制要求波频率远低于回旋频率。专门用于电子 TTMP 加热的典型频率为 1~10MHz，而离子加热的频率在 100kHz 左右。

回旋加热　实际应用的主要能量吸收机制是圆偏振或线偏振的回旋波加速共振粒子垂直方向的回旋运动。这种加速直到粒子离开共振区域为止。回旋加热的机制可见图 9-4-4。由于电子在磁场里做右旋运动，如果沿磁场传播的电磁波的电矢量也以同样频率旋转 (电子回旋波)，而且波和粒子运动同相，粒子就被不断加速。如果粒子运动和波不同相，它可能被加速和减速，但总的效果不会使粒子损失能量。同样，一个左旋波虽不能加速电子，但也不会使电子损失能量。左旋波对于带正电的离子的作用也是如此。

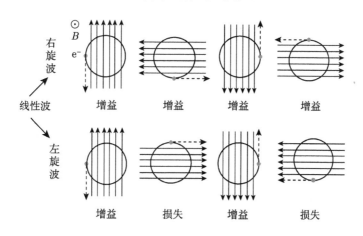

图 9-4-4　电子回旋波对电子的加热机制

但是，在右旋波对电子的作用机制里，如果粒子运动正好和波反相，粒子也会不断被减速。平均起来，二者的作用会在一阶量上被抵消，$\langle \Delta v \rangle = 0$。但是，平均的二阶量并不为零，例如，两个粒子有同样的初速度 v，一个增加了 Δv，一个减少了 Δv，它们的平均速度不变，但是速度平方的平均增加了 $\langle \Delta v^2 \rangle = (\Delta v)^2$，也就是能量增加了。能量增加或降低，取决于粒子回旋运动的初相位，而初相位是随机的。所以这种随机过程造成的效果，和波引起粒子碰撞一样，会对粒子进行加热。

谐波加热　要注意的是，共振频率的二次及高次谐波也能产生共振加热。在一个空间均匀的模型中，如果回旋波完全沿磁场传播，则二次和高次谐波不能加速粒子。但是，有几种机构可以产生谐波加热，都属于有限回旋半径效应。第一种是波有垂直方向的波矢，这时波在回旋运动的平面内传播，不仅在时间而且在空间也产生耦合 (图 9-4-5)。例如，一个沿 x 方向传播的 O 模 $E_{\parallel} \cos(k_{\perp} x - \omega t)$，它对做回旋运动的电子 (离子) 作用力为

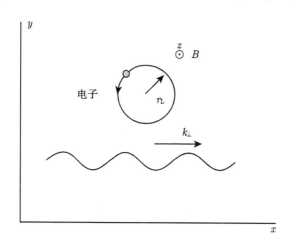

图 9-4-5　波垂直传播和回旋运动的耦合

$$m\dot{v}_{||} = -eE_{||}\cos(k_\perp r_{\mathrm{L}}\sin\omega_{\mathrm{ce}}t - \omega t + \varphi) \tag{9-4-1}$$

按照 Bessel 函数公式 $\cos(z\sin\varphi) = \sum\limits_{n=-\infty}^{\infty}\cos(n\varphi)J_n(z)$，有

$$m\dot{v}_{||} = -eE_{||}\sum_{n=-\infty}^{\infty}\cos(n\omega_{\mathrm{ce}}t - \omega t + \varphi)J_n(k_\perp r_{\mathrm{L}}) \tag{9-4-2}$$

其中，n 为整数。所以如果满足共振条件 $\omega = n\omega_{\mathrm{ce}}$，粒子可在平行方向 ($z$ 方向) 加速。这里，依赖具体粒子回旋运动的相位，同样也有可能减速。总效果看速度分布函数。n 可取各次谐波，但 $n \neq 0$，而 $n > 0$ 的 $J_n(0) = 0$，所以加速机制包含有限回旋半径的前提。

同样，右旋的垂直场分量 $E_\perp$ 也影响垂直方向的电子运动。x, y 方向的运动方程为

$$m(\dot{v}_x + \omega_{\mathrm{ce}}v_y) = -eE_x\cos(k_\perp r_{\mathrm{L}}\sin\omega_{\mathrm{ce}}t - \omega t + \varphi)$$
$$m(\dot{v}_y - \omega_{\mathrm{ce}}v_x) = -eE_y\sin(k_\perp r_{\mathrm{L}}\sin\omega_{\mathrm{ce}}t - \omega t + \varphi) \tag{9-4-3}$$

符号上面一点表示对时间微商。取右旋分量 $v_- = v_x - \mathrm{i}v_y$，$E_- = E_x - \mathrm{i}E_y$，驱动项只取右旋分量，上式为

$$m(\dot{v}_- + \mathrm{i}\omega_{\mathrm{ce}}v_-) = -eE_-\exp(k_\perp r_{\mathrm{L}}\sin\omega_{\mathrm{ce}}t - \omega t + \varphi) \tag{9-4-4}$$

按上述 Bessel 函数恒等式

$$m(\dot{v}_- + \mathrm{i}\omega_{\mathrm{ce}}v_-) = -eE_-\sum_{n=-\infty}^{\infty}\exp(n\omega_{\mathrm{ce}}t - \omega t + \varphi)J_n(k_\perp r_{\mathrm{L}}) \tag{9-4-5}$$

以上方程为受迫振动方程，当右侧的动力项的频率和本征频率相等时达到共振，即不断加速粒子。这一条件也就是要求右侧频率为 ω_{ce}，也就要求 $\omega = (n+1)\omega_{\mathrm{ce}}$。最低次项为 $n = 0$ 即基频，此时 $J_0(0) > 0$。所以，对于基频波，即使是冷等离子体，也可能有吸收。由于 X 模在低密度有右旋分量，因此有强的吸收。

在无垂直方向波矢的情况下，如果波能量在空间是不均匀的，或者磁场有梯度，都可能造成谐波加热，其物理机制是明显的。以上几种产生谐波加热的机构在实验中都是不可避免的。由于它们都属于有限回旋半径效应，温度越高，加热效率越高。

总结几种有限回旋半径效应，因为 $J_n(z) \approx z^n$，加热功率应正比于 $(k_\perp r_{\mathrm{L}})^{2n}$，在温度不很高时，由于 $k_\perp r_{\mathrm{L}} < 1$，低阶的加热效果最好。

基频和谐波加热都应考虑 Doppler 效应，共振条件为 $\omega = n\omega_{\mathrm{c}} + k_{||}v_{||}$。考虑到粒子可能有不同的平行速度 $v_{||}$，在不均匀磁场位形中 (如托卡马克)，共振区不仅仅是一个面。对应电子回旋波，$n\omega_{\mathrm{c}}$ 项应乘以一个相对论因子 $\gamma = \sqrt{1 - v^2/c^2}$，共振条件为 $\omega = n\omega_{\mathrm{c}}/\gamma$，是共振区展宽的又一因素。在聚变堆条件下，电子运动处于弱相对论近似范围，$\gamma = \sqrt{1 - v^2/c^2} \approx 1 - \dfrac{1}{2}\dfrac{v^2}{c^2}$。

以基频波为例，考虑到相对论效应后的共振区域见图 9-4-6(R. A. Cairns, Radio frequency heating of plasmas, Adam Hilger, 1991)。从此图可以看出，存在相对论效应时，主要加速和 $k_{||}$ 同向运动的电子。

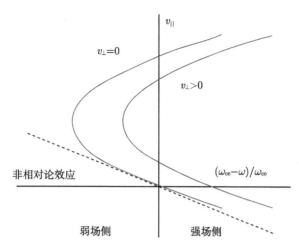

图 9-4-6 满足基频电子回旋波共振条件的电子平行速度值

3. 电流驱动

在射频波驱动电流的各种方案中，电子回旋波驱动电流的原理是利用速度空间的非对称扩散。其他波驱动电流方案的原理是相同的，就是利用环向行波的朗道阻尼驱动电子，要求波的相速和加速电子的热速度一致。所以这两者都要求共振条件：回旋共振或朗道共振，也可统一写成共振条件 $\omega = n\omega_c + k_{||}v_{||}$。

考虑平行速度为 $v_{||}$ 的电子在平行方向速度增量 $\Delta v_{||}$。暂且不考虑符号，它产生的电流是 $e\Delta v_{||}$，而能量增加是 $m_e v_{||}\Delta v_{||}$。为维持这个电流，波需要在 $1/\nu$ 时间内投入这样的能量，ν 为电子碰撞频率 (主要和离子)，所以波功率为 $m_e v_{||}\nu\Delta v_{||}$。波驱动电流的效率为

$$\frac{j}{p} = \frac{e}{m_e v_{||}\nu} \tag{9-4-6}$$

但是，碰撞频率反比于 v^3。如果 $v_{||} \approx v$，则驱动效率正比于 $v_{||}^2 \approx v^2$，所以驱动原来速度就很高的电子有利。但是另一方面，如果让波与平行方向速度很低的电子共振，则其平行速度远低于垂直方向速度，也远低于总速度，与 $v_{||}$ 无关，所以驱动效率仍反比于 $v_{||}$。这样就使驱动电流效率和平行速度，也就是驱动波的相速的定标关系呈现两边高中间低的 U 字形关系。(图 9-4-7，驱动电流密度与驱动功率之比为 $J/P_d = (1.919 \times 10^{19} T_e/n_e \ln \Lambda)\tilde{J}/\tilde{P}_d$，温度单位 keV，密度单位 m^{-3}，D. W. Fauleoner, Trans. Fusion Sci. Tech., 49(2008) 203) 低的相速相当于阿尔文波。这时低的平行速度的电子多处于捕获区域，情况比较复杂。所以实际上多采用第一种驱动方案，选择波的相速在电子热速度的 3~4 倍以上的值。对于很高温度的等离子体，这样的共振电子可能达到相对论速度。

式 (9-4-6) 中 j 可认为是电流密度，p 为加热功率密度。总电流为 $I_{RF} = Aj$，A 为等离子体截面，加热功率为 $P_{RF} = 2\pi RAp$，又因为碰撞频率正比于电子密度 n，所以准确的驱动效率应该是式 (9-1-7)。

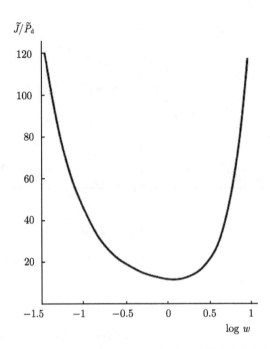

图 9-4-7　从 Landau 阻尼机制计算的电流驱动效率和入射波相速关系

横轴的 w 为波相速与电子热速度之比

9.5　电子回旋波

1. 电子回旋波加热

在电子回旋波段，同样存在两支波。由于主要是垂直方向注入，从垂直磁场方向传播特性来看，有 O 模和 X 模两支波。X 模在高杂共振层存在共振吸收，由于有限 Larmor 半径效应，在回旋共振的基频和高次谐波也有加热效应。O 模电场矢量平行磁场，在冷等离子体近似下不存在共振吸收，但随温度提高，有限 Larmor 半径效应会产生加热效应。这些主要在垂直方向传播的波也因为相对论效应，共振吸收区域存在一定宽度。

O 模在低密度区可以自由传播，但是到了 $\omega = \omega_{pe}$ 的截止层被反射。X 模在电子回旋共振频率附近，存在着上截止层 ω_R 和高杂共振层 ω_{UH}(图 9-5-1)，波在二者之间不能传播。我们希望波首先遇到共振层，而不希望先遇到截止层以避免反射。所以，X 模最好从强场入射 (即在共振面内侧)。电子回旋波的波长短，天线尺度小，这是可能实现的，也是经常使用的。

图 9-5-2 为电子回旋共振区域附近的 CMA 图。这个图与图 9-3-6 有所不同，为波在垂直方向传播但有平行分量的情况。此时传播特性与完全垂直接近，但是两截止频率和横轴交点在 $\alpha_0^2 = 1 - k_{\parallel}^2 c^2 / \omega^2$ 处。此图横轴相当于电子密度，纵轴相当于磁场强度平方。波的入射应从左方向右方，若 X 模从弱场入射，首先遇到 $\omega = \omega_R$ 的截止层而被反射 (踪迹①)；但如果存在二次谐波共振面，可以达到二次谐波共振 (踪迹②)。若从强场入射，则可以遇到共振层 $\omega = \omega_{ce}$ 和 $\omega = \omega_{UH}$ 而产生共振加热 (踪迹③)。当然，如果考虑到隧道效应，沿踪迹①的

X 模也有部分到达高杂共振层。

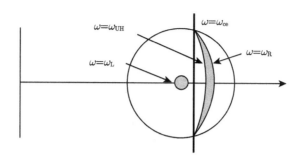

图 9-5-1 小截面上几种有关 X 模传播的截止层和共振层的位置

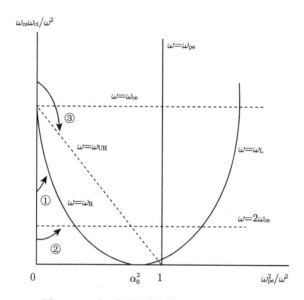

图 9-5-2 电子回旋波参数附近的 CMA 图

电子回旋加热的主要优点是能选择加热区域。实际的共振吸收带的宽度和 Doppler 效应及相对论效应、电子温度有关，也和注入角度有关，一般为几个 cm。可以利用这一特点进行局部加热来改变电流轮廓和控制不稳定性。

图 9-5-3(E.Westerhof et al., Nucl. Fusion, 43(2003) 1371) 是 TEXTOR 上用电子回旋波加热来改变锯齿振荡的实验结果。在实验中，用 300kW 电子回旋波中心注入，使锯齿振荡周期变短 (归一化小半径 ρ=0.04 处)，而反转面外的注入锯齿振荡变稳定 (ρ=0.23～0.28)，甚至波停止后还维持。图 9-5-4(D. A. kislov et al., Nucl. Fusion, 37(1997) 339) 是 T-10 装置上用电子回旋波加热抑制极向场涨落的实验结果。在这实验中，等离子体为低 $q(q_a$=2.2) 运转，用 0.2MW 的电子回旋波注入到 q=2 面附近，使岛宽减少了 35%，降低了相应的磁场涨落水平。

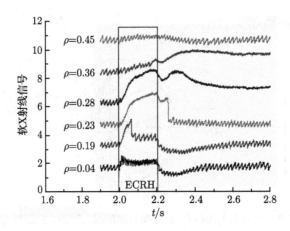

图 9-5-3　TEXTOR 装置上电子回旋波注入对锯齿振荡的影响

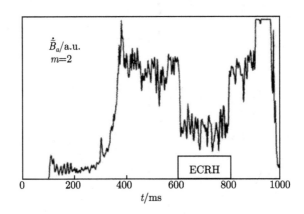

图 9-5-4　T-10 装置上电子回旋波注入降低极向磁场涨落

2. 电子 Bernstein 波加热

色散关系　当电子回旋波传播到共振区域后，折射率 N 趋于无穷，按照式 (9-3-8)，垂直传播方向的波电场 E_y 趋于零，电场振荡在传播方向，为静电性质的纵波。而且此时波数趋于无穷，波长和电子回旋半径接近，须考虑有限回旋半径效应。这种波称为电子 Bernstein 波 (EBW)，由电子相干运动产生，波长约为电子回旋半径的四倍 (图 9-5-5，H. P. Laqua, Plasma Phys. Control. Fusion, 49(2007) R1)。波的电场虽与磁场垂直，由于频率高于电子回旋频率，所以不会产生 $\vec{E} \times \vec{B}$ 漂移。

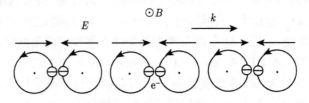

图 9-5-5　EBW 电子运动模式

在静电近似下，EBW 的色散关系是

$$1 - \frac{2\omega_{ce}^2 e^{-\lambda}}{k^2 \lambda_D^2} \sum_{n=0}^{\infty} \frac{n^2 I_n(\lambda)}{\omega^2 - n^2 \omega_{ce}^2} = 0 \qquad (9\text{-}5\text{-}1)$$

其中，λ_D 是德拜长度，$\lambda = \dfrac{k^2 T}{m \omega_{ce}^2}$ 是有限回旋半径参数，I_n 为 n 阶修正 Bessel 函数。对离子 Bernstein 波，也有类似的公式。在式 (9-5-1) 中，对于一定的 k，主要是垂直方向波数 $k_\perp$，有很多对应不同阶谐波的解，所以导致图 9-5-6(出处同图 9-5-5) 那样的色散关系图。这一色散关系的特征，由频率是否高于高杂波频率 $\omega_{UH}^2 \cong \omega_{ce}^2 + \omega_{pe}^2$ 分界。在高杂波附近，X 模电磁波产生纵向偏振，和 EBW 强烈耦合，因此在这一区域容易激发 EBW。

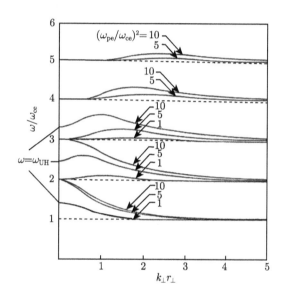

图 9-5-6 EBW 的色散关系

不同曲线为选取不同的 ω_{pe}/ω_{ce} 比例

EBW 的激发 由于要达到高杂波共振，用 X 模强场注入在高密度时，要遇到下截止 (图 9-5-1)，所以这一模式仅适于低密度，往往只用于 EBW 的电流启动和驱动，而不用于加热。因为 EBW 是一种静电波，电场在传播方向，所以适于作电流驱动，称为 EBCD。

第一种弱场注入方法是注入 X 模，这时，边界区要有充分陡的密度梯度，其特征长度和波的真空波长相近，使波通过隧道效应穿过上截止层到达高杂 (UH) 共振，耦合为慢 X 模 (CMA 图的 5 区)，然后在 UH 区转换为 EBW，称为 **X-B 模转换**。这一区域的慢 X 模式，还可能被另一侧的下截止反射，如图 9-5-7(a) 所示。这种方法比较适宜高比压、低磁场装置如球形环和反场箍缩。

第二种弱场注入方法是使用 O 模倾斜注入 (图 9-5-7(b))，使之有平行传播分量。正确选择入射角 θ，使 $\sin^2\theta = N_{||} = \dfrac{\omega_{ce}}{\omega + \omega_{ce}}$。此时在 $\omega = \omega_{pe}$ 截止处，O 模和 X 模的群速度和相速度相等，称为简并，O 模不再反射而化为 X 模。X 模传播到低密度区，在 UH 共振处转化

为 EBW，向核心处传播，被吸收。这一模式称 **O-X-B 模转换**。使用这种方法的前提是等离子体密度较高，存在 $\omega = \omega_{\mathrm{pe}}$ 截止。

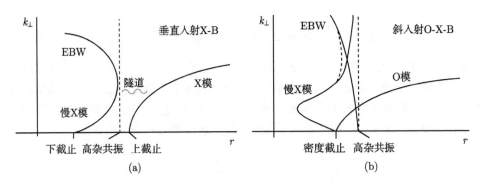

图 9-5-7　两种激发 EBW 的方法

横轴为小截面半径

从图 9-5-2 看出，当 $k_{\parallel} \neq 0$ 时 X 模的下截止 (L 截止) 和 O 模的 $\omega = \omega_{\mathrm{pe}}$ 截止在有限值区域相交。在这点附近，两种模式的色散关系如图 9-5-8 所示 (R. A. Cairns, Radiofrequency heating of plasmas, Adam Hilger, 1991)。其中 X 模有一段负斜率区间，这里的群速度和相速度的方向相反。所以当部分入射 O 模反射为 X 模后继续向前传播一段以后，群速度反转回到 UH 区附近转换为 EBW。

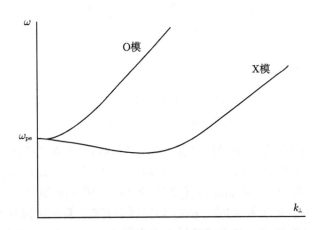

图 9-5-8　$k_{\parallel} \neq 0$ 时两种模的重合截止区域的色散关系

图 9-5-9(V. Shevchenko et al., Proc. 13th Joint Workshop on ECE, and ECRH, Nizhny Novgorod, p255, Russia, 2004) 是在球形环 MAST 上用 EBW 进行非感应电流启动实验的示意图。这一实验方案设计可以算强场入射和 O-X-B 模转换的结合。在这实验中，用电子回旋波预电离后，从弱场侧注入 28GHz 的 O 模，在悬挂在中心柱上的光栅起偏器上反射时实现 O-X 模转换，X 模向外传播，在高杂共振层附近转换为 EBW，驱动非感应电流。

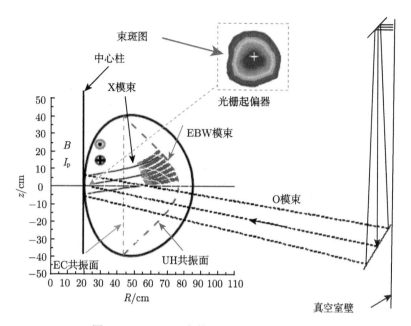

图 9-5-9 MAST 上的 EBW 电流启动实验

3. 电子回旋波电流驱动

电子回旋波主要是横波,不能直接驱动电流,其驱动原理与其他射频波电流驱动原理不同,利用的是速度空间的不对称扩散。当电子回旋波沿磁场传播时,由于 Doppler 效应,满足基频波共振条件 $\omega - \omega_{ce} = k_{\parallel}v_{\parallel}$ 的粒子在垂直方向被加速 (图 9-5-10 上①→②)。这样垂直方向高速旋转的电子碰撞频率低,扩散率低,而反向运动的电子向正向扩散 (③→①)。这样在粒子的速度分布上,两个方向产生不对称。负方向的粒子向正方向扩散的结果,使得产生一个正向粒子流,因而产生环向纯电流。图 9-5-11(M. R. O'Brien et al., Nucl. Fusion, 26(1986) 1625) 为 COMPASS 上用 X 模二次谐波驱动时模拟计算得到的速度空间分布,可以看到二次谐波注入后速度分布函数的变化,这种驱动机制称为 Fisch-Boozer 驱动。

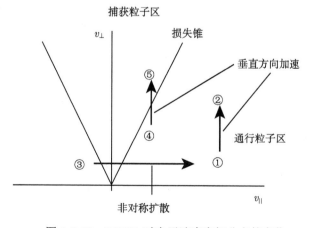

图 9-5-10 ECCD 时电子速度空间分布的变化

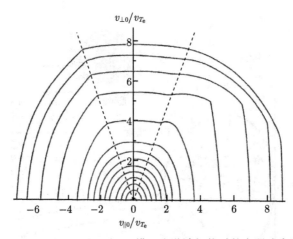

图 9-5-11　COMPASS 上 X 模二次谐波加热时的电子速度分布

在图 9-5-10 上还画有损失锥的边界。在用电子回旋波不对称加热时，有可能将部分损失锥内的电子驱动到损失锥外，成为捕获粒子 (④→⑤)，不再对环向电流做贡献。这种反向电流驱动机制称 Ohkawa 驱动。实际的驱动电流为两种机制效果之差。为提高驱动效率，应根据等离子体参数和实验条件对两种驱动机制仔细计算。

电子回旋波电流驱动称为 ECCD(electron cyclotron current drive)。实验上的主要问题是注入波须有平行方向分量。我们注意到，如果共振条件 $\omega - \omega_{ce} = k_{\parallel}v_{\parallel}$ 在等离子体轴 $R = R_0$ 处成立，$v_{\parallel}$ 为该处平均电子平行速度，那么，$\omega = \omega_{ce}$ 的共振面应在内侧 $R < R_0$ 处。而在这共振面的内侧，$\omega < \omega_{ce}$，波和具有 $-v_{\parallel}$ 的电子共振，驱动反向电流 (图 9-4-6)。因此，此类实验必须适当设计共振面的位置，适用于稳态等离子体，而不适用于电流上升期。

图 9-5-12 (V. V. Alikaev, Nucl. Fusion, 32(1992) 1811，实验安排见图 3-8-9) 为 T-10 上的正向和反向 ECCD 的实验结果。为维持同样的靶等离子体参数，实验中靠改变波的频率移动共振面，而不是改变磁场的强度。和别的非感应电流驱动实验一样，电流的驱动表现为环

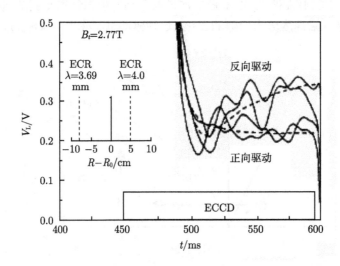

图 9-5-12　T-10 上的 ECCD 实验结果，电压波形和共振面位置

电压的降低。这降低来自两方面，一是附加的加热使电导增加，二是波驱动的电流。只能通过计算得到驱动电流份额。当然也可从比较正向和反向驱动结果计算。

在 ITER 上，拟用 50MW，150~170GHz 的 O 模椭圆偏振电子回旋波在弱场侧注入进行加热和电流驱动。

9.6 离子回旋波段的加热

1. 离子回旋波段的特点

离子回旋波段一般写为 ICRF。在物理上，离子回旋效应和电子回旋效应相似。但是在电子回旋波段，存在高杂共振，其频率 $\omega_{UH} = \sqrt{\omega_{ce}^2 + \omega_{pe}^2}$，因为在一般托卡马克装置中 $\omega_{ce} \sim \omega_{pe}$，和电子回旋频率相比，也就是 $\sqrt{2}$ 倍左右。而低杂共振频率 $\omega_{LH} \cong \sqrt{\omega_{ce}\omega_{ci}}$ 和离子回旋频率之比为 $\sqrt{\omega_{ce}/\omega_{ci}}$，是几十的量级。因此，低杂波和离子回旋共振属于两个频段 (图 9-3-2)。离子回旋波段在等离子体内的传播、吸收和电子回旋波的处理方法有所不同。

首先我们看离子回旋频率 ω_{ci} 附近的波。在垂直方向仅存在 X 模，且无共振关系。从平行方向的色散关系看 (图 9-3-3)，存在两支波。一支是左旋的，存在共振 (离子回旋共振)，但在 $\omega > \omega_{ci}$ 时不能传播，称为离子回旋波，或按其相速度称为慢波。另一支是右旋的快波，相当于 X 模，平行波数很小，不存在共振，可自由传播，除非达到截止。所以在利用离子回旋波加热时会遇到这样一个问题：如果 $\omega = \omega_{ci}$ 的共振面处于等离子体中间，那么在这一共振面以外因磁场弱，$\omega > \omega_{ci}$，波不能传播。因此波只能在环内侧注入。而离子回旋波段的波长较长，天线尺度大，难于在环内侧安装 (也有内侧安装的事例)。另一方面，快波虽然能在等离子体内自由传播，但不会发生共振加热。

快波主要在垂直磁场方向传播，但是在环形等离子体的射频波加热过程中，电磁波的传播有两个一般的特点。第一个是虽然波主要在垂直磁场方向入射和传播，但不可避免地存在磁场方向的波矢或波数 $k_{||}$，并存在相应的波谱。由于环向的对称性，这个波数在传播过程中几乎不变，可视为常量，所以主要研究波在垂直方向的传播。第二，在这个主要传播方向，由于等离子体参数的变化，垂直波数不断变化，不能认作是常量，除非发生共振。

对于离子回旋波段的波，由于频率远低于电子等离子体频率，色散关系 (9-3-7) 中的参量 $P \approx -\omega_{pe}^2/\omega^2$ 是个很大的值，方程有两个解。一个是令平行方向电场 $E_z \approx 0$，相当于良好的导电体屏蔽这一方向的电场，只考虑垂直方向两个电场分量

$$\begin{pmatrix} S - N_{||}^2 & -\mathrm{i}D \\ \mathrm{i}D & S - N_{||}^2 - N_{\perp}^2 \end{pmatrix} \begin{pmatrix} E_x \\ E_y \end{pmatrix} = 0 \tag{9-6-1}$$

得到近似的色散关系

$$N_{\perp}^2 = S - N_{||}^2 - \frac{D^2}{S - N_{||}^2} = \frac{(R - N_{||}^2)(L - N_{||}^2)}{S - N_{||}^2} \tag{9-6-2}$$

和垂直磁场传播模式中的 X 模比较，在纯垂直传播情况，在离子回旋波段 (图 9-3-6 上的 10 区)，参量 $R > 0, L < 0, S < 0$ 都不等于零，不存在截止。但是在有平行磁场方向波

矢以后，增加的 $-N_{||}$ 项会使得在边界处等离子体密度不很高的地方 $R - N_{||}^2 = 0$，发生截止。

这一波段色散方程的另一个解是考虑有限的 E_z，这时须有 $N_\perp^2 = P \approx -\omega_{\mathrm{pe}}^2/\omega^2$，相当于慢波，显然在垂直方向是不可传播的。有两种情形可实现快波加热，第一种情形是存在两种离子分量；第二种情形是用高次谐波如二次谐波 $\omega = 2\omega_{\mathrm{ci}}$ 加热。

2. 两分量离子加热

对快波的频率而言，色散关系可作一些简化。首先如前所述，由于等离子体频率 $\omega_{\mathrm{pe}} \gg \omega$，$P$ 是个很大的量，可认为 $E_z \approx 0$。其次，由于 $\omega_{\mathrm{pe}} \approx \omega_{\mathrm{ce}}$，而 $\omega_{\mathrm{pi}}^2 \gg \omega_{\mathrm{ci}}^2$，所以在 S 中，电子分量的贡献可忽略。但是在 D、R、L 中，电子分量不可忽略，由于电中性，有 $\omega_{\mathrm{pe}}^2/\omega_{\mathrm{ce}} = \sum_j \omega_{\mathrm{p}j}^2/\omega_{\mathrm{c}j}$，可将电子项化为仅对不同离子分量求和而仅存离子项。因而式(9-6-2)可写为

$$N_\perp^2 = \frac{\left(\sum_j \dfrac{\omega_{\mathrm{p}j}^2}{\omega_{\mathrm{c}j}(\omega + \omega_{\mathrm{c}j})} - N_{||}^2 \right) \left(\sum_j \dfrac{\omega_{\mathrm{p}j}^2}{\omega_{\mathrm{c}j}(\omega - \omega_{\mathrm{c}j})} + N_{||}^2 \right)}{\sum_j \dfrac{\omega_{\mathrm{p}j}^2}{\omega^2 - \omega_{\mathrm{c}j}^2} + N_{||}^2} \tag{9-6-3}$$

其中求和号仅包括不同离子分量项。

存在两种离子分量时，第一个截止层 $N_\perp = 0$ 的条件为式 (9-6-3) 右侧分式分子第一个括号为零

$$\sum_j \frac{\omega_{\mathrm{p}j}^2}{\omega_{\mathrm{c}j}(\omega + \omega_{\mathrm{c}j})} = N_{||}^2 \tag{9-6-4}$$

这个截止层由于存在平行波数而产生。$N_{||} = ck_{||}/\omega$ 由天线宽度决定，一般 $k_{||}$ 为 m^{-1} 左右，相对于几十 MHz 的频率，$N_{||}$ 为 10 的量级。为满足这个关系，等离子体密度应远小于中心区密度，处在 $\omega_{\mathrm{pi}} \sim N_{||}\omega_{\mathrm{ci}}$ 的地方。所以在天线前有一个窄的非传播区 (图 9-6-1)，应尽量使截止面接近天线，使波通过隧道效应传播进入等离子体。如果 $k_{||}$ 过大，则妨碍波的渗透。第二个截止层相应于式 (9-6-3) 右侧分式分子第二个括号为零，求和号中必有一项为负，所以频率应在两离子回旋频率之间，截止层在两离子回旋共振层之间。所以共有两个截止层，一个在边界区，一个在内部。

再讨论共振条件 $N_\perp = \infty$。在等离子体芯部，因密度高，式 (9-6-3) 的分母中可忽略 $N_{||}$，共振条件是

$$\sum_j \frac{\omega_{\mathrm{p}j}^2}{\omega^2 - \omega_{\mathrm{c}j}^2} = 0 \tag{9-6-5}$$

如果两种离子都带同样电荷数 (一般为 1)，可得到共振频率

$$\omega_{\mathrm{ii}}^2 = \omega_{\mathrm{ci}1}\omega_{\mathrm{ci}2} \frac{n_{\mathrm{i}1}\omega_{\mathrm{ci}2} + n_{\mathrm{i}2}\omega_{\mathrm{ci}1}}{n_{\mathrm{i}1}\omega_{\mathrm{ci}1} + n_{\mathrm{i}2}\omega_{\mathrm{ci}2}} \tag{9-6-6}$$

其中，$n_{\mathrm{i}1}$ 和 $n_{\mathrm{i}2}$ 分别为两种离子密度，$\omega_{\mathrm{ci}1}$ 和 $\omega_{\mathrm{ci}2}$ 为两种离子的回旋频率。这个共振频率处于两种离子的回旋频率之间，但是靠近少数离子的共振频率。这一共振区与上述第二个截

止层在等离子体内构成快波的不能传播区。这时的截止层和共振层在等离子体小截面上的分布如图 9-6-1 所示，垂直虚线为少数离子的回旋共振层。

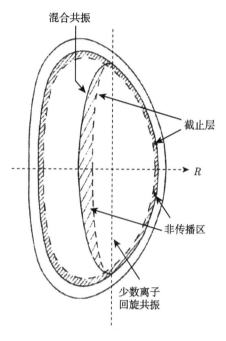

图 9-6-1 快波在双成分离子等离子体中的截止与共振

但是式 (9-6-6) 显示，当其一分量 $n_{i2} \to 0$ 时，这个共振频率趋于 ω_{ci2}，显然与常识不符，说明这个公式不能用于一种离子成分很少的情形。

在实验上，当少数离子的比例很小时，也确实不存在这个混合共振频率，上述混合共振机构在冷等离子体模型中不成立，须用粒子热运动来解释。此时波一般从弱场侧入射，除去边界区很窄的吸收带以外，可以在整个等离子体区自由传播，但在少数离子共振面附近有吸收。当这个少数离子成分比例逐渐增加时，这个能量吸收也逐渐增加。但是，如果少数离子和多数离子的数目比例增加到一个临界值后，就出现了混合共振面以及相伴的截止层，而少数离子共振层的吸收减少。这时，比较适于从强场侧入射快波，使其在混合共振处加热等离子体。如果从弱场侧入射，将在新的截止层处被反射。

从快波偏振性质看，从式 (9-6-1) 得到

$$\frac{iE_x}{E_y} = -\frac{D}{S - N_{\parallel}^2} \tag{9-6-7}$$

在离子回旋频率附近近似有 $S \cong -\dfrac{\omega_{pi}^2}{\omega^2 - \omega_{ci}^2}$，$D \cong \dfrac{\omega_{ci}}{\omega}\dfrac{\omega_{pi}^2}{\omega^2 - \omega_{ci}^2}$，当平行波数不很大时，离子回旋共振时 $\omega = \omega_{ci}$，式 (9-6-7) 等于 1，是完全的右旋波，不可能加热离子，但是当频率为少数离子频率、混合共振频率和二次谐波时，都不是完全的右旋波，包含左旋分量，能够加热离子。

实验中天线一般置于环外侧赤道面上，如图 9-6-2 所示。天线前安装 Faraday 屏蔽，使波电矢量主要在垂直磁场方向。两种离子一般采用氢同位素，如氘中掺有少数氢。

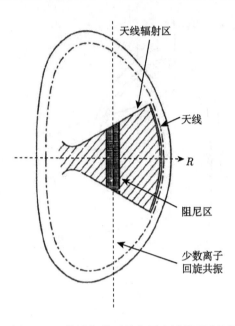

图 9-6-2   快波加热天线位置和波的吸收区域

在 EAST 上用 1MW，27MHz 的快波加热少数离子，其成分比例为 $n_H/n_e \sim 7\%$，主离子为 D 离子，磁场 2T。在锂处理壁技术减少杂质条件下取得明显加热效果，电子温度从 1keV 增加到 2keV(图 9-6-3 ，X. J. Zhang et al., Nucl. Fusion, 52(2012) 932002)。在这一装置上，联合离子回旋波加热和低杂波加热，得到了持续 6.4s 的 H 模放电。这一实验结果显示，这种少数离子加热方式主要加热电子分量。

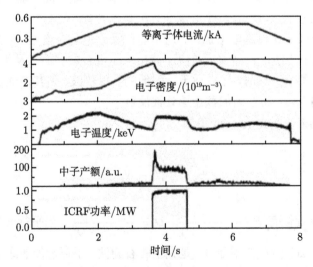

图 9-6-3   EAST 上的离子回旋波加热波形

从上到下分别为：等离子体电流，电子密度，电子温度 (ECE 测量)，中子产额和 ICRF 功率

3. 高次谐波加热和离子 Bernstein 波

在离子回旋波段加热中，有限回旋半径效应的项正比于 $(k_\perp r_{\rm Li})^{(n-1)}$，$n$ 为谐波阶数，因离子回旋半径大，高阶谐波能更好地加热等离子体，即使是单离子组分。但实际上，仍经常结合两种模式，即使用多数离子的二次谐波加热。这一模式也和模转换有关。另一方法是用共振区波转换生成的**离子 Bernstein 波**(IBW) 加热。

球形环装置由于低磁场、低环径比，可在等离子体区内同时存在多个高阶共振面，非常适宜高次谐波加热。在球形环 Globus-M 上，用 9MHz 的快波对可变比例的 D/H 等离子体进行加热，其参数为 $B_t = 0.4{\rm T}, I_{\rm p} = 250{\rm kA}, n_{\rm e0} = 5\times10^{19}{\rm m}^{-3}$。图 9-6-4(Gusev et al., 20th IAEA Fusion Energy Conf., 2004, EX15-6)(a) 为几个共振面在小截面上的位置。这些共振面的投影不是直线，是因为在这样的装置中极向场接近环向场。(b) 是 D/H 各 50% 时的离子温度波形，与欧姆放电对比。(c) 是当 H 的份额变化时，电子和两类离子吸收能量的份额比例。电子的吸收机制，除去模转换后的朗道阻尼和 TTMP 外，还有通过碰撞从快离子得到的能量。而离子的能量吸收机制主要是回旋加速。

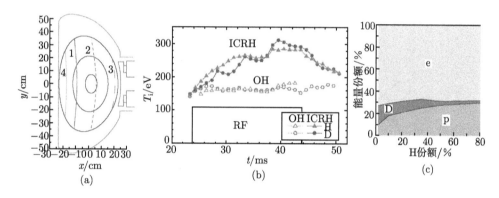

图 9-6-4　Globus-M 上 ICRF 加热实验

(a) 为共振面在小截面上的位置，其中 1 为 $2\omega_{\rm cD}$，$\omega_{\rm cH}$，2 为 $3\omega_{\rm cD}$，3 为 $4\omega_{\rm cD}$，$2\omega_{\rm cH}$，4 为 D/H 各 50% 时的共振层；(b) 为 D/H 各 50% 时的离子温度波形；(c) 是当 H 的份额变化时，电子和两类离子吸收能量的份额比例

在两离子分量等离子体的混合共振区，由于 $S - N_\parallel^2 = 0$，即 $E_y = 0$，电场几乎完全在 x 方向，也就是传播方向或 $k_\perp$ 方向，为纵波。此外，由于共振，$k_\perp \to \infty$，波长短到可以和回旋半径比较，此时在比压值较高时可能转换成离子 Bernstein 波，通过 Landau 阻尼对电子加热。这时的垂直波数随等离子体小半径的变化见图 9-6-5。当波接近混合共振层时，会发生向离子 Bernstein 波的转换，向内部传输加热。

此时如果从弱场侧入射波，由于截止层的反射，只有部分能量穿过到达共振层发生模式的转化。如果在强场侧入射，则可以发生全部能量转化。在 HT-6M 和 HT-7 装置上曾将天线安装于强场侧，进行过这样的加热实验。

此外，也可在边界低密度区直接激发离子 Bernstein 波加热。此时可以用天线或波导产生环向电场的波来激发 (图 9-6-6, M. Ono, Phys. Fluids, B5(1993) 241)。这个波在边界区密度很低时是电子等离子体波，向中心传播时，由于密度增加，$\omega_{\rm pe}$ 逐渐增大，波的平行分量减少，转换成特征接近静电波的离子 Bernstein 波，在芯部高次谐波共振处加热。

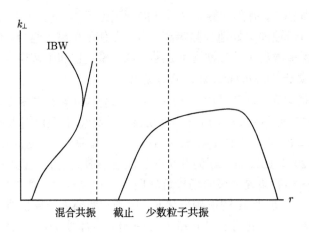

图 9-6-5　快波在混合共振层处的模转换

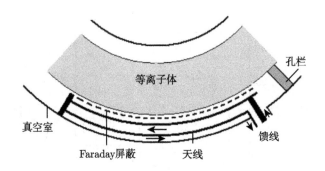

图 9-6-6　直接激发 IBW 的天线结构

ICRF 实验初期遇到的困难是当波功率加到等离子体时，大量气体释放，密度和杂质突然增加，引起粒子循环率增加，甚至电子密度减少 (图 9-6-3)。这是射频波产生的偏压引起离子轰击天线表面的结果，对天线结构和材料改进后得到解决。例如，EAST 上用钼瓦代替石墨瓦作为第一壁，并广泛采用壁的锂化，改善了边界条件，使用 1.7MW 的离子回旋波功率，取得更好的成绩，也解决了加热期间密度降低问题。

调节天线上波的相位，快波可用于电流驱动 (fast wave current drive, FWCD)，已在一些装置上观察到驱动效果，效率可达 $0.04 \times 10^{20} \mathrm{m}^{-2} \cdot \mathrm{A/W}$，与芯部电子密度成正比。由于捕获电子效应，这种驱动电流集中呈峰值分布，可弥补其他种类驱动电流分布的不足，并可作为自举电流的种子电流。

在 DIIID 上使用 60MHz 和 83MHz，功率 0.84MW 的快波对 H 模等离子体进行电流驱动。这些频率相当于中心处 D 离子回旋频率的 4~5 倍，$N_{||} \approx 4.7$ 或 4.4，用 MSE 测量电流轮廓。和本底电流同向或反向驱动得到的环电压和电流密度的轮廓如图 9-6-7(C. C. Petty et al., Nucl. Fusion, 39(1999) 1421)。为减去欧姆电流、中性粒子束驱动电流和自举电流，从两类实验结果对比可以得到波驱动电流的分布。驱动效率为 $(0.054 \pm 0.027) \times 10^{20} \mathrm{m}^{-2} \cdot \mathrm{A/W}$。

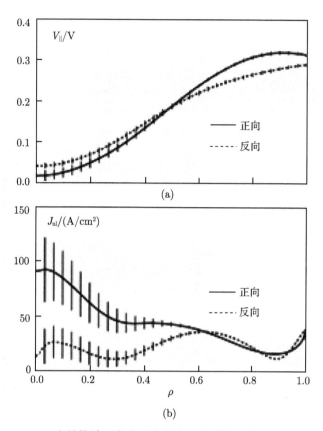

图 9-6-7　DIIID 上的快波正向和反向电流驱动时的环电压和电流密度轮廓

横轴为归一化小半径

在 ITER 上，拟用 48MW，40~70MHz 的 ICRH 波源进行 T 的二次谐波、少数离子 D 的加热实验，以及电流驱动实验。因为这种电流驱动效率与电子温度呈线性增长关系，预计在 ITER 上快波的电流驱动效率可以达到 $(0.15 \sim 0.25) \times 10^{20} \mathrm{m}^{-2} \cdot \mathrm{A/W}$，接近低杂波驱动效率。

9.7　低杂波电流驱动

低杂波电流驱动是实际上最常用的射频驱动方法。按低杂波共振频率的定义，在密度较高时，$\omega_{\mathrm{pi}}^2 \gg \omega_{\mathrm{ce}}\omega_{\mathrm{ci}}$，可近似为 $\omega_{\mathrm{LH}} \approx \sqrt{\omega_{\mathrm{ce}}\omega_{\mathrm{ci}}}$；相反情形简化为 $\omega_{\mathrm{LH}} \approx \sqrt{\omega_{\mathrm{pi}}^2 + \omega_{\mathrm{ci}}^2}$，和等离子体密度近于正比。两种情形都满足 $\omega_{\mathrm{ci}} < \omega_{\mathrm{LH}} < \omega_{\mathrm{ce}}$。低杂波的传播和密度轮廓有很大关系。

高密度时，垂直方向传播的低杂波如果满足共振条件 $\omega_{\mathrm{LH}} = \sqrt{\omega_{\mathrm{ce}}\omega_{\mathrm{ci}}}$，有比较简单的粒子运动图像，即离子和电子在传播方向 (x 向) 的轨道振幅相同 (图 9-7-1)。但如果偏离这个传播方向，共振条件即有所变化。

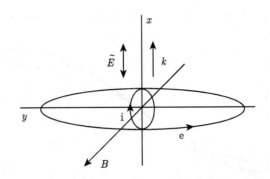

图 9-7-1　高密度时垂直传播低杂波的粒子运动轨迹

低杂共振的波相当于 X 波 (图 9-3-3 右图)。但是从 CMA 图上看，当波从外面入射时，只能从左下方接近低杂共振，也就是入射波频率必须高于低杂共振频率，一般使用低杂共振频率两倍左右的频率。而在这一波段，完全垂直方向的波不能传播。所以入射波必须有平行方向的波数。这时，一般存在两支波：慢波和快波。因为和离子回旋波段的快波一样，快波在边界区有一段不能传播区域，低杂波一般使用慢波。

折射率的平行分量须满足以下可近性条件 (又称 Stix-Golant 条件)，才能在等离子体中传播并达到共振区：

$$N_{||}^2 = \frac{k_{||}^2 c^2}{\omega^2} > N_c^2 = \left(1 + \frac{\omega_{pe}^2}{\omega_{ce}^2}\right)_{res} \tag{9-7-1}$$

res表示共振区的值。在托卡马克等离子体中心区有 $\omega_{pe} \approx \omega_{ce}$，在边界区 $\omega_{pe} < \omega_{ce}$，所以这个平行折射率的临界值 $N_c = 1 \sim 2$，实际可选择 $N_{||} = 1 \sim 4$。低杂波驱动实验的波段为 0.8~8GHz，经常使用 2.45GHz 或 3.75GHz 的频率，有时也使用更高的频率。相应的平行波数 $k_{||} = N_c \omega / c$ 为 10~20m^{-1}，相应波长应小于几个 cm，适合使用波导天线发射，可以调节天线的相位差选择适当的平行方向波长。因为 $N_{||}$ 的临界值主要决定于 $\omega_{pe}^2 \sim n_e$，所以 $N_{||}$ 确定后，相应于其临界值的电子密度称为临界密度。

如果 $N_{||}$ 低于临界值，或者说局部密度高于临界密度，存在一个不传播区，在这一截止区附近，慢波为背向波，被反射为快波返回 (图 9-7-2(a))。当密度等于临界密度时，慢波被部分反射 (图 9-7-2(b))。当密度低于临界密度，慢波可以到达共振层 (图 9-7-2(c))。

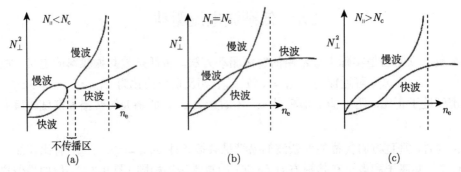

图 9-7-2　低杂频率的快波和慢波的垂直方向折射率随密度的变化，电子密度大于临界密度 (a)、等于临界密度 (b) 和小于临界密度 (c)

这个频率的慢波的色散关系近似为

$$N_\perp^2 = N_{||}^2 \frac{\omega_{pe}^2}{\omega^2} \left(1 - \frac{\omega_{pi}^2}{\omega^2} + \frac{\omega_{pe}^2}{\omega_{ce}^2}\right)^{-1} \cong N_{||}^2 \frac{m_i}{m_e} \frac{\omega_{LH}^2}{\omega^2 - \omega_{LH}^2} \tag{9-7-2}$$

所以 $N_\perp \gg N_{||}$，容易得到两个方向的群速度

$$v_{g||} = \frac{\partial \omega}{\partial k_{||}} = \frac{1}{k_{||}} \frac{\omega^2 - \omega_{LH}^2}{\omega} \tag{9-7-3}$$

$$v_{g\perp} = \frac{\partial \omega}{\partial k_\perp} = -\frac{1}{k_\perp} \frac{\omega^2 - \omega_{LH}^2}{\omega} \tag{9-7-4}$$

波矢或相速主要在负的径向，即等离子体内部。但是由于 $k_{||} \ll k_\perp$，群速度主要在和波矢垂直的方向即磁场方向。波主要在一个磁场方向很狭窄的共振锥中传播，在环向多次环绕后才深入等离子体内部。在这一过程中，由于螺旋磁力线和环效应，$N_{||}$ 不保持常量而发生上移。这使得原来不满足可近性条件的平行波矢在传播过程中可能得到满足。

在波的传播过程中，由于等离子体密度的变化，波的传播方向和偏振在不断变化。在未达到共振区时，从式 (9-7-2) 前一表达式可近似得到

$$\frac{N_\perp}{N_{||}} = \frac{k_\perp}{k_{||}} \approx \frac{\omega_{pe}}{\omega} \tag{9-7-5}$$

偏振公式 (9-3-9) 中，在密度较低时忽略 P，垂直磁场和平行磁场的电场分量之比为

$$\frac{E_x}{E_z} \approx \frac{N_\perp}{N_{||}} \approx \frac{\omega_{pe}}{\omega} \tag{9-7-6}$$

所以这是个 O 模和 X 模的混合模，但是在边界处电子密度很低时以 O 模为主，激发波电场应在磁场方向。

实验上电磁波用波导阵列注入，波电场平行磁场，调整阵列相位形成平行方向不对称相速。波向内传播，在低杂共振处，通过朗道阻尼加速符合共振条件的电子，形成环向电流。$N_{||}$ 在传播过程中的上移也使得波的相速和粒子运动速度匹配更容易。

式 (9-7-1) 规定了 $N_{||}$ 的下限。$N_{||}$ 越大，相速越低，和热速度较低的电子共振。所以如果 $N_{||}$ 选择过大，能量将被外层温度较低的等离子体吸收，波不能传播到内部。因而，结合式 (9-7-1)，存在一个 $N_{||}$ 的窗口，而且，等离子体参数越高，这个窗口越狭窄。这一因素使得聚变温度的等离子体中用于驱动电流的低杂波难于传播到中心处。

实验中还发现密度较高时，低杂波在等离子体边界处存在很强的吸收。例如，在 JET 的实验中 (图 9-7-3(a))(W. Hoock, Plasma Phys. Control. Fusion, 26(1984) 133)，环电压的降低，即电流驱动效果和密度的关系分三个区域。在很低密度时，密度不影响环电压的降低 (I 区)。当密度提高时，环电压和密度成反比，与理论一致 (II 区)。当密度进一步提高时，电流驱动效果就急剧降低 (III 区)。也就在这个临界密度，发现边界区的涨落水平有很大提高 (图 9-7-3(b))。这是因为入射波与等离子体涨落发生相互作用，一般认为通过**参量衰变不稳定性**，部分能量转化为热能，使得低杂波渗透的深度更低。

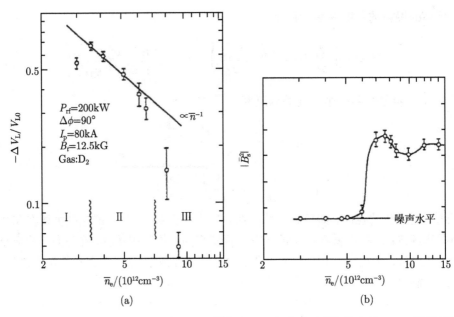

图 9-7-3　JET 上低杂波电流驱动实验中环电压的变动 (a) 和边界区磁涨落水平 ((b)，纵轴每格 10dB) 和电子密度的关系

　　早期曾在 PLT 上用 75kW 的低杂波驱动长达 3.5s 的非感应电流。在后期的 3s 里，欧姆驱动电流几乎完全可以忽略 (图 9-7-4，W. Hooke, Plasma Phys.Control. Fusion, 26(1984) 133)。由于这些可观的成就，后期的低杂波注入研究主要集中在电流驱动方面。

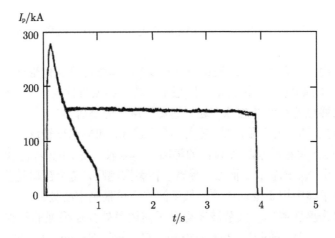

图 9-7-4　PLT 上的低杂波驱动电流实验

短波形是欧姆放电，长波形是叠加低杂波驱动

　　低杂波电流驱动继而在很多装置上成功进行，并用于电流轮廓控制和改善约束，以及电流启动和提升。在 JET 和 JT-60U 上实现了 3MA 以上的完全低杂波电流驱动。驱动效率分别为 0.27 和 $0.35 \times 10^{20} \mathrm{m}^{-2} \cdot \mathrm{A/W}$。这一效率和电子温度有关，和电子回旋共振加热联合实

验能取得更高的加热效率。2011 年在 Tore Supra 上使用 4.5MW 功率产生 0.7MA 驱动电流维持 50s。2012 年在 EAST 上联合低杂波电流驱动和离子回旋共振波段加热实现 H 模并维持了 30s 时间。但是从式 (9-7-1) 可看出，低电子密度强磁场容易满足这一条件。而当电子密度较高时，低杂波将不能渗透进等离子体中心区域。所以，尽管低杂波电流驱动有很高的效率，而且在实验上取得很好的结果，但用于大型装置或将来的聚变堆遇到很大困难，只可以用于控制电流轮廓或者在放电开始阶段节约伏秒数。

ITER 上拟采用 50MW，5GHz 的波源，在归一化半径 0.4~0.8 处驱动 1~2MA 的电流，相应 $N_{||} = 2$。

曾为 ITER 设计了一种 13MA 等离子体电流的稳态运转模式方案，首先用低杂波在 0.5~0.8 半径处驱动电流，造成反剪切位形，产生大比率的自举电流，再加上快波驱动，形成完全非感应的电流模式。其数值模拟得到的各项电流和耗费功率的波形图见图 9-7-5(ITER Group, Nucl. Fusion, 39(1999) 2301)。

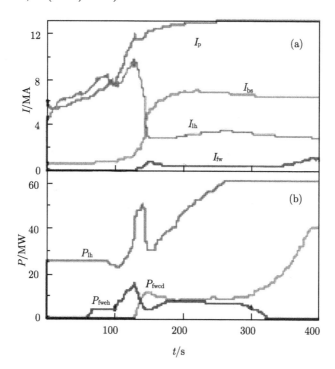

图 9-7-5　为 ITER 设计的一种稳态运行模式的电流 (a) 和耗费功率 (b) 波形图

其中 I_p 为总电流，I_{bs} 表示自举电流，I_{lh} 表示低杂波电流，P_{lh} 表示低杂波功率，I_{fw} 表示快波电流，P_{fweh} 为快波加热功率，P_{fwcd} 为快波驱动功率

9.8　阿尔文波加热

在托卡马克中等离子体波的低频波段，100kHz~10MHz，$\omega < \omega_{ci}$，存在两支磁流体波 (图 9-8-1)。一为剪切阿尔文波，是平行磁场方向传播的波。其纵向电场分量不受磁场影响，

会引起等离子体振荡，而垂直电场振荡构成剪切阿尔文波。

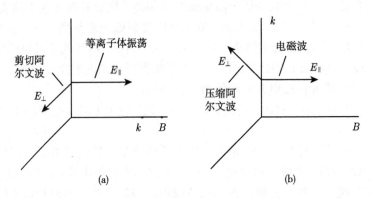

图 9-8-1　剪切阿尔文波 (a) 和压缩阿尔文波 (b)

另一支为压缩阿尔文波，主要在垂直磁场方向传播。这时，电场可能平行于磁场或垂直于磁场。当电场振荡平行于磁场时，磁场实际上不影响波的传播，所以就是通常的电磁波。所以只研究电场振荡垂直于磁场的模式。电场垂直于磁场，对于传播方向可能平行或垂直，也就是说可能是纵波或横波。实际上这两个分量都存在，但电场振荡主要在垂直传播方向，而力学上流体压缩主要在传播方向。

用阿尔文波加热托卡马克等离子体时，用天线在尽量靠近边界处激发压缩阿尔文波 (因此处有一个薄截止层)。压缩阿尔文波垂直磁场向等离子体内部传播，直到遇到共振层 (图 9-8-2)。此处满足条件 $\omega = v_A k_{||}$，$v_A = B/\sqrt{\mu_0 \rho}$ 为阿尔文速度，ρ 为质量密度。所以这共振层在小截面上基本构成一个圆。压缩阿尔文波在这一共振面上转化为剪切阿尔文波，沿共振面传播，又转化为动理阿尔文波，被等离子体吸收。

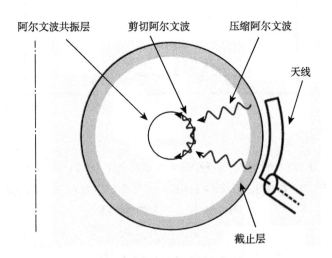

图 9-8-2　阿尔文波在等离子体内的传播和转换

应选择驱动频率远小于离子回旋频率 (几十 MHz)，一般取几 MHz。如果取 1MHz，相对于 $5 \times 10^{19} \mathrm{m}^{-3}$ 的密度，阿尔文速度 $v_A = 9.25 \times 10^6 \mathrm{m/s}$，根据 $\omega = v_A k_{||}$，可知波数约为

$k_{\parallel} \approx 1\mathrm{m}^{-1}$ 量级, 波长和装置尺度相当, 所以其平行方向的波数主要由环向模数决定。

在实验上, 阿尔文波加热遇到的具体困难和离子回旋共振加热遇到的相似, 也是波的耦合以及天线处气体的释放。迄今为止, 阿尔文波加热仅在少数托卡马克上实验过, 虽然天线耦合和波的传播基本与理论一致, 但加热效果不明显。但是理论预计, 动理阿尔文波可能引起极向流的变化产生输运垒, 所以还是值得研究的。

9.9 非感应电流启动

从聚变电站的要求出发, 理想的运行模式是完全非感应电流驱动的模式。目前已实现的完全非感应电流驱动均以欧姆放电开始, 再逐渐过渡到完全非感应电流驱动。在此工作基础上, 如果能以非感应的方式启动放电, 就可以完全取消欧姆变压器, 使聚变堆在结构上简化, 节约成本。本节讨论非传统欧姆变压器的电流启动方法。

1. 电子回旋波电流启动

一种简单启动等离子体电流的方法是在强的环向场上叠加一个弱的垂直场。用电子回旋波产生等离子体后, 当电子沿倾斜的磁场向上或下运动时, 不均匀磁场引起的漂移会使部分电子向另一方向运动。两垂直运动抵消, 使电子沿纯环向运动。而与其做相反环向运动的电子则两种垂直运动在同一方向, 不能构成环向的封闭轨道而损失 (图 9-9-1)。这样就形成环向电子流, 即反向的环向电流。这种方法很简单, 电子回旋波只起产生等离子体的作用。但这一机构依赖于开放磁力线, 一旦电流增加到磁力线封闭, 这一电流产生机构即不起作用, 所以不能产生较强的等离子体电流。

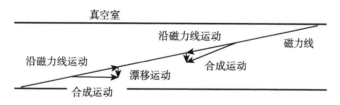

图 9-9-1 垂直场电流启动原理

还有一种利用放电电极启动等离子体电流的方法, 被用于 Texas 大学的一个实验装置 Helimak。它使用安装于真空室内上下的一对直流放电电极, 电极发射电子沿强环向场和弱垂直场形成的螺旋场运行, 绕大环转很多圈, 将放电电流放大 (图 9-9-2)。

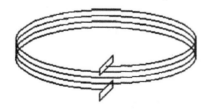

图 9-9-2 电极放电辅助电流启动

在 CT-6B 装置上用加弱垂直场的方法进行电子回旋波电流启动, 得到的非感应等离子体电流达几百安培, 电子密度达 $10^{18}\mathrm{m}^{-3}$(图 9-9-3, Yao Xinzi et al., IEEE Trans., PS28(2000)

323)。用以衔接欧姆放电，使初始环电压降至 6V，而一般欧姆放电的击穿电压在 20V 左右。在另一些装置的实验中，继电子回旋波启动电流后，继续用低杂波提高等离子体电流。

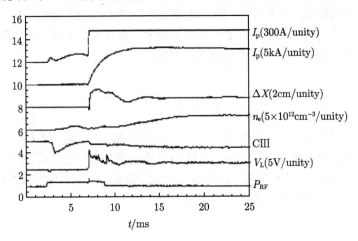

图 9-9-3 CT-6B 上用电子回旋波启动实验波形

等离子体电流 (两种标尺)、水平位移、线平均密度、C III 谱线辐射、环电压、射频功率

2. 同轴螺旋注入

同轴螺旋注入 (coaxial helicity injection，CHI) 这种方法同样是将称为紧凑环 (CT) 的等离子体团注入到等离子体中，但不是如图 3-7-6 所示那样从侧面垂直注入，而是沿装置的中心对称轴注入。它的作用也不仅是注入粒子和能量，而主要是启动和维持等离子体电流。它的实验设备结构可见图 9-9-4(B. A. Nelson et al., Nucl. Fusion, 34(1994) 1111)。这是一个球形

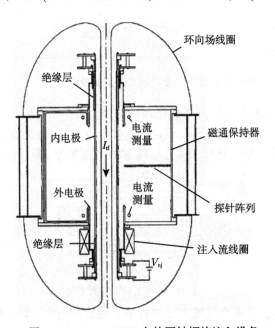

图 9-9-4 Proto-HIT 上的同轴螺旋注入设备

环装置 Proto-HIT。在其中心柱安有内电极和局部的外电极。除去使用电容器在其间放电外，还有同轴的线圈产生极向磁场。这实际上就是一个球马克位形的注入器。启动后，将具有环向和极向磁场的等离子体团注入到真空室内。

这样的安排，不仅能注入粒子和能量，还能启动环向等离子体电流，原因在于注入了螺旋度 K 式 (2-6-2)。螺旋度的意义，是磁管的**连锁**性质的表征。

在托卡马克等离子体位形中，螺旋度是其环向场和极向场的连锁，等于它们磁通的乘积，或者说，正比于环向场线圈电流和等离子体电流的乘积。所以如果能维持一定的螺旋度，总能维持等离子体电流。现在，向真空室内注入了一定的螺旋度。在其弛豫过程中，按照 Taylor 的理论，应趋向电流和磁场平行的最小能态，但是加热和耗散过程又使位形偏离这一能态，最后两者达到平衡。

在 Proto-HIT 中用 CHI 得到 30kA 的环形等离子体电流，维持时间几个毫秒，超过电流渗透时间。

3. 非螺线管电流启动

电流启动和电流驱动一样，有感应和非感应两种。感应法即使用欧姆变压器产生极向磁通变化感生电流。以上介绍的是几种非感应电流启动方法。最近，又提出非螺线管电流启动概念。它也属于感应启动，但不使用欧姆变压器的中心螺线管，而只使用外极向场线圈。

在 JT-60U 上曾试验不用中心螺线管运行。在这一实验中采用了电子回旋波、低杂波和中性粒子注入，只使用垂直场和成形场，还有环内侧两个成形场线圈启动，同时得到了内部和边界区的输运垒位形。

从图 3-2-8 显示，欧姆变压器的外线圈和平衡场的外部线圈的位置及其中电流方向近似

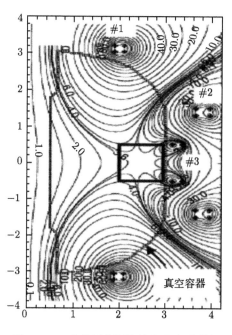

图 9-9-5 球形环非螺线管电流启动设计

一致。它能引起磁通变化，但是也产生一个垂直场。所以，尽管垂直场的变化提供了磁通变化，但不能满足击穿的零磁场条件。这个困难在圆截面装置较难解决，但是一些变截面装置，特别是拉长截面，可形成复杂的磁场位形，使既存在垂直场又存在零磁场点。这种设计如图 9-9-5(W. Choe, J. Kim and M. Ono, Nucl. Fusion, 45(2005) 1463) 所示。它实际上是一种多极场位形，可产生极向磁通变化，也在外侧形成磁场零点，符合击穿条件。

阅 读 文 献

Cairns R A. Radiofrequency heating of plasmas. Adam Hilger, Bristol, Philadelphia and New York, 1991

Laqua H P. Electron Bernstein wave heating and diagnostic. Plasma Phys. Control. Fusion, 2007, 49: R1

Ono M. Ion Bernstein wave heating research. Phys. Fluids, 1993, B5: 241

Prater R. Heating and current drive by electron cyclotron waves. Phys. Plasmas, 2004, 11: 2349

第10章 边界区物理

10.1 删 削 层

1. 边界区

边界区 (edge region) 一般指等离子体热芯部以外的部分。边界区物理一般指发生在删削层、偏滤器及第一壁表面的物理过程。有时也包含 ELM 等边界区不稳定现象。

等离子体边界区在托卡马克运行中起着十分重要的作用。约束在等离子体内的粒子、能量和动量通过边界区输运到壁或偏滤器,补充的工作气体粒子也通过边界区进入主等离子体。特别是,聚变装置中燃烧等离子体产生的高能 α 粒子的功率密度可达 $0.15\mathrm{MW/m^3}(T=10\mathrm{keV}, n=10^{20}\mathrm{m^{-3}})$,导致第一壁的平均负载为 $100\mathrm{kW/m^2}$ 量级。这样的能流如果在时间上和空间上不均匀分布会造成壁结构或偏滤器的损伤。

再者,边界区物理和等离子体中杂质的产生和排除紧密相关。过多的杂质含量引起的功率损失将使聚变反应不能达到点火要求,如何尽量少引进杂质和更有效排除杂质是重要研究课题。此外,除外界引进杂质外,聚变反应产生的氦灰亦不能在等离子体中超过一定含量,必须及时予以排除。

边界区的划分 删削层是指处在最边缘的那部分等离子体区域。它和主等离子体的界限是**最后一个封闭磁面**。对偏滤器装置来说,这一磁面就是分支磁面。对孔栏装置来说,这个面由孔栏内边缘决定 (图 10-1-1)。在兼有偏滤器和孔栏的装置上,还可以从内到外将删削层划分为偏滤器删削层 (DSOL) 和孔栏删削层 (LSOL),以及壁删削层 (WSOL)。孔栏删削层有一定宽度,由输运过程决定。此宽度以外到壁之间是壁删削层,也存在非常稀薄的等离子体。

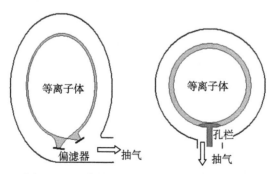

图 10-1-1 偏滤器位形和孔栏位形的删削层

边界区的诊断 边界区诊断要求很高的动态范围。例如,温度测量要求低于几个 eV,密度测量要求低于 $10^{17}\mathrm{m^{-3}}$。使用静电探针测量边界区的等离子体参数比较广泛,用能量分析器得到离子或电子的能量分布。现在亦较普遍用激光 Thomson 散射、微波散射测量、微波反射和主动光谱等手段测量等离子体密度和温度。和等离子体芯部比较，在边界区测量中可能遇到更复杂的情况，例如，静电探针接收到的离子的电离态难于确定，发射光谱中包含双原子分子和多原子分子的转动和振动光谱。而更重要的是，一般来说，许多等离子体参量沿极向是不均匀的。图 10-1-2(D. L. Rudakov et al., Nucl. Fusion, 45(2005) 1587) 是 DIIID 装置上边界区包括 DSOL 和 LSOL 区域等离子体密度和温度分布的测量结果。这些测量分别用激光散射、静电探针和反射仪完成。

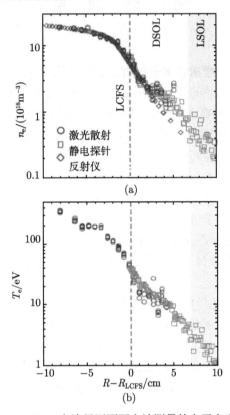

图 10-1-2　DIIID 上边界区不同方法测量的电子密度和温度

此外，尚有一种沉埋于壁内与壁绝缘但表面与壁处于同一平面的静电探针，称为**齐平探针**(flush mounted probe)。由于和强磁场相交，在相关的计算模型中，一般只考虑等离子体的作用而不考虑与周围壁的相互作用。

2. **删削层特征**

删削层的特征是等离子体参数在径向和极向的分布都很不均匀，因此输运是二维的。为决定删削层的宽度 λ，建立简单的删削层输运模型，设电离发生在 LCFS 以内 (图 10-1-3)。这一区域的垂直磁场方向输运形成粒子流 $\Gamma_\perp = -D_\perp \mathrm{d}n/\mathrm{d}x$ 进入删削层，其中 $D_\perp$ 为扩散系数，n 为粒子密度。删削层内由于存在等离子体鞘，平行方向粒子流 $\Gamma_\parallel \leqslant nC_\mathrm{s}$，$C_\mathrm{s}$ 为离子声速。按照粒子守恒，有 $v_\perp/v_\parallel = \lambda/L$，$\lambda$ 为删削区宽度，L 为连接长度，即磁力线两端与孔栏或偏滤器板 (简称靶板) 连接处之间的长度。例如，极向孔栏占圆周的 1/4，则

$L=4\times2\pi R$, 又电离区粒子密度梯度是删削层输运决定的, 所以有 $\lambda=\dfrac{1}{n}\dfrac{\mathrm{d}n}{\mathrm{d}x}$。取平均速度 $v_{||}=0.5C_{\mathrm{s}}$, $nv_{\perp}=D_{\perp}\partial n/\partial x$ 得到删削层宽度

$$\lambda=\sqrt{\frac{D_{\perp}L}{0.5C_{\mathrm{s}}}} \tag{10-1-1}$$

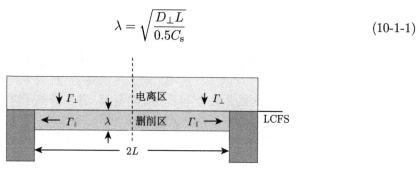

图 10-1-3　删削层输运模型

设 L=10m, $D_{\perp}=1\mathrm{m}^2/\mathrm{s}$, T=50eV, 得到删削层宽度典型值 $\lambda=30\mathrm{mm}$。这一扩散系数 $D_{\perp}$ 也是反常的, 导致了较宽的删削层宽度, 有利于能量在靶板表面的均匀分布。在等离子体边界处包括删削层, 粒子密度的径向分布为指数衰减形式

$$n(r)=n(a)\exp\left(-\frac{r-a}{\lambda}\right) \tag{10-1-2}$$

用简单模型对删削层的平行输运进行研究。这是一个低碰撞率的鞘限制模型, 假设温度均匀, 只考虑粒子输运, 用到等离子体鞘处的玻姆判据, 得到密度和电位分布, 如图10-1-4(B. Unterberg, Trans. Fusion Sci. Technol., 49(2006) 215) 所示。其中 $M_{||}=v_{||}/C_{\mathrm{s}}$ 为平行磁场方向的马赫数。

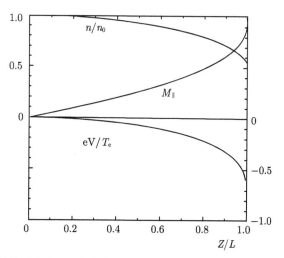

图 10-1-4　删削层粒子密度、平行方向马赫数和等离子体电位的分布, $Z/L=1$ 为靶表面

在研究边界区粒子约束时, 经常用**粒子置换时间**(replacement time)τ_{r} 代替原来的粒子约束时间 τ_{p}, τ_{p} 用于主等离子体区的粒子约束。

估计删削区粒子密度。等离子体总扩散粒子流为 $\bar{n}V/\tau_{\mathrm{r}}$, $\bar{n}$ 为平均粒子密度, V 为等离子体体积, 这一粒子流也可用删削层粒子密度表示为 $4\pi a\lambda C_{\mathrm{s}}n(a)$。令二者相等, $n(a)\propto\bar{n}/\tau_{\mathrm{r}}$。又

从带电粒子进入等离子体速率 (电离) 来计算 τ_r，应与电子密度成反比。由此得到 $n(a) \propto \bar{n}^2$，即删削层粒子密度和主等离子体密度平方成正比。这一结果在一些装置的实验中得到验证。

3. 等离子体鞘

在以上删削层平行输运研究中，所用的靶表面处的边界条件是根据等离子体鞘理论设定的。对于一个准中性等离子体，在其与固体壁接触的地方形成**等离子体鞘**。它的结构是在几个德拜长度的距离上产生一个非中性区域，电子多于离子，称为等离子体鞘。等离子体鞘使体等离子体处于高电位，大约是几个电子温度的量级，并在等离子体内部产生一个对电子的位阱。电子流和离子流相等的条件维持调整了这个等离子体鞘。因为离子必须以高于声速进入等离子体鞘，在这一鞘的边缘处电场不可能等于零。而且，在进入鞘前就必须加速。所以，在等离子体内部，存在一个线度更大的区域，称为**预鞘**，尺度为离子平均自由程。其中存在弱电场，以加速并形成离子流。

存在磁场时，这一鞘理论基本成立。为降低表面的热负载，一般磁场和孔栏或偏滤器靶板斜交 (图 10-1-5，出处同图 10-1-4)。这时离子在距离表面一个离子回旋半径处就产生定向运动，且产生电漂移，称为**磁预鞘**(magnetic sheath)，宽度毫米量级。其中离子和电子密度大致相等。离子进入磁预鞘时，沿磁场方向的速度应大于离子声速，而进入鞘时，其垂直表面方向的速度应大于离子声速。

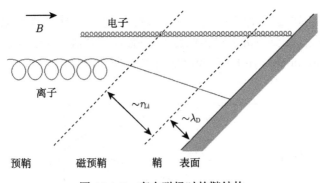

图 10-1-5 存在磁场时的鞘结构

来自等离子体的离子在鞘内被加速，而电子基本上是麦克斯韦速度分布的，但只有高能部分到达壁。因为鞘的高度在 $2T_e$ 以上，所以这些粒子到达壁的能量也在几倍电子温度以上。对托卡马克装置的运行来说，鞘的存在使离子加速撞击孔栏或靶板，溅射出更多杂质。

删削区内粒子在垂直磁场方向的漂移 (电漂移、磁漂移、逆磁漂移) 运动都影响粒子的输运，使得偏滤器的内外靶板所承受的负载严重不对称。

10.2 偏 滤 器

偏滤器可以起这样几种作用：减少等离子体和第一壁的相互作用以减少流向主等离子体的杂质，减少进入等离子体的中性粒子流以减少逸出的电荷交换高速中性粒子，使杂质在删削层电离流进偏滤器，排除氦灰。对于孔栏位形，LCFS 和固体表面 (孔栏) 接触，从表面释放的杂质可直接进入主等离子体。对于偏滤器位形，LCFS 由磁场决定，不直接和固体接触。从靶释放的杂质可被电离，又返回偏滤器室被抽出。

1. 偏滤器的工作体制

偏滤器的工作体制或者说工作区域可分为三种。第一种是上述**鞘限制区**。此时删削区温度高或密度低，Knudsen 数 $K=\lambda/d=0.1\sim0.5$，λ 为粒子碰撞自由程，d 为沿磁场的连接长度。由于平行热导率高，所以温度分布较均匀。但是接近靶板处的输运主要受鞘电位限制，靶面附近热流高、溅射率高，不符合装置正常运转所需要的条件。

当 $K \ll 0.1$ 时，偏滤器工作在**热导限制区**，又称高循环区。此时热导低，平行方向温度梯度形成，压强分布比较均匀，大部分区域输运由热导决定，但是靶板附近粒子密度高、温度低。这造成高粒子循环率和强的辐射，但是流向靶板的热流仍较高。

当上游 (即删削区中平面附近) 的密度进一步增高或由于辐射效应流向靶板的热流减少时，热导限制区就过渡到**脱靶区**。此时靶板附近的温度降到几个 eV，主要电离区上移。靶板处电离率降低，复合率增加，中性粒子密度增加。如果温度降到 1eV 以下，来流中的很多带电粒子遭遇电荷交换被抽出或流回主等离子体。这就造成脱靶区的特点，就是由于复合，流向靶板的粒子流减少；离子和中性粒子的作用形成动量沉，使靶板附近压强降低；由于体辐射，达到靶板的能流减少，使靶板负荷降低。这样几个特点构成了自洽解，也在一些实验中得到证实。

2. 偏滤器位形输运

现在分析偏滤器和删削区中的输运过程，首先考虑偏滤器所接收的功率。从主等离子体发出的功率流减去辐射功率都到达删削区。测量结果显示，辐射集中在删削区附近。图10-2-1(C. S. Pitcher and P. C. Stangely, Plasma Phys.Control. Fusion, 39(1997) 779)(a) 为 ASDEX-U 装置在中等密度运行时的辐射功率分布，横轴为归一化磁面坐标，$\rho=1$ 为分支面，可见辐射主要集中于此处，而总的辐射功率约为加热功率 (在 ASDEX-U 为 0.6MW) 即向外总功率流的一半。(b) 为辐射功率密度在小截面上的分布，最大处为 $1.7\times10^5\mathrm{W/m^3}$，集中在偏滤器区域。

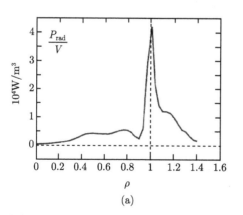
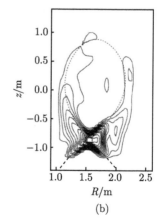

图 10-2-1 ASDEX-U 装置上辐射能量密度在归一化磁面坐标 (a) 和极向截面(b) 上的分布 (等值线图)

为研究偏滤器位形下删削层平行输运, 将等离子体参数标记为上游值 n_u, T_u 以及靶面附近的值 n_t, T_t (图 10-2-2, Wesson Tokamaks 3rd ed, Oxford, 2011, 其中局域磁通区 (private flux zone) 为偏滤器 X 点下面区域)。类似图 10-1-3, 能量从主等离子体传播到删削区为垂直热导, 从删削区到偏滤器为平行热导。偏滤器区域有强的能量、动量矩和带电粒子沉。能沉主要是线辐射, 矩沉主要是离子和中性粒子的摩擦, 即电荷交换和弹性散射, 带电粒子沉主要是粒子在固体靶面的复合。

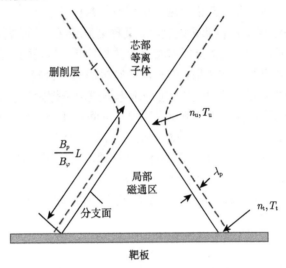

图 10-2-2　偏滤器平行输运位形

可对平行输运建立两点模型, 即将输运区域划分为两区 (图 10-2-3, 出处同图 10-2-1)。上游为热导区, 假设无源项和沉项。在此区域由于辐射能量损失, 温度急剧降低。下游为接近固体靶的循环区, 有强烈的表面粒子循环, 致使这一区域的粒子密度很高, 有强的电离粒子源和能沉、矩沉。假设热传导是能量输运主要通道, 计算靶面附近温度密度和来流的关系, 结果和来流密度的关系如图 10-2-4(出处同图 10-2-2) 所示。在来流密度低时, 靶面附近参数由鞘过程决定, 靶面附近密度与来流密度成正比, 靶面附近温度接近来流温度, 为鞘限制区。在来流密度高时, 参数分布由热输运决定, 靶面附近密度和 n_u^3 成正比。靶面附近温度远低于来流温度, 为热导限制区。这些结果也与连接长度有关。

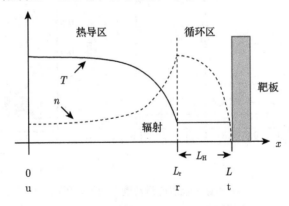

图 10-2-3　偏滤器平行输运两点模型

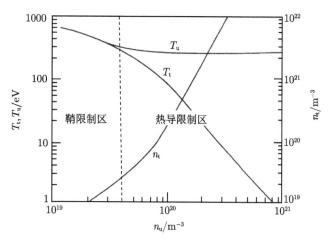

图 10-2-4 删削区上游温度 T_u，靶附近温度 T_t 和密度 n_t 随来流密度 n_u 的变化

这一研究的目的是希望在靶面附近维持高的粒子密度以屏蔽靶，并降低温度以减少热离子对靶的轰击。为保持靶面附近一定的密度，要求长的连接长度，以及上游有高的密度。

计算靶面附近的粒子流尚须考虑粒子源，主要是粒子在靶面的循环和附近的电离。假设源函数沿平行方向的分布 $S(z)$ 如图 10-2-5(出处同图 10-2-2) 所示，计算得到的温度、密度和马赫数 M 的分布也在图上显示。其中粒子流朝靶面方向，在等离子体鞘边缘处达到 $M=1$。

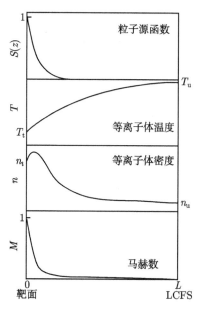

图 10-2-5 删削区粒子源函数、等离子体温度、密度和马赫数在平行方向的分布

$z=0$ 是靶面，$z=L$ 是 LCFS 处，纵坐标均为相对值

如果在靶前能得到充分高的密度以屏蔽靶，有可能做到偏滤器的脱靶态，此时到达靶的功率流和粒子流都很低，主要功率损失为杂质辐射。

以上考虑的是一维模型，实际上删削层的宽度是变化的。在偏滤器附近的磁场位形中，删削层宽度约为上游的 4 倍, 所以应计及二维效应。在二维模型中, 考虑粒子流在垂直方向的分布 (图 10-2-6, 出处同图 10-2-2), 在强的电离区域有可能发生反向电离粒子流, 它可能携带杂质返回 LCFS。

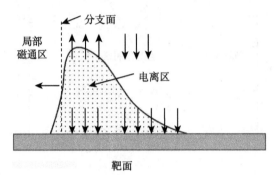

图 10-2-6　偏滤器靶面附近粒子流横向分布和运动方向图

右侧为删削区

3. 各态历经限制器 (ergodic magnetic limiter, EML)

为控制等离子体和壁的相互作用, 还提出各态历经限制器概念。这种限制器的形状一例可见图 10-2-7(E. C. da Siva et al., Phys. Plasmas, 8(2001) 2855)。这是一个形状特异的线圈, 通电后产生的磁场有尽量多的空间谐波分量, 在等离子体和壁之间产生一层随机磁场区域, 完全不存在磁面, 使得等离子体状态呈均匀分布, 在等离子体和壁之间形成温和相互作用的保护层, 避免热量集中淀积在局部区域, 降低粒子循环率和其他相互作用的强度。

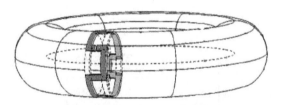

图 10-2-7　一种各态历经限制器设计图

在 Tore Supra 装置上, 曾采取多极场线圈在边界区形成随机磁场区域, 这一区域以外是层流区, 用安装于弱场侧的多个偏滤器靶板接收来流粒子, 称为**各态历经偏滤器**, 在层流区形成完全脱靶态。

10.3　等离子体和壁相互作用

1. 循环和背散射

主要相互作用过程　等离子体和与之接触的固体表面间可能发生多种相互作用, 对等离子体的能量平衡和输运, 以及粒子约束都起很重要的作用。主要过程如图 10-3-1 所示。

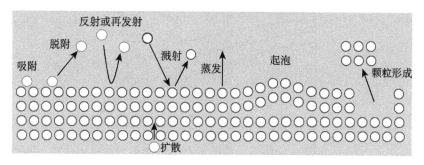

图 10-3-1 等离子体和固体表面的相互作用主要过程

在大多数磁约束装置中，放电时间远大于粒子约束时间，所以每个离子都往返于靶和等离子体之间很多次。这一过程称为**循环**(recycling)。影响循环的过程主要是气体原子或分子在靶表面的**吸附**(adsorption) 和**脱附或解吸**(desorption)，以及**背散射**(backscattering)。吸附的分子在固体表面以固体密度存在，例如，氧原子的单原子层的面密度达到 $2×10^{19}\mathrm{m}^{-2}$。一个一米见方的立方容器内表面如果布满这样的吸附原子层，全部脱附到空间会产生 $1.2×10^{20}\mathrm{m}^{-3}$ 的密度。因而在一般真空系统内，吸附于容器内表面的气体量往往超过存在于内部空间的气体量。因有大量杂质分子 (水、有机物质) 以各种形式吸附于聚变真空室内壁，脱附是引进轻杂质的重要过程。

当离子到达靶表面时，它或者经一次或多次碰撞后返回等离子体，称为背散射；或者慢化后被约束在固体表面或内部。返回等离子体部分和入射粒子流之比称为循环系数。此外，粒子入射和辐射也能导致释放原来吸附在表面的气体粒子，算上这附加的粒子流，称为**有效循环系数**，它可能大于 1。

就背散射而言，可定义背散射几率为**背散射系数** R_p，依赖于入射离子能量和固体材料原子和入射离子的质量比。还可定义背散射粒子和入射粒子能量比为**能量反射系数** R_E。能量反射系数和背散射系数之比为背散射粒子的平均能量与入射能量之比，此数一般为 30%~50%。背散射粒子一般为中性粒子。离子背散射系数可以表为一个约化能量的函数，这个约化能量是

$$\varepsilon = \frac{32.5 m_2 E}{(m_1 + m_2) Z_1 Z_2 (Z_1^{2/3} + Z_2^{2/3})^{1/2}} \tag{10-3-1}$$

其中，下标 1 为入射离子，2 为固体表面粒子，E 为入射能量 (单位为 keV)。几种质量比例的两种反射系数作为约化能量的函数如图 10-3-2(出处同图 10-2-2) 所示。

进入靶的氢同位素原子容易向固体内部扩散，形成一定深度的分布，并可能向表面扩散返回等离子体。

等离子体和固体表面强烈的相互作用对聚变装置的运行有重大影响。图 3-5-1 已经显示了壁对工作气体强烈的吸附作用。这种作用以及引起的粒子循环不但对于运行的控制形成巨大挑战，而且在聚变堆中产生燃料，主要是氚在固体材料中的滞留现象。

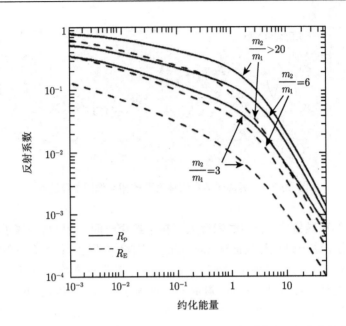

图 10-3-2　几种粒子质量比例的背散射系数R_p、能量反射系数R_E 和约化能量的关系

2. 溅射

离子或原子入射到固体表面使原子脱离表面的过程称**溅射**(sputtering)，是引进重杂质的重要过程。因为原来处于表面的原子接收超过其结合能的能量才能被溅射，入射粒子须具备一个能量阈值才能导致溅射。理论上这个阈值是

$$E_\mathrm{T} = \frac{E_\mathrm{s}}{\gamma_\mathrm{sp}(1 - \gamma_\mathrm{sp})} \tag{10-3-2}$$

E_s 是固体原子结合能，$\gamma_\mathrm{sp} = \dfrac{4m_1 m_2}{(m_1 + m_2)^2}$，下标 1 和 2 分别表示入射原子和靶原子。$\gamma_\mathrm{sp}$ 的值在 0 和 1 之间，所以 E_T 总大于 E_s。

粒子垂直入射时的溅射产额 (溅射粒子数/入射粒子数) 对粒子能量的依赖可表为

$$\gamma = QS_\mathrm{n}(E)(1 - E_\mathrm{T}/E)(1 - (E_\mathrm{T}/E)^{2/3}) \tag{10-3-3}$$

其中，Q 是一个数值调节因子，$S_\mathrm{n}(E)$ 是个能量函数，由弹性碰撞转移的能量决定。当能量刚超过阈值时，这个产额随能量急剧上升。当能量进一步增加后，升高趋势变缓，然后达到饱和。这是因为入射粒子已深入固体内部，发生溅射的几率开始减少。

一般用测量被溅射材料样品重量减少的方法计算溅射产额。图 10-3-3(G. Federici et al., Nucl. Fusion, 41(2001) 1967) 是用在 ASDEX 偏滤器附近测量得到的占等离子体离子 1% 成分的 C^{4+} 在 W 表面的溅射率。数据是在偏滤器附近不同区域测量得到的，并考虑到 C 在表面的淀积，表为局部电子温度函数。此图还给出了 D 和 H 在 C 上溅射率的测量结果及相应的计算结果，以及 D 在 W 上的计算结果。从图可以看出溅射是阈值性的，当入射能量超

过阈值后,产额和能量呈线性关系,待能量进一步增加时达到饱和。一般从实验得到的溅射产额数据和数值模拟很好符合,不一致的部分可用不同的表面状态、结构解释。

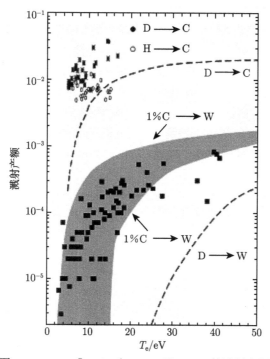

图 10-3-3　D 或 H/C 和 C/W 及 D/W 的溅射产额

曲线为计算结果,灰色区域为考虑 C 在 W 上淀积影响后的计算结果

化学溅射　在入射粒子和表面材料之间发生化学反应,产生易挥发的物质离开表面称化学溅射。最容易观察到的反应是氢同位素和碳材料的反应。氢离子入射到碳材料表面时,与碳原子作用形成挥发性碳氢化合物,或者疏松了原来束缚在表面的碳氢化合物,使其溅射能量阈值下降,均对材料产生腐蚀作用。这种化学溅射一般是多步反应过程 (图 3-5-12),与入射粒子能量、流量、表面温度和材料结构有关。表面反应产生 CH_3 及更复杂的碳氢化合物,当表面温度升高时,这些碳氢化合物,特别是 CH_4 将受热蒸发。这样的化学溅射在表面温度几百摄氏度时达到峰值。温度再高时,这些化合物将逐渐分解,还原成氢,致使化学溅射率降低。

一些装置的真空室内的第一壁、孔栏和偏滤器板使用碳材料,主要是石墨材料或 C 复合材料。化学溅射引起的腐蚀是这些部件,特别是偏滤器运行中遇到的最严重问题。此外,工作气体中的氧杂质也对碳表面产生化学溅射,生成 CO 或 CO_2 气化脱出表面。对于钨材料,化学溅射引起的腐蚀很小。

在聚变装置中,溅射的主要作用是引起面对等离子体的固体表面腐蚀,和因此产生的杂质问题。实际上的入射粒子与表面的作用很复杂。在当前典型装置中,入射粒子的能量主要分布在几十 eV 的范围,但是也包括不少能量高达几百甚至上千 eV 的电荷交换产生的高能中性粒子。另一方面,材料粒子被溅射后又返回表面也可淀积形成的新表面,也须考虑其作用。当然最重要的是工作气体粒子引起的材料腐蚀问题，其中电荷交换产生的中性粒子特别重要。对于碳和铍表面，腐蚀主要由低能粒子的流量决定。而在钨的表面，只有 200eV 以上能量的粒子才能产生溅射。

此外，杂质粒子也可对表面产生溅射，例如，多次电离的碳离子。但碳杂质的作用有腐蚀和淀积两相反过程。两相反过程的演化主要与等离子体温度和入射粒子密度有关。图 10-3-4(G. Federici et al., Nucl. Fusion, 41(2001) 1967) 为碳离子入射到钨表面引起的两种过程此消彼长的参数区域分布。此图横轴是电子温度，纵轴是碳离子成分比例。两条曲线划出四个区域，分别为纯腐蚀、纯淀积、先淀积后腐蚀和先腐蚀后淀积。在高杂质密度时，碳原子可能在钨表面形成保护层防止被腐蚀，而在低杂质密度时，氘离子引起的化学溅射可能移走表面的碳，使得钨表面被碳离子溅射。所以如果碳杂质充分少，一般的装置中碳离子的淀积问题可以忽略。

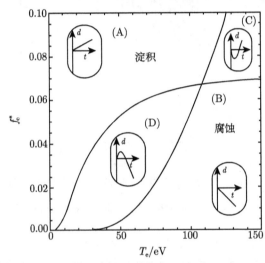

图 10-3-4   氘等离子体中碳离子轰击钨表面后的腐蚀和淀积区域的分界

横轴为电子温度，纵轴为碳杂质含量。小图为淀积量的时间发展

此外，真空室内固体部件因受热而蒸发和下述单极弧过程也是重要杂质引进通道。这些腐蚀机制对碳材料很重要。

3. 其他表面过程

除去吸附、脱附、背散射、溅射，重要的等离子体和壁相互作用还有一种**单极弧**(unipolar arc)，它是等离子体鞘击穿的结果。因为等离子体鞘的电位大约为 $3T_e$，为十几二十几 V 的量级，在等离子体环境下有可能击穿。装置运行时有很多这种微型弧在等离子体和壁或孔栏之间放电，只有壁或孔栏这一固体电极，故称单极弧。一个单极弧的电流只有 10A 左右，时间持续 1ms 以下。这些弧在磁场的洛伦兹力驱动下运动，放电以后可以在真空室内壁上看到运动留下的痕迹。它的作用是使壁局部熔化蒸发，将杂质引进等离子体。

另一方面，溶解于第一壁或结构材料中的氢同位素和氦由于溶解度不够可能会产生**起泡**(blistering)、**起皮**(flaking) 现象 (图 10-3-5，W. M. Shu et al., J. Nucl. Mater., 386-388(2009)

356)。起皮可能源于泡的破裂，也可能产生于较厚镀层的脱落，有时还会形成洞状和海绵状结构。这些现象不但可能引进杂质原子，而且能向等离子体中引进杂质成分的微小颗粒，形成约束于等离子体中的带电颗粒，造成更严重的能量损失机构。在现在的大型装置中，起泡并不严重，但是在 ITER 和其他下一代装置中可能起重要作用。

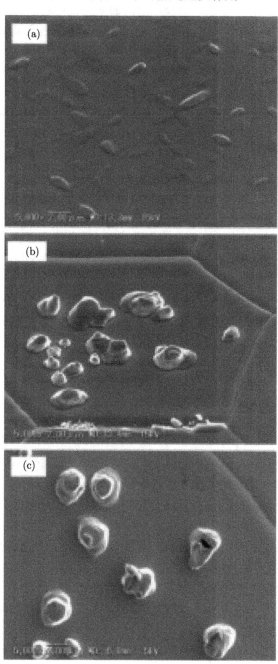

图 10-3-5 氢在钨表面引起的起泡现象

扫描电镜照片，依次为初始阶段 (a)、发展阶段 (b) 和破裂起皮阶段 (c)

等离子体和表面的相互作用也引起第一壁或结构材料表面的变化,例如,相变、合金组成、微结构的变化,会引起材料性质的改变,是材料选择中需考虑的重要因素。

4. 氚滞留

氚滞留 (tritium retention) 指注入到反应室内的聚变燃料氚由于吸附等过程滞留在反应室内一些材料表面的现象。由于氚的放射性,以及大量积累后遇到氧气会爆炸,主要出于安全考虑,必须对氚滞留予以处理。其次,由于聚变燃料氚的匮乏,在 D-T 聚变堆中必须实现氚的自持。这一自持基本上是靠包层中聚变中子在增殖剂中的氚增值过程解决。但是,聚变反应室内一些材料表面的氚滞留会影响到增殖率。

这些材料主要是第一壁和偏滤器材料以及结构材料,以碳材料的滞留问题最为严重。入射氢同位素和碳原子形成碳氢化物滞留表面几个微米的深度,可达 0.4~0.5H/C 的饱和浓度。这饱和浓度随表面温度升高而降低。当入射剂量超过饱和值时,或返回空间或通过材料表面的缝隙向内部扩散。氢同位素在铍和重金属 (钨) 上的滞留率要低一些,也观察到饱和现象。目前在第一壁以碳材料为主的大型装置上,秒级放电的氢同位素滞留率为 3%~30%,数值之分散源于测量方法的不同。但是长脉冲放电的滞留率有下降趋势。外推到 ITER,运行时每次满负荷 D-T 放电要注入氚 50g,但从安全性出发,反应室内可容忍的滞留量为 350g,最大安全限度为 1kg。所以按照目前估计,ITER 放电几十次后就要清除滞留的氚。这当然影响到聚变堆的商业前途。

清除方法有几种。第一为等离子体放电方法清洗,用 D 置换吸附于器壁的 T。第二为表面清洗,用激光或闪光灯表面加热,清除吸附的碳氢化物。第三为高温氧化法,使碳氢化物氧化后以气体形式释放出。第四为射频预处理,各种常规清洗真空室的波段都可用于清除氚滞留。

5. 固体颗粒

在很多装置中,在放电后发现真空室内有微小固体颗粒存在,其尺度 r_d 从 mm 到 100nm 以下,统计分布为 $f_d(r_d) \approx r_d^{-\sigma}$, $\sigma \sim 2.72$。在 DIIID 装置上放电时用激光测量得到的半径几率分布 (PDF) 如图 10-3-6(a)(D. L. Rudakov et al., Rev. Sci. Instum., 79(2008) 10F303) 所示。大颗粒分布偏离 R^{-3} 律说明大颗粒占总的颗粒体积和重量较大。

颗粒来源:其一是壁和真空室内部件的蒸发和升华,这主要发生在强的热负载情况,如破裂发生时。也来自淀积材料的破碎,例如,表面敷涂低 Z 膜的破碎,这样的涂层厚度为 100nm 量级。例如,在 TEXTOR 上真空室表面碳化后,发现有大量质量数在 500 以上带正电或负电的颗粒形成。在一般托卡马克放电时,也会淀积 $100\mu m$ 厚度的薄层。此外,单极弧也会将固体材料溶化,抛到空间形成颗粒。这些颗粒进入空间后,一些落到真空室底部。一些由于电效应或磁效应进入等离子体。少数铁磁性粒子在环向磁场启动时进入空间,在气体击穿时进入等离子体并引起强的辐射。

进入等离子体的颗粒,由于收集带电粒子,而电子速度远大于离子而呈负电位。由于主等离子体中心呈负电位,将颗粒推向边缘,而靠近孔栏处由于负的鞘电位,又将颗粒排斥到一个接近孔栏的平衡位置,因而停留在孔栏附近的删削层中 (图 10-3-7)。在 DIIID 的 H 模和 L 模运转中的颗粒空间分布见图 10-3-6(b)。这种带电颗粒成为等离子体新的组成部分,称这种等离子体为**尘埃等离子体**(dusty plasma)。停留在等离子体中的带电颗粒，由于边界处较低的等离子体参数，不但不易熔化，而且可能继续生长。它们的生长机制，主要不是收集电子和离子，而是不同尺度的颗粒的**聚集**(agglomeration)。图 10-3-6(a) 中曲线的拐点，说明大小颗粒可能有不同的生长机制。

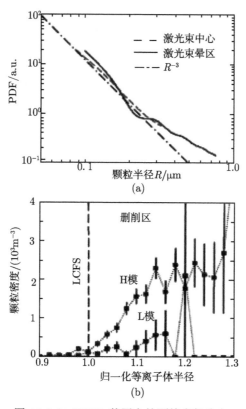

(a)

(b)

图 10-3-6　DIIID 装置上的颗粒半径分布

两实验曲线分别取自测量激光中心区或晕区 (a) 和两种运行模式颗粒密度的空间分布，LCFS 为最后一个封闭磁面 (b)

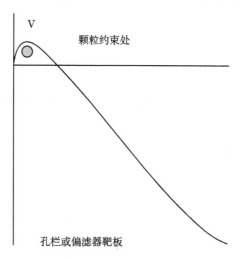

图 10-3-7　等离子体鞘层对颗粒的约束

颗粒对装置运转的作用，除去造成辐射损失外，由于其松散的结构，可以吸附大量的氢同位素，在未来的反应堆里会造成严重的氚滞留。

6. 等离子体和壁相互作用的诊断

在聚变装置中等离子体和壁的相互作用的诊断中，对于等离子体的在线诊断主要依靠光谱和质谱。发射光谱可以检测来自吸附于壁的中性粒子和低电离态离子，用于估计杂质密度，并且结合入射粒子流的测量，计算表面蒸发和溅射产额。质谱主要用于壁的预处理。用如图 10-3-8(V. Philipps et al., J. Nucl. Mater., 162-164(1989) 550) 所示的取样探针 (sniffer probe)，可结合质谱仪测量真空室内部的局部气体成分，研究材料表面的溅射和腐蚀等问题。也曾设计直接用于等离子体删削层的质谱仪，可以测量这部分等离子体内粒子的成分与电离态。

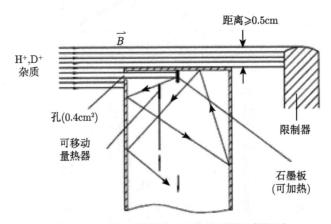

图 10-3-8　用于测量局部气体成分的取样探针

下端和抽气泵及质谱仪、真空计连接，可用于测量石墨样品的腐蚀率，并表示粒子在其中的运动轨迹

为研究壁在装置运行过程中的腐蚀、沉积、结构的变化，以往多采取 "考古学" 的方法，即将样品放入真空室，待运行一段时间后取出分析。也可安装可以在不破坏真空的条件下伸进真空室的工作站，将样品在真空室内短期暴露后取出进行表面分析。一些光学方法可以在线测量壁上的沉积和腐蚀。

激光诱导击穿光谱(laser induced breakdown spectroscopy, LIBS) 是一种在线研究第一壁表面成分的方法，特别适于研究表面的物质淀积。这一方法采用 ns 或 ps 脉冲激光聚焦到要研究的真空室内表面，将表面材料蒸发形成等离子体，从等离子体的光谱成分推断相应表层中的物质成分。一般一个激光脉冲可以剥离微米级深度的材料。一系列激光脉冲可以继续深挖，以得到材料成分的深度分布。从击穿光谱计算表面成分有多种方法，不同方法得到结果的误差不同。比较简单的是比例法，即对已知成分比例的材料进行定标实验，获得不同组分光谱的强度比，用此数据定标，在测试中从相应光谱线的强度比得到组分在表层中的比例。这一诊断原则上可以用于放电过程中的实时测量。

在离线模拟测试方面，可用第 3 章介绍的 PSI 类型装置模拟偏滤器靶板，其粒子流强度可以达到 ITER 水平，但是能量较低，也可以用强激光或电子束测试靶板材料性能。此外，等离子体枪比较适宜模拟破裂时对壁的冲击，其能流可达 $10\sim20 MJ/m^2$。

　　颗粒的诊断　分为对沉积在壁上的颗粒和悬浮在等离子体中的颗粒的两种诊断。最容易实行的方法是在打开真空室时，收集沉积在真空室底部的颗粒予以分析，可以得到关于它们的尺度分布和构成的信息，但不可能知道它们在放电过程中的活动。而对于放电过程中颗粒沉积过程的在线测量也得到发展，使用了一些专门的诊断设备。

　　电容隔膜规　(capacitive diaphragm gauge, CDG) 是一种气体压力规，主要部件是一个陶瓷薄膜 (图 10-3-9, G. Counsell et al., Rev. Sci. Instrum., 77(2006) 093501)，一侧抽空。使用时另一侧气压变化引起薄膜变形，薄膜上的电极与固定电极间的电容随之变化，用以测量气压。将它用于聚变装置中材料沉积和颗粒沉积时，沉积材料和颗粒的重量使薄膜变形，也可监测材料沉积速率，以及颗粒沉积事件并判断颗粒尺寸。

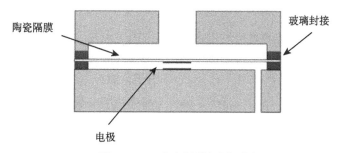

陶瓷隔膜　　　　　　　　　　　　　　　　　玻璃封接

电极

图 10-3-9　电容隔膜规原理图

　　静电表面粒子探测器是一种专门设计用于颗粒探测的诊断设备，由两组交叉排列的细线电极构成 (图 10-3-10, C. H. Skinner et al., Rev. Sci. Instrum., 75(2004) 4213)，其宽度和间距为几十微米到几百微米，之间加上几十伏的电压。当同样尺度的颗粒淀积在其上时，电极短路产生一个火花，引起电流脉冲，可作为颗粒事件的记录。而电火花会使颗粒烧毁气化，使电路恢复正常。电流脉冲高度和颗粒尺度相关，可以同时安装几个不同电极间距的探测器，测量不同尺度颗粒产生的频率。

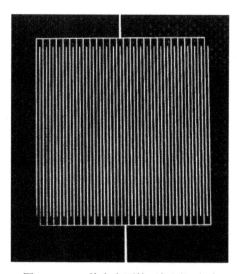

图 10-3-10　静电表面粒子探测器电路

对于悬浮在等离子体中的颗粒,可以用高速照相记录个别粒子的轨迹。激光散射可以估计大小和激光波长相近的颗粒的尺度以及尺度分布和在等离子体中的密度。一般的发射光谱探测也可证实等离子体中颗粒的存在,它们的光谱与等离子体光谱显著不同。

10.4　原子分子过程

1. 主离子

粒子进入等离子体的过程决定于等离子体过程和原子分子过程。原子分子过程相当复杂,但是有关规律和数据已被很好掌握。等离子体内的粒子来自充入气体和从器壁释放的粒子。充入气体为分子状态。从壁上释放的氢为分子或原子状态,当壁的温度较低时,多为分子,高温时多为原子。

入射氢分子在等离子体边界处可发生多种反应 (图 10-4-1,出处同图 10-2-2),反应截面主要与分子振动能级有关。

$$H_2 + e^- \longrightarrow 2H + e^- \quad (分子电子分解)$$

$$H_2 + e^- \longrightarrow H + H^+ + 2e^- \quad (分子电子分解电离)$$

$$H_2 + e^- \longrightarrow H_2^+ + 2e^- \quad (分子电子电离)$$

在电子温度很低时 ($\leqslant 20\text{eV}$),相当部分的氢分子被分解;随温度提高,当温度高于 20eV 时,分解后其中一个原子同时被电离。在更高温度,以电子碰撞电离而形成分子离子 H_2^+ 为主要反应。

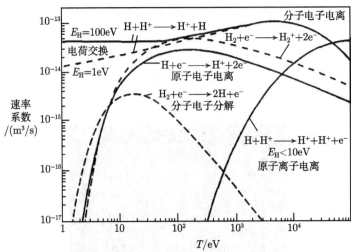

图 10-4-1　几种氢原子和分子反应的速率系数和电子温度的关系

横轴为场粒子温度,其中电荷交换为两种氢原子能量数据

氢原子的主要反应有

$$H + e^- \longrightarrow H^+ + 2e^- \quad (电子碰撞电离)$$

$$H + H^+ \longrightarrow H^+ + H \quad (电荷交换)$$

$$H + H^+ \longrightarrow H^+ + H^+ + e^- \quad (离子碰撞电离)$$

在等离子体边界处，主要是前两种反应。此时的总电离截面约为 $10^{-18}\mathrm{m}^2$。氢原子和原子及离子的总弹性碰撞截面约为电荷交换截面的两倍左右。其中中性粒子之间的碰撞截面较小。中性粒子进入主等离子体后，主要过程是电荷交换反应。在更高的温度，有离子碰撞电离发生。

由于删削区经历了弹性碰撞，只有部分工作气体原子进入主等离子体，其温度可以达到几个 eV 以上，有较长的平均自由程，适宜用 Monte-Carlo 模拟研究其在等离子体内的输运。

2. 杂质

杂质进入主等离子体分三步过程，首先，由于等离子体和固体壁的相互作用，杂质原子脱离器壁进入删削区，然后从删削区进入主等离子体后被电离，开始经历等离子体内的输运过程。重杂质主要起源于溅射、蒸发、单极弧等过程；轻杂质主要起源于脱附及一些表面化学过程。在偏滤器的循环区内，杂质有较高的密度，其中一部分通过删削区返回到主等离子体，另一部分被抽出。

杂质的原子分子过程由于存在多重电离而变得更复杂。和氢同位素不同，杂质粒子主要通过电离而不是电荷交换而被约束。一般来说，在电子温度较低时，杂质首先热化然后电离；而在电子温度较高时，它们首先电离然后热化。而且，在杂质电离前会被激发。从测量激发态发射的光子可以计算杂质流强度。在边界区，杂质的电离态分布基本符合碰撞电离模型。

杂质在等离子体中起着两方面的作用。杂质的辐射会降低等离子体温度，损失能量，杂质的存在会使反应离子浓度降低，因而不利于聚变反应。但另一方面，杂质辐射会使损失能量沉积在一个较广泛的空间范围。而热导或不稳定性造成的能量沉积会集中在局部范围，造成器壁表面高的循环率或造成材料损坏。

阅 读 文 献

Federici G, Skinner C H, Brooks J N, et al. Plasma-material interactions in current tokamaks and their implications for next step fusion reactors. Nucl. Fusion, 2001, 41: 1967

Pitcher C S, Stangeby P C. Experimental divertor physics. Plasma Phys. Control. Fusion, 1997, 39: 779

Winter J. Dust in fusion devices-experimental evidence, possible sources and consequences. Plasma Phys. Control. Fusion, 1998, 40: 1201

中英文名词索引

实验装置索引